鞠成伟 刘春 / 编著

CATIA V5-6R2018 完全实战技术手册

清华大学出版社

北 京

内 容 简 介

CATIA V5-6R2018是法国Dassault System（达索系统）公司的CAD/CAE/CAM一体化软件，居世界CAD/CAE/CAM领域的领先地位。CATIA源于航空航天技术，广泛应用于航空航天、汽车制造、造船、机械制造、电子电器、消费品等行业。

本书基于CATIA V5-6R2018软件的全功能模块进行全面、细致的讲解。全书由浅到深、循序渐进地介绍了CATIA V5-6R2018的基本操作及命令的使用方法，并配合大量的实例使学习更扎实。

本书共分10章，从软件的安装和启动开始，详细介绍了CATIA V5-6R2018的基本操作与设置、二维草图绘制、创建基本实体特征、实体特征修改与变换、标准件与常用件设计、机械装配设计、模具分型与机构设计、机械运动模拟与动画、机械结构有限元分析和机械工程图设计等内容。

本书结构严谨，内容翔实，知识全面，可读性强，设计实例实用性强、专业性强、步骤清晰，是广大读者快速掌握CATIA V5-6R2018中文版软件的自学实用指导书，也可作为相关院校计算机辅助设计课程的指导教材。

图书在版编目（CIP）数据

CATIA V5-6R2018完全实战技术手册 / 鞠成伟, 刘春编著. -- 北京 : 清华大学出版社, 2022.1
ISBN 978-7-302-59752-0

Ⅰ.①C… Ⅱ.①鞠… ②刘… Ⅲ.①机械设计－计算机辅助设计－应用软件－手册 Ⅳ.①TH122-62

中国版本图书馆CIP数据核字(2021)第280958号

责任编辑：陈绿春
封面设计：潘国文
责任校对：胡伟民
责任印制：朱雨萌

出版发行：清华大学出版社
网　址：http：//www.tup.com.cn，　http：//www.wqbook.com
地　址：北京清华大学学研大厦A座　　　邮　编：100084
社总机：010-83470000　　　邮　购：010-83470235
投稿与读者服务：010-62776969, c-service@tup.tsinghua.edu.cn
质量反馈：010-62772015, zhiliang@tup.tsinghua.edu.cn
印 装 者：小森印刷霸州有限公司
经　销：全国新华书店
开　本：188mm×260mm　　印　张：24.75　　字　数：700 千字
版　次：2022年3月第1版　　印　次：2022年3月第1次印刷
定　价：99.00元

产品编号：091671-01

CATIA软件的全称是Computer Aided Tri-Dimensional Interface Application，是法国Dassault System（达索系统）公司的CAD/CAE/CAM一体化软件，广泛应用于航空航天、汽车制造、造船、机械制造、电子电器、消费品等行业。

本书内容

本书共分10章，从软件的安装和启动开始，详细介绍了CATIA V5-6R2018的基本操作与设置、二维草图绘制、创建基本实体特征、实体特征修改与变换、标准件与常用件设计、机械装配设计、模具分型与机构设计、机械运动模拟与动画、机械结构有限元分析和机械工程图设计等内容。

各章内容安排如下。

- 第1章：主要介绍CATIA V5-6R2018软件系统、软件安装、软件基本操作与设置等入门知识，可以帮助读者快速熟悉软件操作。
- 第2章：主要讲解CATIA V5-6R2018草图工作台的界面、绘图工具、草图约束工具及绘图的详细操作步骤等内容。
- 第3章：主要讲解CATIA零件设计工作台中的基于草图的实体特征工具和零件设计实战案例。
- 第4章：主要讲解实体特征的修改与变换方法，具体内容包括关联几何体的布尔运算、基于曲面的特征修改、特征变换等操作。
- 第5章：主要讲解基于CATIA的机械标准件与常用件的设计方法。介绍了3种常见方式，包括常规零件建模方式、参数化建模方式、使用CATIA标准件库插入标准件的方式。
- 第6章：CATIA的装配设计模式包括自底向上装配设计和自顶向下装配设计，本章主要介绍最常用的机械零件装配模式——自底向上装配设计。
- 第7章：主要讲解在型芯&型腔设计工作台中，如何设计模具的成型零件，以及在CATIA模型设计工作台中加载和分析模型的方法与详细步骤。
- 第8章：主要讲解运动机构模拟与动画的实战应用。数字化样机（Digital Mock-Up，DMU）是对产品真实化的计算机模拟。数字化装配技术是全面应用于产品开发过程的方案论证、功能展示、设计定型和结构优化阶段的必要技术环节。
- 第9章：主要讲解CATIA有限元在机械设计中的实际应用方法。
- 第10章：主要讲解CATIA V5-6R2018的工程制图模块，该模块是CATIA中的一个比较重要的模块，并且在实际工作中，各类技术人员会将工程图作为技术交流的工具。

本书特色

本书突破了以往 CATIA V5-6R2018 书籍的写作模式，主要针对使用 CATIA V5-6R2018 的广大初中级用户，同时还配备了视频教学文件，将案例制作的全过程以视频的形式进行讲解，讲解形式活泼，方便实用，便于读者学习使用。同时文件中还提供了相关实例及练习的源文件，并按章节放置，以便读者练习使用。

读者通过对本书内容的学习、理解和练习，可以真正具备工程设计者的技术和素质。

感谢你选择了本书，希望我们的努力对你的工作和学习有所帮助，也希望你把对本书的意见和建议告诉我们。联系邮箱：chenlch@tup.tsinghua.edu.cn。

本书作者

本书由广西区特种设备检验研究院的鞠成伟高级工程师和刘春工程师编写。由于作者水平有限，书中错误、疏漏之处在所难免。在感谢您选择本书的同时，也希望您能够把对本书的意见和建议告诉我们。

配套资源和技术支持

本书的配套素材和视频教学文件请用微信扫描下面的二维码进行下载。如果有任何技术性的问题，请用微信扫描下面的二维码，联系相关技术人员进行解决。

如果在配套资源下载过程中碰到问题，请联系陈老师，邮箱 chenlch@tup.tsinghua.edu.cn。

配套素材

教学视频

技术支持

作者

2022 年 1 月

目录
CONTENTS

第4章 特征修改与变换

第5章 机械标准件、常用件设计

第6章 机械装配设计

第10章 工程图设计指令

第 1 章　CATIA V5-6R2018 机械设计入门

项目导读

CATIA 软件是航空航天、船舶、车辆、化工、水利工程等工业设计与制造领域应用最广泛的工程软件之一，并广泛应用于机械设计与制造领域，包括机械 CAD、机构模拟仿真、有限元结构分析、钣金设计、模具设计及数控加工等方面。

本章将重点介绍 CATIA V5-6R2018 软件与机械设计相关的专业知识。

1.1　计算机辅助机械设计

计算机辅助机械设计是指，利用计算机的软硬件辅助工程技术人员完成机械设计的过程。本节将介绍常用的计算机辅助设计软件及 CATIA 机械设计的基本过程。

1.1.1　计算机辅助设计（CAD）系统

目前常用的计算机辅助设计软件包括以下几种。

1.CATIA

CATIA 是法国达索系统公司开发的软件，以其强大的曲面设计能力在飞机、汽车、轮船等设计领域享有很高的声誉。CATIA 的曲面造型功能体现在其提供了极为丰富的造型工具来满足用户的造型需求。

2.SolidWorks

SolidWorks 三维机械设计软件是由 SolidWorks 公司于 1995 年研制开发的，是当时第一个完全基于 Windows 平台的全参数化特征造型 CAD 软件，能够方便地完成机械产品及一般工业产品的设计工作。

3.Unigraphics NX

Unigraphics NX 是由 Siemens PLM Software 公司出品的一款高端 CAD 机械工程辅助软件，适用于航空、航天、汽车、通用机械以及模具等的设计、分析及制造。Unigraphics NX 以优越的参数化和变量化技术与传统的实体、线框和表面功能结合在一起，功能非常强大。

4.Solid Edge

Solid Edge 是西门子公司的两大 CAD 产品之一。其采用与 Unigraphics NX 相同的 Parasolid 核心，提供专业的三维 CAD 功能。目前广泛应用在机械设计、电子设计、钣金设计、汽车零件、医疗器材、运动器材、消费性产品等产业中。

5.CAXA

CAXA 是中国领先工业软件。其同样采用 Parasolid 核心，学习和使用简单、方便，受到国内许多企业的喜爱。

6.AutoCAD

AutoCAD 是由美国 Autodesk 公司开发的绘图软件，在航空航天、造船、建筑、机械、电子、化工、美工、轻纺等很多领域得到了广泛应用。AutoCAD 属于 CAD 低端软件，主要用于二维制图。

1.1.2 CATIA 机械设计的基本过程

机械设计的内容包括零件造型、装配、计算机仿真、有限元分析等，CATIA 提供了多种模块和工具辅助设计者完成相关工作。通常，机械设计过程主要包括以下内容。

1. 草图绘制

在 CAD 软件中实体建模一般会从绘制二维截面轮廓开始，截面就是产生三维特征所需的二维几何图元，其基本要素是几何图形和尺寸。CATIA 可以在草绘模式下创建二维截面图元。草图设计的基本过程是：首先草绘二维几何图形，然后进行尺寸标注并添加约束，以达到精确绘图的目的。在 CATIA 中绘制的草图，如图 1-1 所示。

2. 造型设计

CATIA 软件提供了多种造型方法，可以采用拉伸、旋转等方式创建传动件、箱体等结构较为简单的模型，也可以采用曲面设计功能设计外形复杂的模型，如汽车、家用电器等。在 CATIA 中创建的模型，如图 1-2 所示。

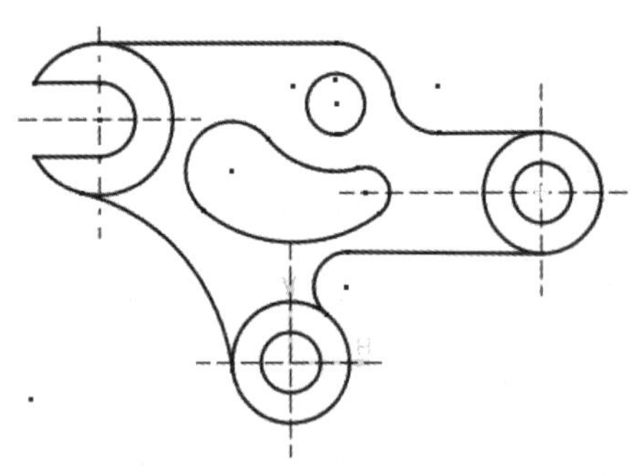

图 1-1　草图设计

图 1-2　造型设计

3. 装配体设计

产品由若干零件、组件和部件组成。按照相应的技术要求，将零件、组件和部件进行配合和连接，使其成为半成品或成品的工艺过程称为“装配”。在 CATIA 中可以在装配模块中将设计完成的零件、组件装配在一起，既可以进行“约束装配”，也可以完成以机构运动仿真为目的的“连接装配”。装配过程中可以采用自底向上或自顶而下两种装配方式。在 CATIA 中创建的装配体模型，如图 1-3 所示。

图 1-3　装配体设计

4. 工程图设计

创建了三维实体模型后，为了准确表达对象的形状、大小、相对位置及技术要求等内容，以便于产品设计人员之间的交流，并提高工作效率，可以建立相应的工程图。利用 CATIA 提供的工程图模块，可以很方便地创建实体模型的工程图，并添加标注、修改尺寸。在 CATIA 中创建的工程图，如图 1-4 所示。

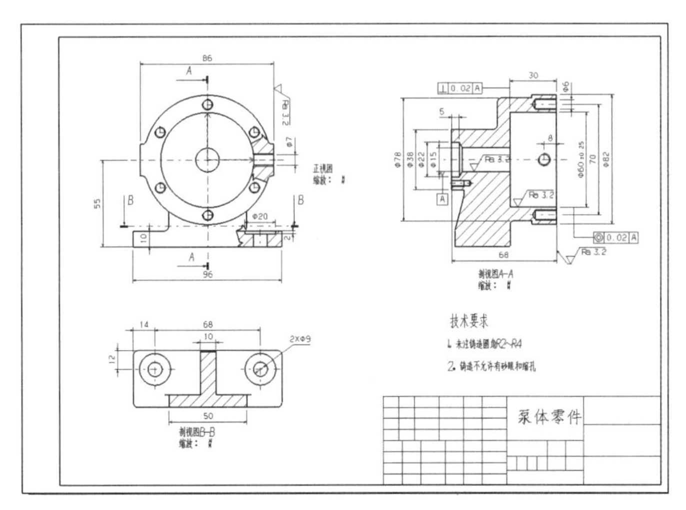

图 1-4　工程图设计

5. 运动仿真

在产品开发中通常需要进行机构的运动方案设计，并进行运动学仿真，用来模拟机构的运动过程，分析其运动参数以便进行方案选择和方案确定。CATIA 提供了强大的机构运动仿真功能，可以将组成机构的元件按照需要的连接方式进行约束后，对机构进行运动学和动力学仿真，通过仿真可以直观地得到元件位置、速度和加速度等相对于时间的变化曲线，为机构及其元件的设计提供依据。在 CATIA 中进行运动仿真，如图 1-5 所示。

图 1-5　齿轮机构仿真

6. 有限元分析

CATIA 具有有限元分析功能，可以在零件造型完成后对其进行划分网格、添加约束和指定材料等操作，并对其进行结构、热和结构 - 热耦合有限元分析，得到应力分布、应变分布等分析结果。在 CATIA 中进行有限元仿真，如图 1-6 所示。

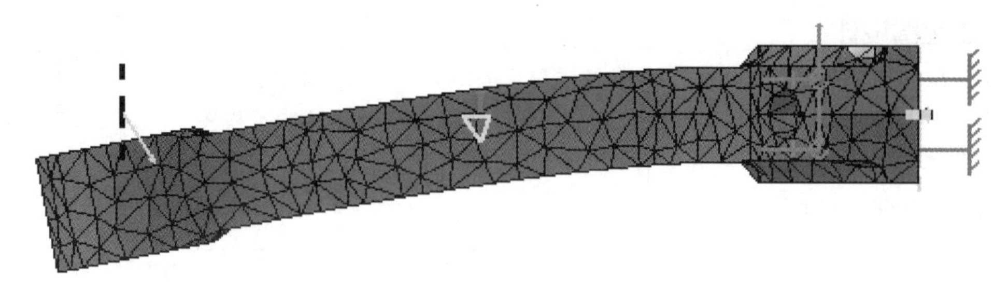

图 1-6　有限元仿真

1.2 CATIA V5-6R2018 软件介绍

CATIA V5-6R2018 是法国达索系统公司开发的软件。作为 PLM 协同解决方案的一个重要组成部分，它可以帮助制造厂商设计相应的产品，并支持从项目前期设计、具体的设计、分析、模拟、组装到维护在内的全部工业设计流程。

1.2.1 安装 CATIA V5-6R2018

使用 CATIA V5-6R2018 之前要进行设置并安装相应的插件，安装过程比较简单，可以轻松完成。我们通常使用的操作系统是 Windows，因此安装 CATIA V5-6R2018，需要在 Windows 7 或 Windows 10 系统下进行安装。

上机练习——安装软件

01 启动 setup.exe 文件（本书不提供，请在正规途径购买或在官网下载试用版），系统弹出 CATIA V5-6R2018 的安装界面，如图 1-7 所示。

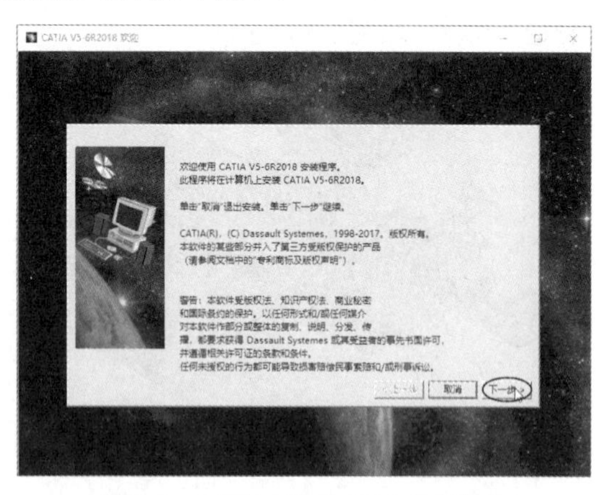

图 1-7　CATIA V5-6R2018 安装界面

02 单击“下一步”按钮，在“CATIA V5-6R2018 选择目标位置”界面中可以重新输入软件的安装位置，如图 1-8 所示。也可以单击“浏览”按钮选择安装路径。单击“下一步”按钮，如果安装路径下没有安装过 CATIA 软件，将会弹出“确认创建目录”对话框，如图 1-9 所示，单击“是”按钮。

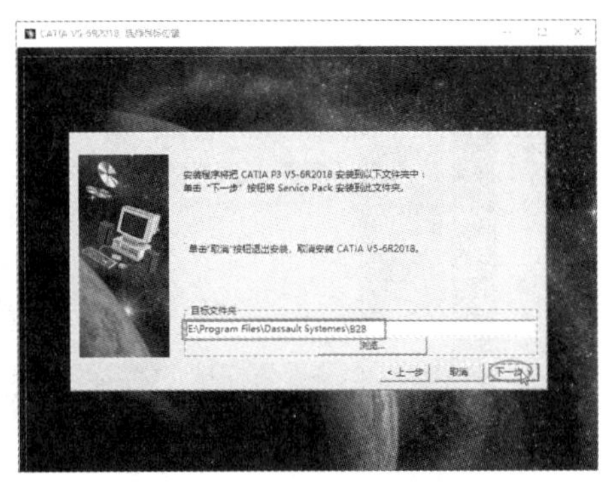

图 1-8　选择目标位置

图 1-9　“确认创建目录”对话框

03 在安装界面输入“环境目录”的存储位置，如图 1-10 所示，或者单击“浏览”按钮进行选择，单击“下一步”按钮。

04 选择“安装类型”，一般情况下选中“完全安装 - 将安装所有软件”单选按钮，如果有特殊需要可以选中“自定义安装 - 您可以选择您想要安装的软件”单选按钮，如图 1-11 所示。

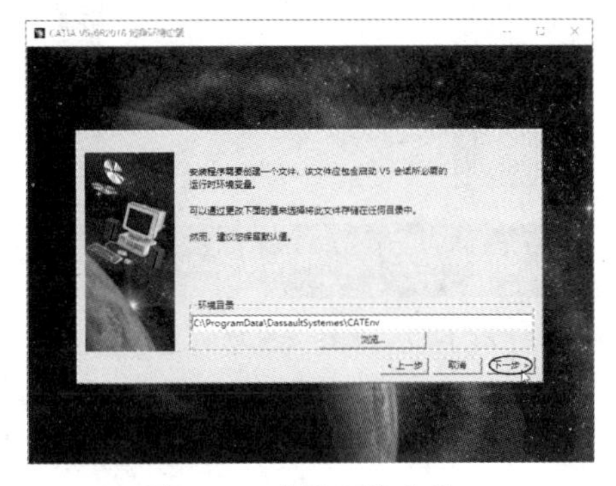

图 1-10　选择环境目录

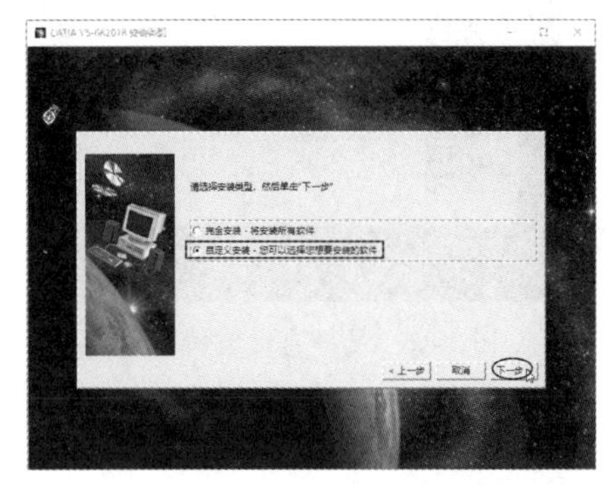

图 1-11　选择安装类型

05 单击“下一步”按钮，选择安装语言，如图 1-12 所示。

06 单击“下一步”按钮，选择需要自定义安装的软件配置与产品，如图 1-13 所示。

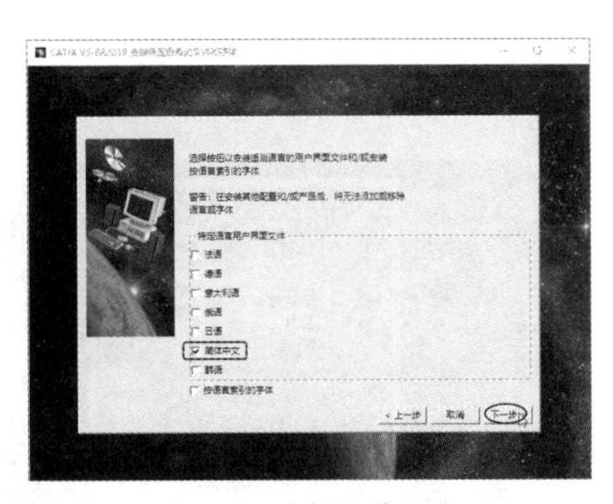

图 1-12　选择安装语言

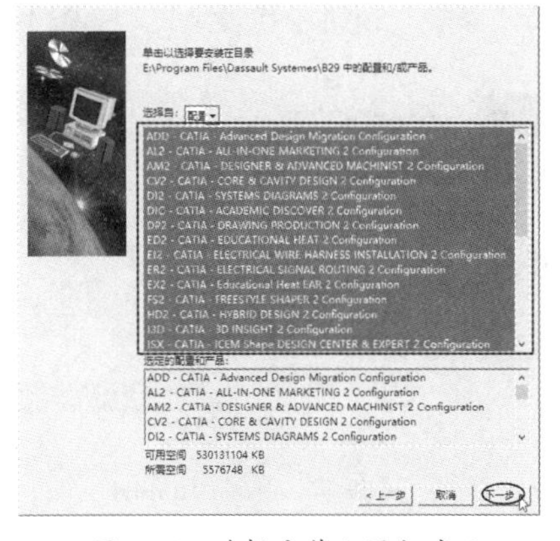

图 1-13　选择安装配置与产品

07 单击“下一步”按钮，选择 Orbix 配置，如图 1-14 所示。

08 单击“下一步”按钮，选择是否安装电子仓客户机，如图 1-15 所示。

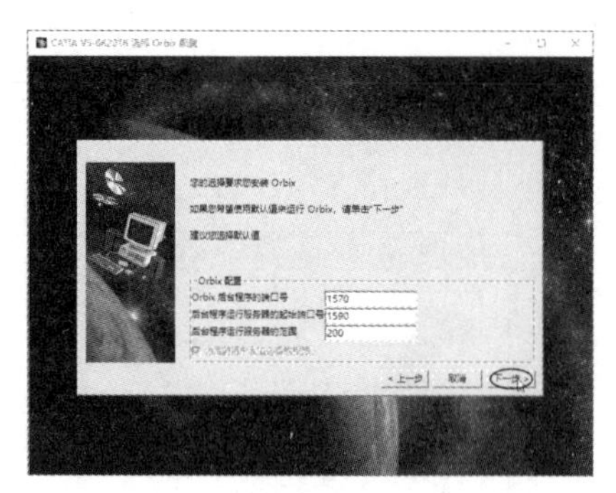

图 1-14　选择 Orbix 配置

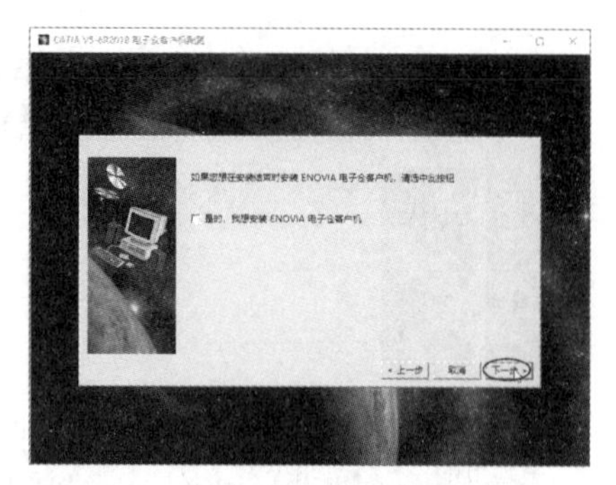

图 1-15　选择是否安装电子仓客户机

09 单击“下一步”按钮，选择自定义快捷方式，如图 1-16 所示。

10 单击“下一步”按钮，选取安装联机文档，如图 1-17 所示。

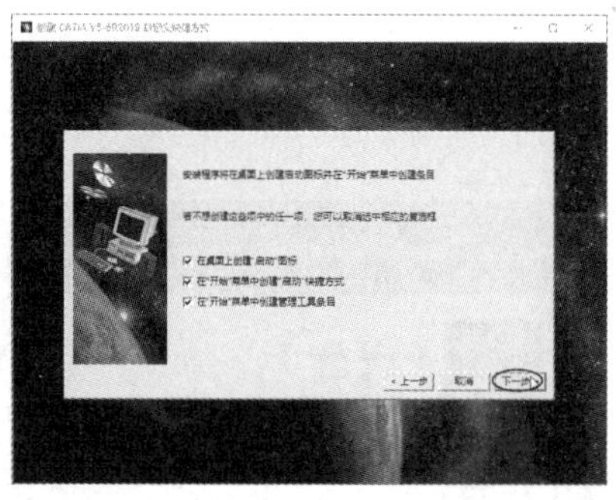

图 1-16　选择自定义快捷方式

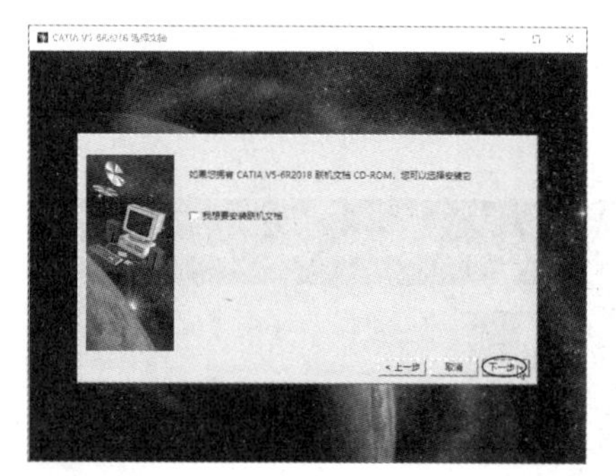

图 1-17　选择安装联机文档

技术要点：

如果是新手，可以选中“我想要安装联机文档”复选框，可使用CATIA提供的帮助文档，以更好地完成学习计划。

11 单击“下一步”按钮，查看安装前的所有配置，如图 1-18 所示。

12 单击“安装”按钮，开始安装，如图 1-19 所示。

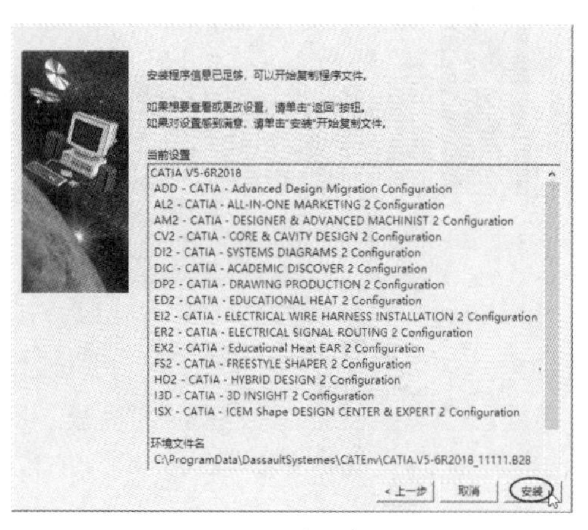

图 1-18　查看所有配置

图 1-19　开始安装

13 安装完成之后单击“完成”按钮，如图 1-20 所示。

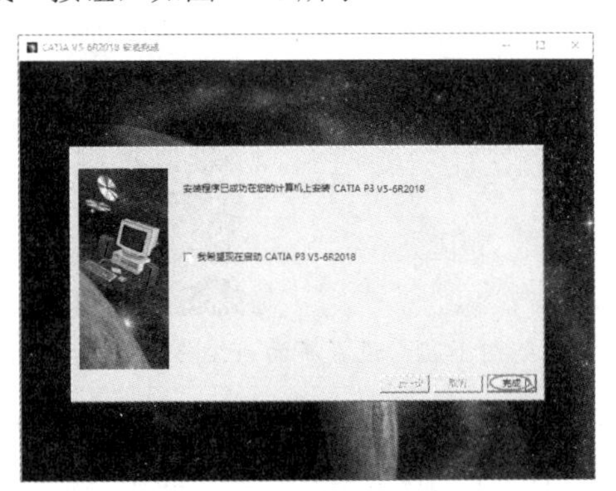

图 1-20 完成安装

1.2.2 CATIA V5-6R2018 的操作界面

CATIA 各个模块的操作界面基本一致，包括标题栏、菜单栏、工具栏、罗盘、命令提示栏、绘图区和特征树。本小节着重介绍 CATIA 的启动栏、菜单栏、工具栏、命令提示栏和特征树的使用方法，以便后续课程的学习。

双击 CATIA V5-6R2018 的快捷方式图标启动软件，启动后进入默认的操作界面，如图 1-21 所示。

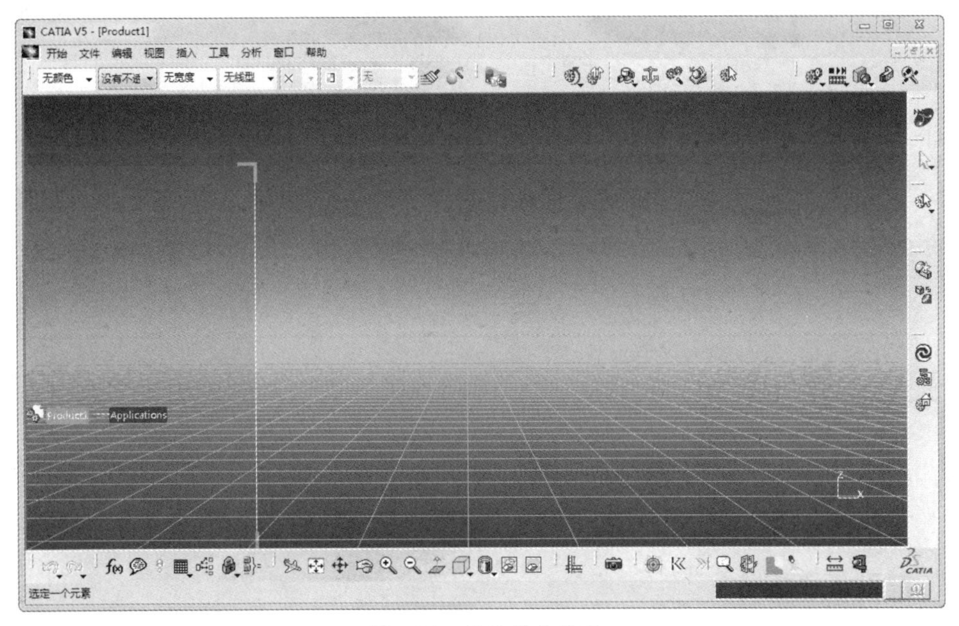

图 1-21 默认操作界面

CATIA V5R21 旧版本的界面一直深入人心，为了与经典的 CATIA V5R21 版本保持相同的界面风格，需要执行“工具”|“选项”命令，打开“选项”对话框。在“常规”选项卡中选中 P1 单选按钮，并在“树外观”选项卡中选中“经典 Windows 样式”单选按钮，即可设置为经典的 CATIA V5R21 界面风格，如图 1-22 所示。

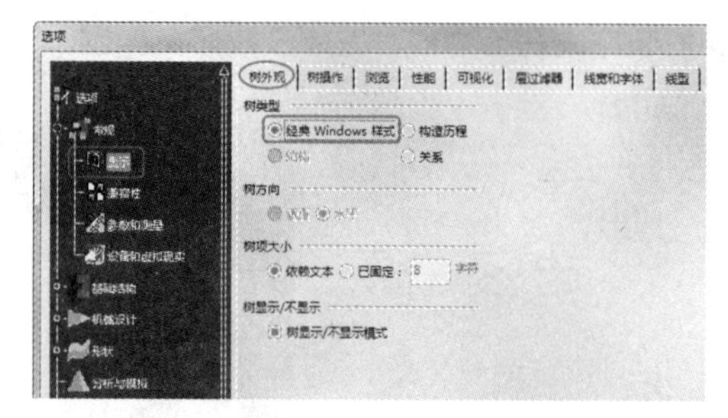

图 1-22　设置界面为经典风格

CATIA V5-6R2018 界面的风格经过选项设置为旧版本风格后，与 CATIA V5R21 完全相同，软件中的各模块指令也相差无几。重新启动CATIA V5-6R2018软件，经典界面布局如图1-23所示，此界面为零件设计工作台的工作界面。

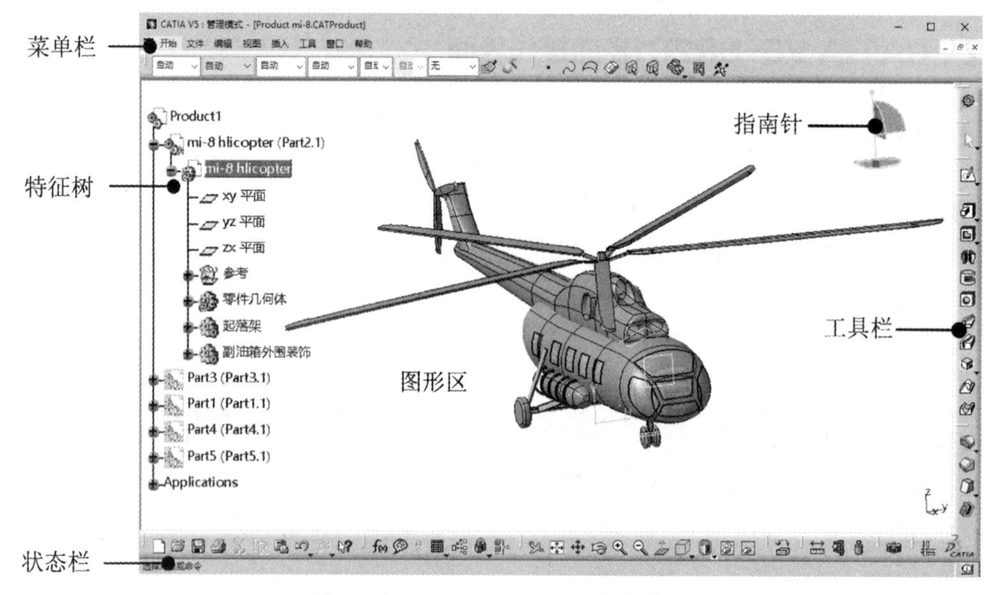

图 1-23　CATIA V5-6R2018 经典界面

1.3 视图操作与显示

视图操作与显示包括模型视图的常规操作和模型视图的显示与着色设置，视图操作和显示在绘图中十分重要。

1.3.1 模型视图操作

模型视图的操作工具在软件窗口底部的“视图”工具栏中，可以调出进行快捷操作，如图1-24所示。

1. 利用“视图”工具栏操作视图

单击“视图”工具栏中的“飞行模式”按钮，进入飞行模式，此时“视图”工具栏也变为如图 1-25 所示的状态。

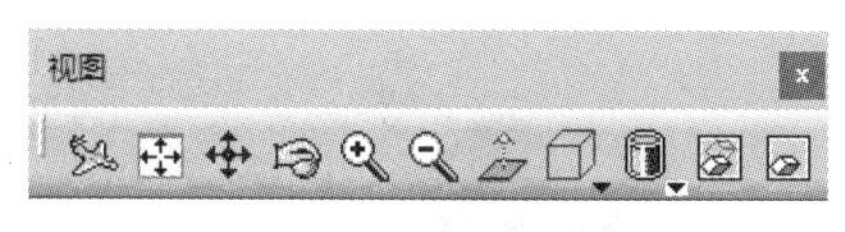

图 1-24 “视图”工具栏

图 1-25 “视图”工具栏的飞行模式

单击“视图”工具栏中的“转头”按钮，并在视图中按住左键并拖动，可以环绕鼠标指针位置观察模型，如图 1-26 所示。

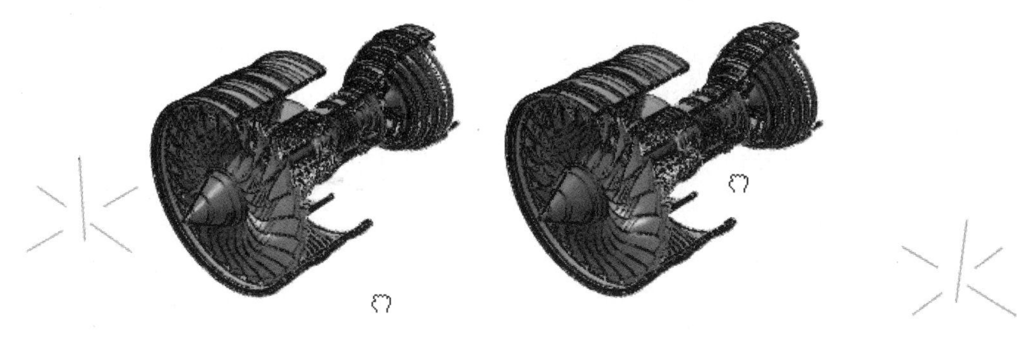

图 1-26 “转头”观察模型

单击“视图”工具栏中的“飞行”按钮，并在视图中按住左键并拖动，如图 1-27 所示，绿色箭头显示移动速度和方向。单击“视图”工具栏中的“加速”按钮和“减速”按钮，可以调整飞行模式的移动速度，如图 1-28 所示。

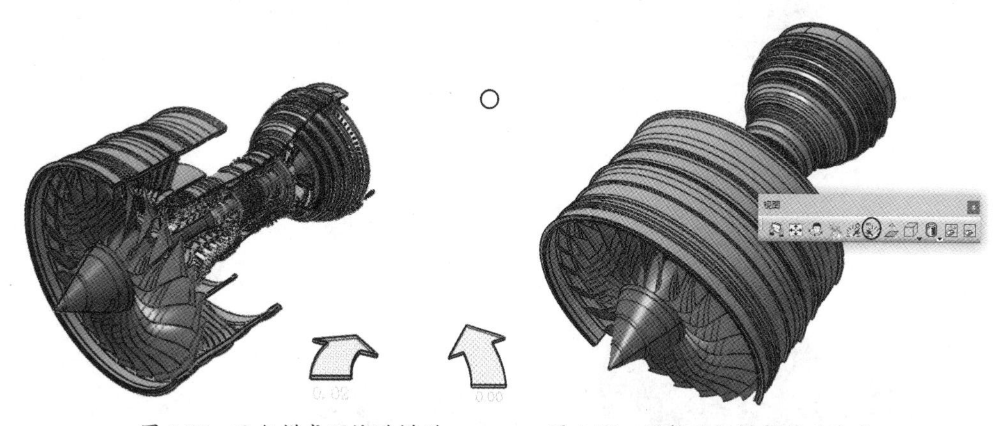

图 1-27 飞行模式下拖动模型　　图 1-28 调整飞行模式移动速度

单击“视图”工具栏中的“检查模式”按钮，恢复“视图”工具栏的初始状态。单击“视图”工具栏中的“全部适应”按钮，模型视图自动调整为最合适大小并居于绘图区正中，如图 1-29 所示。

单击“视图”工具栏中的“平移”按钮，按住鼠标左键并拖动，可以对模型视图进行平移，如图 1-30 所示。

技术要点：

利用“视图”工具栏中的“平移”“旋转”等工具操作视图，模型本身的位置和状态并没有发生变化。

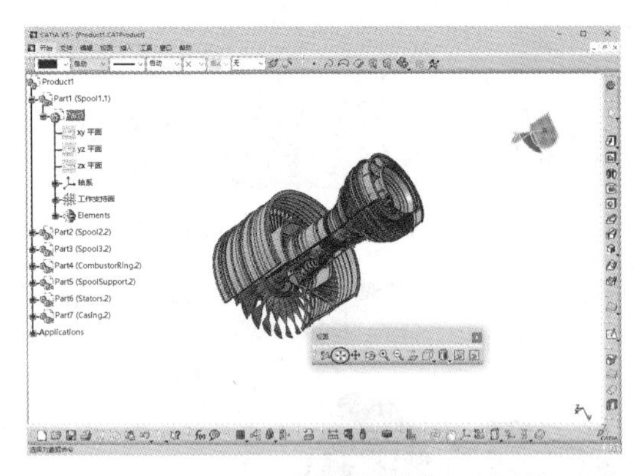

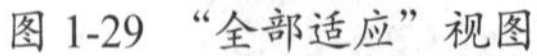

图 1-29 “全部适应”视图

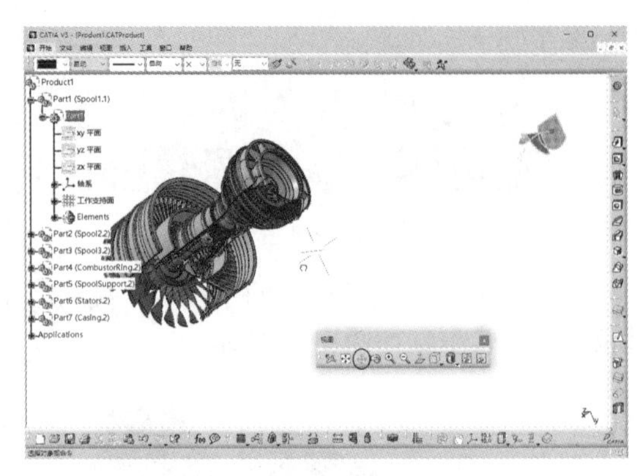

图 1-30 平移视图

单击“视图”工具栏中的“旋转”按钮，按住鼠标左键并拖动，可以对模型视图进行旋转，如图 1-31 所示。

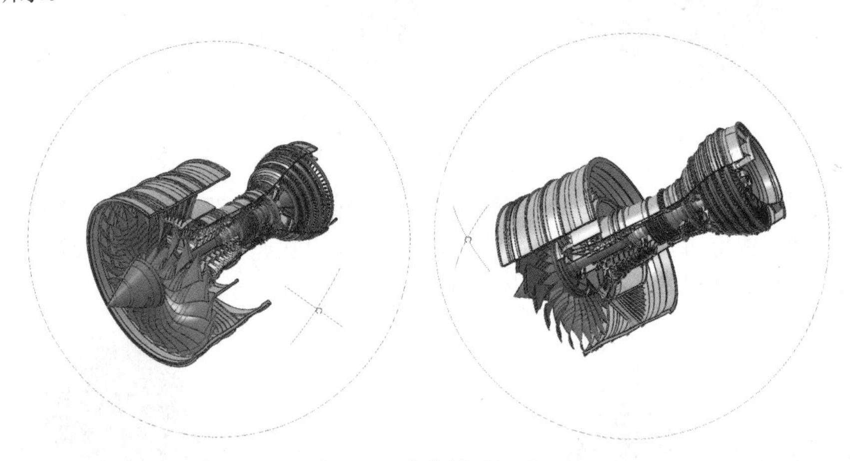

图 1-31 旋转模型视图

单击“视图”工具栏中的“放大”按钮或“缩小”按钮，按住鼠标左键并拖动，可以对模型视图进行放大或缩小，如图 1-32 所示。

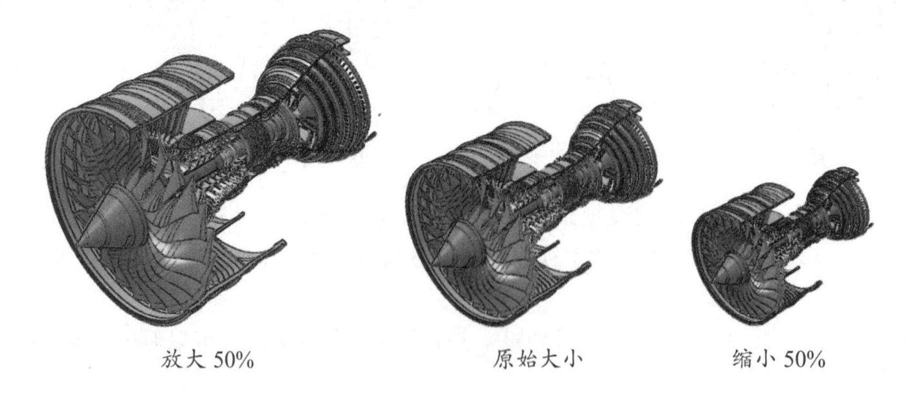

图 1-32 缩放模型视图

旋转一个模型平面后，单击“视图”工具栏中的“法线视图”按钮，可以沿选定平面的法线方向调整模型视图，如图 1-33 所示。

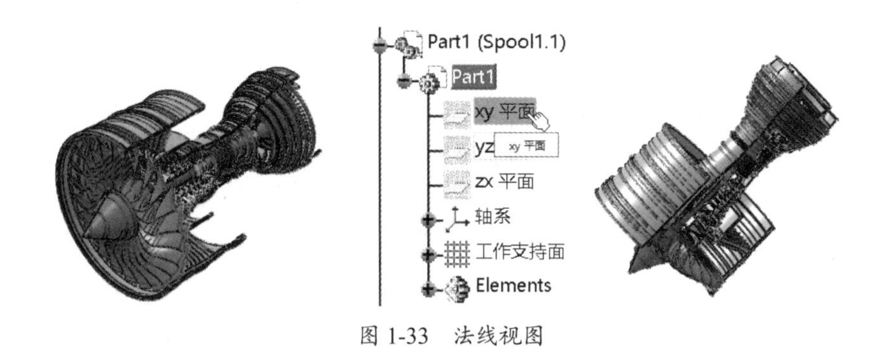

图 1-33 法线视图

2. 利用鼠标功能操作视图

与其他 CAD 软件类似，CATIA 也提供了各种鼠标按钮的组合功能，包括执行命令、选择对象、编辑对象，以及对视图和树的平移、旋转和缩放等。

在 CATIA 工作界面中选中的对象被加亮（显示为橙色）后，在图形区与在特征树上的选择是相同的，并且是相互关联的。利用鼠标也可以操作视图或特征树，要使几何视图或特征树成为当前操作的对象，可以单击特征树或窗口右下角的坐标轴图标。

移动视图是最常用的操作，如果每次都单击工具栏中的按钮，将会浪费很多时间，此时可以通过鼠标快速完成视图的移动。

在 CATIA 中结合键盘与鼠标功能操作视图的说明如下。

- 缩放视图：同时按住 Ctrl 键 + 鼠标中键，向前拖动鼠标可放大视图（作用等效于“视图”工具栏中的“放大”工具），向后拖动鼠标可缩小视图（作用等效于“视图”工具栏中的“缩小”工具）。
- 平移视图：按住鼠标中键并拖动可平移视图，作用等效于“视图”工具栏中的“平移”工具。
- 旋转视图：先按住鼠标中键，再按住左键或右键可旋转视图，作用等效于“视图”工具栏中的“旋转”工具。

1.3.2 利用指南针操作视图

“指南针”是一个重要的工具，通过它，可以对视图进行旋转、移动等操作。同时，指南针在操作零件时也有非常强大的功能，下面简单介绍指南针的基本功能。

指南针位于图形区的右上角，并且总是处于激活状态，可以选择“视图”菜单中的“指南针”命令来隐藏或显示指南针。使用指南针既可以对特定的模型进行特定的操作，也可以对视点进行操作。

图 1-34 中，字母 x、y、z 表示坐标轴。z 轴起到定位的作用，靠近 z 轴的点称为“自由旋转手柄”，用于旋转指南针，同时图形区中的模型也将随之旋转；红色方块是指南针操纵手柄，用于拖动指南针，并且可以将指南针置于物体上进行操作，也可以使物体绕该点旋转；指南针底部的 xy 平面是系统默认的优先平面，也就是基准平面。

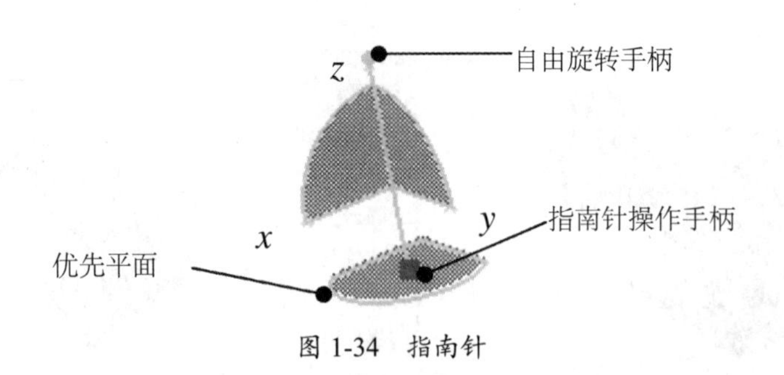

图 1-34　指南针

技术要点：

指南针可用于操纵未被约束的物体，也可以操纵彼此之间有约束关系，但属于同一装配体的一组物体。

1. 视点操作

视点操作是指，使用鼠标对指南针进行简单的拖动，从而实现对图形区的模型进行平移或者旋转操作，具体操作方法如下。

- 将鼠标指针移至指南针处，鼠标指针由↖变为☝，并且其经过之处，坐标轴、坐标平面的弧形边缘，以及平面本身皆会以亮色显示。
- 单击指南针上的轴线（此时鼠标指针变为♡）并按住鼠标拖动，图形区中的模型会沿着该轴线移动，但指南针本身并不会移动。
- 单击指南针上的平面并按住鼠标移动，图形区中的模型和空间也会在此平面内移动，但是指南针本身不会移动。
- 单击指南针平面上的弧线并按住鼠标移动，图形区中的模型会绕该法线旋转，同时，指南针本身也会旋转，而且鼠标离红色方块越近旋转速度越快。
- 单击指南针上的自由旋转手柄并按住鼠标移动，指南针会以红色方块为中心点自由旋转，且图形区中的模型和空间也会随之旋转。
- 单击指南针上的 x、y 或 z 字母，则模型在图形区以垂直于该轴的方向显示，再次单击该字母，视点方向会变为反向。

2. 模型操作

使用鼠标和指南针不仅可以对视点进行操作，还可以把指南针拖至物体上，对物体进行操作，具体操作方法如下。

- 将鼠标指针移至指南针操纵手柄处（此时鼠标指针变为✥），然后拖动指南针至模型上，此时指南针会附着在模型上，且字母 x、y、z 变为 w、u、v，这表示坐标轴不再与文件窗口右下角的绝对坐标一致。此时，即可按上面介绍的对视点的操作方法，对物体进行操作了。
- 在对模型进行操作的过程中，移动的距离和旋转的角度均会在图形区显示，显示的数据为正值，表示与指南针正向相同；显示的数据为负值，表示与指南针的正向相反。
- 恢复指南针位置。拖动指南针操纵手柄到离开物体的位置，指南针就会回到图形区的右上角，但是不会恢复为默认的方向。
- 将指南针恢复到默认方向。将指南针拖至窗口右下角的绝对坐标系处，也可以在拖动指南针离开物体的同时按 Shift 键，且先松开鼠标左键，还可以选择“视图”菜单中的“重置指南针”命令。

3. 编辑

将指南针拖至物体上并右击，在弹出的快捷菜单中选择“编辑”命令，弹出如图1-35所示的“用于指南针操作的参数”对话框，利用该对话框中的参数设置，可以对模型进行平移和旋转等操作。

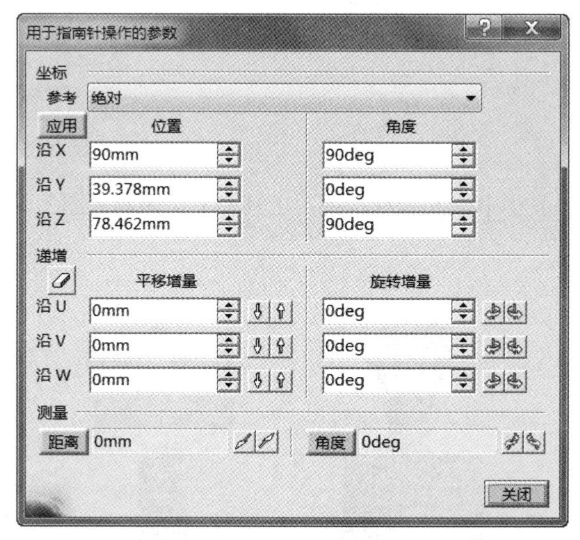

图1-35　“用于指南针操作的参数”对话框

“用于指南针操作的参数”对话框中的主要选项及参数含义如下。

- 参考：该下拉列表中包含“绝对”和“活动对象”两个选项。“绝对”是指，模型的移动是相对于绝对坐标的；“活动对象”是指，模型的移动是相对于激活的模型的（激活模型的方法是：在特征树中单击模型，激活的模型以蓝色高亮显示）。此时，即可对指南针进行精确的移动、旋转等操作，从而对模型进行相应操作。
- 位置：此文本框显示当前的坐标值。
- 角度：此文本框显示当前坐标的角度值。
- 平移增量：如果要沿着指南针的一根轴线移动，则需要在该区域的沿U、沿V或沿W文本框中输入相应的数值，然后单击或者按钮定义方向。
- 旋转增量：如果要沿着指南针的一根轴线旋转，则需要在该区域的沿U、沿V或沿W文本框中输入相应的角度，然后单击或者按钮定义方向。
- 距离：要使模型沿所选的两个元素产生的矢量移动，则需要先单击该按钮，然后选择两个元素（可以是点、线或平面）。两个元素的距离值经过计算会在该按钮后的文本框中显示。当第一个元素为一条直线或一个平面时，除了可以选择第二个元素，还可以在该按钮后的文本框中填入相应数值。这样，单击或按钮，使模型可以沿着经过计算所得的平移方向的反向或正向移动。
- 角度：要使模型沿所选的两个元素产生的夹角旋转，则需要先单击该按钮，然后选择两个元素（可以是线或平面）。两个元素的距离值经过计算会在该按钮后的文本框中显示。单击或按钮，即可沿着经过计算所得的旋转方向的反向或正向旋转模型。

1.3.3 视图状态与视图显示模式

1. 视图状态

单击“视图”工具栏中“等轴测视图”按钮右下角的下三角按钮，调出“快速查看”工具栏，如图1-36所示。

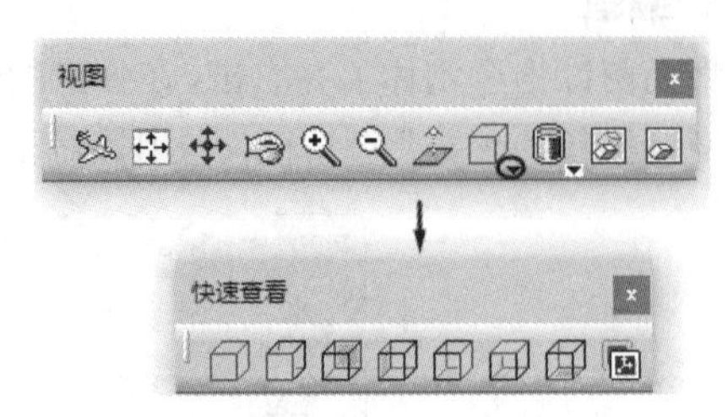

图 1-36 调出“快速查看”工具栏

通过“快速查看”工具栏中的6个基本视图工具和1个轴测视图工具，可以得到所需的视图状态，如图1-37所示。

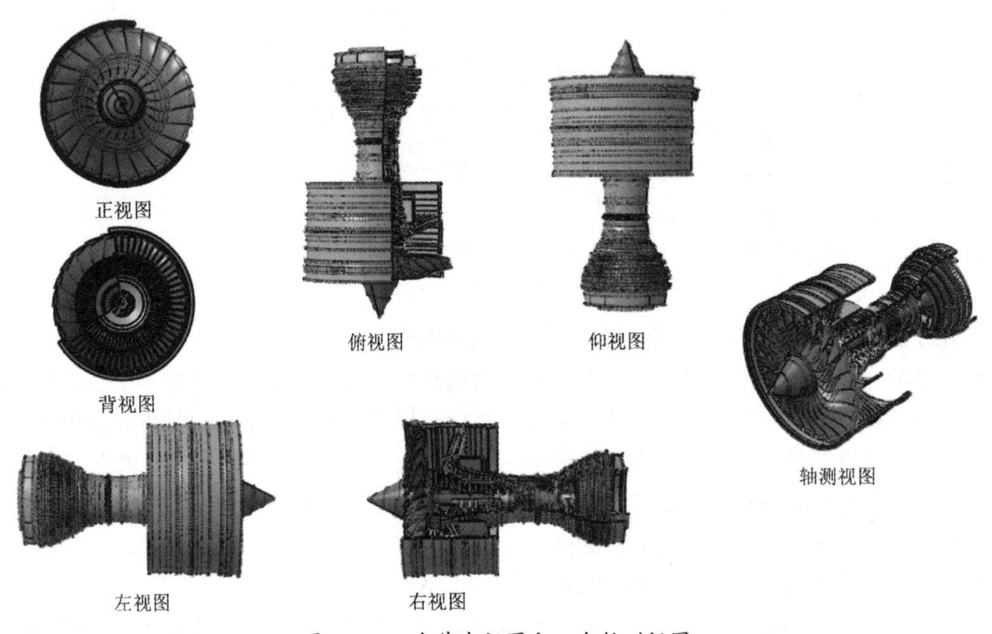

图 1-37 6个基本视图和1个轴测视图

单击“已命名的视图”按钮，弹出“已命名的视图”对话框，如图1-38所示，输入新视图名称Camera 1，单击“添加”按钮，即可添加当前视图为新视图。单击“属性”按钮，弹出“照相机属性”对话框，可以查看视图的属性，如图1-39所示。

图 1-38 “已命名的视图”对话框

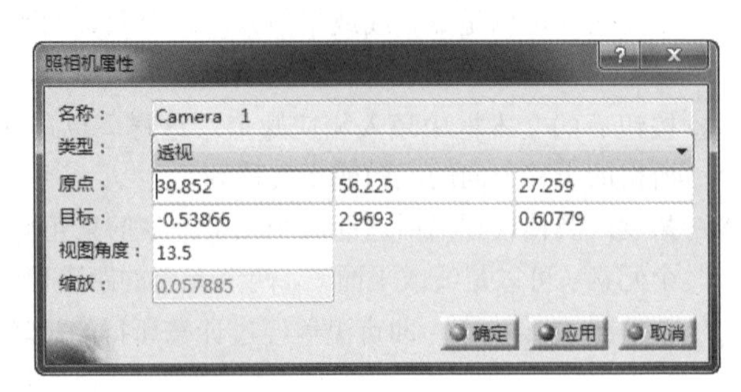

图 1-39 “照相机属性”对话框

2. 视图模式

在“视图”工具栏中单击“含边线着色”按钮右下角的下三角按钮，调出“视图模式”工具栏，如图 1-40 所示。

图 1-40 “视图模式”工具栏

如图 1-41 所示为“视图模式”工具栏中的 6 种显示模式工具的应用效果。

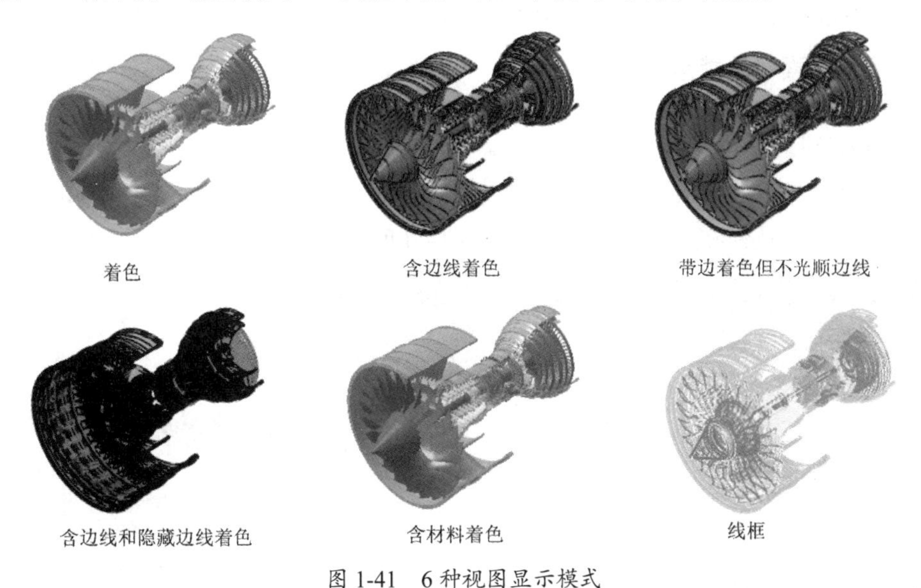

图 1-41 6 种视图显示模式

1.4 对象的选择

在 CATIA V5-6R2018 中选择对象常用的几种方法如下。

1. 选取单个对象

- 直接单击需要选取的对象。
- 在“特征树”中单击对象的名称，即可选中对应的对象，被选中的对象会高亮显示。

“选择”工具栏（如图 1-42 所示）中各按钮的说明如下。

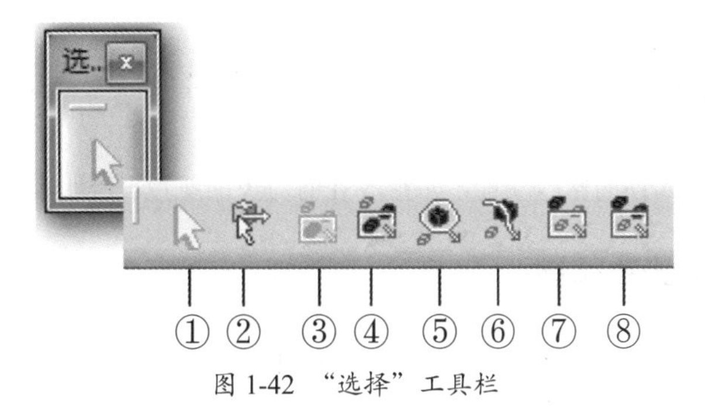

图 1-42 “选择”工具栏

① 选择：选择系统自动判断的元素。

② 选择框：几何图形上方的选择框。

③ 矩形选择框：选择定义矩形包括的元素。

④ 相交矩形选择框：选择与矩形相交的元素。

⑤ 多边形选择框：用鼠标绘制任意一个多边形，选择多边形包括的元素。

⑥ 手绘的选择框：用鼠标绘制任意形状，选择其包括的元素。

⑦ 矩形选择框之外：选择定义矩形外部的元素。

⑧ 相交于矩形选择框之外：选择与定义矩形相交的元素及定义矩形以外的元素。

2. 利用“搜索”功能选择对象

“搜索”工具可以根据用户提供的名称、类型、颜色等信息快速选择对象。执行“编辑”|“搜索”命令，弹出“搜索”对话框，如图 1-43 所示。

使用搜索功能需要先打开模型文件，并在“搜索”对话框中输入查找条件，单击“搜索”按钮，对话框下方则显示符合条件的元素，如图 1-44 所示。

技术要点：

“搜索”对话框中的*是通配符，代表任意字符，可以是一个字符也可以是多个字符。

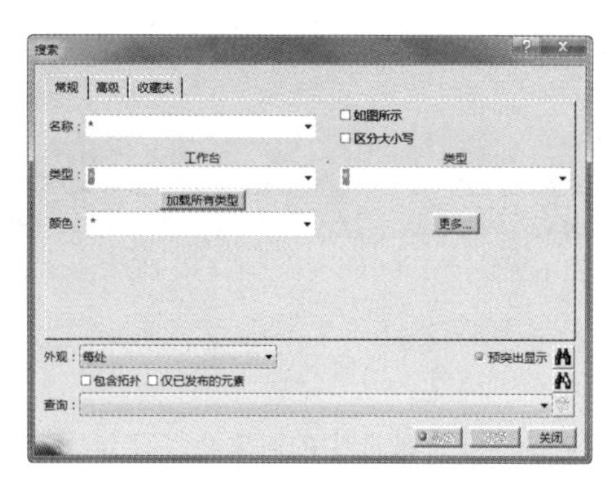

图 1-43 “搜索”对话框

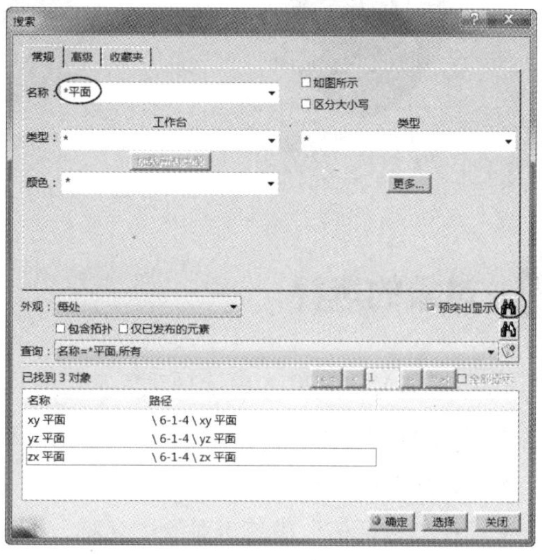

图 1-44 搜索内容

1.5 修改图形属性

CATIA 提供了图形属性的修改功能，如修改几何对象的颜色、透明度、线宽、线型、图层等。

1.5.1 通过工具栏修改属性

用于图形属性修改的“图形属性”工具栏，如图 1-45 所示。

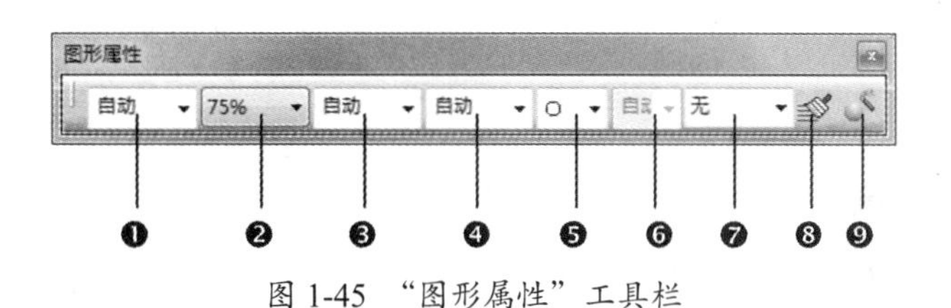

图 1-45 “图形属性”工具栏

首先选择要修改图形属性的对象，通过下列选项选择新的图形特性，然后单击作图区的空白处即可。

① 修改几何对象颜色：单击下拉按钮，在下拉列表中选取一种颜色即可。

② 修改几何对象的透明度：单击下拉按钮，在下拉列表中选取一个透明度比例即可，100%表示不透明。

③ 修改几何对象的线宽：单击下拉按钮，在下拉列表中选取一种线宽即可。

④ 修改几何对象的线型：单击下拉按钮，在下拉列表中选取一种线型即可。

⑤ 修改点的式样：单击下拉按钮，在下拉列表中选取一个点的式样。

⑥ 修改对象的着色显示：单击下拉按钮，在下拉列表中选择一种着色模式。

⑦ 修改几何对象的图层：单击下拉按钮，在下拉列表中选择一个图层即可。

技术要点：

如果下拉列表中没有合适的图层名，选择“其他层”选项，通过弹出的“已命名的层”对话框建立新的图层即可，如图1-46所示。

⑧ 格式刷：单击此按钮，可以复制格式（属性）到所选对象。

⑨ 图形属性向导 单击此按钮，可以从打开的“图形属性向导”窗口中设置自定义的属性，如图 1-47 所示。

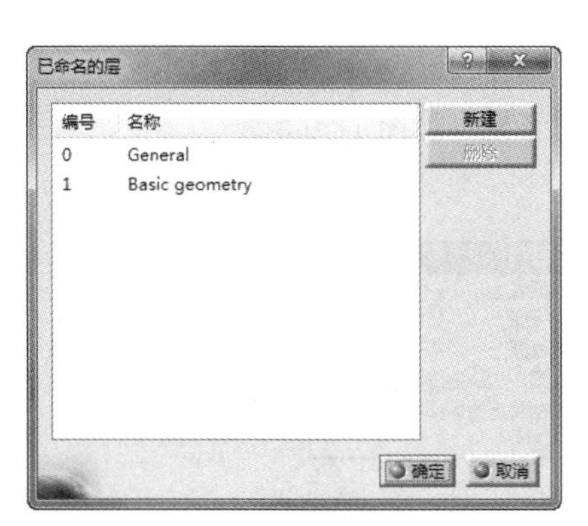

图 1-46 “已命名的层”对话框

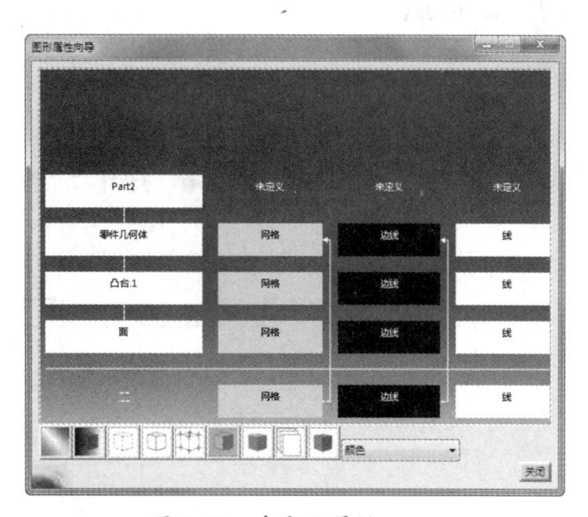

图 1-47 自定义属性

1.5.2 通过快捷菜单修改属性

用户也可以在绘图区选中某个特征并右击，在弹出的快捷菜单中选择“属性”命令，打开“属性”对话框。通过此对话框，可以设置颜色、线型、线宽、图层等图形属性，如图 1-48 所示。

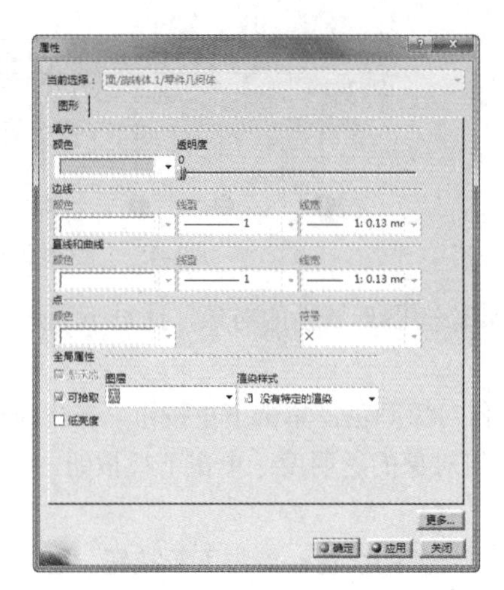

图 1-48　选择快捷菜单中的命令修改属性

1.6　创建模型参考

在建模的过程中，经常会利用 CAITA 的参考图元（基准工具）工具创建基准特征，包括基准点、基准线、基准平面和轴系（参考坐标系）。创建基准的“参考图元（扩展的）”工具栏如图 1-49 所示。

图 1-49　“参考图元（扩展的）”工具栏

1.6.1　参考点

创建参考点的方法较多，下面详细讲解。

执行“开始”|“机械设计”|“零件设计”命令，进入零件设计工作平台。在“参考图元（扩展的）”工具栏中单击“点”按钮■，打开“点定义”对话框，如图 1-50 所示。

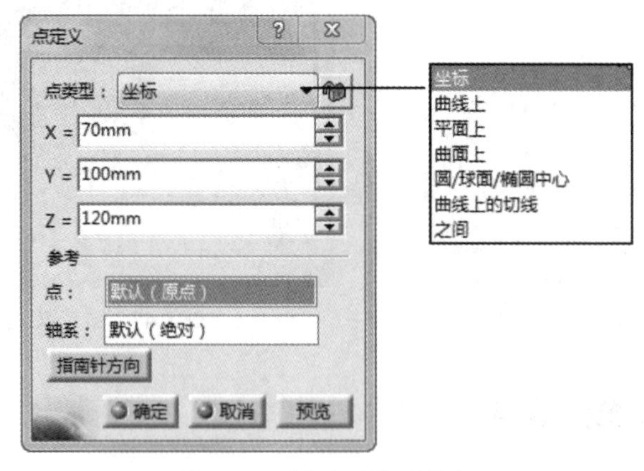

图 1-50　“点定义”对话框

技术要点：

“点类型”下拉列表右侧有一个“锁定”按钮，可以防止在选择几何图形时自动更改该类型。只需单击此按钮，“锁”就变为红色。例如，如果选择“坐标”类型，则无法选择曲线。如果想选择曲线，可以在下拉列表中选择其他类型。

1. “坐标”方法

“坐标”方法是以输入当前工作坐标系的坐标值来确定点在空间中的位置，输入值是根据参考点和参考轴系进行的。

上机练习——以“坐标”方法创建参考点

01 单击“点”按钮，打开“点定义”对话框。

02 默认情况下，参考点以绝对坐标系原点作为参考进行创建。可以激活“点”参考收集器，选取绘图区中的一个点作为参考，此时输入的坐标值就是以此点进行参考的，如图 1-51 所示。

技术要点：

如果需要删除指定的参考点或轴系，可以对其右击，在弹出的快捷菜单中选择“清除选择”命令。

03 在“点类型”下拉列表中选择“坐标”类型，软件自动将绝对坐标系设为参考。输入新点的坐标值，如图 1-52 所示。

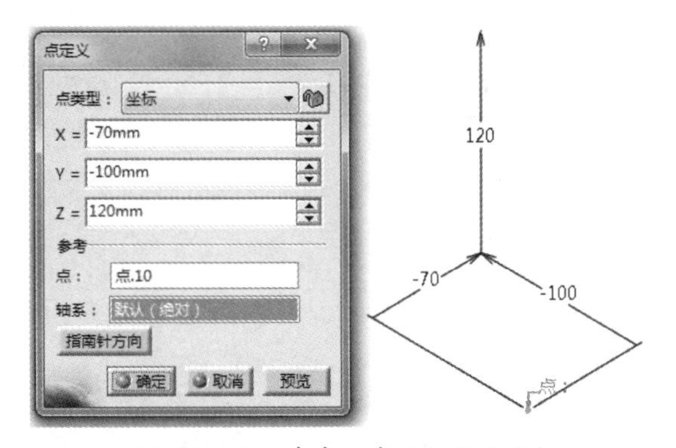

图 1-51 指定参考点来输入新点坐标

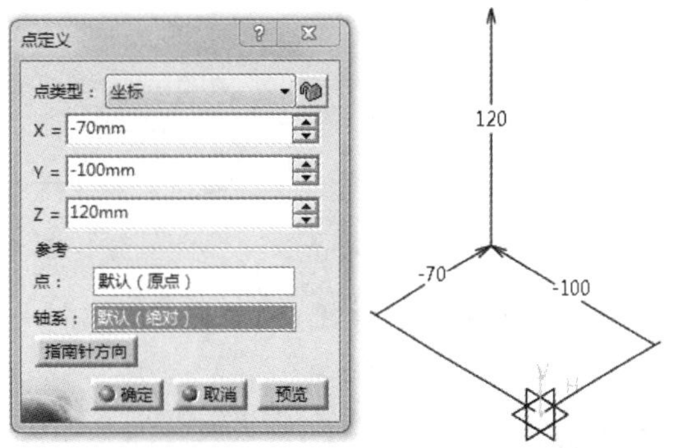

图 1-52 以默认的绝对坐标系作为参考

04 当然也可以在绘图区中选择快捷菜单的“创建轴系”命令，临时新建一个参考坐标系，如图 1-53 所示。

技术要点：

CATIA 软件中的“轴系”，就是图形学中的“坐标系”。

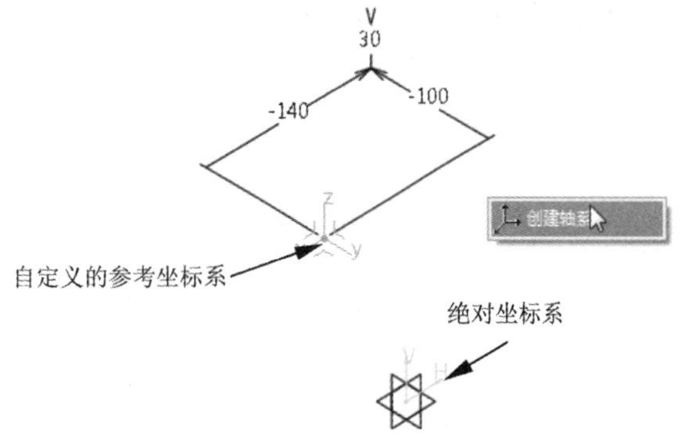

图 1-53 创建自定义的参考坐标系

05 单击“确定”按钮，完成参考点的创建。

2. “曲线上”方法

“曲线上”方法会在指定的曲线上创建点，采用此方法的“点定义”对话框如图 1-54 所示。

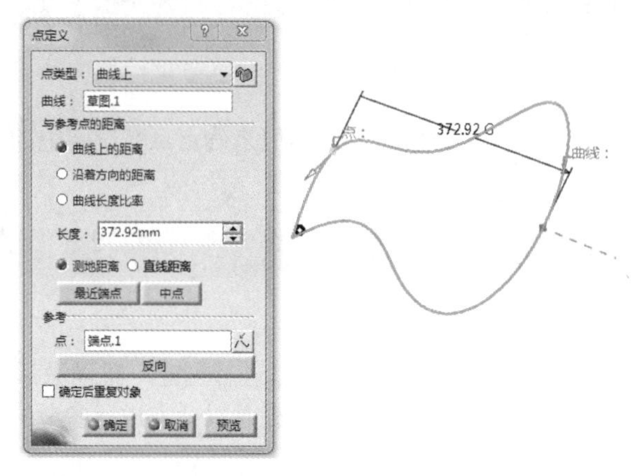

图 1-54 “点定义”对话框

定义“曲线上”方法的主要参数选项含义如下。

- 曲线上的距离：创建的点位于沿曲线到参考点的给定距离处，如图 1-55 所示。

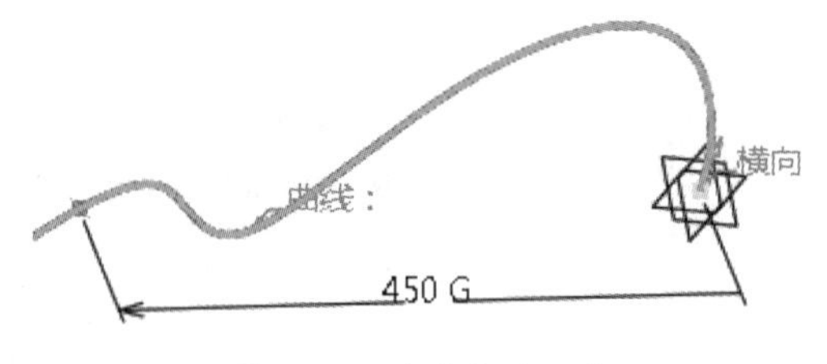

图 1-55 曲线上的距离

- 沿着方向的距离：沿着指定的方向来设置距离，如图 1-56 所示。可以指定直线或平面作为方向参考。

技术要点：

要指定方向参考，如果是直线，那么直线必须与点所在曲线的方向大致相同，此外还要注意参考点的方向（图1-56中偏置值上的尺寸箭头）。若相反，会弹出“更新错误”对话框，如图1-57所示。如果选择的是平面，那么点所在的曲线必须在该平面上，或者与平面平行，否则不能创建点。

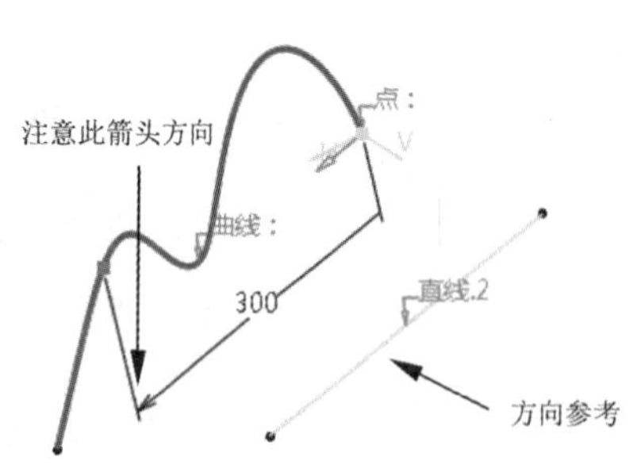

图 1-56 沿着方向的距离

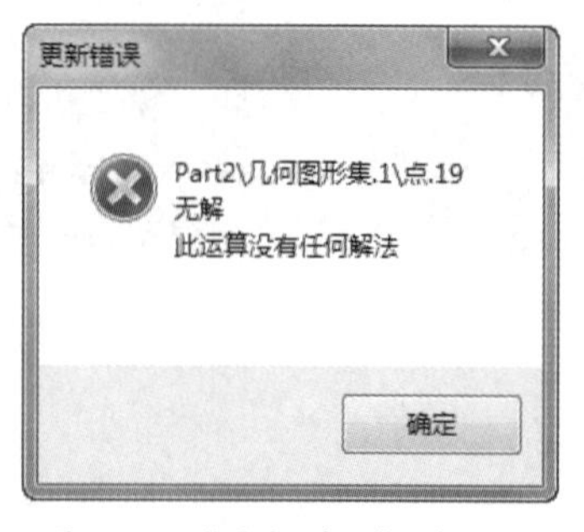

图 1-57 “更新错误”对话框

- 曲线长度比率：参考点和曲线的端点之间的给定比率，最大值为 1。
- 测地距离：从参考点到要创建的点之间的最短距离（沿曲线测量的距离），如图 1-58 所示。
- 直线距离：从参考点到要创建的点之间的直线距离（相对于参考点测量的距离），如图 1-59 所示。

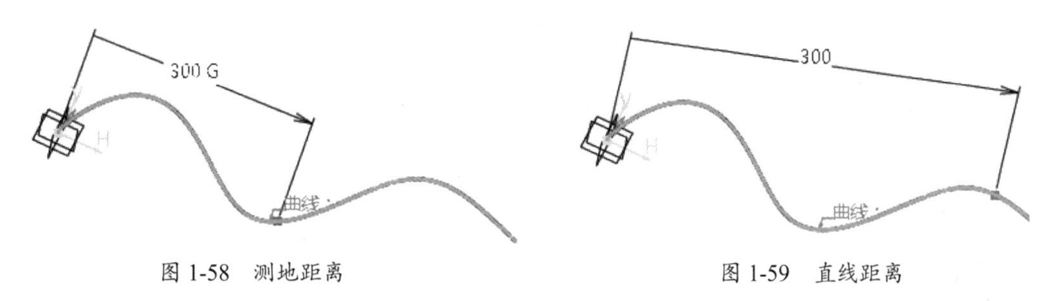

图 1-58　测地距离　　图 1-59　直线距离

技术要点：

如果距离或比率值定义在曲线外，则无法创建直线距离的点。

- 最近端点：单击此按钮，将确定点创建在所在曲线的端点上，参考点与端点如图 1-60 所示。

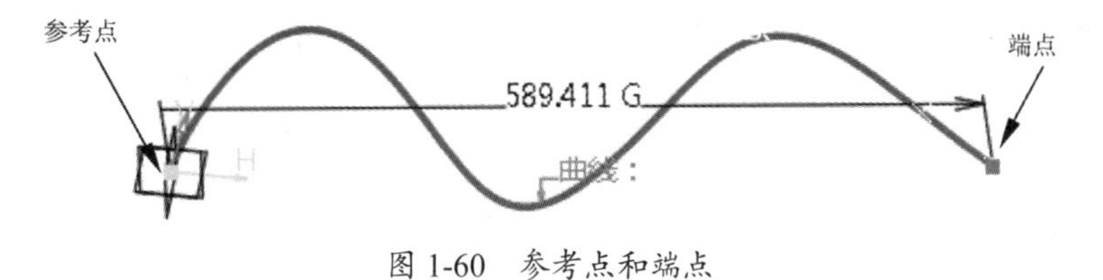

图 1-60　参考点和端点

- 中点：单击此按钮，将在曲线的中点位置创建点，如图 1-61 所示。

图 1-61　中点位置创建点

- 反向：单击此按钮，改变参考点的位置。
- 确定后重复对象：如果需要创建多个点或者平分曲线，可以选中此复选框，随后弹出“点面复制”对话框，如图 1-62 所示。通过此对话框设置复制的个数，即可创建复制的点。如果选中“同时创建法线平面”复选框，还会创建这些点与曲线垂直的平面，如图 1-63 所示。

图 1-62　“点面复制”对话框

图 1-63　创建法线平面

上机练习——以“曲线上”方法创建参考点

01 进入零件设计工作台，单击“草图”按钮，选择 *xy* 平面作为草图平面，并绘制如图 1-64 所示的样条曲线。

02 退出草图工作台后，再单击“点”按钮，打开“点定义”对话框。选择“曲线上”类型，在图形区显示默认选取的元素，如图 1-65 所示。

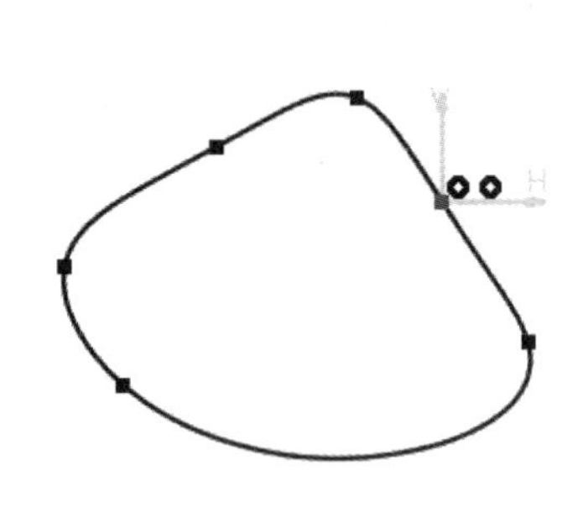

图 1-64　绘制草图

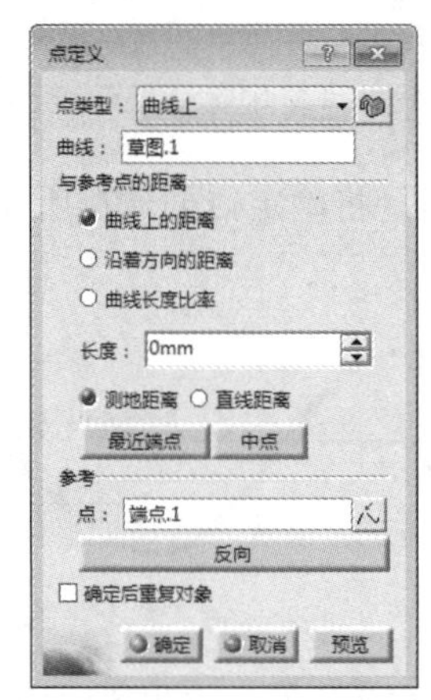

图 1-65　选择点类型

03 由于软件自动选择了草图作为曲线参考，选择“曲线长度比率”单选按钮，并输入“比率”为0.5。

04 保留其余选项的默认设置，单击“确定”按钮完成参考点的创建，如图 1-66 所示。

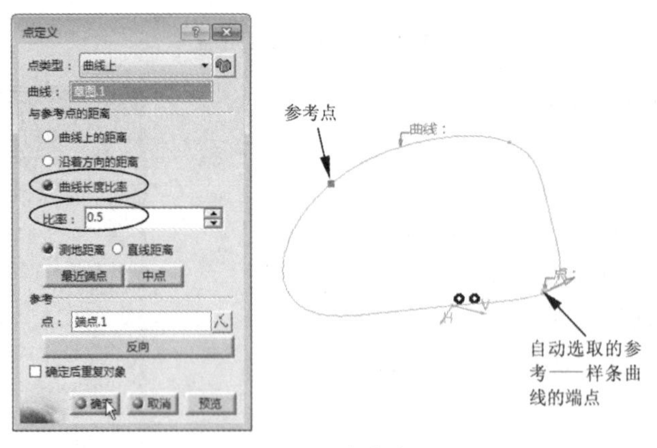

图 1-66　创建参考点

3. “平面上”方法

选择“平面上”选项来创建点，需要选择一个参考平面，该平面可以是默认坐标系中的 3 种几何平面之一，也可以是用户自定义的平面或者选择模型上的平面。

上机练习——以“平面上”方法创建参考点

01 新建文件并进入零件设计工作台。

02 单击“点”按钮 ▪，打开“点定义”对话框。选择“平面上”类型，然后选择 *xy* 平面作为参考平面，并拖动点到平面中的相对位置，如图 1-67 所示。

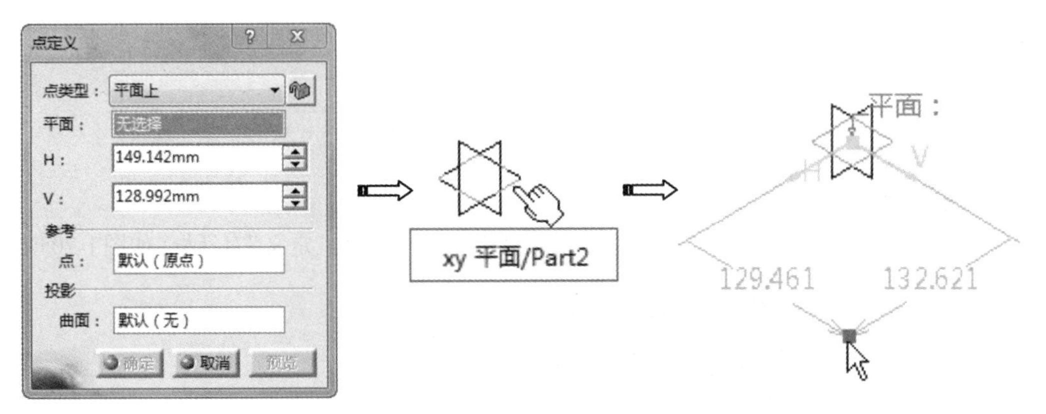

图 1-67 在平面上创建点

03 在“点定义”对话框中修改 H 和 V 的值，再单击“确定”按钮完成参考点的创建，如图 1-68 所示。

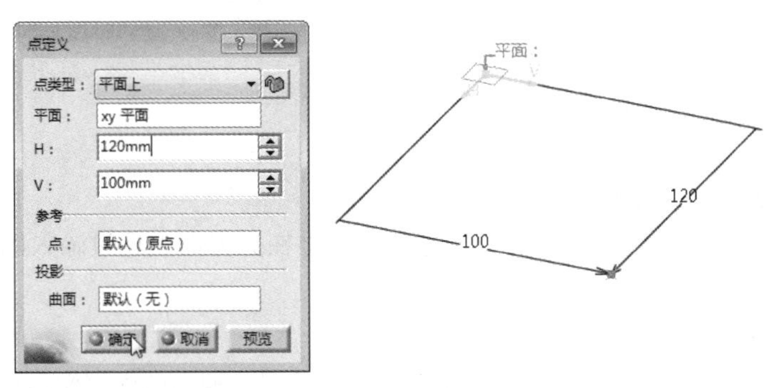

图 1-68 输入参考点的 H、V 值

技术要点：

当然，也可以选择一个曲面作为点的投影参考，平面上的点将自动投影到指定的曲面上，如图1-69所示。

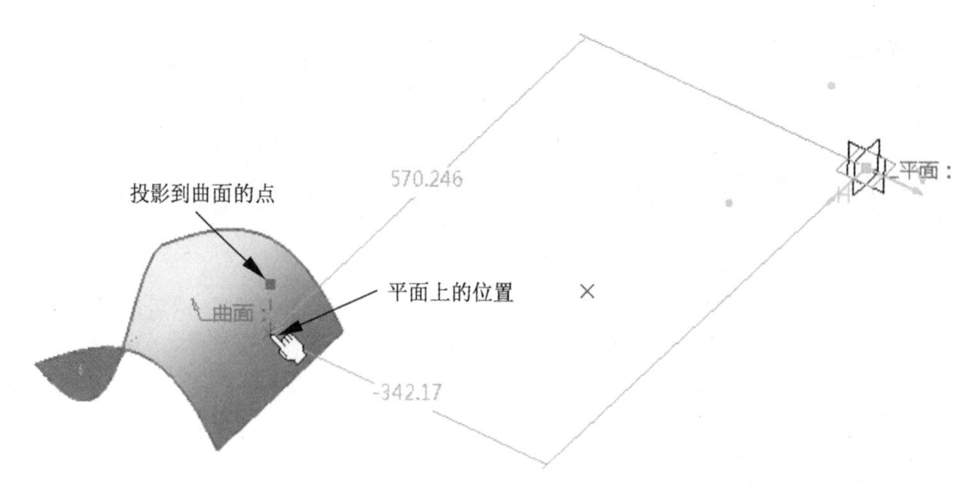

图 1-69　选择投影参考曲面

4. “曲面上”方法

在曲面上创建点，需要指定曲面、方向、距离和参考点。打开“点定义”对话框，如图 1-70 所示。

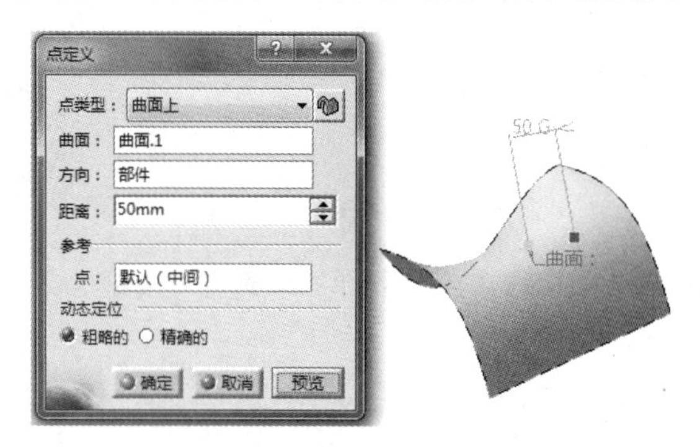

图 1-70　在曲面上创建点

此时，“点定义”对话框中主要选项含义如下。

- 曲面：定义要创建点的曲面。
- 方向：在曲面中需要指定点的放置方向，点将在此方向上通过输入的距离来确定具体位置。
- 距离：输入沿参考方向的距离。
- 点：此点为输入距离的起点参考。默认情况下，采用曲面的中点作为参考点。
- 动态定位：用于选择定位点的方法，包括“粗略的”和“精确的”。“粗略的”表示在参考点和单击位置之间计算的距离为直线距离，如图 1-71 所示；“精确的”表示在参考点和鼠标单击位置之间的距离为最短距离，如图 1-72 所示。

技术要点：

在“粗略的”定位方法中，距离参考点越远，定位误差就越大；在“精确的”定位方法中，创建的点精确位于单击的位置，而且在曲面上移动鼠标时，操作器不更新，只有在单击曲面时才更新。在“精确的”定位方法中，有时最短距离计算会失败。在这种情况下，可能会使用直线距离，因此创建的点可能不位于单击的位置。使用封闭曲面或有孔曲面时的情况就是这样，建议先分割这些曲面，然后再创建点。

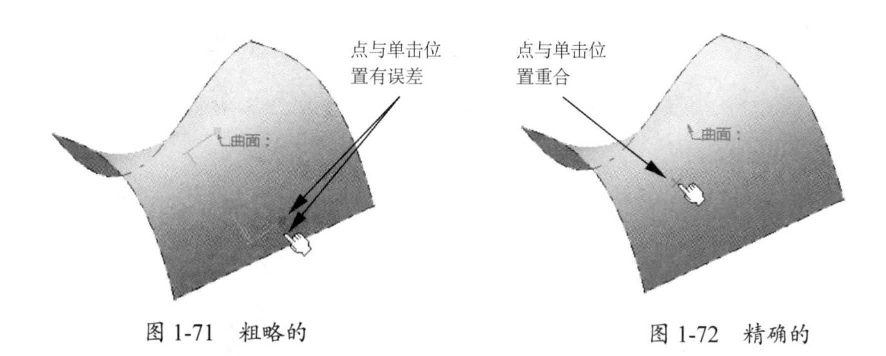

图 1-71 粗略的　　图 1-72 精确的

5.“圆 / 球面 / 椭圆中心”方法

“圆 / 球面 / 椭圆中心”方法只能在圆曲线、球面或椭圆曲线的中心点位置创建点，如图 1-73 所示，选择球面，在单击位置自动创建点。

图 1-73 创建“圆 / 球面 / 椭圆中心”中心点

6.“曲线上的切线”方法

“曲线上的切线”可以理解为在曲线上创建切点，例如在样条曲线中创建如图 1-74 所示的切点。

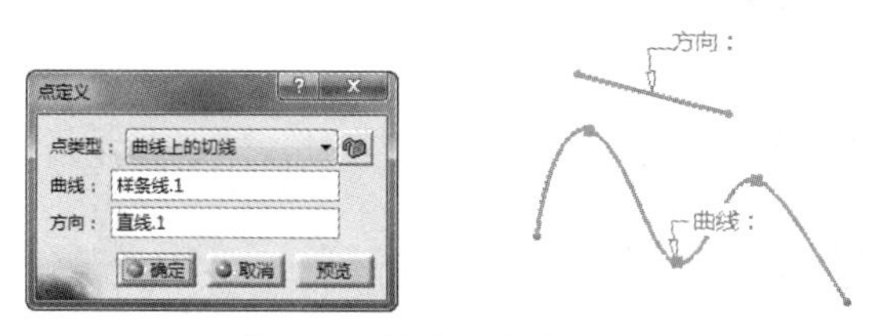

图 1-74 创建曲线上的切点

7.“之间”方法

“之间”方法是在指定的两个参考点之间创建点。可以输入“比率”值来确定点在两者之间的位置，也可以单击“中点”按钮，在两者的中点位置创建点，如图 1-75 所示。

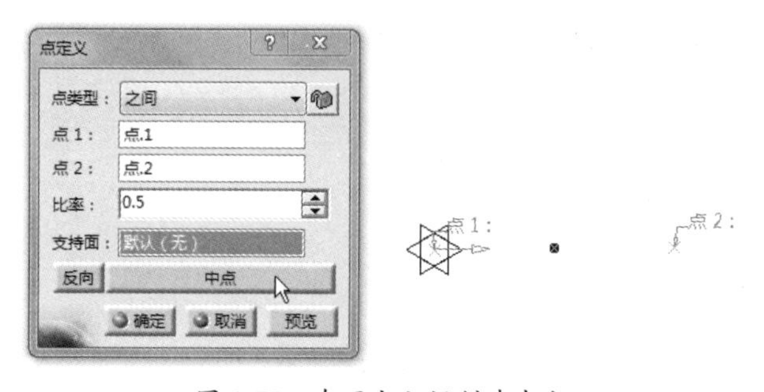

图 1-75 在两点之间创建中点

技术要点：

单击"反向"按钮，可以改变比率的计算方向。

1.6.2 参考直线

利用"直线"命令可以定义多种方式的直线。在"参考图元（扩展的）"工具栏单击"直线"按钮，打开"直线定义"对话框，如图1-76所示。

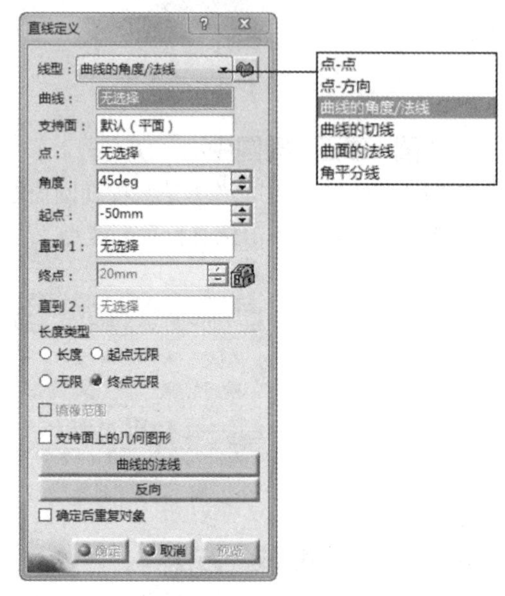

图 1-76 "直线定义"对话框

下面详细讲解6种定义直线的方法。

1. 点 - 点

"点 - 点"方式是在两点的连线上创建直线。默认情况下，将在两点之间创建直线段，如图1-77所示。

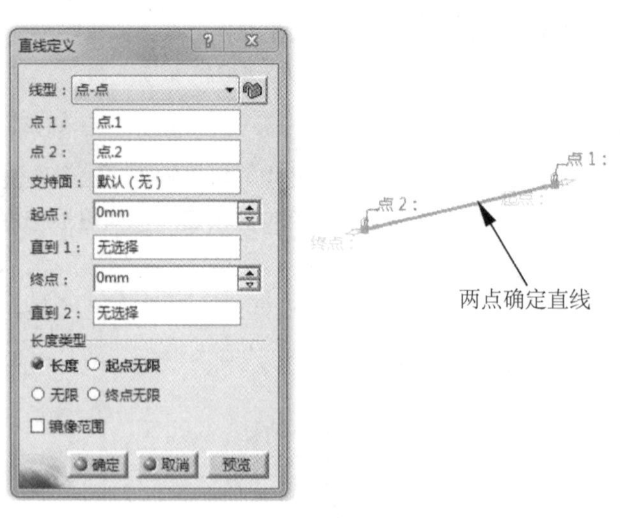

图 1-77 创建直线

“点 - 点”方式的主要选项含义如下。

- 点 1：选择起点。
- 点 2：选择终点。
- 支持面：参考曲面。如果是在曲面上的两点之间创建直线，当选择支持面后会创建曲线，如图 1-78 所示。

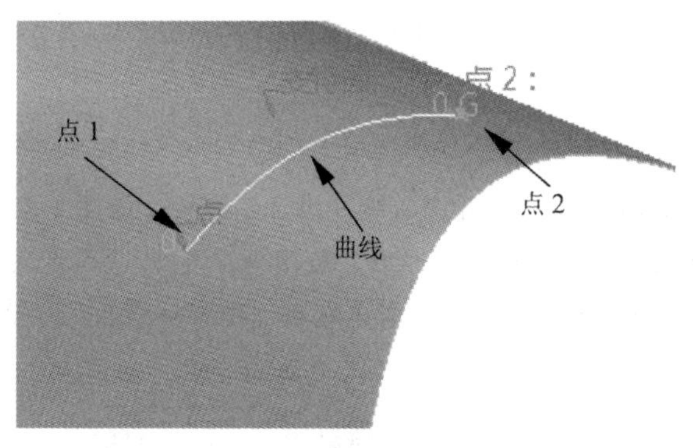

图 1-78　选择支持面

- 起点：超出“点 1”的直线端点，也是直线的起点。可以输入超出距离，如图 1-79 所示。

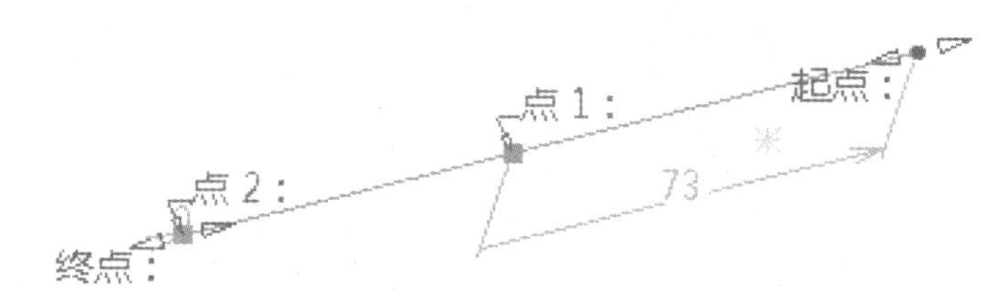

图 1-79　输入超出起点的距离

- 直到 1：可以在起点位置选择超出直线的截止参考，截止参考可以是曲面、曲线或点。
- 终点：超出选定的第 2 点直线的端点，也是直线终点，如图 1-80 所示。
- 直到 2：可以在终点位置选择超出直线的截止参考，截止参考可以是曲面、曲线或点。
- 长度类型：即直线类型。如果选中“长度”单选按钮，表示将创建有限距离的直线段；若选中“无限”单选按钮，则创建无端点的无限直线。

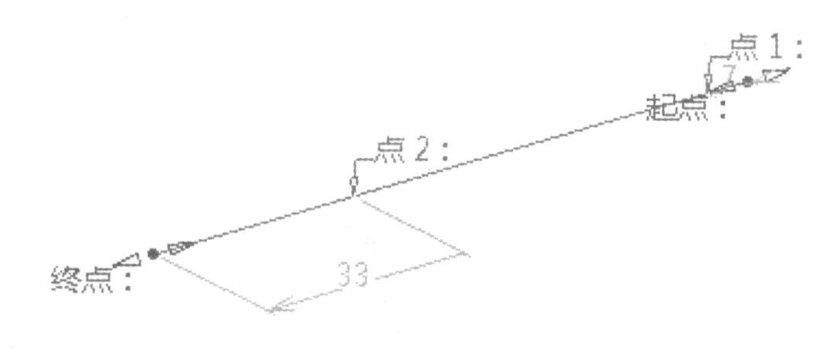

图 1-80　终点

技术要点：

如果超出两点的距离为0，那么起点、终点与两个指定点重合。

- 镜像范围：选中此复选框，可以创建起点与终点相同距离的直线，如图 1-81 所示。

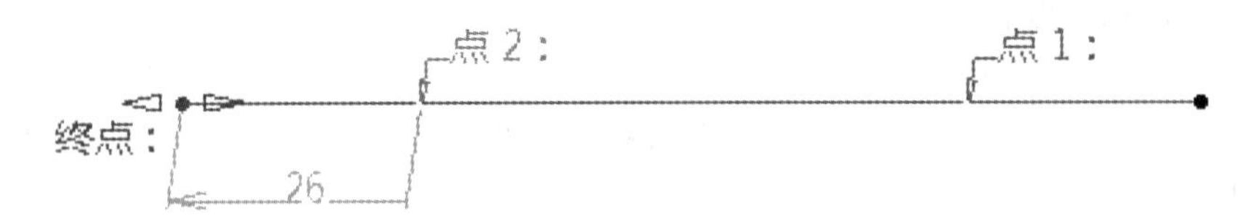

图 1-81　镜像范围

上机练习——以“点 - 点”方式创建参考直线

01 打开本例素材源文件 1-1.CATPart，并进入零件设计工作台，如图 1-82 所示。

02 在“参考图元（扩展的）”工具栏单击“点”按钮 ，打开“点定义”对话框。

03 选中曲面，并输入“距离”值为 50mm，其余选项保留默认设置。单击“确定”按钮完成第 1 个参考点的创建，如图 1-83 所示。

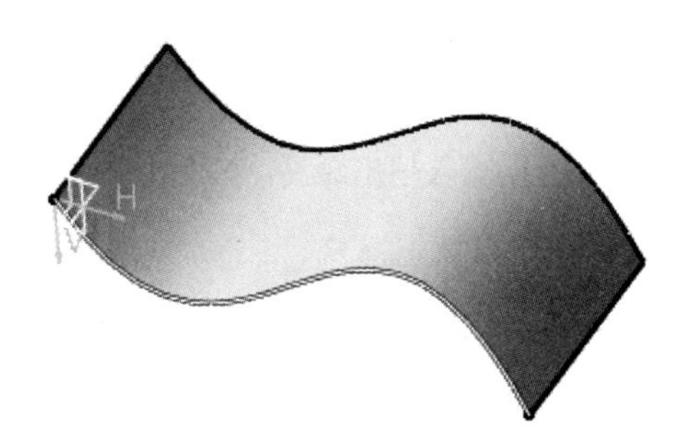

图 1-82　打开的源文件

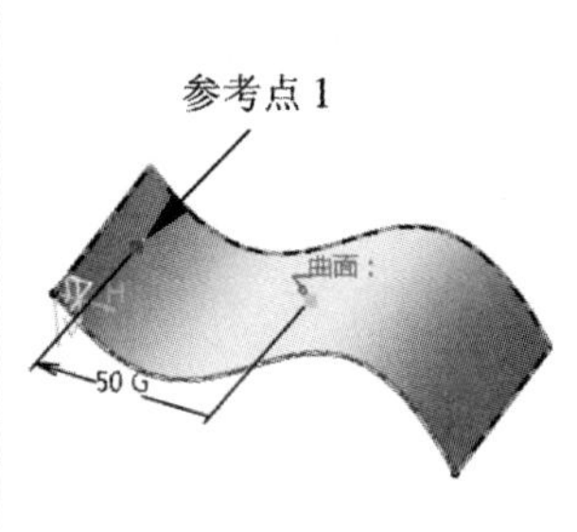

图 1-83　创建第 1 个参考点

04 同理，继续在此曲面上创建第 2 个参考点，如图 1-84 所示。

05 在“参考图元（扩展的）”工具栏单击“直线”按钮 ，打开“直线定义”对话框。选择“点 - 点”线型，如图 1-85 所示。

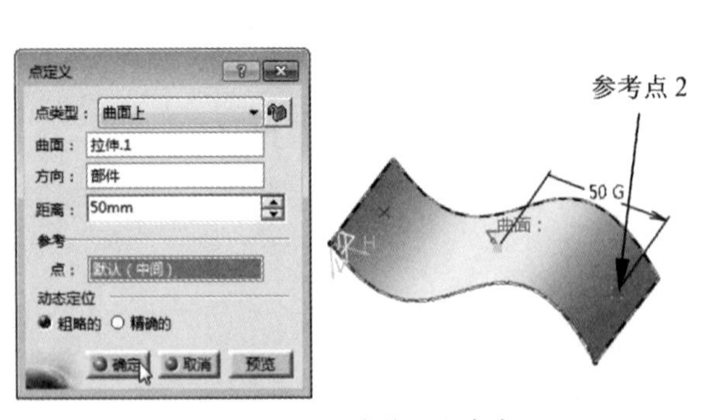

图 1-84　创建第 2 个参考点

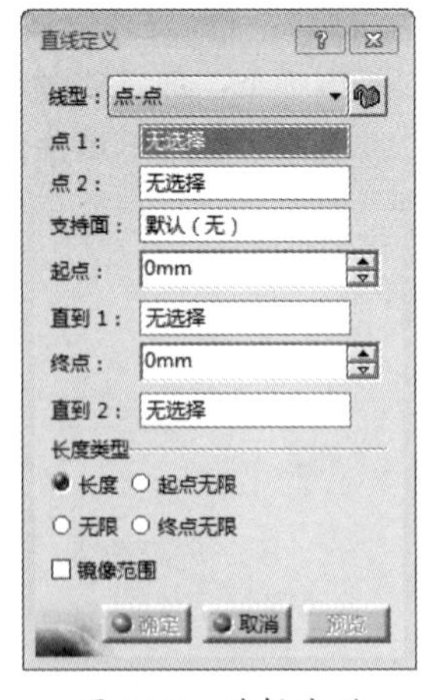

图 1-85　选择线型

06 激活“点 1”文本框，选择第 1 个参考点，如图 1-86 所示。激活“点 2”文本框，选择第 2 个参考点，选择两个参考点后将显示直线预览，如图 1-87 所示。

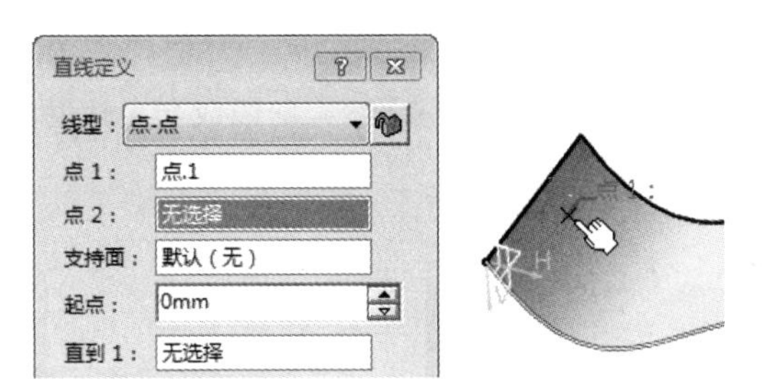

图 1-86 选择点 1

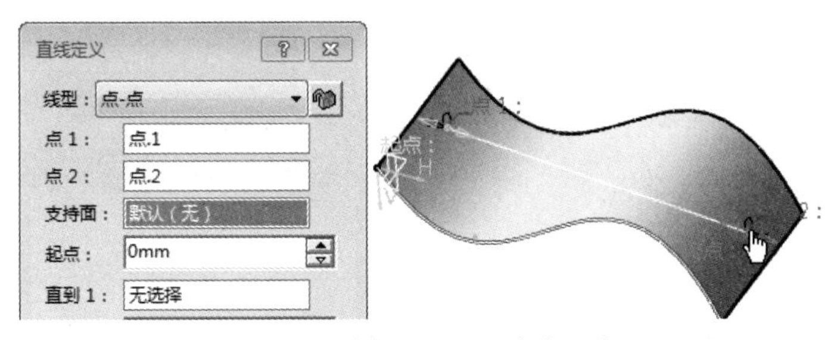

图 1-87 选择点 2 显示直线预览

07 激活“支持面”文本框，再选择曲面作为支持面，直线将依附在曲面上，如图 1-88 所示。

08 单击“确定”按钮完成参考直线的创建。

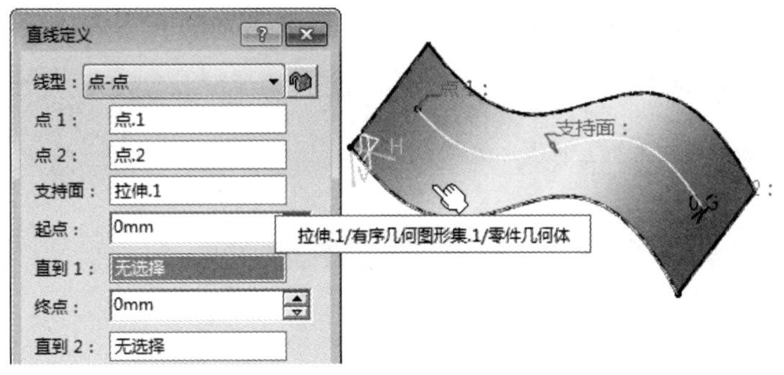

图 1-88 选择支持面

2. 点 - 方向

“点 - 方向”是根据参考点和参考方向来创建直线的方式，如图 1-89 所示，此直线一定与参考方向平行。

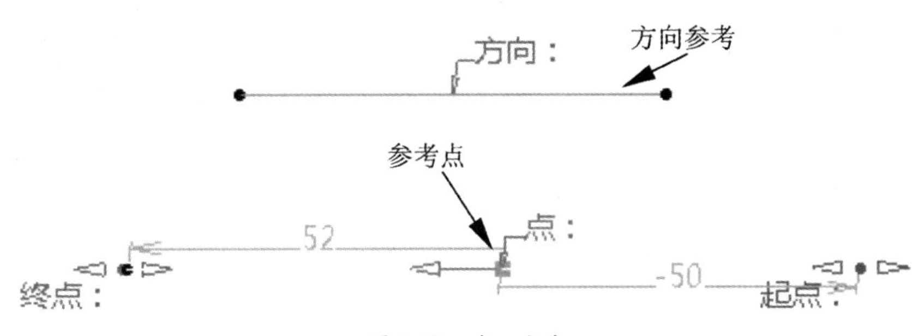

图 1-89 点 - 方向

3. 曲线的角度 / 法线

“曲线的角度 / 法线”方式可以创建与指定参考曲线成一定角度的直线，或者与参考曲线垂直的直线，如图 1-90 所示。

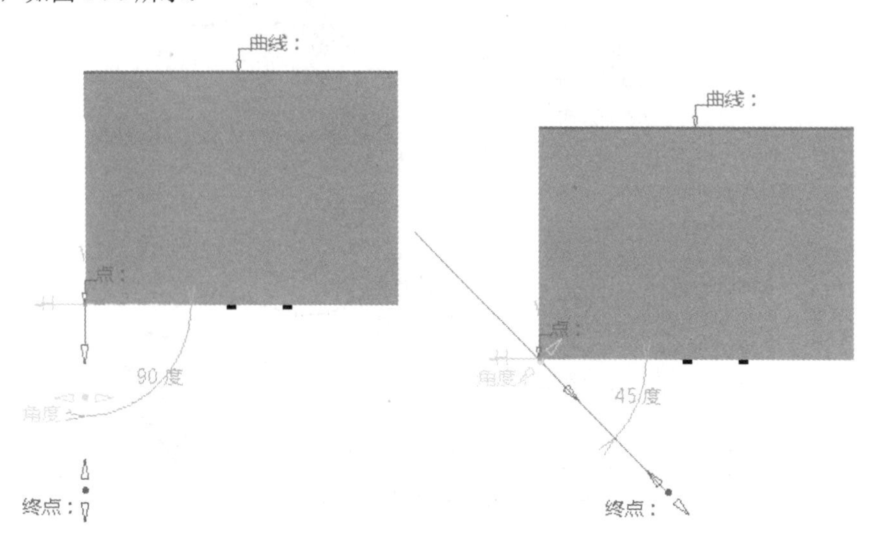

图 1-90　创建带有角度或垂直的直线

如果需要创建多条角度、参考点和参考曲线相同的直线，可以在“直线定义”对话框中选中“确定后重复对象”复选框，如图 1-91 所示。

技术要点：

如果选择一个支持曲面，将在曲面上创建曲线。

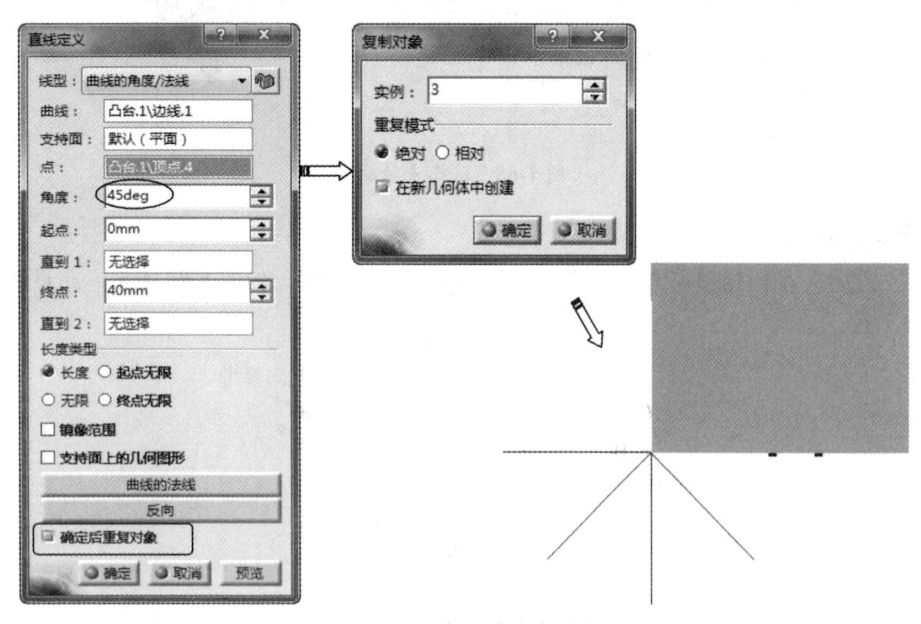

图 1-91　重复创建多条直线

4. 曲线的切线

“曲线的切线”方式通过指定相切的参考曲线和参考点来创建直线，如图 1-92 所示。

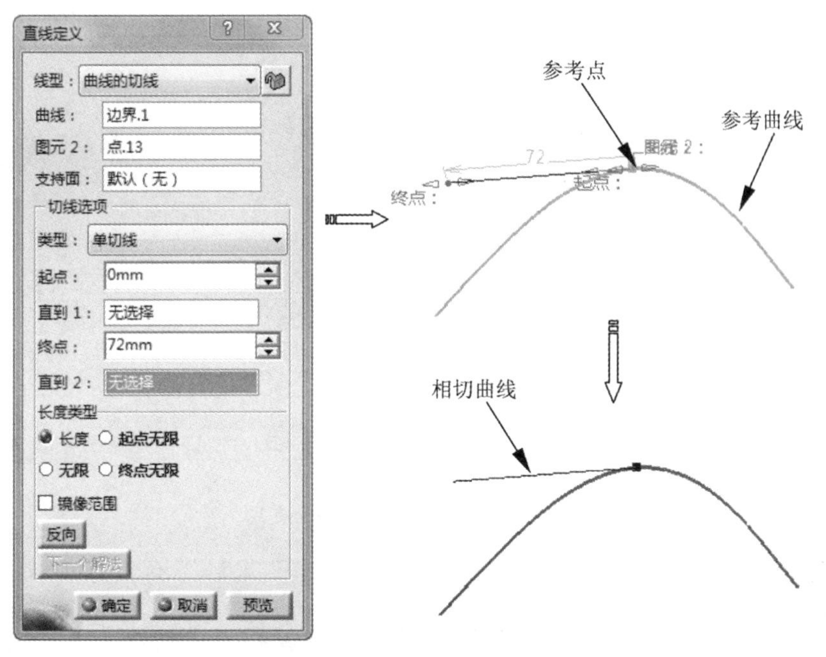

图 1-92　创建曲线的切线

技术要点：

当参考曲线为两条及以上时，那么就有可能产生多个可能的解法，可以直接在几何体中选择一个（以红色显示），或单击“下一个解法”按钮，如图1-93所示。

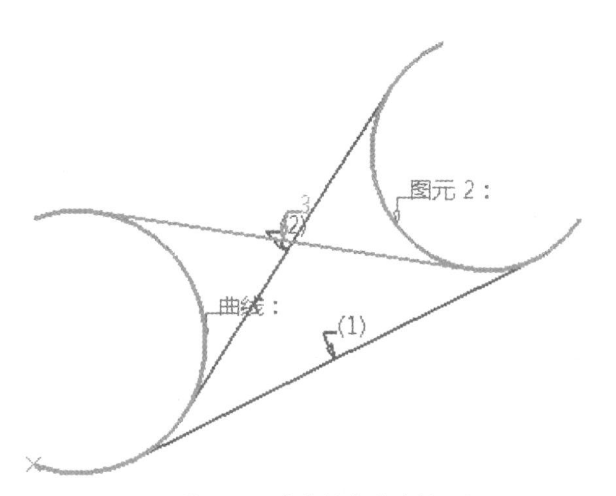

图 1-93　多种解法的选择

5. 曲面的法线

“曲面的法线”方式是在指定的位置点上创建与参考曲面法向垂直的直线，如图 1-94 所示。

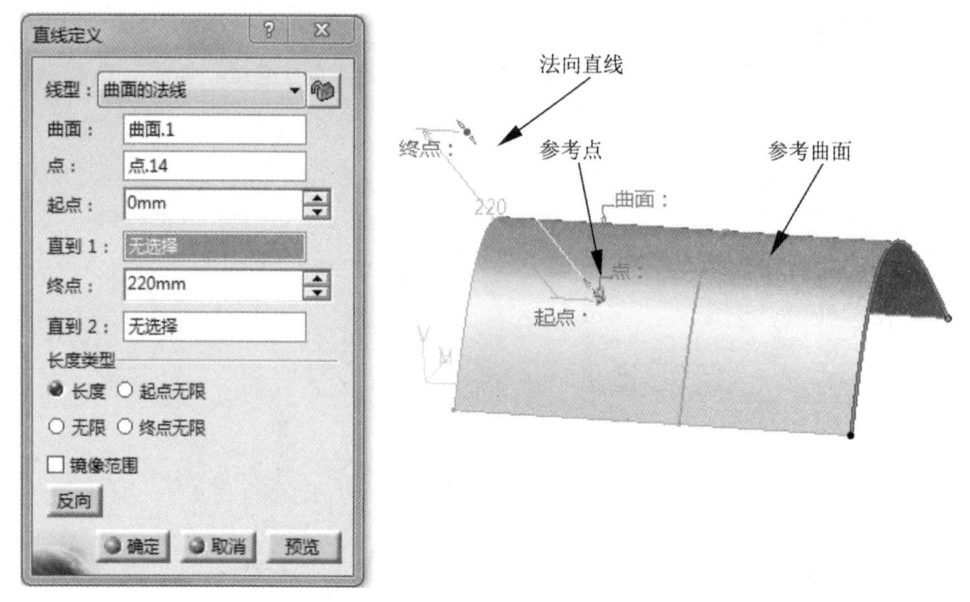

图 1-94　创建曲面上的法向直线

技术要点：

如果点不在支持曲面上，则计算点与曲面之间的最短距离，并在结果参考点显示与曲面垂直的向量，如图1-95所示。

6. 角平分线

“角平分线”方式是在指定的具有一定夹角的两条相交直线中间创建角平分线，如图 1-96 所示。

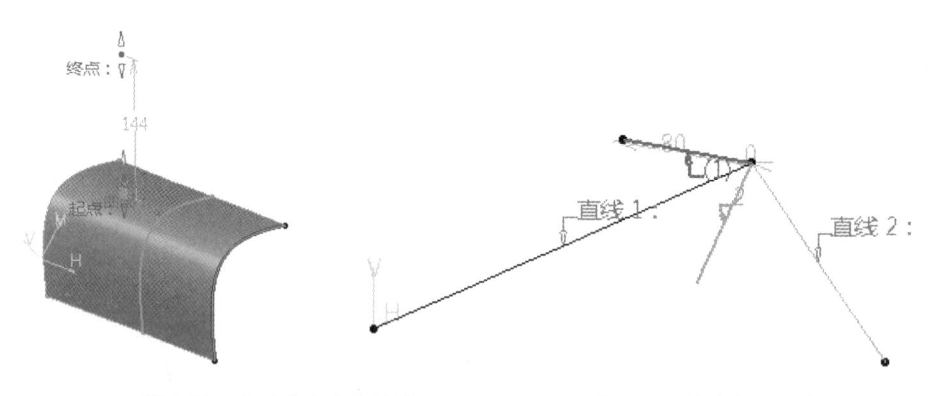

图 1-95　点不在曲面上的情况　　　　图 1-96　创建角平分线

技术要点：

如果两条直线仅存角度而没有相交，将不会创建角平分线。当存在多个解时，可以在对话框中单击“下一个解法”按钮确定合理的角平分线。如图1-96中就存在两个解法，可以确定“直线2”是所需的这条角平分线。

1.6.3　参考平面

参考平面是 CATIA 建模的模型参照平面，在建立某些特征时必须创建参考平面，如凸台、旋转体、实体混合等。CATIA 零件设计模式中有 3 个默认建立的基准平面 *xy* 平面、*yz* 平面和 *zx* 平面。下面所讲的平面是在建模过程中创建特征时所需的参考平面。

单击“平面”按钮，弹出如图 1-97 所示的“平面定义”对话框。

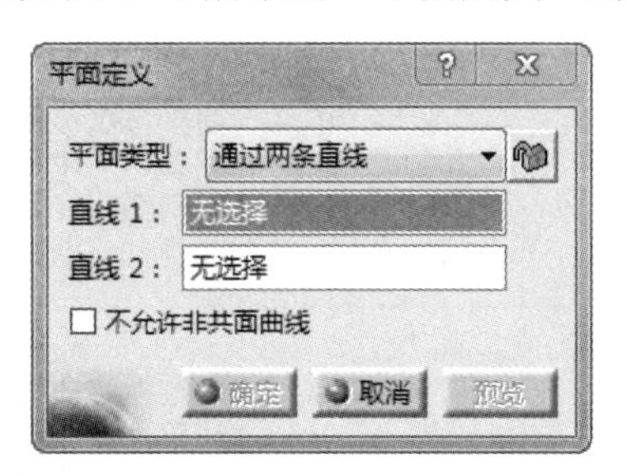

图 1-97　“平面定义”对话框

“平面定义”对话框中包括 11 种平面类型，表 1-1 中列出了这些平面的创建方法。

表 1-1　平面定义类型

平面类型	图解方法	说明
偏置平面	移动 偏置 参考：	指定参考平面进行偏置，得到新平面 注意：选中“确定后重复对象”复选框可以创建多个偏置的平面
平行通过点	点： 移动 参考：	指定一个参考平面和一个放置点，平面将建立在放置点上
与平面成一定角度或垂直	90 度 旋转轴： 移动	指定参考平面和旋转轴，创建与产品平面成一定角度的新平面 注意：该轴可以是任何直线或隐式元素，例如圆柱面轴。要选择后者，需要在按住 Shift 键的同时将鼠标指针移至元素上方，然后单击
通过 3 个点	点 1： 移动 点 2： 点 3：	指定空间中的任意 3 个点，可以创建新平面
通过两条直线	直线 2： 直线 1： 移动	指定空间中的两条直线，可以创建新平面 注意：如果是同一平面的直线，可以选中“不允许非共面曲线”复选框进行排除

续表

平面类型	图解方法	说明
通过点和直线	 点： 移动 直线：	通过指定一个参考点和参考直线来建立新平面
通过平面曲线	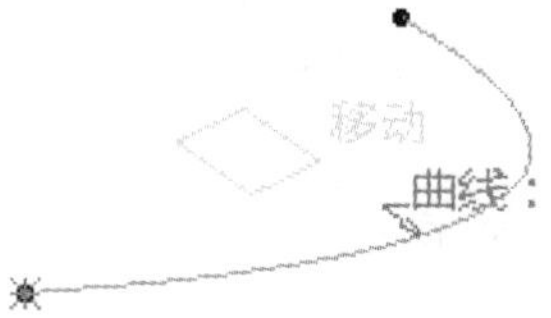 移动 曲线：	通过指定平面曲线来建立新平面 注意："平面曲线"指的是，该曲线是在一个平面中创建的
曲线的法线	 移动 曲线：	通过指定曲线，创建法向垂直参考点的新平面 注意：如果没有指定参考点，软件将自动拾取该曲线的中点作为参考点
曲面的切线	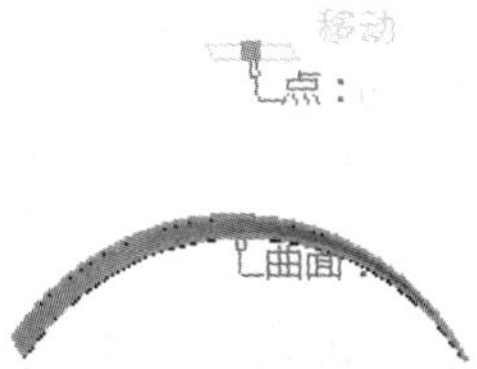 移动 点： 曲面	通过指定参考曲面和参考点，使新平面与参考曲面相切
方程式	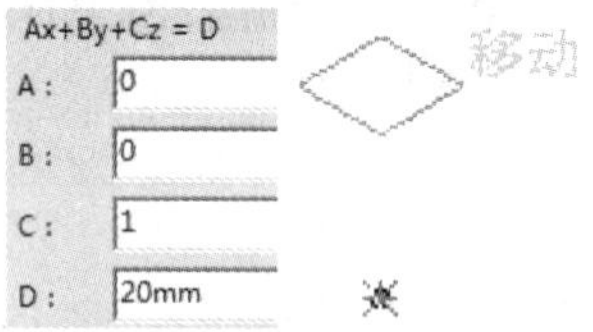 Ax+By+Cz = D A: 0 B: 0 C: 1 D: 20mm 移动	通过输入多项式方程式中的变量值，控制平面的位置
平均通过点	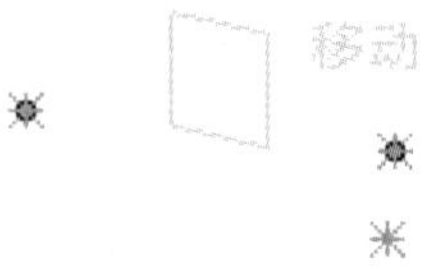 移动	通过指定 3 个或 3 个以上的点，显示平均平面

第 2 章　绘制二维草图

草图是三维建模的基础，用来表达零件的截面图形、曲面造型的骨架曲线，或者用作实体建模时的基准参照。CATIA 中的草图是在草图工作台中绘制的，本章将重点讲解 CATIA V5-6R2018 草图工作台的界面、绘图工具及具体绘图的操作步骤等内容。

2.1　CAITA 草图工作台介绍

草图（Sketch）是三维造型的基础，绘制草图是创建零件的第一步。草图多是二维的，也有三维草图。在创建二维草图时，必须先确定草图所依附的平面，即草图坐标系确定的坐标面，这样的平面可以是一种可变的、可关联的、用户自定义的坐标面。

在三维环境中绘制草图时，三维草图用作三维扫掠特征、放样特征的三维路径，在复杂零件造型、电线电缆和管道中常用。

草绘工作台是 CAITA V5-6R2018 进行草图绘制的工作环境，可与 CATIA 的其他模块配合进行三维建模操作，草绘工作台也称“草图编辑器”。

2.1.1　草图平面的选择

在绘制草图之前，首先要根据绘制需要选择草图工作平面（简称“草图平面”）。草图平面是指用来附着草图对象的平面，它可以是 CATIA 的 3 个基准平面之一（如 *xy* 平面、*yz* 平面或 *zx* 平面），如图 2-1 所示，也可以是实体上的某一平面，如长方体的某一个面，如图 2-2 所示。因此，草图平面可以是任意平面，即草图可以附着在任意平面上，这也就给设计者带来极大的设计空间和创造自由。

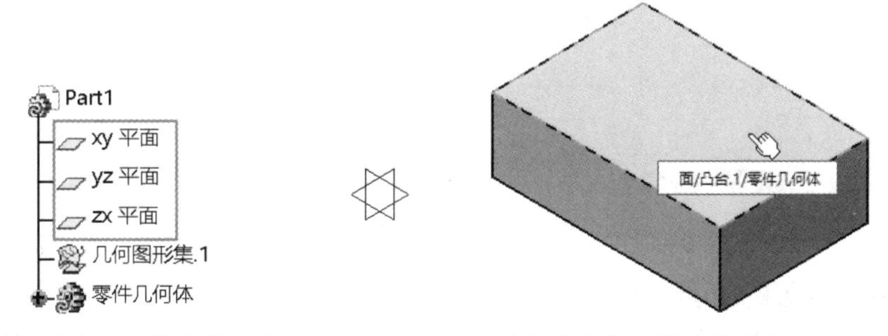

图 2-1　选择基准平面作为草图平面　　　　图 2-2　选择实体表面作为草图平面

进入草图工作台时，可以先选择草图平面再执行“草图”命令，或者先执行“草图”命令再选择草图平面，其结果是相同的，均可迅速进入草图工作台。

2.1.2 进入草图工作台的方式

CATIA 的草图包括基于特征的草图和通用草图两种，绘制这两种草图时其进入草图工作台（草图编辑器）的工作方式各有不同。

1. 通用草图的草图工作台进入方式

“通用草图”是指这种草图可以用作创建不同特征时的特征截面，如创建凸台时，同一草图既可用作凸台的截面，在创建扫描特征时又可用作扫描截面。此类草图与凸台、扫描、肋等特征同属于零件几何体，层级也是相同的。绘制通用草图时，进入草图工作台的方式也分两种：第一种是执行“开始”|“机械设计”|“草图编辑器”命令，打开如图 2-3 所示的“新建零件”对话框。输入零件名称后单击“确定”按钮进入零件设计工作台，按信息提示选取一个平面、草图或基准平面作为草图平面，即可自动转入草图工作台。

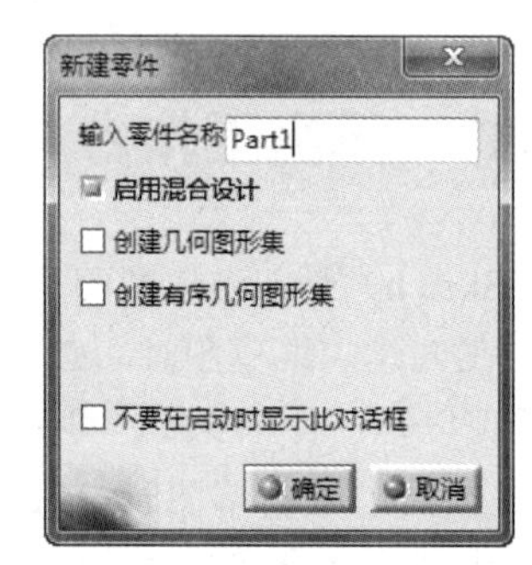

图 2-3 输入零件名称并选取草图平面

第二种是已经在零件设计工作台中工作时，执行“插入”|“草图编辑器”|“草图”命令，或者在“草图编辑器”工具栏中单击“草图”按钮，然后选择草图平面后自动进入草图工作台。如图 2-4 所示为 CATIA 的草图工作台界面。

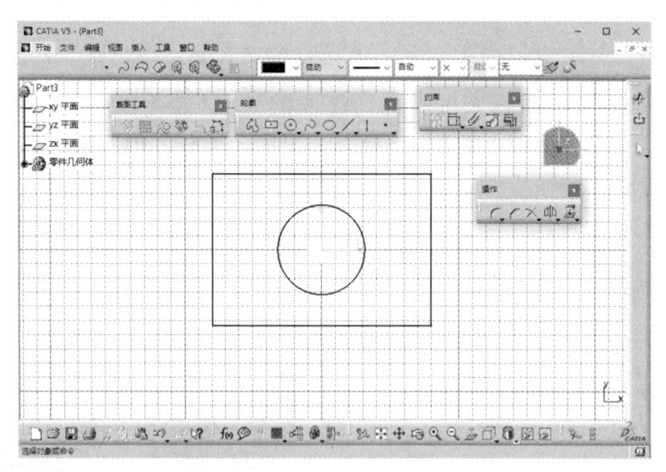

图 2-4 CATIA 草图工作台界面

2. 以“基于特征的草图”方式进入草图工作台

“基于特征的草图”是指该草图是在创建某个特征时进入草图工作台中绘制的草图，也称“内嵌式草图”。此类草图的层级比特征级别低一级，属于特征的子级，可以在特征树中查看层级关系。当利用 CATIA 的基本特征命令（凸台、旋转体等）创建特征时，通过相应对话框中的草图平面定义功能，进入草图工作台，如图 2-5 所示。

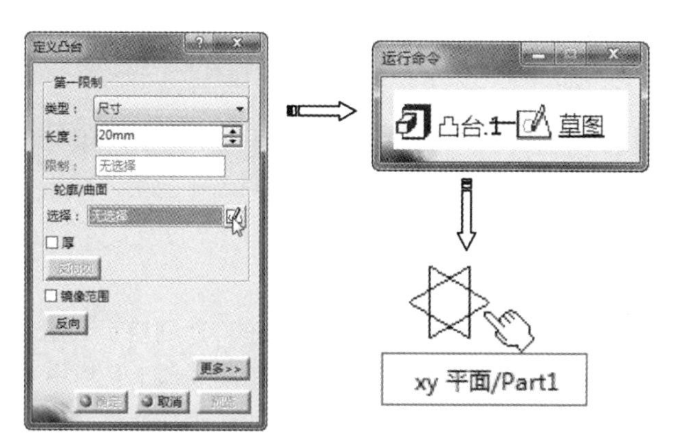

图 2-5　通过定义草图平面进入草图工作台

2.1.3　草图绘制相关命令

在草图工作台中，草图绘制的主要命令集中在“草图工具”“轮廓”“约束”和“操作”4个工具栏中。工具栏中显示常用的工具按钮，单击工具右侧的黑色三角，展开下一级工具栏。

技术要点：

在草图工作台中单击草图绘制的工具按钮只能执行一次操作，要想连续执行同一操作，需要双击草图绘制的工具按钮。

1.“草图工具”工具栏

如图 2-6 所示，“草图工具”工具栏包括 3D 网格参数、点对齐、构造 / 标准元素、几何约束、尺寸约束和自动尺寸约束 6 个常用的工具按钮。该工具栏显示的内容随着执行的命令不同而变化。该工具栏是可以进行人机交换的唯一工具栏。

2.“轮廓”工具栏

如图 2-7 所示，“轮廓”工具栏包括点、线、曲线、预定义轮廓线等绘制工具按钮。

图 2-6　“草图工具”工具栏

图 2-7　“轮廓”工具栏

3.“约束”工具栏

如图 2-8 所示，“约束”工具栏是实现点、线几何元素之间约束的工具按钮集合。

4.“操作”工具栏

如图 2-9 所示，“操作”工具栏中的工具是对绘制的轮廓曲线进行修改编辑的工具按钮集合。

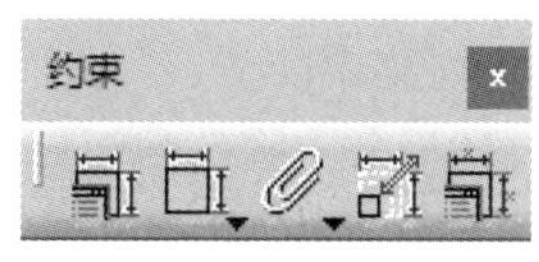

图 2-8　“约束”工具栏

图 2-9　“操作”工具栏

2.2 草图辅助绘制工具

在 CATIA 的草图模式中，使用“草图工具”工具栏中的辅助工具可以帮助设计者在使用大多数草绘命令创建几何外形时准确定位，从而大幅提高工作效率，减少为定位这些元素所必需的交互操作次数。

1. 3D 网格参数

“3D 网格参数”工具用于显示基于当前草图平面的 3D 网格，其用于绘图时快速识别对象在草图平面中的方位。在零件设计工作台中，单击绘图区底部工具栏中“工具”工具栏的“3D 工作支持面”按钮，弹出“3D 工作支持面”对话框，通过设置参数可以创建 3D 网格，如图 2-10 所示。3D 网格是在 CATIA 的 3 个基准平面（*xy* 平面、*yz* 平面和 *zx* 平面）中创建的网格，网格线的间距为 100mm。

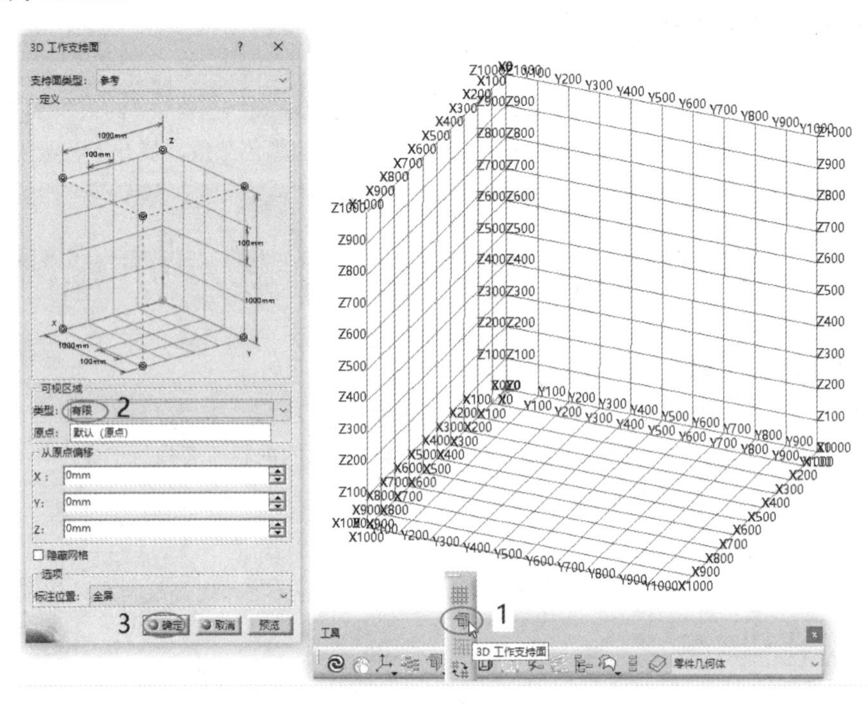

图 2-10　创建 3D 网格

创建 3D 网格后，选择一个草图平面进入草图工作台。在绘图区底部工具栏的“可视化”工具栏中单击“网格”按钮，绘图区中会显示草图网格。草图网格是无边的，而 3D 网格是有边界的。

接着在“草图工具”工具栏中单击“3D 网格参数”按钮，绘图区中会显示 *xy* 平面中的 3D 网格，如图 2-11 所示。

2. 点对齐

“点对齐”工具用来在绘制图形过程中快速捕捉草图网格中的节点。在“草图工具”工具栏中单击“点对齐”按钮，然后在草图网格中即可精确捕捉节点来绘制图形，如图 2-12 所示。默认情况下，系统预设的草图网格线的间距为 10mm。

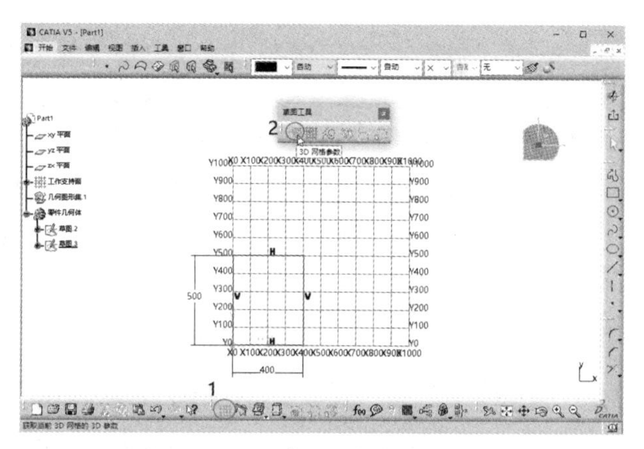

图 2-11　显示草图平面中的 3D 网格

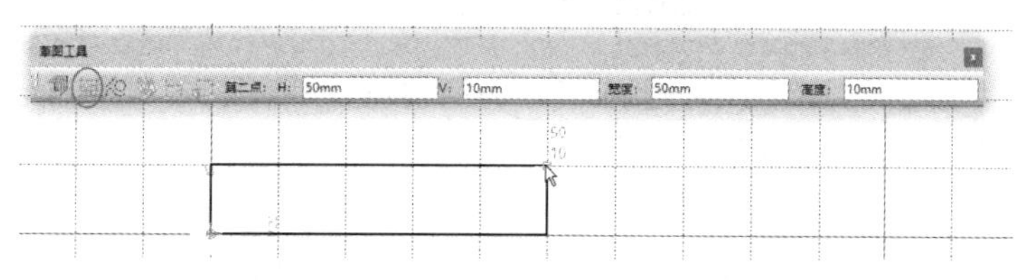

图 2-12　开启“点对齐”功能绘制图形

3. 构造 / 标准元素

当需要将草图实线（称作“标准线型”）变成虚线线型（称作“构造线型”）时，有两种方法可以实现：一种是通过设置图形属性，如图 2-13 所示。

图 2-13　更改线型

另一种方法是在“草图工具”工具栏中单击“构造 / 标准元素”按钮，将选取的草图实线变成构造元素。构造元素不会对草图起到任何作用，它仅用于辅助参照。反复单击“构造 / 标准元素”按钮，可以在实线与虚线之间相互切换，如图 2-14 所示。

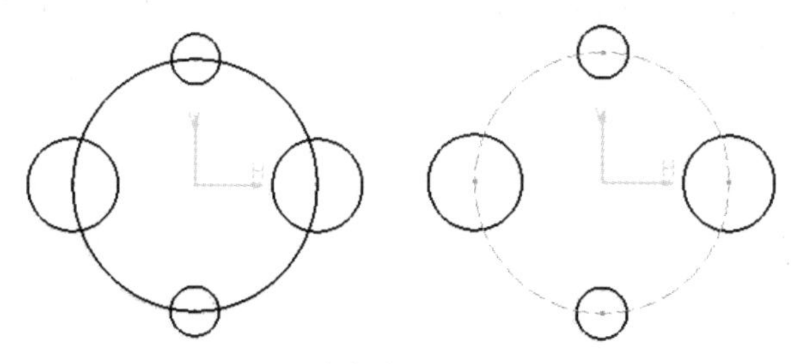

图 2-14　将实线变换为构造元素

4. 属性参数文本框

参数输入也是一种有效的精确绘制图形的方式。如图 2-15 所示，执行“直线”命令时，“草图工具”工具栏中会显示属性参数文本框。

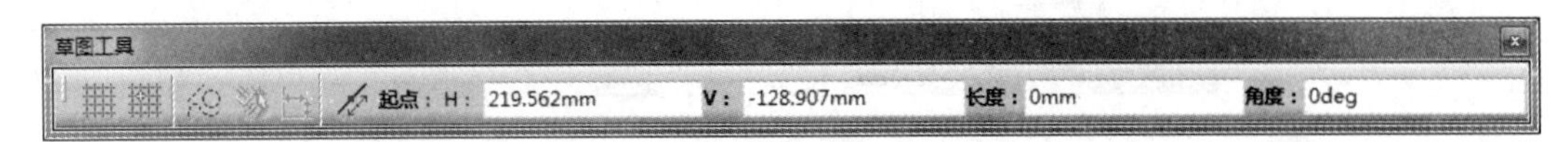

图 2-15 “草图工具”工具栏中显示属性参数文本框

CATIA 草图工作台中的坐标系统为笛卡儿坐标系统。其中，H 值（横坐标值）表示在 x 轴方向上的坐标值，V 值（纵坐标值）表示在 y 轴方向上的坐标值。“长度”值表示直线长度，“角度”值表示直线与 x 轴之间的角度。

技术要点：

执行不同的绘图命令，会显示不同的属性参数文本框。

通过输入坐标值定义所需位置，如果在 H 栏中输入一个数值，智能捕捉将锁定 H 数值，当移动鼠标指针时，V 值将随其变化，如图 2-16 所示。

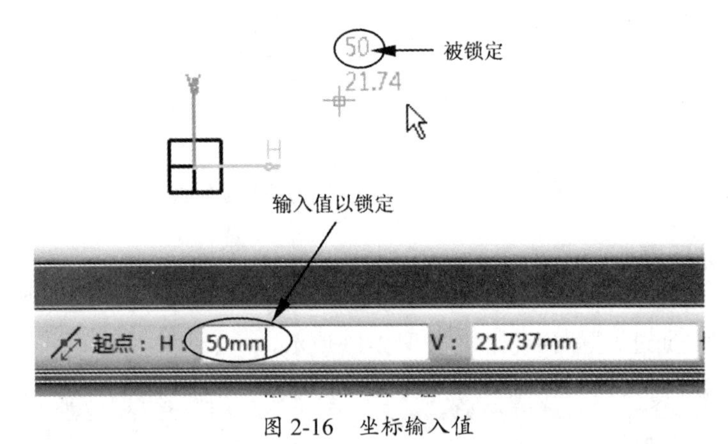

图 2-16 坐标输入值

技术要点：

如果想重新输入H、V值，可在空白处右击，在弹出的快捷菜单中选择“重置”命令后再重新输入。

5. 在 *H*、*V* 轴上捕捉

当移动鼠标指针时，若出现水平的假想蓝色虚线表明 H 值为 0，若出现竖直的假想蓝色虚线表明 V 值为 0，如图 2-17 所示。

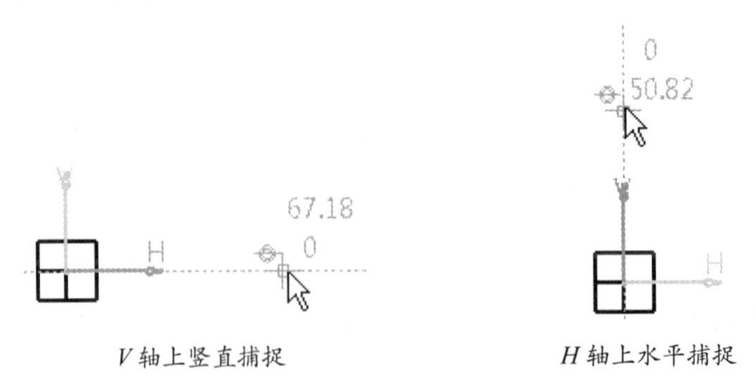

图 2-17 在 *H*、*V* 轴上捕捉显示蓝色虚线

2.3 草图绘制与操作

一个完整的草图包括草图平面、草图轮廓、尺寸约束和几何约束。绘制形状较为简单的图形，使用“轮廓”工具栏中的绘制命令即可完成，但对于形状比较复杂的图形来说，仅用“轮廓”工具栏中的绘制命令则无法完成，还需要结合“操作”工具栏中的相关命令来辅助完成，下面简要介绍草图轮廓绘制的基本命令和操作方法。

2.3.1 绘制图形的基本命令

“轮廓”工具栏中的工具用于绘制草图轮廓图形。表 2-1 列出了“轮廓”工具栏中各命令的图解及基本画法。

表 2-1　“轮廓”工具栏中各命令的图解及基本画法

绘图命令		图解	基本画法
轮廓			“轮廓”命令用于绘制由连续直线和圆弧组成的草图轮廓。执行该命令后，可在“草图”工具栏中选择直线、相切弧或三点弧方式来绘制轮廓
预定义的轮廓	矩形	点1 点2	“矩形”命令以指定矩形对角点的方式来绘制矩形
	斜置矩形	点1 点2 点3	“斜置矩形”命令通过定义矩形的 3 个顶点和倾斜方向来绘制矩形
	平行四边形	点1 点2 点3	“平行四边形”命令通过定义平行四边形的 3 个顶点来绘制
	延长孔		“延长孔”命令是通过定义孔的两个圆心和半径来绘制延长孔（键槽孔），两个圆心位于同一条直线上
	圆柱形延长孔		“圆柱形延长孔”命令通过定义圆柱中心与半径及延长孔的两个圆心和半径来绘制圆柱形延长孔（圆柱形键槽孔）
	钥匙孔轮廓		“钥匙孔轮廓”命令通过定义钥匙孔（锁芯形状）的两个圆心和半径来绘制锁芯形状
	多边形	7	“多边形”命令用来绘制 3~24 条边的正多边形。通过定义内切圆或外接圆的圆心、半径及角度来确定正多边形的大小和方位。默认为 6 边形，要修改边数，可以在“草图工具”工具栏中单击“作为默认边数”按钮，然后输入边数

续表

绘图命令		图解	基本画法
预定义的轮廓	居中矩形	中心点	“居中矩形”命令通过定义矩形中心点位置和矩形的一个角点来绘制矩形
	居中平行四边形	轴1 中心点 轴2	“居中平行四边形”命令通过定义平行四边形的参考轴和尺寸来绘制平行四边形。需要定义两条参考轴，且两参考轴必须相交，交点为平行四边形的中心点
圆形	圆	D35	“圆”命令通过定义圆心和半径的方式来绘制圆
	三点圆		“三点圆”命令通过定义圆上的3个点来绘制圆
	使用坐标创建圆	R10	“使用坐标创建圆”命令通过“圆定义”对话框输入圆心坐标和圆半径来绘制圆
	三切线圆		“三切线圆”命令通过选取与圆相切的3条曲线来绘制圆，曲线可以是直线、圆\圆弧、二次曲线或样条曲线
	三点弧	2.中间点 3.终点 1.起点	“三点弧”命令通过依次定义圆弧起点、中间点（起点与终点之间的任意点）和终点来绘制圆弧
	起始受限的三点弧	3.中间点 2.终点 1.起点	“起始受限的三点弧”命令通过依次定义圆弧的起点、终点和中间点来绘制圆弧
	弧	3.终点 2.起点 1.圆心	“弧”命令是通过定义圆弧的圆心、起点及终点来绘制圆弧
样条线	样条曲线		“样条曲线”命令通过定义一系列的样条控制点来绘制样条曲线
	连接		“连接”命令可绘制连接两条曲线的平滑过渡曲线。平滑过渡曲线与相连曲线之间可以实现点连续（G0）、相切连续（G1）和曲率连续（G2）

续表

绘图命令		图解	基本画法
一般二次曲线	椭圆	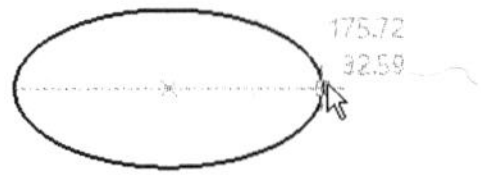 175.72 32.59	“椭圆”命令通过定义椭圆的中心（即圆心）、长轴（或短轴）及椭圆方向来绘制椭圆
一般二次曲线	抛物线	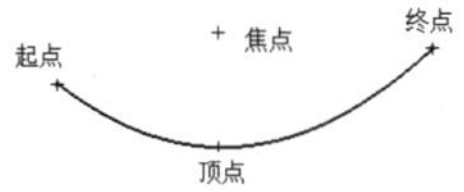 起点 焦点 终点 顶点	“抛物线”命令通过定义抛物线焦点、顶点、起点和终点的方式来绘制抛物线
	双曲线	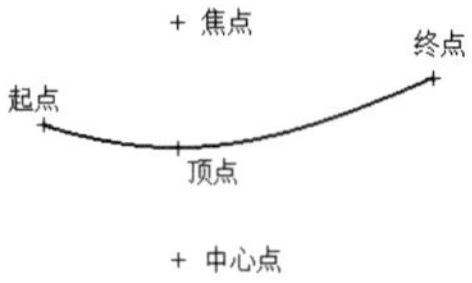 焦点 终点 起点 顶点 中心点	“双曲线”命令通过定义双曲线的焦点、中心点、顶点、起点和终点来绘制双曲线
	二次曲线	 经过点 切线1 切线2	“二次曲线”命令通过定义两条与双曲线相切的切线和双曲线上的一个经过点来定位双曲线
直线	直线	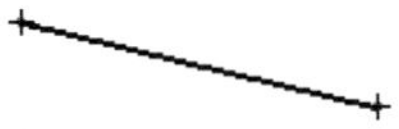	“直线”命令通过确定起点和终点来绘制直线段。CATIA 中的“直线”主要是指有一定长度的线段
	无限长线		“无限长线”命令可绘制通过一个定位点的水平或竖直的无限直线，或者通过指定两个定位点的任意角度的无限直线
	双切线		“双切线”命令可绘制同时与两条曲线相切的公切直线段。直线段的起点与终点即为相切点
	角平分线	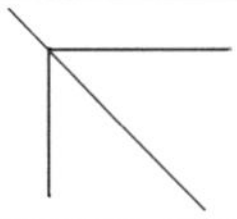	“角平分线”命令可以绘制过两相交直线的交点，且平分相交线夹角的无限直线
	曲线的法线	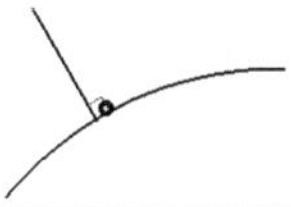	“曲线的法线”命令可以绘制与指定曲线法向垂直的直线段
轴			“轴”命令通过指定起点和终点来绘制构造线线段。与“直线”命令的用法相似，不同的是“轴”命令绘制的直线段是构造线（点画线线型）
点	通过单击创建点		“通过单击创建点”命令用来绘制单个点，点位置是任意的，可以双击点来精确定位
	使用坐标创建点	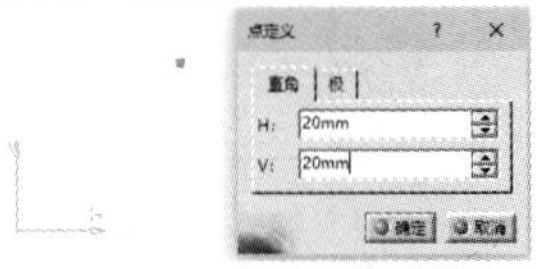 点定义 直角 极 H: 20mm V: 20mm 确定 取消	“使用坐标创建点”命令通过“点定义”对话框输入点坐标来绘制单个点，可以参照直角坐标或极坐标来输入坐标值
	等距点	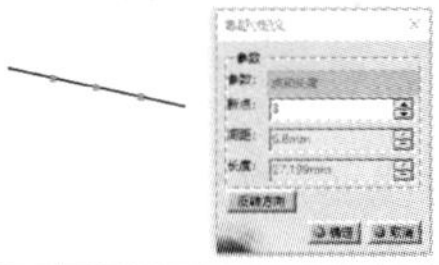	“等距点”命令通过指定曲线和等分点数来等分该曲线，以此获得等分点。默认形式为“点和长度”，如果选取曲线端点，可以设置参数形式

续表

绘图命令		图解	基本画法
点	相交点		“相交点”命令可在相交曲线的交点位置绘制点
一般二次曲线	投影点	已知点 投影点	“投影点”命令通过将已知点垂直投影到曲线上，生成新的点（即投影点）
	对齐点		“对齐点”命令可以绘制与一组点对齐的单个点

2.3.2 图形编辑与变换操作

进入“插入”|“操作”子菜单，即可显示如图2-18所示的有关图形编辑与变换操作的命令，或者单击如图2-19所示的“操作”工具栏中的工具按钮，执行图形编辑与变换操作命令。

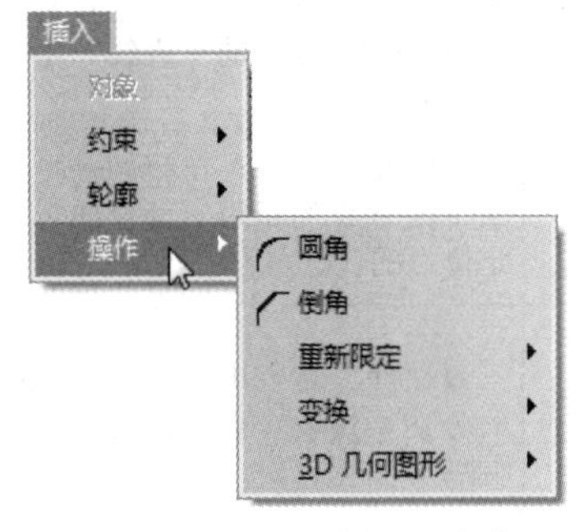

图2-18 “操作”子菜单

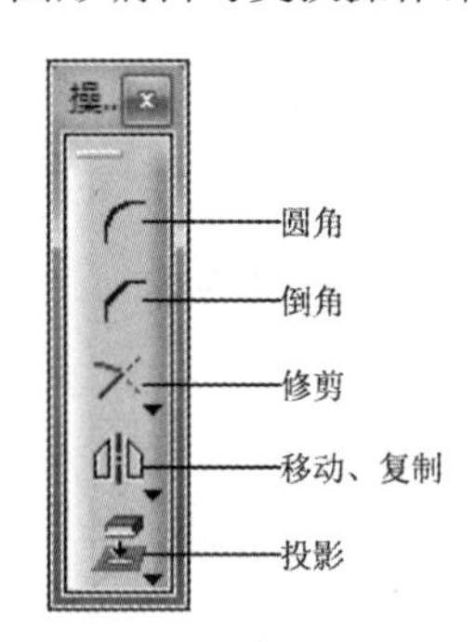

图2-19 “操作”工具栏

1. 图形修剪操作

图形的修剪操作包括圆角、倒角及其他曲线修剪、断开等。在“操作”工具栏中单击“修剪”按钮右侧的下三角按钮，将显示含有图形修剪操作工具的工具栏，如图2-20所示。

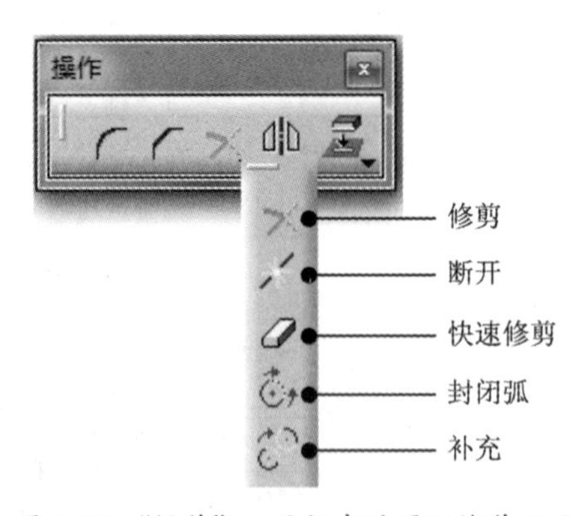

图2-20 “操作”工具栏中的图形修剪工具

（1）倒圆角。

“倒圆角”命令将创建与两个直线或曲线图形对象相切的圆弧。单击“圆角”按钮，软件窗口底部的状态栏中会出现“选择第一曲线或公共点”的提示，随后“草图工具”工具栏则显示如图 2-21 所示的 6 种圆角剪裁选项按钮。

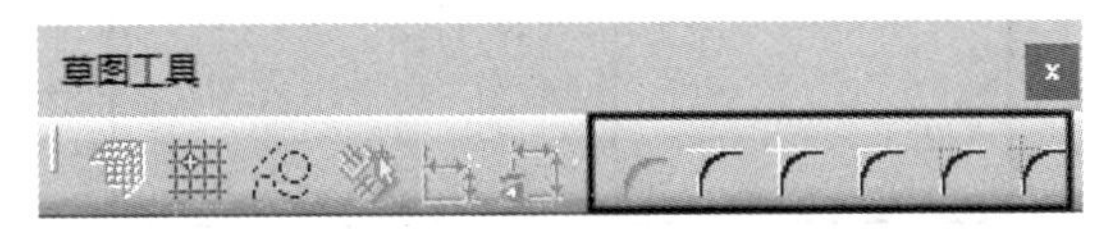

图 2-21 “草图工具”工具栏中的圆角剪裁选项按钮

“草图工具”工具栏中的 6 种圆角剪裁选项按钮的含义如下。

- 修剪所有元素：单击此按钮，将修剪所选的两个图元，不保留原曲线，如图 2-22 所示。

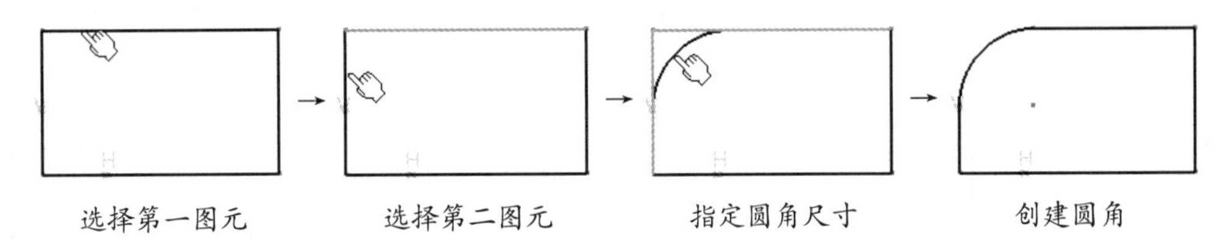

图 2-22 修剪所有元素

- 修剪第一元素：单击此按钮，创建圆角后仅修剪所选的第一个图元，如图 2-23 所示。

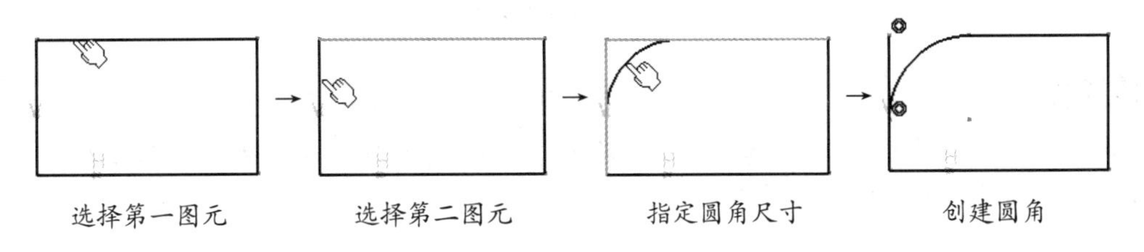

图 2-23 修剪第一图元

- 不修剪：单击此按钮，创建圆角后将不修剪所选图元，如图 2-24 所示。

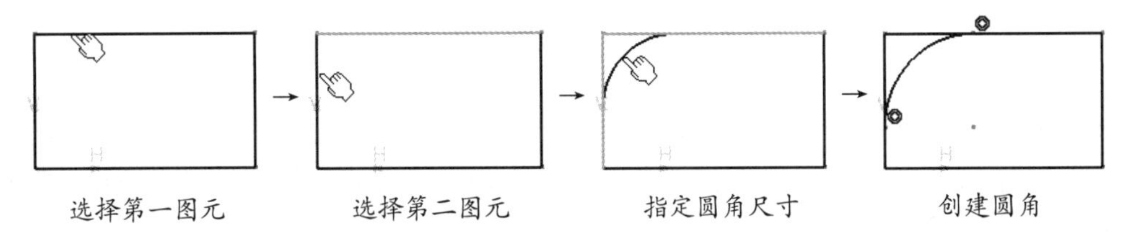

图 2-24 不修剪

- 标准线修剪：单击此按钮，创建圆角后，使原本不相交的图元相交，如图 2-25 所示。

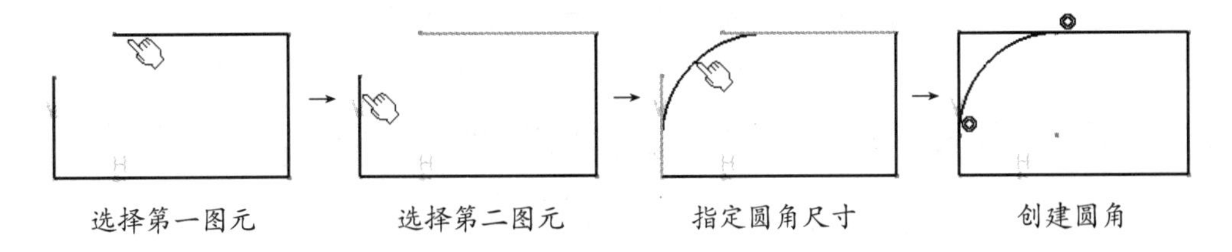

图 2-25 标准线修剪

- 构造线修剪：单击此按钮，修剪图元后，所选的图元将变为构造线，如图 2-26 所示。

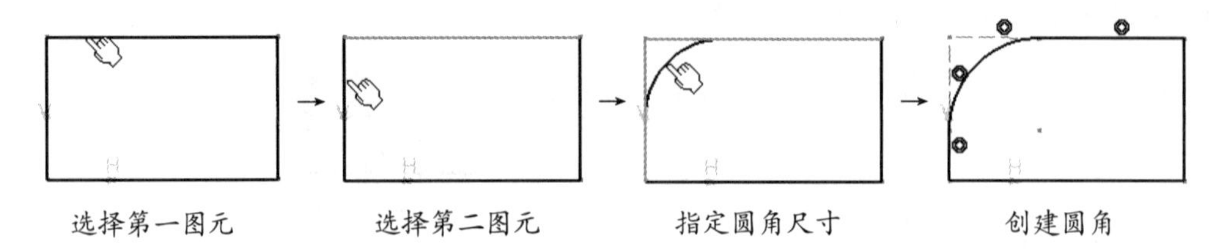

图 2-26 构造线修剪

- 构造线未修剪：单击此按钮，创建圆角后，所选图元变为构造线，但不修剪构造线，如图 2-27 所示。

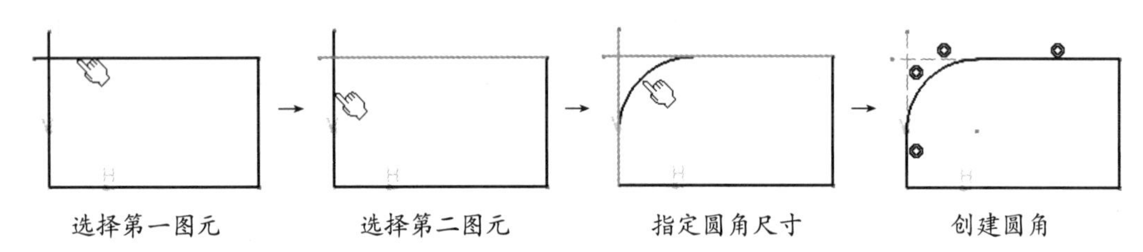

图 2-27 构造线未修剪

技术要点：

若要精确绘制圆角，可以在“草图工具”工具栏中显示的“半径”文本框中输入半径值，如图2-28所示，当然也可以后期双击圆角半径值来修改圆角。

图 2-28 输入半径值精确控制圆角

（2）倒角。

“倒角”命令将创建与两个直线或曲线图形对象相交的直线，形成一个倒角。在“操作”工具栏中单击“倒角”按钮，“草图工具”工具栏显示如图 2-29 所示的 6 种倒角剪裁选项按钮。选取两个图形对象或者选取了两个图形对象的交点，工具栏扩展为如图 2-30 所示的状态。

图 2-29 6 种倒角剪裁选项

图 2-30 扩展的倒角选项

新创建的直线与两个待倒角的对象的交点形成一个三角形，单击“草图工具”工具栏中的 6

个剪裁选项按钮之一，可以创建与圆角类型相同的6种倒角剪裁类型，如图2-31所示。

技术要点：

如果直线互相平行，由于不存在真实的交点，所以长度使用端点计算。

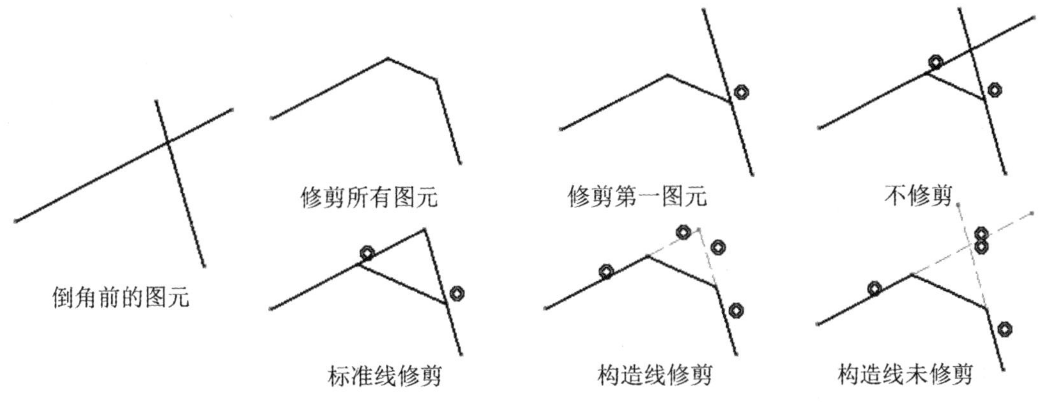

图2-31　6种倒角类型

当选择第一图元和第二图元后，“草图工具”工具栏中显示以下3种倒角定义方式。

- 角度和斜边：定义新直线的长度及其与第一个被选对象的角度，如图2-32（a）所示。
- 角度和第一长度：定义新直线与第一个被选对象的角度，以及与第一个被选对象的交点到两个被选对象的交点的距离，如图2-32（b）所示。
- 第一长度和第二长度：定义两个被选对象的交点与新直线交点的距离，如图2-32（c）所示。

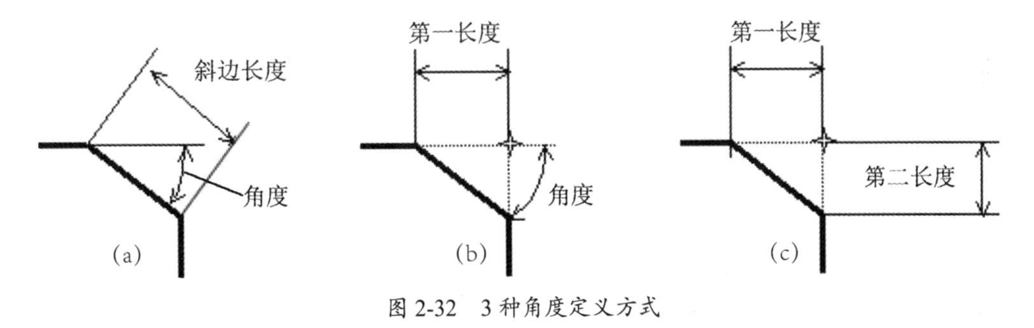

图2-32　3种角度定义方式

技术要点：

如果要创建倒角的两个图元是相互平行的直线，那么，创建的倒角会是两平行直线之间的垂线，始终修剪选择位置的另一侧，如图2-33所示。

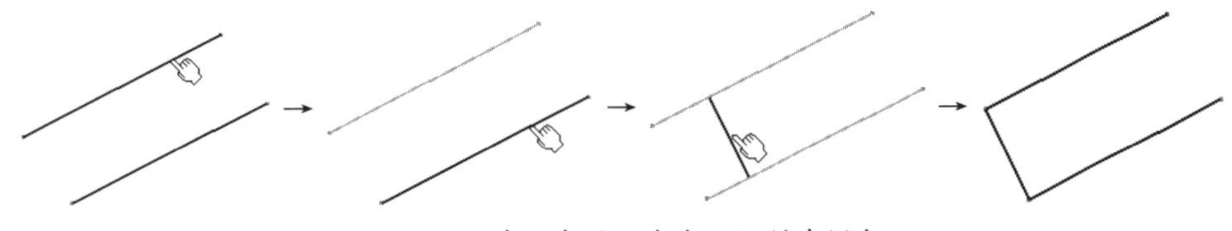

图2-33　在两条平行直线之间创建倒角

（3）修剪。

“修剪”命令用于对两条曲线进行修剪。如果修剪结果是缩短曲线，则适用于任何曲线；如果是伸长则只适用于直线、圆弧和圆锥曲线。

单击“操作”工具栏中的“修剪”按钮，弹出“草图工具”工具栏，工具栏中有两种修剪方式。

- 修剪所有图元：单击此按钮，将修剪所选的两个图元，如图 2-34 所示。

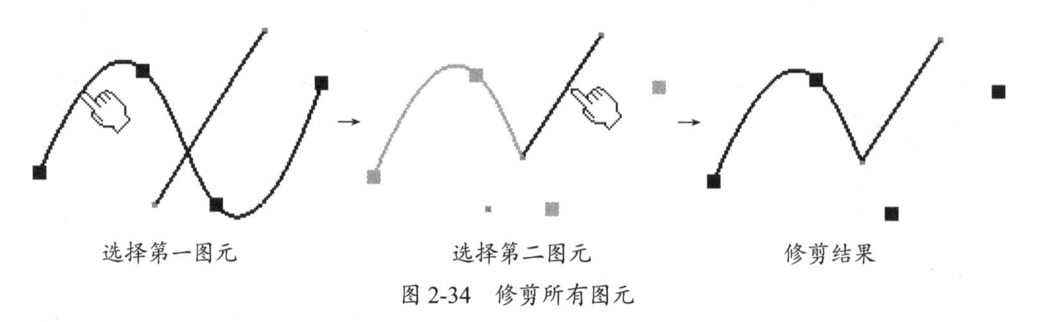

图 2-34　修剪所有图元

技术要点：

修剪结果与单击曲线位置有关，在选取曲线时单击部分将保留。如果是单条曲线，也可以进行修剪，修剪时第一点是确定保留部分，第二点是修剪点，如图2-35所示。

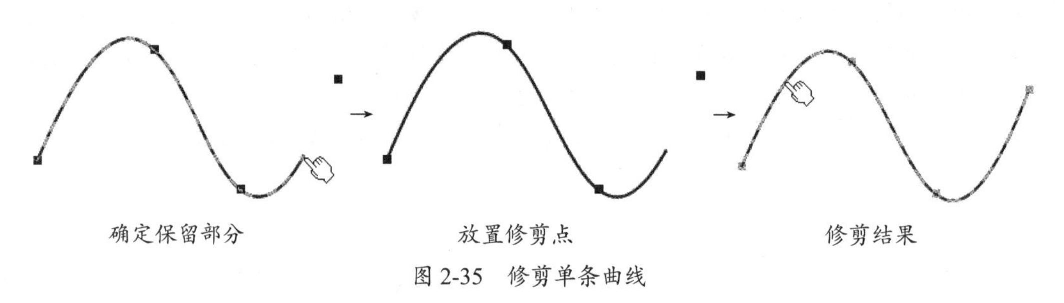

图 2-35　修剪单条曲线

- 修剪第一图元：单击此按钮，将只修剪所选的第一图元，保留第二图元，如图 2-36 所示。

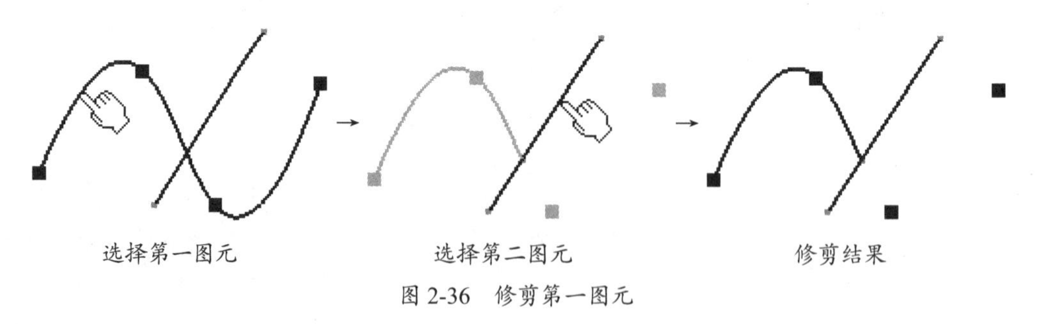

图 2-36　修剪第一图元

（4）断开。

“断开”命令将草图元素打断，打断工具可以是点、圆弧、直线、圆锥曲线、样条曲线等。

单击“操作”工具栏中的“断开”按钮，选择要打断的元素，然后选择打断工具（打断边界），系统自动完成打断，如图 2-37 所示。

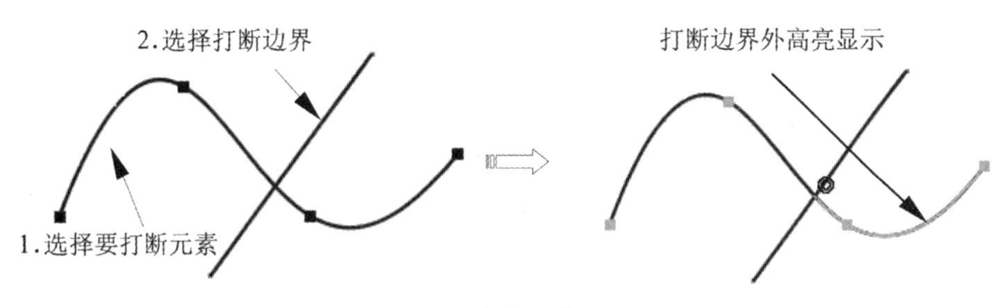

图 2-37 打断操作

技术要点：

如果指定的打断点不在直线上，则打断点将是指定点在该曲线上的投影点。

（5）快速修剪。

“快速修剪”命令可以快速修剪直线或曲线。若选中的对象不与其他对象相交，则删除该对象；若选中的对象与其他对象相交，则该对象的选取点与其他对象相交的一段被删除。图 2-38（a）、（c）所示为修剪前的图形，圆点表示选取点，修剪结果如图 2-38（b）、（d）所示。

技术要点：

值得注意的是：快速修剪命令一次只能修剪一个图元。因此要修剪更多的图元，需要反复使用“快速修剪”命令。

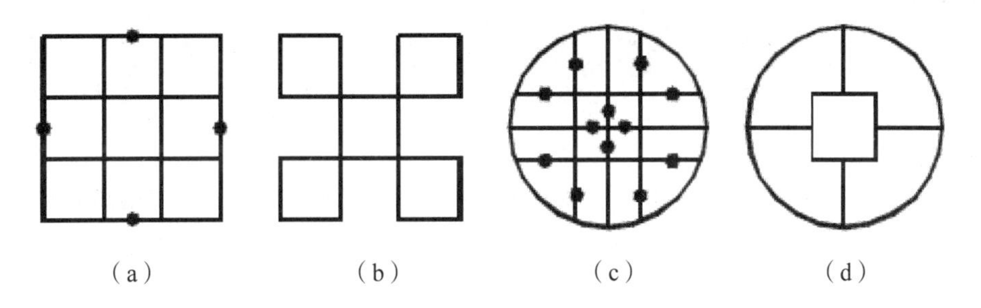

图 2-38 快速修剪图形

快速修剪也有 3 种修剪方式，具体如下。

- 断开及内擦除：断开所选图元并修剪该图元，擦除部分为打断边界内，如图 2-39 所示。

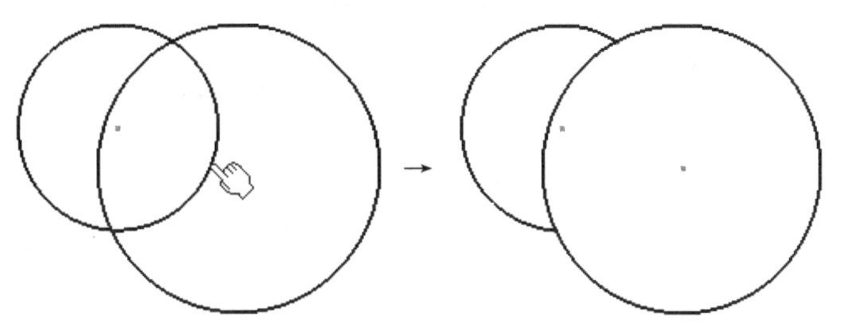

图 2-39 断开及内擦除

- 断开及外擦除：断开所选图元并修剪该图元，修剪位置为打断边界外，如图 2-40 所示。

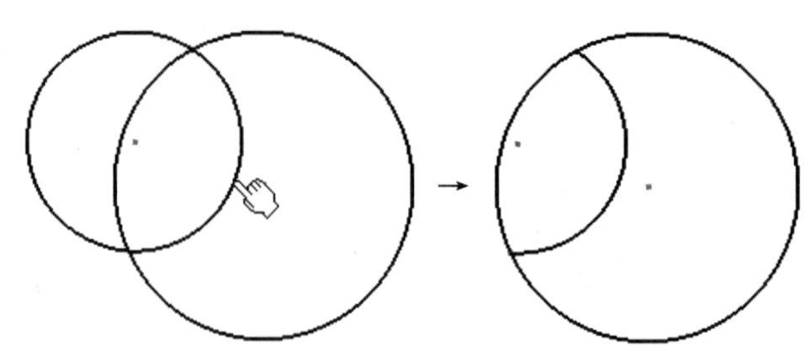

图 2-40　断开及外擦除

- 断开并保留：仅断开所选图元，保留所有断开的图元，如图 2-41 所示。

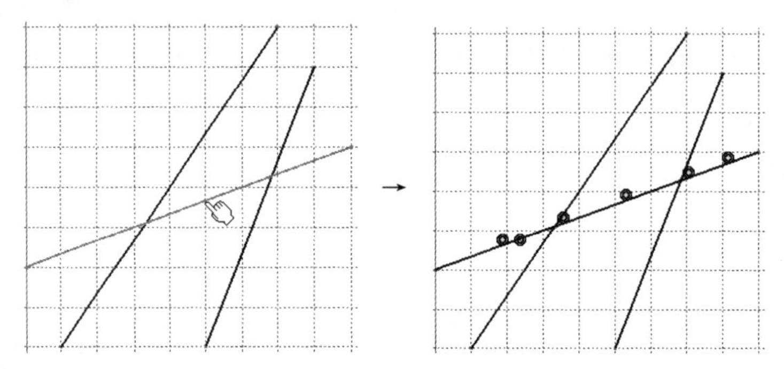

图 2-41　断开并保留

技术要点：

对于复合曲线（多个曲线组成的投影/相交元素）而言，无法使用“快速修剪”和/或“断开”命令，但可以通过修剪命令绕过该功能限制。

（6）封闭弧。

使用“封闭弧”命令，可以将所选圆弧或椭圆弧封闭，从而生成整圆。封闭弧的操作较简单，单击“封闭弧”按钮，再选择要封闭的弧，即可完成封闭操作，如图 2-42 所示。

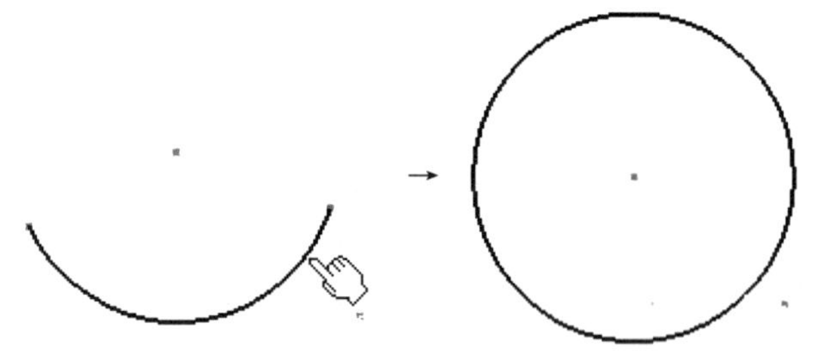

图 2-42　封闭弧操作

（7）补充。

“补充”命令可以创建圆弧、椭圆弧的补弧（补弧与所选弧构成整圆或整椭圆）。单击“补充”按钮，选择要创建补弧的弧，软件自动创建补弧，如图 2-43 所示。

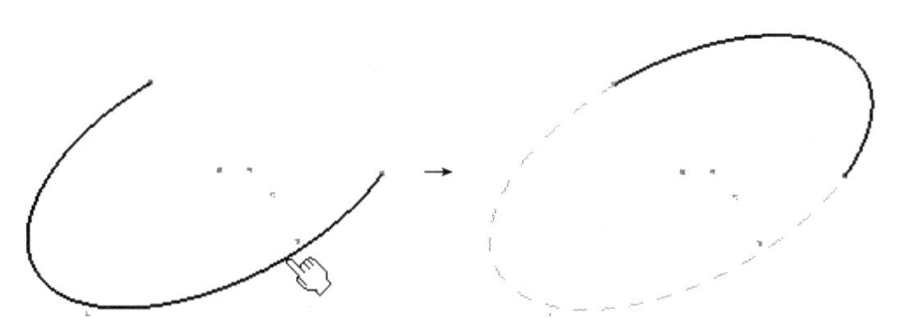

图 2-43　创建补弧

2. 图形变换操作

图形变换工具是快速制图的高级工具，如镜像、对称、平移、旋转、缩放、偏置等，熟练使用这些工具，可以提高绘图效率。

“操作”工具栏中的变换操作工具如图 2-44 所示。

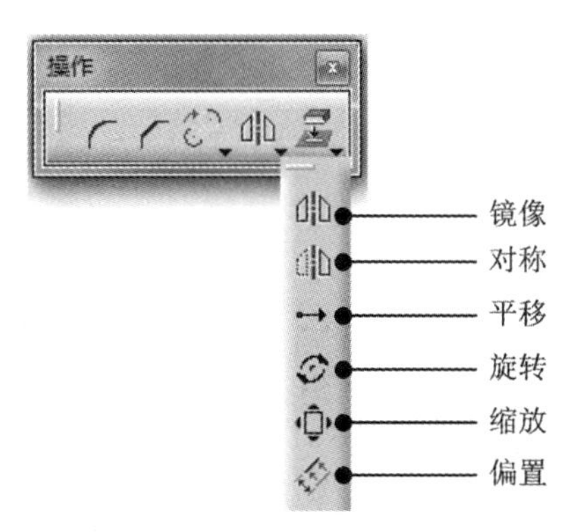

图 2-44　变换操作工具

（1）镜像变换。

“镜像”命令可以复制基于对称中心轴的镜像对称图形，原图形将保留。创建镜像图形前，需要创建镜像中心线，镜像中心线可以是直线或轴。

单击“镜像”按钮，选取要镜像的图形对象，再选取直线或轴线作为对称轴，即可得到原图形的对称图形，如图 2-45 所示。

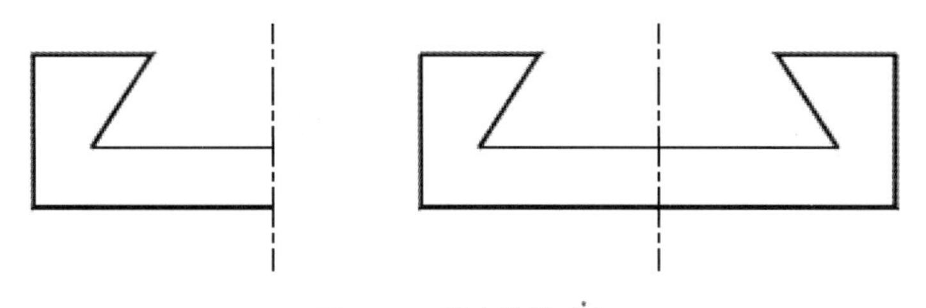

图 2-45　创建镜像对象

技术要点：

创建镜像对象时，如果要镜像的对象是多个独立的图形，可以框选对象，或者按住Ctrl键逐一选择对象。

（2）对称。

“对称”命令也能复制具有镜像对称特性的对象，但是原对象将不保留，这与“镜像”命令的操作结果不同，如图 2-46 所示。

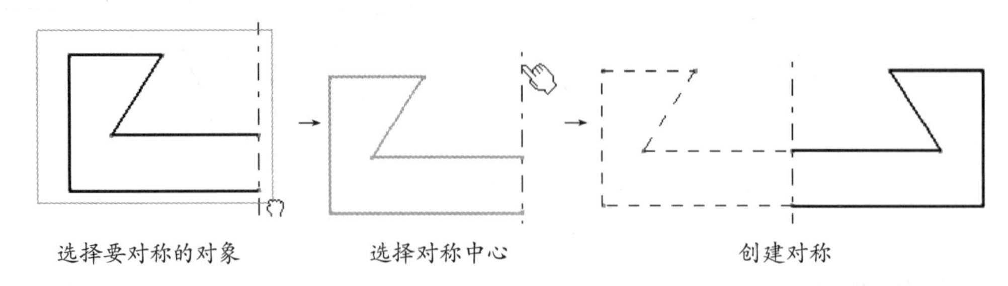

图 2-46　创建对称图形

（3）平移。

“平移”命令可以沿指定方向平移、复制图形对象。单击“平移”按钮，弹出如图 2-47 所示的“平移定义”对话框。

图 2-47　“平移定义”对话框

“平移定义”对话框中主要选项含义如下。

- 实例：设置副本对象的个数，可以单击微调按钮来设置。
- 复制模式：选中此复选框，将创建原图形的副本对象，反之，则仅平移图形而不复制对象。
- 保持内部约束：此复选框仅当选中“复制模式”复选框后可用。此复选框指定在平移过程中保留应用于选定元素的内部约束。
- 保持外部约束：此复选框仅当选中“复制模式”复选框后可用。此复选框指定在平移过程中保留应用于选定元素的外部约束。
- 值：设置平移的距离。
- 捕捉模式：选中此复选框，可采用捕捉模式捕捉点来放置对象。

选取待平移或复制的一些图形对象，例如，选取如图 2-48 所示的小圆。依次选择小圆的圆心 *P*1 点和大圆的圆心 *P*2 点。若“平移定义”对话框的“复制模式”复选框未被选中，小圆沿矢量 *P*1、*P*2 被平移到与大圆同心；若“复制模式”复选框被选中，小圆被复制到与大圆同心，如图 2-49 所示。

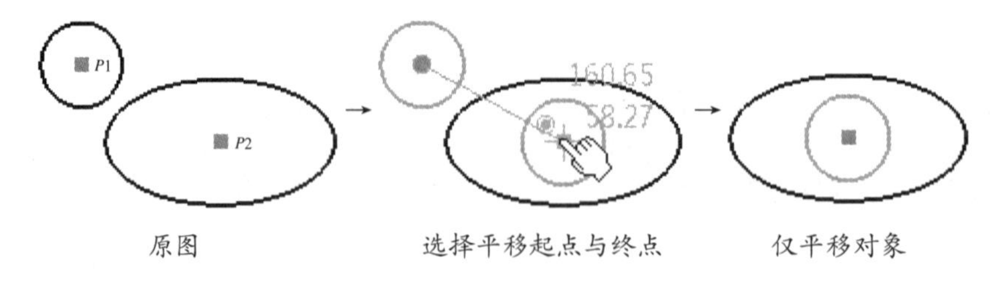

图 2-48　平移对象（1）

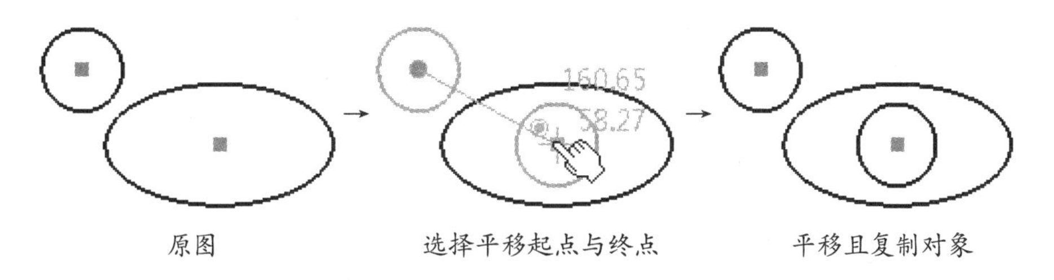

图 2-49　平移对象（2）

技术要点：

默认情况下，平移时按5mm的长度距离递增。每移动一段距离，可以查看长度值的变化。如果要修改默认的递增值，可以右击选中值，并在弹出的快捷菜单中进入“更改步幅”子菜单，选择已有数值或选择“新值”命令，在弹出的“新步幅”对话框中设置新值，如图2-50所示。

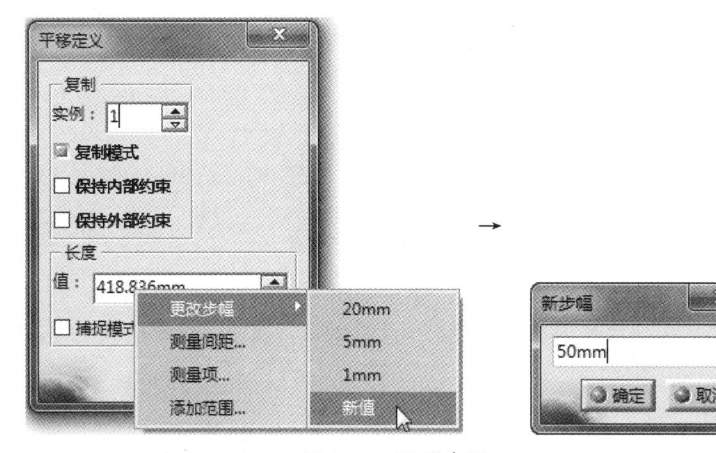

图 2-50　设置步幅

技术要点：

可以使用图2-50中弹出的快捷菜单中的测量命令，测量平移的距离、对象尺寸等。

（4）旋转。

“旋转”命令是将所选的原图形旋转并可创建副本对象。单击“旋转”按钮，弹出如图 2-51 所示“旋转定义”对话框，主要选项含义如下。

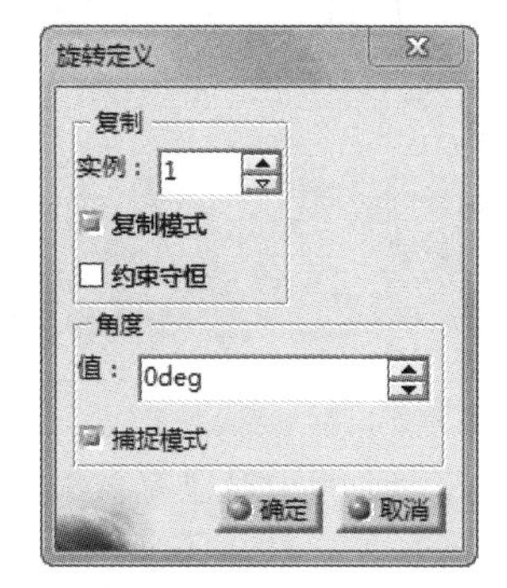

图 2-51　“旋转定义”对话框

- 约束守恒：保留所选几何元素约束。
- 值：输入旋转角度值，正值表示逆时针旋转，负值表示顺时针旋转。

选取待旋转的图形对象，例如选取图 2-52（a）的轮廓线。选择旋转的基点 $P1$，在“旋转定义”对话框的“值”文本框中输入旋转的角度。若该对话框的“复制模式”复选框未被选中，轮廓线被旋转到指定角度，如图 2-52（b）所示；若“复制模式”复选框被选中，轮廓线被复制然后旋转到指定角度，如图 2-52（c）所示。

技术要点：

也可以通过输入的点确定旋转角度，若依次输入$P2$、$P3$点，$\angle P2\ P1\ P3$ 即为旋转的角度，如图2-52（a）所示。

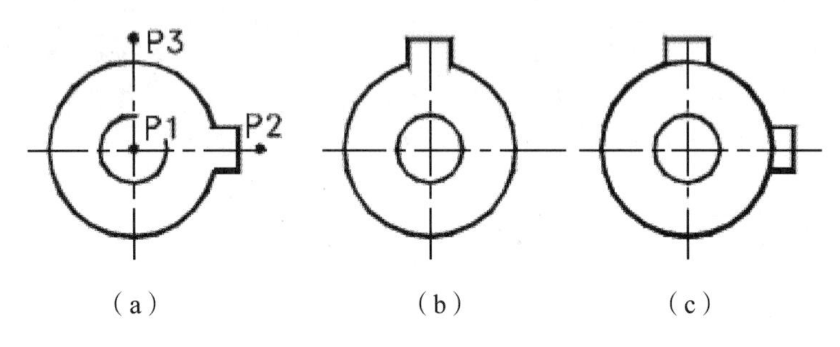

图 2-52　旋转图形

（5）缩放。

“缩放”命令将所选图形元素按比例进行缩放。

单击“操作”工具栏中的“缩放”按钮，弹出“缩放定义”对话框，定义缩放相关参数，并选择要缩放的元素，再次选择缩放中心点，单击“确定”按钮，完成缩放操作，如图 2-53 所示。

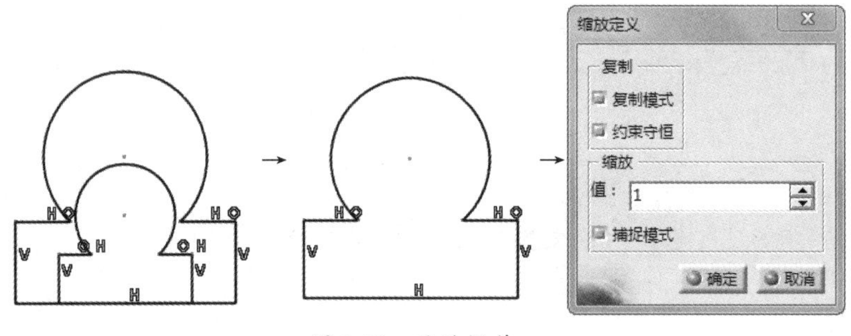

图 2-53　缩放操作

技术要点：

可以先选择几何图形，也可以先单击“缩放”按钮。如果先单击“缩放”按钮，则不能选择多个元素。

（6）偏置。

“偏置”命令用于对已有直线、圆等草图元素进行偏移复制。

单击“操作”工具栏中的“偏置”按钮，在“草图工具”工具栏中显示 4 种偏置方式，如图 2-54 所示，具体的使用方法如下。

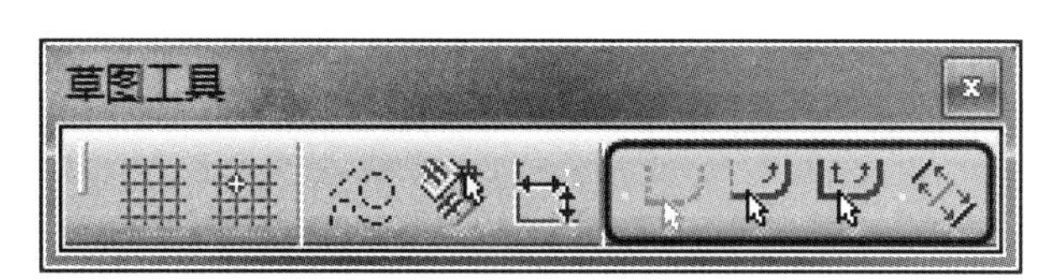

图 2-54　4 种偏置方式

- 无拓展：仅偏置单个图元，如图 2-55 所示。

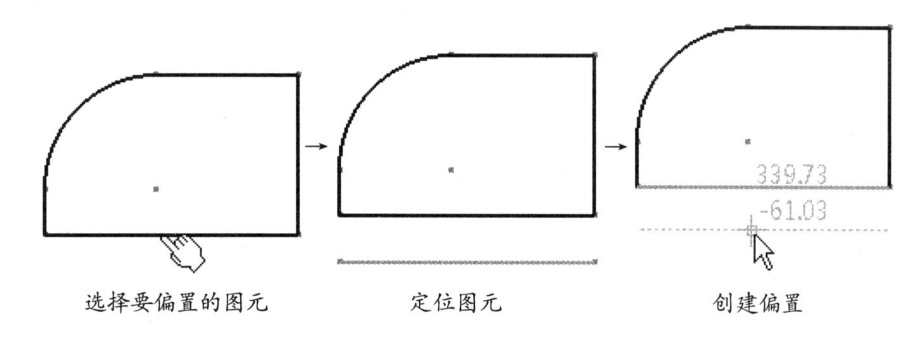

图 2-55　无拓展偏置

- 相切拓展：选择要偏置的圆弧，与之相切的图元将一同被偏置，如图 2-56 所示。

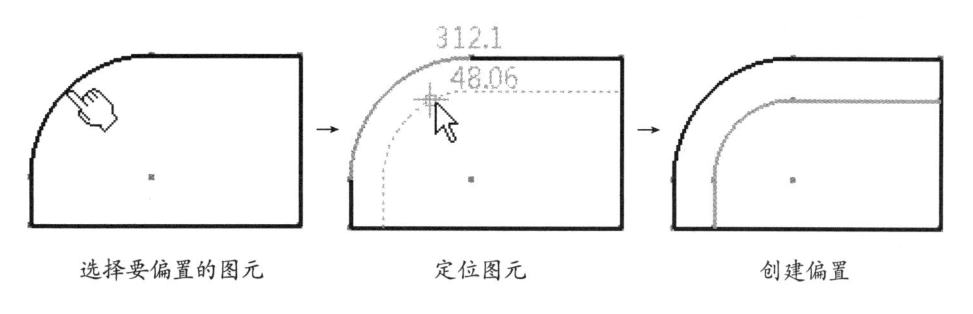

图 2-56　相切拓展偏置

技术要点：

如果选择直线来偏置，将会创建与"无拓展"方式相同的结果。

- 点拓展：在要偏置的图元上选取一点，并偏置与之相连接的所有图元，如图 2-57 所示。

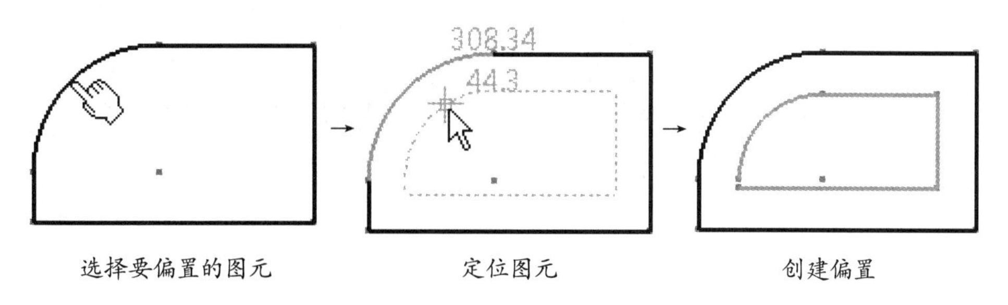

图 2-57　点拓展偏置

- 双侧偏置：此方式由“点拓展”方式延伸而来，偏置的结果是在所选图元的两侧创建偏置，如图 2-58 所示。

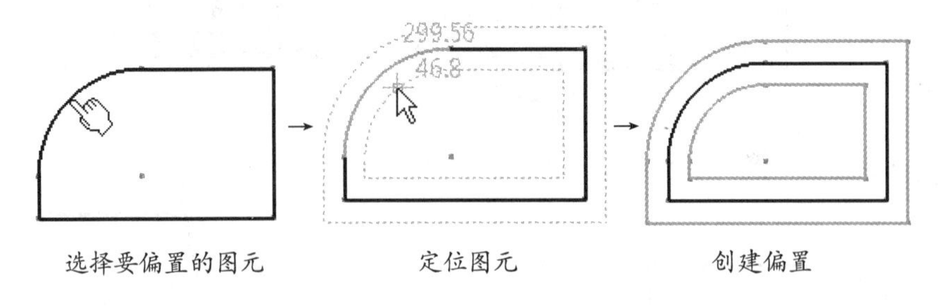

图 2-58　双侧偏置

技术要点：

注意，如果将鼠标指针置于允许创建给定元素的区域之外，将出现符号。例如，如图2-59所示的偏置，允许的区域为竖直方向区域，图元外的水平区域为错误区域。

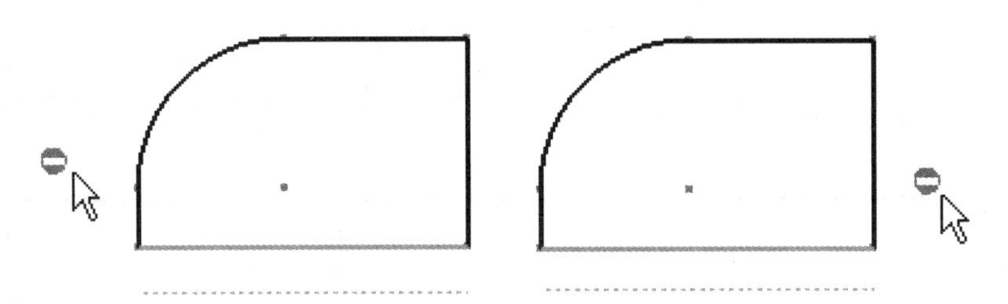

图 2-59　在错误区域中定位图元

3. 获取三维形体的投影

三维形体可以看作由一些平面或曲面围起来的，每个面还可以看作由一些直线或曲线作为边界确定的。通过获取三维形体的面和边在工作平面的投影，也可以得到平面图形，并可以获取三维形体与工作平面的交线。利用这些投影或交线，还可以进行编辑，构成新的图形。

单击“投影 3D 图元”按钮右侧的下三角按钮，将显示获取三维形体表面投影的工具栏，如图 2-60 所示。

（1）投影 3D 图元。

“投影 3D 图元”功能可以获取三维形体的面、边在工作平面上的投影。选取待投影的面或边，即可在工作平面上得到它们的投影。

如果需要同时获取多个面或边的投影，应该先选择多个面或边，然后再单击“投影 3D 图元”按钮。

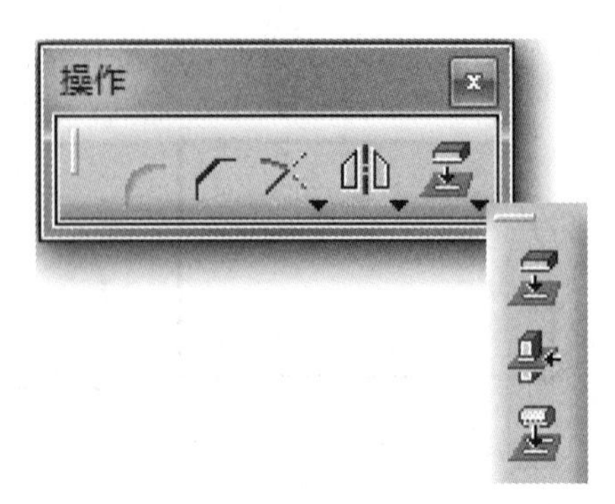

图 2-60　投影工具

例如，图 2-61 所示为壳体零件，单击“投影 3D 图元”按钮，选择要投影的平面，随后在草图工作平面上得到了顶面的投影。

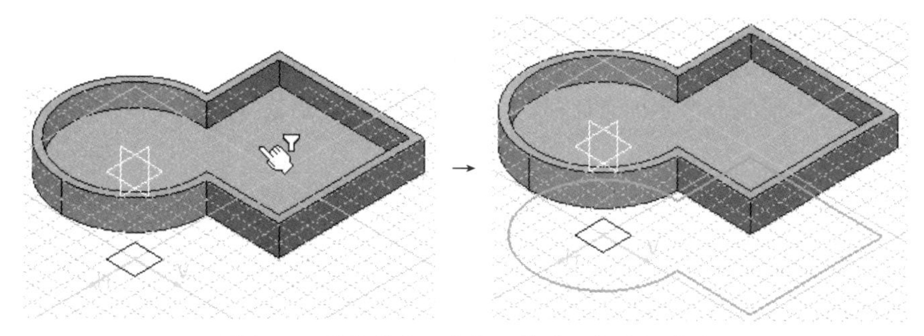

图 2-61　形体的面、边在工作平面上的投影图

技术要点：

如果选择垂直于草图平面的面，将投影该面形状的轮廓曲线，如图2-62所示。如果选择它的侧面，在工作平面上将只得到大圆。

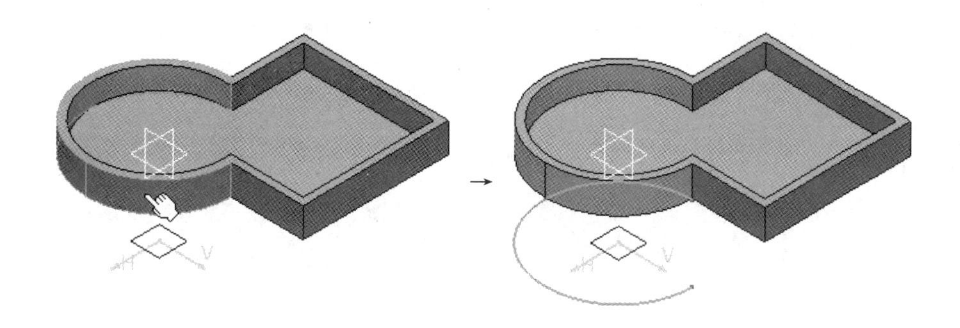

图 2-62　选择垂直面将投影轮廓曲线

（2）与 3D 图元相交。

“与3D图元相交”功能可以获取三维形体与工作平面的交线，如果三维形体与工作平面相交，选择相交的面、边，即可在工作平面上得到它们的交线或交点。

例如，图 2-63 所示是一个与草图平面斜相交的模型，按住 Ctrl 键选择要相交的曲面，单击“与 3D 图元相交”按钮后，即可得到它们与工作平面的交线。

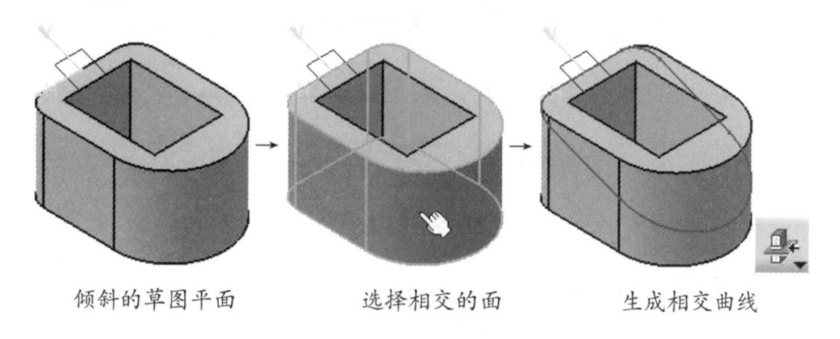

图 2-63　与 3D 图元相交

（3）投影3D轮廓边线。

“投影3D轮廓边线”功能可以获取曲面轮廓的投影。单击该图标，选择待投影的曲面，即可在工作平面上得到曲面轮廓的投影。

例如，图2-64所示的是一个具有球面和圆柱面的手柄，单击“投影3D轮廓边线”按钮，选择球面，将在工作平面上得到一个圆弧。再单击按钮，选择圆柱面，将在工作平面上得到两条直线。

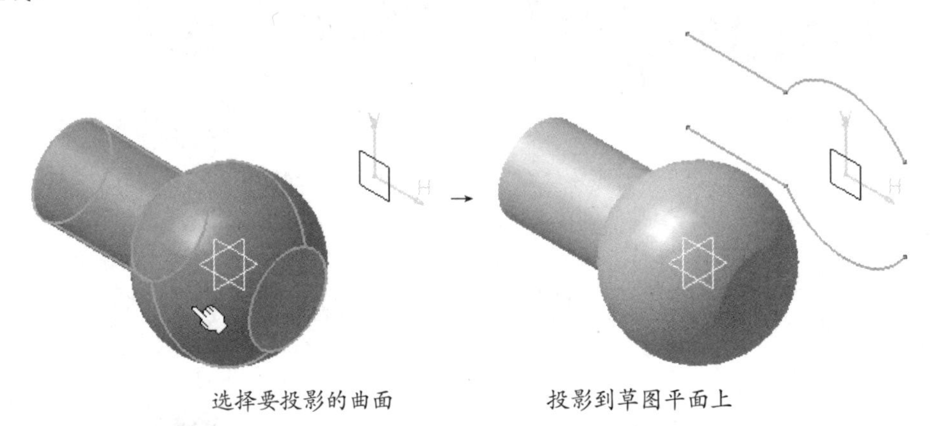

图2-64　曲面轮廓的投影

技术要点：

值得注意的是，此方式不能投影与草图平面相垂直的平面或面。此外，投影的曲线不能移动或修改属性，但可以删除。

上机练习——绘制与编辑草图

绘制如图2-65所示的草图，具体操作步骤如下。

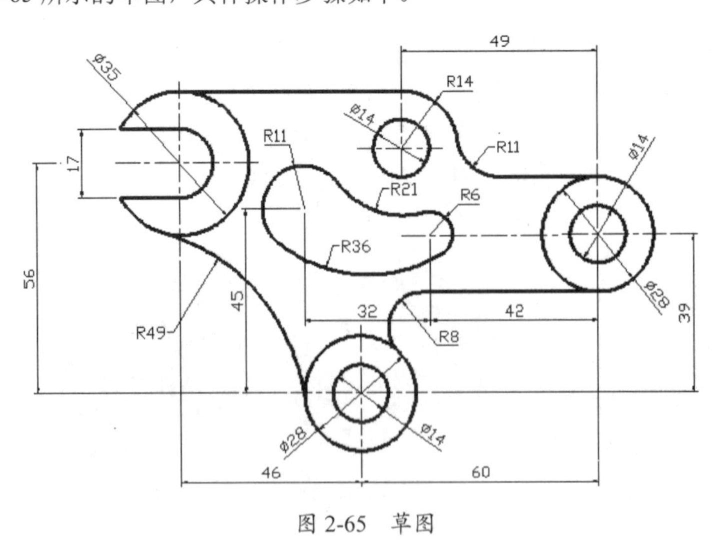

图2-65　草图

01 新建CATIA零件文件并选择*xy*平面，进入草图编辑器工作平台。

02 单击“轴”按钮，绘制整个草图的基准中心线，如图 2-66 所示。

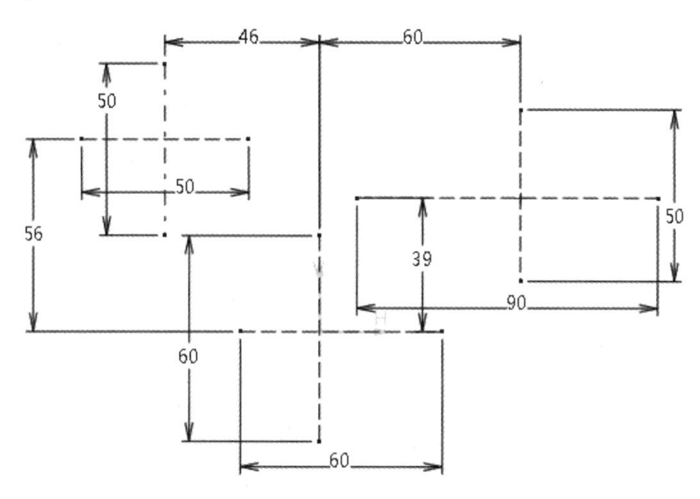

图 2-66　绘制基准中心线

技术要点：

为了后续绘制图形时的观察需要，在软件窗口底部的“可视化”工具栏中单击“尺寸约束”按钮，隐藏尺寸约束。

03 单击“圆”按钮，在基准中心线上绘制多个圆，如图 2-67 所示。

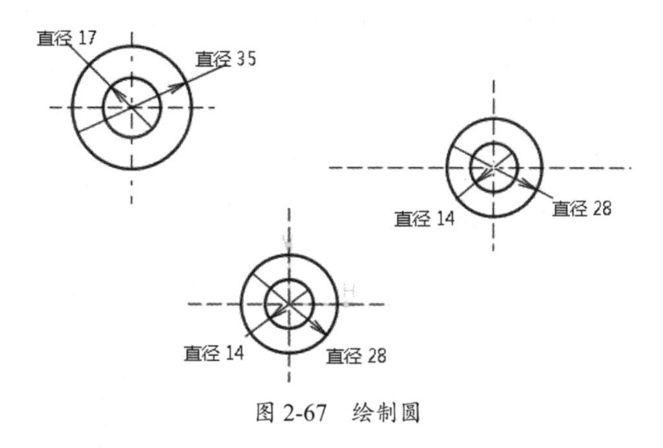

图 2-67　绘制圆

技术要点：

为了后续绘制图形时的观察需要，在“可视化”工具栏中单击“几何约束”按钮，隐藏几何约束。

04 单击“直线”按钮，绘制 5 条水平直线，如图 2-68 所示。

05 单击“圆”按钮，绘制如图 2-69 所示的同心圆。

06 单击“快速修剪”按钮修剪图形，结果如图 2-70 所示。

07 单击“圆角”按钮，利用“修剪所有元素”圆角剪裁类型，创建如图 2-71 所示的半径为 11 的圆角。

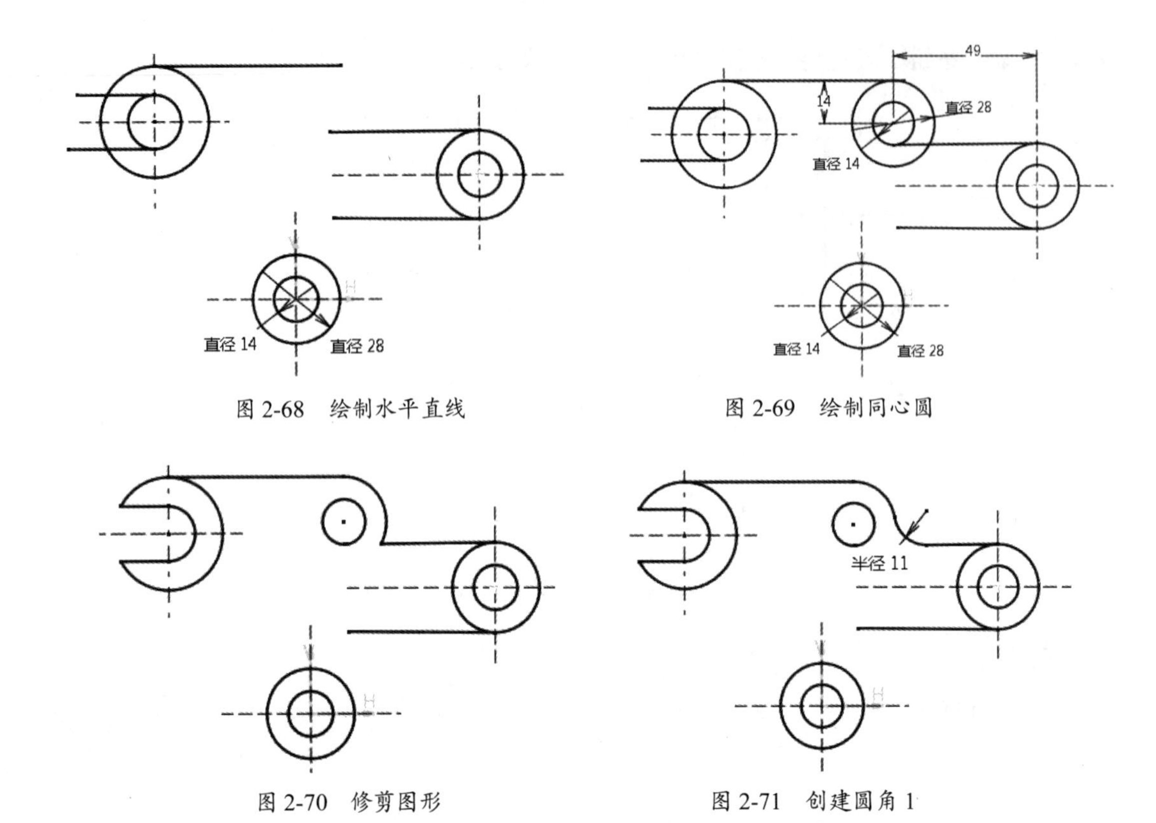

图 2-68　绘制水平直线

图 2-69　绘制同心圆

图 2-70　修剪图形

图 2-71　创建圆角 1

08 再利用“圆角”命令，以“不修剪”圆角剪裁类型，创建如图 2-72 所示的半径为 49 的圆角。

09 再利用“圆角”命令，以“修剪第一元素”圆角剪裁类型，创建如图 2-73 所示的半径为 8 的圆角。

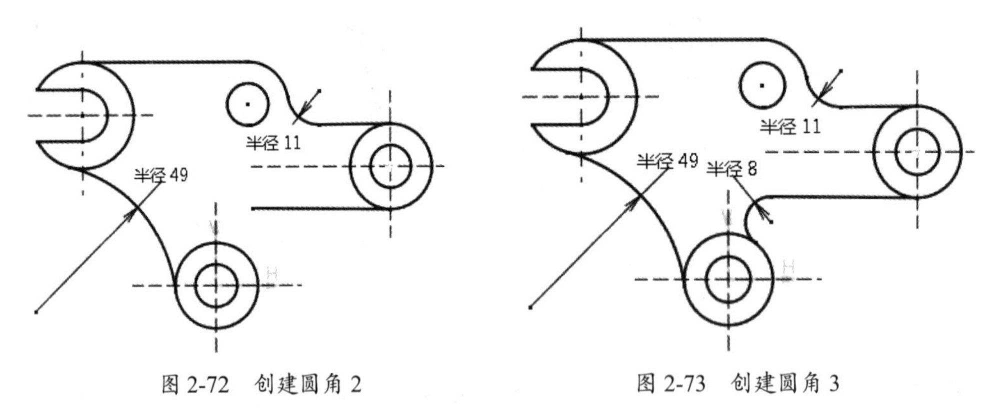

图 2-72　创建圆角 2

图 2-73　创建圆角 3

10 单击“圆”按钮，绘制直径为 12 和 22 的两个圆，如图 2-74 所示。

11 利用“圆角”命令并以“不修剪”圆角剪裁类型，创建半径为 21 的圆角（即圆弧曲线），如图 2-75 所示。

12 单击“三点弧”按钮，绘制与两个圆相切且半径为 36 的圆弧，如图 2-76 所示。

13 最后修剪图形得到最终的草图，如图 2-77 所示。

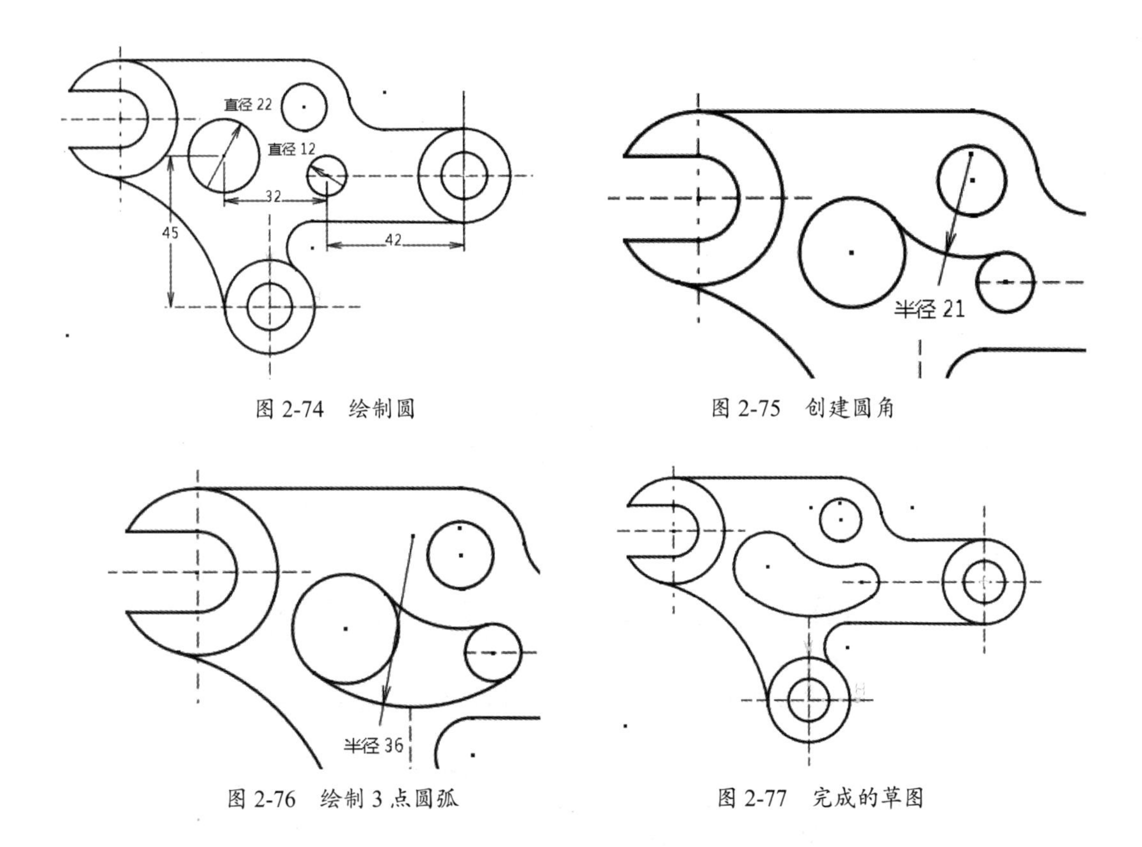

图 2-74　绘制圆

图 2-75　创建圆角

图 2-76　绘制 3 点圆弧

图 2-77　完成的草图

2.4 添加几何约束关系

在草图设计环境下，利用几何约束功能可以便捷地绘制出需要的图形。CATIA V5 草图中提供了自动几何约束和手动几何约束功能，下面进行讲解。

2.4.1 自动几何约束

自动约束的原意是，当激活了某些约束功能后，绘制图形过程中会自动产生几何约束效果，起到辅助定位的作用。

CATIA V5 的自动约束功能在如图 2-78 所示的“草图工具”工具栏中。

图 2-78　CATIA V5 的自动约束功能

1. 栅格约束

“栅格约束”就是用栅格约束鼠标指针的位置，约束其只能在栅格的一个格点上。图 2-79（a）所示为在关闭栅格约束的状态下，用鼠标指针确定的直线；图 2-79（b）所示为在打开栅格约束的状态下，用鼠标指针在同样的位置确定的直线。显然，在打开栅格约束的状态下，容易绘制精度更高的直线。

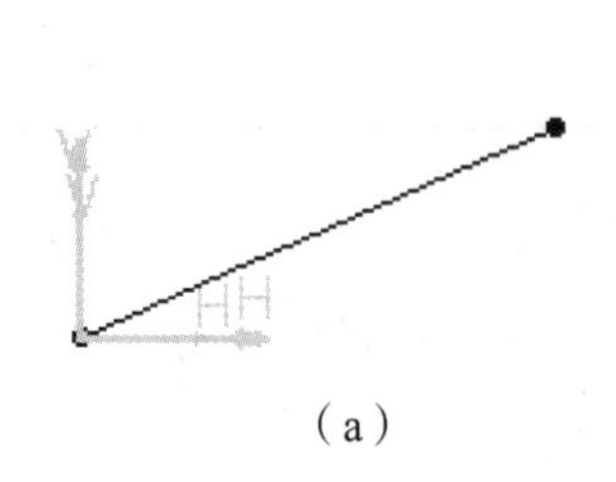
（a）

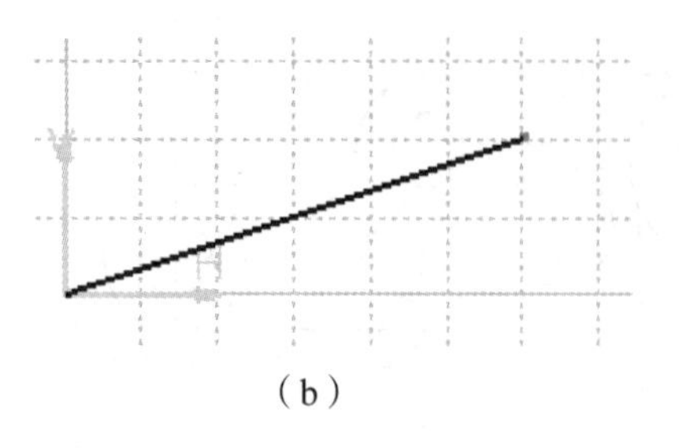
（b）

图 2-79　栅格约束的作用

技术要点：

绘制图形过程中，打开栅格约束，可以大致确定点的方位，但不能精确约束。

要想精确约束点的坐标方位，在“草图工具”工具栏中单击“点对齐”按钮，即可将点约束到栅格的刻度点上，橙色显示的图标表示栅格约束为打开状态，如图 2-80 所示。

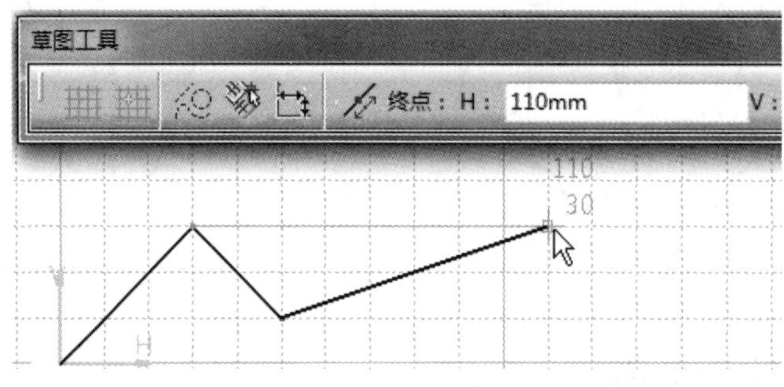

图 2-80　打开“点对齐”精确约束

2. 几何约束

当在“草图工具”工具栏中单击“几何约束”按钮，然后绘制几何图形时，在这个过程中会生成自动约束效果。自动约束后会显示各种约束符号，如图 2-81 所示。

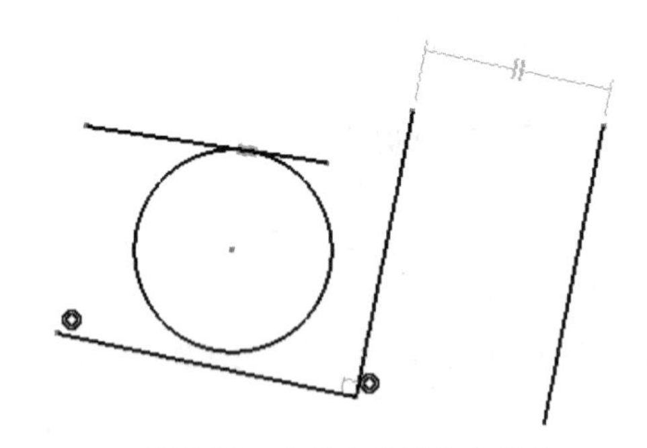

图 2-81　自动生成的约束符号

2.4.2　手动几何约束

手动几何约束的作用是约束图形元素本身的位置或图形元素之间的相对位置。当图形元素被约束时，在其附近将显示表 2-2 中的专用约束符号。被约束的图形元素在改变其约束之前，将始终保持现有的状态。几何约束的种类与图形元素的种类和数量的关系见表 2-2。

表 2-2　几何约束的种类与图形元素的种类和数量的关系

种类	符号	图形元素的种类和数量
固定		任意数量的点、直线等图形元素
水平	H	任意数量的直线
竖直	V	任意数量的直线
平行		任意数量的直线
垂直		两条直线
相切		两个圆或圆弧
同心		两个圆、圆弧或椭圆
对称		直线两侧的两个相同种类的图形元素
相合		两个点、直线或圆（包括圆弧）或一个点和一个直线、圆或圆弧

在“约束”工具栏中包括如图 2-82 所示的约束工具。

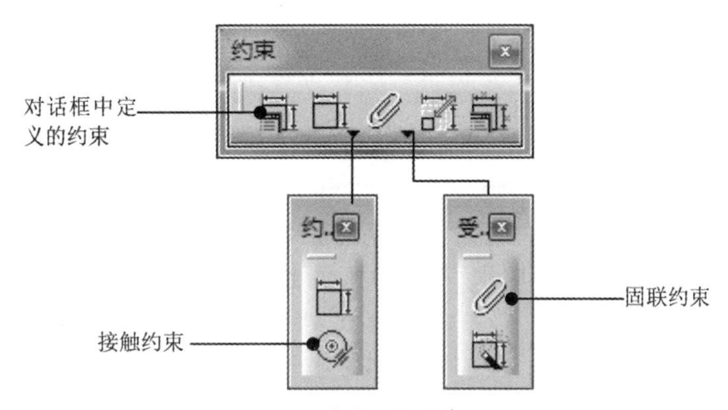

图 2-82　手动几何约束工具

1. 对话框中定义的约束

“对话框中定义的约束”工具可以约束图形对象的几何位置，同时添加、解除或改变图形对象几何约束的类型。

其操作步骤是：选取待添加或改变几何约束的图形对象，如选取一条直线，单击“对话框中定义的约束”按钮，弹出如图 2-83 所示“约束定义”对话框。该对话框共有 17 个确定几何约束和尺寸约束的复选框，所选图形对象的种类和数量决定了利用该对话框可定义约束的种类和数量。本例选取了一条直线，可供操作的只有固定、水平和竖直等 3 个状态的几何约束和 1 个约束长度的复选框。

若选中“固定”和“长度”复选框，单击“确定”按钮，即可在被选直线处标注尺寸和显示固定符号，如图 2-84 所示。

技术要点：

值得注意的是，手动约束后显示的符号是暂时的，当关闭“约束定义”对话框后，约束符号会自动消失。每选择一种约束都会弹出“警告”对话框，如图2-85所示。

图 2-83 “约束定义”对话框

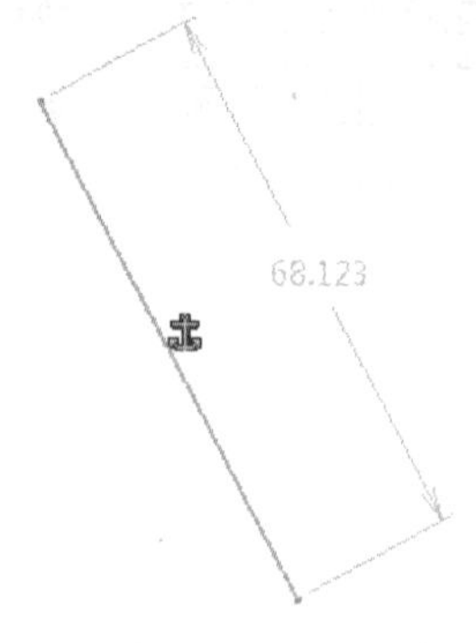

图 2-84 显示约束

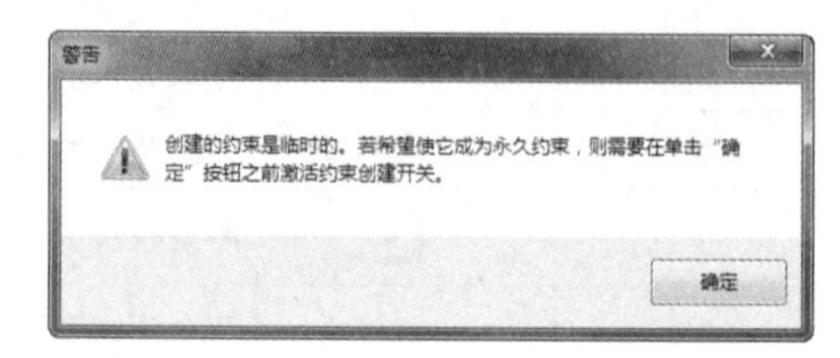

图 2-85 “警告”对话框

正如图 2-85 中的警告信息提示，要想永久显示约束符号，只有通过激活自动约束功能（在“草图工具”工具栏中单击“几何约束”按钮）才可以实现。

技术要点：

如果只是解除图形对象的几何约束，删除几何约束符号即可。

2. 接触约束

单击“接触约束”按钮，选取两个图形元素，第二个被选对象移至与第一个被选对象接触。被选对象的种类不同，接触的含义也不同。

若选取的两个图形元素中有一个是点，或两个都是直线，第二个被选对象移至与第一个被选对象重合，如图 2-86（a）所示。

若选取的两个图形元素是圆或圆弧，第二个被选对象移至与第一个被选对象同心，如图 2-86（b）所示。

若选取的两个图形元素不全是圆或圆弧，或者不全是直线，第二个被选对象移至与第一个被选对象（包括延长线）相切，如图 2-87（c）、（d）、（e）所示。

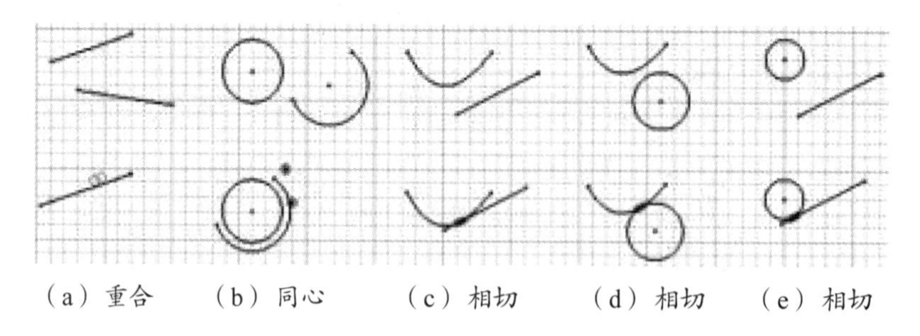

（a）重合　（b）同心　（c）相切　（d）相切　（e）相切

图 2-86 接触约束

技术要点：

图2-86中，第一行为接触约束前的两个图形元素，其中左上为第一个被选取的图形元素。

3. 固联约束

CATIA 中的固联约束是将图形元素集合进行约束，使其成员之间存在关联关系，固联约束后的图形有 3 个自由度。

通过固联约束后的元素集合可以移动、旋转，要想固定这些元素，必须使用其他集合约束进行固定。

上机练习——利用几何约束关系绘制草图

利用几何约束关系和草图绘制命令、操作工具等来绘制如图 2-87 所示的草图。从该图中可以看出，虽然图形中部分图形是有一定斜度的，若直接按所标尺寸进行绘制，有一定的难度。若是都在水平方向上绘制，然后旋转一定角度，绘图就变得容易多了。

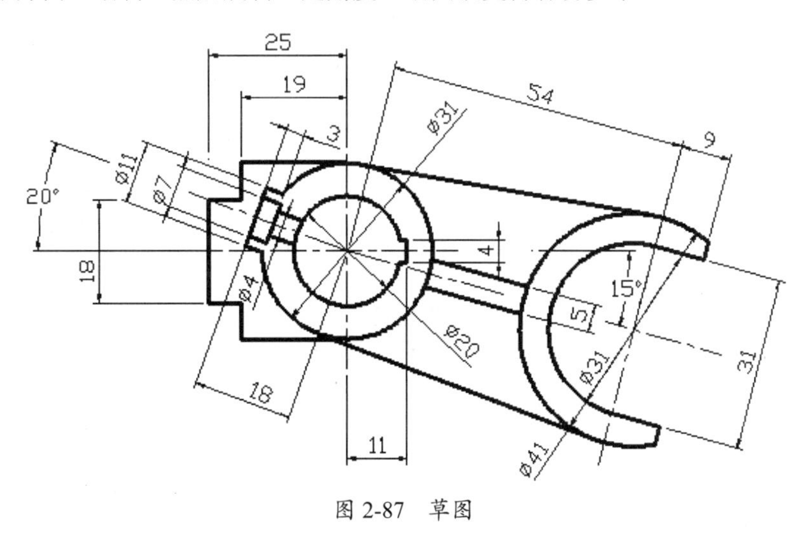

图 2-87　草图

01 新建 CATIA 零件文件。执行“开始”|“机械设计”|“草图编辑器”命令，选择 *xy* 平面进入草图编辑器工作台。

技术要点：

绘制此草图的方法是首先绘制倾斜部分的图形，然后再绘制其他部分。

02 利用“轴”命令绘制基准中心线，并添加“固定”约束，如图 2-88 所示。

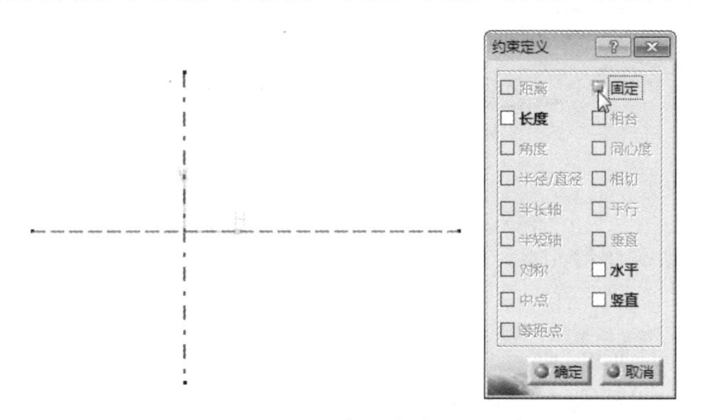

图 2-88　绘制中心线并添加约束

03 利用“圆”命令，绘制如图 2-89 所示的圆。

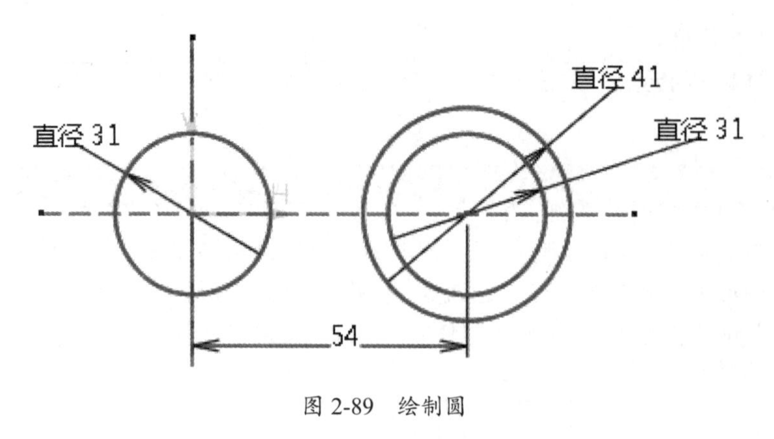

图 2-89　绘制圆

04 利用“直线”命令，绘制如图 2-90 所示的水平和垂直直线。

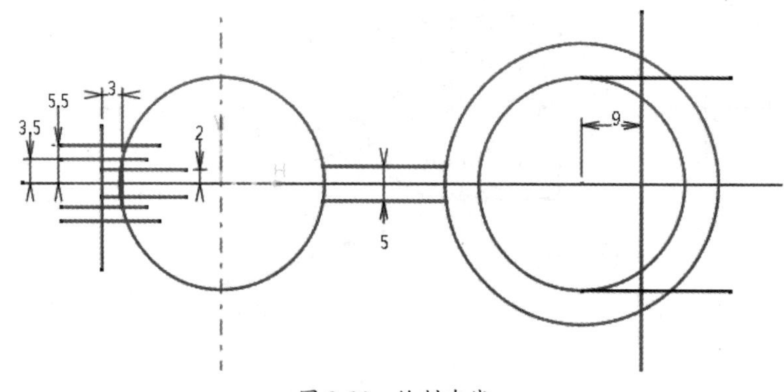

图 2-90　绘制直线

05 利用“快速修剪”命令修剪图形，得到的结果如图 2-91 所示。

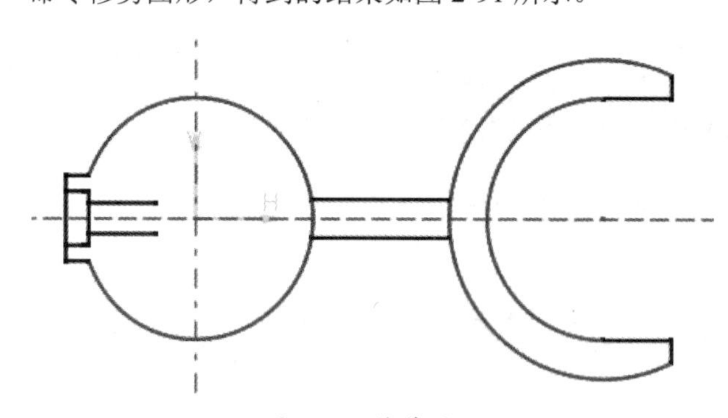

图 2-91　修剪图形

06 删除尺寸，并选择所有图形元素，单击“约束”按钮打开“约束定义”对话框，并将其“固定”约束关系取消。

技术要点：

如果不取消固定约束关系，是不能进行操作的。

07 在“操作”工具栏中单击“旋转”按钮，打开“旋转定义”对话框。取消选中“复制模式”

复选框，并框选所有图形元素，如图 2-92 所示。

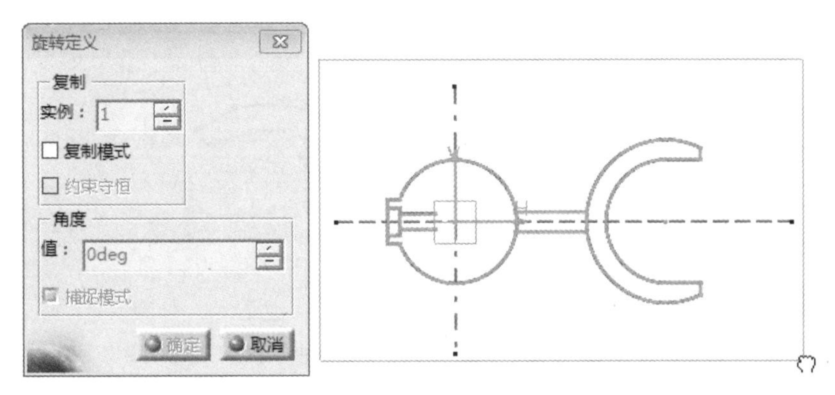

图 2-92　框选要旋转的对象

08 选择坐标系原点作为旋转点，再选择水平中心线上的一点作为旋转角度参考点，如图2-93 所示。

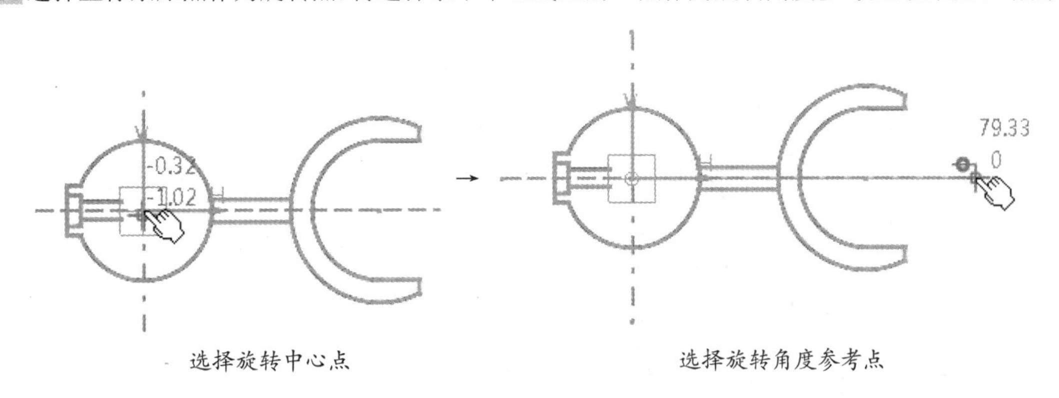

图 2-93　选择旋转中心点和参考点

09 在“旋转定义”对话框中输入 345 的角度值，单击“确定”按钮完成旋转，如图 2-94 所示。

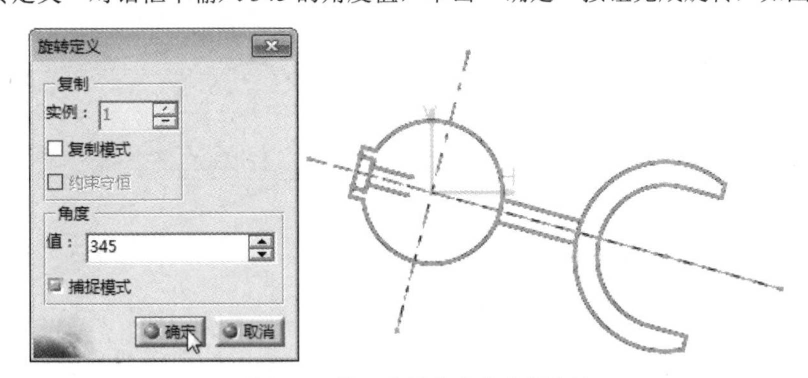

图 2-94　输入旋转角度值完成旋转

10 将旋转后的图形全选并约束为“固定”，继续绘制水平和垂直中心线，如图 2-95 所示。

11 利用“圆”和“直线”命令绘制如图 2-96 所示的图形。

12 利用“轮廓”命令和“镜像”命令，绘制如图 2-97 所示的图形。

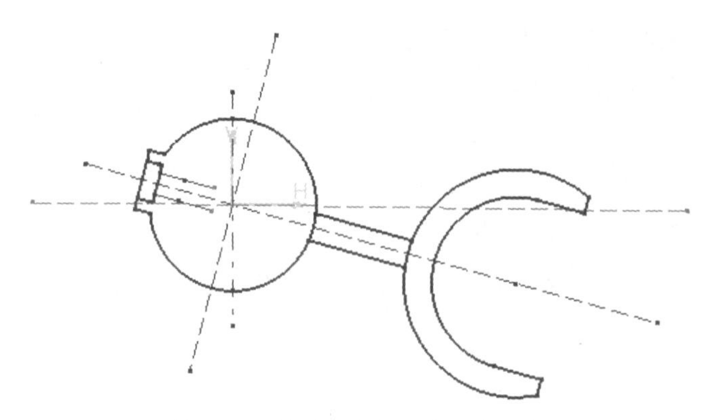

图 2-95　绘制水平和垂直的中心线

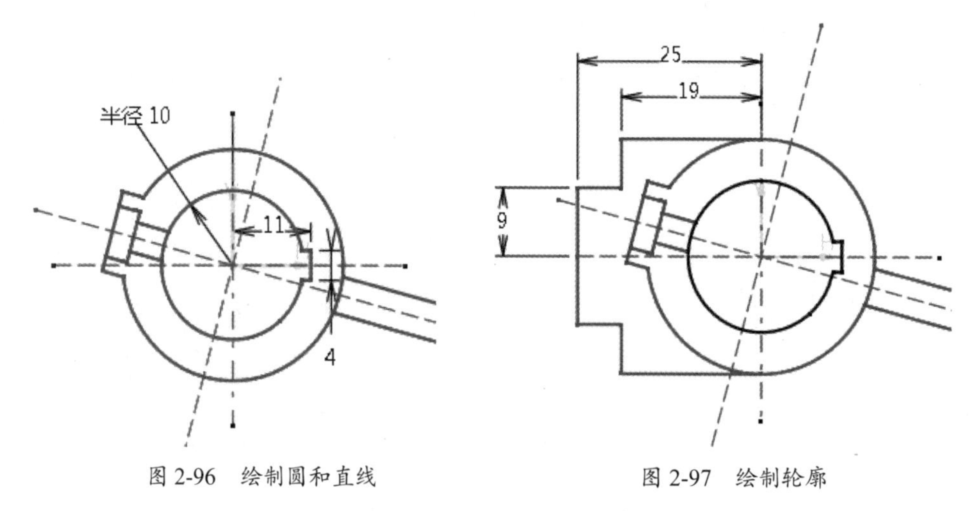

图 2-96　绘制圆和直线

图 2-97　绘制轮廓

13 利用“直线”命令先绘制如图 2-98 所示的两条直线，并将其与圆约束为“相切”，如图 2-99 所示。

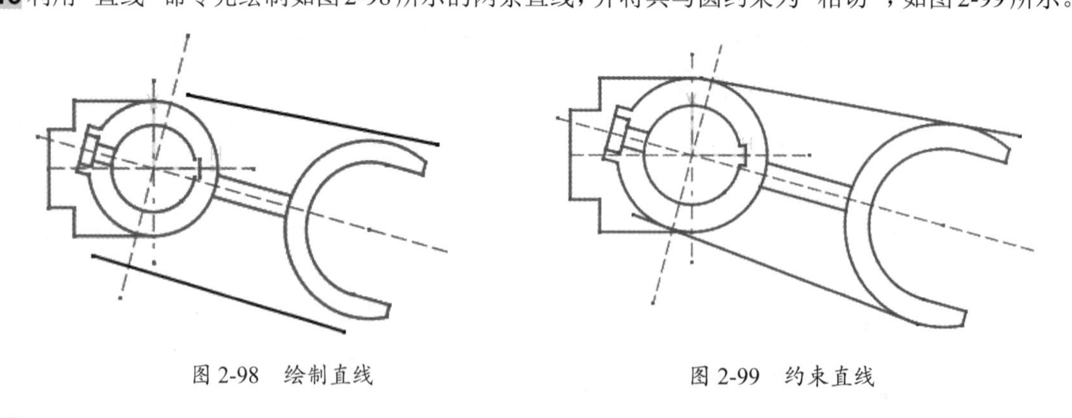

图 2-98　绘制直线

图 2-99　约束直线

14 最后修剪图形，即可得到最终的草图，如图 2-100 所示，保存结果。

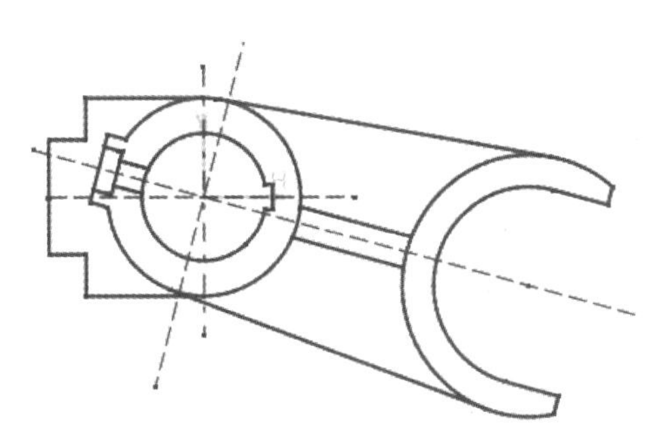

图 2-100 绘制完成的草图

2.5 添加尺寸约束关系

尺寸约束就是用数值约束图形对象的大小，尺寸约束以尺寸标注的形式标注在相应的图形对象上。被尺寸约束的图形对象只能通过改变尺寸数值来改变其大小，也就是尺寸驱动。进入零件设计模式后，将不再显示标注的尺寸或几何约束符号。

CATIA V5 的尺寸约束分自动尺寸约束、手动尺寸约束和动画约束，下面进行详细讲解。

2.5.1 自动尺寸约束和手动尺寸约束

自动尺寸约束是绘图过程中系统自动添加的尺寸约束；手动尺寸约束是在绘图结束后，利用约束工具对图形进行手动添加的尺寸约束。

1. 绘图时的自动尺寸约束

在“轮廓”工具栏中单击某一绘图按钮后，在“草图工具”工具栏中单击“尺寸约束”按钮，打开自动约束开关，接着再单击“自动尺寸约束”按钮，绘图过程中将自动产生尺寸约束。

例如，绘制如图 2-101 所示的图形，启动自动尺寸约束功能后，在图形的各元素上产生相应的尺寸。

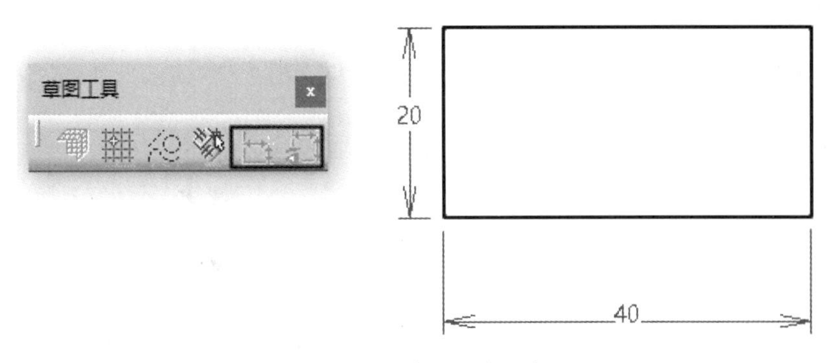

图 2-101 自动尺寸约束

2. 绘图结束后的自动尺寸约束

绘图结束后，可以在“约束”工具栏中单击“自动约束”按钮，打开“自动约束”对话框。选择要添加自动约束的对象后，单击“确定”按钮即可创建自动尺寸约束，如图 2-102 所示。

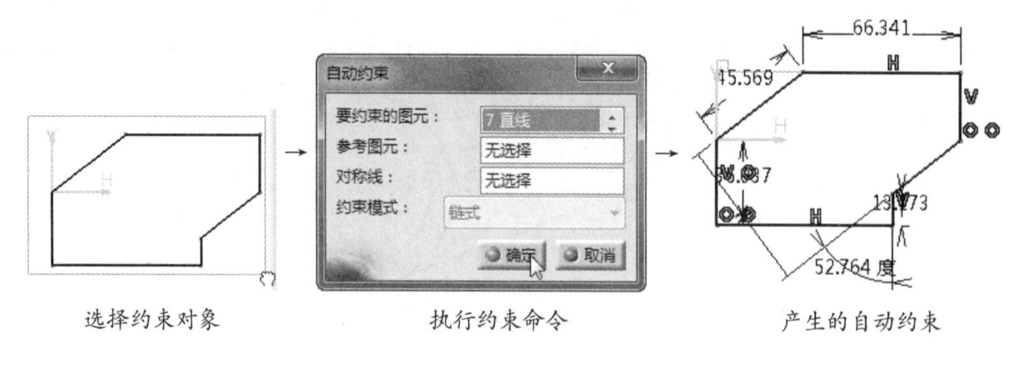

图 2-102　自动约束

技术要点：

需要说明的是，“自动约束”工具不仅创建自动尺寸约束，还产生几何约束，它是一个综合约束工具。

“自动约束”对话框中主要选项含义如下。

- 要约束的图元：该文本框（也是图元收集器）显示了已选取图形元素的数量。
- 参考图元：用于确定尺寸约束的基准。
- 对称线：用于确定对称图形的对称轴。如图 2-103 所示的图形是选择了水平和垂直的轴线作为对称轴并选择“链式”模式下的自动约束。

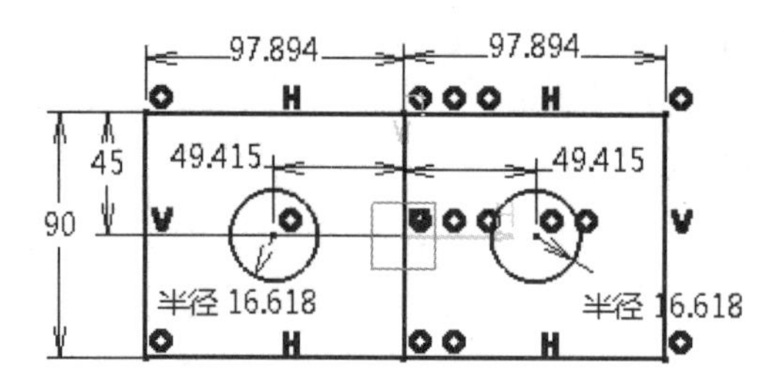

图 2-103　选择了对称轴时的自动约束

- 约束模式：该下拉列表用于确定尺寸约束的模式，包括“链式”和“堆叠式”两种模式。图 2-104 所示为选择“链式”模式下的自动约束；图 2-105 所示为以最左侧和底部直线为基准并选择“堆叠式”模式下的自动约束。

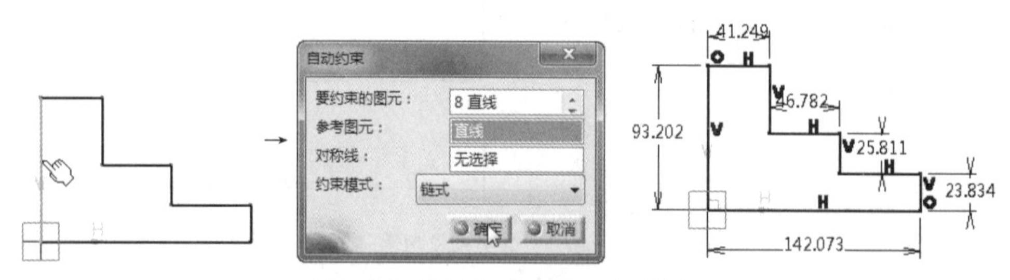

图 2-104　“链式”模式下的自动约束

技术要点：

要设置约束模式，必须先设置参考图元，此参考图元也是尺寸的基准线。

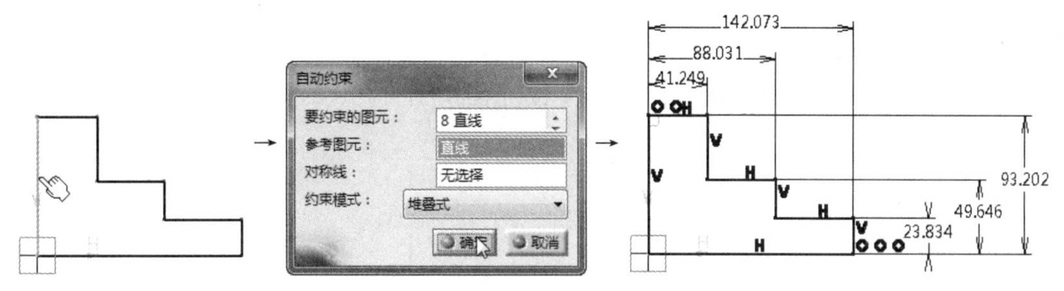

图 2-105　“堆叠式”模式下的自动约束

3. 手动尺寸约束

手动尺寸约束是通过在“约束”工具栏中单击“约束”按钮，并逐一选择图元进行尺寸标注的一种方式。

手动尺寸约束有如图 2-106 所示的 4 种尺寸约束类型。

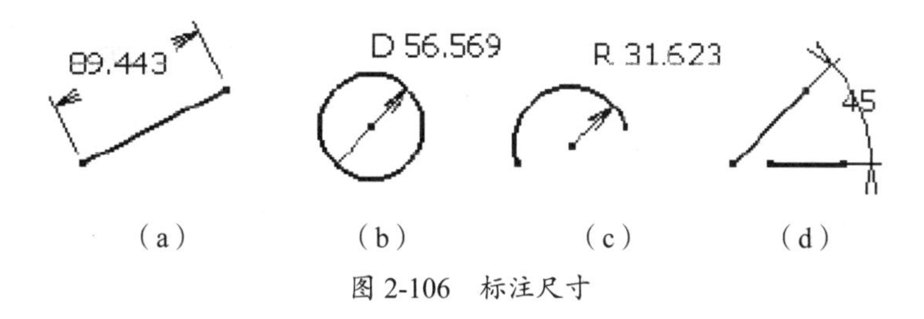

图 2-106　标注尺寸

2.5.2　动画约束

对于一个约束完备的图形，改变其中一个约束值，与其相关联的其他图形元素会随之做出相应的改变。利用动画约束可以检验机构的约束是否完备，自身是否会产生干涉，是否与其他部件产生干涉。

图 2-107 所示是一个曲柄滑块机构的原理图。曲柄（尺寸为 60mm）绕轴（原点）旋转，带动连杆（尺寸为 120mm），连杆的另一端为滑块（一个点），滑块在导轨（水平线）上滑动。如果将曲柄与水平线的角度约束（45°）定义为可动约束，其变化范围设置为 0° ～ 360°，即可检验该机构的运动情况。

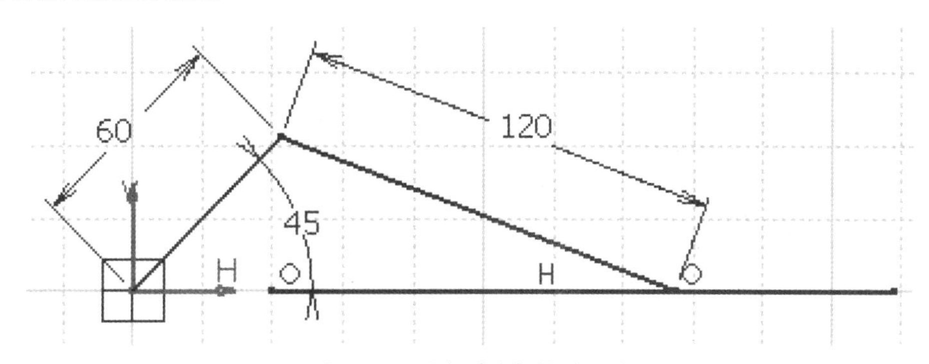

图 2-107　曲柄滑块机构原理图

上机练习——应用动画约束

01 在“草图工具”工具栏中单击“几何约束”按钮，打开几何约束，绘制如图 2-108 所示的 3 条直线。

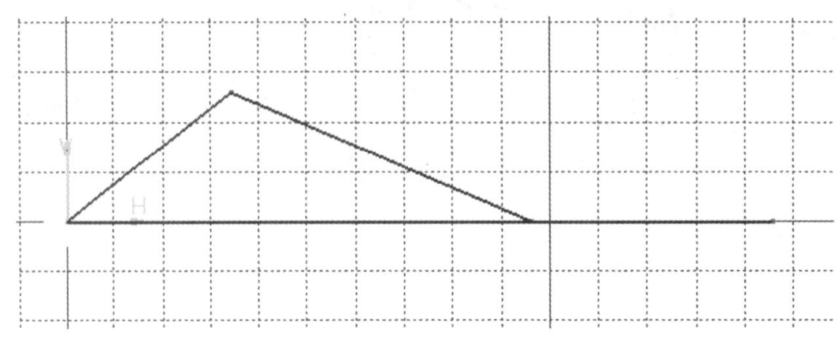

图 2-108 绘制 3 条直线

02 在“约束”工具栏中单击“标注”按钮，标注 3 条直线。如果绘图前没有打开几何约束，则单击“定义约束”按钮，添加曲柄轴（原点）为固定、导轨为水平的几何约束。

03 单击“对约束应用动画”按钮，选取角度尺寸 45°，弹出如图 2-109 所示的“对约束应用动画”对话框。

图 2-109 “对约束应用动画”对话框

“对约束应用动画”对话框中主要控件的作用如下。

- 第一个值：输入所选约束的第一个数值。
- 最后一个值：输入所选约束的最后一个数值。
- 步骤数：输入从“第一个值”到“最后一个值”期间的步数。假定以上 3 个值依次为 0°、360° 和 10，将依次显示曲柄转角为 0°、36°、72° … 360° 时整个机构的状态。
- 倒放动画：所选约束的数值从“第一个值”到“最后一个值”变化，且本例为顺时针旋转。
- 一个镜头：按指定方向运动一次。
- 反向：往返运动一次。
- 循环：连续往返运动，直至单击■按钮。
- 重复：按指定方向连续运动，直至单击■按钮。
- 隐藏约束：若选中该复选框，将隐藏几何约束和尺寸约束。

04 设置好参数后，单击“播放”按钮。

2.5.3 编辑尺寸约束

如果需要对标注的尺寸进行编辑，可以双击该尺寸值，此时会打开对应的“约束定义”对话框。

如果是直线标注，双击尺寸值后会打开可以修改直线尺寸的“约束定义”对话框，如图 2-110 所示。在该对话框中修改尺寸值，单击“确定”按钮后生效。

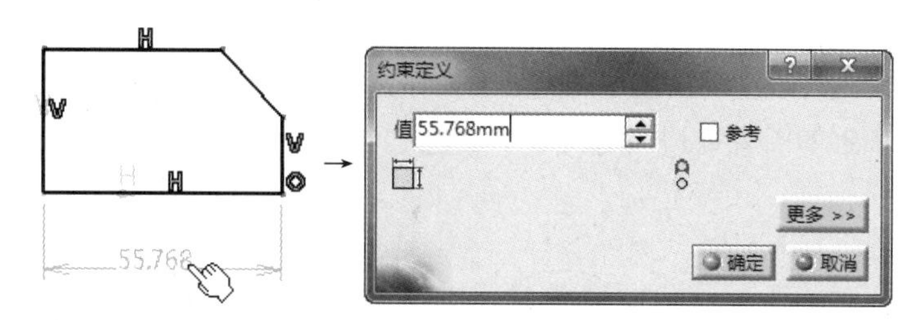

图 2-110　编辑直线尺寸

如果是直径或半径标注，双击尺寸值后会打开可以修改直径或半径尺寸的“约束定义”对话框，如图 2-111 所示。

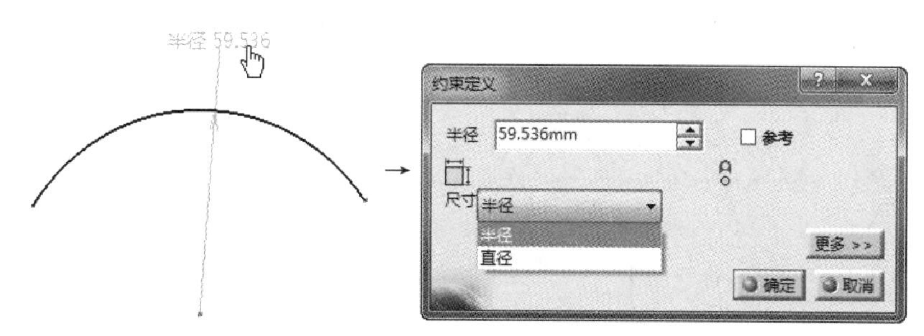

图 2-111　编辑半径或直径尺寸

技术要点：

选中“约束定义”对话框中的“参考”复选框，可以将尺寸设为“参考”，参考尺寸不可修改。

2.6　实战案例——绘制零件草图

在如图 2-112 所示的图中，A=66，B=55，C=30，D=36，E=155。在这个案例中，将会使用几何约束工具对图形进行约束。

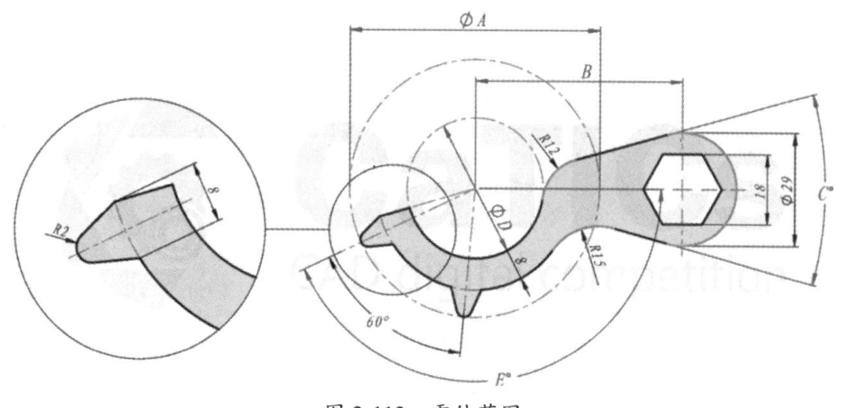

图 2-112　零件草图

绘图分析

- 确定整个图线的尺寸基准中心，从基准中心开始，陆续绘制出主要线段、中间线段和连接线段。
- 基准线有时是可以先画出图形，然后才去补充的。
- 作图顺序图解如图 2-113 所示。

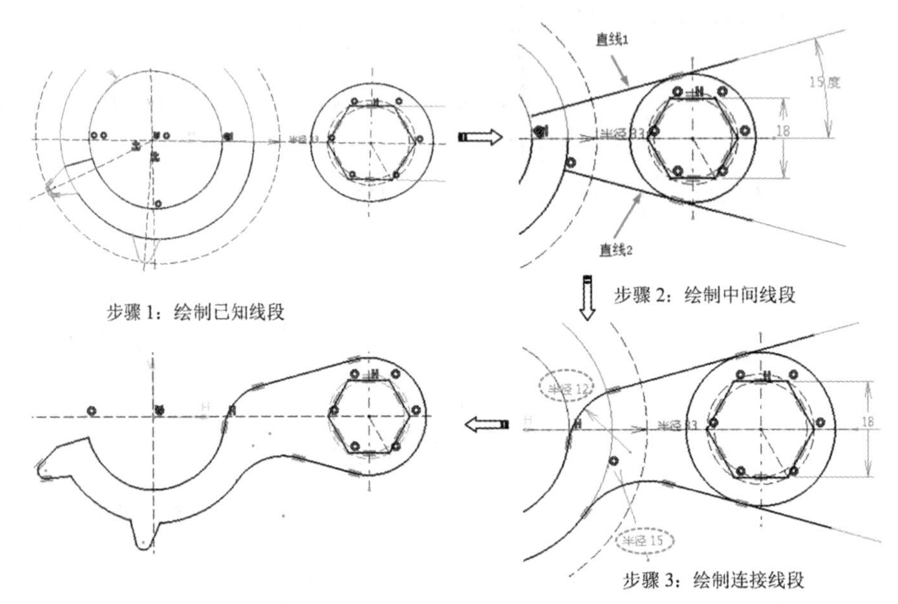

图 2-113　作图顺序

设计步骤

01 新建 CATIA 零件文件，执行“开始”|“机械设计”|“草图编辑器”命令，进入零件设计环境。选择 *xy* 平面为草图平面并直接进入草绘工作台。

02 绘制摇柄图形中的已知线段。

- 单击“圆”按钮和“轴”按钮，以坐标系原点为圆心，绘制如图 2-114 所示的圆。
- 选取左侧的两个同心圆，并将其转换成构造线，如图 2-115 所示。

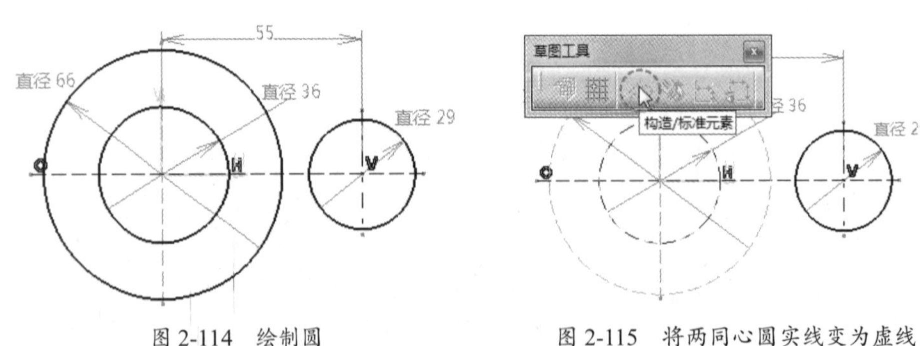

图 2-114　绘制圆　　　　图 2-115　将两同心圆实线变为虚线

- 在“轮廓”工具栏中单击“多边形”按钮，选取右侧小圆的圆心作为多边形的圆心，在“草图工具”工具栏中单击“内置圆”按钮，确定多边形内接圆的半径为垂直方向后，保留默认的边数为 6，单击完成正六边形的绘制，如图 2-116 所示。

提示：

注意，默认的边数为6，要改变边数，可以在“草图工具”工具栏中取消激活“作为默认边数”按钮（单击此按钮一次），才能够修改边数，否则“边数”文本框不可用。

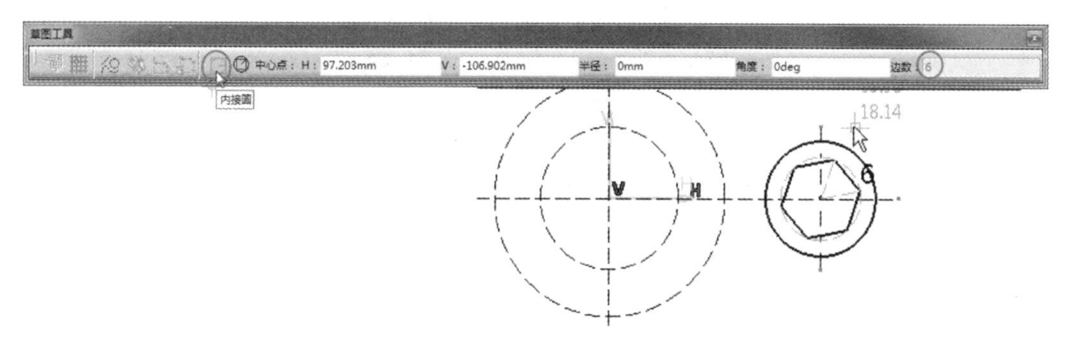

图 2-116　绘制正六边形

- 对正六边形进行尺寸约束和几何约束，如图 2-117 所示。
- 单击“三点弧”按钮，绘制半径为 18mm 的圆弧，此圆弧与构造线圆重合，如图 2-118 所示。

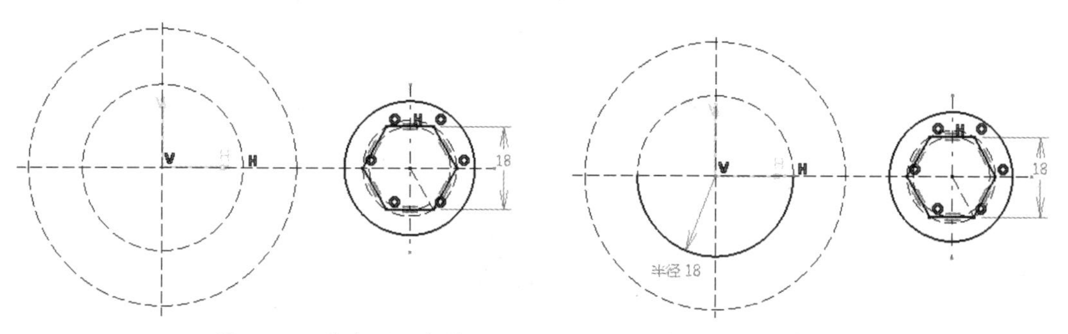

图 2-117　约束正六边形　　　　图 2-118　绘制圆弧

技术要点：

在绘图过程中，如果觉得尺寸标注影响图形观察，可以将绘制的图线进行固定约束，并删除其尺寸标注即可。

- 单击“偏移”按钮，以圆弧作为参考，创建偏移距离为 8mm 的新偏移曲线——圆弧，如图 2-119 所示。

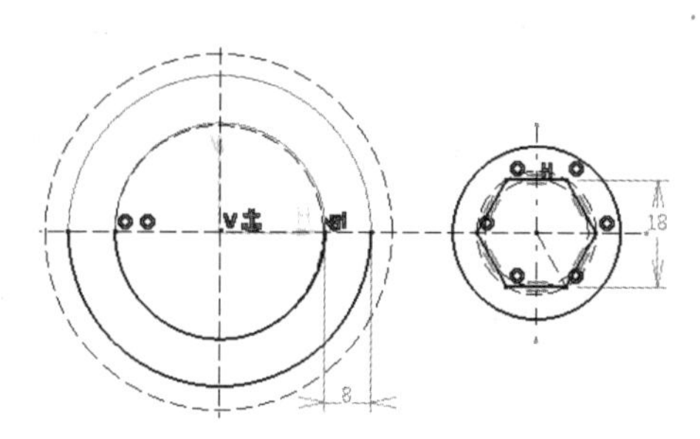

图 2-119　绘制偏移曲线

- 单击“直线”按钮，绘制两条直线并转换为构造线，如图 2-120 所示。

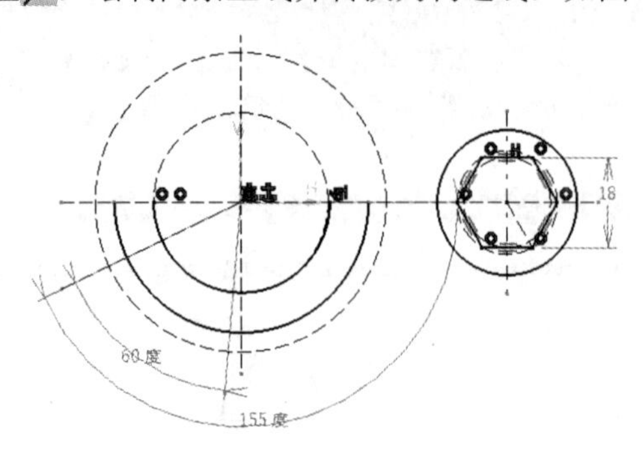

图 2-120　绘制构造线

- 单击“直线”按钮，绘制两条直线，如图 2-121 所示。

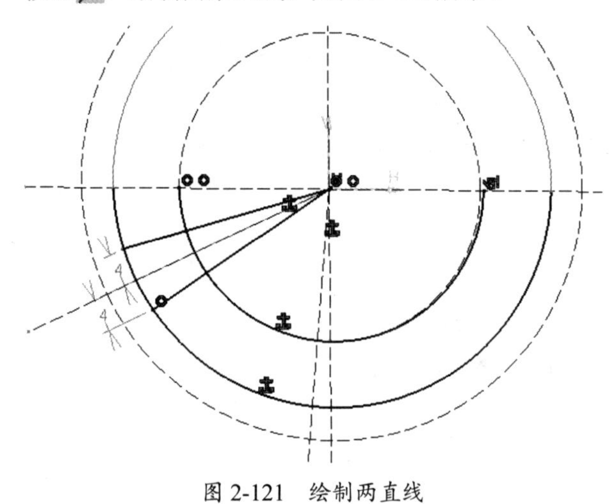

图 2-121　绘制两直线

- 单击“圆”按钮，绘制直径为 4 的小圆，如图 2-122 所示。

03 绘制图形的中间线段。

- 使用 线链 工具绘制两条斜线，它们均与小圆相切，如图 2-123 所示。

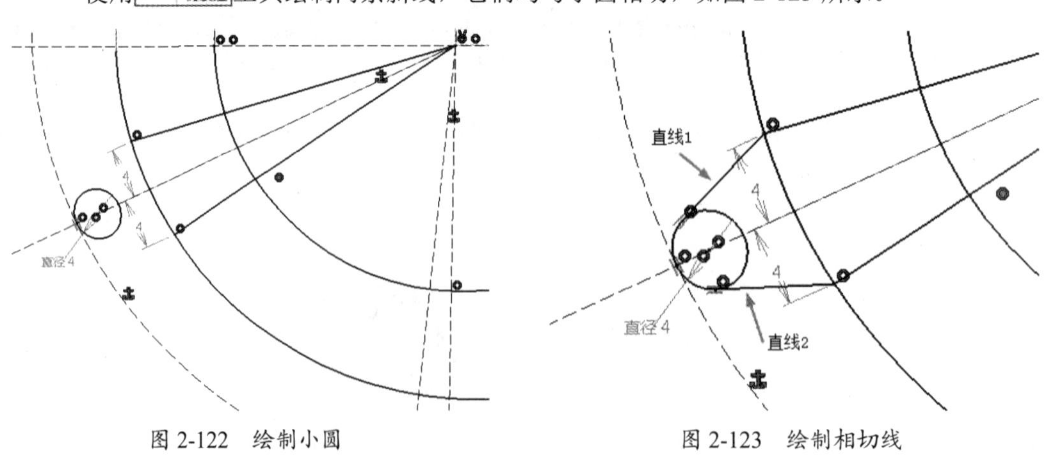

图 2-122　绘制小圆　　　　图 2-123　绘制相切线

- 双击“快速修剪”按钮修剪图形，如图 2-124 所示。

- 选取如图 2-125 所示的 3 条曲线，并单击“变换”工具栏中的“旋转”按钮，打开“旋转定义”对话框。

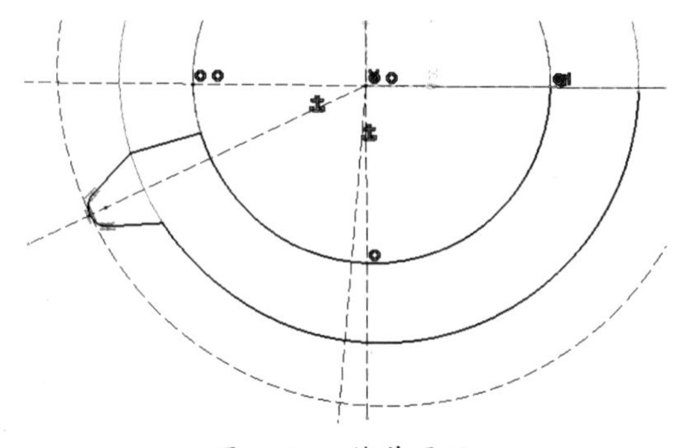

图 2-124　修剪图形

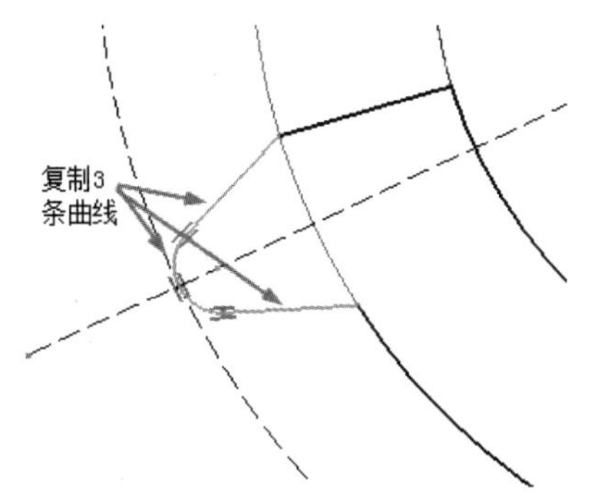

图 2-125　选取 3 条曲线复制

- 设置复制参数，并旋转坐标系原点作为旋转中心点，输入旋转角度值为 60，单击“确定”按钮完成旋转复制，如图 2-126 所示。

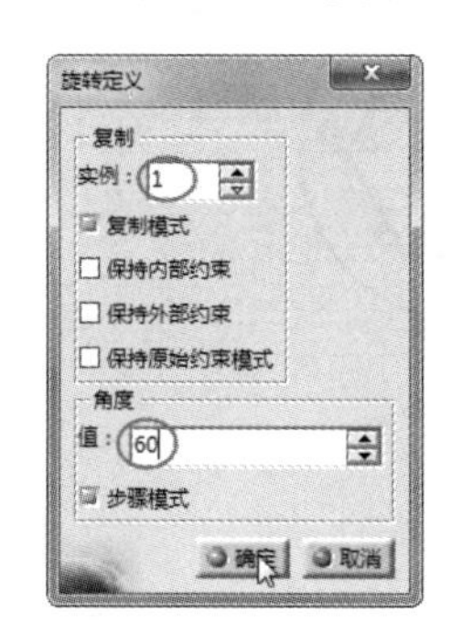

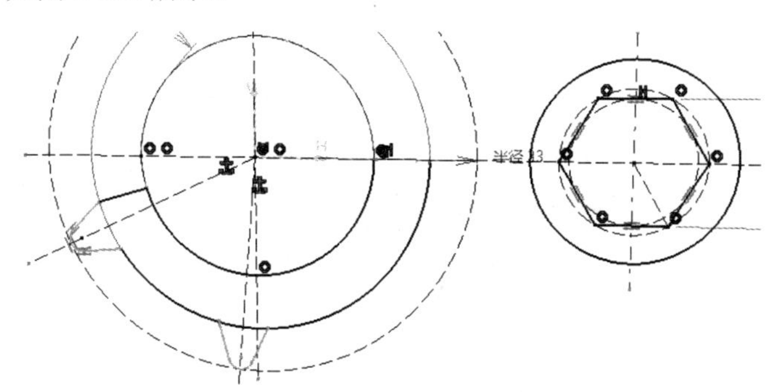

图 2-126　旋转复制

- 单击“直线”按钮，绘制如图 2-127 所示的两条斜线。单击“相切”按钮将斜线与右侧 Ø29 的圆相切约束。

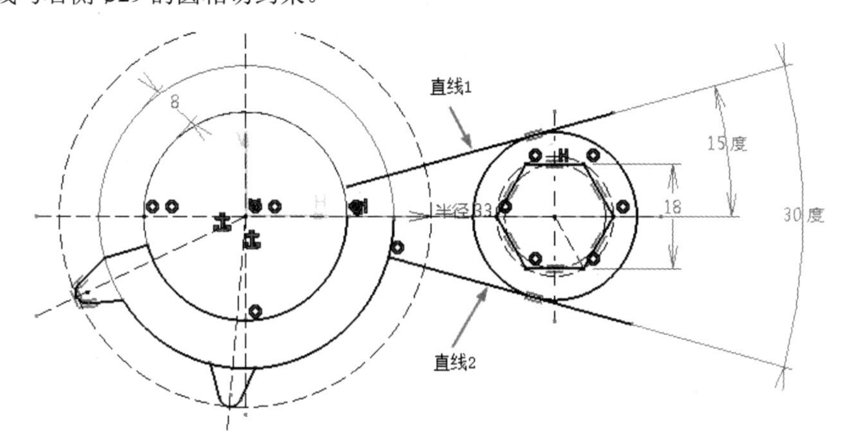

图 2-127　绘制两条斜线

04 绘制图形的连接线段。

- 单击“圆角”按钮，创建如图 2-128 所示的半径分别为 12mm 和 15mm 的圆角。

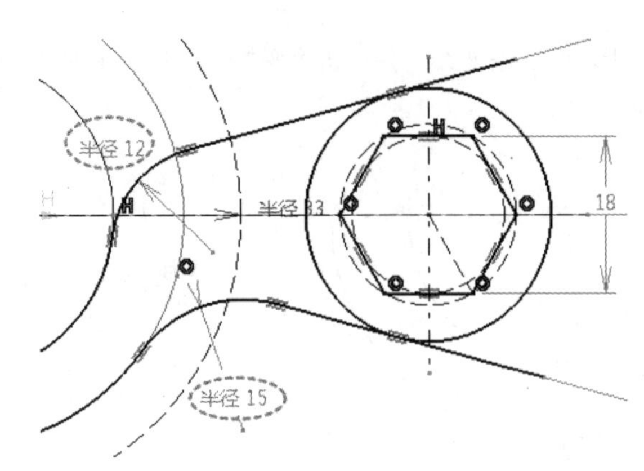

图 2-128　创建圆角

- 双击“快速修剪”按钮，修剪多余的线段，完成整个草图图形的绘制，结果如图 2-129 所示。

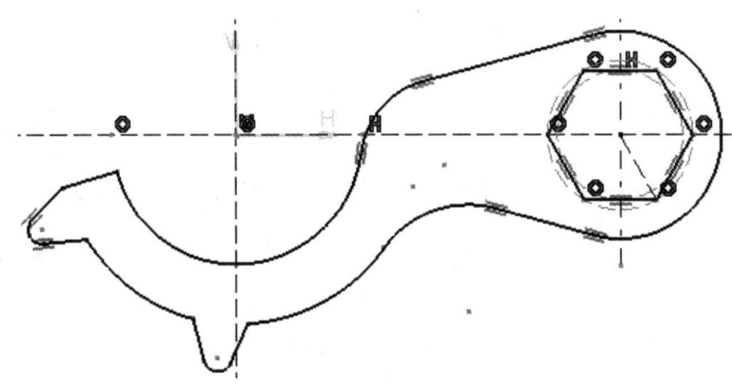

图 2-129　修剪完成的草图

05 保存结果文件。

第 3 章　创建基于草图的实体特征

项目导读

零件设计模块是在 CATIA 中进行机械零件设计的第一功能模块。通过特征参数化造型与结构设计是三维工程软件的一大特色，也是 CATIA 零件设计模块用于机械制造与加工的理想设计工具。本章主要介绍的工具指令是基于草图的基体特征工具，基体特征也称作“父特征”。

3.1 CATIA 实体特征设计概述

几何特征是三维软件中组成实体模型的重要组成单元，特征可以是点、线、面、基准或实体单元。

在零件中生成的第一个特征是基于草图的基本实体，此特征为生成其他特征的基础。基体特征可以是拉伸、旋转、扫描、放样、曲面加厚或钣金法兰。

特征是各种单独的加工形状，当将它们组合起来时就形成各种零件实体。在同一零件实体中可以包括单独的拉伸、旋转、放样和扫描等加材料特征。加材料特征是最基础的 3D 绘图绘制方式，用于完成最基本的三维几何体建模任务。

3.1.1 进入零件设计工作台

零件设计工作台是 CATIA 为机械工程师准备的机械零件设计的界面环境，实体特征的建模操作就是在“零件设计工作台”中进行并完成的，下面介绍 3 种进入零件设计工作台的方式。

1. 方法一

在 CATIA 基本环境界面中，执行“开始”|“机械设计”|“零件设计”命令，可直接进入零件设计工作台，如图 3-1 所示。

2. 方法二

在零件工作台中，可以重新建立一个新文件。执行“开始”|“机械设计”|“零件设计”命令，或者在“标准”工具栏中单击“新建”按钮，弹出“新建”对话框，在“类型列表”中选择 Part 类型并单击“确定”按钮，随后会弹出“新建零件”对话框，单击“确定”按钮后，完成新零件文件的创建并自动进入零件设计工作台，如图 3-2 所示。

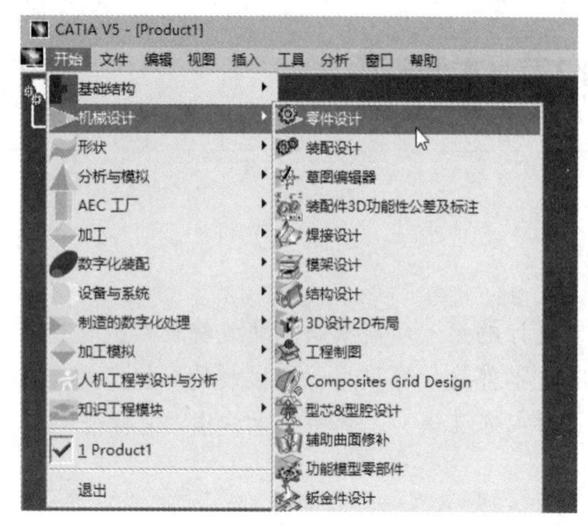

图 3-1　执行“开始”菜单命令

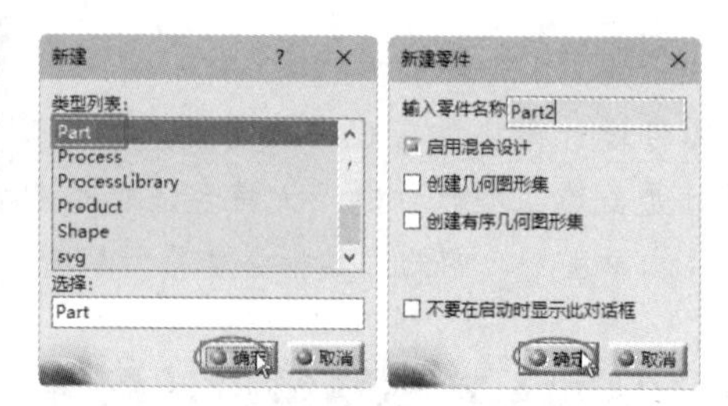

图 3-2　新建零件文件

在“新建零件”对话框中有几个选项，可以帮助用户创建一个可用的工作环境。

- 启用混合设计：选中此复选框，在混合设计环境中，意味着可以在实体中插入线框和曲面图元。
- 创建几何图形集：选中此复选框，除了“启用混合设计”复选框设置的设计环境，在零件设计工作台中会自动创建几何图形集合。
- 创建有序几何图形集：选中此复选框，在零件设计工作台中会自动创建有序的几何图形集合。
- 不要在启动时显示此对话框：选中此复选框，当再次新建零件时不会弹出“新建零件”对话框。

3. 方法三

在从 CATIA 基本环境进入其他工作台时，若执行“开始”|“机械设计”|“零件设计”命令，将会从其他设计工作台切换到零件设计工作台。

3.1.2　工具栏中的零件设计工具

单击零件设计工作台工具栏中的命令按钮，是启动实体特征命令最方便的方法。CATIA V5-6R2018 零件设计工作台常用的工具栏有 6 个：“基于草图的特征”工具栏、“修饰特征”工具栏、“基于曲面的特征”工具栏、“变换操作”工具栏、“布尔操作”工具栏和“参考图元”工具栏。工具栏显示了常用的工具按钮，单击工具右侧的黑色三角，可展开下一级工具栏。

1.“基于草图的特征”工具栏

“基于草图的特征”工具栏中的命令是指，在草图基础上通过拉伸、旋转、扫掠以及多截面实体等方式来创建三维几何体，如图 3-3 所示。

2.“修饰特征”工具栏

“修饰特征”工具栏中的命令是在已有基本实体的基础上建立修饰，如倒角、拔模、螺纹等，如图 3-4 所示。

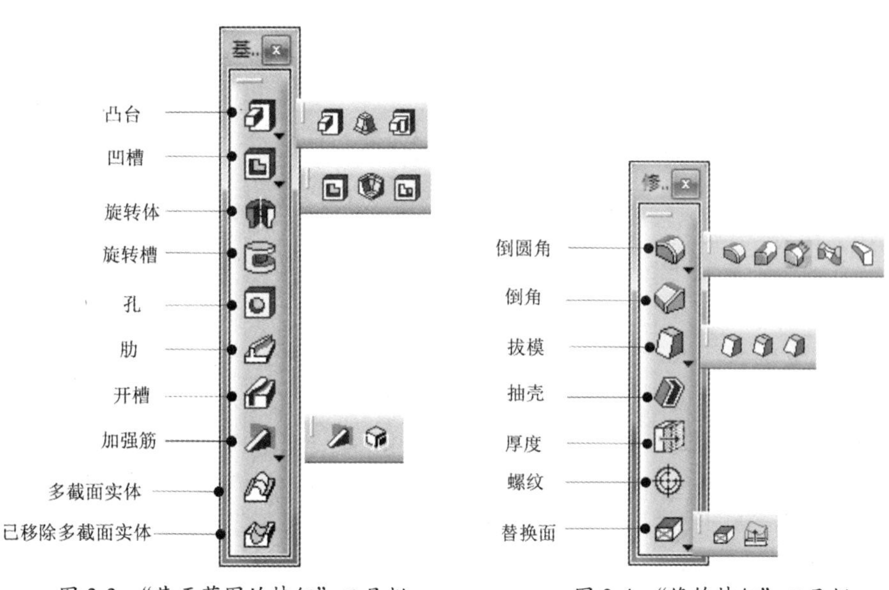

图 3-3 “基于草图的特征”工具栏　　图 3-4 “修饰特征”工具栏

3. “基于曲面的特征”工具栏

“基于曲面的特征”工具栏中的命令可以利用曲面来创建实体特征，如图 3-5 所示。

4. “变换特征”工具栏

“变换特征”工具栏中的命令可以对已生成的零件特征进行位置的变换、复制变换（包括镜像和阵列）以及缩放变换等，如图 3-6 所示。

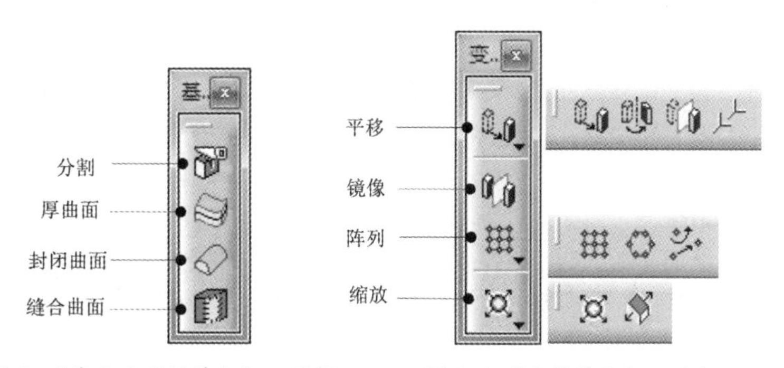

图 3-5 “基于曲面的特征”工具栏　　图 3-6 “变换特征”工具栏

5. “布尔操作”工具栏

“布尔操作”工具栏中的命令可以将一个文件中的两个零件体组合到一起，实现添加、移除、相交等运算，如图 3-7 所示。

6. “参考图元”工具栏

“参考图元”工具栏中的命令可以创建点、直线、平面等基本几何图元，作为其他几何体建构时的参考，如图 3-8 所示。

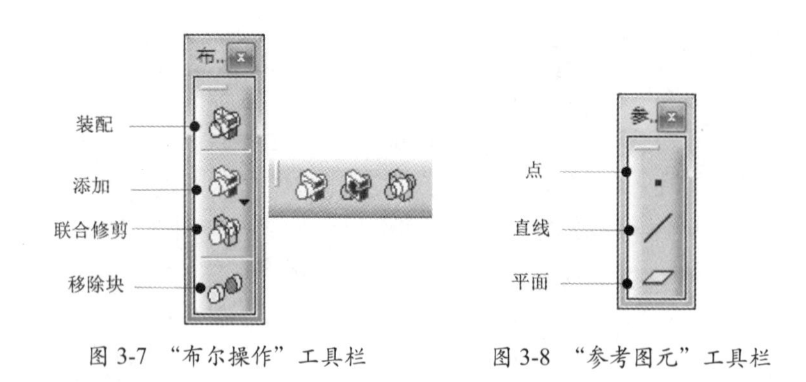

图 3-7 “布尔操作”工具栏　　图 3-8 “参考图元”工具栏

3.2 基本实体特征

在 CATIA 中，我们把建立在草图基础之上的实体特征称为“基本实体特征”。常见的基本实体特征包括凸台、旋转、扫描和放样等。

3.2.1 凸台与凹槽特征

凸台特征工具包括加材料的凸台工具与减材料的凹槽工具。凹槽特征是 CATIA 利用布尔差运算对已有凸台特征进行求减而得到的减材料特征。

CATIA V5-6R2018 提供了多种凸台实体创建方法，单击“基于草图的特征”工具栏中的“凸台”按钮右下角的小三角形，弹出创建“凸台”特征的工具栏，如图 3-9 所示。

图 3-9 “凸台”工具栏

1. 定义凸台与凹槽

“凸台”工具是最简单的拉伸工具，可将选定的草图轮廓沿指定的矢量方向进行拉伸，设定拉伸长度及选项后可得到符合需要的实体特征。用于凸台的草图轮廓是凸台的重要组成图元，如图 3-10 所示。

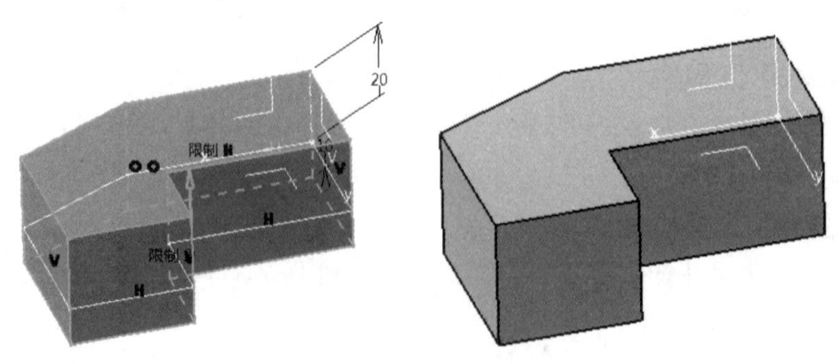

图 3-10 凸台特征

凹槽特征是在已有实体特征中移除由拉伸轮廓产生的材料。凹槽特征的创建与凸台特征相似，只不过凸台是增加实体，而凹槽是去除实体，如图 3-11 所示。

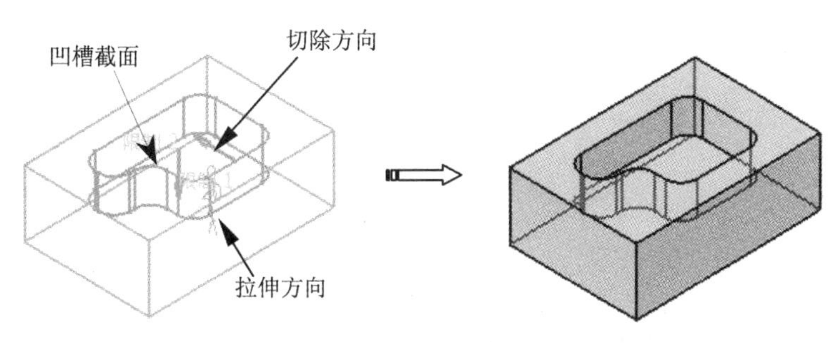

图 3-11　凹槽特征

单击“基于草图的特征”工具栏中的“凸台”按钮，弹出“定义凸台”对话框，单击“更多”按钮可展开“定义凸台”对话框，如图 3-12 所示。

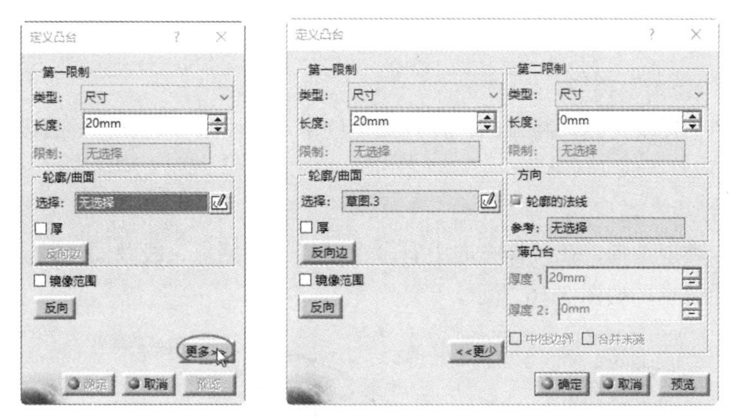

图 3-12　“定义凸台”对话框

“类型”下拉列表中的类型选项用于控制凸台的拉伸效果。在“定义凸台”对话框的“第一限制”和“第二限制”选项组中，“类型”下拉列表提供了 5 种凸台拉伸类型，如图 3-13 所示，这 5 种凸台拉伸类型介绍如下。

图 3-13　凸台拉伸类型

（1）“尺寸”类型。

“尺寸”类型是系统默认的拉伸选项，是指将草图轮廓面以指定的长度向法向于草图平面方向进行拉伸。如图 3-14 所示为以 3 种不同方式来修改拉伸长度值。

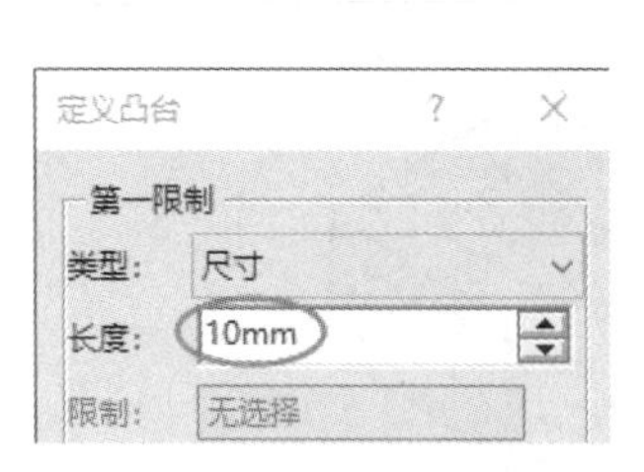

在“长度”文本框中修改值

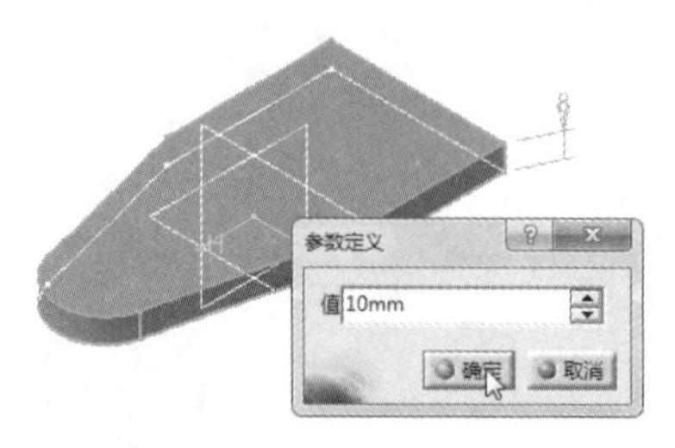

双击尺寸直接修改值

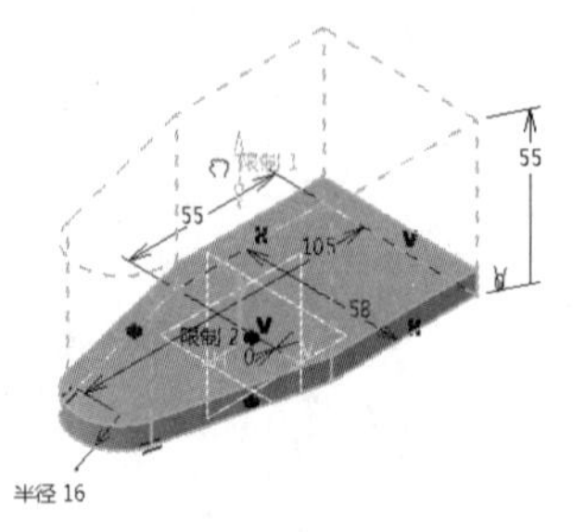

拖动限制 1 或限制 2 修改值

图 3-14　设定拉伸长度的 3 种数值输入方法

技术要点：

当选择“尺寸”拉伸类型，如果在“长度”文本框中输入正值，拉伸将沿着当前拉伸箭头指示方向变化；如果输入长度为负值，拉伸方向为当前拉伸的反方向。

（2）“直到下一个”类型。

“直到下一个”类型是指，将截面拉伸到指定的下一个特征（包括点、线及面），如图 3-15 所示。

（3）“直到最后”类型。

“直到最后”类型是指，在拉伸方向中有多个特征（包括点、线及面）时，会将草图轮廓拉伸至最后的特征面截止，如图 3-16 所示。

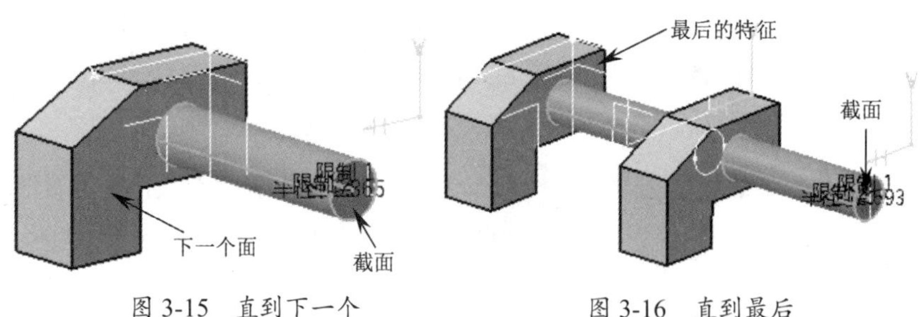

图 3-15　直到下一个　　　　图 3-16　直到最后

（4）“直到平面”类型。

“直到平面”类型是指，将草图轮廓拉伸到指定的平面上，如图 3-17 所示。

（5）“直到曲面”类型。

“直到曲面”类型是指，将草图轮廓拉伸到指定的曲面上，且特征端面形状与曲面形状保持一致，如图 3-18 所示。

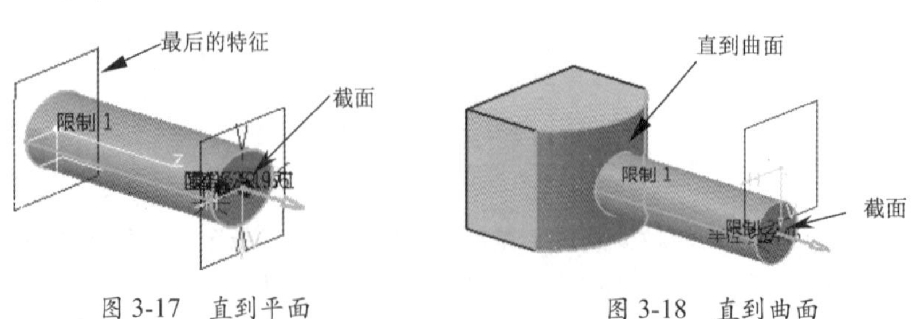

图 3-17　直到平面　　　　图 3-18　直到曲面

技术要点：

当选择“直到曲面”“直到平面”或“直到最后”类型后，会增加一个“偏置”选项。该选项主要是控制草图轮廓到达指定曲面、平面或特征面时的偏移距离。默认为0，表示不偏移。输入正值表示超前偏移，输入负值则是反转方向偏移。

有两种方法可以确定凸台的拉伸方向。第一种是默认的拉伸方向（与草图平面法线方向）。另一种是选择参考线（可以是直边或参考轴）。参考线的矢量方向可以是与草图平面的法向，也可以与草图平面呈一定角度。

- 轮廓的法线：系统默认选项，也就是默认拉伸方向为草图轮廓所在平面的法线方向。
- 参考：用于选择或设置拉伸方向的参考线。当取消选中“轮廓的法线”复选框时，可在绘图区中任意选择直线、轴线、罗盘方向轴、模型直边等作为拉伸方向参考，如图 3-19 所示。

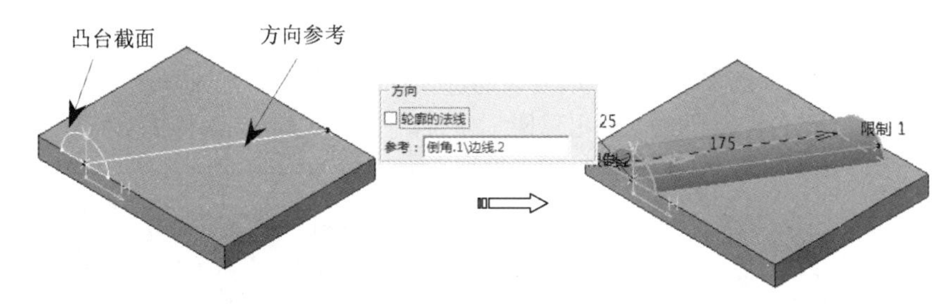

图 3-19　方向

- 反向：在“定义凸台”对话框的左侧单击“反向”按钮，可反转拉伸方向。
- 反转边：当草图轮廓是开放曲线时，单击“反向边”按钮，可反转拉伸轮廓实体的方向，如图 3-20 所示。

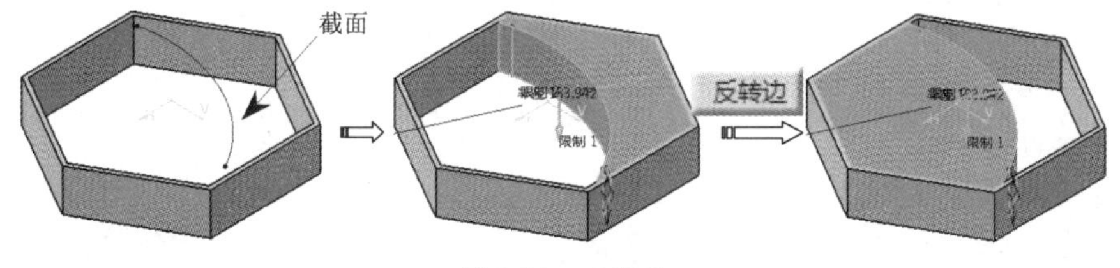

图 3-20　反转边

上机练习——凸台实例

01 选择“开始”|“机械设计”|“零件设计”命令，进入“零件设计”工作台。

02 单击“草图”按钮，在特征树中选择 *xy* 平面作为草图平面，进入草图工作台。绘制如图 3-21 所示的草图 1，单击“退出工作台”按钮，退出草图工作台。

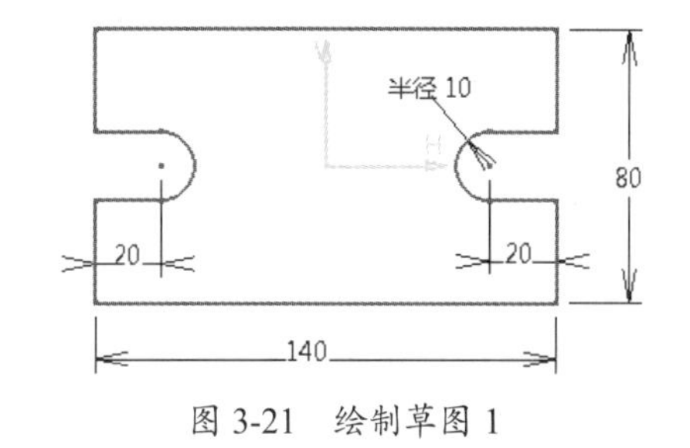

图 3-21　绘制草图 1

03 单击“基于草图的特征”工具栏中的“凸台”按钮，弹出“定义凸台”对话框。激活“轮廓/曲面”的“选择”文本框后选择上一步绘制的草图1作为轮廓，保留默认的拉伸深度类型和长度值，最后单击“确定”按钮完成凸台特征1的创建，如图3-22所示。

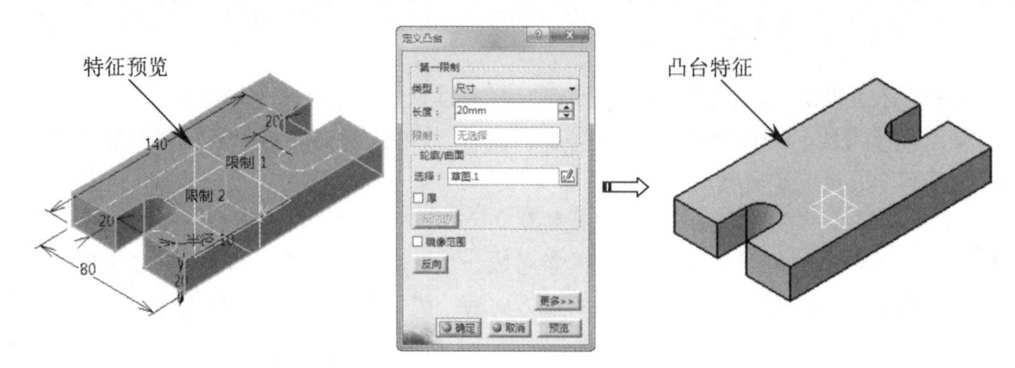

图3-22 创建凸台特征1

04 单击“草图”按钮，选择凸台特征的上表面进入草图工作台。绘制如图3-23所示的草图2。完成后单击“退出工作台”按钮，退出草图工作台。

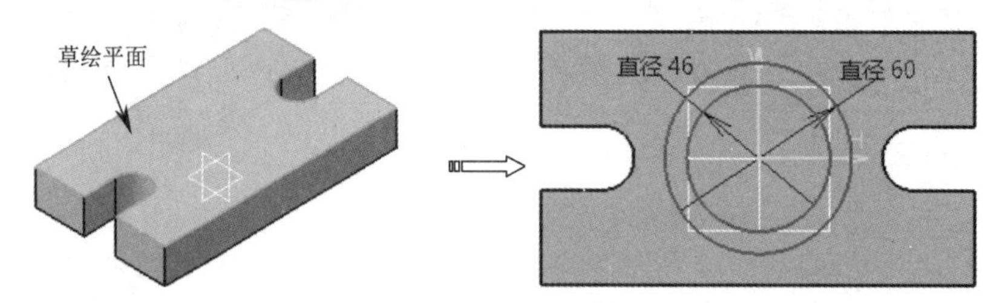

图3-23 绘制草图2

05 单击“凸台”按钮，弹出“定义凸台”对话框。设置拉伸“长度”值为75mm，选择草图2作为轮廓，单击“确定”按钮完成凸台特征2的创建，如图3-24所示。

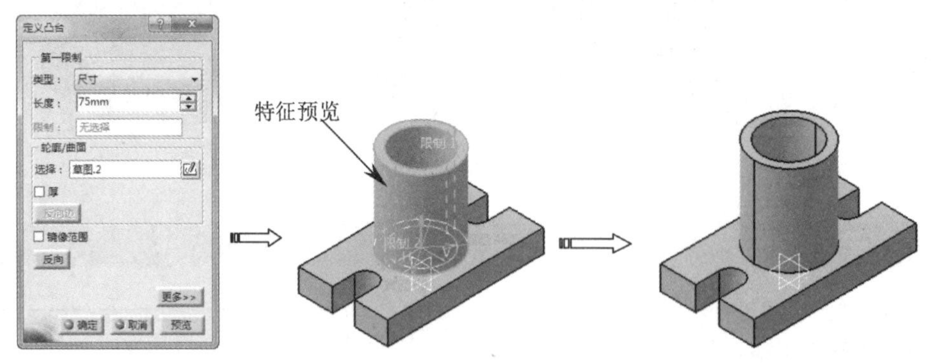

图3-24 创建凸台特征2

06 选择凸台特征1的侧表面，单击“草图”按钮进入草图工作台。绘制如图3-25所示的草图3，随后退出草图工作台。

07 单击“凸台”按钮，弹出“定义凸台”对话框。选择深度类型为“直到最后”，选择草图3作为轮廓，最后单击“确定”按钮完成凸台特征3的创建，即完成整个支座零件的创建，如图3-26所示。

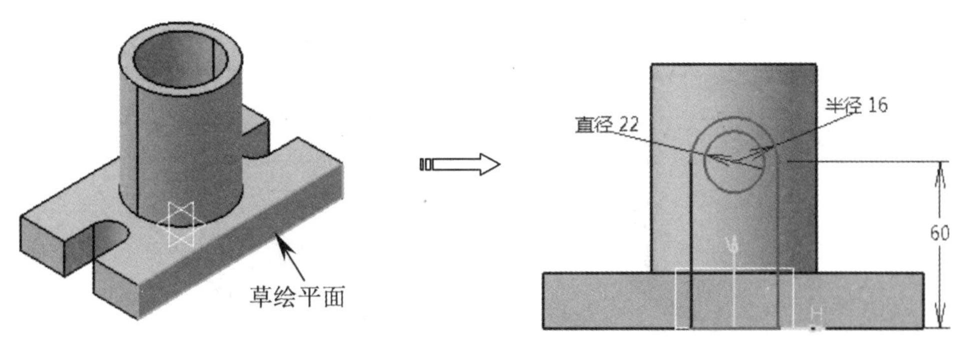

图 3-25 绘制草图 3

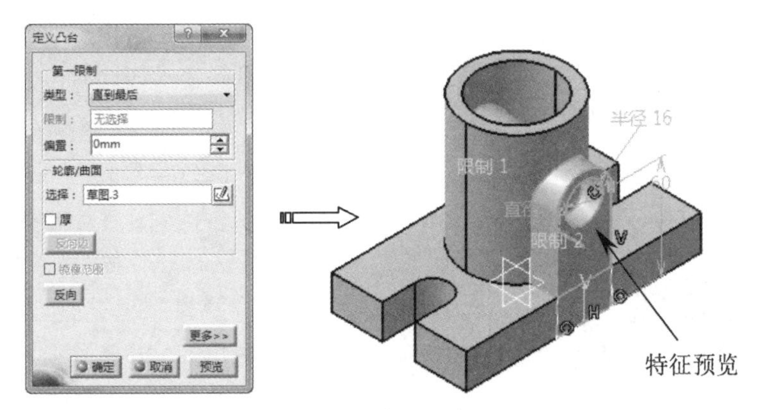

图 3-26 创建凸台特征 3

2. 定义拔模圆角凸台与拔模圆角凹槽

“拔模圆角凸台”工具用于在创建凸台时将凸台的侧面进行拔模处理并且圆角化其边线，如图 3-27 所示。

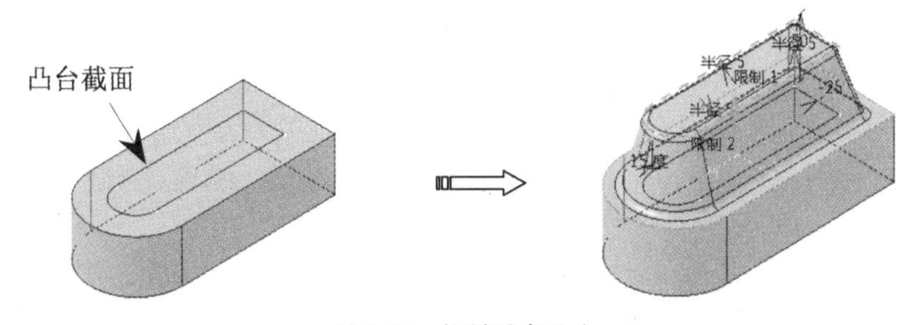

图 3-27 拔模圆角凸台

技术要点：

在创建拔模圆角凸台特征之前，必须先完成草图轮廓的绘制。

“拔模圆角凹槽”与“拔模圆角凸台”工具的操作完全相同，用于创建拔模面和圆角边线的减材料特征，如图 3-28 所示。

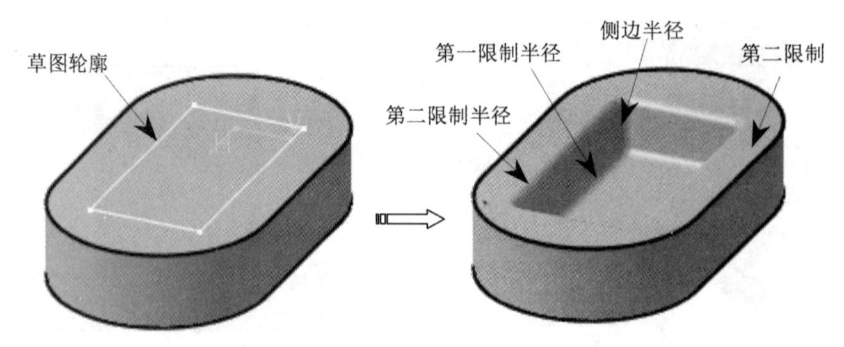

图 3-28　拔模圆角凹槽特征

在“基于草图的特征”工具栏中单击“拔模圆角凸台”按钮，选择草图轮廓截面后，弹出“定义拔模圆角凸台”对话框，如图 3-29 所示。

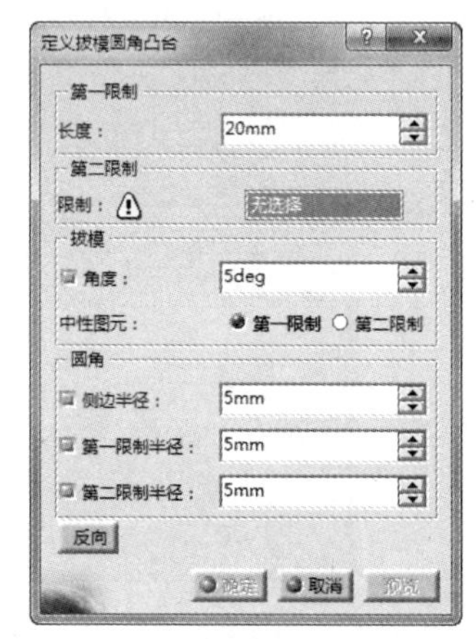

图 3-29　“定义拔模圆角凸台”对话框

技术要点：

创建的拔模圆角凸台是集凸台、拔模、倒圆角为一体的对象，创建后在特征树中会出现1个凸台、1个拔模和3个圆角特征，因此，也可以通过上述命令来创建拔模圆角凸台特征。

上机练习——拔模圆角凸台实例

01 打开本例源文件 3-2.CATPart。

02 单击“草图”按钮，选择零件上表面作为草图平面，进入草图工作台。单击“偏移”按钮，在“草图工具”工具栏中单击“点拓展”按钮，选取零件上表面后向内绘制出偏移曲线，如图 3-30 所示，退出草图工作台。

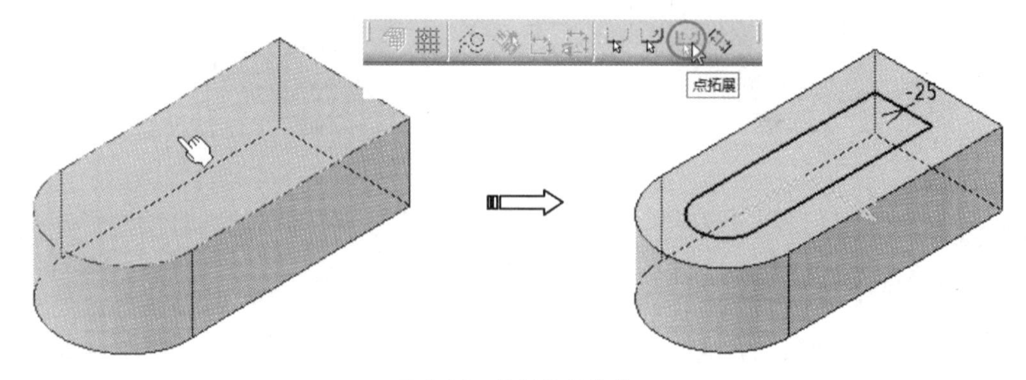

图 3-30　绘制偏移曲线

03 单击“拔模圆角凸台”按钮，选择凸台截面（偏移曲线）后，弹出“定义拔模圆角凸台”对话框。

04 设置“第一限制”中的“长度”值为50mm，选择零件上表面为第二限制，保留其余默认参数设置，单击“确定”按钮，完成拔模圆角凸台特征的创建，如图 3-31 所示。

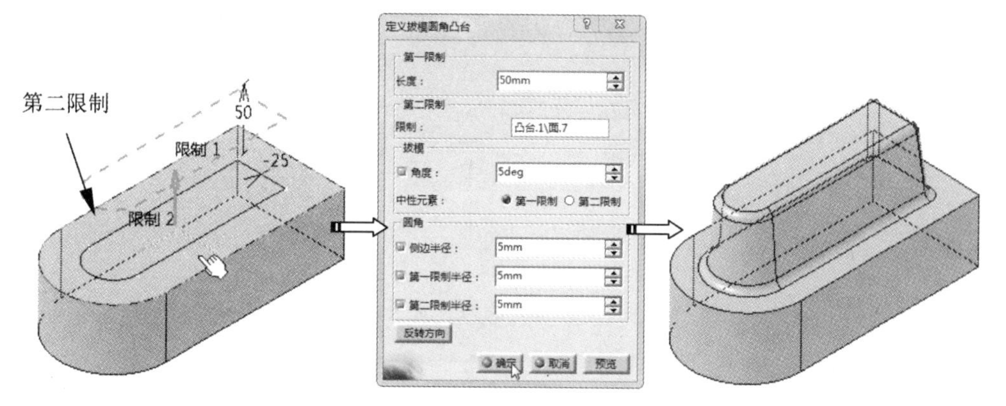

图 3-31　创建拔模圆角凸台特征

3. 定义多凸台与多凹槽

“多凸台”命令是指，使用不同的长度值拉伸属于同一草图的多个轮廓，如图 3-32 所示。

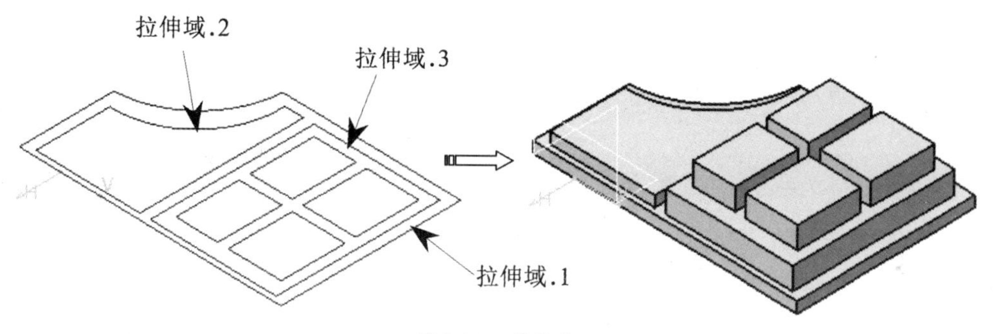

图 3-32　多凸台

与“多凸台”命令所创建的结果相反，利用“多凹槽”命令在同一草绘截面上以不同拉伸长度来创建多个凹槽，如图 3-33 所示。多凹槽特征要求所有轮廓必须是封闭的且不相交的。

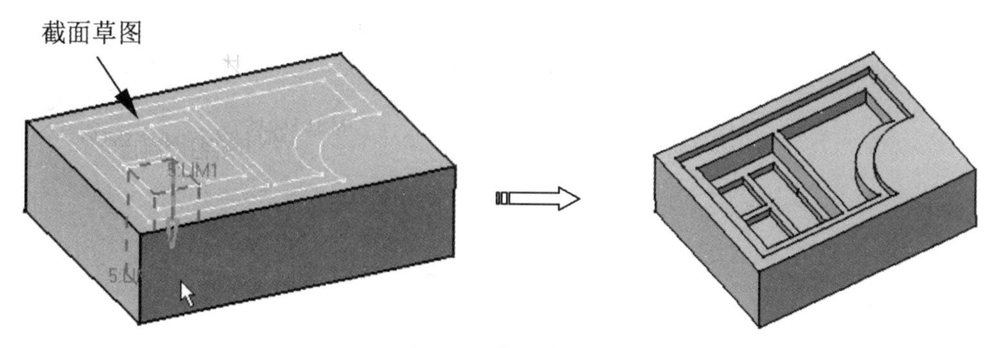

图 3-33　多凹槽特征

在“基于草图的特征”工具栏中单击“多凸台”按钮，选择草图轮廓截面后，弹出“定义多凸台”对话框，如图 3-34 所示。

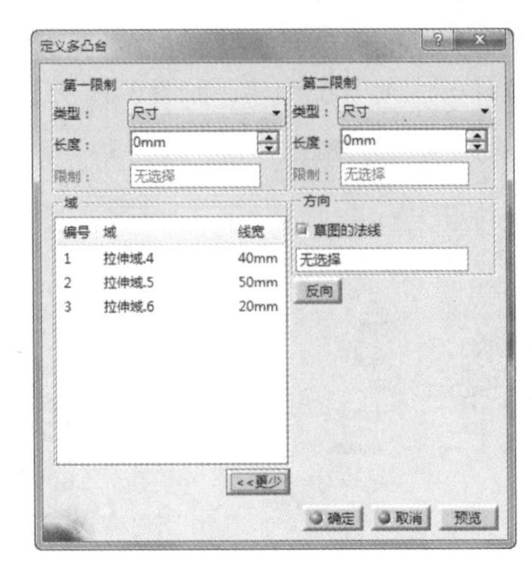

图 3-34 “定义多凸台”对话框

在“定义多凸台”对话框的“域”列表中，列出系统自动计算出的封闭区域，在“域”列表中可单选或多选多个域，并在“第一限制”和“第二限制”选项组中设置拉伸类型及拉伸长度，最后单击“确定”按钮创建多凸台。

技术要点：

“域”列表中的“线宽”值显示的是“第一限制”和“第二限制”选项组中设置的“长度”值的和。

上机练习——多凸台实例

01 打开本例源文件 3-3.CATPart。

02 单击“多凸台”按钮，选择凸台截面（草图）。

03 弹出“定义多凸台”对话框，系统会自动计算草图中的封闭域，并显示在“域”列表中。

04 依次选择域，在“第一限制”和“第二限制”选项组中设置每一个域的拉伸“长度”值，最后单击“确定”按钮创建多凸台特征，如图 3-35 所示。

图 3-35 创建多凸台特征

3.2.2 旋转体与旋转槽特征

旋转特征是由旋转截面绕轴旋转一定的角度所得到的加材料或减材料特征。加材料的旋转特征称为“旋转体”，减材料的旋转特征称为“旋转槽”。

1. 旋转体

利用“旋转体”命令可以创建回转体，是将一个封闭或开放草图轮廓绕轴线以指定的角度进行旋转而得到的实体特征，如图 3-36 所示。

图 3-36　旋转体特征

单击“旋转体”按钮，选择旋转截面后弹出“定义旋转体”对话框，如图 3-37 所示。

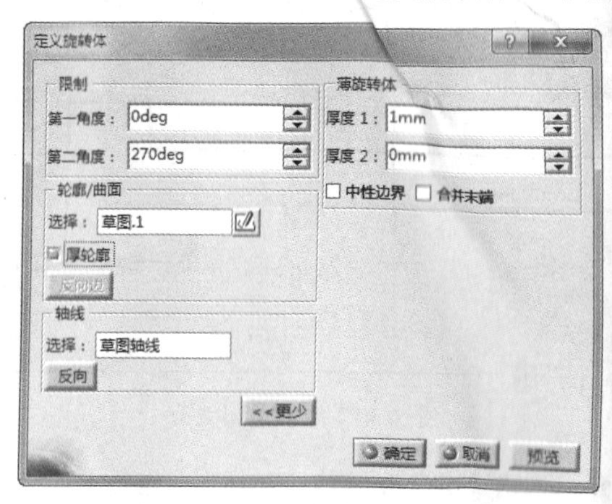

图 3-37　“定义旋转体”对话框

“定义旋转体”对话框中有部分选项与“定义凸台”对话框中的选项含义相同，下面仅介绍不同的选项。

- 第一角度：以逆时针方向为正向，从草图所在平面到起始位置转过的角度，即旋转角度与中心旋转特征成右手系。
- 第二角度：以顺时针方向为正向，从草图所在平面到终止位置转过的角度，即旋转角度与中心旋转特征成左手系。

技术要点：

单击“反向”按钮，可切换旋转方向。

- 轴线：如果在绘制旋转轮廓的草图截面时已经绘制了轴线，系统会自动选择该轴线，否则单击“选择”文本框，可在绘图区选择直线、轴、边线等作为旋转体轴线，如图 3-38 所示。

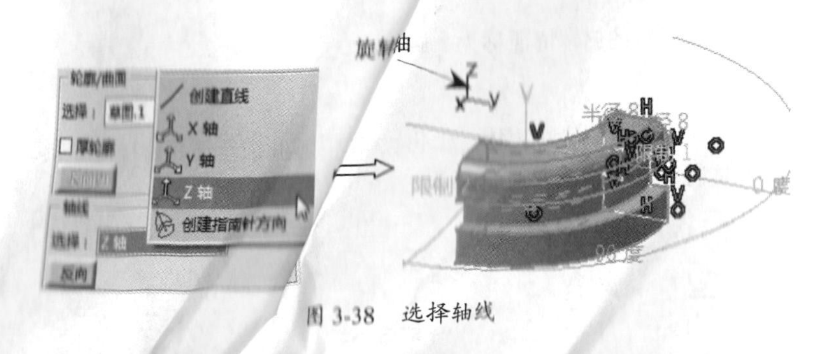

图 3-38 选择轴线

上机练习——旋转体实例

01 选择"开始"|"机械设计"|"零件设计"命令，进入"零件设计"工作台。

02 单击"草图"按钮，选择草图平面为xy平面，进入草图工作台。利用直线等工具绘制如图3-39所示的草图。单击"退出工作台"按钮，退出草图工作台。

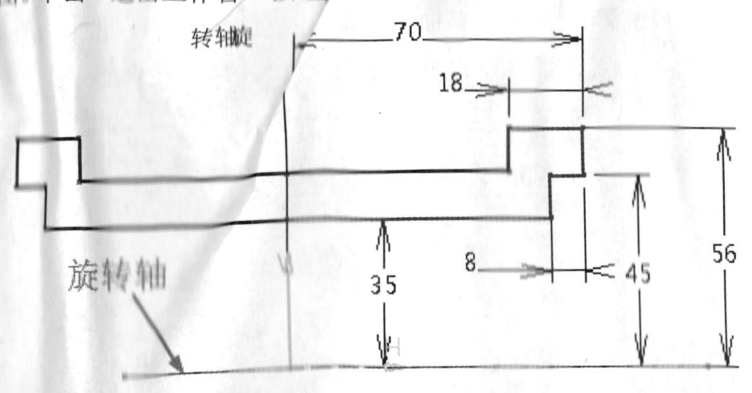

图 3-39 绘制草图截面

03 单击"旋转体"按钮，弹出"定义旋转体"对话框。选择上一步绘制的草图为旋转截面，选择草图中的轴线为旋转轴，单击"确定"按钮完成旋转体的创建，如图3-40所示。

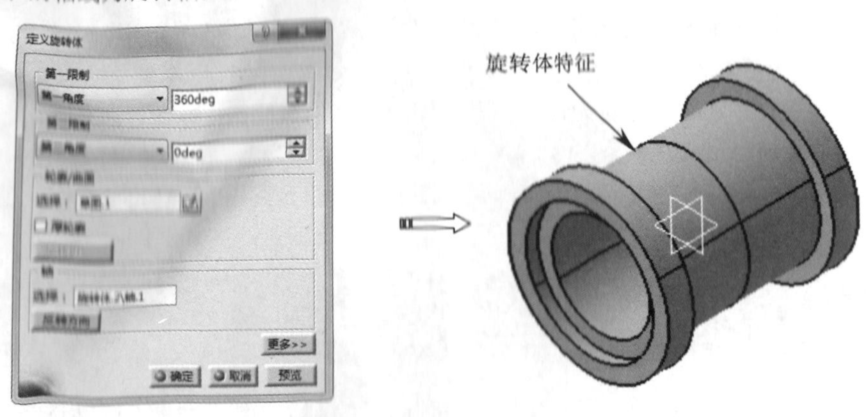

图 3-40 创建旋转体特征

04 单击"草图"按钮，选择草图平面为zx平面进入草图工作台。绘制如图3-41所示的草图，完成后退出草图工作台。

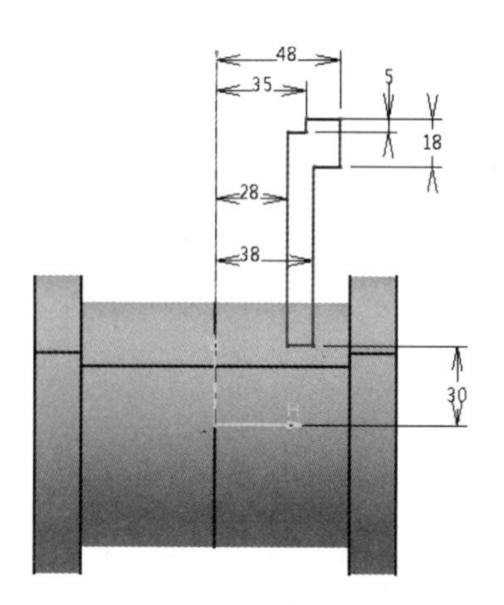

图 3-41　绘制草图截面

05 单击“旋转体”按钮，弹出“定义旋转体”对话框。选择上一步绘制的草图为旋转截面，旋转轴为草图中的轴线，单击“确定”按钮，完成旋转体的创建，如图 3-42 所示。

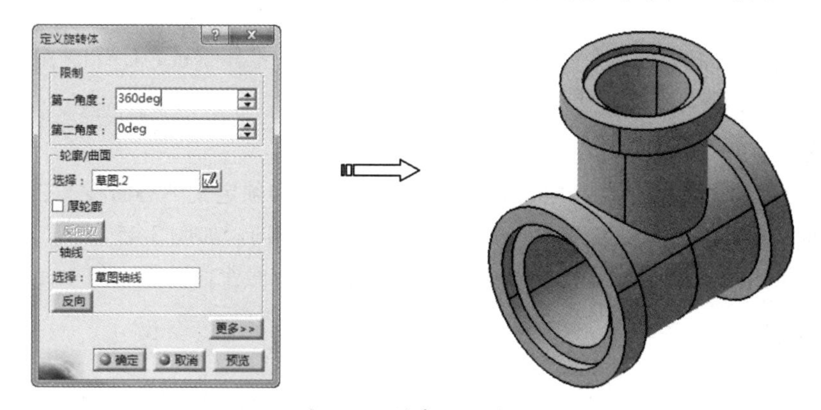

图 3-42　创建三通模型

2. 旋转槽

利用“旋转槽”命令，可将草图轮廓绕轴旋转，进而与已有特征进行布尔求差运算，在特征上移除材料后得到旋转槽特征，如图 3-43 所示。旋转槽特征与旋转体特征相似，只不过旋转体是加材料实体，而旋转槽是减材料实体。

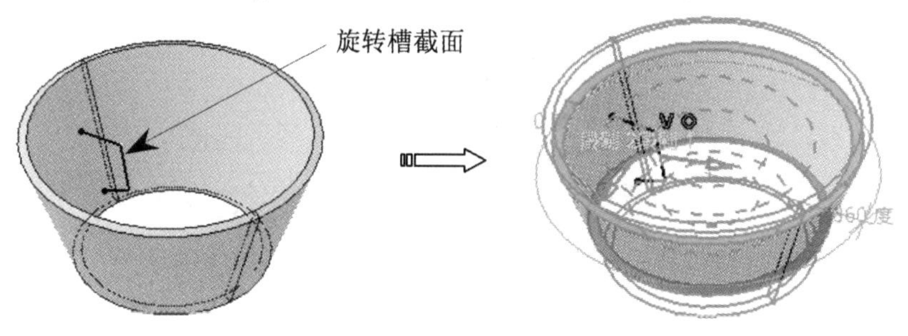

图 3-43　旋转槽特征

在“基于草图的特征”工具栏中单击“旋转槽”按钮，弹出“定义旋转槽”对话框，如

图 3-44 所示。“定义旋转槽”对话框中的选项与“定义旋转体”对话框中的相关选项全部相同，这里不再赘述。

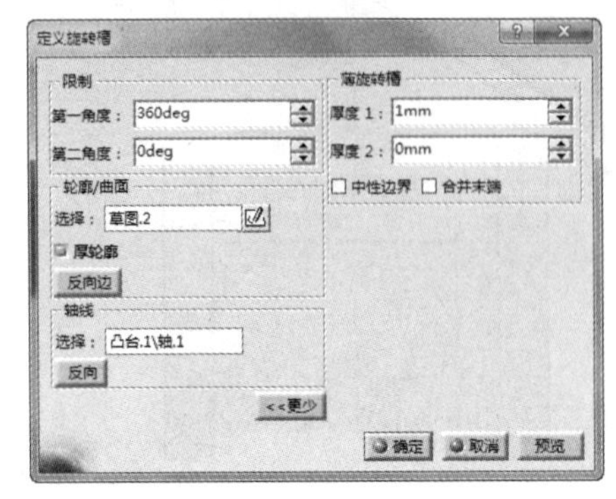

图 3-44 “定义旋转槽”对话框

3.2.3 扫描特征

扫描特征是将截面曲线沿着一条轨迹进行扫掠而得到的基体特征，CATIA 中的扫描特征包括加材料的肋特征和减材料的开槽特征。

1. 肋特征

在 CATIA 中，扫描特征称为“肋”。要创建肋特征，必须定义中心曲线（扫掠轨迹）和平面轮廓（截面曲线），按需要也可以定义参考图元或拔模方向，如图 3-45 所示。在零件工作台中平面轮廓必须为封闭草图，而中心曲线可以是草图也可以是空间曲线，可以是封闭的，也可以是开放的。

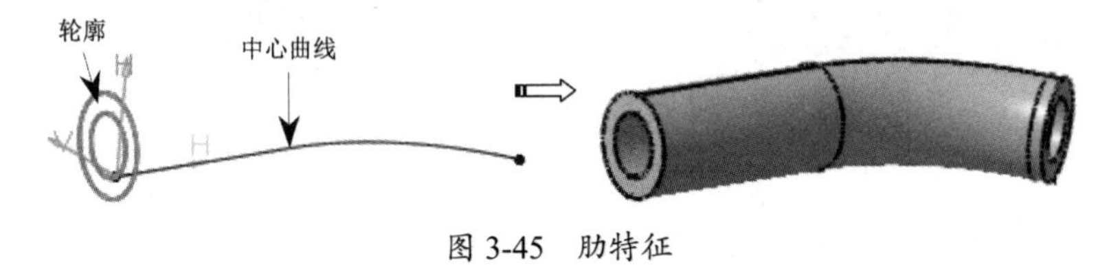

图 3-45 肋特征

单击“肋”按钮，弹出“定义肋”对话框，如图 3-46 所示。

图 3-46 “定义肋”对话框

“定义肋”对话框中主要选项含义如下。

（1）轮廓和中心曲线。

- 轮廓：选择已有或绘制创建肋特征的草图截面。
- 中心曲线：选择扫掠轮廓的轨迹曲线。

技术要点：

如果中心曲线为3D曲线，则必须相切连接。如果中心曲线是平面曲线，则可以相切不连续。中心曲线不能自相交。

（2）控制轮廓。

“控制轮廓”选项组用于设置轮廓沿中心曲线的扫掠方式，包括以下选项。

- 保持角度：保留用于轮廓的草图平面和中心曲线切线之间的角度值，如图 3-47（a）所示。
- 拔模方向：定义轮廓所在平面将保持与拔模方向垂直，如图 3-47（b）所示。
- 参考曲面：轮廓平面的法线方向始终与制定参考曲面的法线保持恒定的夹角。如图 3-47（c）所示的轮廓平面在起始位置与参考曲面是垂直的，在扫掠形成的扫掠特征的任意一个截面都保持与参考曲面垂直。

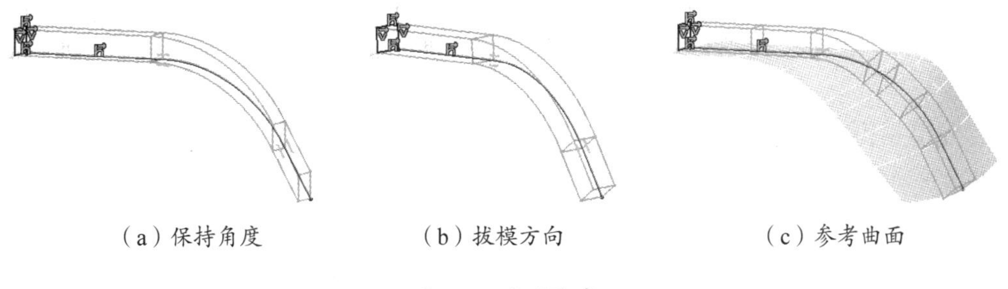

（a）保持角度　（b）拔模方向　（c）参考曲面

图 3-47 控制轮廓

- 将轮廓移至路径：选中该复选框，将中心曲线和轮廓关联，并允许沿多条中心曲线扫掠单个草图，仅适用于“拔模方向”和“参考曲面”轮廓控制方式。
- 合并肋的末端：选中该复选框，将肋的每个末端修剪到现有零件，即从轮廓位置开始延伸到现有材料。

上机练习——肋特征实例

01 选择“开始”|“机械设计”|“零件设计”命令，进入“零件设计”工作台。

02 单击“草图”按钮，选择草图平面为 *xy* 平面，进入草图工作台中绘制如图 3-48 所示的正六边形。

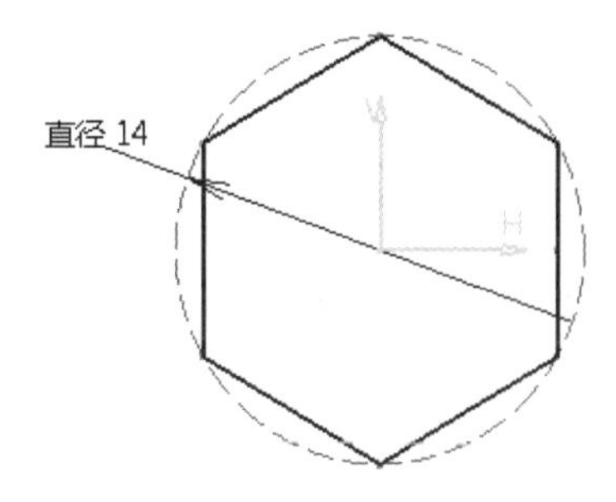

图 3-48 绘制正六边形

03 单击“草图”按钮，在草图平面（*yz* 平面）中绘制如图 3-49 所示的草图。

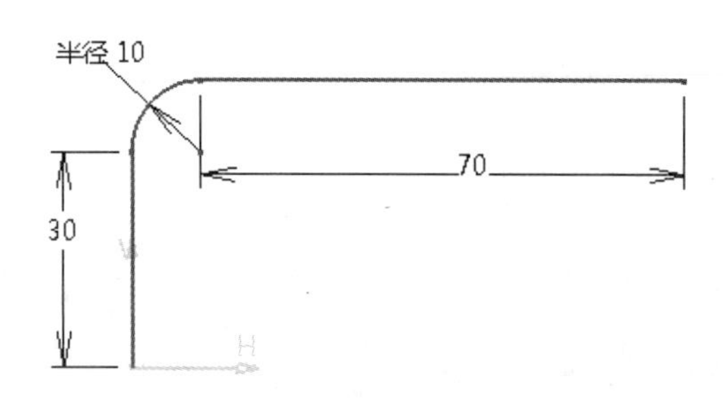

图 3-49　绘制草图

04 单击“肋”按钮，弹出“定义肋”对话框，选择第一个草图为轮廓，第二个草图为中心曲线，单击“确定”按钮创建肋特征，如图 3-50 所示。

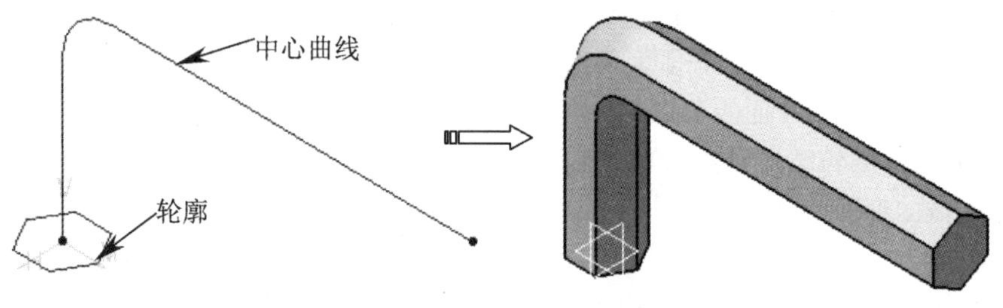

图 3-50　创建肋特征

2. 开槽特征

开槽特征与肋特征的创建过程相同，区别在于开槽特征是减材料特征，肋特征是加材料特征。利用“开槽”命令，沿指定的中心曲线扫掠草图轮廓并从特征中移除材料，得到如图 3-51 所示的开槽特征。

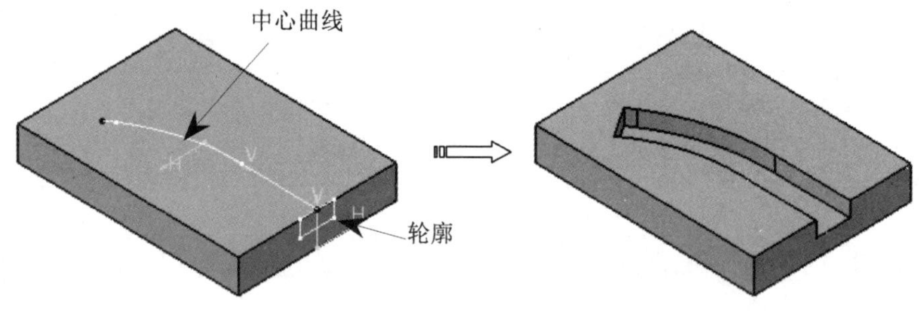

图 3-51　开槽特征

3.2.4　放样特征

放样特征是指两个或两个以上处于不同位置的平行截面曲线沿一条或多条引导线，以渐进方式扫掠而形成的实体特征，放样特征在 CATIA 中也称为“多截面实体”特征。

放样特征也包括加材料的“多截面实体”特征和减材料的“已移除的多截面实体”特征。

1. 多截面实体

加材料的多截面实体，如图 3-52 所示。

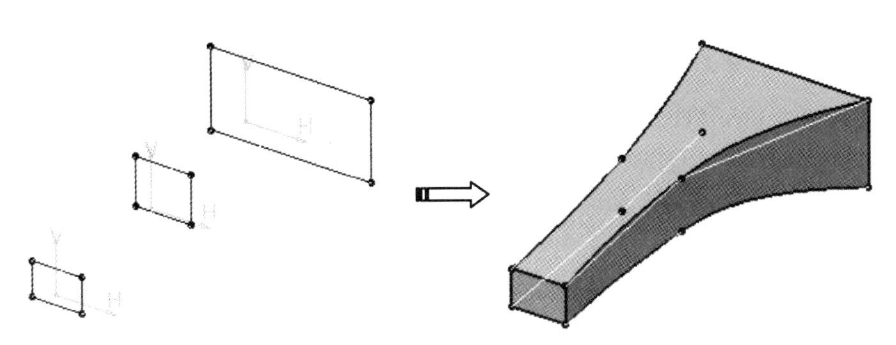

图 3-52 多截面实体

单击“多截面实体”按钮，弹出“多截面实体定义”对话框，如图 3-53 所示。

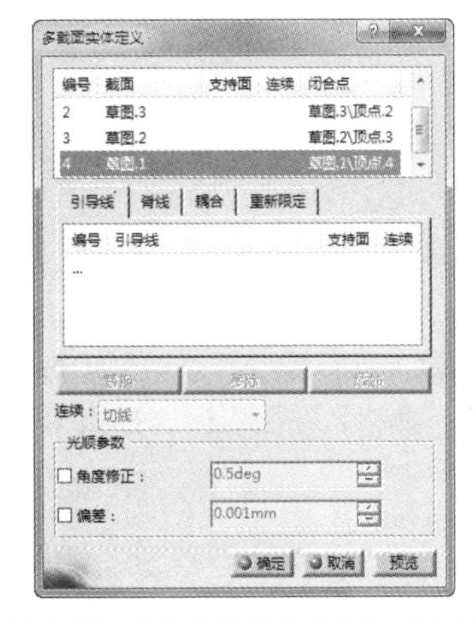

图 3-53 “多截面实体定义”对话框

“多截面实体定义”对话框中主要选项含义如下。

（1）截面列表。

截面列表用于搜集多截面实体的草图截面，所选截面曲线被自动添加到列表中，所选截面曲线的名称及编号会显示在列表中的“编号”与“截面”列中。

（2）“引导线”选项卡。

引导线在多截面实体中起到路径指引和外形限定的作用，引导线最终成为多截面实体的边线。多截面实体特征是各平面截面线沿引导线扫描而得到的，因此，引导线必须与每个平面轮廓线相交，如图 3-54 所示。

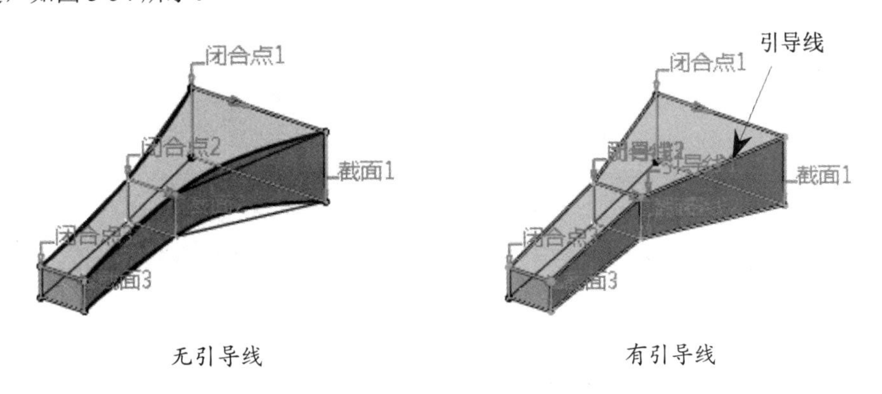

图 3-54 引导线

上机练习——创建多截面实体

01 打开本例源文件 3-6.CATPart，如图 3-55 所示。

02 单击“多截面实体”按钮，弹出“多截面实体定义”对话框。在图形区选择“接合.1”曲线和“草图.1”曲线作为两个截面轮廓，如图 3-56 所示。

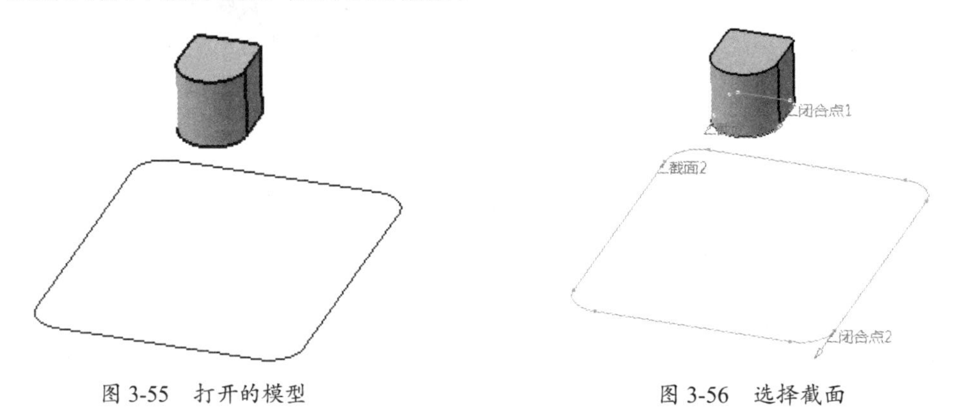

图 3-55　打开的模型　　　　图 3-56　选择截面

03 在“多截面实体定义”对话框中选择“接合.1”截面线并右击，在弹出的快捷菜单中选择“替换闭合点”命令，在图形区选择如图 3-57 所示的点为闭合点。

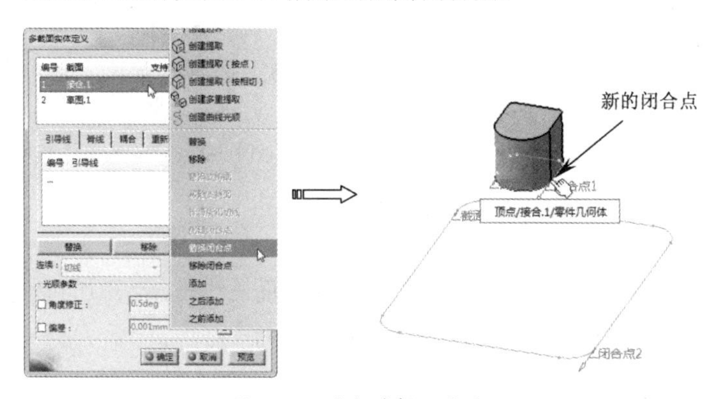

图 3-57　重新选择闭合点

04 在“耦合”选项卡的“截面耦合”下拉列表中选择“比率”选项，单击“确定”按钮，完成多截面实体特征的创建，如图 3-58 所示。

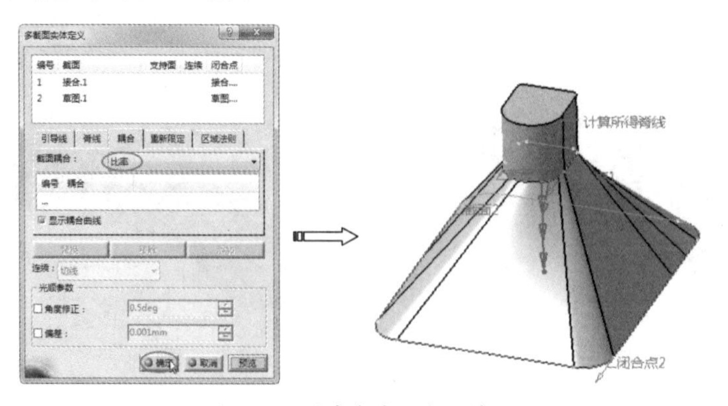

图 3-58　创建多截面实体特征

2. 已移除多截面实体

利用“已移除多截面实体”命令，将多个截面轮廓沿引导线渐进扫掠，并在已有特征上移除材料得到扫描特征，如图 3-59 所示。

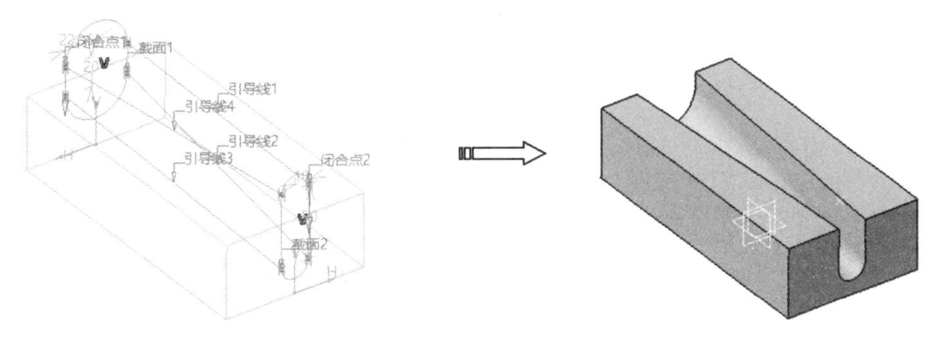

图 3-59　已移除多截面实体

3.2.5　实体混合特征

“实体混合”命令用于将两个草图轮廓分别沿着不同的方向进行拉伸，由两个草图轮廓拉伸生成的凸台特征会产生布尔交集运算，运算的结果就是实体混合特征，如图 3-60 所示。

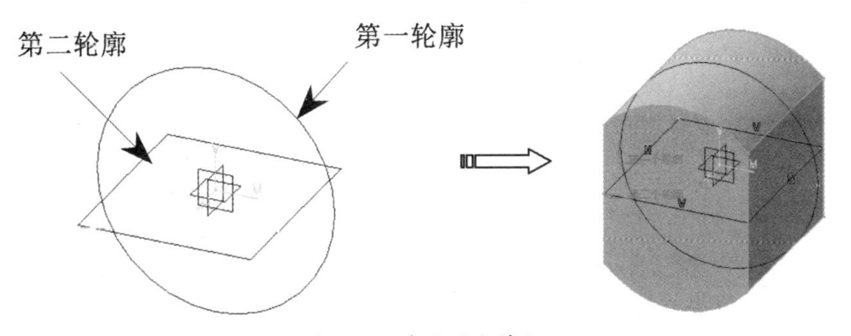

图 3-60　实体混合特征

在“基于草图的特征”工具栏中单击“实体混合”按钮，弹出“定义混合”对话框，如图 3-61 所示。“定义混合”对话框中的选项含义与“定义凸台”对话框中的相关拉伸选项含义相同，此处不再赘述。

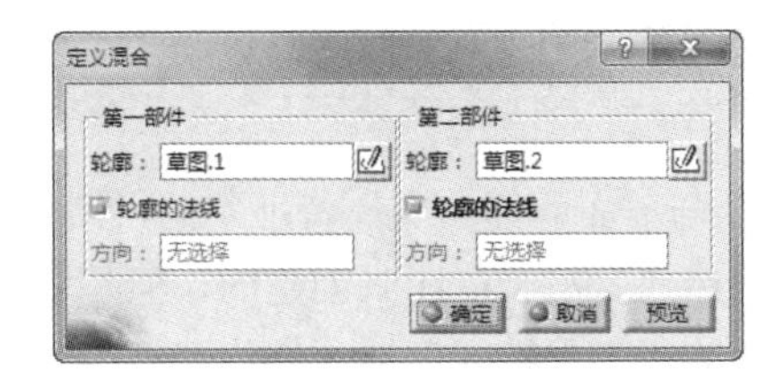

图 3-61　“定义混合”对话框

上机练习——创建实体混合

01 打开本例源文件 3-7.CATpart，如图 3-62 所示。

02 单击“实体混合”按钮，弹出“定义混合”对话框。选择两个绘制草图曲线作为第一部件轮廓和第二部件轮廓，如图 3-63 所示。

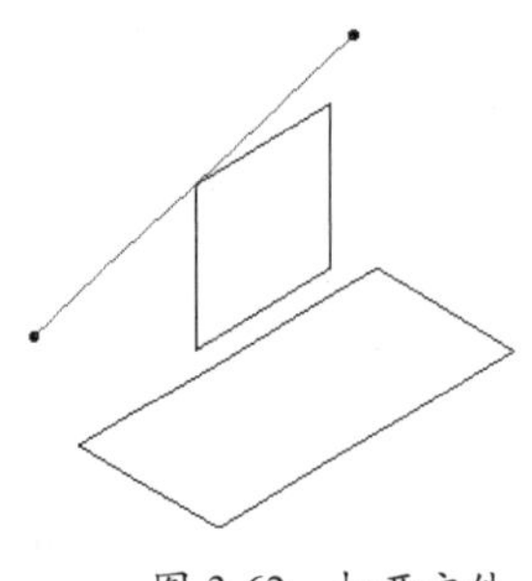

图 3-62　打开文件

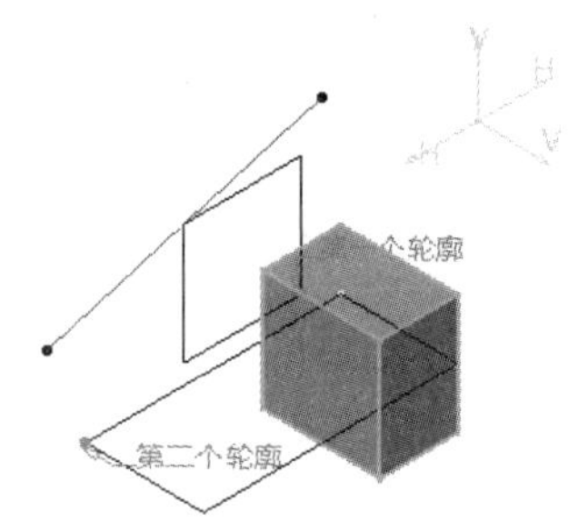

图 3-63　选择截面

03 取消选中“第二部件”选项组中的“轮廓的法线”复选框，并选择斜线作为方向参考，如图 3-64 所示。

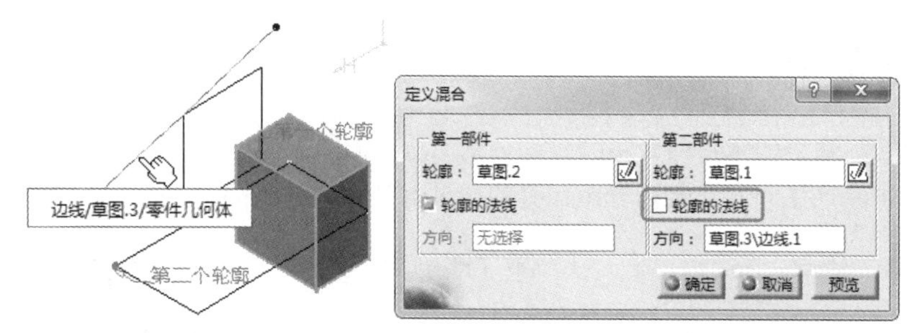

图 3-64　选择方向参考

04 最后单击“确定”按钮，完成实体混合特征的创建，如图 3-65 所示。

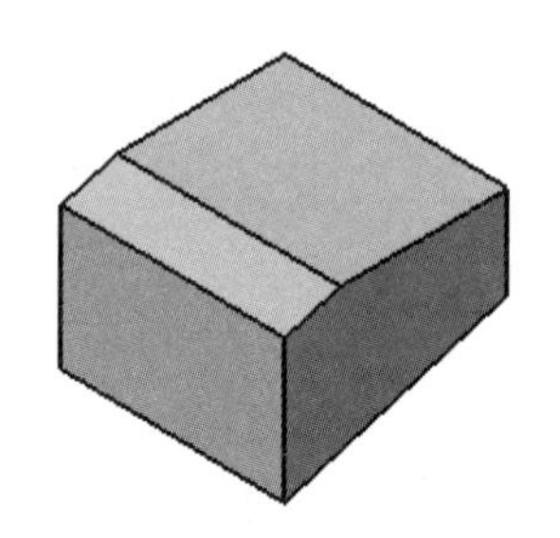

图 3-65　创建实体混合特征

3.3 工程特征

在 CATIA 中，还有一些特征与前面的基本实体特征不同，如孔、加强肋、倒圆角、倒斜角、拔模及盒体等特征，这些特征虽然也是基于草图来创建的，但是它们必须在已有的实体特征（父特征）上创建，也就是我们常说的“工程特征”或“修饰特征”。

3.3.1 孔特征

“孔”命令用于在已有实体特征上创建孔特征，常见的孔包括盲孔、通孔、锥形孔、沉头孔、埋头孔、倒钻孔等。

单击“孔”按钮，选择孔的放置表面后，弹出“定义孔”对话框，如图 3-66 所示，该对话框中包含 3 个选项卡。

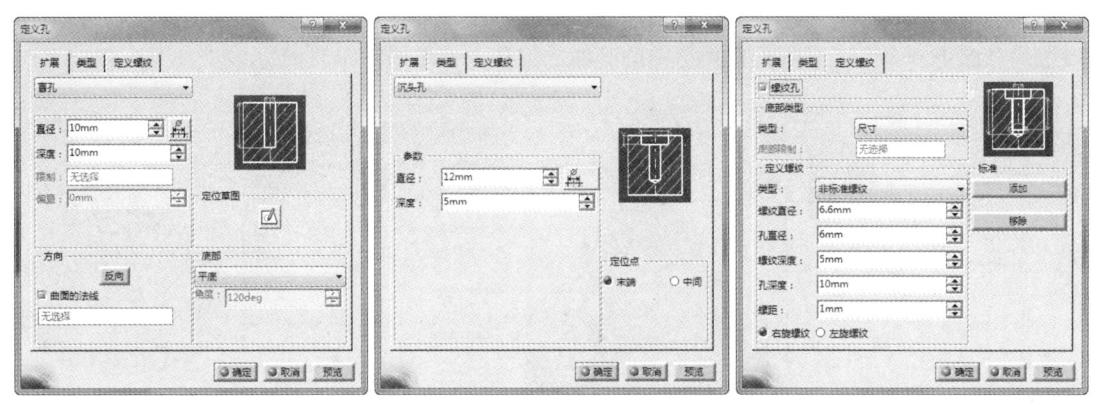

图 3-66　“定义孔”对话框的 3 个选项卡

下面以案例的方式讲解孔工具的基本用法。

上机练习——创建零件中的孔

01 打开本例源文件 3-8.CATPart，如图 3-67 所示。

02 单击“孔”按钮，按信息提示在模型上选择孔的放置面，如图 3-68 所示。

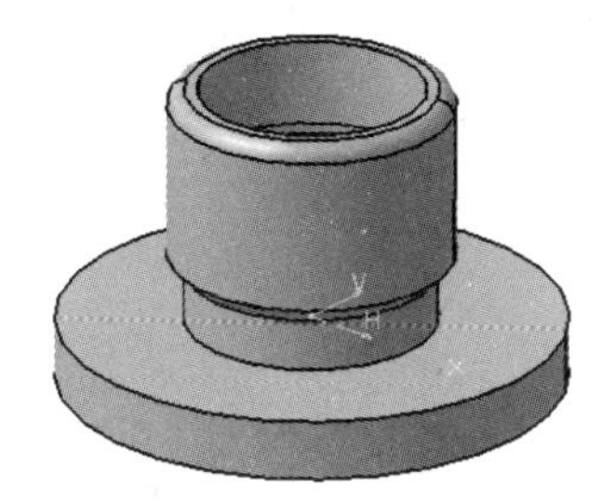

图 3-67　打开的模型

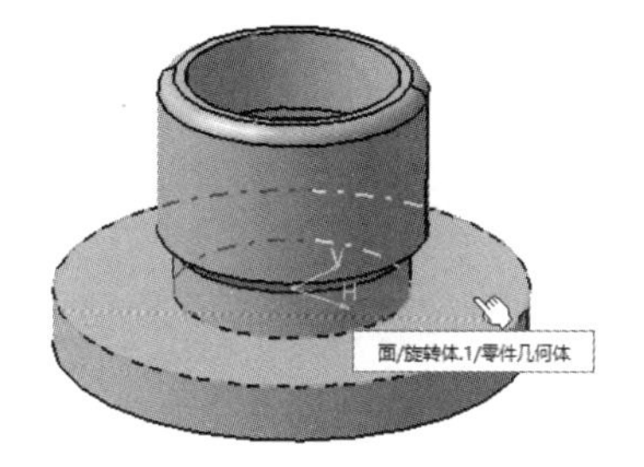

图 3-68　选择孔放置面

03 弹出“定义孔”对话框。在“扩展”选项卡中设置孔深度类型为“直到最后”，设置“直径”值为 6mm。单击“定位草图”按钮，进入草图工作台创建孔的定位约束，如图 3-69 所示。

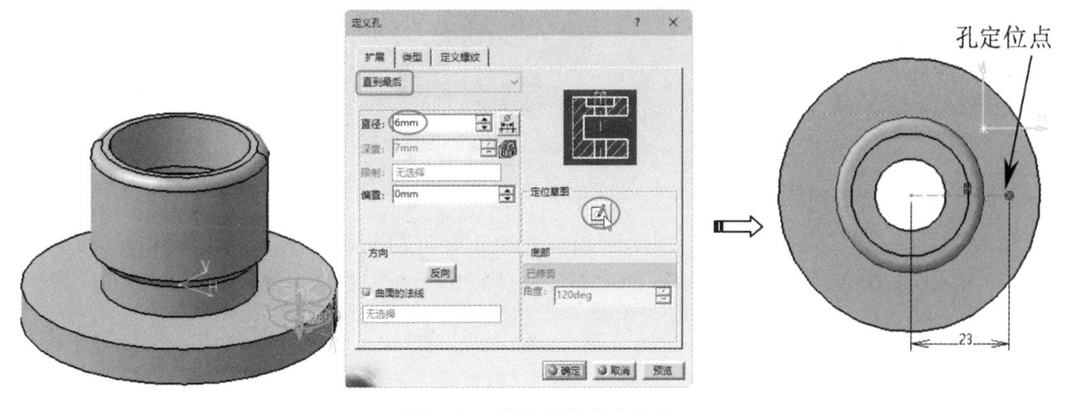

图 3-69　创建孔的定位约束

04 退出草图工作台，在“定义孔”对话框的“类型”选项卡中选择“沉头孔”和“非标准螺纹”类型，并设置沉头孔的“直径”值为12mm，沉头“深度”值为5mm，最后单击“确定”按钮完成孔特征的创建，如图3-70所示。

05 利用“圆形阵列”工具阵列出模型中的其他定位孔，效果如图3-71所示。

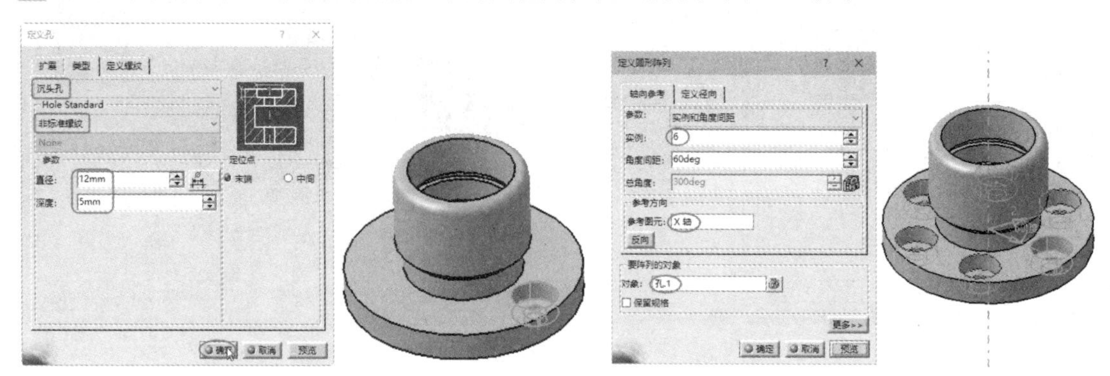

图3-70　创建孔特征

图3-71　阵列出其他孔

3.3.2 加强肋

加强肋就是我们常说的“加强筋”，是用添加材料的方法来加强零件强度，用于创建附属零件的辐板或肋片，在工程上起支撑作用，一般用于增加零件的强度。

单击“加强肋”按钮，弹出“定义加强肋”对话框，如图3-72所示。选取筋轮廓草图后设置相关选项，即可创建加强肋，如图3-73所示。

图3-72　“定义加强肋”对话框

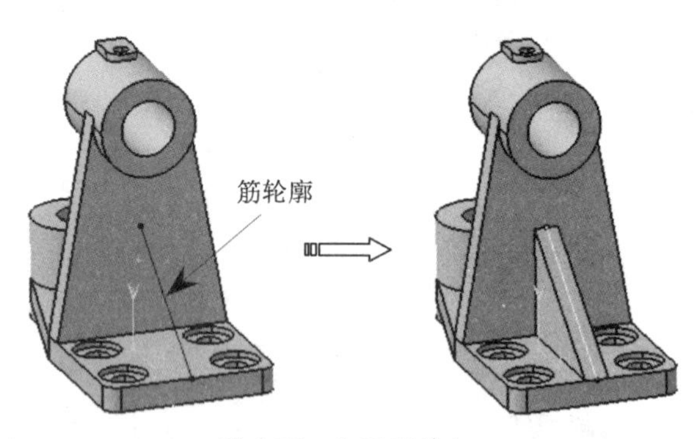

图3-73　加强肋特征

下面介绍创建加强肋的两种模式。

- 从侧面：以草图轮廓进行拉伸，并垂直于该轮廓平面添加厚度，如图3-74（a）所示。
- 从顶部：垂直于轮廓平面以拉伸轮廓，并在轮廓平面中添加厚度，如图3-74（b）所示。

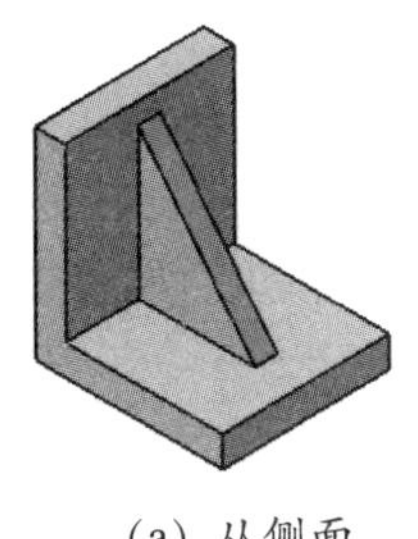

(a) 从侧面

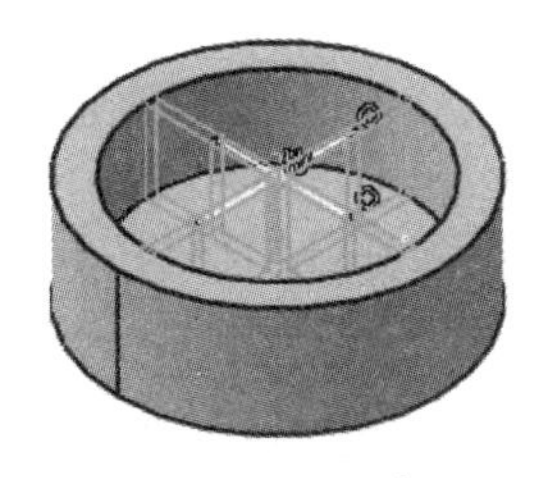

(b) 从顶部

图 3-74　两种加强肋模式

上机练习——创建加强肋

01 打开本例源文件 3-9.CATPart，如图 3-75 所示。

02 单击“草图”按钮，选择草图平面为 *yz* 平面，进入草图工作台绘制如图 3-76 所示的草图。

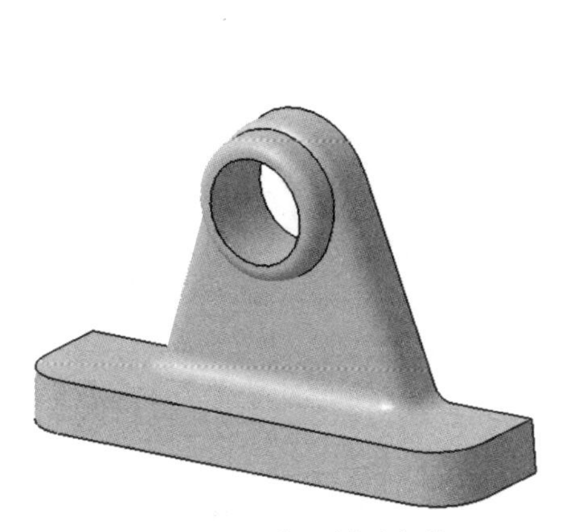

图 3-75　打开模型文件

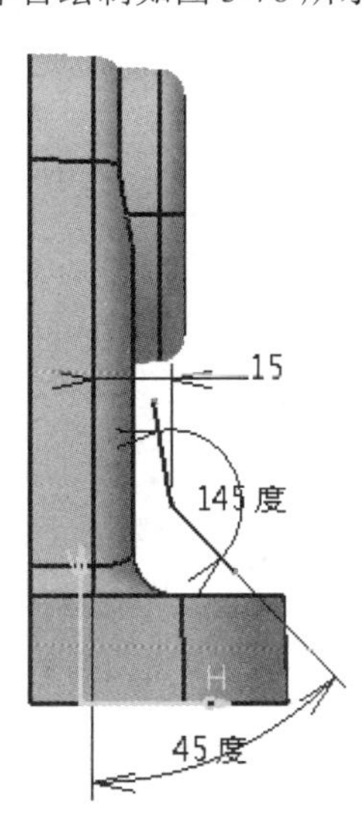

图 3-76　绘制草图截面

03 在“基于草图的特征”工具栏中单击“加强肋”按钮，弹出“定义加强肋”对话框。选择上一步绘制的草图截面作为加强肋轮廓草图，输入肋“厚度 1”值为 8mm，再单击“确定”按钮，完成加强肋特征的创建，如图 3-77 所示。

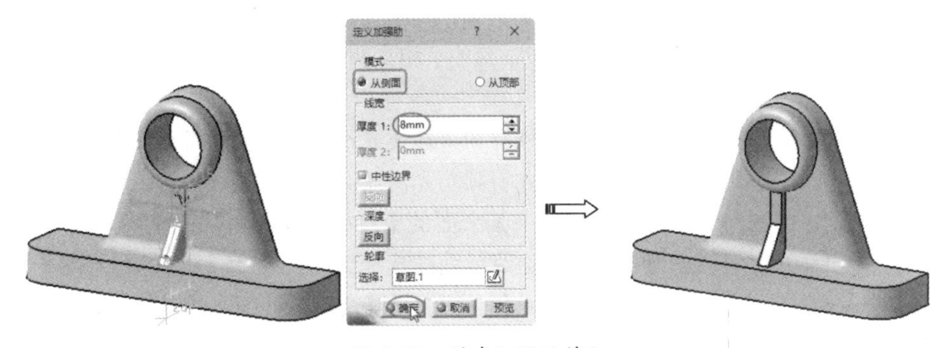

图 3-77　创建加强肋特征

3.3.3 倒圆角

CATIA V5-6R2018 中提供了 3 种圆角特征的创建方法。单击“修饰特征”工具栏中的“倒圆角”按钮右下角的小三角形，弹出“圆角”工具栏，如图 3-78 所示。

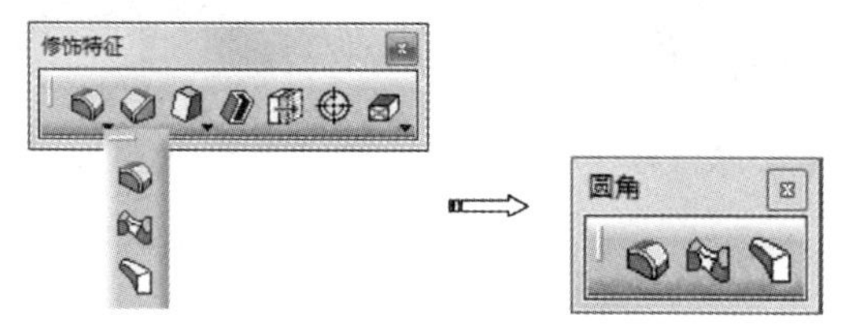

图 3-78 “圆角”工具栏

1. 倒圆角

圆角是指，具有固定半径或可变半径的弯曲面，它与两个曲面相切并接合这两个曲面，这 3 个曲面共同形成一个内角或一个外角。

单击“修饰特征”工具栏中的“倒圆角”按钮，弹出“倒圆角定义”对话框，如图 3-79 所示。

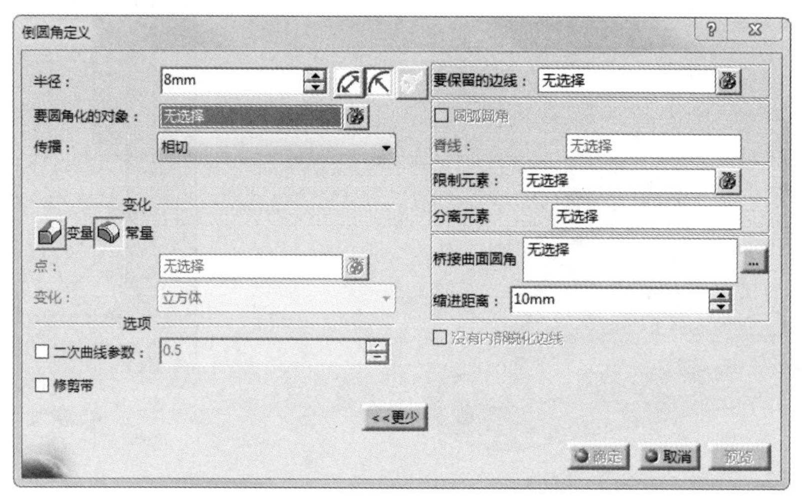

图 3-79 “倒圆角定义”对话框

“倒圆角定义”对话框中主要选项的含义如下。

- 半径：设置圆角半径值。
- 要圆角化的对象：选择要创建圆角的对象，可以是边线、面及特征。
- 传播：指圆角的拓展模式，包括相切、最小、相交和与选定特征相交 4 种模式，如图 3-80 所示。
  - » 相切：当选择某一条边线时，所有和该边线光滑连接的棱边都将被选中并倒圆角。
  - » 最小：仅圆角化选中的边线，并将圆角光滑过渡到下一条线段。
  - » 相交：将在所选面与当前实体中其余面的交点处创建圆角，此模式是基于特征的选择，而其他的选择模式是基于边缘或面的选择。
  - » 与选定特征相交：选择几何特征会自动选择其交点处的边，并对其进行圆角化处理。

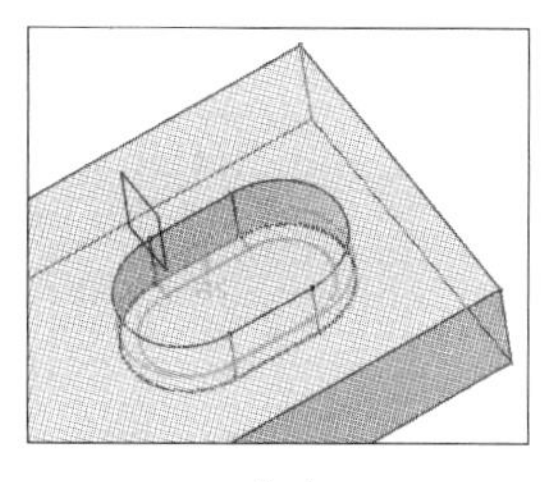

相切

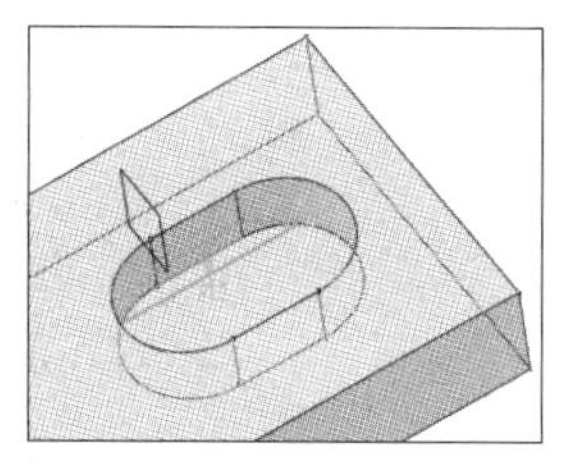

最小

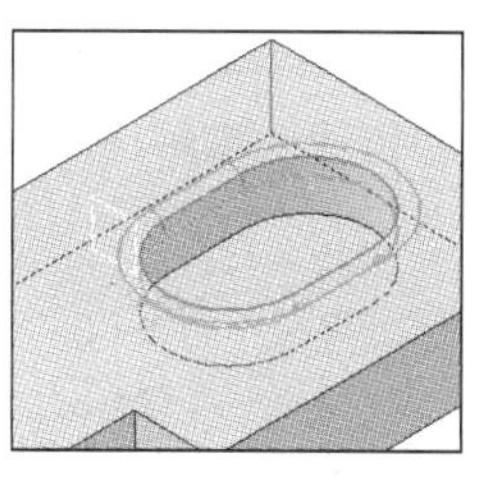

相交

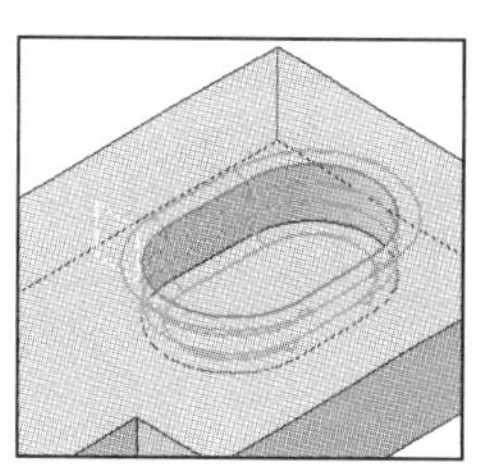

与选定特征相交

图 3-80 4 种传播模式

- 变化：圆角半径的变化模式分为“变量”和“常量”两种，如图 3-81 所示。“变量”的圆角半径是可变的；“常量”的圆角半径是恒定不变的，通常设置为“常量”。

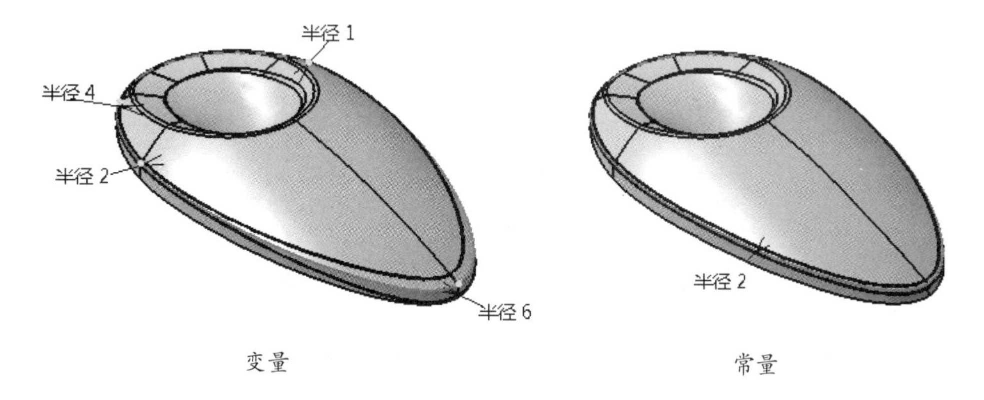

变量　　　　常量

图 3-81 圆角半径的变化

- 二次曲线参数：采用二次曲线的参数驱动方式来创建圆滑过渡，如图 3-82 所示。

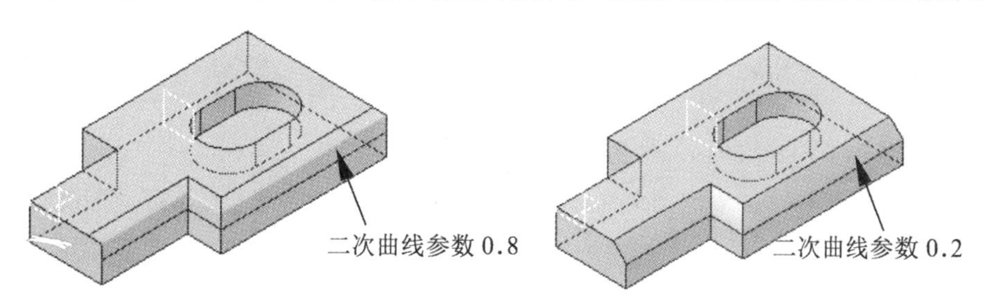

图 3-82 采用二次曲线参数创建圆滑过渡

- 修剪带：如果使用“相切”的传播模式，还可以修剪交叠的圆角，如图 3-83 所示。

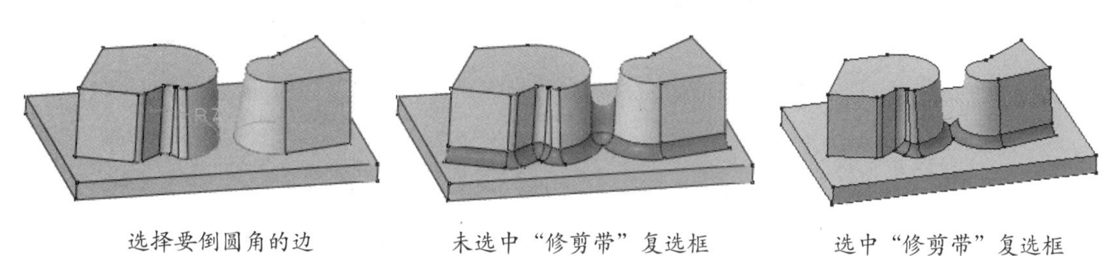

选择要倒圆角的边　　未选中“修剪带”复选框　　选中“修剪带”复选框

图 3-83 “修剪带”复选框的应用效果

- 要保留的边线：可选择不需要圆角化的其他边线。倒角时，若设置的圆角半径大于圆角化范围，可选择保留边线来解决此问题，如图 3-84 所示。

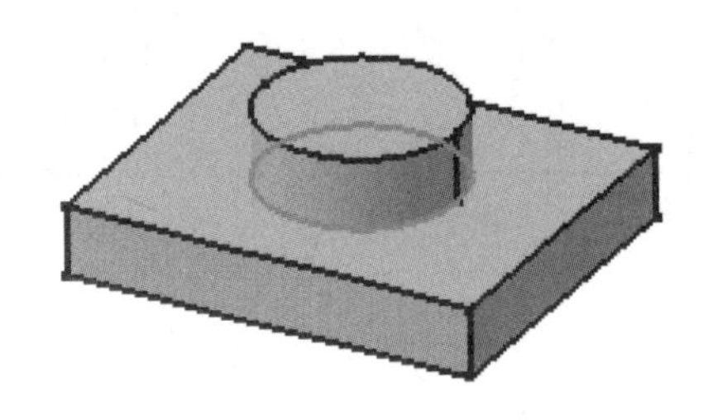

选取要倒圆角的边线

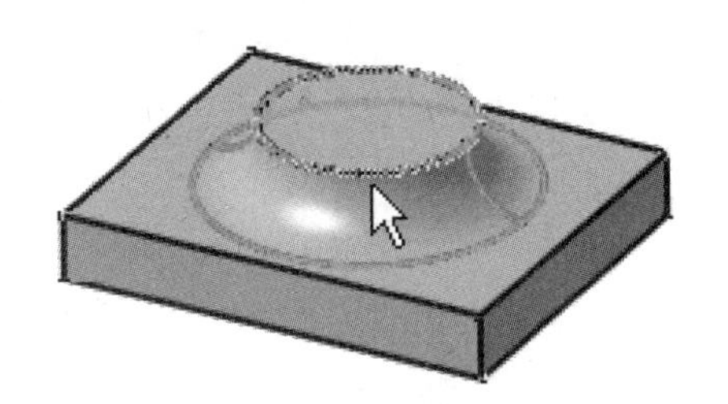

保留上方的边线不倒圆角

图 3-84　选择要保留的边线

- 限制元素：可在模型中指定倒圆角的限制对象，边限制对象可以是平面、连接曲面、曲线或边线上的点等，如图 3-85 所示。

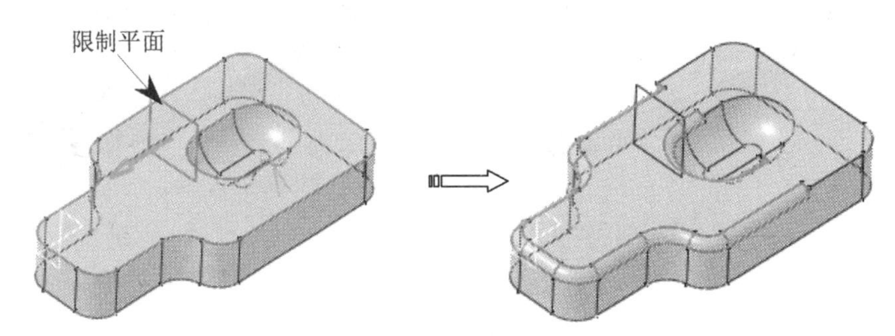

图 3-85　指定限制图元

上机练习——创建倒圆角

01 打开本例源文件 3-10.CATPart，如图 3-86 所示。

02 单击“圆角”工具栏中的“倒圆角”按钮，弹出“倒圆角定义”对话框，在模型中选择要倒圆角的边线，如图 3-87 所示。

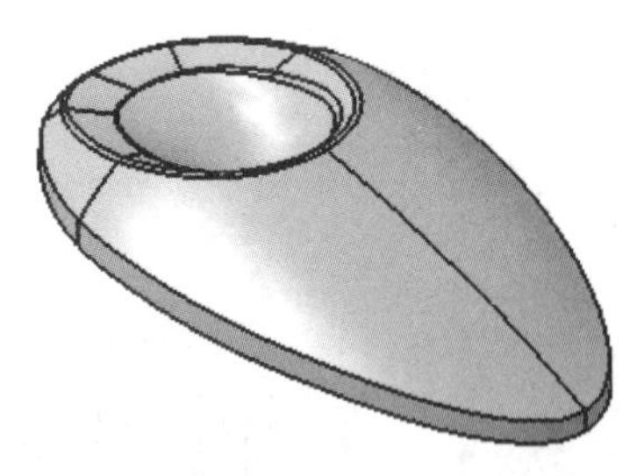

图 3-86　打开的模型

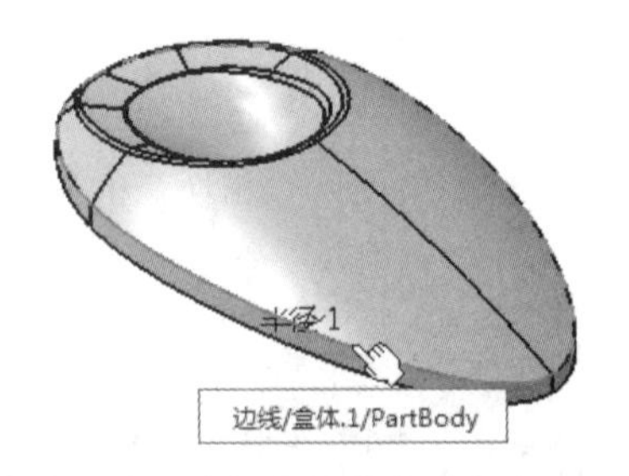

图 3-87　选择要倒圆角的边线

03 在“倒圆角定义”对话框中的“变化”选项组中单击“变量”按钮，在“点”文本框内右击并在弹出的快捷菜单中选择“清除选择”命令，将默认选取的圆角半径变化控制点对象取消，如图 3-88 所示。

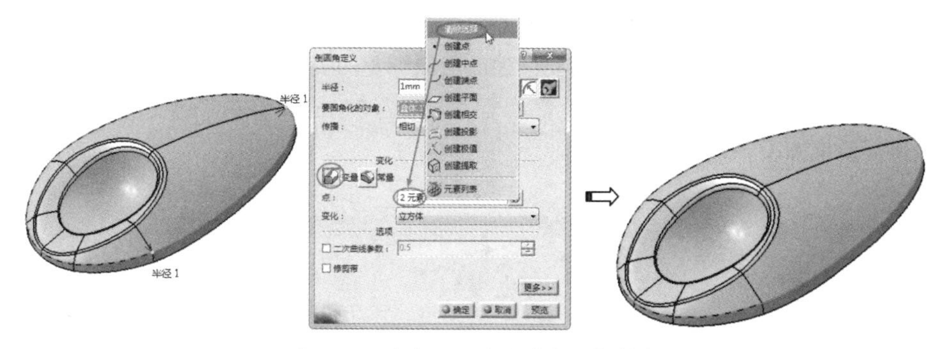

图 3-88　清除默认选取的变化控制点

04 在模型中选中的倒圆角的边线上重新选择两个控制点，并单击半径值进行修改，如图3-89所示。

05 在“倒圆角定义”对话框中单击“预览”按钮查看预览效果，如果符合要求单击“确定”按钮完成倒圆角操作，结果如图 3-90 所示。

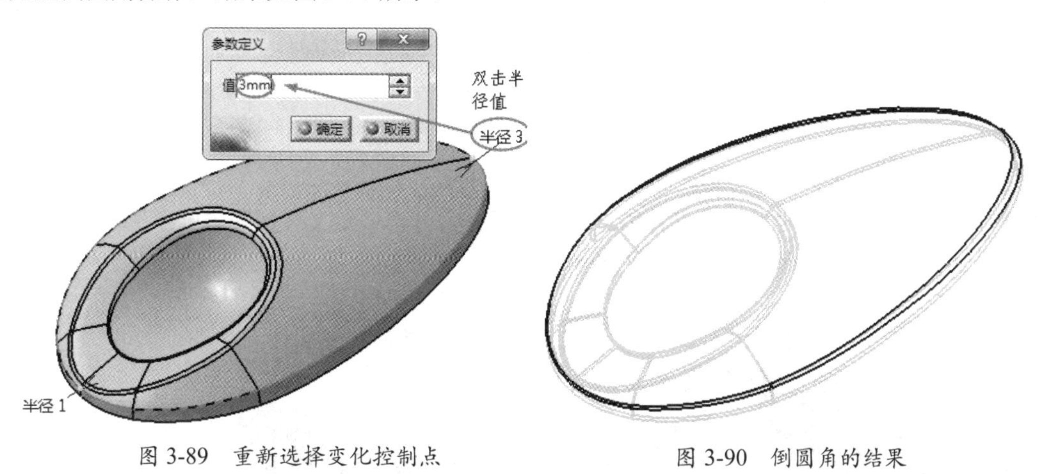

图 3-89　重新选择变化控制点　　　　图 3-90　倒圆角的结果

2. 面与面的圆角

当面与面之间不相交或面与面之间存在两条以上锐化边线时，可以使用“面与面的圆角”命令创建圆角，要求该圆角半径应小于最小曲面的高度，而大于曲面之间最小距离的 1/2。

上机练习——创建面与面的圆角

01 打开本例源文件 3-11.CATPart，如图 3-91 所示。

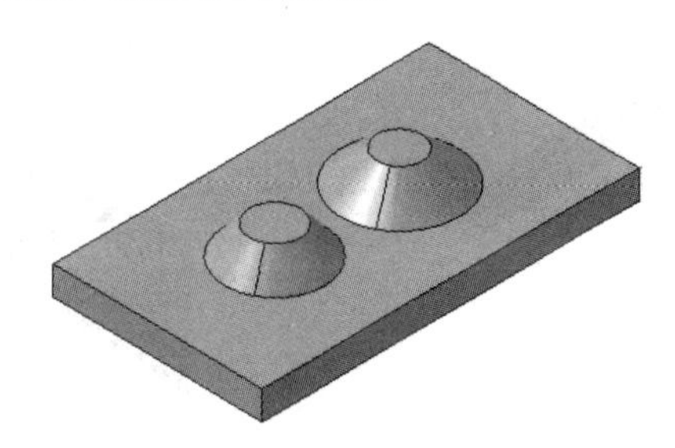

图 3-91　打开的模型

02 单击“修饰特征”工具栏中的“面与面的圆角”按钮，弹出“定义面与面的圆角”对话框。

03 在模型中选取两个圆锥台的锥面作为要创建面与面圆角的参考面，如图 3-92 所示。

04 在“定义面与面的圆角”对话框中设置“半径”值为 35mm，单击“确定”按钮完成面与面的圆角操作，结果如图 3-93 所示。

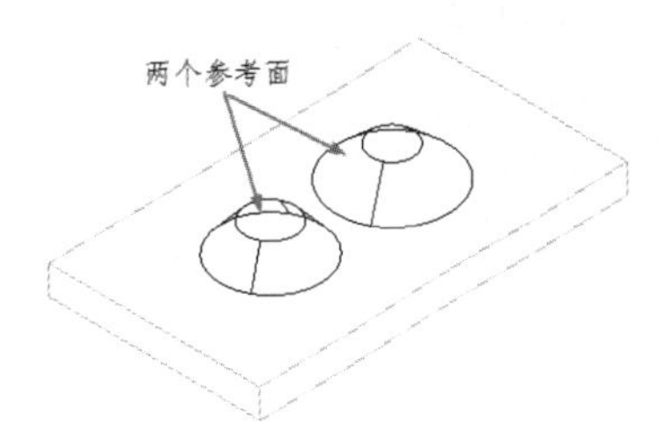

图 3-92　选择参考面

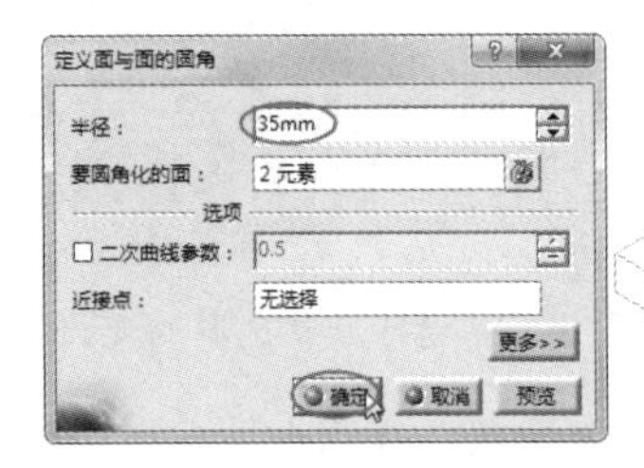

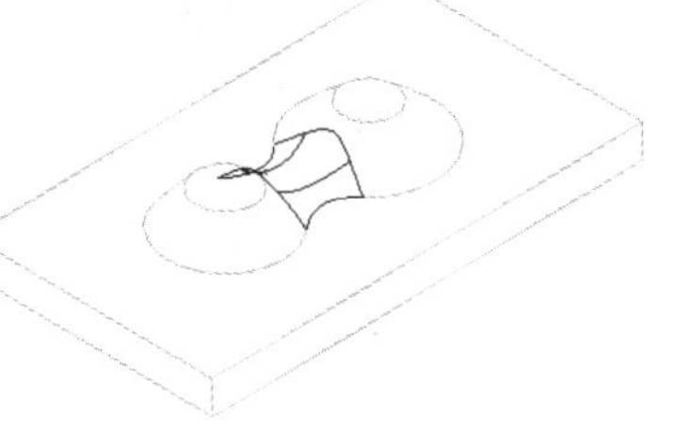

图 3-93　创建面与面圆角

3. 三切线内圆角

“三切线内圆角”是指通过选定的 3 个相交面，创建一个与这 3 个面均相切的圆角面。

上机练习——创建三切线内圆角

01 打开本例源文件 3-12.CATPart，如图 3-94 所示。

02 单击“圆角”工具栏中的“三切线内圆角”按钮，弹出“定义三切线内圆角”对话框。

03 在模型中选择相对称的两个面作为要圆角化的面，如图 3-95 所示。

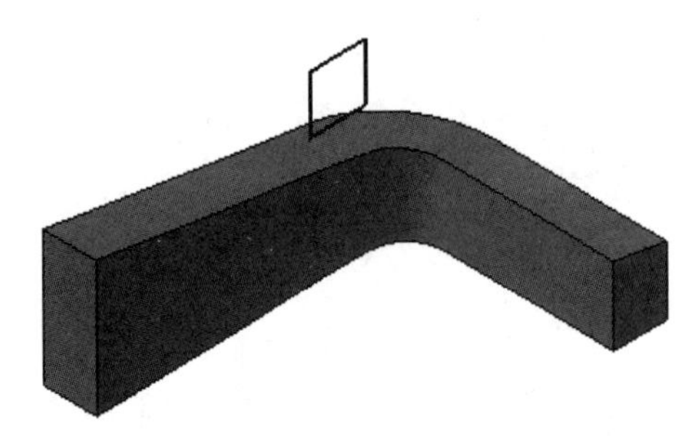

图 3-94　打开的模型

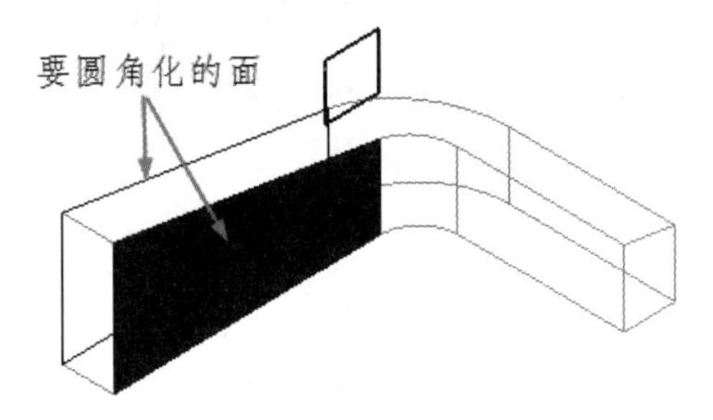

图 3-95　选择要圆角化的面

04 选择一个要移除的面，如图 3-96 所示。

05 单击“更多”按钮，激活“限制图元”文本框，再选择参考平面为限制平面，如图 3-97 所示。

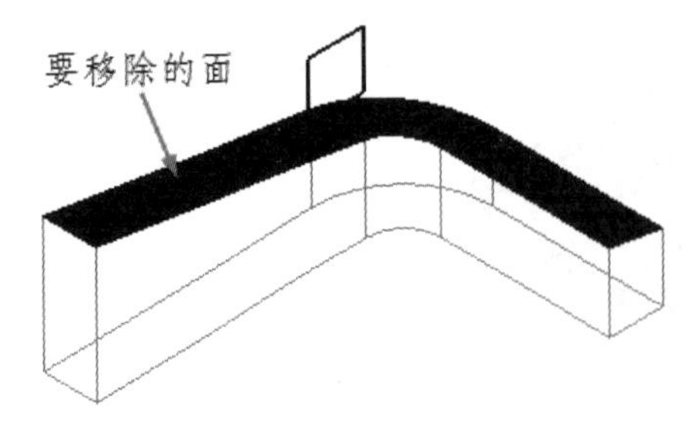

图 3-96　选择要移除的面

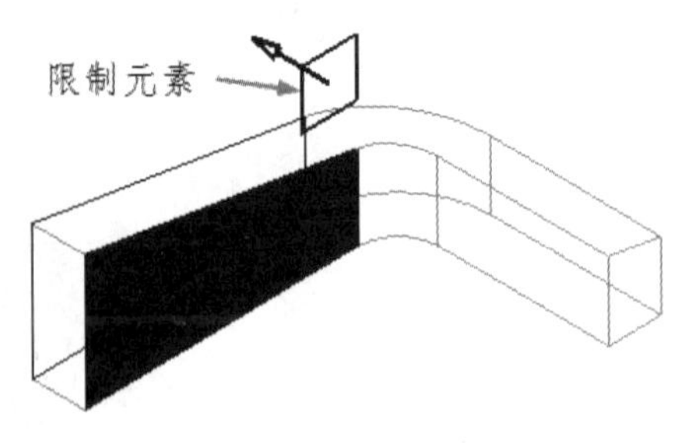

图 3-97　选择限制图元

06 单击“确定”按钮完成三切线内圆角的创建，如图 3-98 所示。

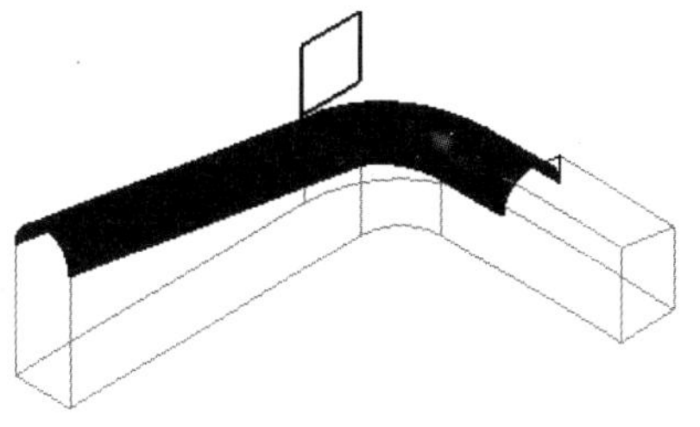

图 3-98 创建三切线内圆角

3.3.4 倒角

倒角的创建包含从选定边线上移除或添加平截面，以便在共用此边线的两个原始面之间创建斜曲面，通过沿一条或多条边线拓展可获得倒角。

上机练习——创建倒角

01 打开本例源文件 3-12.CATPart，如图 3-99 所示。

02 单击“修饰特征”工具栏中的“倒角”按钮，弹出“定义倒角”对话框。

03 在模型上选择如图 3-100 所示的要倒角的 4 条边线。

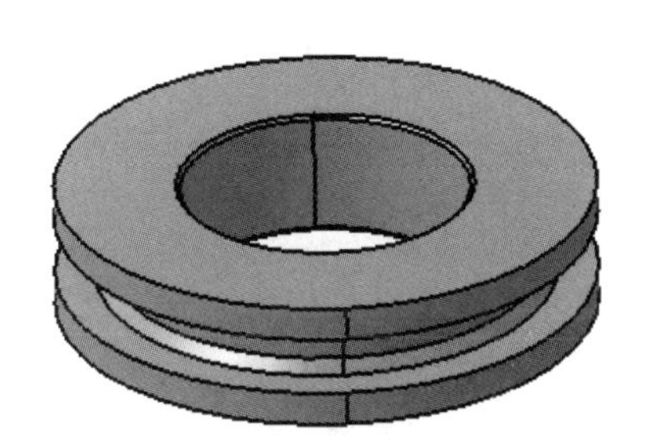

图 3-99 打开的模型

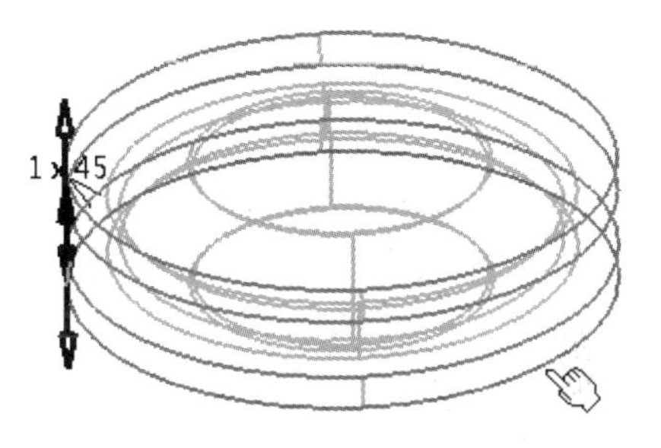

图 3-100 选择 4 条边线

04 在“定义倒角”对话框中设置“长度 1”值为 2mm，其余参数保持默认设置，最后单击“确定”按钮完成倒角特征的创建，如图 3-101 所示。

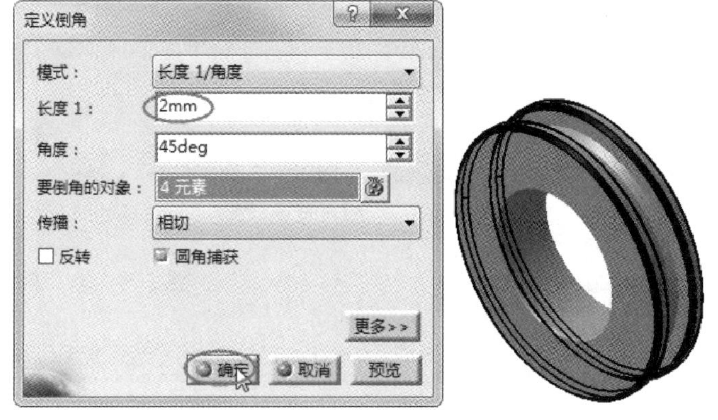

图 3-101 创建倒角特征

3.3.5 拔模

拔模也称为“脱模”，用于压铸、注塑、压塑等铸造模具的产品。这些产品需要进行拔模处理，避免模具的型腔与型芯部分在分离时因与产品产生摩擦而导致外观质量下降。CATIA 提供了多种拔模特征工具，单击“修饰特征”工具栏中的“拔模斜度”按钮右下角的下三角按钮，弹出拔模工具，如图 3-102 所示。

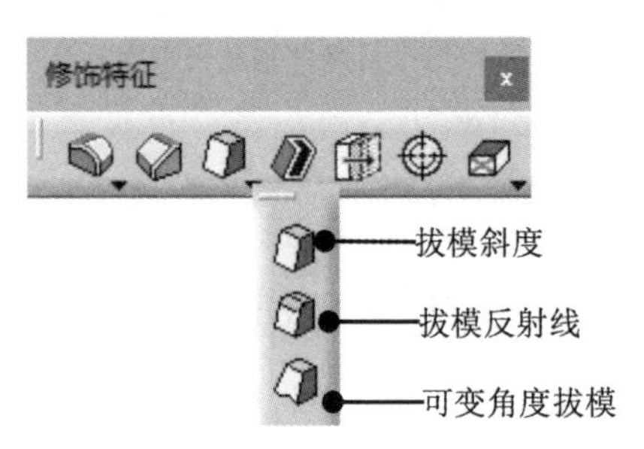

图 3-102　拔模工具

1. 拔模斜度

利用“拔模斜度”工具，选择要拔模的面并设置拔模角度来进行拔模，如图 3-103 所示。可选择拔模固定边来决定拔模效果。

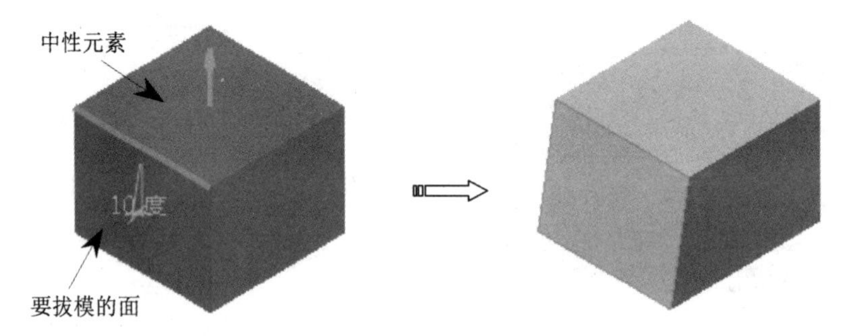

图 3-103　根据拔模斜度创建拔模

单击“修饰特征”工具栏中的“拔模斜度”按钮，弹出“定义拔模”对话框，如图 3-104 所示。

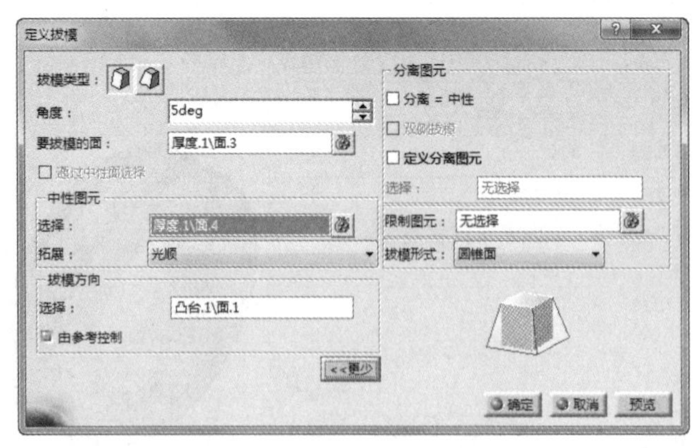

图 3-104　“定义拔模”对话框

“定义拔模”对话框中主要选项的含义如下。

- 拔模类型：包括“常量”和“变量”两种，这里的“变量”类型也就是“可变角度拔模”，后面将详细介绍。
- 角度：设置要拔模的面与拔模方向之间的夹角。正值表示沿拔模方向的逆时针方向拔模；负值表示反向拔模。
- 要拔模的面：要创建拔模的面。
- 通过中性面选择：选中该复选框，可选择一个中性面，那么与中性面相交的所有面将被定义为要拔模的面，如图 3-105 所示。

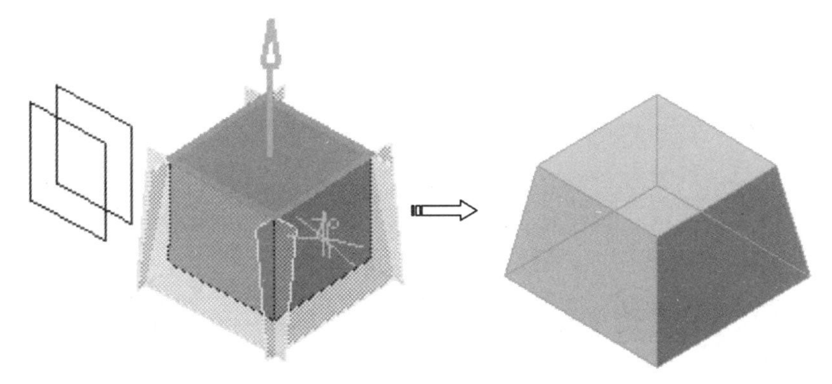

图 3-105　通过中性面选择要拔模的面

- “中性图元”选项组：用来设置拔模固定参考面。
  - » 选择：中性面是一个拔模参考，该面始终与拔模方向垂直。同时，中性面也可作为拔模时的固定端参考，在中性面一侧的拔模面将不会旋转。中性面可以是多个面，默认情况下拔模方向由中性面的第一个面给定。
  - » 拓展：用于指定拔模延伸的拓展类型。“无”表示不创建拔模延伸，“光顺”表示要创建拔模的平滑延伸。
- “拔模方向”选项组：拔模方向是指模具系统的型腔与型芯分离时，成型零件脱离型芯（或型腔）的推出方向，也称为“脱模方向”。
  - » 由参考控制：选中该复选框，拔模方向将由中性面来控制（与中性面垂直）。
- “分离图元”选项组：用于定义模型中不同拔模斜度的分离图元。可选择平面、面或曲面作为分离图元，将模型分割成两部分，每部分可分别定义不同的拔模方向进行拔模。
  - » 分离＝中性：使用中性面作为分离图元，在中性面的一侧进行拔模，如图 3-106 所示。

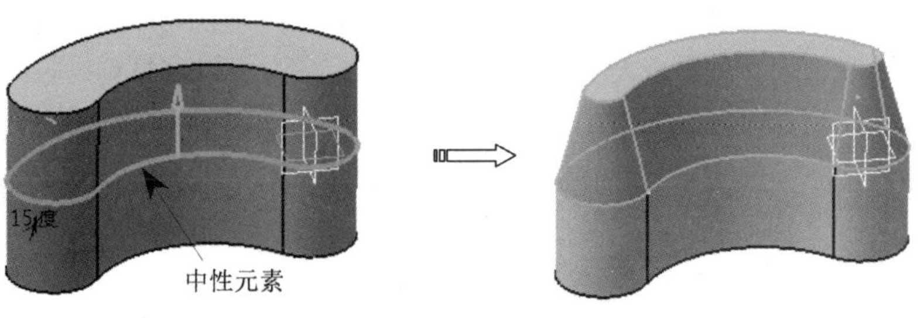

图 3-106　选择分离图元进行单侧拔模

» 双侧拔模：以中性图元为界，在分离图元的两侧同时拔模，如图 3-107 所示。

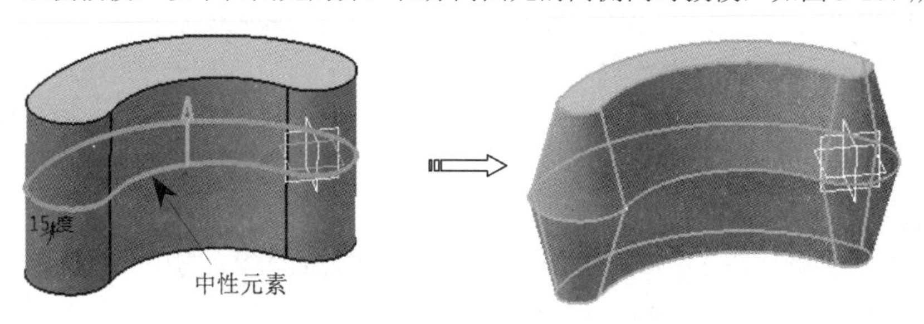

图 3-107 双侧拔模

» 定义分离图元：选中该复选框，可以任选一个平面或曲面作为分离图元，如图 3-108 所示。

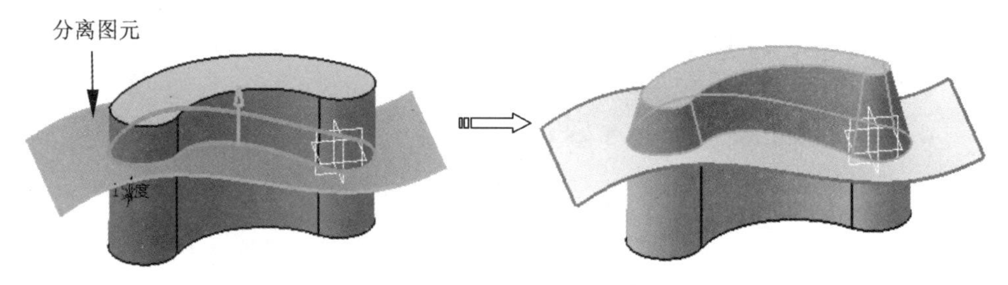

图 3-108 定义分离图元

- 限制图元：指定不需要创建拔模的限制图元。例如在某个模型面中，仅对某一部分进行拔模，那么即可指定或创建限制图元来达到此目的，如图 3-109 所示。

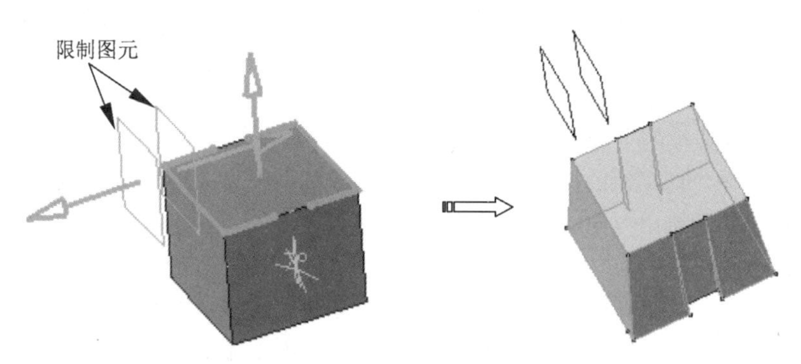

图 3-109 选择限制图元来创建部分拔模

- 拔模形式：当要拔模的面为平面时，软件会自动采用“正方形”的拔模形式进行拔模。当要拔模的面为圆柱面、圆锥面时，软件会自动识别并采用“圆锥”的拔模形式来创建拔模。

上机练习——创建简单拔模

01 打开本例源文件 3-13.CATPart，如图 3-110 所示。

02 单击“修饰特征”工具栏中的“拔模斜度”按钮，弹出“定义拔模”对话框，在“角度”文本框中输入 3 deg，如图 3-111 所示。

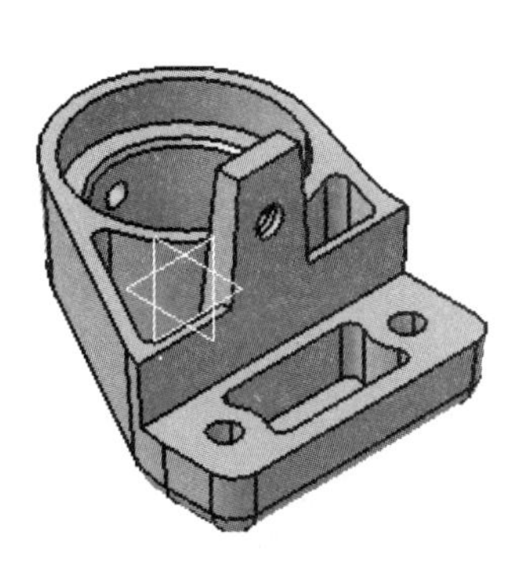

图 3-110　打开的模型

图 3-111　“定义拔模”对话框

03 在模型上选择一个表面作为要拔模的面，如图 3-112 所示。

04 激活“中性元素”选项组中的“选择”文本框，然后选择底座上表面为中性面，如图 3-113 所示。

图 3-112　选择要拔模的面

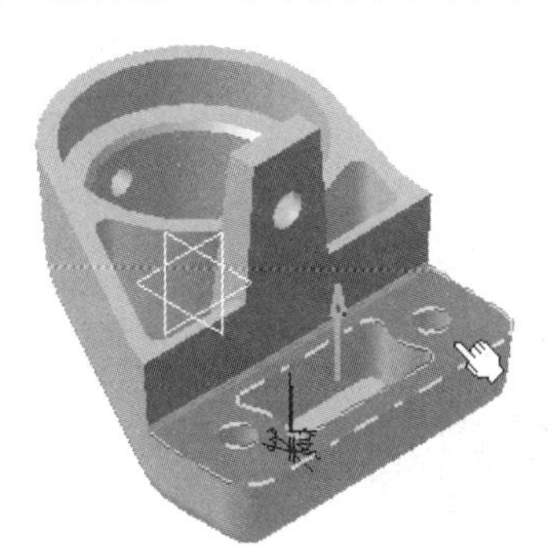

图 3-113　选择中性面

05 单击“确定”按钮，完成模型面的拔模操作，如图 3-114 所示。

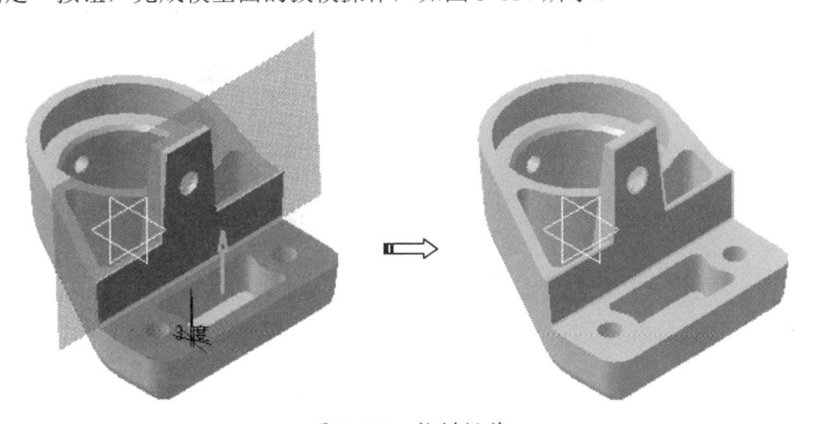

图 3-114　拔模操作

2. 拔模反射线

“拔模反射线”命令利用模型表面的投影线作为中性图元来创建模型上的拔模特征。

上机练习——拔模反射线操作

01 打开本例源文件 3-14.CATPart，如图 3-115 所示。

02 单击“修饰特征”工具栏中的“拔模反射线”按钮，弹出“定义拔模反射线”对话框。

03 在“角度”文本框中输入拔模“角度”值为 10deg，如图 3-116 所示。

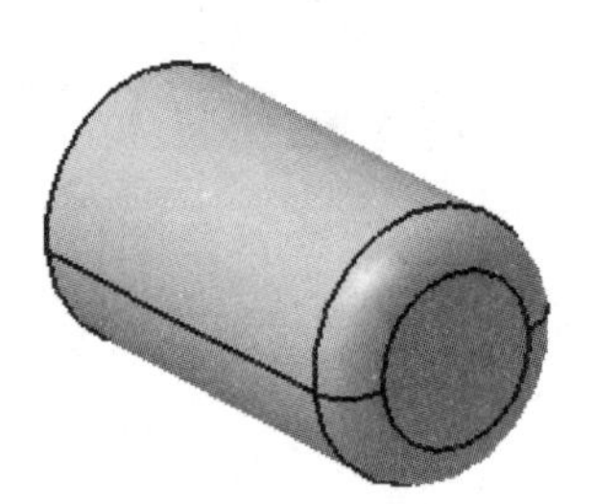

图 3-115　打开的模型

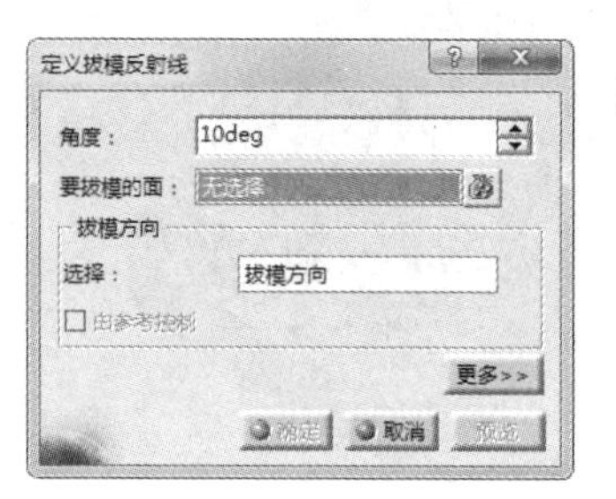

图 3-116　输入拔模角度

04 在模型上选择圆柱面作为要拔模的面，如图 3-117 所示。

05 激活“拔模方向”选项组中的“选择”文本框，在特征树中选择 *zx* 平面为中性面（拔模方向参考）。单击“更多”按钮，选中“定义分离图元”复选框，再选择 *zx* 平面作为分离图元，如图 3-118 所示。

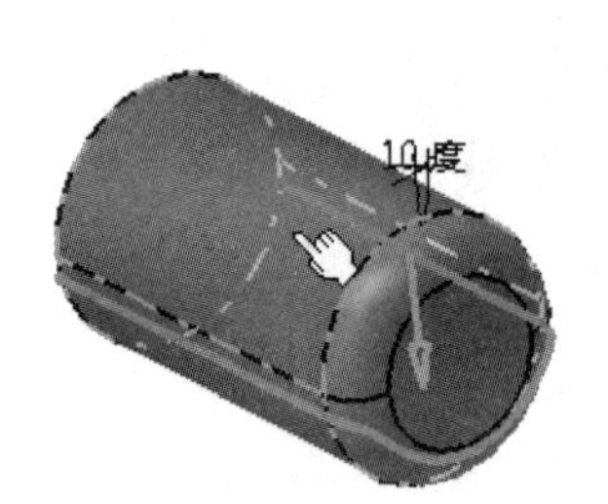

图 3-117　选择要拔模的面

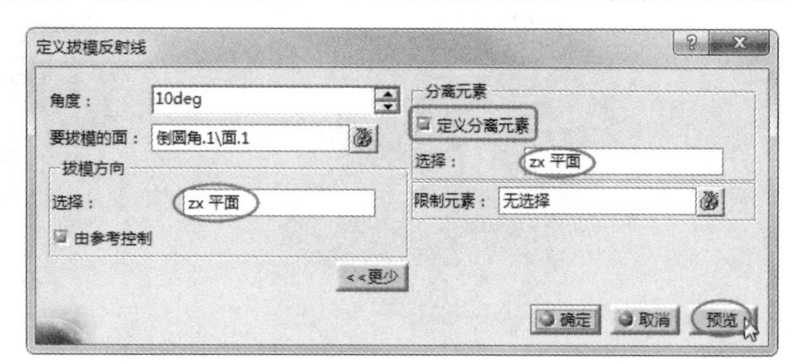

图 3-118　设置拔模方向参考和分离图元

06 特征预览确认无误后单击“确定”按钮，完成拔模特征的创建，如图 3-119 所示。

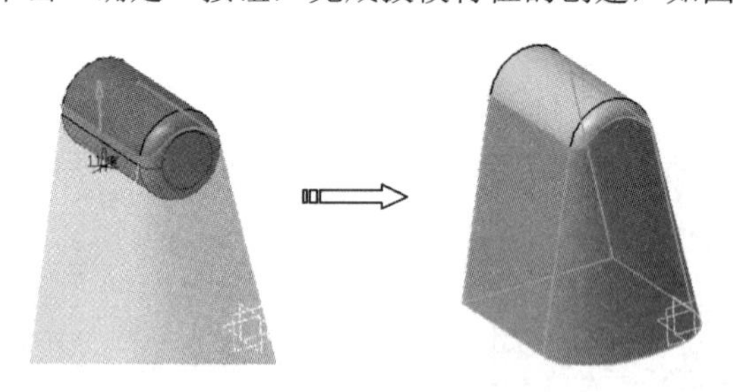

图 3-119　创建拔模放射线特征

3. 可变角度拔模

“可变角度拔模”命令可以在模型中一次性创建多个不同拔模角度的拔模特征。

上机练习——可变角度拔模操作

01 打开本例源文件 3-15.CATPart，如图 3-120 所示。

02 单击“修饰特征”工具栏中的“可变角度拔模”按钮，弹出“定义拔模”对话框。

03 选择要拔模的面，激活“中性图元”选项组中的“选择”文本框，再选择上表面为中性面，如图 3-121 所示。

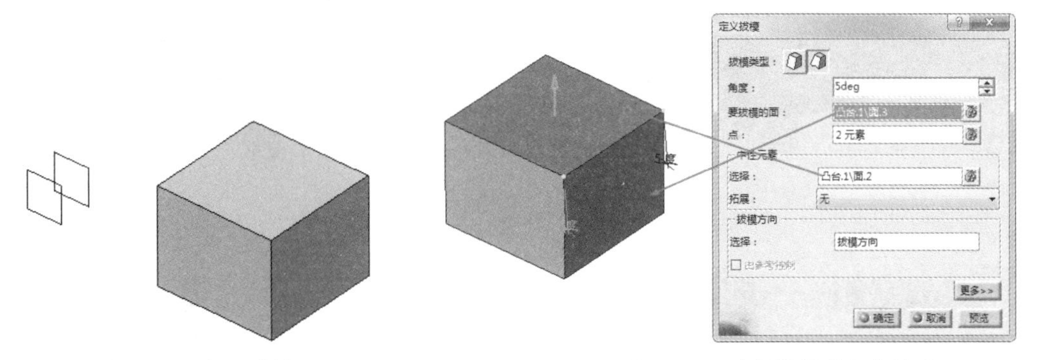

图 3-120　打开的模型　　　　图 3-121　选择拔模面和中性面

04 激活“点”文本框，然后添加一个控制点，如图 3-122 所示。

05 双击新增的控制点的角度值，弹出“参数定义”对话框，然后更改拔模角度值，如图 3-123 所示。

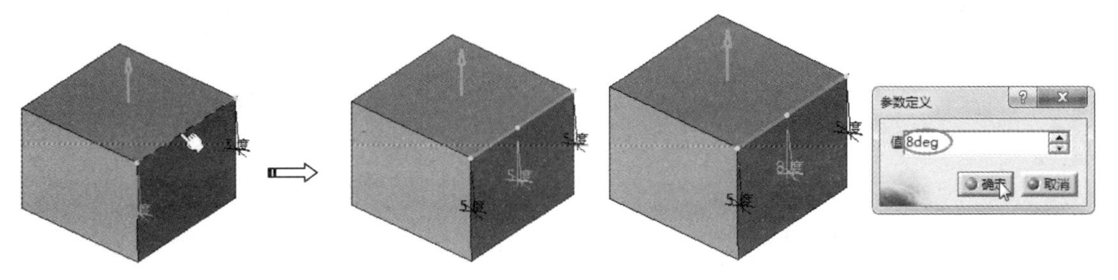

图 3-122　添加控制点　　　　图 3-123　更改拔模角度

06 单击“确定”按钮，完成可变角度拔模的操作，如图 3-124 所示。

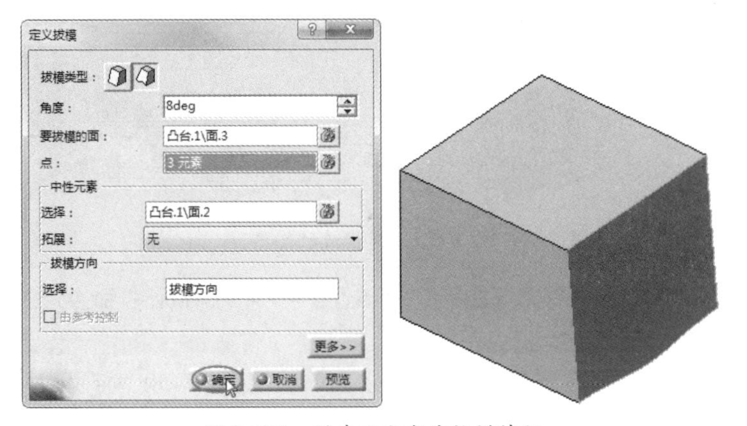

图 3-124　创建可变角度拔模特征

3.3.6　盒体

盒体也叫“抽壳”，“盒体”命令用于从实体内部或外部按一定厚度来添加（或移除）材料，使实体形成薄壁壳体，如图 3-125 所示。

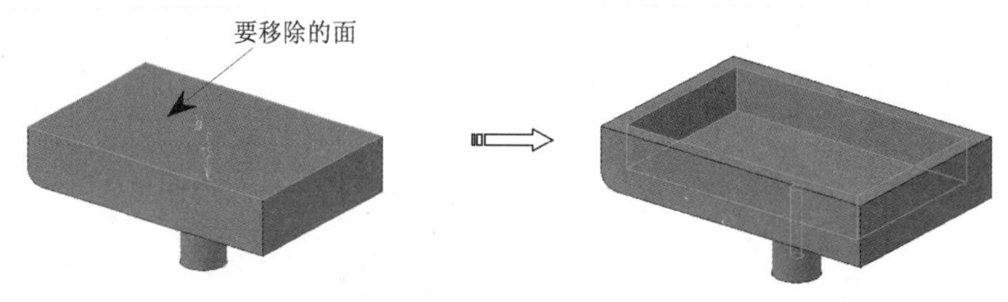

图 3-125　抽壳特征

3.4 实战案例——摇柄零件设计

本节设计一个机械零件，旨在融会贯通前面介绍的实体特征建模指令，一种摇柄零件设计的造型如图 3-126 所示。

图 3-126　摇柄零件

建模流程的图解如图 3-127 所示。

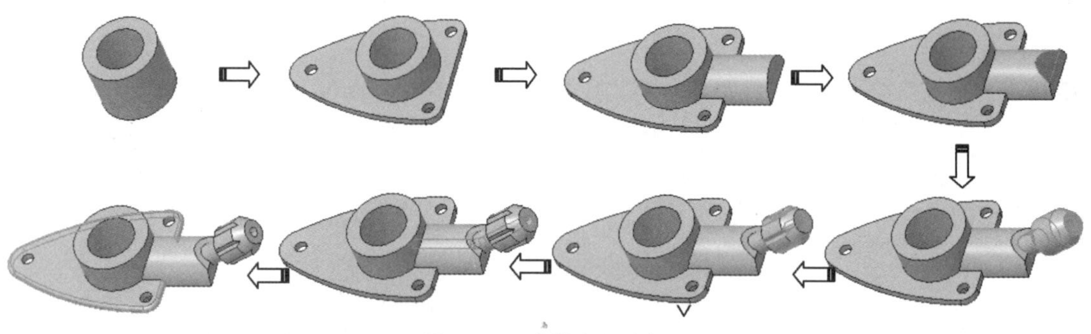

图 3-127　建模流程图解

01 启动 CATIA V5-6R2018，执行“开始”|“机械设计”|“零件设计”命令进入零件环境。

02 创建第 1 个主特征——凸台特征。

- 在“基于草图的特征”工具栏中单击“凸台”按钮，弹出“定义凸台”对话框。
- 单击“定义凸台”对话框中“轮廓 / 曲面”选项组的“创建草图”按钮。
- 选择 *xy* 平面为草图平面，进入草图工作台绘制如图 3-128 所示的草图曲线。
- 单击“退出草图工作台”按钮退出草图工作台。
- 在“定义凸台”对话框中设置“长度”值为 25，最后单击“确定”按钮完成创建，如图 3-129 所示。

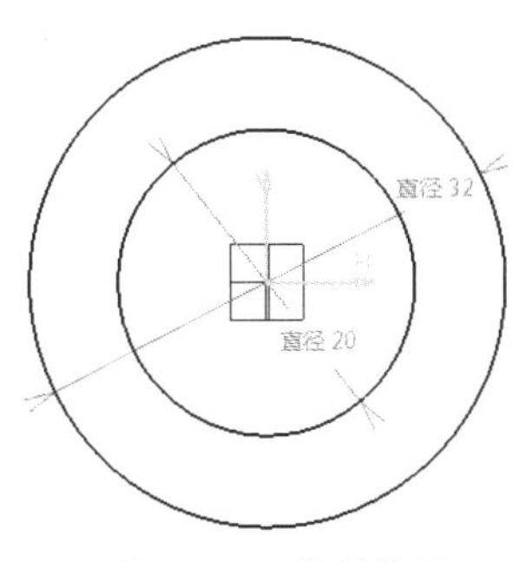

图 3-128　绘制草图

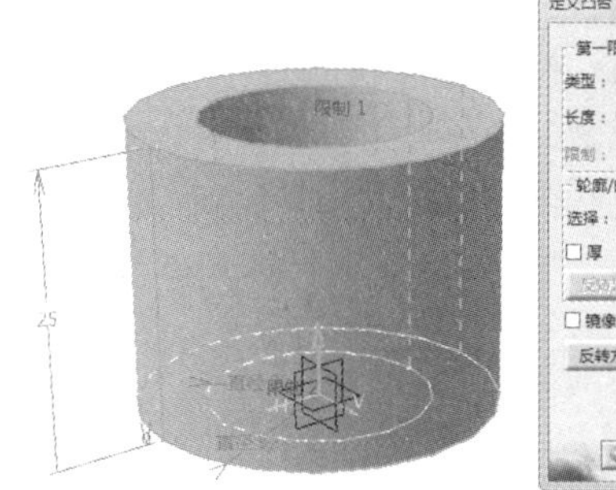
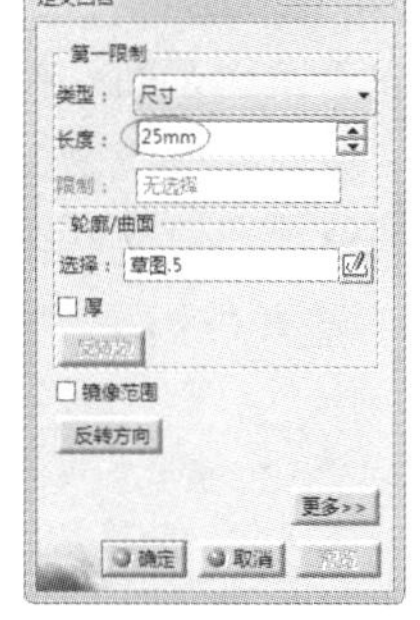

图 3-129　创建凸台特征 1

03 创建第 2 个凸台特征。

- 单击“参考图元”工具栏中的“平面”按钮，新建“平面 1”，如图 3-130 所示。
- 在“基于草图的特征”工具栏单击“凸台”按钮。
- 单击“定义凸台”对话框中“轮廓 / 曲面”选项组的“创建草图”按钮。
- 选择“平面 1”为草图平面，进入草图工作台绘制如图 3-131 所示的草图曲线。

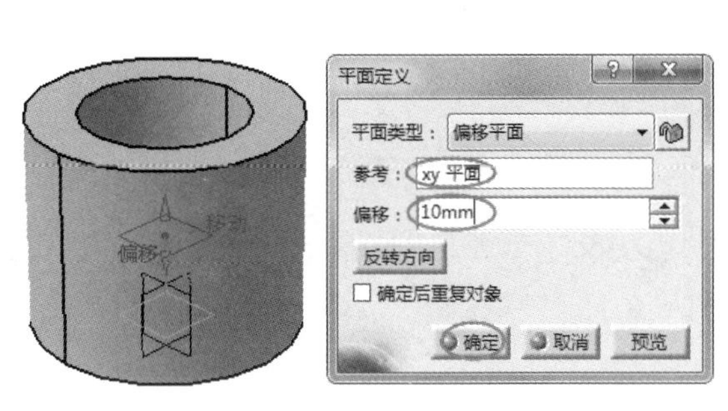

图 3-130　新建“平面 1”

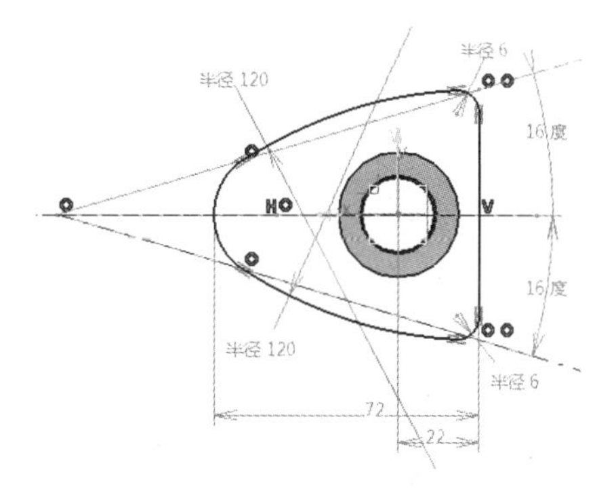

图 3-131　绘制草图

- 退出草图工作台后在“定义凸台”对话框中设置拉伸“长度”值为 1.5mm，选中“镜像范围”复选框，最后单击“确定”按钮完成创建，如图 3-132 所示。

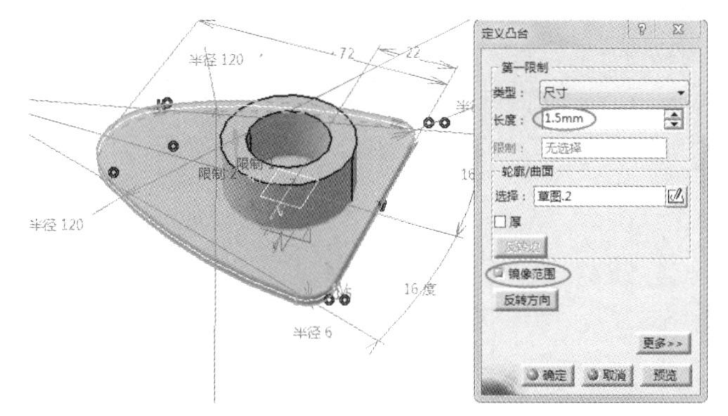

图 3-132　创建凸台特征 2

操作技巧：

草图中的虚线是为了表达角度标注而建立的，退出草图工作台时最好删除，以避免草图的不完整。

04 创建第 3 个凸台特征。

- 单击“平面”按钮，新建“平面 2”，如图 3-133 所示。
- 在“基于草图的特征”工具栏中单击“凸台”按钮。
- 单击“定义凸台”对话框中“轮廓 / 曲面”选项组的“创建草图”按钮。
- 选择“平面 2”为草图平面，进入草图工作台绘制如图 3-134 所示的草图曲线。

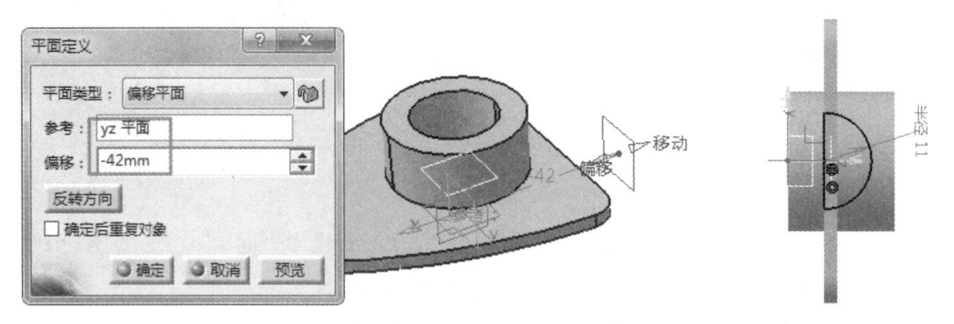

图 3-133 新建“平面 2” 图 3-134 绘制草图

- 退出草图工作台，在“定义凸台”对话框设置拉伸“类型”为“直到下一个”或者“直到曲面”，单击“确定”按钮完成创建，如图 3-135 所示。

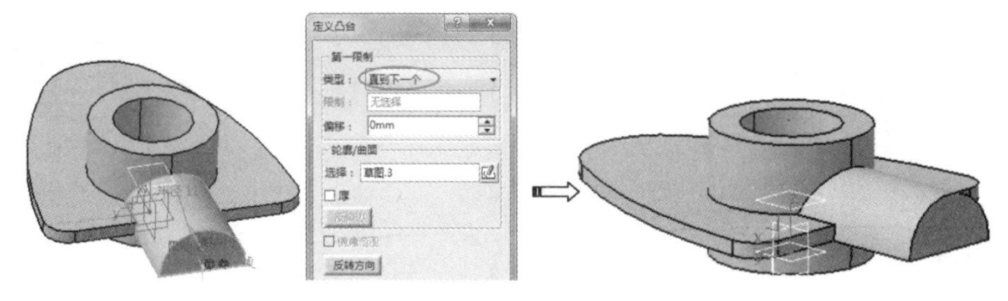

图 3-135 创建凸台特征 3

05 创建第 4 个特征（凹槽特征）。此凹槽特征是第 3 个凸台的子特征，但需要先创建。

- 在“基于草图的特征”工具栏中单击“凹槽”按钮。
- 单击“定义凸台”对话框中“轮廓 / 曲面”选项组的“创建草图”按钮。
- 选择 *zx* 平面为草图平面，进入草图工作台绘制如图 3-136 所示的草图曲线。
- 退出草图工作台，在“定义凹槽”对话框输入拉伸“深度”值为 10mm，并选中“镜像范围”复选框，最后单击“确定”按钮完成创建，如图 3-137 所示。

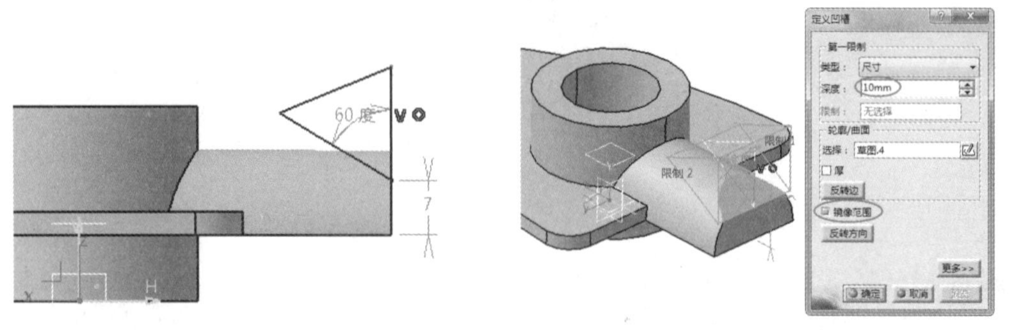

图 3-136 绘制草图 图 3-137 创建凹槽特征

06 创建第 5 个特征，该特征由“旋转体”创建。

- 在“基于草图的特征”工具栏中单击“旋转”按钮。
- 选择 *zx* 平面为草图平面，进入草图工作台绘制如图 3-138 所示的草图曲线。
- 退出草图工作台，在“定义旋转”对话框中单击“确定”按钮完成创建，如图 3-139 所示。

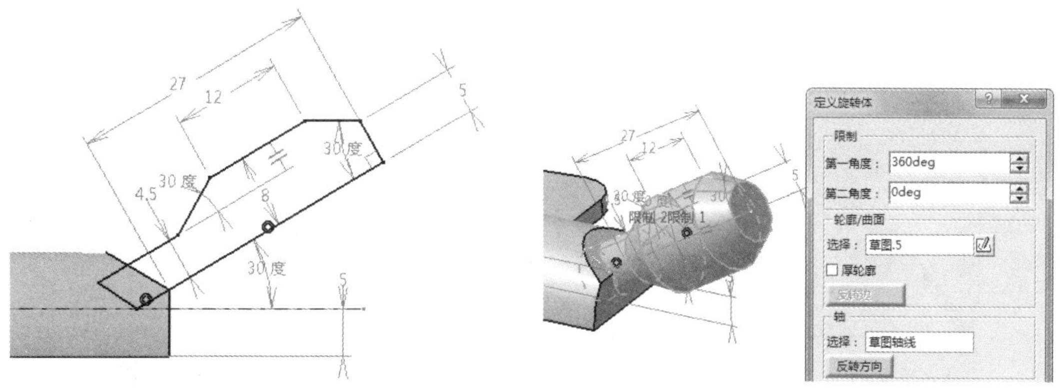

图 3-138　绘制草图　　　　图 3-139　创建旋转特征 1

07 创建子特征——凹槽。

- 在“基于草图的特征”工具栏中单击“凹槽”按钮。
- 选择旋转体端面为草图平面，进入草图工作台，绘制如图 3-140 所示的草图曲线。
- 退出草图工作台，在“定义凹槽”对话框中设置拉伸类型，最后单击“确定”按钮完成拉伸凹槽操作，如图 3-141 所示。

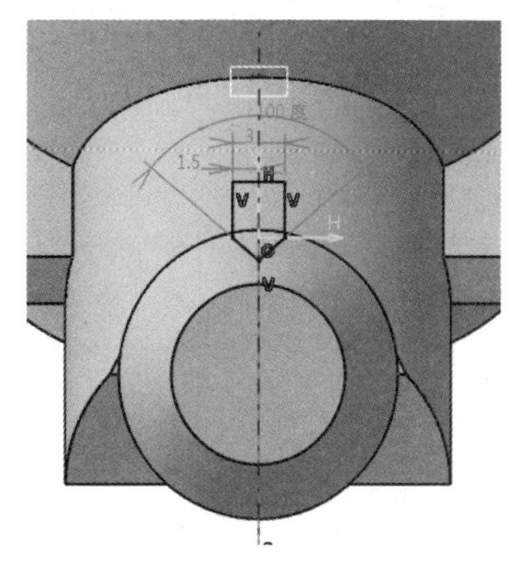

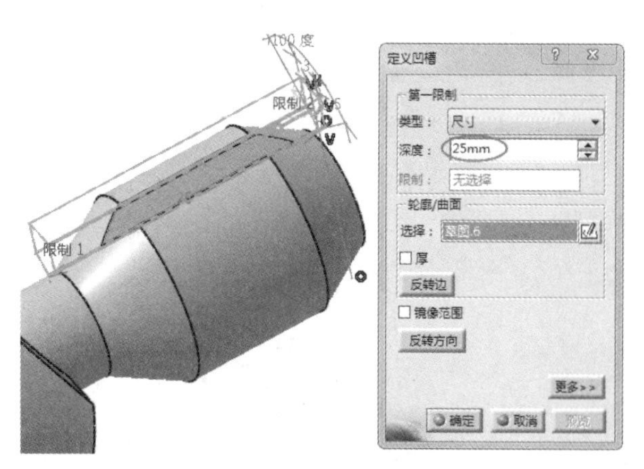

图 3-140　绘制草图　　　　图 3-141　创建拉伸凹槽特征

- 单击“参考图元”工具栏的“直线”按钮，以“曲面的法线”线型，选择曲面并创建参考点，如图 3-142 所示。
- 在“直线定义”对话框中，设置直线长度，如图 3-143 所示。单击“确定”按钮完成直线的创建，此直线将作为阵列轴使用。
- 选中拉伸凹槽特征，如图 3-144 所示，在“变换特征”工具栏中单击“圆形阵列”按钮，打开“定义圆形阵列”对话框。

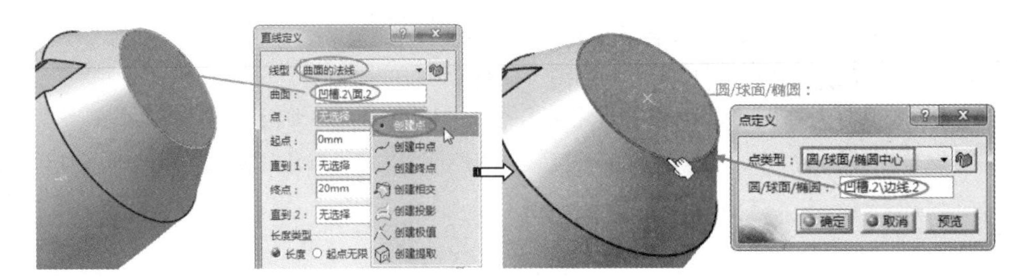

图 3-142　创建参考点

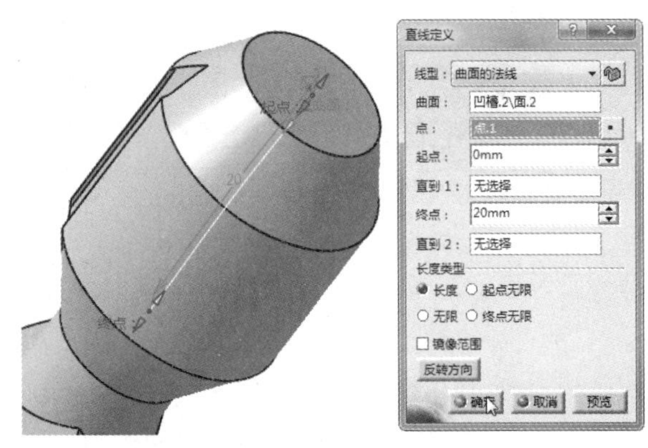

图 3-143　创建直线

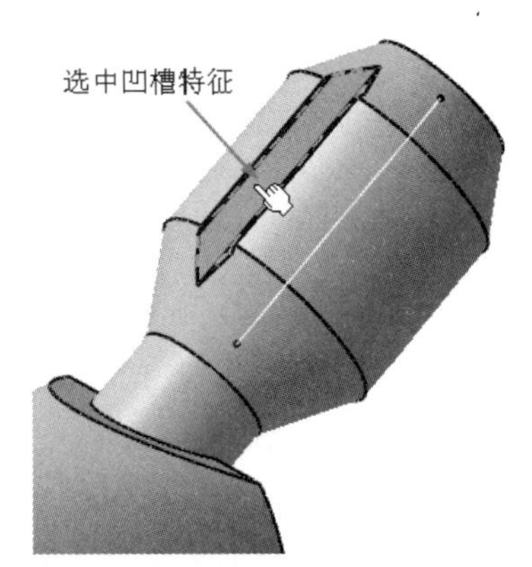

图 3-144　选中凹槽特征

- 在“轴向参考”选项卡中，输入“实例”值为 6，成员之间的“角度间距”值为 60deg，再到模型中选择上一步创建的直线作为参考图元，最后单击“确定”按钮完成凹槽的圆形阵列，如图 3-145 所示。

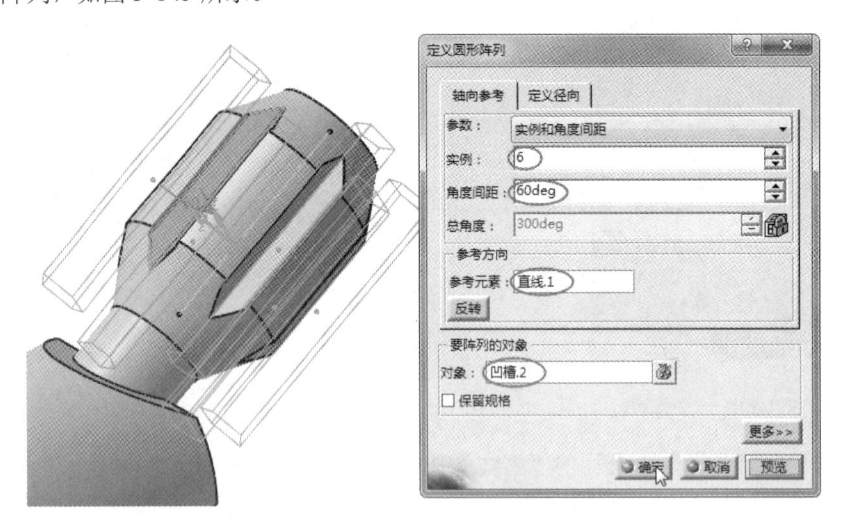

图 3-145　创建圆形阵列特征

08 创建子特征——开槽特征。

- 单击“草图”按钮，选择 *zx* 平面为草图平面，绘制如图 3-146 所示的草图曲线。
- 单击“草图”按钮，选中模型上的一个端面作为草图平面，如图 3-147 所示。

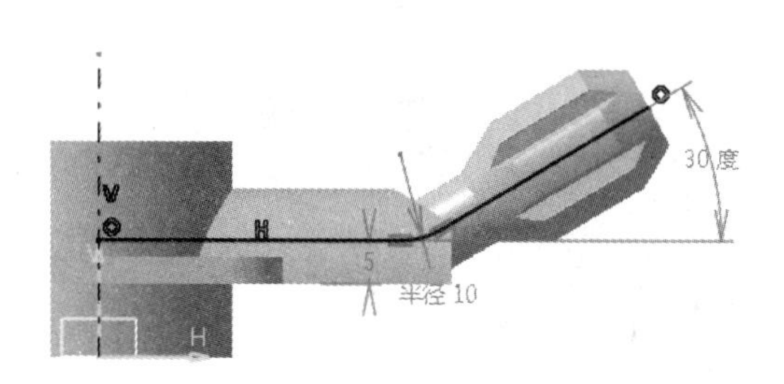

图 3-146　绘制草图曲线

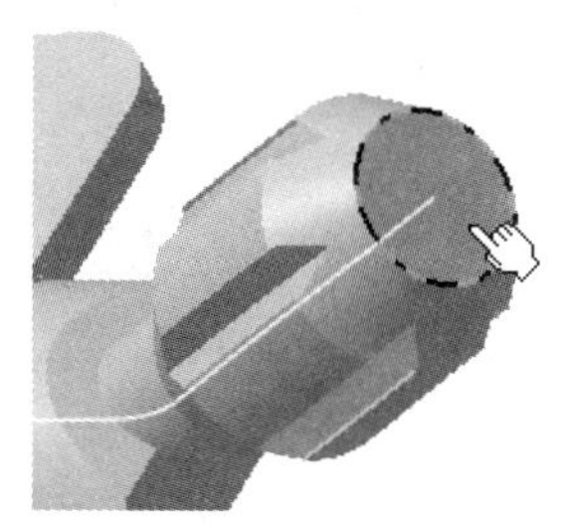

图 3-147　选择草图平面

- 进入草图工作台，绘制如图 3-148 所示的截面曲线。
- 在“基于草图的特征”工具栏中单击“开槽”按钮，打开“定义开槽”对话框。选取上一步绘制的曲线（半径为 2mm 的圆）作为扫描轮廓，再选择草图曲线（图 3-148 中绘制的截面曲线）作为中心曲线，单击“确定”按钮完成开槽特征的创建，如图 3-149 所示。

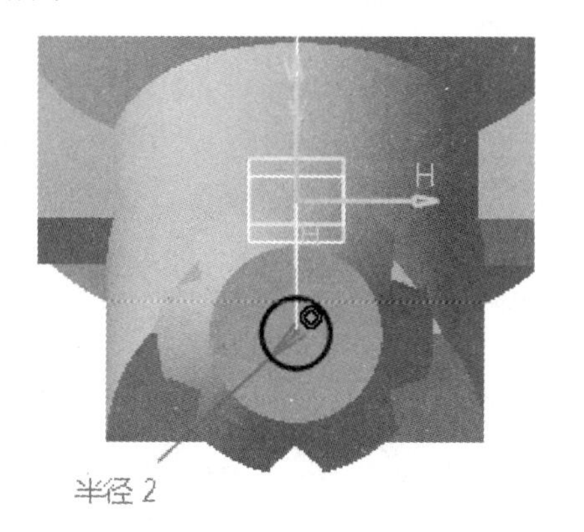

图 3-148　绘制截面曲线

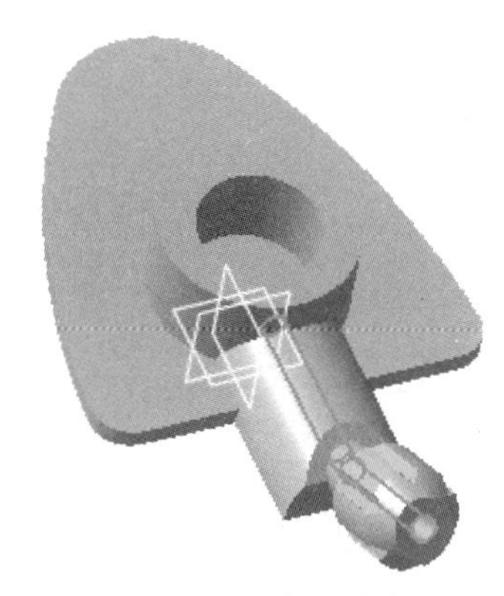

图 3-149　创建开槽特征

09 在凸台特征 2 上创建完全倒圆角特征（子特征）。

- 单击“修饰特征”工具栏中的“定义三切线内圆角”按钮，打开“定义三切线内圆角”对话框。
- 先按住 Ctrl 键选取凸台特征 2 的上、下两个表面作为“要圆角化的面”，如图 3-150 所示。
- 激活“要移除的面”文本框，选取中间曲面为“要移除的面”，如图 3-151 所示。

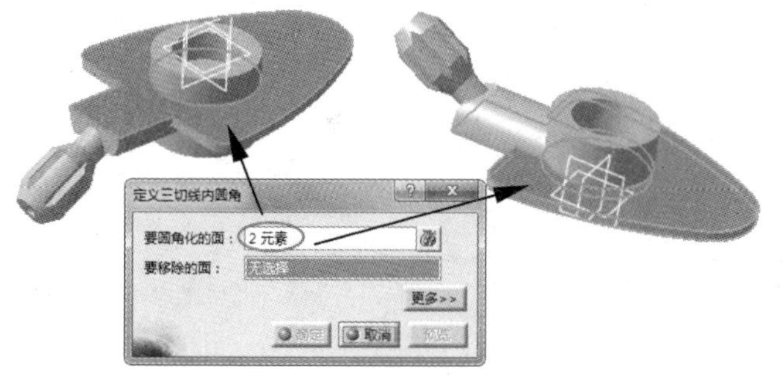

图 3-150　选取要圆角化的面

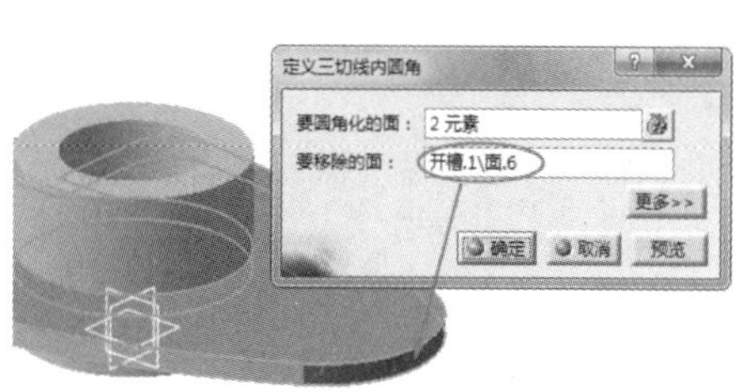

图 3-151　选取要移除的面

- 单击“确定”按钮，完成整个摇柄零件的创建，如图 3-152 所示。

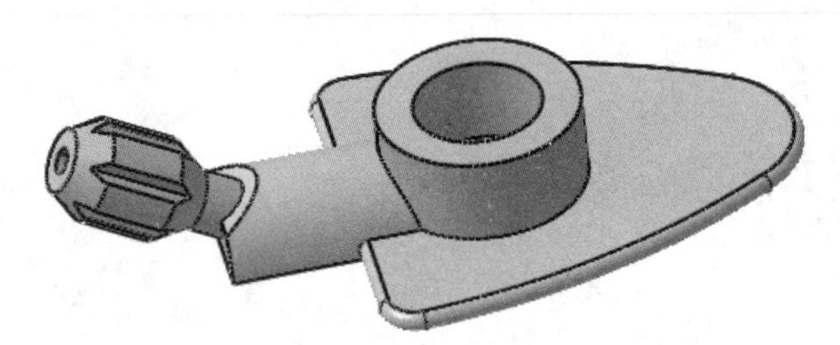

图 3-152　摇柄零件

第 4 章　特征修改与变换

项目导读

如果通过基于草图的实体特征工具是很难完成复杂模型创建的，往往需要使用更高级的方法来辅助完成复杂模型的设计，同时可以减少创建各种特征时的工作量。本章将详细讲解这些内容，包括关联几何体的布尔运算、基于曲面的特征修改、特征变换操作等。

4.1 关联几何体的布尔运算

布尔操作是将一个零部件中的两个零件几何体组合到一起，实现添加、移除、相交、联合修剪等运算。CATIA 布尔运算的操作对象是“零件几何体”，而不是“特征”，如图 4-1 所示。也就是说，在零件几何体中特征之间是不能进行布尔运算的。

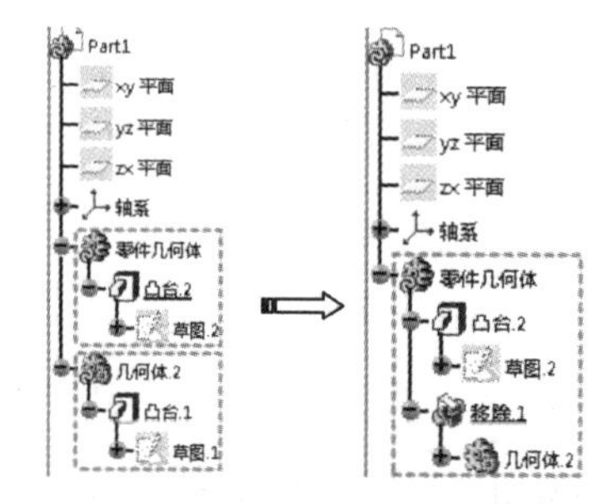

图 4-1　零件几何体之间的布尔运算

4.1.1 装配

“装配”是集成零件规格的布尔运算，它允许创建复杂的几何图形。

单击“布尔操作”工具栏中的“装配”按钮，弹出“装配”对话框，如图 4-2 所示。

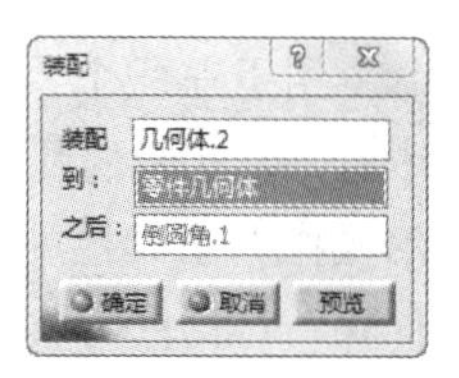

图 4-2 “装配”对话框

激活“装配”文本框，选择要装配的零件几何体，激活“到”文本框，选择装配目标几何体，单击“确定”按钮，系统完成几何体的装配运算，如图 4-3 所示。

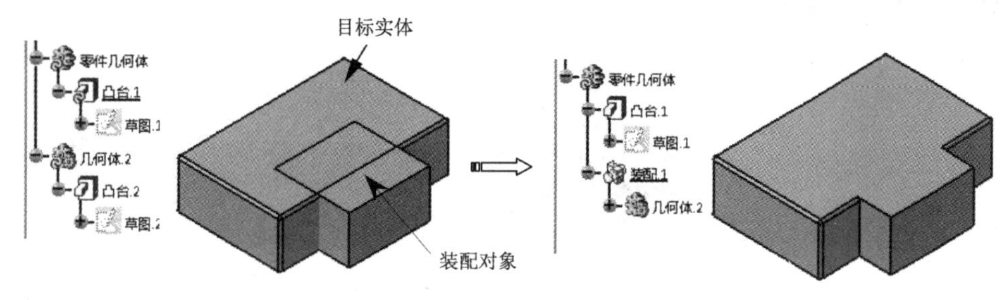

图 4-3　装配运算

4.1.2 添加（布尔求和）

“添加”运算工具用于将一个几何体添加到另一个几何体中，通过求和运算将它们合并成整体，如图 4-4 所示。

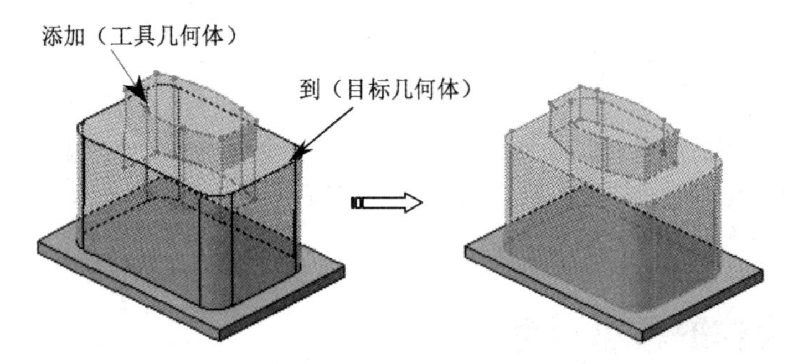

图 4-4 零件几何体之间的添加运算

单击“布尔操作”工具栏中的“添加”按钮，弹出“添加”对话框，如图 4-5 所示。

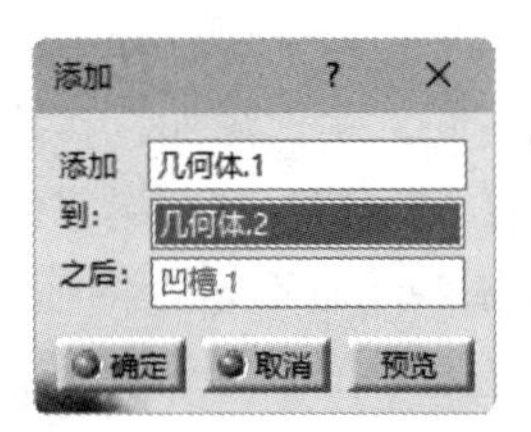

图 4-5 “添加”对话框

虽然添加运算的结果与装配运算的结果相同，但它们也有区别，区别在于装配运算时所选的对象只能是“几何体”，而添加运算时可选的对象就包含了几何体与特征。

4.1.3 移除（布尔求差）

“移除”命令用于在一个零件几何体中移除另一个几何体后，创建新的几何体。

单击“布尔操作”工具栏中的“移除”按钮，弹出“移除”对话框，如图 4-6 所示。

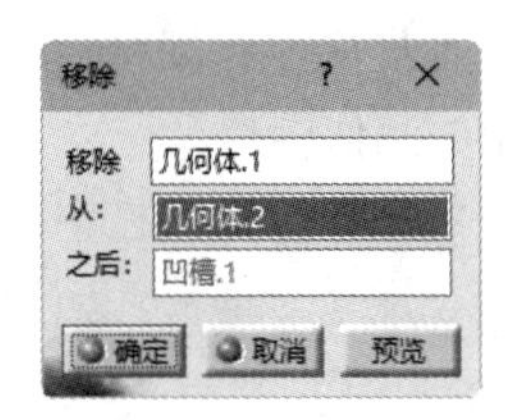

图 4-6 “移除”对话框

激活“移除”文本框，选择要移除的对象实体，激活“从”文本框，选择添加目标实体，单击“确定”按钮，完成移除运算操作，如图 4-7 所示。

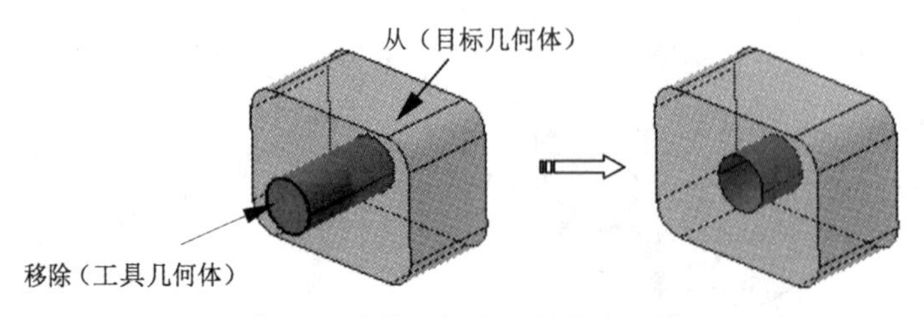

图 4-7 零件几何体之间移除运算

4.1.4　相交（布尔求交）

利用“相交”命令，可以在两个零件几何体之间创建相交操作，取其交集部分。

单击“布尔操作”工具栏中的“相交”按钮，弹出“相交”对话框，如图4-8所示。

图4-8　“相交”对话框

激活“相交”文本框，选择要相交的几何体，激活“到”文本框，选择另一个几何体，单击“确定”按钮，完成相交运算操作，如图4-9所示。

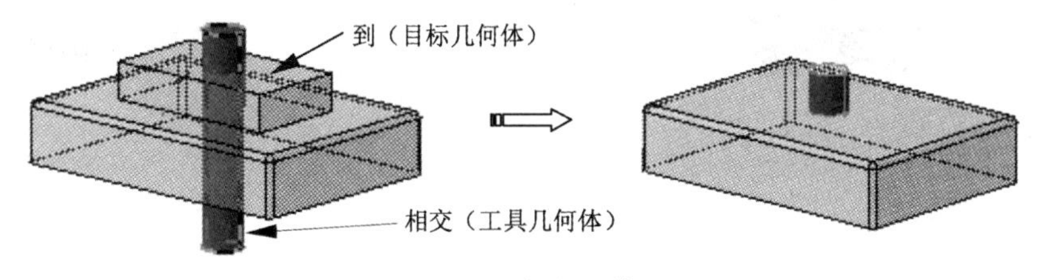

图4-9　相交运算

4.1.5　联合修剪

“联合修剪”命令可以在两个零件几何体之间进行添加、移除、相交等操作，并定义要保留或删除的元素。

单击“布尔操作”工具栏中的“联合修剪”按钮，选择要修剪的几何体，弹出“定义修剪”对话框，如图4-10所示。

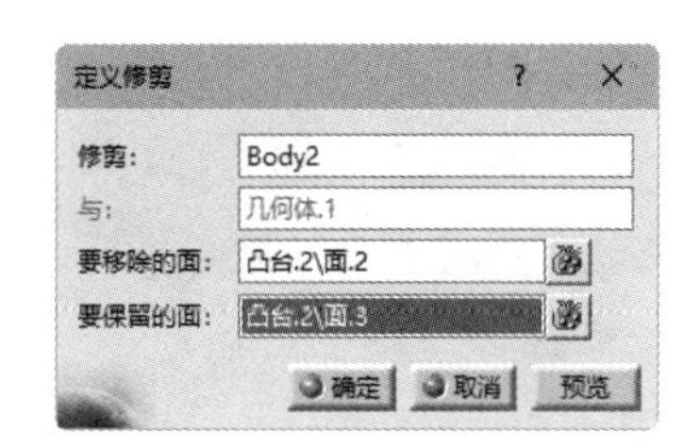

图4-10　“定义修剪”对话框

激活“要移除的面”文本框，选择修剪移除实体面，激活“要保留的面”文本框，选择修剪后的保留面，单击“确定”按钮，得到联合修剪特征，如图4-11所示。

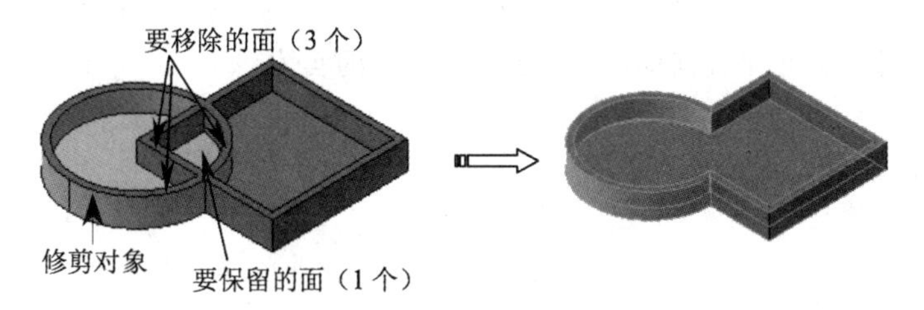

图4-11　联合修剪

联合修剪操作时要遵循以下规则。

1. 规则一

在选择“要移除的面”后，仅移除所选的几何体，如图4-12所示。

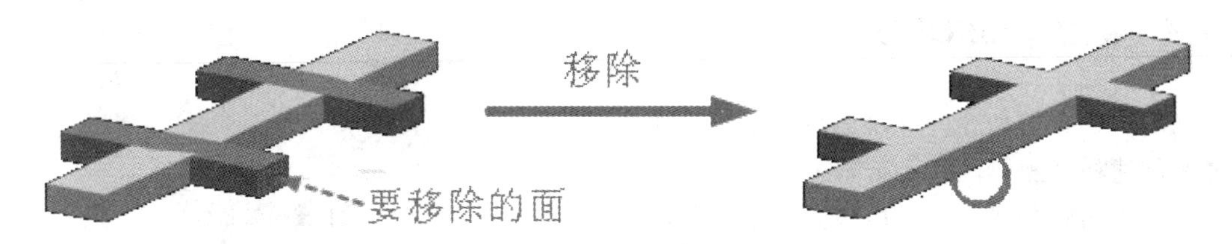

图 4-12　规则一

2. 规则二

在选择“要保留的面”时，仅保留选定的几何体，而其他所有几何体则被移除，如图4-13所示。

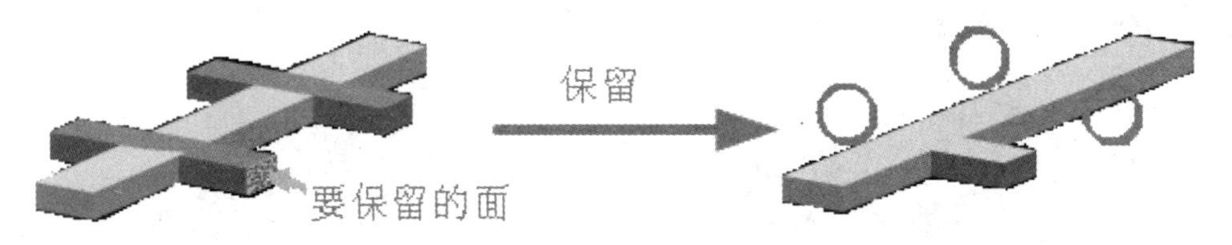

图 4-13　规则二

3. 规则三

如果存在“要保留的面”，就不必再选择“要移除的面”，二者取其一即可。两个选项的作用效果相同，如图4-14所示。

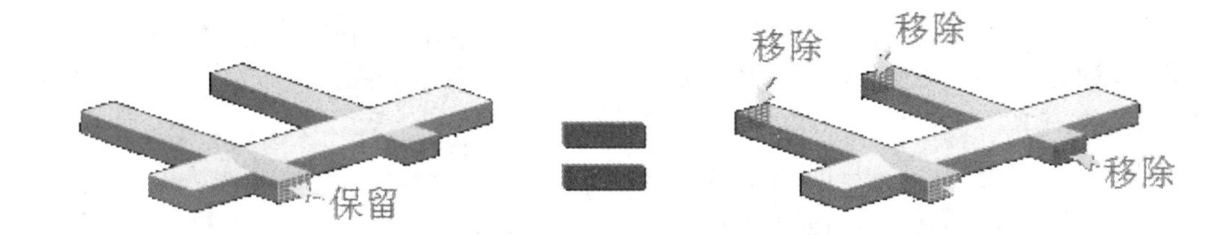

图 4-14　规则三

4.1.6　移除块

“移除块”用于移除单个几何体内多余的且不相交的实体。

单击“布尔操作”工具栏中的“移除块”按钮，选择要修剪几何体，弹出“定义移除块（修剪）”对话框，如图4-15所示。

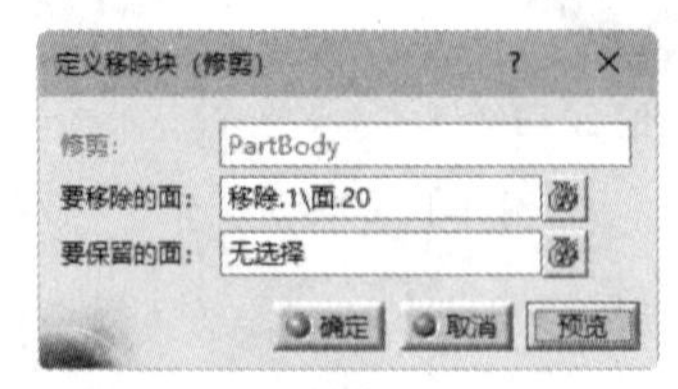

图 4-15　“定义移除块（修剪）”对话框

激活“要移除的面”文本框，选择修剪移除实体面，激活“要保留的面”文本框，选择修剪后保留面，单击“确定”按钮，得到移除块特征，如图 4-16 所示。

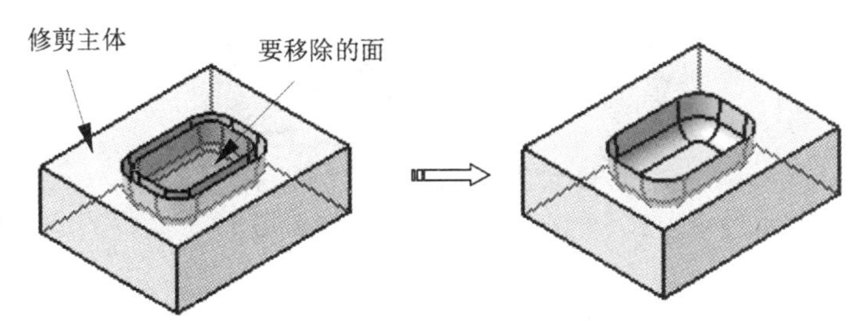

图 4-16　移除块

4.2 基于曲面的特征修改

使用基于草图的特征建模创建的零件形状都是规则的，而在实际工作中，许多零件的表面往往都不是平面或规则曲面，这就需要通过曲面转换或者修改实体表面来创建特定形状的零件，下面介绍这些基于曲面的特征修改工具。

4.2.1 分割特征

“分割”命令是指使用平面、面或曲面切除实体某一部分而生成所需的新实体，如图 4-17 所示。

图 4-17　分割特征

单击“基于曲面的特征”工具栏中的“分割”按钮，弹出“定义分割”对话框，如图 4-18 所示。激活“分割图元”文本框，选择分割曲面，图形区显示箭头，箭头指向保留部分，可在图形区单击箭头改变实体保留方向。

图 4-18　“定义分割”对话框

上机练习——分割特征

01 打开本例源文件 4-1.CATPart，如图 4-19 所示。

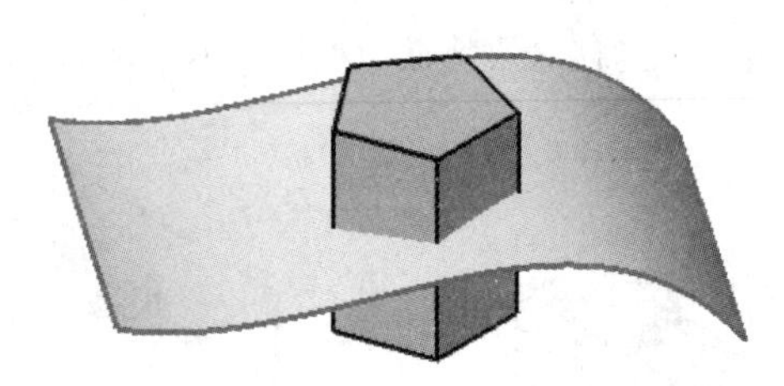

图 4-19　打开模型文件

02 单击“基于曲面的特征”工具栏中的“分割”按钮，弹出“定义分割”对话框。选择曲面为分割元素，单击箭头使其指向模型下方，如图 4-20 所示。

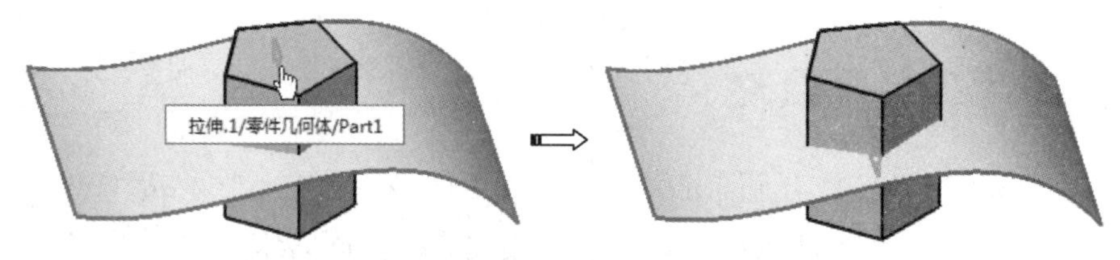

图 4-20　选择分割元素并更改修剪方向

03 单击“确定”按钮，完成分割操作，如图 4-21 所示。

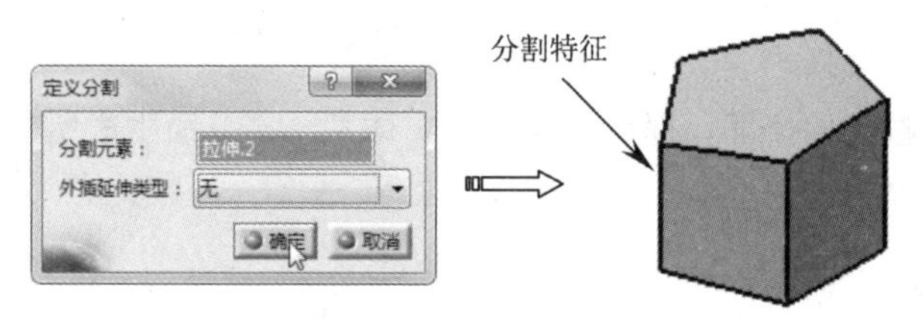

图 4-21　分割效果

4.2.2　厚曲面特征

通过“厚曲面”命令可以在曲面的两个相反方向添加材料，如图 4-22 所示。

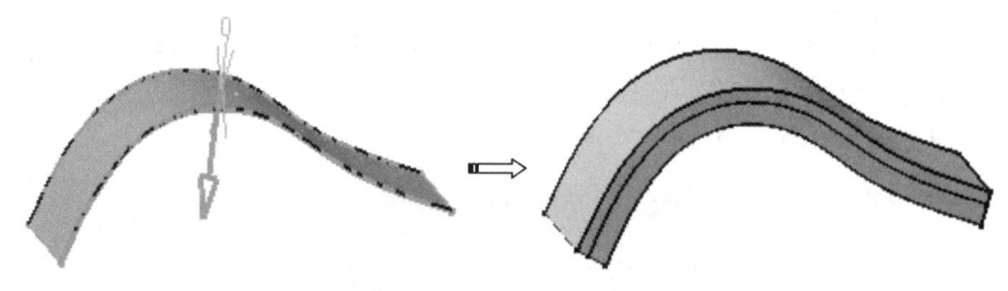

图 4-22　创建厚曲面特征

单击“基于曲面的特征”工具栏中的“厚曲面”按钮，弹出“定义厚曲面”对话框，如图 4-23 所示。

上机练习——厚曲面特征

01 打开本例源文件 4-2.CATPart，如图 4-24 所示。

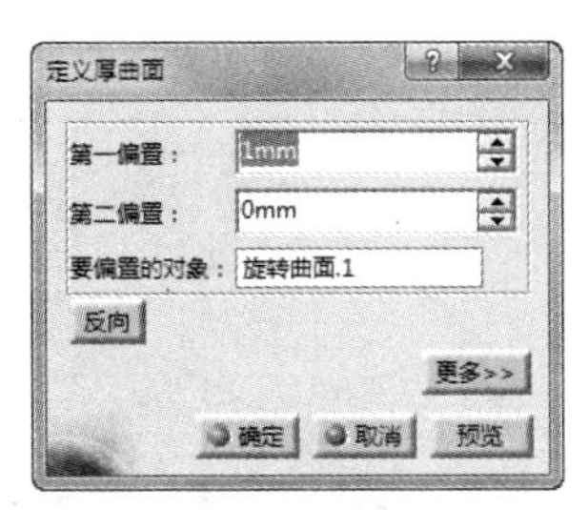

图 4-23　“定义厚曲面”对话框

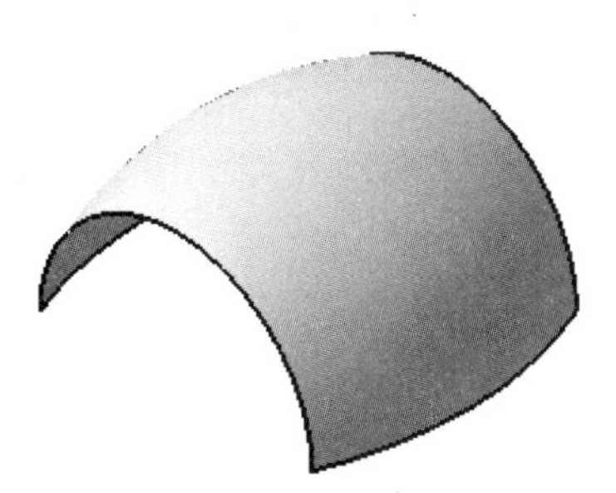

图 4-24　打开模型文件

02 单击“基于曲面的特征”工具栏中的“厚曲面”按钮，弹出“定义厚曲面”对话框。

03 激活“要偏移的对象”文本框，选择曲面作为要偏移的对象，保证加厚方向箭头指向外（若不是可以单击箭头更改方向）。设置“第一偏移”值为 2，单击“确定”按钮，完成加厚特征的创建，如图 4-25 所示。

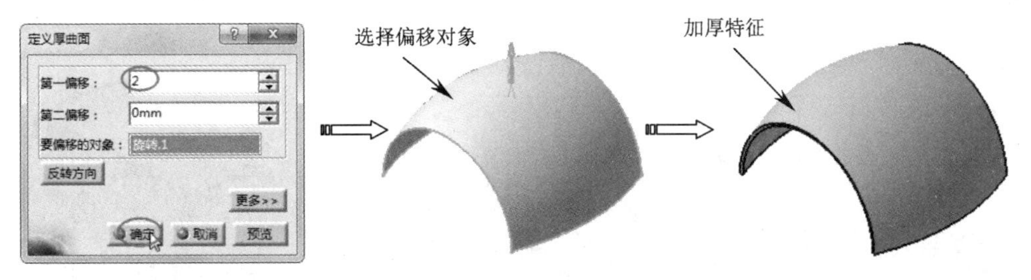

图 4-25　创建加厚特征

4.2.3　封闭曲面

“封闭曲面”命令是指，在原有曲面基础上，封闭曲面的开口，使之形成完全封面的曲面组合，系统会自动在曲面内部填充材料，使封闭曲面形成实体，如图 4-26 所示。

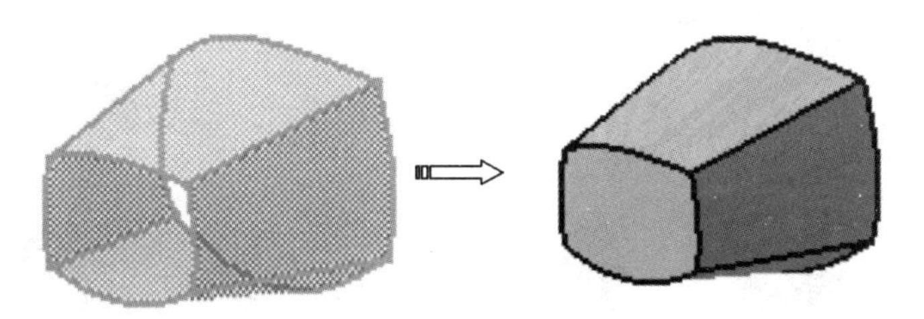

图 4-26　封闭曲面生成实体

单击“基于曲面的特征”工具栏中的“封闭曲面”按钮，弹出“定义封闭曲面”对话框，如图 4-27 所示。

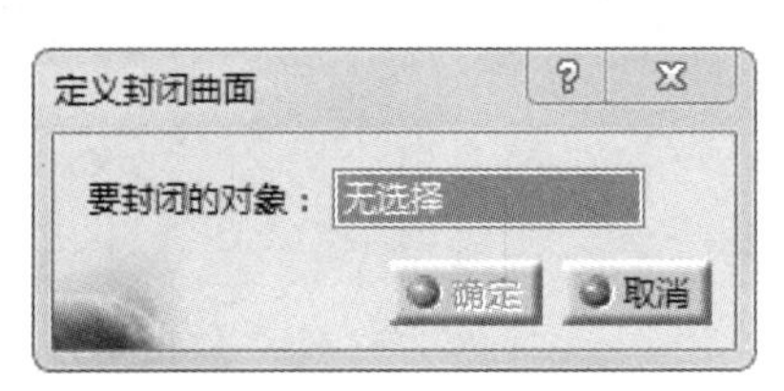

图 4-27　“定义封闭曲面”对话框

上机练习——封闭曲面

01 打开本例源文件4-3.CATPart，如图4-28所示。

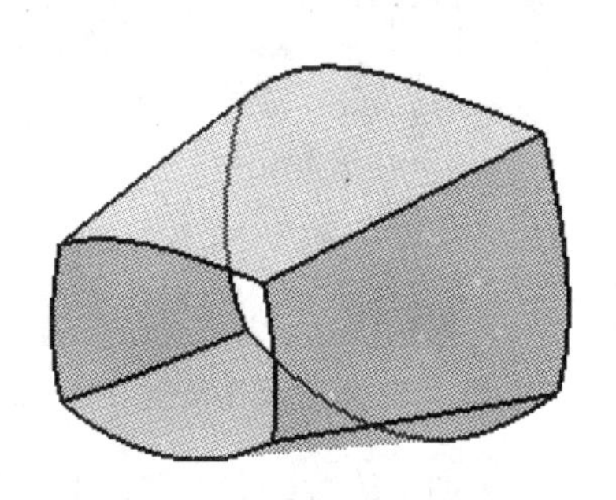

图 4-28　打开模型文件

02 单击“基于曲面的特征”工具栏中的“封闭曲面”按钮，弹出“定义封闭曲面”对话框。

03 选择要封闭的对象曲面，并单击“确定”按钮，软件会自动创建封闭曲面的实体特征，如图4-29所示。

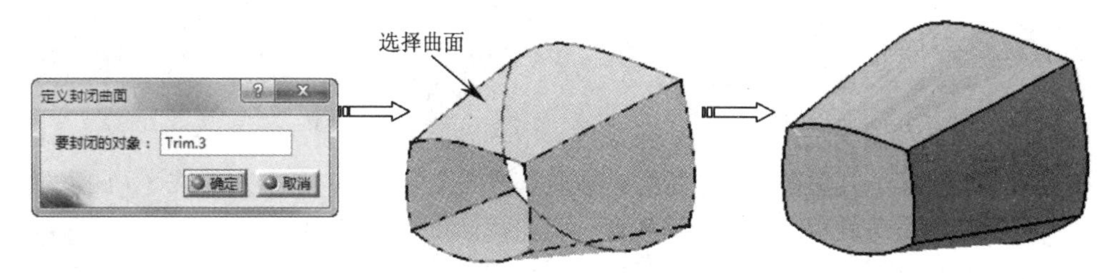

图 4-29　创建封闭曲面特征

4.2.4　缝合曲面

缝合曲面是将曲面和几何体组合的布尔运算，此功能通过修改实体的曲面来添加或移除材料，如图4-30所示。

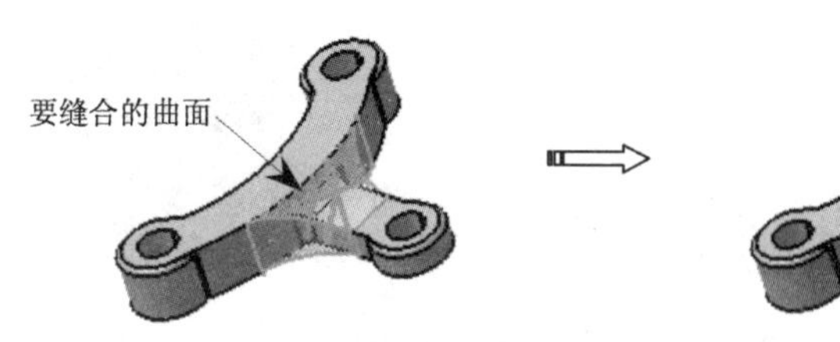

图 4-30　缝合曲面

单击“基于曲面的特征”工具栏中的“缝合曲面”按钮，弹出“定义缝合曲面”对话框，如图4-31所示。

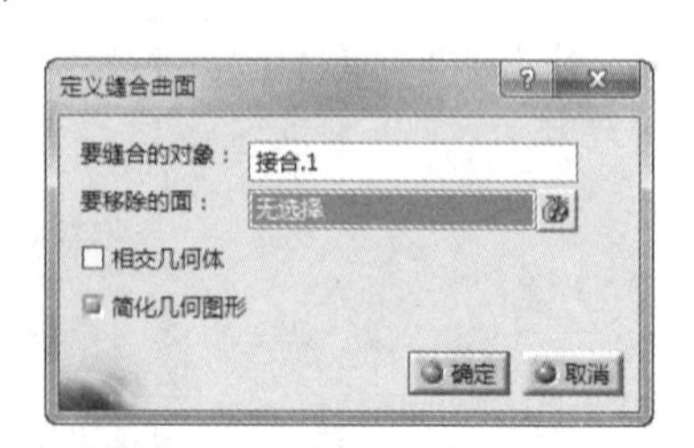

图 4-31　“定义缝合曲面”对话框

上机练习——缝合曲面

01 打开本例源文件 4-4.CATPart，如图 4-32 所示。

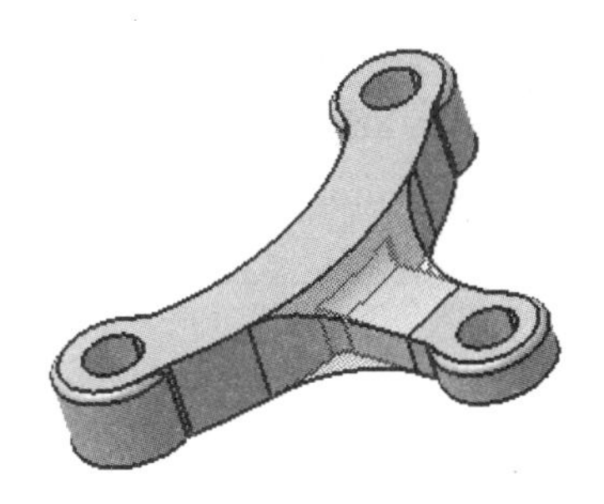

图 4-32　打开模型文件

02 单击“基于曲面的特征”工具栏中的“缝合曲面”按钮，弹出“定义缝合曲面”对话框。

03 选择需要缝合到实体上的对象曲面，其他选项保持默认，单击“确定”按钮，完成缝合曲面特征的创建，如图 4-33 所示。

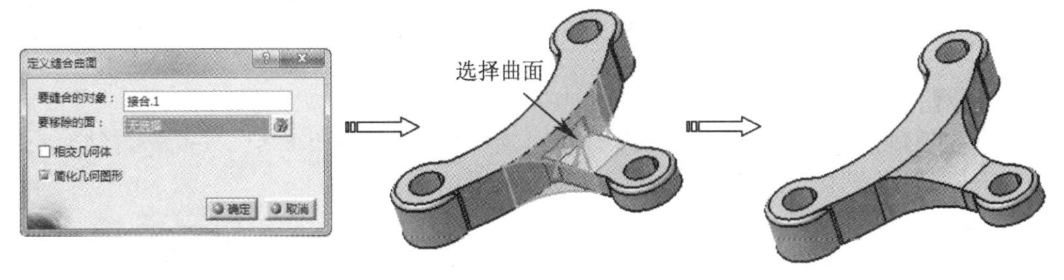

图 4-33　创建缝合曲面特征

4.2.5　厚度

在一些情况下，加工零件前需要增大或减少厚度。“厚度”命令的作用等同于“厚曲面”命令，但是“厚曲面”命令除了加厚曲面，还可以加厚实体面，而“厚度”命令仅针对实体面加厚。

上机练习——厚度操作

01 打开本例源文件 4-5.CATPart，如图 4-34 所示。

02 单击“修饰特征”工具栏中的“厚度”按钮，弹出“定义厚度”对话框。

03 在“默认厚度”文本框中输入 15mm，并选择实体上表面作为默认厚度面，如图 4-35 所示。

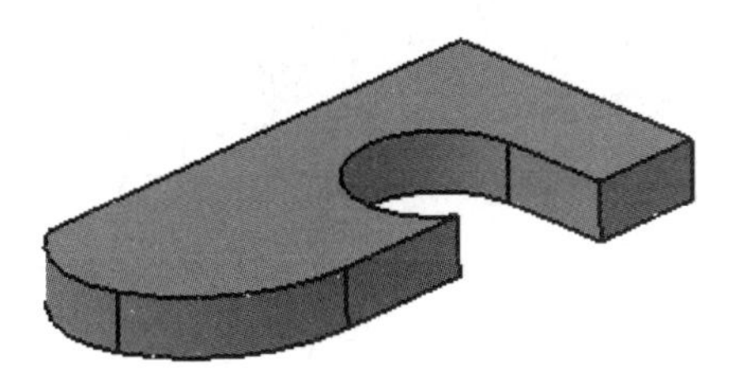

图 4-34　打开的模型

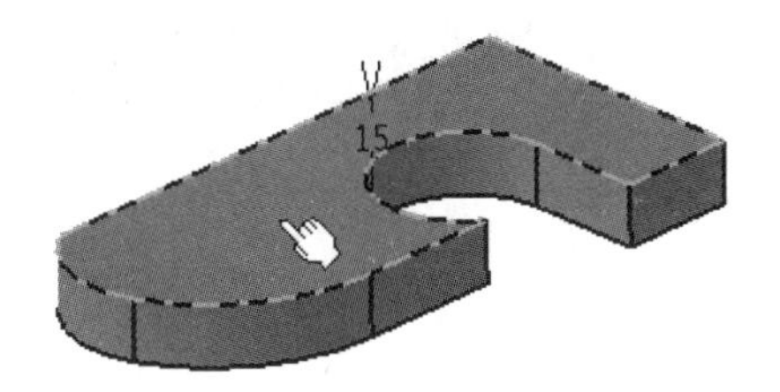

图 4-35　选择默认厚度面

04 单击“确定”按钮，完成实体厚度的定义，如图 4-36 所示。

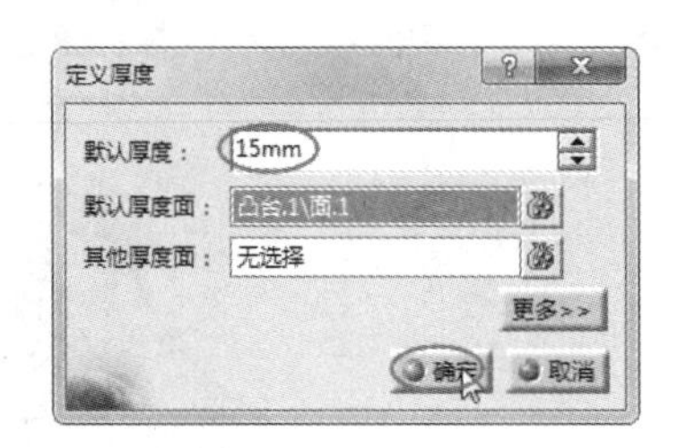

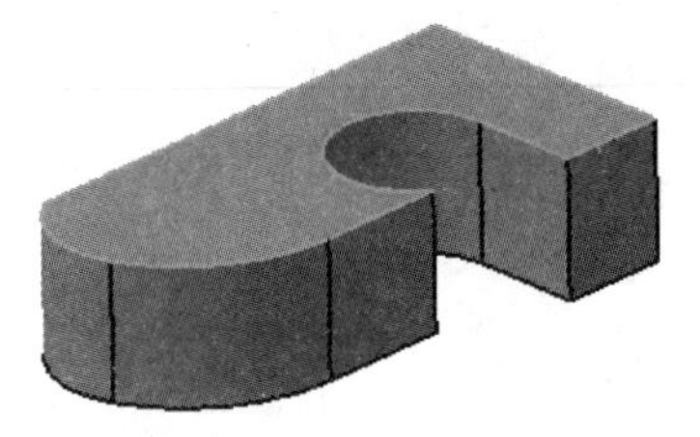

图 4-36　完成厚度的定义

4.2.6　移除面

当零件太复杂而无法进行有限元分析时，可使用“移除面”命令移除一些不需要的面，以达到简化零件的目的。同理，当不再需要简化零件时，只需将移除面特征删除，即可恢复零件模型到简化操作之前的状态。

上机练习——移除面操作

01 打开本例源文件 4-6.CATPart，如图 4-37 所示。

02 单击“修饰特征”工具栏中的“移除面”按钮，弹出“移除面定义”对话框。

03 在模型上选择要移除的面和要保留的面，如图 4-38 所示。

图 4-37　打开的模型

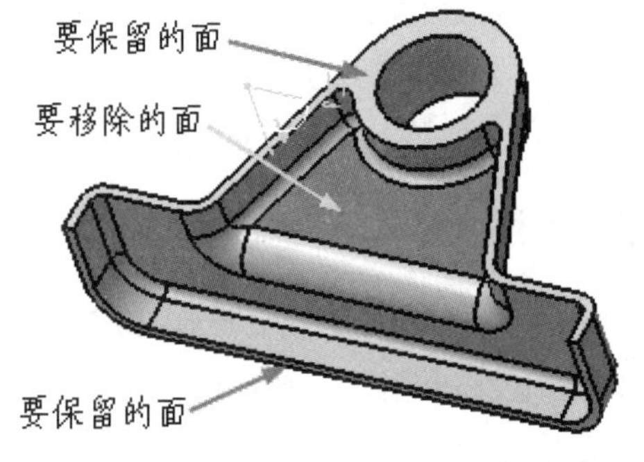

图 4-38　选择保留面和移除面

04 单击“确定”按钮，完成移除面操作（即删除壳体特征），如图 4-39 所示。

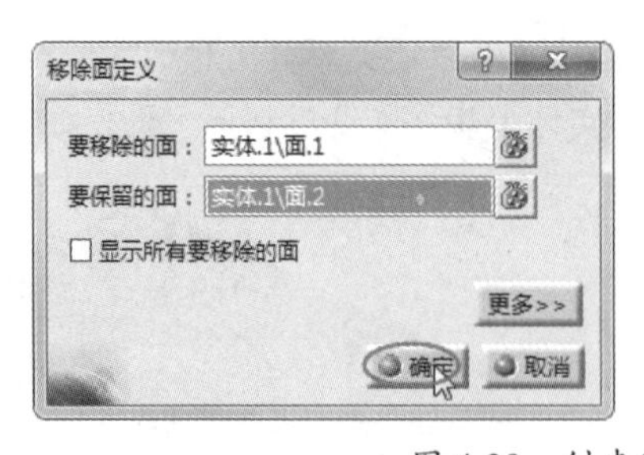

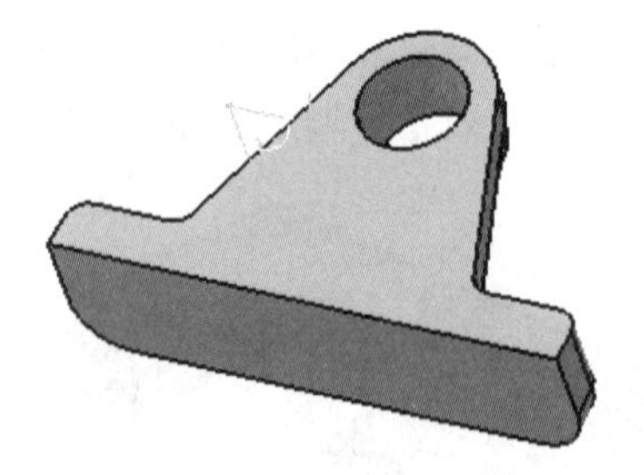

图 4-39　创建移除面特征

05 同理，可以将模型中的圆角面移除，如图 4-40 所示。

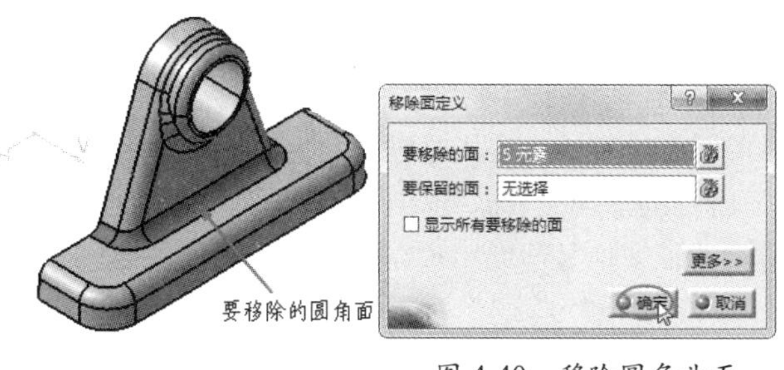

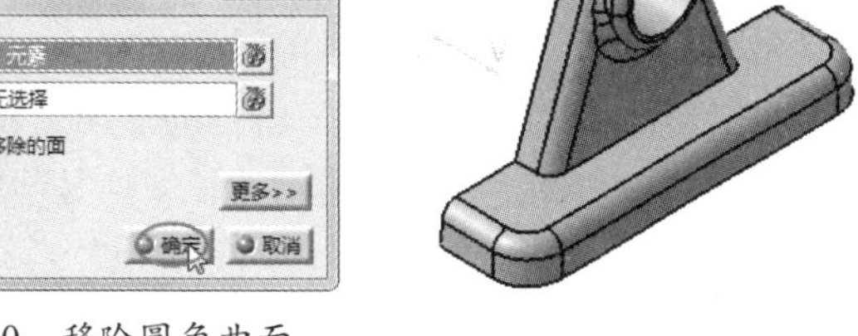

图 4-40　移除圆角曲面

4.2.7　替换面

“替换面”命令可以用一个面替换一个或多个面。替换面通常来自不同的体，但也可能和要替换的面来自同一个体。选定的替换面必须位于同一个体上，并形成由边连接而成的链，替换的面需要是实体面或片体面，不能是基准平面。

上机练习——替换面操作

01 打开本例源文件 4-7.CATPart，如图 4-41 所示。

02 单击“修饰特征”工具栏中的“替换面”按钮，弹出“定义替换面”对话框。

03 在模型上选择替换曲面和要移除的面，如图 4-42 所示。

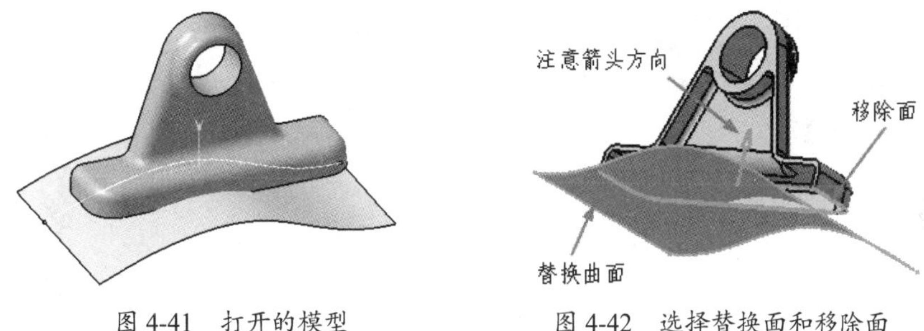

图 4-41　打开的模型　　　图 4-42　选择替换面和移除面

操作技巧：

选择替换面和要移除的面后，注意替换方向箭头要指向模型内部，否则不能正确创建替换面特征，可以单击替换方向箭头改变方向。

04 单击“确定”按钮完成替换面操作，如图 4-43 所示。

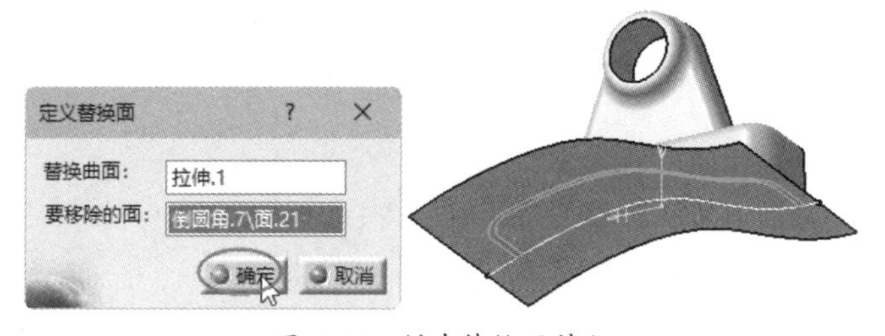

图 4-43　创建替换面特征

4.3 特征的变换操作

特征的变换是指对零件几何体中的局部特征（也可以是零件几何体）进行位置与形状变换、创建副本（包括镜像和阵列）等操作。特征的变换工具包括“平移”“旋转”“对称”“定位”“镜像”“阵列”“缩放”和“仿射”等，特征变换是帮助用户高效建模的辅助工具。

4.3.1 平移

“平移”命令用于在指定的方向、点或坐标位置上，对工作对象进行平移操作。

平移操作对象也是当前工作对象，需要在创建平移变换操作前先定义工作对象（右击零件几何体或特征，在弹出的快捷菜单中选择“定义工作对象”命令）。

上机练习——平移操作

01 打开本例源文件 4-8.CATPart，如图 4-44 所示。

02 单击“变换特征”工具栏中的“平移”按钮，弹出“问题”对话框，如图 4-45 所示。

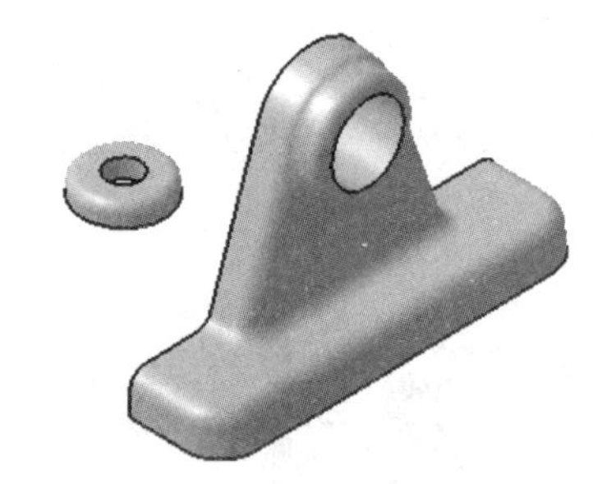

图 4-44　打开的模型

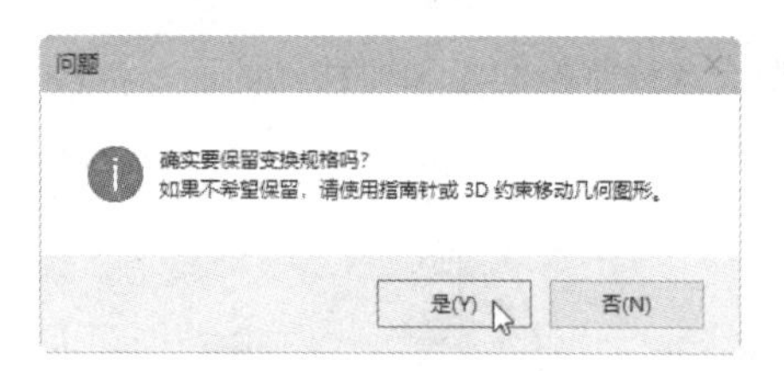

图 4-45　“问题”对话框

03 单击“问题”对话框中的“是”按钮，弹出“平移定义”对话框。

04 在“向量定义”下拉列表中选择“方向、距离”模式，并在模型中选择 y 轴作为移动方向，设置平移“距离”值为 100mm，在“方向”文本框中右击并在弹出的快捷菜单中选择“Y 部件”，最后单击“确定”按钮完成平移变换操作，如图 4-46 所示。

图 4-46　平移变换操作

4.3.2 旋转

“旋转”变换命令是将所选特征（或零件几何体）绕指定轴线进行旋转，使其到达一个新位置，如图 4-47 所示。

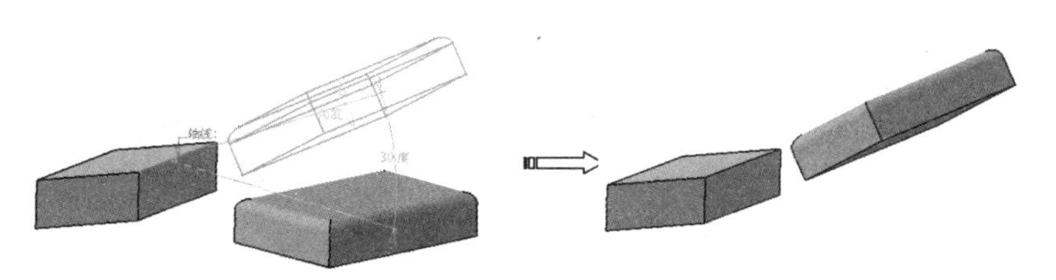

图 4-47　创建旋转变换操作

上机练习——旋转操作

01 打开本例源文件 4-9.CATPart。

02 在特征树中右击“零件几何体”对象，并在弹出的快捷菜单中选择“定义工作对象”选项，设置当前工作对象，如图 4-48 所示。

03 单击“变换特征”工具栏中的“旋转”按钮，弹出“问题”对话框，如图 4-49 所示。

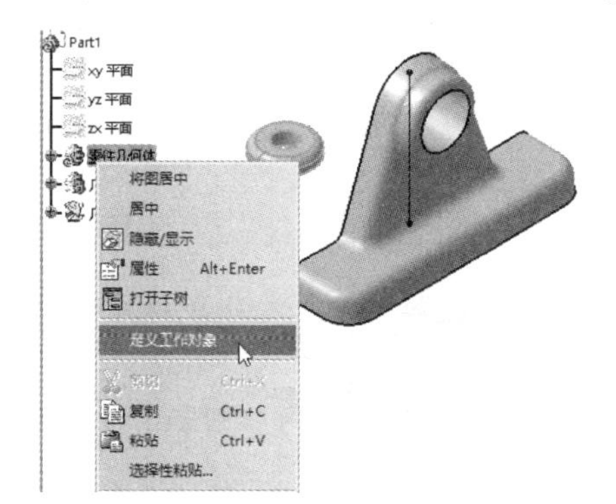

图 4-48　定义工作对象

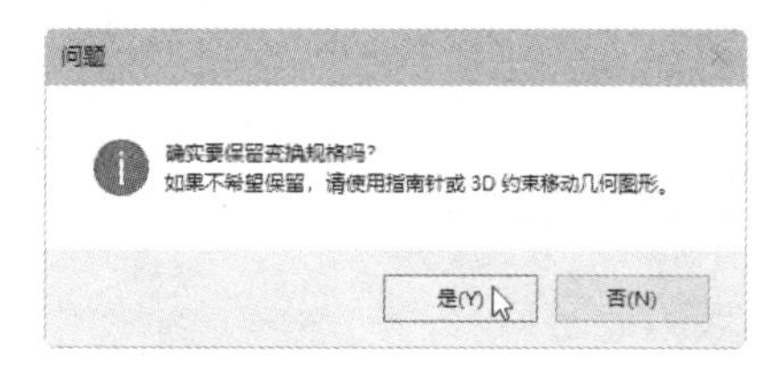

图 4-49　“问题”对话框

04 单击“问题”对话框中的“是”按钮，弹出“旋转定义”对话框。

05 在“定义模式”下拉列表中选择“轴线 - 角度”模式，在模型中选择已有直线作为旋转轴线，设置旋转“角度”值为 180deg，最后单击“确定”按钮完成旋转变换操作，如图 4-50 所示。

图 4-50　创建旋转变换操作

4.3.3　对称

“对称”命令用于将工作对象对称移至参考图元一侧的相应位置上，源对象将不被保留，如图 4-51 所示。参考图元可以是点、线或平面。

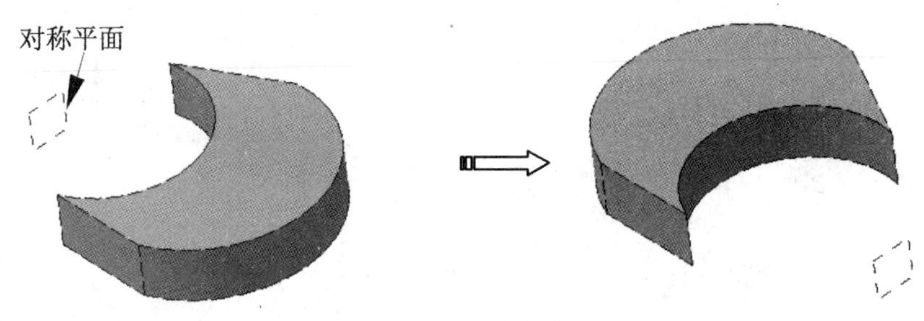

图 4-51　对称变换

上机练习——对称操作

01 打开本例源文件 4-10.CATPart，在特征树中将“零件几何体”对象定义为工作对象，如图 4-52 所示。

02 单击“对称”按钮，弹出“问题”对话框，如图 4-53 所示。

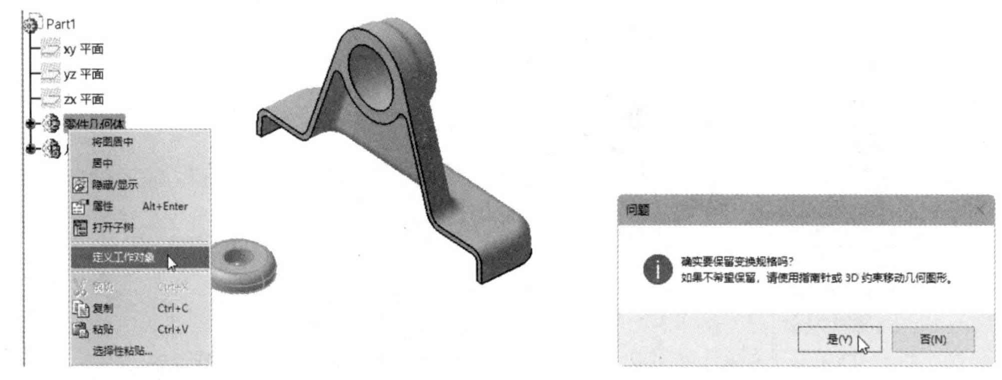

图 4-52　定义工作对象　　　　图 4-53　“问题”对话框

03 单击“问题”对话框中的“是”按钮，弹出“对称定义”对话框。

04 在模型中选择一个面作为对称平面，单击“确定”按钮完成对称变换操作，如图 4-54 所示。

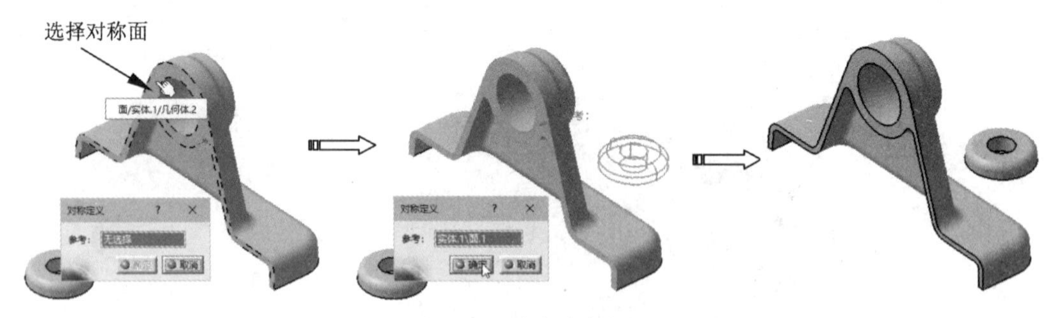

图 4-54　创建对称变换

4.3.4　定位

“定位”转换命令可根据新的轴系对当前工作对象进行重新定位，可以一次转换一个或多个图元对象。

上机练习——定位操作

01 打开本例源文件 4-11.CATPart，如图 4-55 所示。

02 单击“定位”按钮，弹出“问题”对话框，如图 4-56 所示。在“问题”对话框中单击“是”按钮，弹出“‘定位变换’定义”对话框。

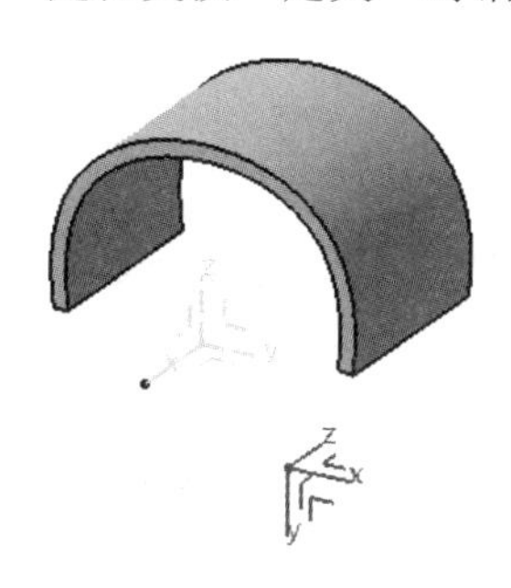

图 4-55　打开的模型

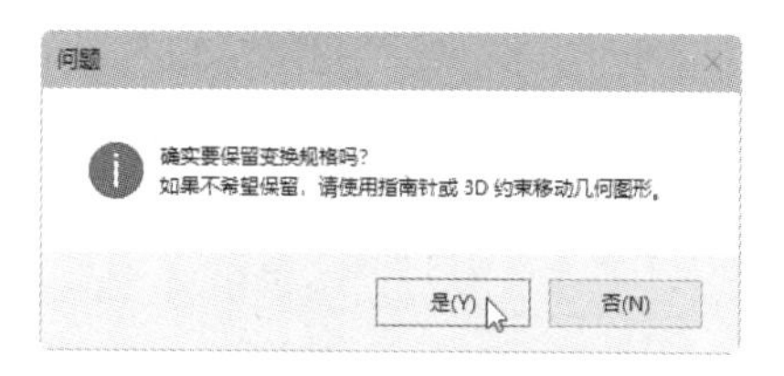

图 4-56　“问题”对话框

03 激活“参考”文本框，选择图形区中的坐标系作为参考坐标系，再激活“目标”文本框，选择另一坐标系为目标坐标系，最后单击“确定”按钮完成定位变换操作，如图 4-57 所示。

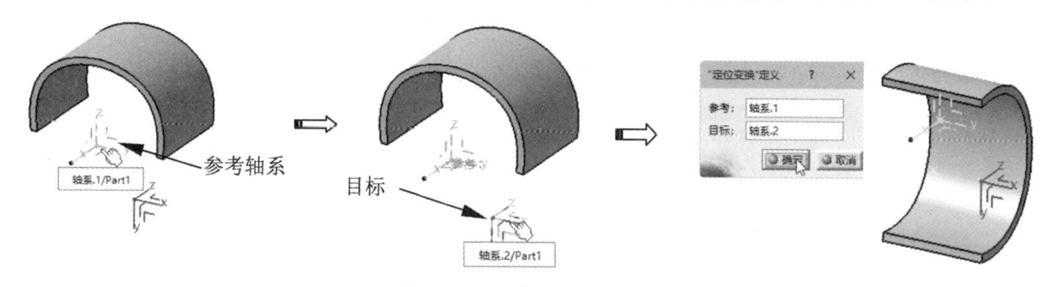

图 4-57　创建定位变换操作

4.3.5　镜像

“镜像”命令是将特征或零件几何体相对于镜像平面进行镜像变换操作。镜像特征与对称特征的不同之处在于，镜像变换操作的结果是保留源对象，而对称变换操作的结果是移除源对象。

操作技巧：

在启动“镜像”命令之前，如果没有事先选择要进行镜像变换的特征，系统会默认选择当前工作对象（一般为零件几何体）为镜像对象。

上机练习——镜像操作

01 打开本例源文件 4-12.CATPart，如图 4-58 所示。

02 单击“变换特征”工具栏中的“镜像”按钮，弹出“定义镜像”对话框。

03 选择 *yz* 平面作为镜像元素（镜像平面）。

04 在“定义镜像”对话框中激活“要镜像的对象”文本框，并在特征树中或模型中选择如图 4-59 所示的两个凸台特征（凸台 5 和凸台 8）作为镜像对象。

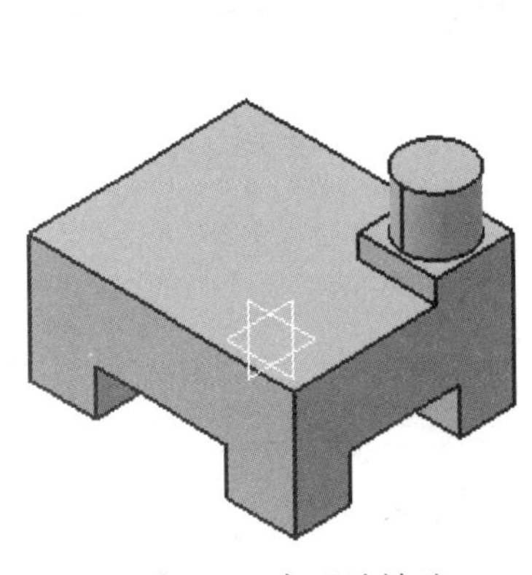

图 4-58　打开的模型

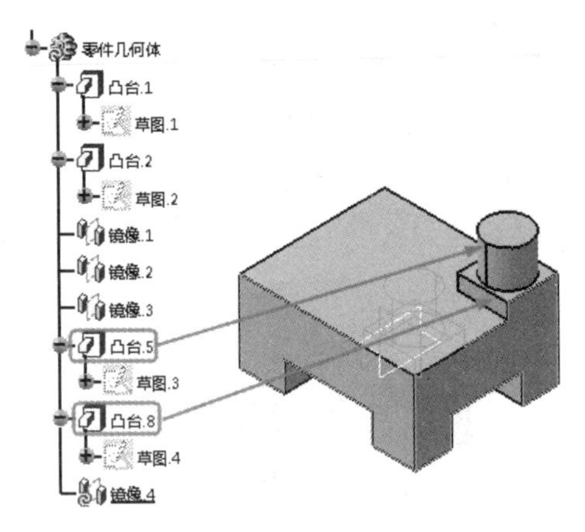

图 4-59　选择要镜像的对象

05 单击“确定”按钮完成镜像特征的创建，如图 4-60 所示。

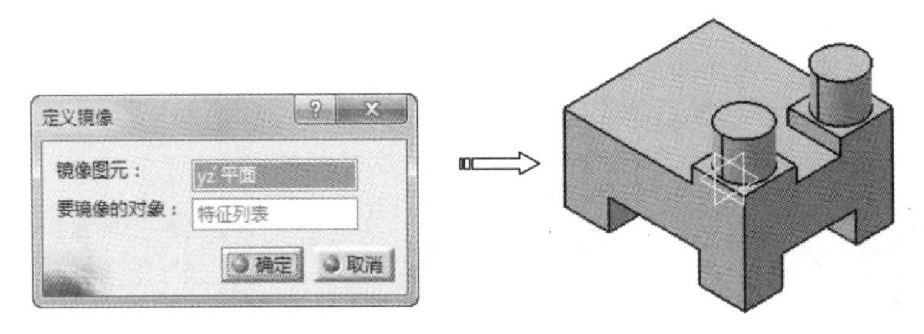

图 4-60　创建镜像

06 采用同样的操作方法，再选择 *zx* 平面作为镜像平面，将整个模型作为镜像的对象，创建新的镜像特征，如图 4-61 所示。

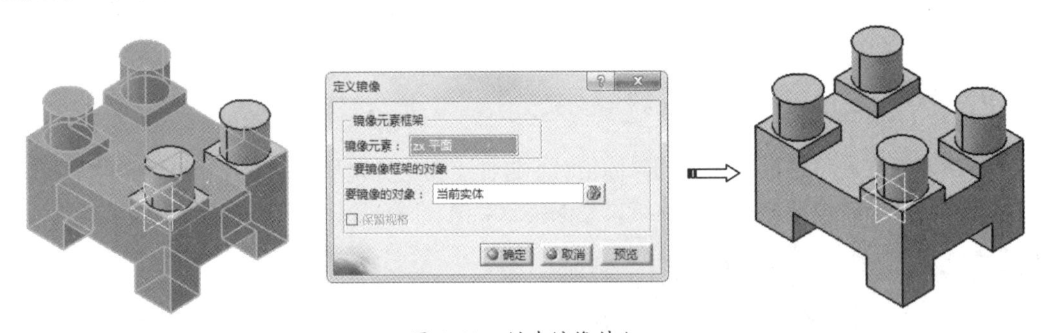

图 4-61　创建镜像特征

4.3.6　阵列

CATIA V5-6R2018 提供了 3 种阵列工具，包括矩形阵列、圆形阵列和用户阵列。

1. 矩形阵列

“矩形阵列”工具是按照矩形的排列方式，将一个或多个特征复制到零件表面上。

在“变换特征”工具栏中单击“矩形阵列”按钮，弹出“定义矩形阵列”对话框，如图 4-62 所示。该对话框中的两个选项卡各负责一个方向上的排列。

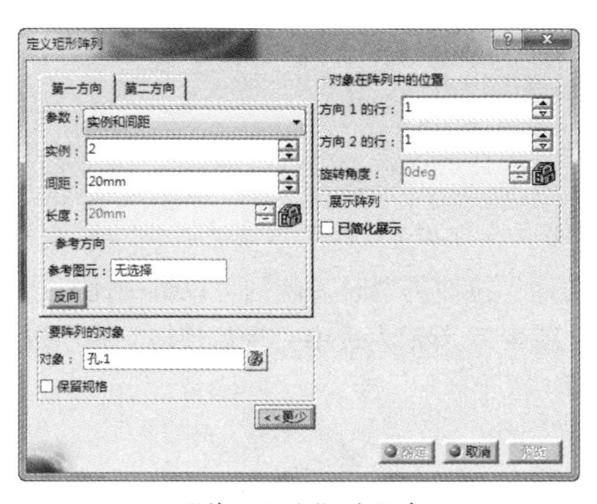

“第一方向”选项卡

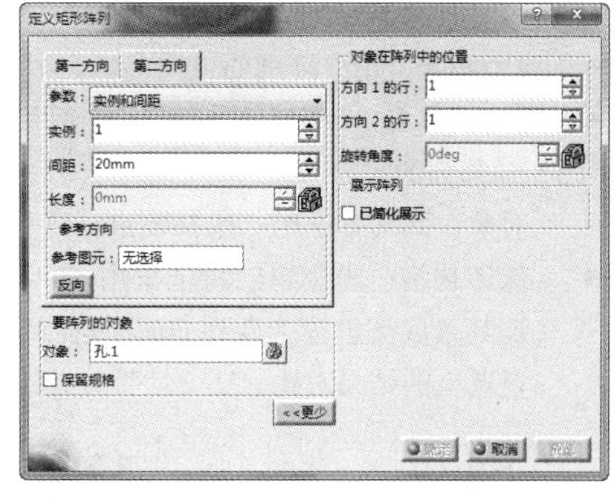

“第二方向”选项卡

图 4-62　“定义矩形阵列”对话框

“定义矩形阵列”对话框中主要选项及参数的含义如下。

（1）参数。

用于定义特征的阵列方式和参数设定，包括以下选项。

- 实例和长度：通过指定实例（阵列成员）数量和阵列总长度并自动计算各成员之间的间距，如图 4-63 所示。
- 实例和间距：通过指定实例数量和成员之间的间距自动计算总长度，如图 4-64 所示。
- 间距和长度：通过指定成员之间的间距和阵列总长度并自动计算实例的数量，如图 4-65 所示。

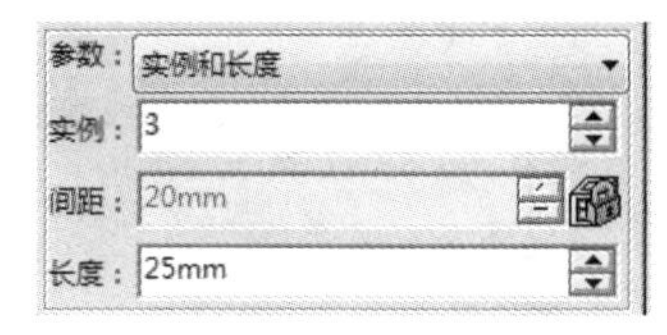

图 4-63　实例和长度

图 4-64　实例和间距

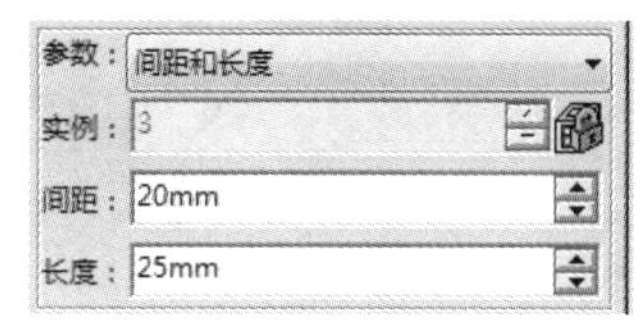

图 4-65　间距和长度

- 实例和不等间距：在每个实例之间分配不同的间距值。当选择该方式时，在图形区显示出所有阵列特征间距，双击间距值，弹出“参数定义”对话框，在“值”文本框中输入 20mm，单击“确定”按钮，可完成不等间距阵列，如图 4-66 所示。

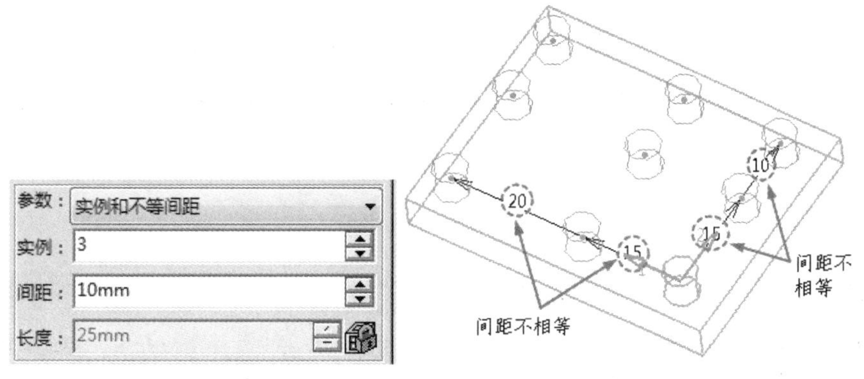

图 4-66　不等间距阵列

（2）参考方向。

- 参考图元：用作阵列的方向参考，可以是直线或模型边。
- 反向：单击“反向”按钮可反转阵列方向。

（3）要阵列的对象。

- 对象：此文本框用于选择要进行阵列的对象。
- 保留规格：当创建的特征采用了“直到曲面”拉伸类型时，阵列可以选中此复选框保证其余成员也按“直到曲面”进行排列。图 4-67 所示为选中“保留规格”和不选中该复选框的结果对比。

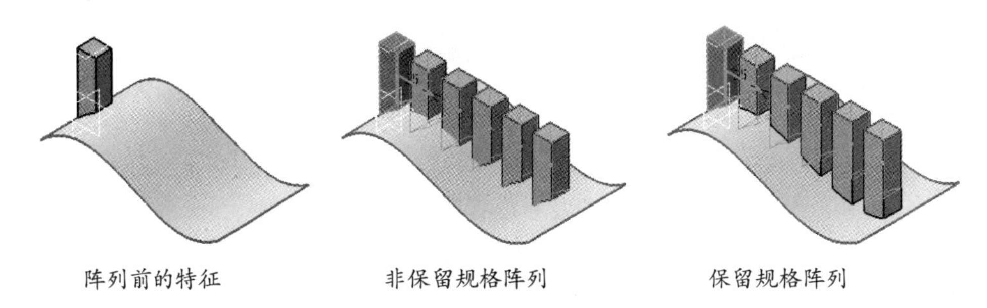

图 4-67 “保留规格”复选框的应用效果

（4）对象在阵列中的位置。

- 方向 1 的行、方向 2 的行：用于设置源特征（要阵列的对象）在阵列中的位置，如图 4-68 所示。

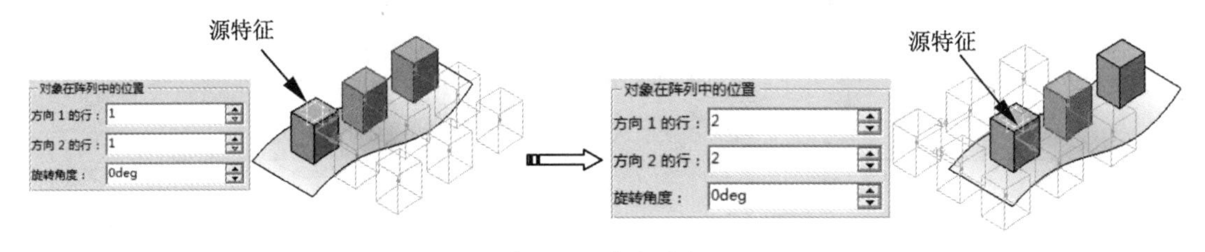

图 4-68 方向的行

- 旋转角度：用于设置阵列方向与参考元素之间的夹角，如图 4-69 所示，此参数用于平行四边形阵列。

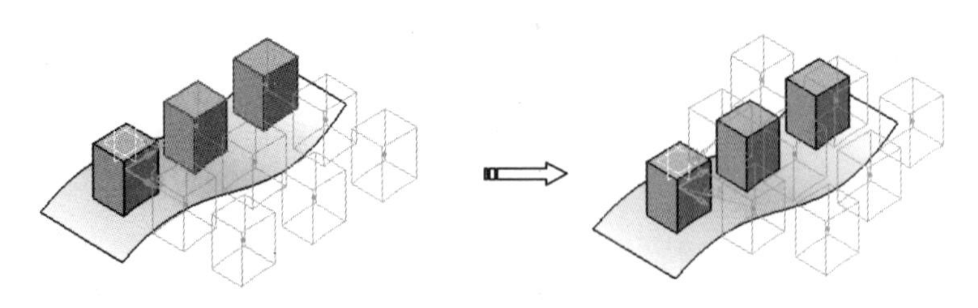

图 4-69 旋转角度

技术要点：

创建阵列时，可删除不需要的阵列实例，只需在阵列预览中选择点即可删除，相反，再次单击可重新创建相应阵列，如图4-70所示。

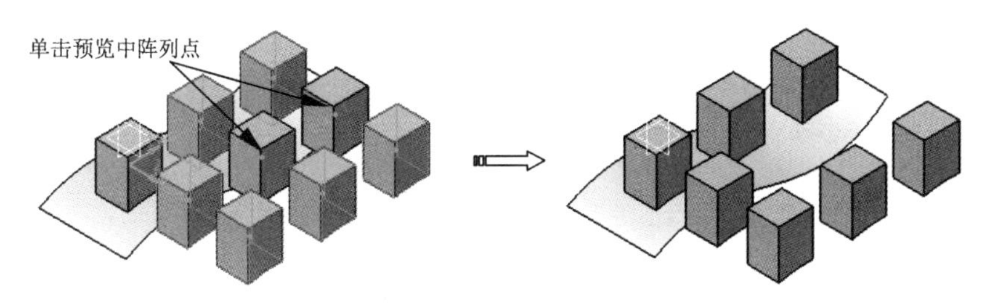

图 4-70　删除阵列实例

（5）交错阵列定义。

用于阵列成员的交错排列的设置。

- 交错：形成交错排列，不按直线排列，如图 4-71 所示。

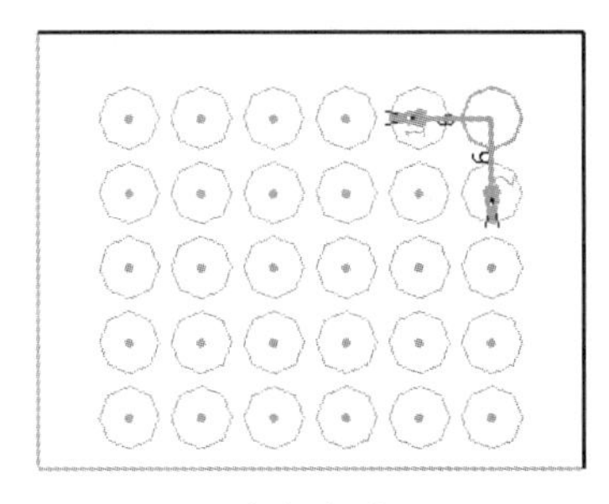

直线阵列

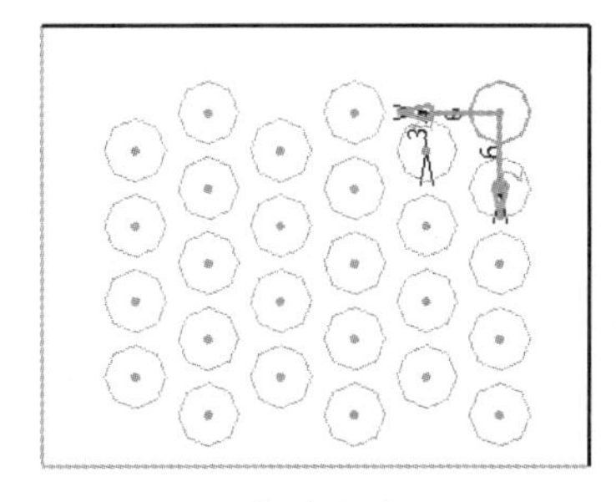

交错阵列

图 4-71　“交错”选项的应用示例

- 设置间距的一半：选中此复选框，交错步幅的值为成员之间的间距值的一半。取消选中此复选框，可以在“交错步幅”文本框中自定义交错步幅值。

上机练习——矩形阵列操作

01 打开本例源文件 4-13.CATPart，如图 4-72 所示。

02 单击“矩形阵列”按钮，弹出“定义矩形阵列”对话框。

03 在“定义矩形阵列”对话框中单击“对象”文本框，选择如图 4-73 所示的要阵列的孔特征。

操作技巧：

必须单击“对象”文本框，否则系统将自动将整个零件模型作为阵列对象。

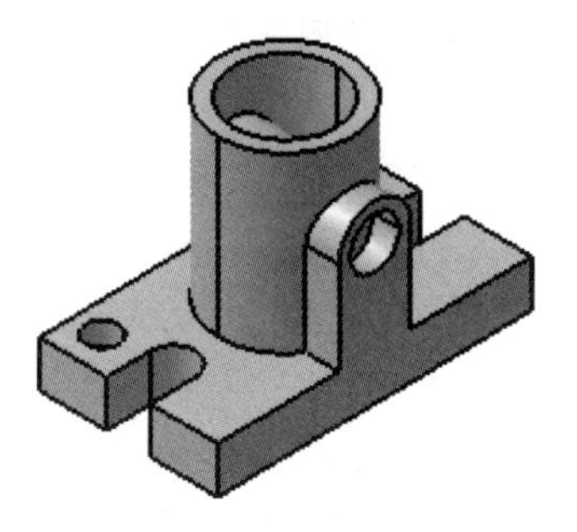

图 4-72　打开的模型

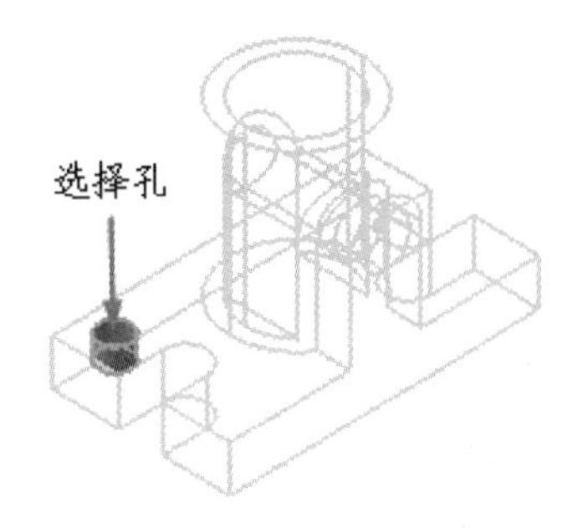

图 4-73　选择孔特征

04 激活“第一方向”选项卡中的“参考元素”文本框，选择零件底座的边线为方向参考，然后在对话框中设置“实例”值为2、“间距”值为50mm，如图4-74所示。

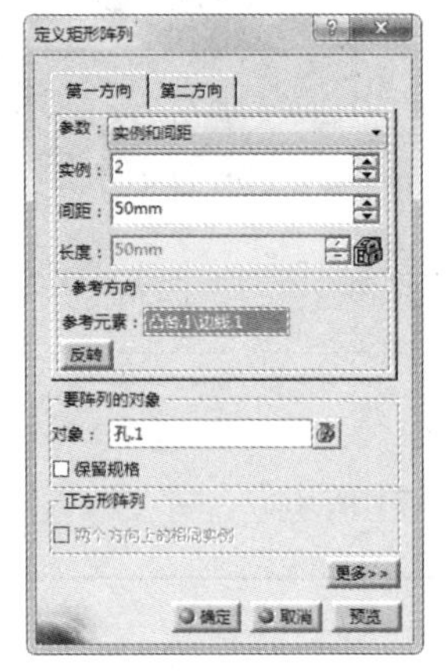

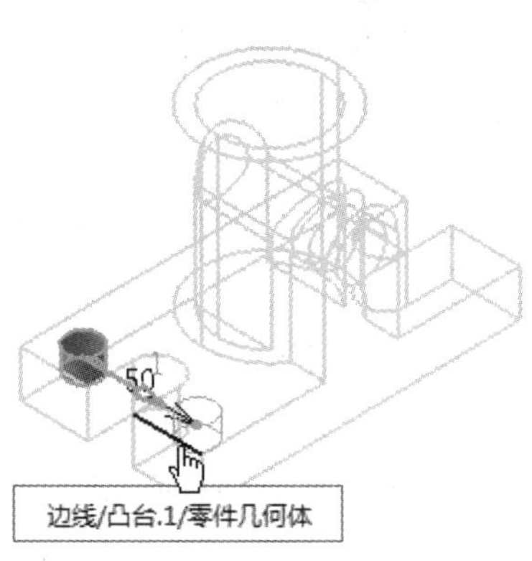

图4-74　设置第一方向

05 激活“第二方向”选项卡中的“参考元素”文本框，选择底座另一边线为方向参考，设置“实例”值为2，“间距”值为115mm，如图4-75所示。

06 单击“确定”按钮完成矩形阵列，如图4-76所示。

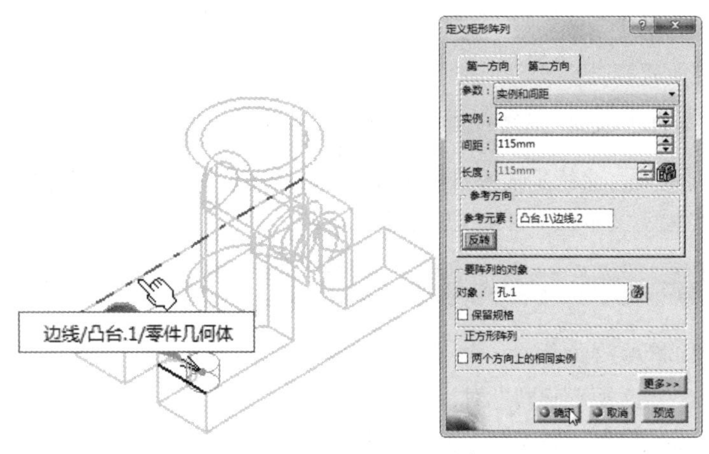

图4-75　设置第二方向

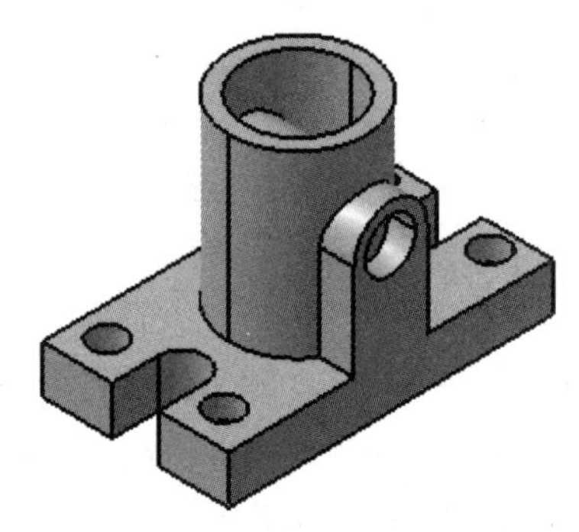

图4-76　创建矩形阵列

2. 圆形阵列

“圆形阵列”命令可将特征绕轴旋转并进行圆形阵列分布。

选择要阵列的实体特征，单击“变换特征”工具栏中的“圆形阵列”按钮，弹出“定义圆形阵列”对话框，如图4-77所示。

“定义圆形阵列”对话框中两个选项卡的主要参数含义如下。

（1）“轴向参考”选项卡。

在“轴向参考”选项卡中的选项主要用于定义阵列成员的数量、角度及阵列位置等。在“参数”下拉列表中包括以下5种阵列方式。

- 实例和总角度：通过指定实例数目和总角度值，自动计算角度间距。
- 实例和角度间距：通过指定实例数目和角度间距，自动计算总角度。

- 角度间距和总角度：通过指定角度间距和总角度，自动计算生成的实例数目。
- 完整径向：通过指定实例数目，自动计算满圆周的角度间距。
- 实例和不等角度间距：在每个实例之间分配不同的角度值。

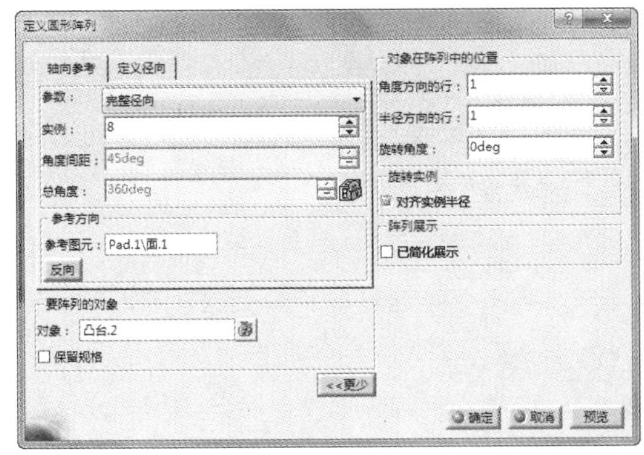

“轴向参考”选项卡

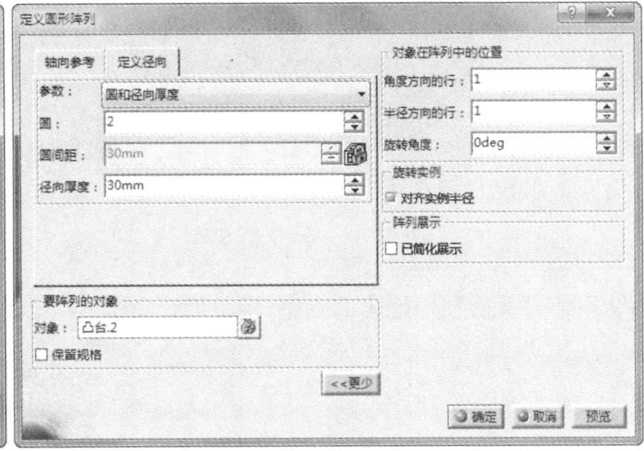

“定义径向”选项卡

图 4-77 “定义圆形阵列”对话框

（2）“定义径向”选项卡。

在“定义径向”选项卡的“参数”下拉列表中，包括以下 3 种径向阵列方式。

- 圆和径向厚度：通过指定径向圆数目和径向厚度自动计算圆间距。
- 圆和圆间距：通过指定径向圆数目和圆间距，生成径向厚度。
- 圆间距和径向厚度：通过指定圆间距和径向厚度，生成圆数目。

（3）“旋转实例”选项区。

- 对齐实例半径：选中该复选框，所有实例的方向与原始特征相同；取消选中该复选框，所有实例均垂直于与圆相切的线，如图 4-78 所示。

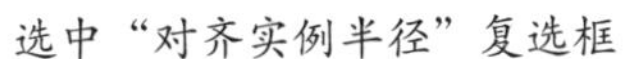
选中“对齐实例半径”复选框

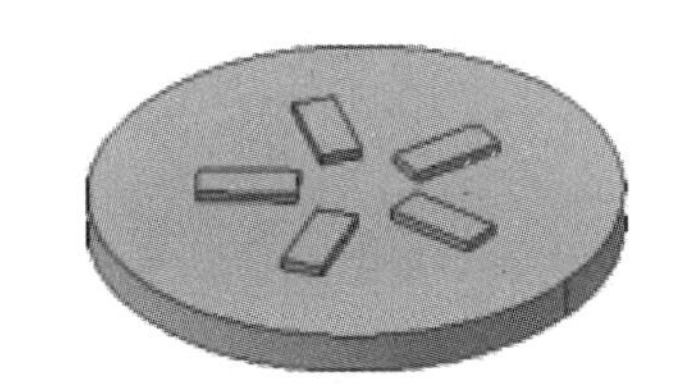

取消选中“对齐实例半径”复选框

图 4-78 “对齐实例半径”选项的应用

上机练习——圆形阵列操作

01 打开本例源文件 4-14.CATPart，如图 4-79 所示。

02 单击“变换特征”工具栏中的“圆形阵列”按钮，弹出“定义圆形阵列”对话框。

03 在该对话框中激活“对象”文本框，并在模型上选择如图 4-80 所示的要进行阵列的孔特征。

04 在“轴向参考”选项卡中选择“实例和角度间距”类型，再设置“实例”值为 9，“角度间距”值为 30deg。激活“参考元素”文本框，再选择如图 4-81 所示的外圆柱面作为阵列参考。

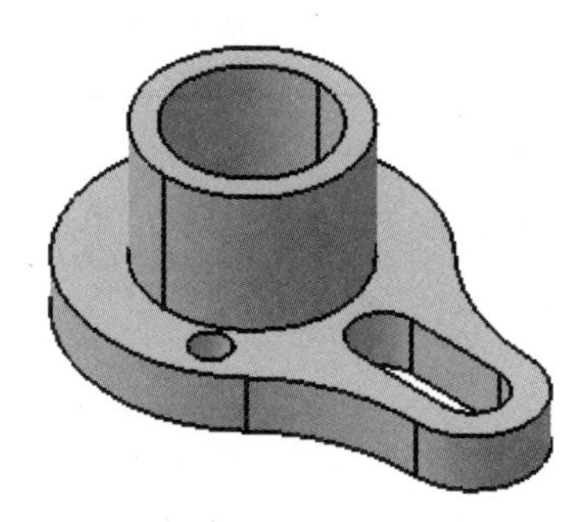

图 4-79　打开的模型

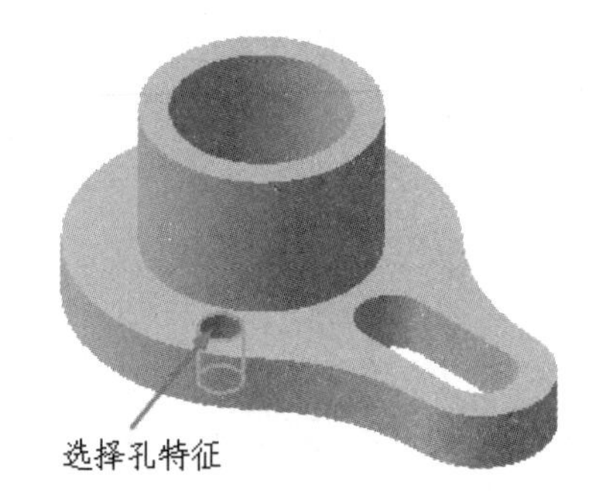

图 4-80　选择孔特征

05 单击“确定”按钮完成圆形阵列，如图 4-82 所示。

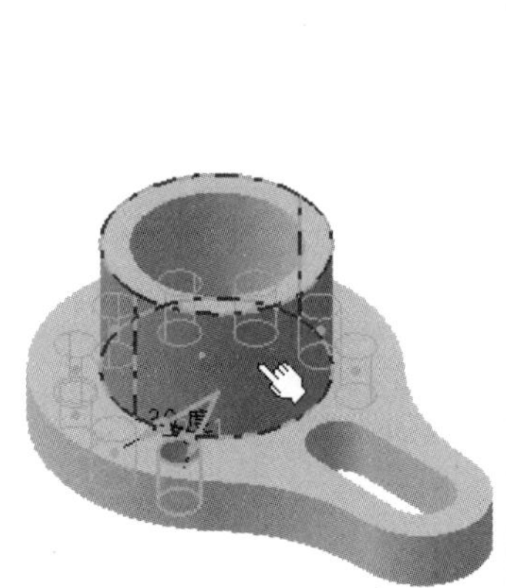

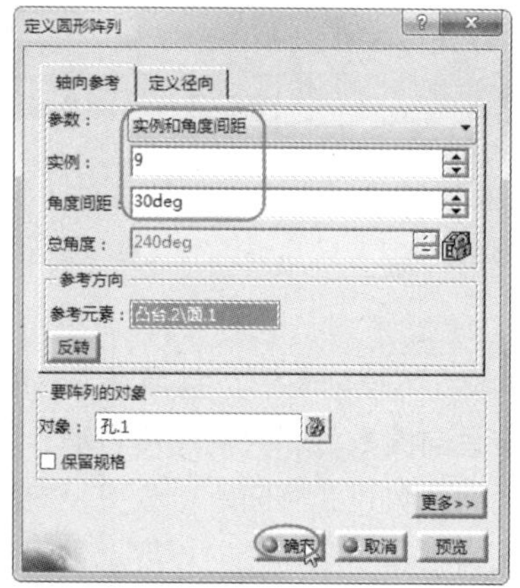

图 4-81　设置阵列参数

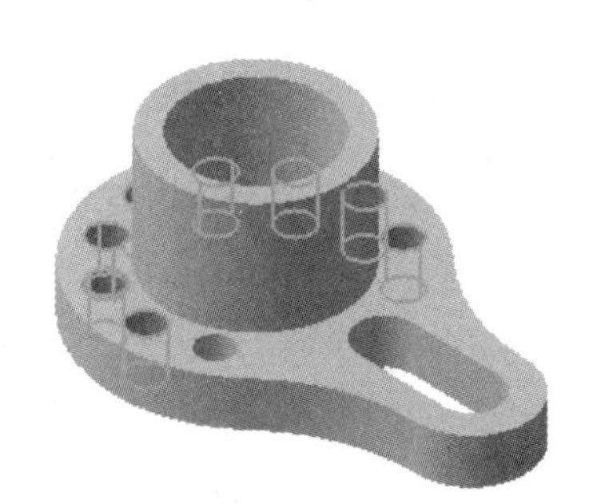

图 4-82　创建圆形阵列

3. 用户阵列

“用户阵列”命令可以在所选位置根据需要多次复制特征、特征列表或由关联的几何体产生的几何体。

上机练习——用户阵列操作

01 打开本例源文件 4-15.CATPart，如图 4-83 所示。

02 单击“变换特征”工具栏中的“用户阵列”按钮，弹出“定义用户阵列”对话框。

03 在模型中选择阵列的放置位置（选择已创建的草图点），如图 4-84 所示。

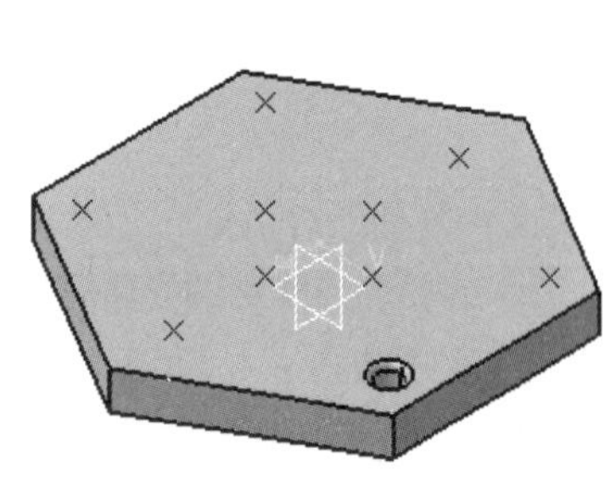

图 4-83　打开的模型

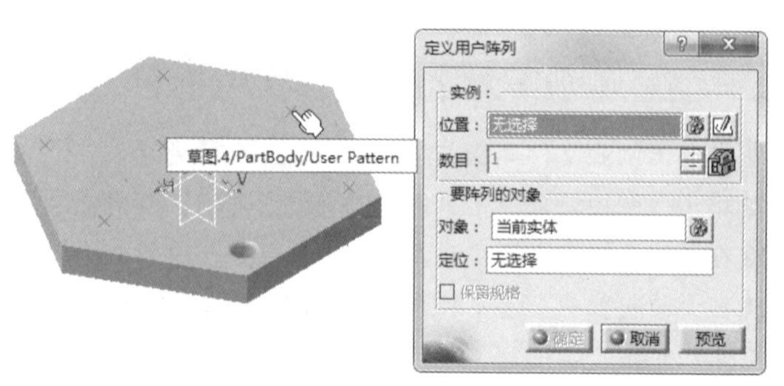

图 4-84　选择放置位置

04 激活“对象”文本框，选择模型中的孔特征作为要阵列的对象，如图 4-85 所示。单击“确定”按钮完成用户阵列特征的创建，如图 4-86 所示。

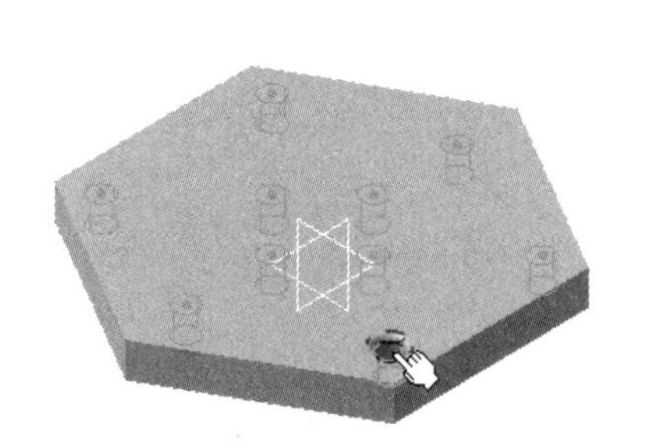

图 4-85　选择要阵列的对象

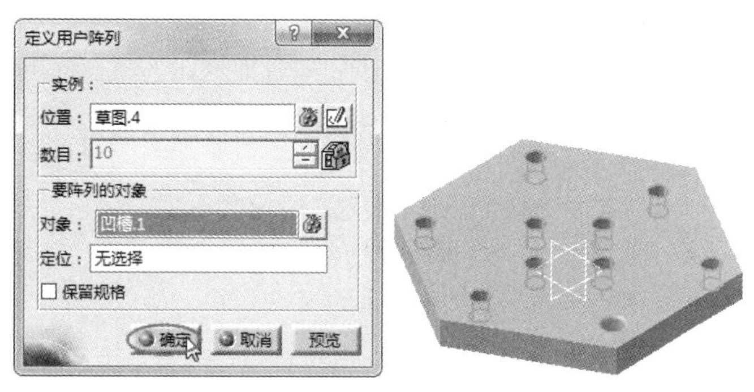

图 4-86　创建用户阵列

4.3.7　缩放

“缩放”命令使用点、平面或平面表面作为缩放参考，将工作对象调整为指定的尺寸。

选择要缩放的零件几何体或特征，单击“变换特征”工具栏中的“缩放”按钮，弹出“缩放定义”对话框，如图 4-87 所示，主要参数含义如下。

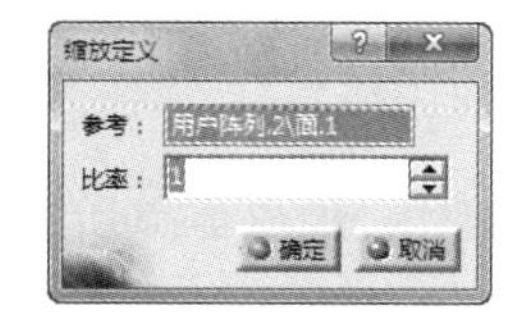

图 4-87　“缩放定义”对话框

- 参考：用于选择缩放参考。选择点时，模型以点为中心按照缩放比率在 x、y、z 轴方向上缩放；选择平面时，模型以平面为参考，按照比例在参考平面的法平面内进行缩放。
- 比率：设定缩放比例值。

上机练习——缩放操作

01 打开本例源文件 4-16.CATPart。

02 单击“变换特征”工具栏中的“缩放”按钮，弹出“缩放定义”对话框。

03 激活“参考”文本框，选择如图 4-88 所示的模型端面作为缩放参考，在“比率”文本框中输入 0.6，单击“确定”按钮完成缩放操作。

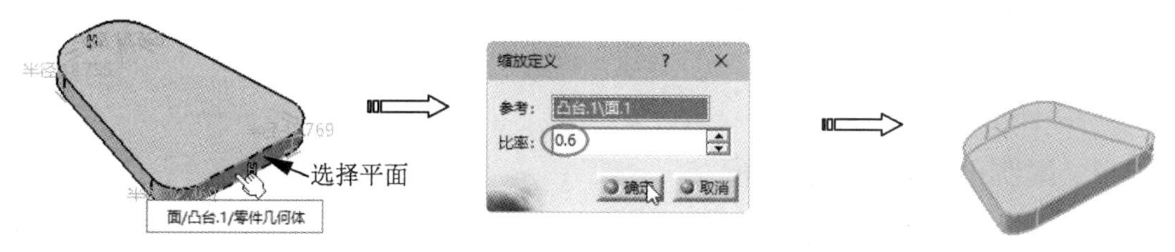

图 4-88　模型缩放操作

4.3.8 仿射

“仿射”命令用于对当前模型按照用户自定义的轴系，在 *x*、*y* 或 *z* 轴方向上进行缩放。单击“仿射”按钮，弹出“仿射定义”对话框，如图 4-89 所示。

“仿射定义”对话框中主要选项含义如下。

- 原点：定义新轴系的原点。
- XY 平面：定义新轴系的 XY 平面。
- X 轴：定义新轴系的 X 轴。
- 比率 X、Y、Z：设置新轴系中 3 个轴向上的缩放比例。

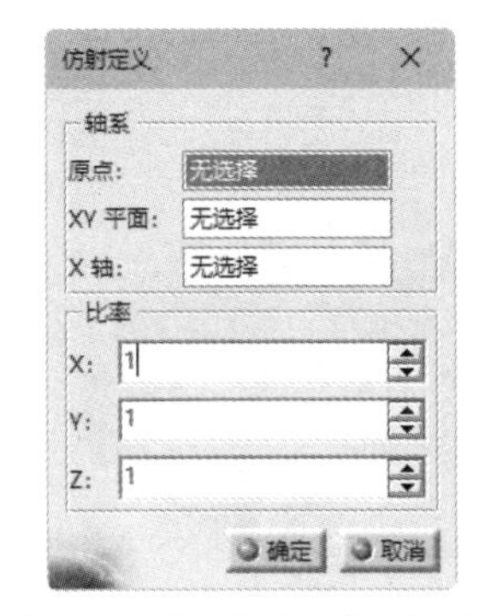

图 4-89 “仿射定义”对话框

上机练习——仿射操作

01 打开本例源文件 4-17.CATPart。

02 单击“变换特征”工具栏中的“仿射”按钮，弹出“仿射定义”对话框。

03 激活“XY 平面”文本框，选择 *yz* 平面为仿射参考平面（新轴系的 *xy* 平面）。

04 激活“X 轴”文本框，选择图形区中已有的直线作为新轴系的 X 轴参考，并在“比率”选项组中设置 X 值为 2。

05 单击“确定”按钮，完成仿射变换操作，如图 4-90 所示。

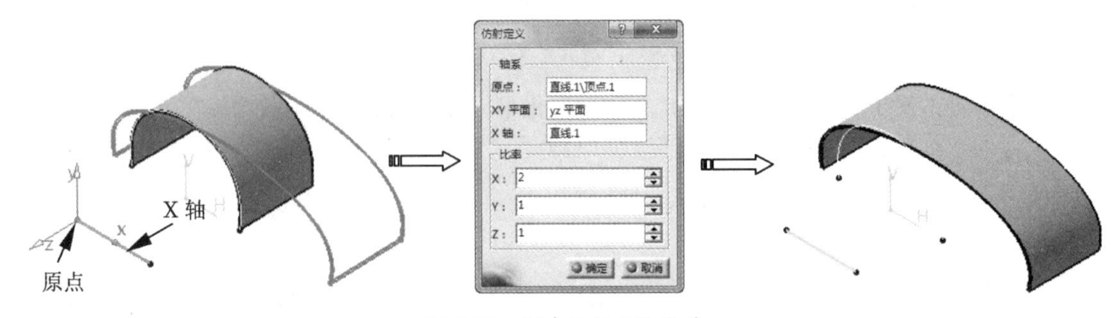

图 4-90 创建仿射变换操作

4.4 实战案例

上一章我们学习了采用一般特征命令建模的方法及过程，在本节将结合特征命令和特征变换命令进行两个典型的零件造型案例的练习，此处将更多地使用变形特征工具、特征编辑工具及其他辅助工具来完成。

4.4.1 案例一：底座零件建模

本例需要注意模型中的对称、阵列、相切、同心等几何关系。

建模分析：

（1）首先观察剖面图中所显示的壁厚是否均匀，如果是均匀的，建模相对比较简单，通常会采用“凸台→盒体”一次性完成主体建模；如果不均匀，则要采取分段建模方式。底座部分与上半部分薄厚不同，需要分段建模。

（2）建模的起始点在图中标注为“建模原点”。

（3）建模的顺序为：主体→侧面拔模结构→底座→底座沉头孔。

底座零件模型的建模流程图解如图 4-91 所示。

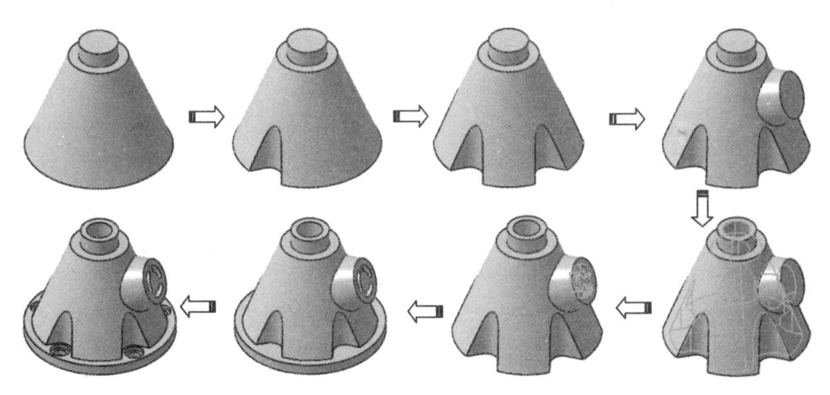

图 4-91　建模流程

设计步骤：

01 启动 CATIA V5-6R2018，执行“开始”|“机械设计”|“零件设计”命令，进入零件设计工作台（零件设计环境）。

02 首先创建主体部分结构。

- 单击“草图”按钮，选择 *xy* 平面作为草图平面进入草图工作台。
- 绘制如图 4-92 所示的草图截面（草图中要绘制旋转轴）。
- 单击“旋转体”按钮，打开“定义旋转体”对话框。选择绘制的草图作为旋转轮廓，单击“确定”按钮完成旋转体的创建，如图 4-93 所示。

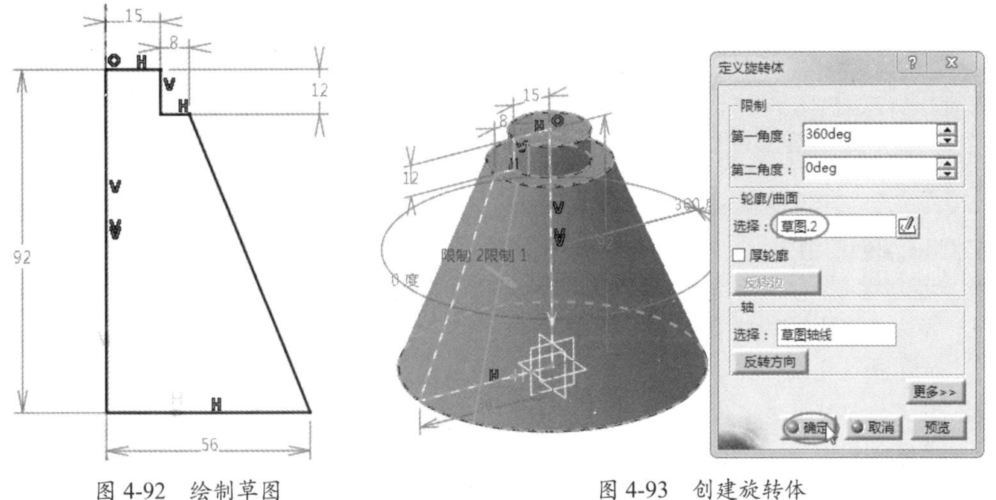

图 4-92　绘制草图　　　　图 4-93　创建旋转体

- 选择旋转体底部平面作为草图平面，进入草图工作台绘制如图 4-94 所示的草图。

技巧点拨：

在绘制草图时要注意，必须先建立旋转体轮廓的偏移曲线（偏移值为3），这是直径为19mm的圆弧的重要参考。

- 单击“凹槽”按钮，打开“定义凹槽”对话框。选择上一步绘制的草图作为轮廓，输入凹槽“深度”值为 50mm，单击“确定”按钮完成凹槽的创建，如图 4-95 所示。

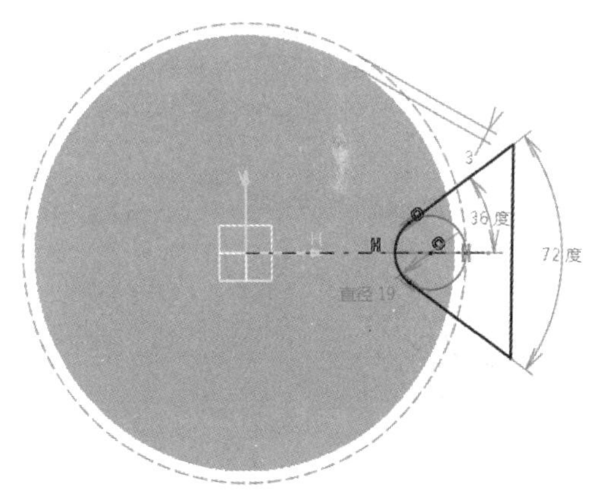

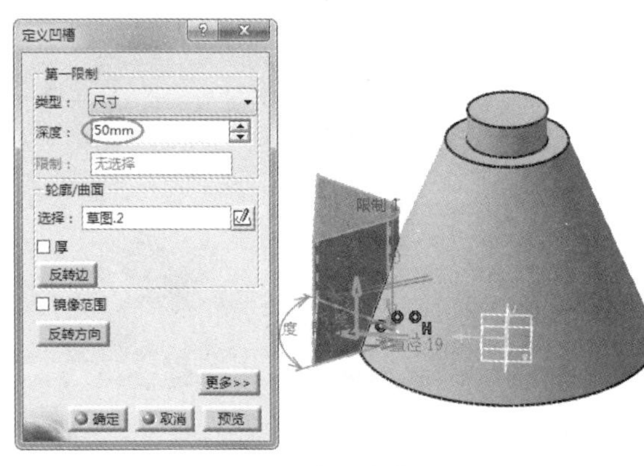

图 4-94　绘制草图　　　图 4-95　创建凹槽特征

- 选中凹槽特征，单击“变换特征”工具栏中的“圆形阵列”按钮，创建如图 4-96 所示的圆形阵列。

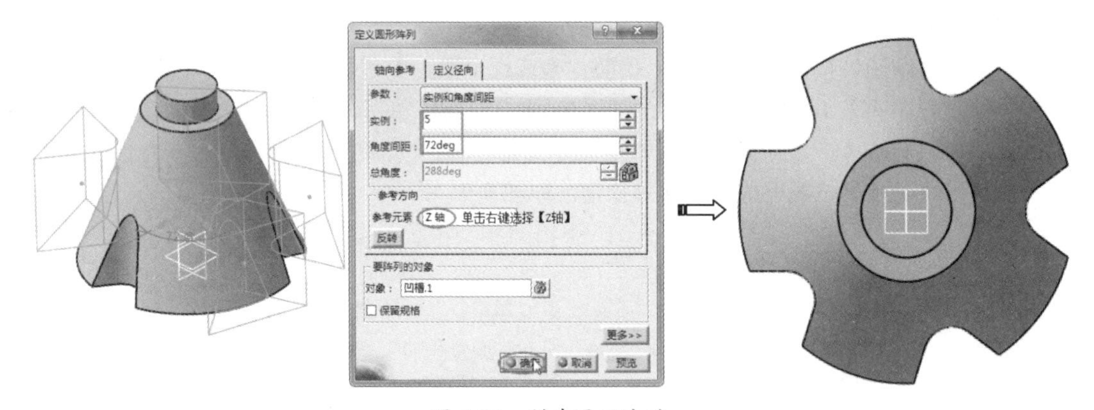

图 4-96　创建圆形阵列

03 创建侧面斜向的结构。

- 选择 *zx* 平面为草图平面，绘制如图 4-97 所示的草图。
- 单击“旋转体”按钮，打开“定义旋转体”对话框，选择轮廓曲线和旋转轴，单击“确定”按钮完成旋转体的创建，如图 4-98 所示。
- 在“修饰特征”工具栏中单击“盒体”按钮，打开“定义盒体”对话框。选取第一个旋转体的上、下两个端面为“要移除的面”，设置“默认内侧厚度”值为 5mm，单击“确定”按钮完成盒体特征的创建，如图 4-99 所示。

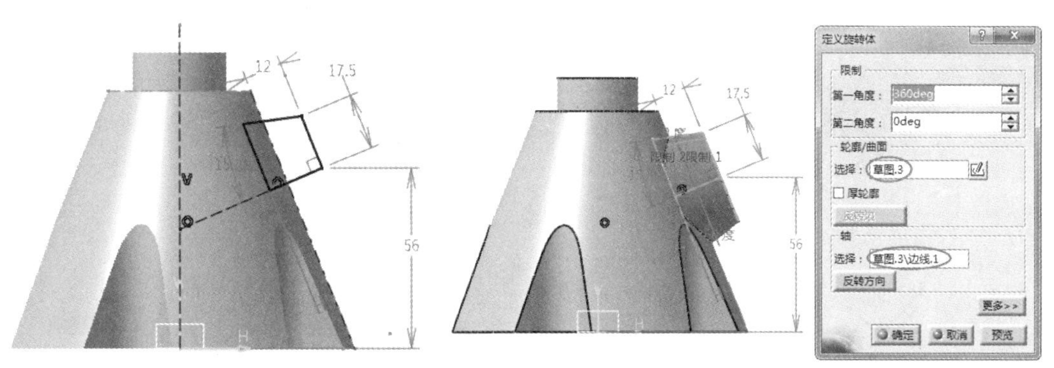

图 4-97　选择平面绘制草图　　　　图 4-98　创建旋转体特征

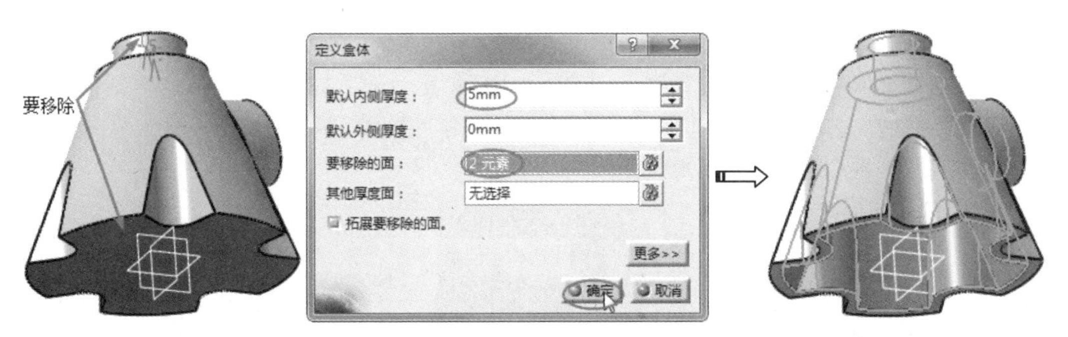

图 4-99　创建盒体特征

- 单击“凹槽”按钮，打开“定义凹槽”对话框。选择侧面结构的端面为草图平面，进入草图工作台绘制如图 4-100 所示的草图。退出草图环境后设置凹槽深度为 10mm，最后单击“确定”按钮完成凹槽的创建。

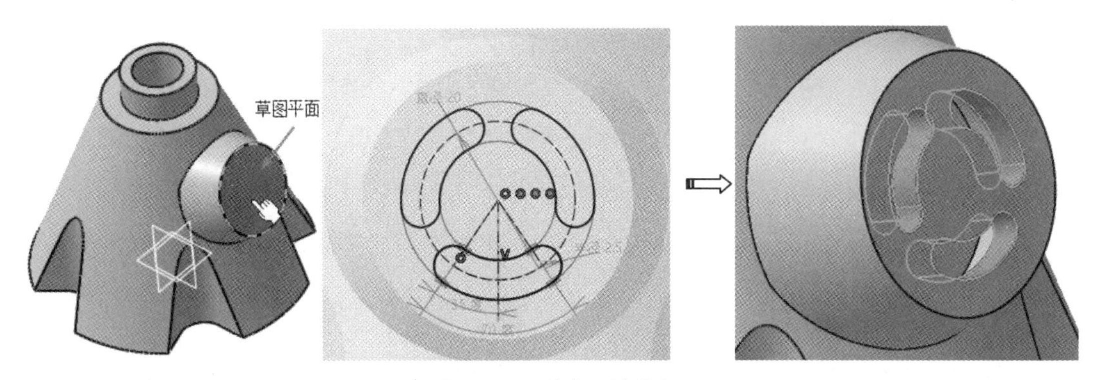

图 4-100　创建凹槽特征

04 创建底座部分结构。

- 选择 *xy* 平面为草图命令，单击“草图”按钮，进入草图工作台绘制如图 4-101 所示的草图。
- 单击“凸台”按钮，打开“定义凸台”对话框。选择上一步绘制的草图为轮廓，设置“长度”值为 8mm，单击“确定”按钮完成凸台的创建，如图 4-102 所示。

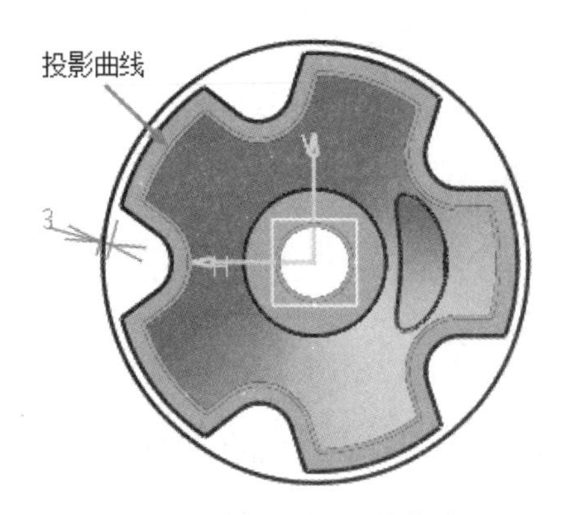

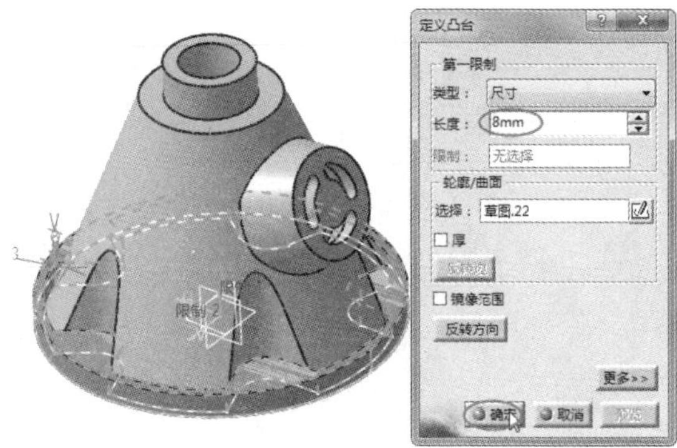

图 4-101　绘制草图　　　　图 4-102　创建凸台

- 在“基于草图的特征”工具栏中单击“孔”按钮，选择底座的上表面为孔放置面，鼠标指针选取位置为孔位置参考点，如图 4-103 所示，随后打开“定义孔”对话框。
- 在“扩展”选项卡的“定位草图”选项组中单击“定位草图”按钮，进入草图工作台，对放置参考点进行重新定位，如图 4-104 所示。

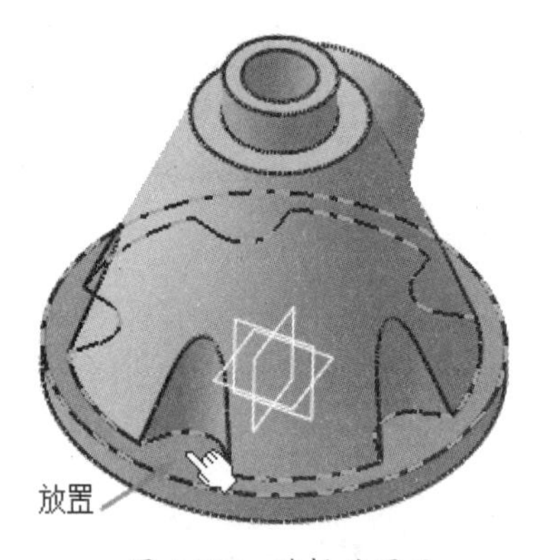

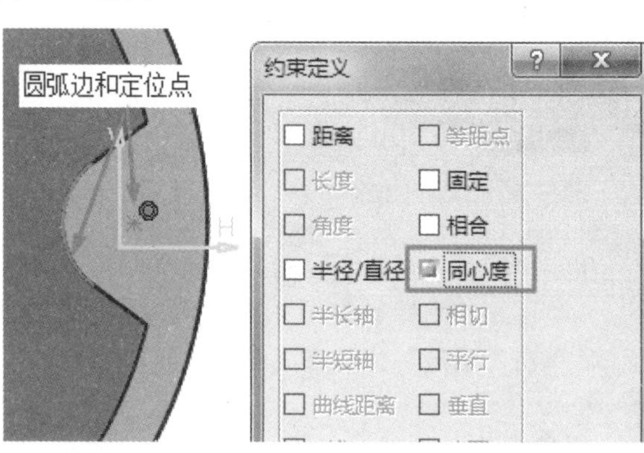

图 4-103　选择放置面　　　　图 4-104　设置圆弧边和定位点同心度约束

- 退出草图工作台后，在“定义孔”对话框的“类型”选项卡中，设置孔类型及孔参数，其余参数保持默认。单击“确定”按钮完成孔的创建，如图 4-105 所示。

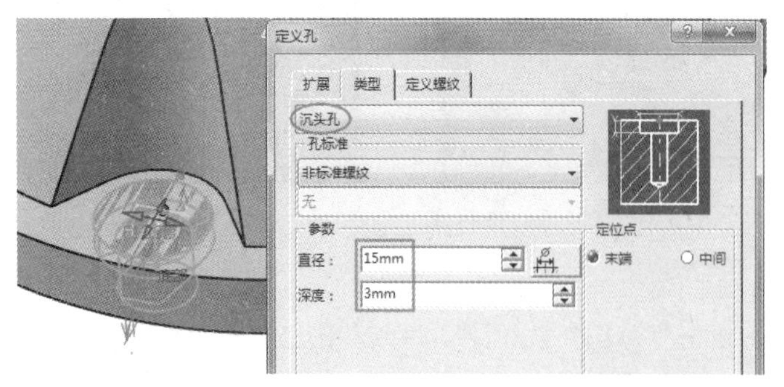

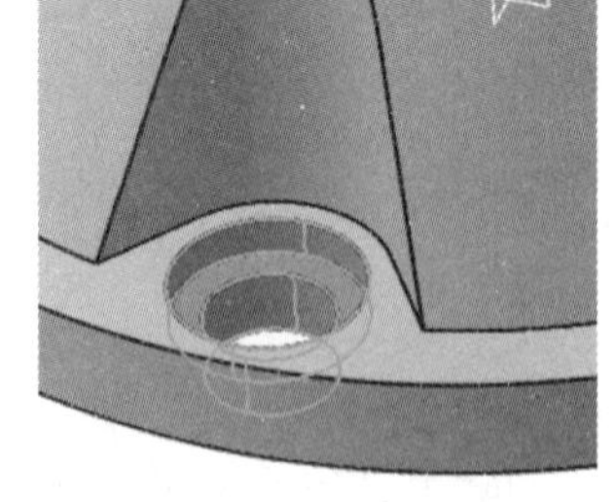

图 4-105　完成孔的创建

05 将沉头孔进行圆形阵列。选中孔特征，单击“圆形阵列”按钮，打开“定义圆形阵列”对话框。设置参考元素为 *z* 轴（右击，在弹出的快捷菜单中选择“Z 轴”选项），设置“实例”值为 5，“角度间距”值为 72deg，单击“确定”按钮完成圆形阵列，如图 4-106 所示。

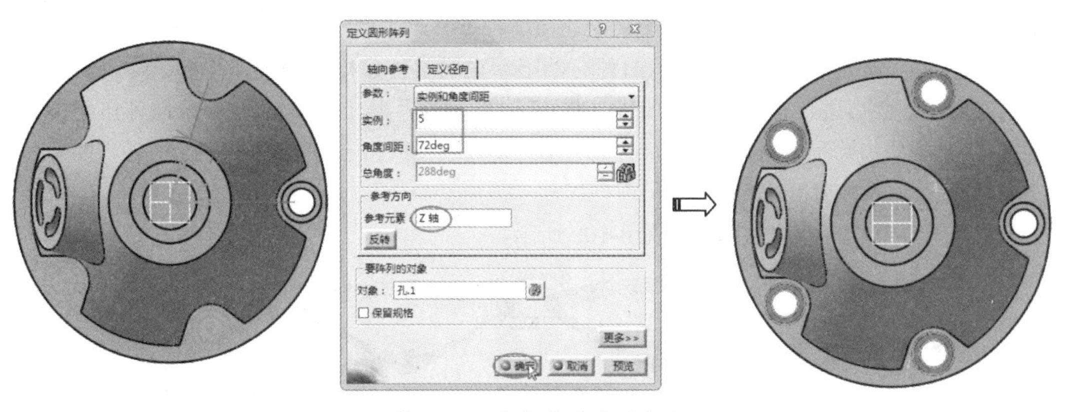

图 4-106　完成孔的圆形阵列

06 至此，完成了本例底座零件的建模，最终效果如图 4-107 所示。

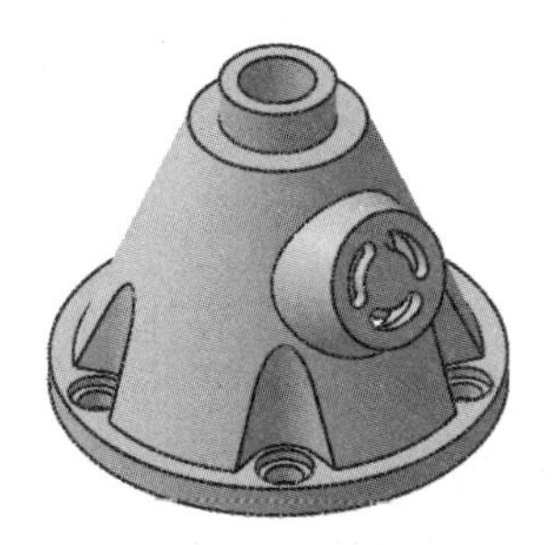

图 4-107　底座零件设计完成效果

4.4.2　案例二：散热盘零件建模

本例的散热盘零件模型如图 4-108 所示。构建本例的零件模型时需要注意以下几点。

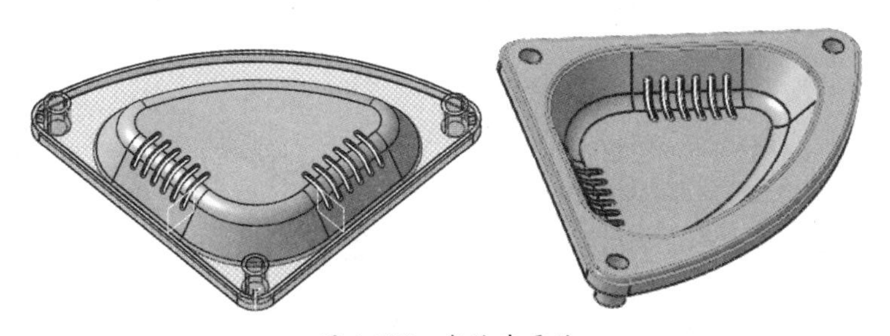

图 4-108　散热盘零件

- 模型厚度及红色筋板厚度均为 1.9mm（等距或偏移关系）。
- 图中同色表示的区域，其形状大小或者尺寸相同。其中底侧部分的黄色和绿色圆角面为偏移距离为 *T* 的等距面。
- 凹陷区域周边拔模角度相同，均为 33°。
- 开槽阵列的中心线沿凹陷斜面平直区域均匀分布，开槽端部为完全圆角。

建模分析

（1）本例零件的壁厚是均匀的，可以采用先建立外形曲面再进行加厚的方法操作，还可以先创建实体特征，再在其内部进行抽壳（创建盒体特征）。本例将采取后一种方法进行建模。

（2）从模型看出，本例模型在两面都有凹陷，说明实体建模时需要在不同的零件几何体中分别创建形状，然后进行布尔运算。所以，将以 xy 平面为界限，$+z$ 方向和 $-z$ 方向各自建模。

（3）建模的起始平面为 xy 平面。

（4）建模时要注意先后顺序。

散热盘零件的建模流程的图解如图 4-109 所示。

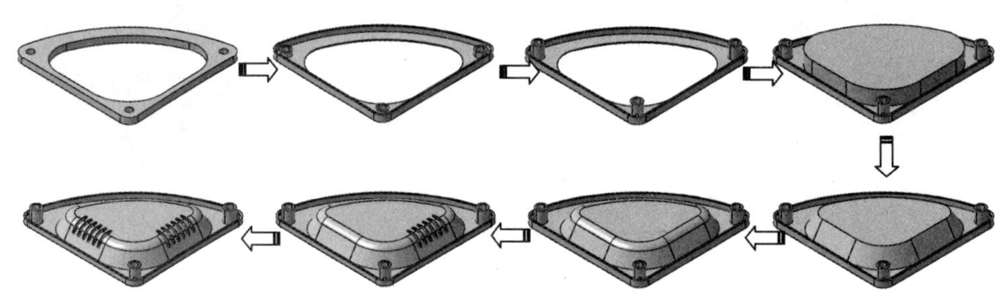

图 4-109　建模流程

设计步骤

01 启动 CATIA V5-6R2018，执行“开始”|“机械设计”|“零件设计”命令，进入零件设计工作台（零件设计环境）。

02 创建 $+z$ 方向的主体结构，首先创建凸台特征。

- 单击“草图”按钮，选择 xy 平面作为草图平面进入草图工作台。
- 绘制如图 4-110 所示的草图截面。
- 单击“凸台”按钮，选择草图并创建“长度”值为 8mm 的凸台特征，如图 4-111 所示。

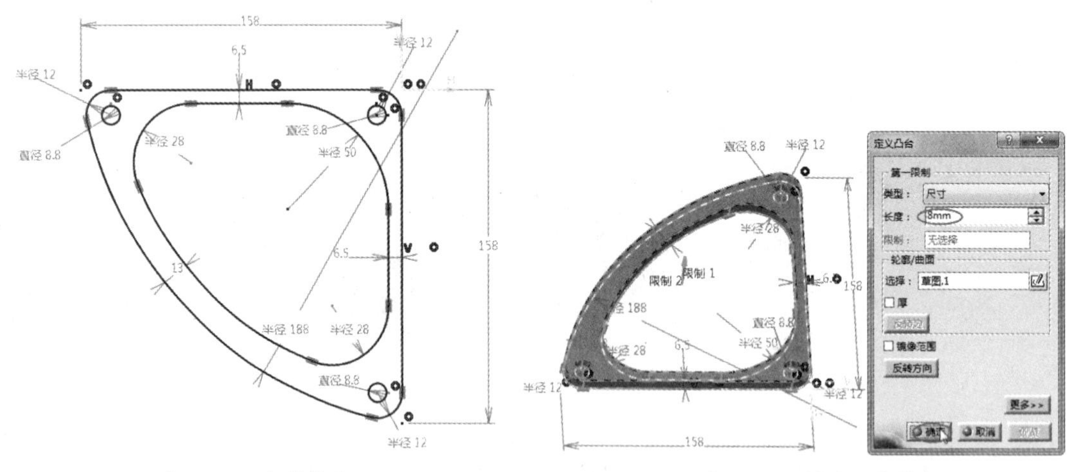

图 4-110　绘制草图　　　图 4-111　创建凸台特征

03 在凸台特征的内部创建拔模特征。

- 单击“拔模斜度”按钮，打开“定义拔模”对话框。
- 选取要拔模的面（内部侧壁立面），选择 xy 平面为中性元素。选择 z 轴为拔模方向，单击图形区中的拔模方向箭头，使其向下。单击“确定”按钮完成拔模的创建，如图 4-112 所示。

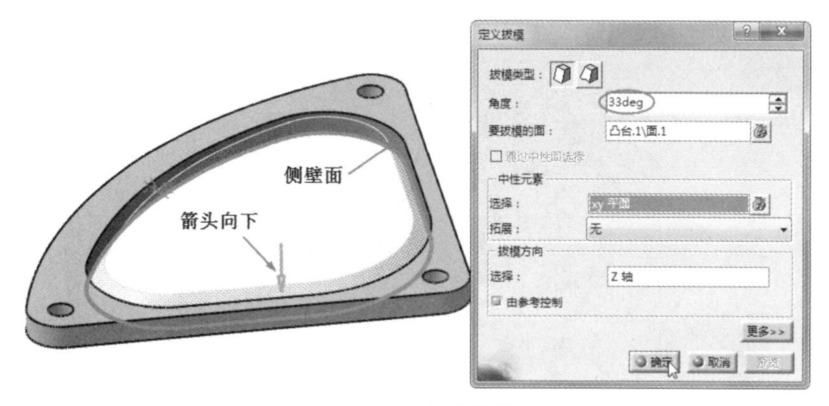

图 4-112 创建拔模

04 创建盒体特征。

- 单击“盒体”按钮，打开“定义盒体”对话框。
- 选择要移除的面，单击“确定”按钮完成盒体特征的创建，如图 4-113 所示。

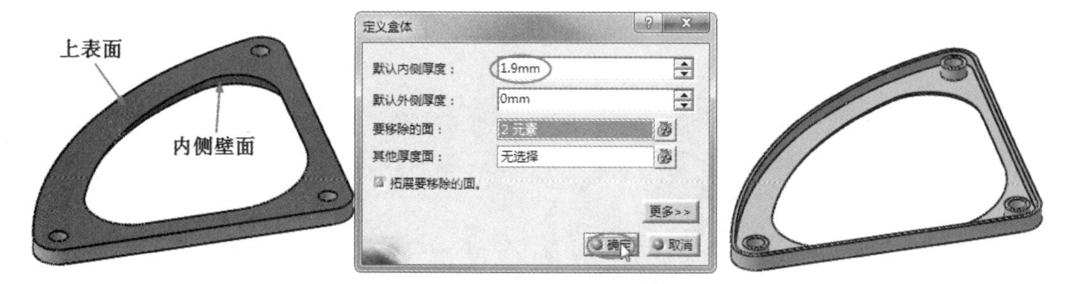

图 4-113 创建盒体特征

05 创建加强肋。

- 单击“修饰特征”工具栏中的“厚度”按钮，打开“定义厚度”对话框。
- 设置“默认厚度”值为 10mm，然后按住 Ctrl 键选择 3 个立柱顶面进行加厚，如图 4-114 所示。

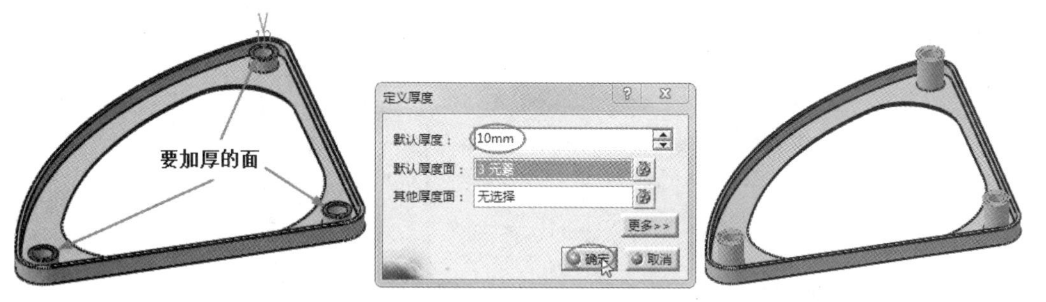

图 4-114 加厚所选的面

技巧点拨：

加厚的目的，其实就是将BOSS柱拉长到图纸中所标注的尺寸位置。

- 单击“加强肋”按钮，打开“定义加强肋”对话框。单击“创建草图”按钮，选择如图 4-115 所示的面作为草图平面，进入草图工作台绘制加强肋截面草图。

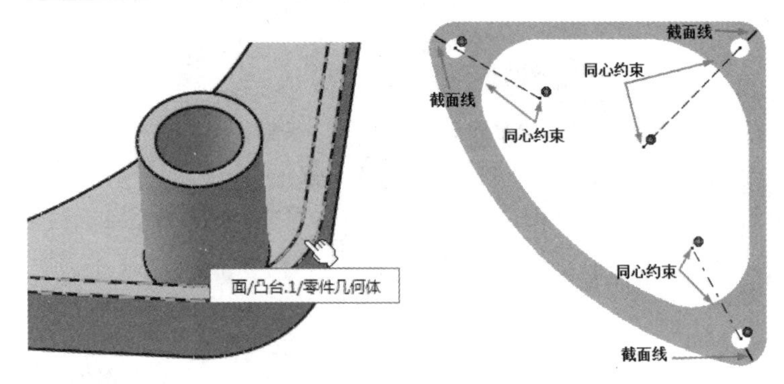

图 4-115 绘制草图

技巧点拨：

绘制的实线长度可以不确定，但不能超出BOSS柱和外轮廓边界。

- 退出草图工作台，在“定义加强肋”对话框中选中“从顶部”单选按钮，设置“厚度”值为 1.9mm，单击“确定”按钮完成加强肋的创建，如图 4-116 所示。

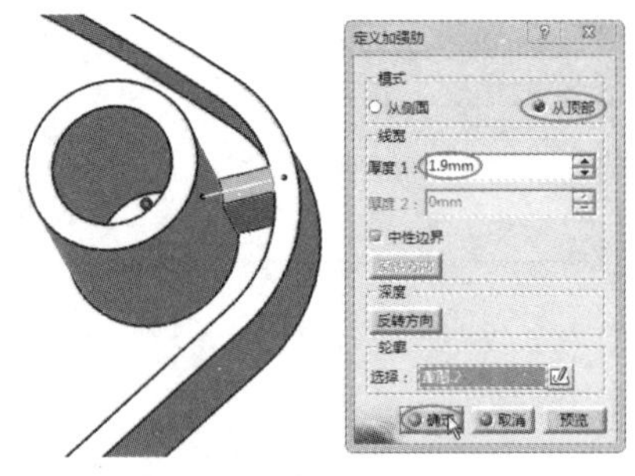

图 4-116 创建加强肋

06 创建 -*z* 方向的结构，首先创建带有拔模圆角的凸台。

- 在特征树中激活顶层的 Part1，并选择“插入”|“几何体”命令，添加一个零件几何体，如图 4-117 所示。

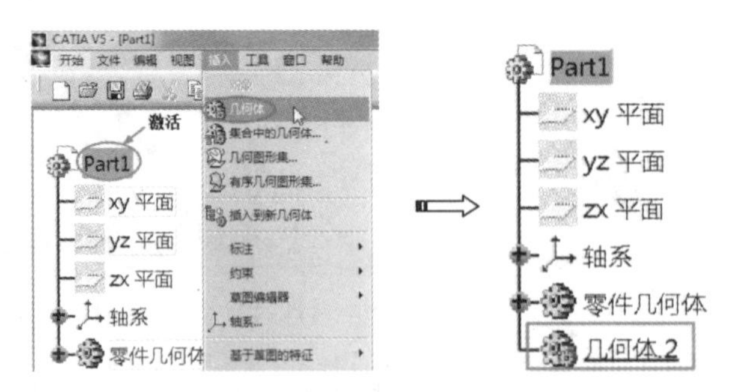

图 4-117 添加零件几何体

- 在特征树选中添加的“几何体.2”节点，单击“凸台”按钮，打开“定义凸台”对话框。单击该对话框中的“创建草图”按钮，选择 *xy* 平面后进入草图工作台，如图 4-118 所示。

- 绘制如图 4-119 所示的草图（投影拔模的起始边）。

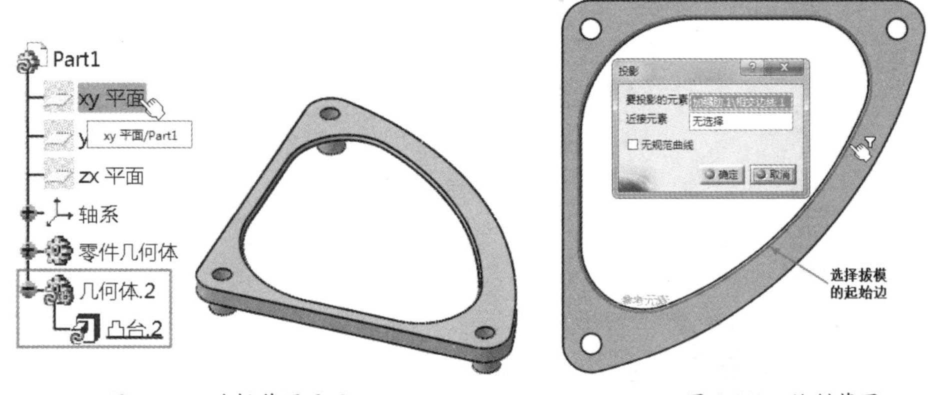

图 4-118　选择草图平面　　　　图 4-119　绘制草图

- 完成草图后在“定义凸台”对话框中设置“长度”值为 21mm，最后单击“确定”按钮完成凸台的创建，如图 4-120 所示。
- 单击“拔模斜度”按钮，打开“定义拔模”对话框。选择要拔模的面（凸台侧面）、中性元素（*xy* 平面）和拔模方向（*z* 轴），如图 4-121 所示。

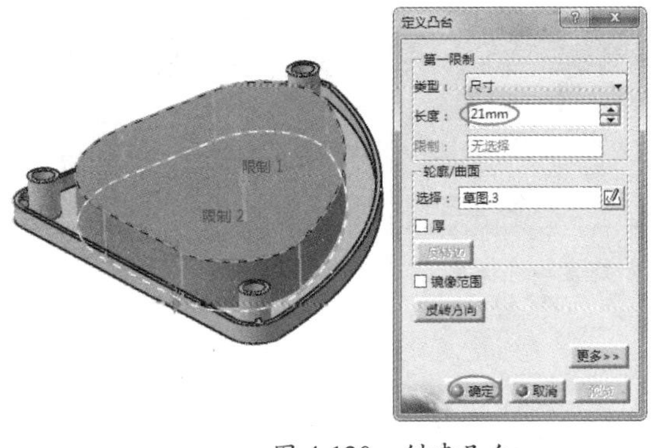

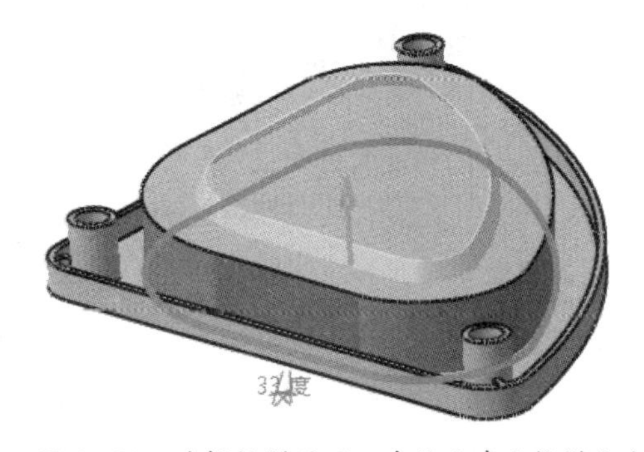

图 4-120　创建凸台　　　　图 4-121　选择拔模的面、中性元素和拔模方向

- 设置拔模“角度”值为 33deg，单击“确定”按钮完成拔模，如图 4-122 所示。

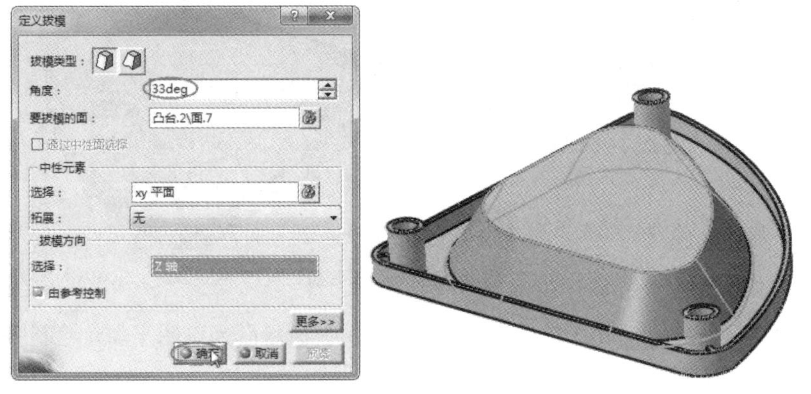

图 4-122　完成拔模

07 创建圆角特征和盒体特征。

- 单击“倒圆角”按钮，打开“倒圆角定义”对话框。选择凸台边，设置圆角半径为10mm，单击“确定”按钮完成倒圆角特征的创建，如图4-123所示。

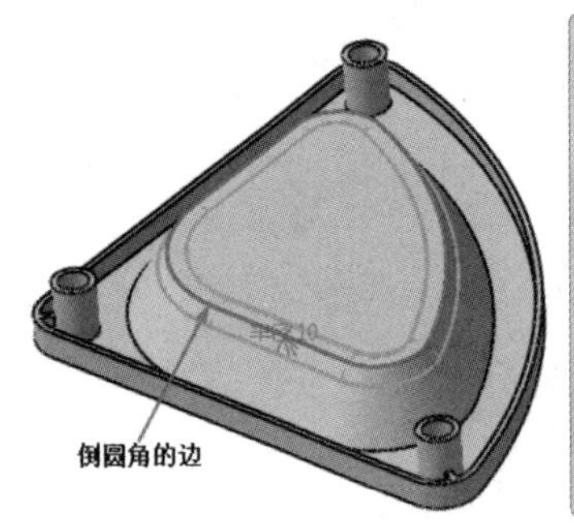

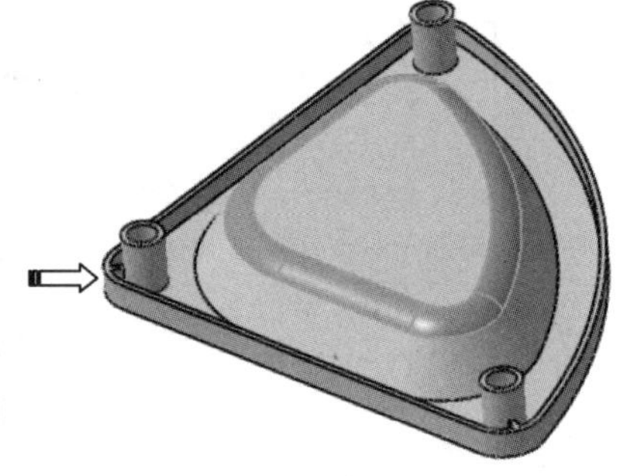

图4-123　创建圆角特征

- 翻转模型，选中凸台底部面，单击“盒体”按钮，在打开的“定义盒体”对话框中设置“默认内侧厚度”值为1.9mm，单击“确定”按钮完成盒体特征的创建，如图4-124所示。

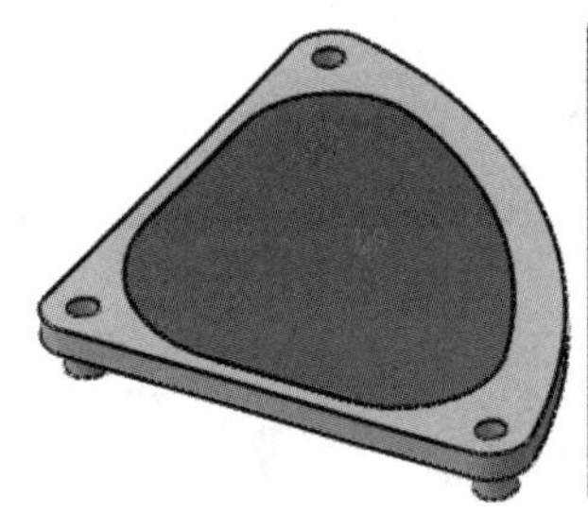

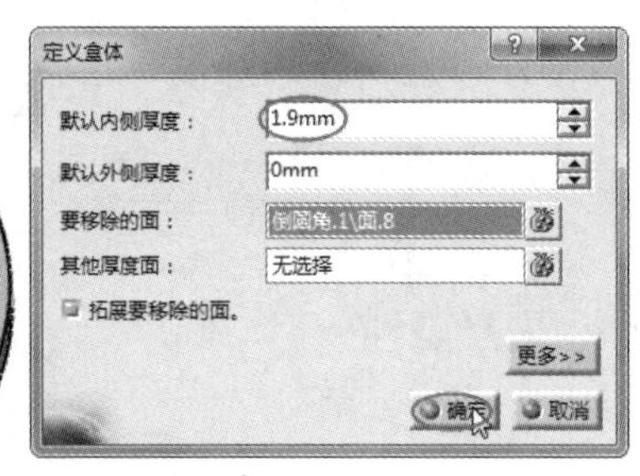

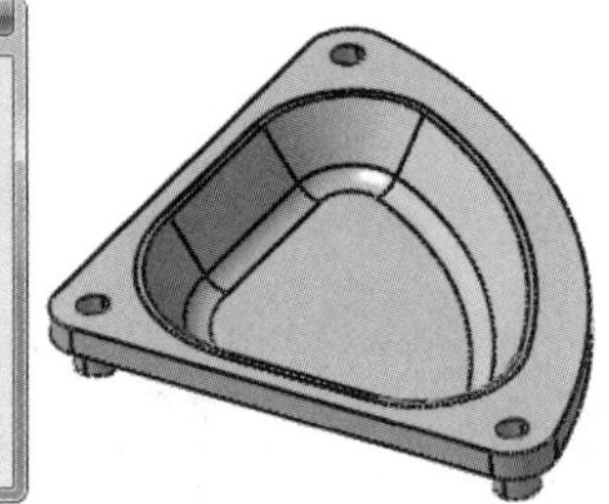

图4-124　创建盒体特征

08 创建凹槽。

- 单击“平面”按钮，打开“平面定义”对话框。
- 选择“平行通过点”类型，选择 *yz* 平面作为偏移参考，接着再选择如图4-125所示的点作为参考点，单击“确定”按钮创建平面。

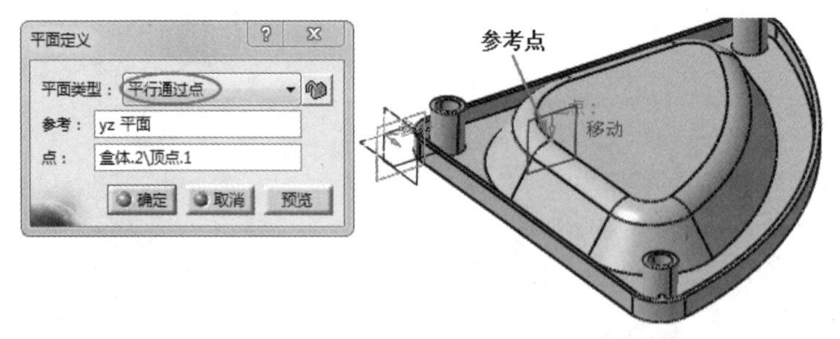

图4-125　创建平面

- 单击“草图”按钮，选中如图4-126所示的拔模斜面为草图平面，绘制等距点。同理，在相邻的一侧拔模斜面上也绘制相同的等距点。

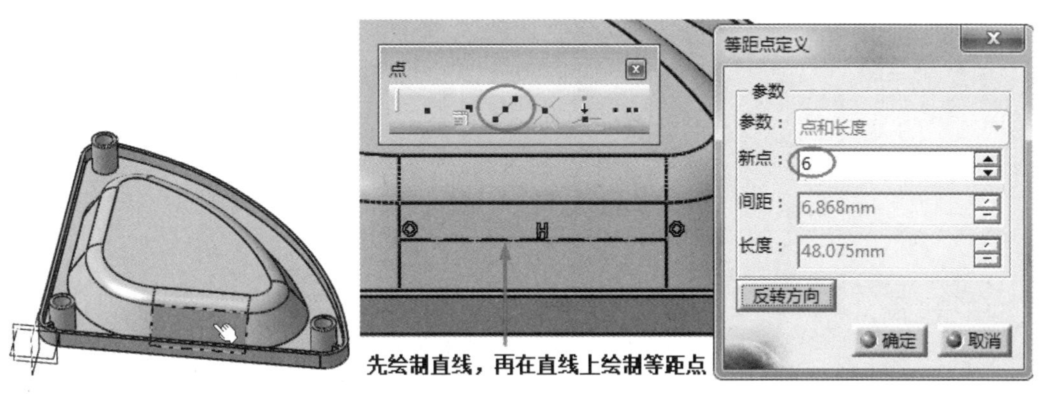

图 4-126　绘制等距点

- 单击“平面”按钮，在“平面定义”对话框中选择“平行通过点”类型，选择 *yz* 平面为参考平面，再选取上一步绘制的一个草图等距点作为参考点，单击“确定”按钮完成平面的创建，如图 4-127 所示。

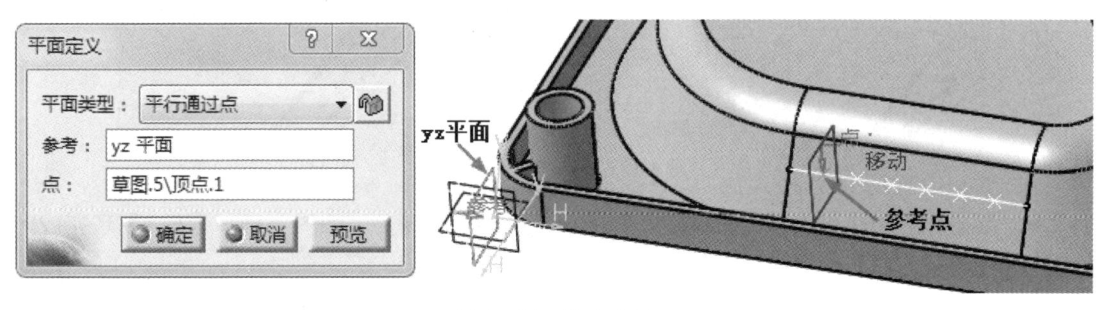

图 4-127　创建平面

- 单击“凹槽”按钮，打开“定义凹槽”对话框，选择上一步创建的平面为草图平面，在草图工作台中绘制如图 4-128 所示的草图。
- 退出草图环境后在“定义凹槽”对话框中设置“深度”值为 1.5mm，并选中“镜像范围”复选框，单击“确定”按钮完成凹槽的创建，如图 4-129 所示。

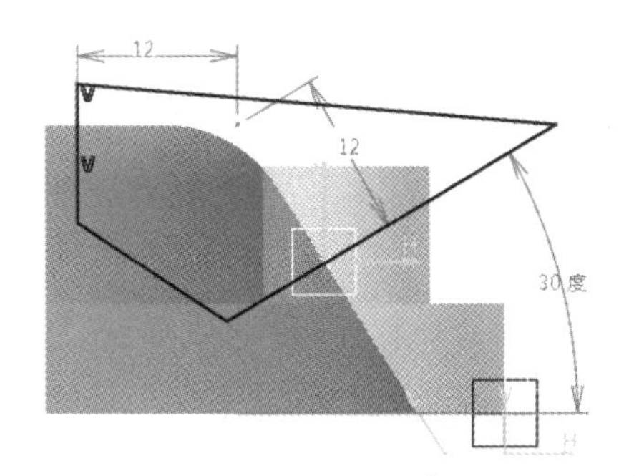

图 4-128　绘制草图

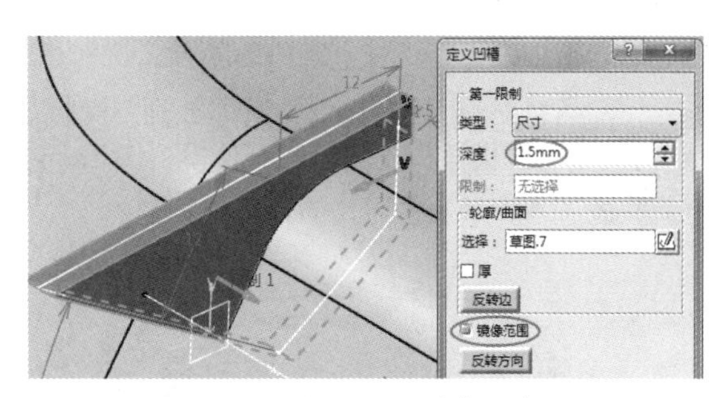

图 4-129　创建凹槽

09 创建凹槽阵列。

- 选中要阵列的凹槽特征，再单击“用户阵列”按钮，打开“定义用户阵列”对话框。
- 首先选择凹槽所在的等距点作为定位参考，再选择“位置”曲线（草图 5），如图 4-130 所示。

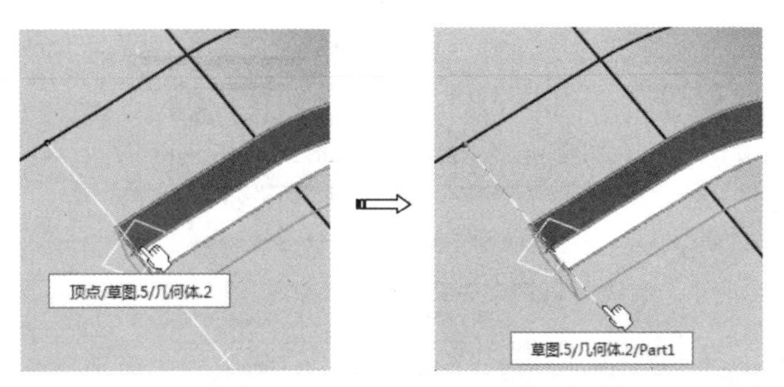

图 4-130 选取定位参考和位置参考

- 单击“确定”按钮完成凹槽的阵列，如图 4-131 所示。

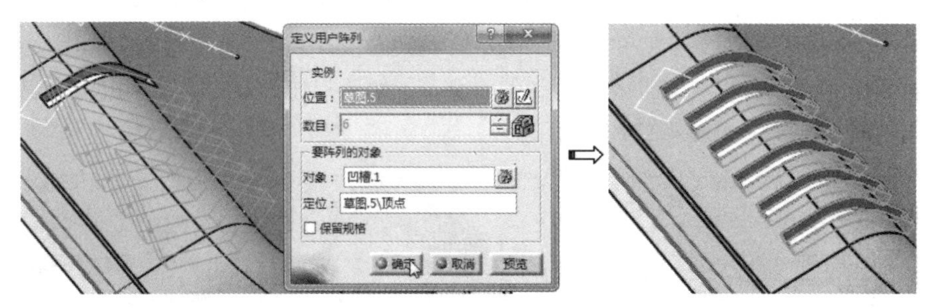

图 4-131 创建用户的阵列

- 单击“三切线内圆角”按钮，在凹槽两端创建全圆角，如图 4-132 所示。同理完成阵列成员中的其余全圆角。

图 4-132 创建全圆角

10 创建另一侧的凹槽特征以及凹槽的阵列，操作步骤与创建凹槽特征及其阵列相同。

11 单击“添加”按钮，将“几何体.2”添加到“零件几何体”中，完成零件几何体的合并，如图 4-133 所示。再利用“倒圆角”工具，对零件模型倒 2mm 的圆角，如图 4-134 所示。

12 至此完成了本例散热盘零件的建模。

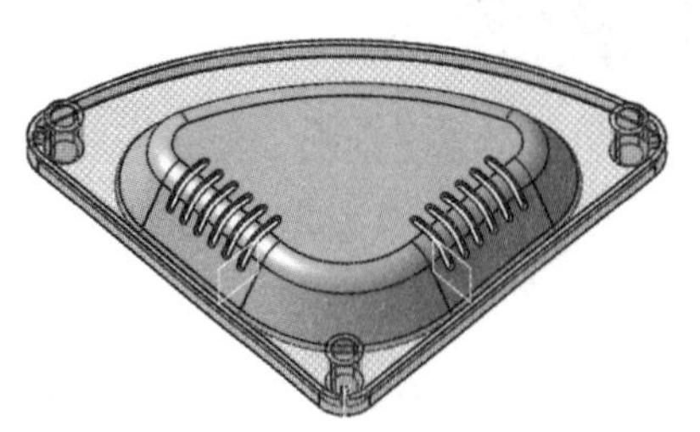

图 4-133 合并零件几何体

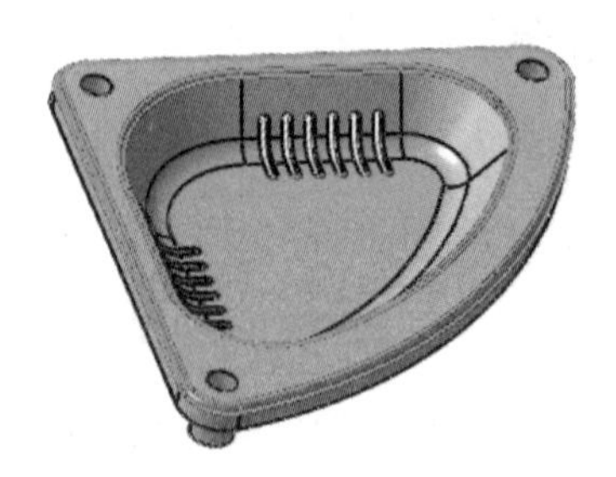

图 4-134 倒圆角

第5章 机械标准件、常用件设计

项目导读

机械零件的标准化设计是三维建模软件建模绕不开的话题，通常机械零件的标准化建模采用3种方式。一是常规建模方式（从草图开始到零件模型完成）；二是建立方程式驱动曲线进行参数化建模；三是利用CATIA二次开发技术建立标准件、常用件数据模型库。在本章，将分别介绍采用这3种方式来完成机械标准件、常用件的设计与应用方法。

5.1 机械标准件常规建模方式

在大型机械装配体中，有着大量的机械标准件和常用件，通过利用CATIA零件工作台中的建模工具，进行机械标准件（如螺栓、螺母、齿轮等）的模型设计，以便在日后机械装配设计中直接调用，提高设计效率。

5.1.1 螺栓设计

六角头螺栓由头部和杆部组成。常用头部形状为六棱柱的六角头螺栓，根据螺纹的作用和用途，六角头螺栓有“全螺纹”“部分螺纹”“粗牙”和“细牙”等多种规格。螺栓的规格尺寸指螺纹的大径 d 和公称长度 L。

下面以螺纹规格M20为例，规格详细参数为：k=12.5、l=60、b=46、d=20、e=32.95、s=30，如图5-1所示。

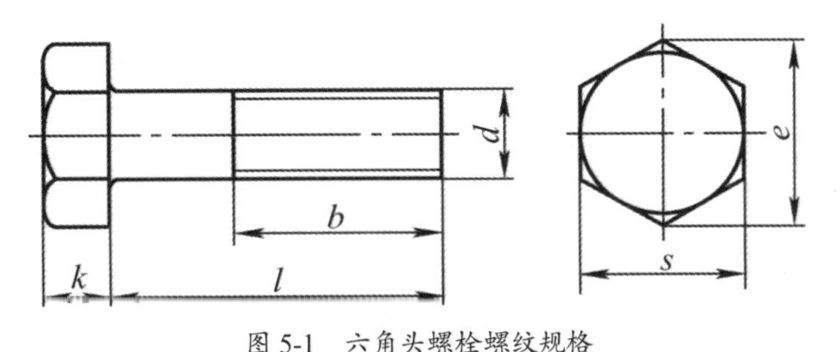

图5-1 六角头螺栓螺纹规格

上机练习——螺栓建模

螺栓模型效果图如图5-2所示，主要由头部、杆部和螺纹3部分组成。

（1）头部建模。

01 新建零件文件，进入零件设计工作台。

02 单击“草图”按钮，选择 yz 平面作为草图平面，进入草图工作台。

03 在“预定义的轮廓”工具栏中单击“多边形”按钮，在草图原点处绘制内接圆直径为30的正六边形，如图5-3所示。随后单击“退出工作台”按钮退出草图工作台。

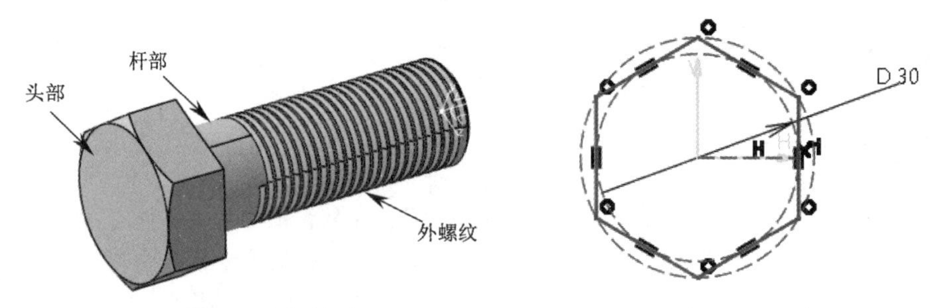

图5-2　螺栓模型　　图5-3　绘制正六边形草图

04 单击“基于草图的特征”工具栏中的“凸台”按钮，弹出“定义凸台”对话框。选择绘制的正六边形作为拉伸截面，设置拉伸“长度”值为13mm，单击“确定”按钮完成“凸台1”的创建，如图5-4所示。

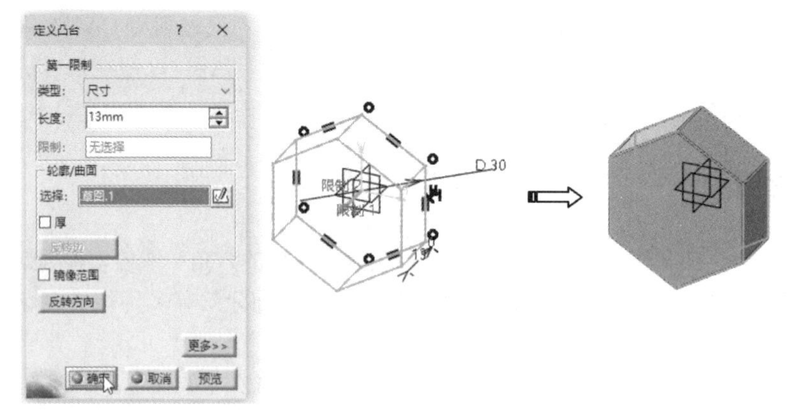

图5-4　创建“凸台1”特征

05 单击“旋转槽”按钮，弹出“定义旋转槽”对话框。在该对话框中单击“草图绘制”按钮，选择*xy*平面作为草图平面后进入草图工作台，绘制如图5-5所示的旋转截面。

06 单击“退出工作台”按钮退出草图工作台，在“定义旋转槽”对话框中单击“确定”按钮完成螺栓的头部建模，如图5-6所示。

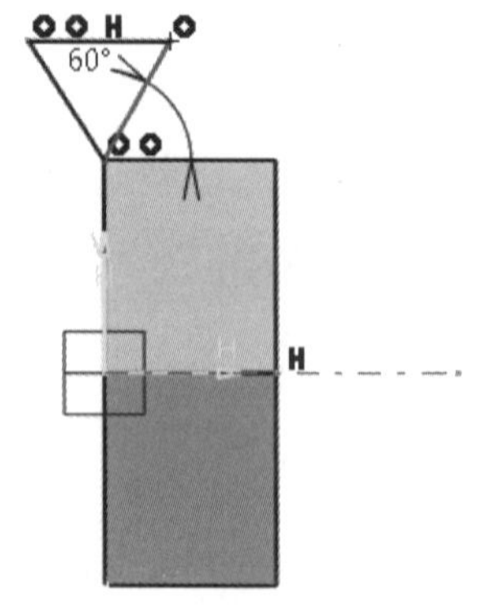

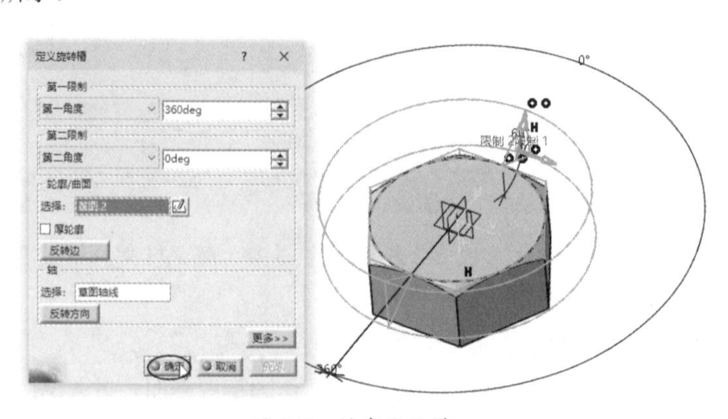

图5-5　绘制旋转截面　　图5-6　创建旋转槽

（2）杆部建模。

01 单击“凸台”按钮，弹出“定义凸台”对话框。单击“草图绘制”按钮，选择螺栓头部模型的端面（非 *yz* 平面上的端面）作为草图平面，进入草图工作台绘制直径为 20mm 的圆形截面，如图 5-7 所示。

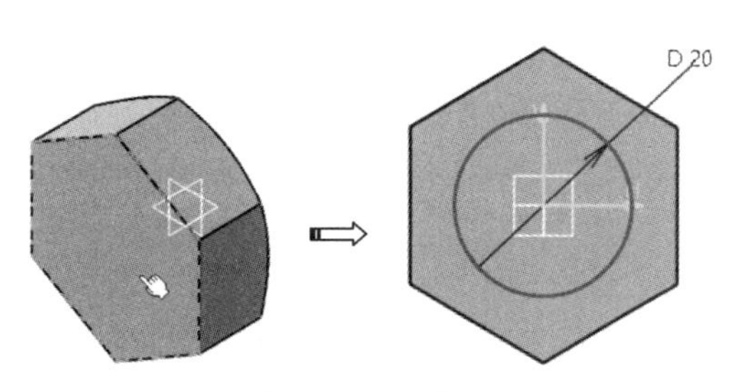

图 5-7　绘制草图

02 退出草图工作台返回“定义凸台”对话框，设置拉伸“长度”值为 60mm，单击“确定”按钮完成“凸台 2”的创建，如图 5-8 所示。

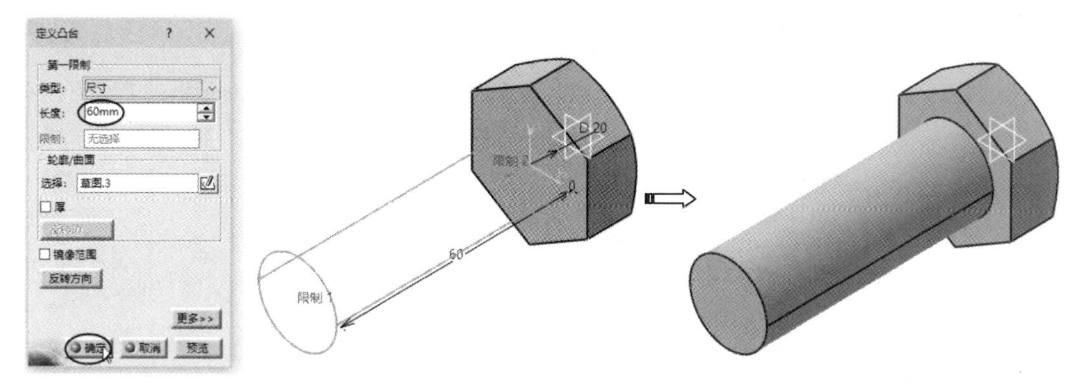

图 5-8　创建“凸台 2”特征

03 单击“修饰特征”工具栏中的“倒角”按钮，弹出“定义倒角”对话框。保留默认的“长度 1/ 角度”模式，设置“长度 1”值为 1mm，再选择“凸台 2”的边线作为要倒角的对象，单击“确定”按钮，完成倒角特征的创建，如图 5-9 所示，完成螺栓杆部的创建。

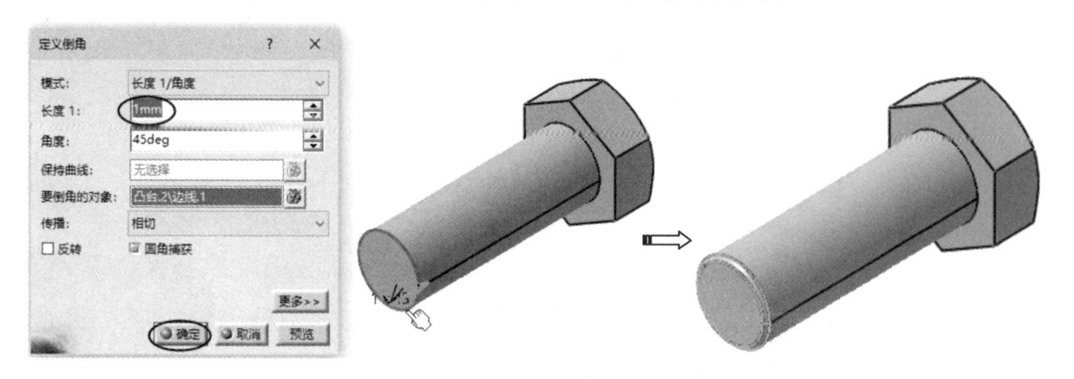

图 5-9　创建倒角特征

（3）创建外螺纹。

螺纹的创建方法有两种：一种是符号螺纹（也称“修饰螺纹”），这种螺纹仅在工程图制作时才会显示，并不在模型上表现；另一种就是形状螺纹，即在杆部模型上创建真实的螺纹特征，这种螺纹的创建方法是先创建螺旋线，再以螺旋线为扫描轨迹来创建开槽特征。下面分别介绍这两种螺纹的创建方法。

① 创建符号螺纹。

01 单击“修饰特征”工具栏中的“外螺纹 / 内螺纹”按钮，弹出“定义外螺纹 / 内螺纹”对话框。

02 在“几何图形定义”选项组中激活“侧面”文本框，选择产生螺纹的小圆柱表面，激活“侧面”文本框，然后选择杆部的外圆面作为螺纹的附着面。再激活“限制面”文本框，选择杆部的端面为螺纹起始限制面，如图 5-10 所示。

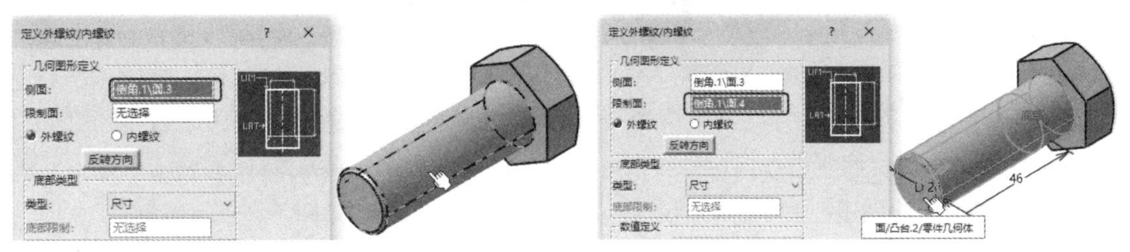

图 5-10　选择螺纹的侧面和限制面

03 选择“外螺纹”单选按钮以确保创建外螺纹。在“定义外螺纹 / 内螺纹”对话框的“数值定义”选项组中设置螺纹类型和螺纹尺寸参数，单击“确定”按钮，完成符号螺纹的创建，如图 5-11 所示。

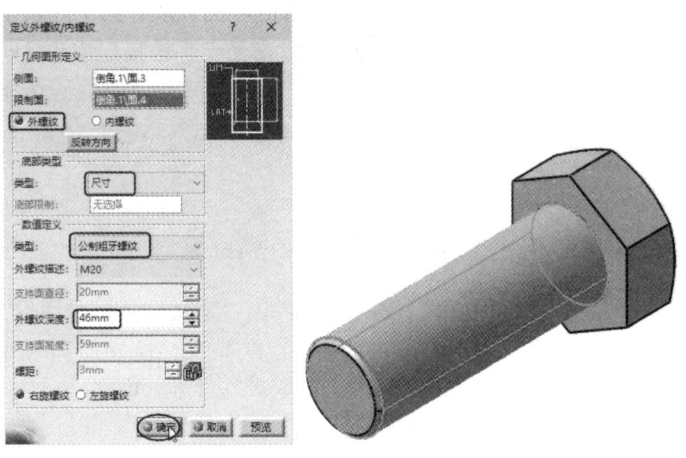

图 5-11　创建螺纹修饰特征

② 创建形状螺纹。

01 执行“开始”|“机械设计”|“线框和曲面设计”命令，进入线框和曲面设计工作台。

02 在软件窗口底部的“工具”工具栏中单击“轴系”按钮，弹出“轴系定义”对话框。定义杆部端面的中心点为坐标系原点，单击“确定”按钮完成轴系的创建，如图 5-12 所示。

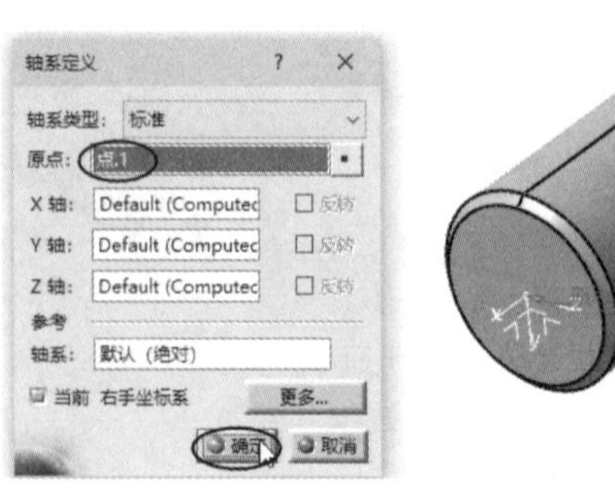

图 5-12　创建轴系

03 在“线框”工具栏中单击“样条线”按钮右下角的下三角按钮，调出“曲线”工具栏，如图 5-13 所示。

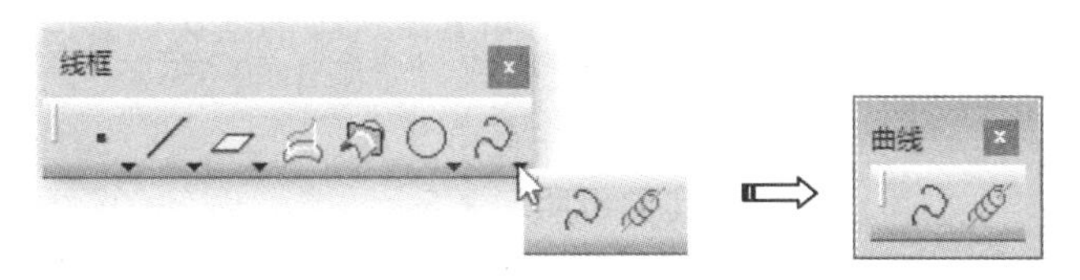

图 5-13 调出“曲线”工具栏

04 在“曲线”工具栏中单击“螺旋线”按钮，弹出“螺旋曲线定义”对话框。选择“高度和螺距”螺旋类型，设置“螺距”值为 3mm、“高度”值为 46mm。在“起点”文本框中右击，在弹出的快捷菜单中选择“创建点”选项，弹出“点定义”对话框。设置点类型为“曲线上”，并选取杆部外圆边线来创建点，如图 5-14 所示。

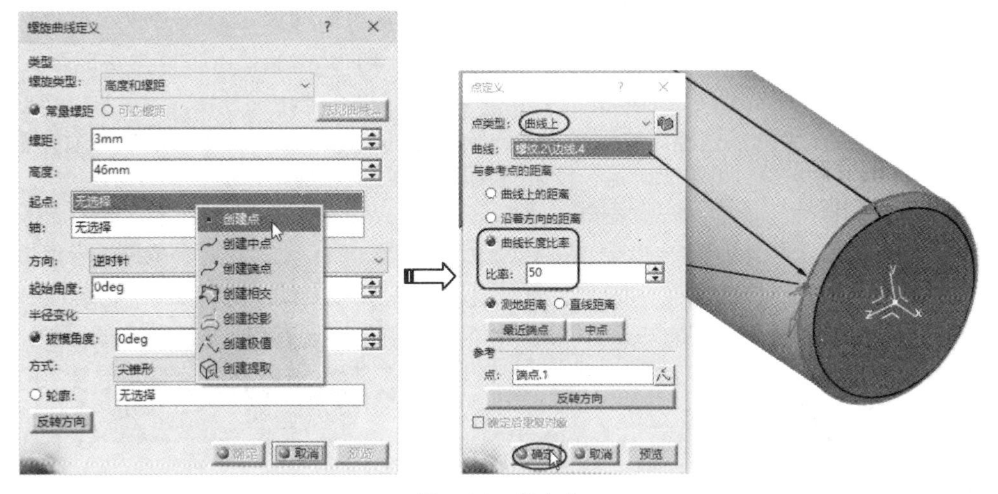

图 5-14 创建点

05 返回“螺旋曲线定义”对话框，激活“轴”文本框，选择前面新建轴系中的 x 轴，单击“反转方向”按钮改变螺旋线生成方向，最后单击“确定”按钮完成螺旋线的创建，如图 5-15 所示。

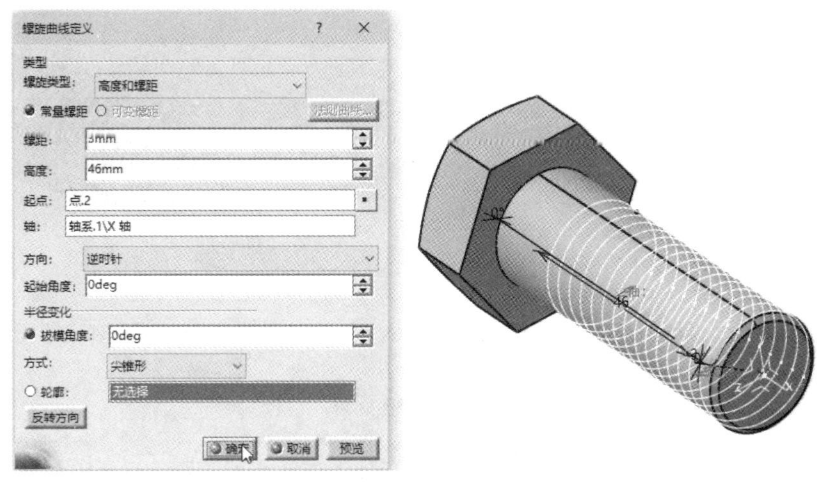

图 5-15 创建螺旋线

06 执行“开始”|“机械设计”|“零件设计”命令进入零件设计工作台。在“参考元素”工具栏中单击“平面”按钮，弹出“平面定义”对话框。选择“曲线的法线”类型，选取螺旋线作为参考曲线，选中“曲线长度比率”复选框，保留其余选项的默认设置，最后单击“确定”按钮完成“平面 1”的创建，如图 5-16 所示。

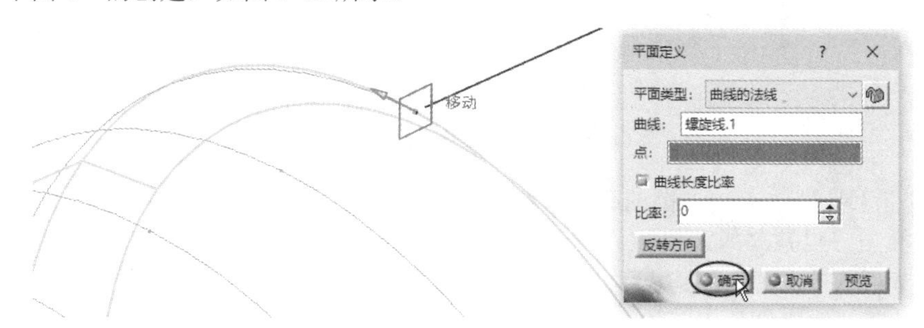

图 5-16　创建平面

07 单击“草图”按钮，选取上一步创建的平面作为草图平面，绘制如图 5-17 所示的螺牙草图。

08 在“基于草图的特征”工具栏中单击“开槽”按钮，弹出“定义开槽”对话框。选取上一步绘制的螺牙草图作为扫描轮廓，选取螺旋线作为中心曲线，选择“拔模方向”选项并选取杆部端面作为拔模参考，最后单击“确定”按钮完成开槽特征的创建，如图 5-18 所示。

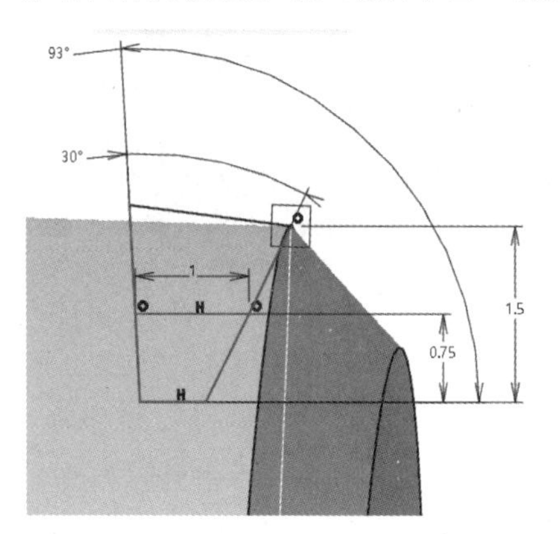

图 5-17　绘制螺牙草图

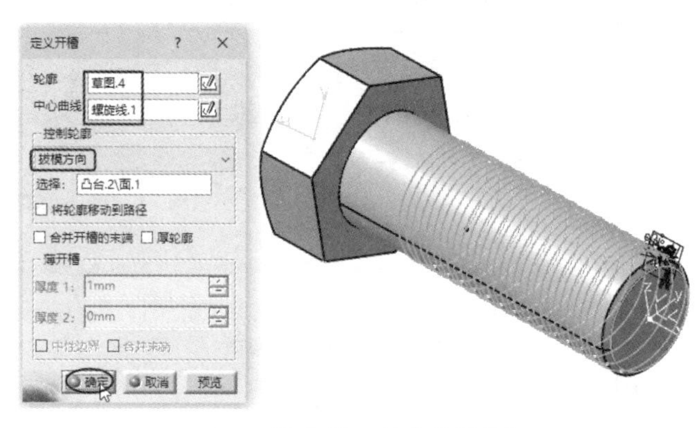

图 5-18　创建开槽特征

09 至此，完成了螺栓标准件的建模，结果如图 5-19 所示。

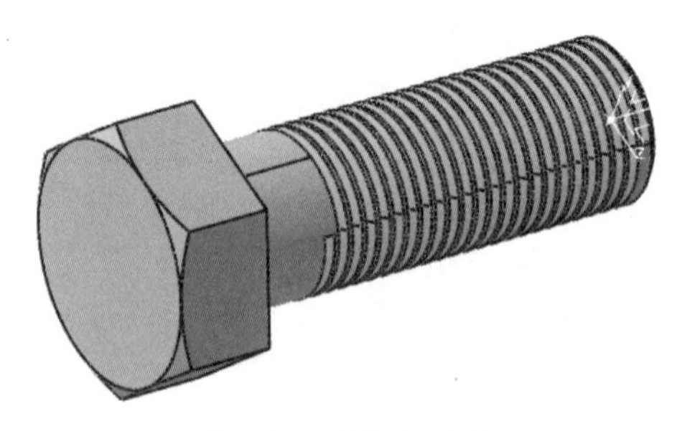

图 5-19　螺栓标准件

5.1.2　螺母设计

螺母与螺栓等外螺纹零件配合使用，起联接作用，其中以六角螺母应用为最广泛。六角螺母根据高度（*m*）不同，可分为薄型、1 型、2 型。根据螺距不同，可分为粗牙、细牙。根据产品等级，可分为 A、B、C 级。螺母的规格尺寸为螺纹大径 *d*，如图 5-20 所示。

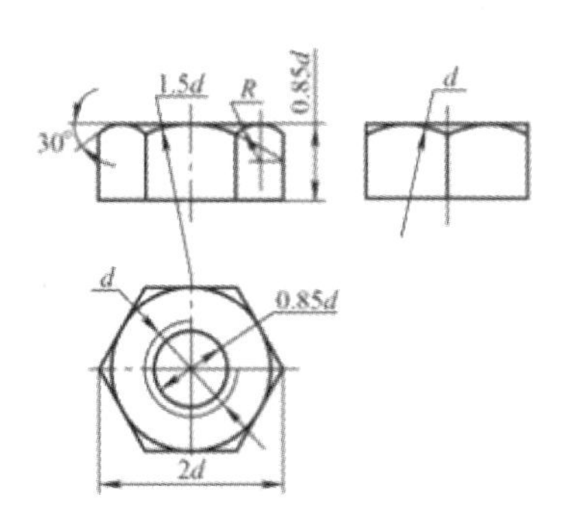

图 5-20　六角螺母

上机练习——螺母建模

以 M20 螺栓规格的螺母为例创建螺母模型，主要由螺母主体、螺纹孔和倒角 3 部分组成，如图 5-21 所示。螺母模型的创建方法与螺栓相同，可对前面创建的螺栓模型进行修改而得到 M20 的螺母。

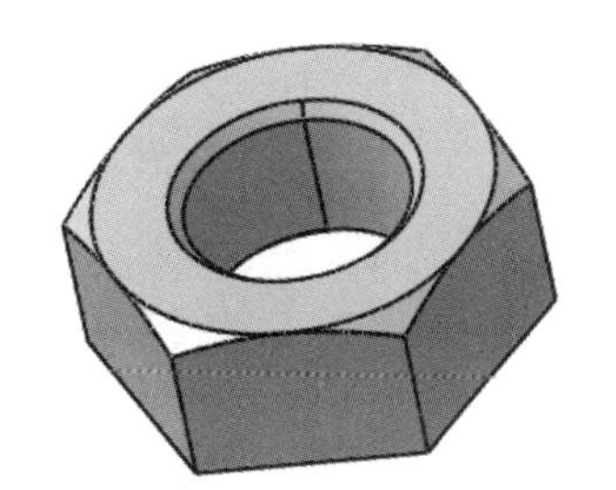

图 5-21　螺母模型

01 将螺栓模型中的螺纹特征和杆部上的附加特征删除，仅保留头部和杆部模型，如图 5-22 所示。

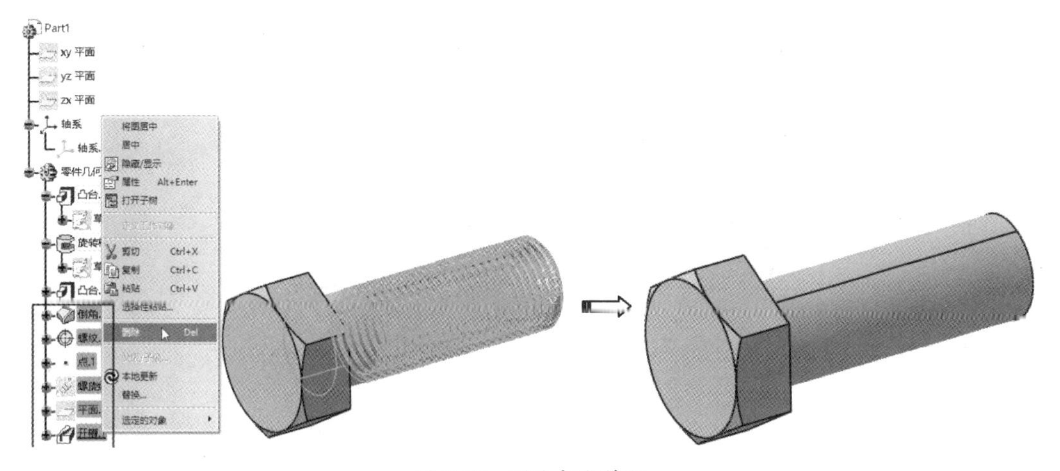

图 5-22　删除部分特征

02 在“基于草图的特征”工具栏中单击“凹槽”按钮，弹出“定义凹槽”对话框。选取杆部模型（凸台.2）中的截面草图作为凹槽的截面草图，设置拉伸“深度”值为 60mm，选中“镜像范围”复选框，最后单击“确定”按钮完成凹槽特征的创建，如图 5-23 所示。

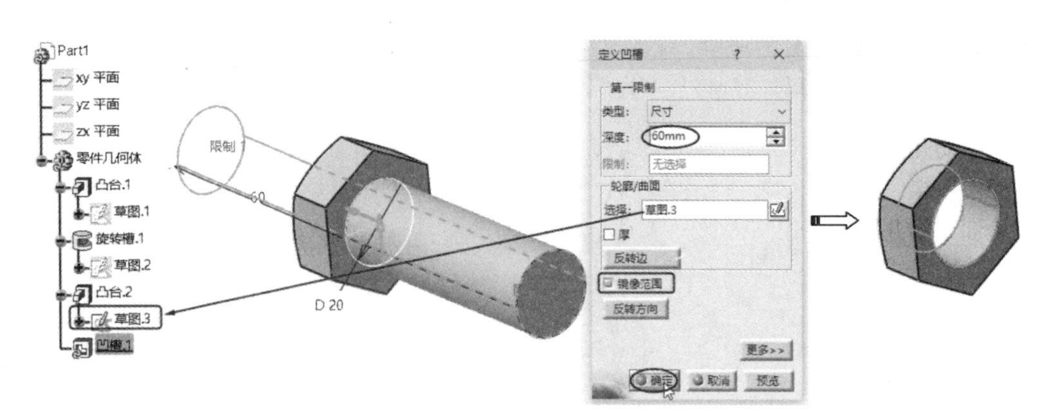

图 5-23　创建开槽特征

03 在“修饰特征”工具栏中单击“厚度”按钮，弹出“定义厚度”对话框。选取开槽特征的表面来添加厚度，“默认厚度”值为1.5mm（此值为配套螺栓的螺牙深度值），如图 5-24 所示。

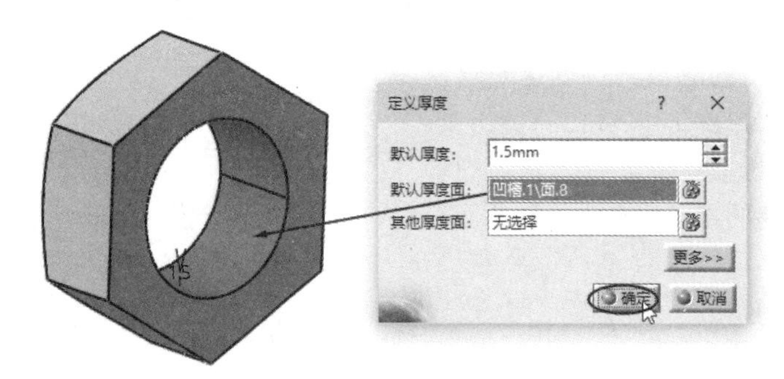

图 5-24　定义厚度

04 单击“外螺纹 / 内螺纹”按钮弹出“定义外螺纹 / 内螺纹”对话框。选择凹槽表面作为侧面，选择“凸台 .1”特征的端面为限制面，然后设置其余螺纹参数，最后单击“确定”按钮完成内螺纹特征的创建，如图 5-25 所示。

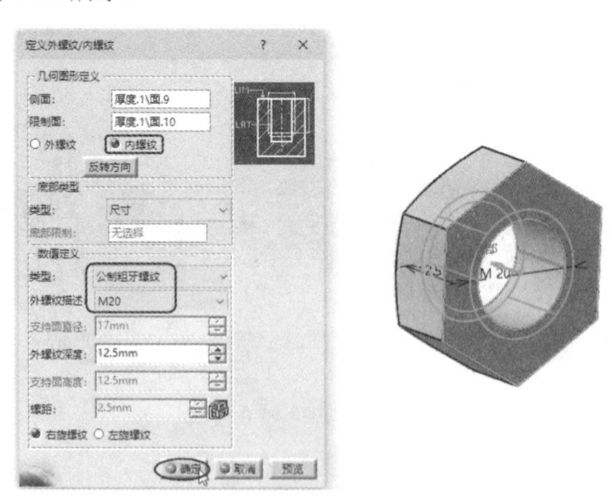

图 5-25　创建内螺纹

05 单击“修饰特征”工具栏中的“倒角”按钮，弹出“定义倒角”对话框。设置倒角“长度 1”为1mm，选取凹槽特征两端面的边线作为倒角对象，最后单击“确定”按钮完成倒角特征的创建，如图 5-26 所示。至此完成了螺母模型的创建。

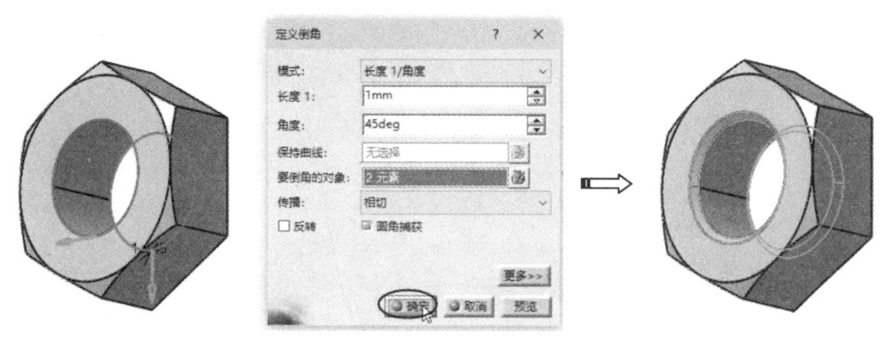

图 5-26 创建倒角

5.1.3 齿轮设计

齿轮类零件是常用机械传动零件之一，主要种类有直齿轮、斜齿轮、圆锥齿轮等。

上机练习——圆柱直齿齿轮设计

下面仅介绍常用的圆柱直齿轮画法，圆柱直齿轮由齿形和齿轮基体组成，如图 5-27 所示。

01 新建零件文件进入零件设计工作台。

02 单击“草图”按钮，选择 *xy* 平面作为草图平面，进入草图工作台绘制如图 5-28 所示的一半齿形草图。

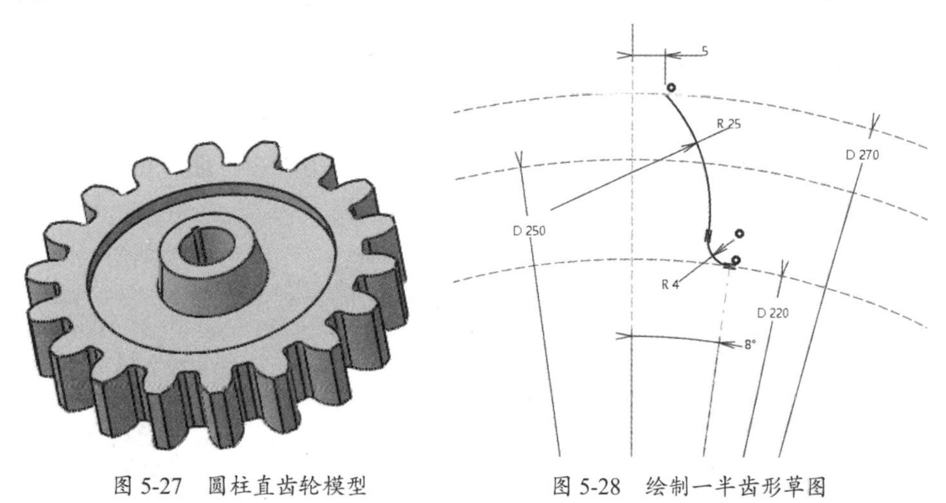

图 5-27 圆柱直齿轮模型　　图 5-28 绘制一半齿形草图

03 在“操作”工具栏中单击“镜像”按钮，将上一步绘制的齿形草图以 *v* 轴镜像，如图 5-29 所示。

04 在“操作”工具栏中单击“旋转”按钮，弹出“旋转定义”对话框。设置“实例”值为 17，选中“复制模式”复选框，在图形区先选择齿形轮廓为旋转元素，再选取草图原点为旋转中心点，设置成员之间的角度值为 20deg，最后单击“确定”按钮完成旋转复制操作，如图 5-30 所示。

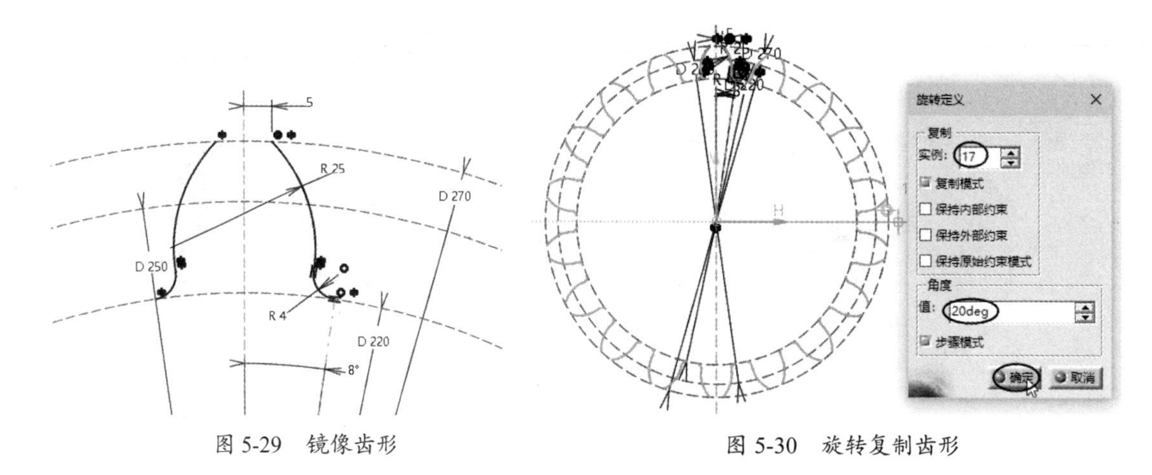

图 5-29　镜像齿形　　　　　　　图 5-30　旋转复制齿形

05 利用“圆”和“快速修剪”工具绘制齿底圆和齿顶圆，并完成如图 5-31 所示的轮廓，最后单击“退出工作台”按钮，完成草图绘制。

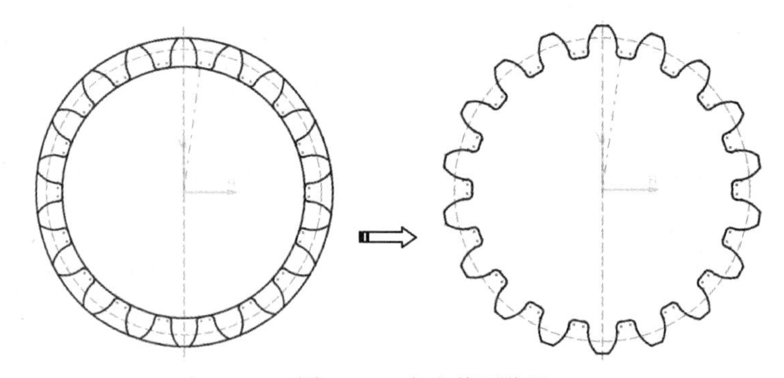

图 5-31　完成截面草图

06 单击“基于草图的特征”工具栏中的“凸台”按钮，弹出“定义凸台”对话框，选择上一步绘制的草图，设置拉伸“长度”值为 25mm，选中“镜像范围”复选框，单击“确定”按钮完成“凸台 .1”特征的创建，如图 5-32 所示。

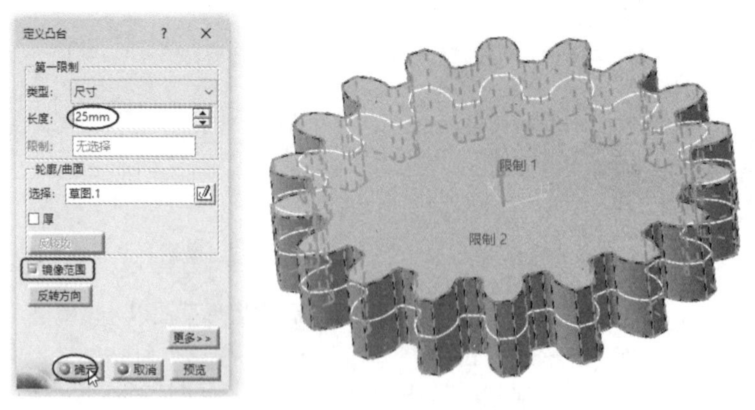

图 5-32　创建“凸台 .1”特征

07 单击“草图”按钮，选择 *xy* 平面作为草图平面，进入草图工作台绘制截面草图，如图 5-33 所示。

08 单击“旋转槽”按钮，弹出“定义旋转槽”对话框。选择上一步绘制的草图作为旋转截面轮廓，单击“确定”按钮，完成旋转槽特征的创建，如图 5-34 所示。

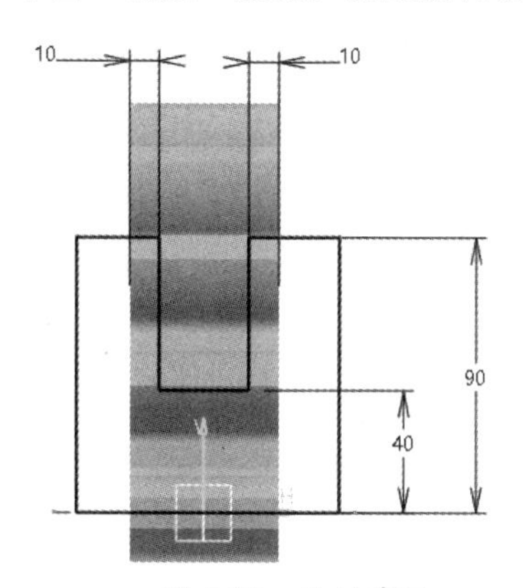

图 5-33　绘制草图

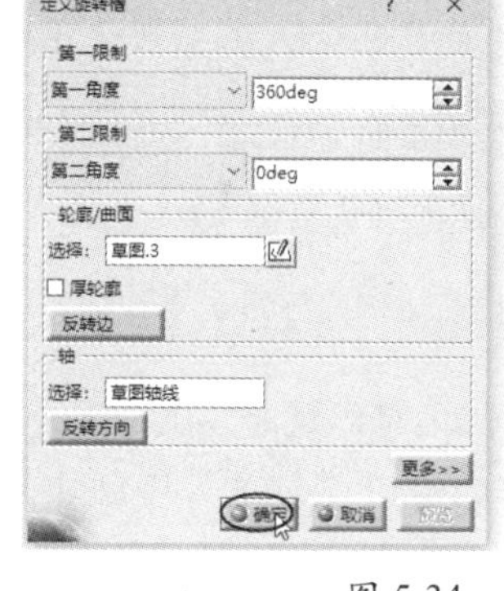

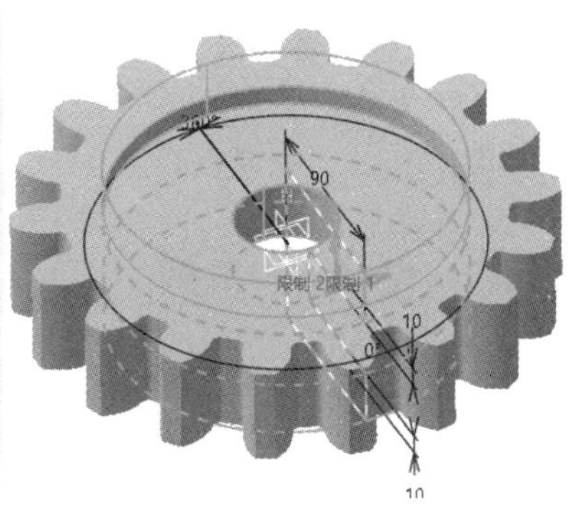

图 5-34　创建旋转槽特征

09 单击“草图”按钮，选择“凸台 .1”特征的端面为草绘平面，然后绘制如图 5-35 所示的键槽草图。

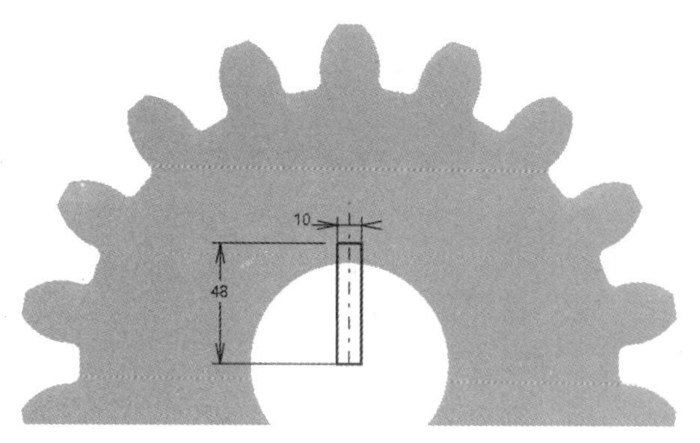

图 5-35　绘制草图

10 单击“凹槽”按钮，弹出“定义凹槽”对话框。选择上一步绘制的草图，设置凹槽参数，单击“确定”按钮完成凹槽特征的创建，如图 5-36 所示。

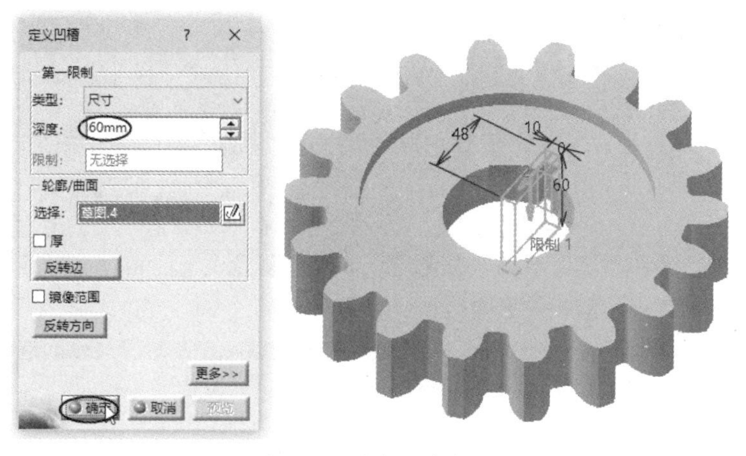

图 5-36　创建凹槽特征

5.2 标准件参数化设计

在 CATIA 中，利用传统的建模方式设计机械标准件、常用件，无法满足企业高效化、设计标准化及智能化的要求。基于此，将采用 CATIA 的参数化建模功能进行标准设计。参数化建模是基于“参数”与“公式”（或称“关系式”）进行的一项工作，首先要了解“参数”和“公式”的基本概念。

5.2.1 什么是“参数”

参数用于提供关于设计对象的附加信息，是参数化设计的要素之一。参数与模型一起存储，参数可以标明不同模型的属性，例如在一个“族表”中创建参数“成本”后，对于该族表中的不同实例可以为其设置不同的值，以示区别。

参数的另一个重要用法就是配合关系的使用来创建参数化模型，通过变更参数值来变更模型的形状和大小。

在实际设计中，经常会遇到这样的问题：有时候需要创建一种系列产品，这些产品在结构特点和建模方法上都有极大的相似之处，例如，一组不同齿数的齿轮、一组不同直径的螺钉等。如果能够对一个已经设计完成的模型做最简单的修改即可获得另外一种设计结果（例如将一个具有 30 个轮齿的齿轮改变为具有 40 个轮齿的齿轮），那么将大幅节约设计时间，增加模型的利用率，要实现这种设计方法就可以借助“参数”来实现。

技巧点拨：

要完全确定一个立方体模型的形状和大小需要怎么样的尺寸？当创建完成一个立方体模型后，怎样更改其形状和大小呢？

不难知道，只要给出一个立方体模型的长、宽和高的尺寸就可以完全确定该模型的形状和大小。而要更改其形状和大小则需要使用编辑或重定义模型的方法，通过修改相关尺寸来实现。那么是否还有更加简便的方法呢？

在 CATIA 中，可以将长方体模型的长、宽和高数据设置为参数，将这些参数与图形中的尺寸建立关联关系后，只要变更参数的具体数值，即可轻松改变模型的形状和大小，这就是参数在设计中的用途。

1. 设置参数化建模环境

默认情况下，在零件设计工作台中进行特征设计，特征树中是不会显示定义的参数及公式的，这就需要设置系统选项。

执行“工具”|“选项”命令，打开“选项”对话框。在该对话框左侧的配置树中的“常规”选项节点下选择“参数和测量”节点，右侧显示参数和测量设置的相关选项。在“知识工程”选项卡中选中如图 5-37 所示的相关选项。

在“基础结构”选项节点下选择“零件基础结构”节点，并在右侧显示的选项区中设置与参数和公式相关的选项，如图 5-38 所示。

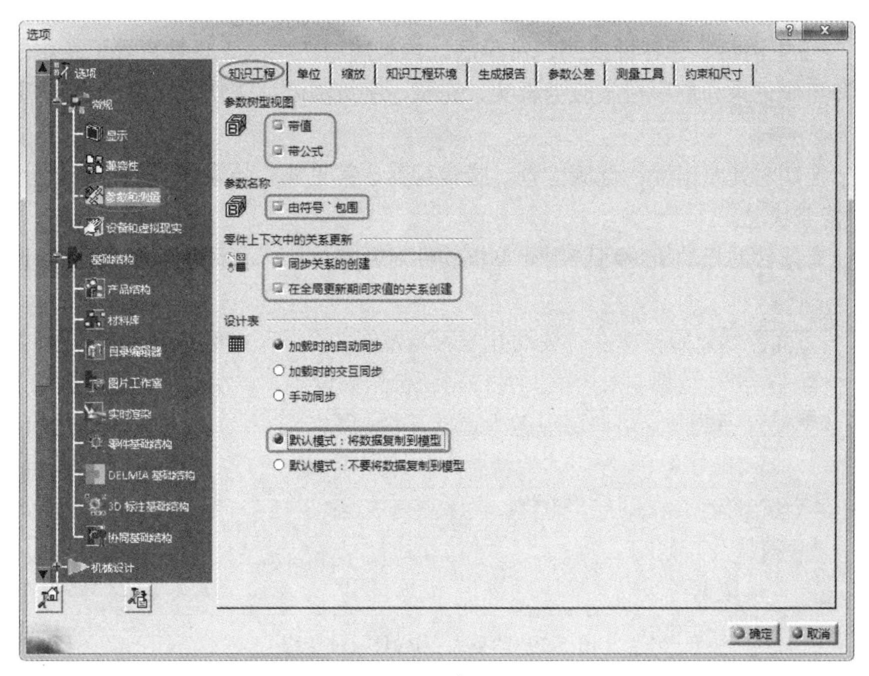

图 5-37 设置参数和测量

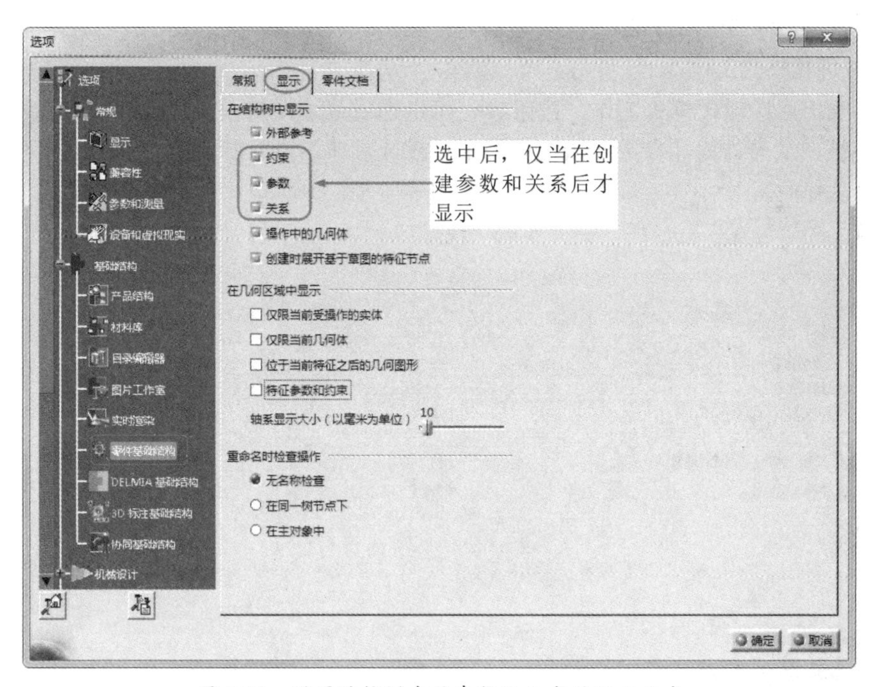

图 5-38 设置结构树中的参数及公式的显示方式

2. 定义参数

在 CATIA 中，可以方便地在模型中添加一组参数，通过变更参数值来实现对设计意图的修改。选择“开始”|“机械设计”|“零件设计”命令，进入零件设计工作台建立一个模型，并执行“工具”|“公式”命令，弹出“公式：Part1”对话框，如图 5-39 所示。

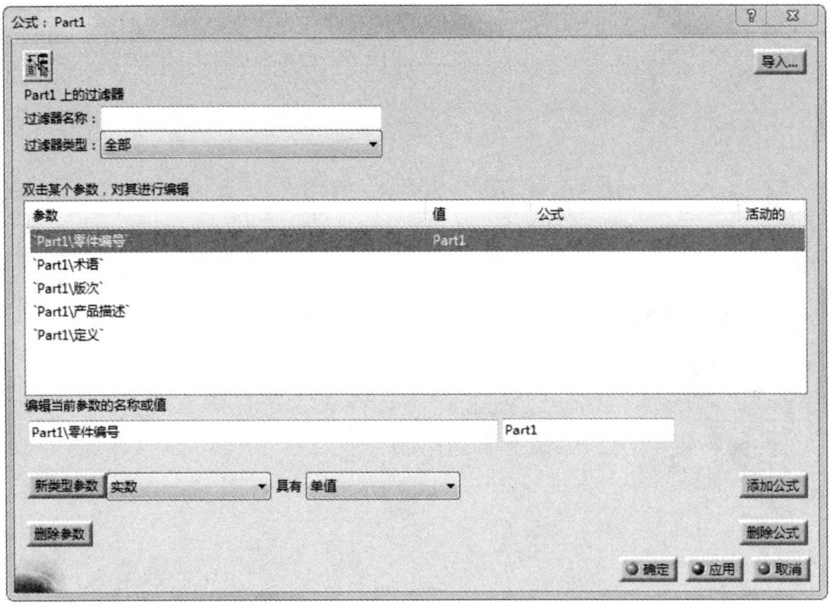

图 5-39 “公式：Part1”对话框

可以利用“公式：Part1”对话框（或称为“参数管理器”）中的选项来定义参数和公式。接下来介绍该对话框的使用方法。

（1）按优化模式工作。

单击“选中后按优化模式工作”按钮，可以增量或非增量模式工作。增量意味着必须递进地选择特征，从而访问其参数。该模式是执行模式，非增量意味着在开始时，应用程序的所有参数都是已知的。

优化模式的“公式”对话框，如图 5-40 所示。

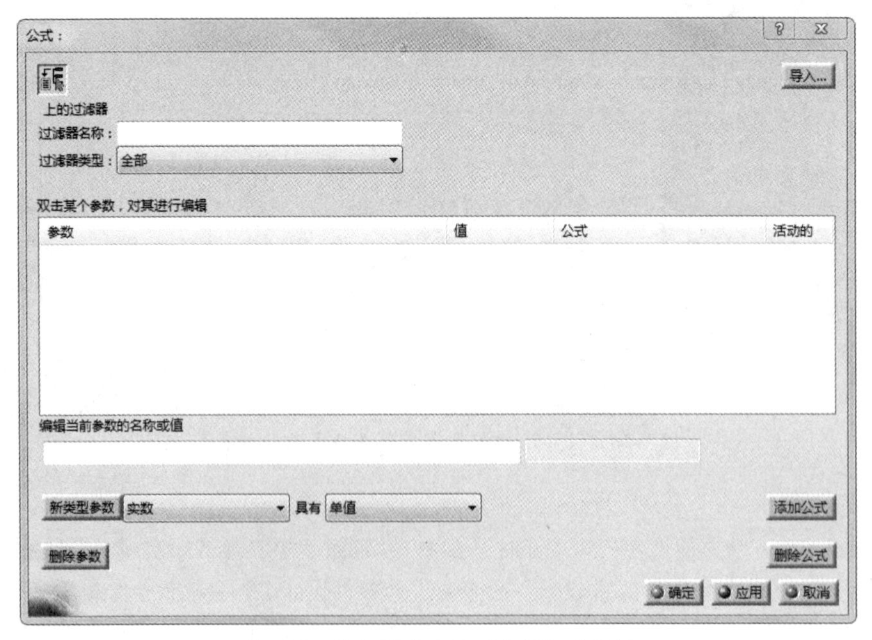

图 5-40 优化模式下的“公式”对话框

（2）过滤器。

当在“过滤器类型”下拉列表中选择一个参数类型后，“过滤器名称”文本框中显示该参数的名称，同时还可以在参数编辑列表中看到带有以下信息的可用参数。

- 参数名称
- 参数值
- 对参数赋值的公式
- 此公式的活动状态

（3）参数编辑列表。

在参数编辑列表中包含特征树中可用的参数，当前行的元素可以在列表下的区域中进行编辑，如图 5-41 所示。

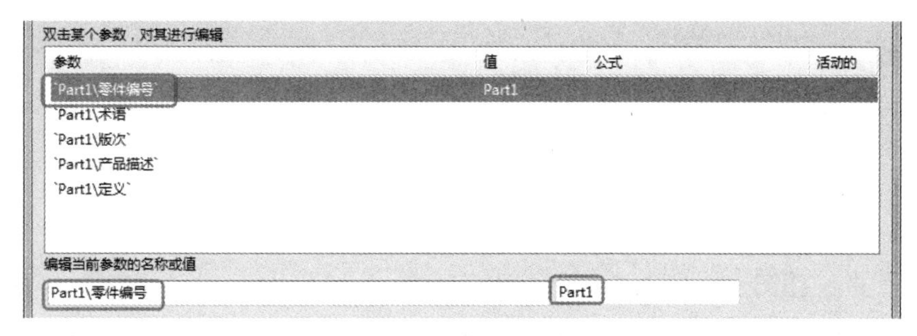

图 5-41　参数的编辑

在列表中双击某一行的参数，可以打开“公式编辑器”对话框，在该对话框中能够重命名当前参数并编辑公式，还可以单击上下文菜单中的“清除文本字段”按钮删除当前公式，如图 5-42 所示。

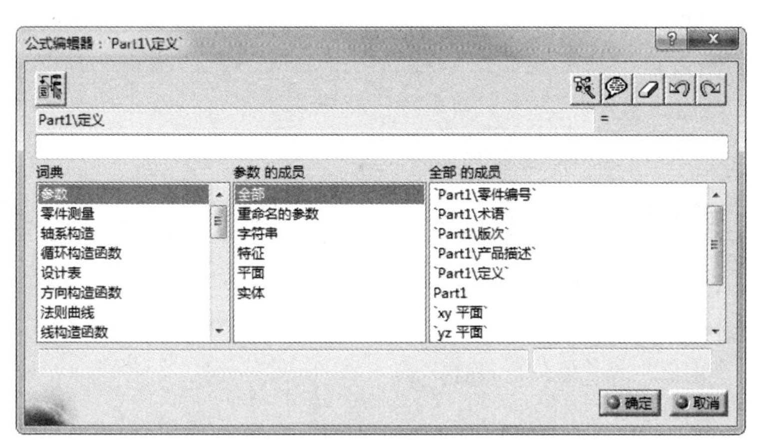

图 5-42　“公式编辑器”对话框

（4）其他按钮选项。

其他按钮选项的含义如下。

- 新类型参数：单击此按钮，可以创建新的参数。可在参数类型列表中选择一类参数，再定义参数值。默认情况下，如果没有选择新参数，系统会自动以“实数”来定义，如图 5-43 所示。

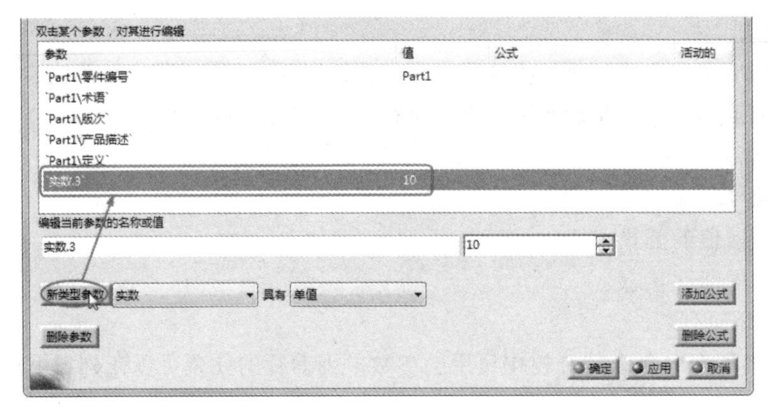

图 5-43　创建新参数

- 删除参数：在参数编辑列表中选中一个参数，单击“删除参数”按钮删除参数。
- 添加公式：单击此按钮，将弹出“公式编辑器”对话框，添加基于选定参数的公式，如图 5-44 所示。

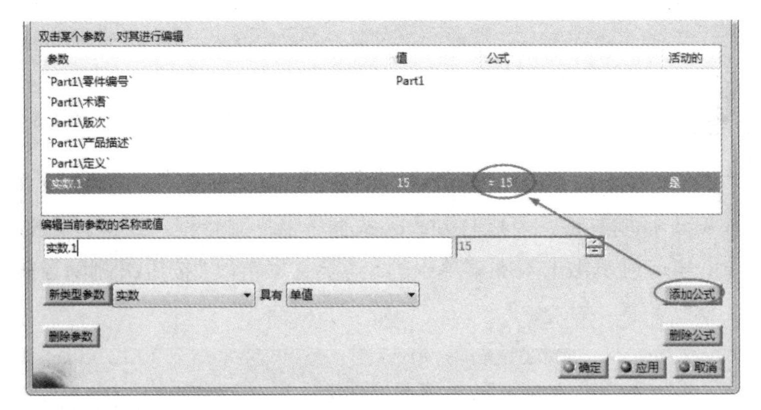

图 5-44　添加公式

- 删除公式：单击此按钮，删除添加的公式。

上机练习——简单零件的参数编辑

01 新建零件文件并进入零件设计工作台。

02 单击“草图”按钮，选择 *xy* 平面进入草图工作台绘制一个矩形，尺寸值任意设置，然后退出草图工作台，如图 5-45 所示。

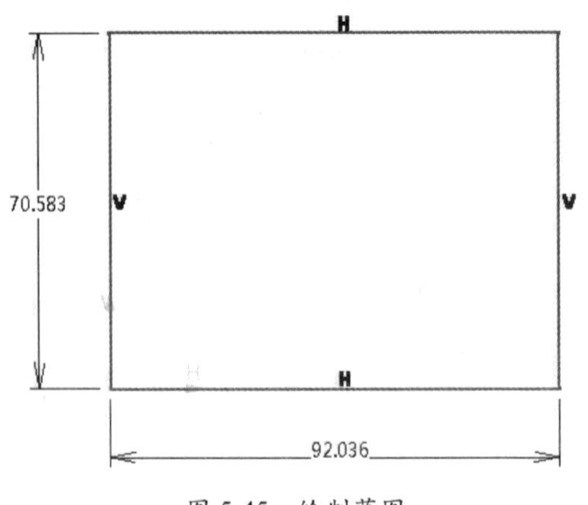

图 5-45　绘制草图

03 单击“凸台”按钮，弹出“定义凸台”对话框。选择草图作为截面，拉伸“长度”值任意设定，如图 5-46 所示。

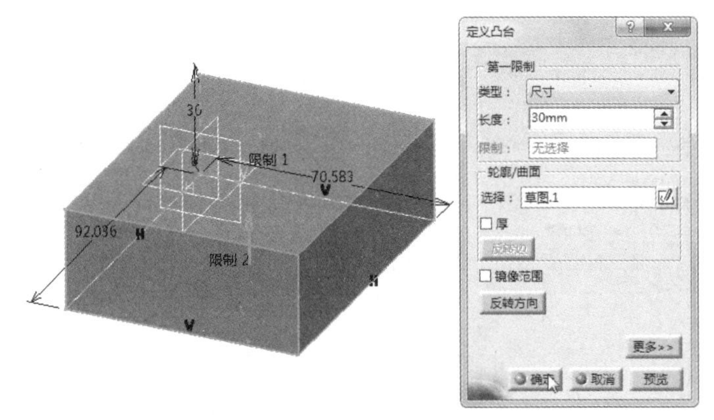

图 5-46　创建凸台

04 在特征树中右击“凸台 .1”节点，在弹出的快捷菜单中选择“凸台 .1 对象”|“编辑参数”命令，凸台特征中显示关于此特征的所有参数，双击一个参数可以修改其值，如图 5-47 所示。

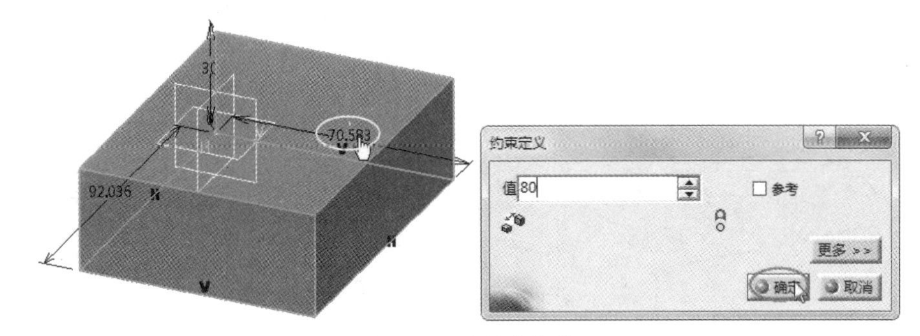

图 5-47　编辑参数值

05 编辑参数后需要执行“编辑”|“更新”命令，更新参数值，如图 5-48 所示。

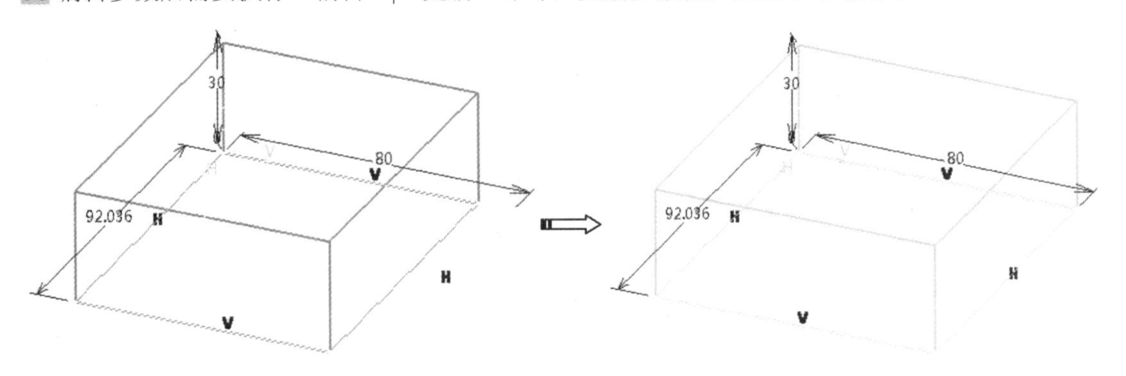

图 5-48　更新值

06 也可以在图形区底部的“知识工程”工具栏中单击“公式”按钮，在弹出的“公式”对话框中，凡是存在数值的参数都可以进行编辑修改。例如，修改凸台的拉伸“长度”值，如图 5-49 所示。

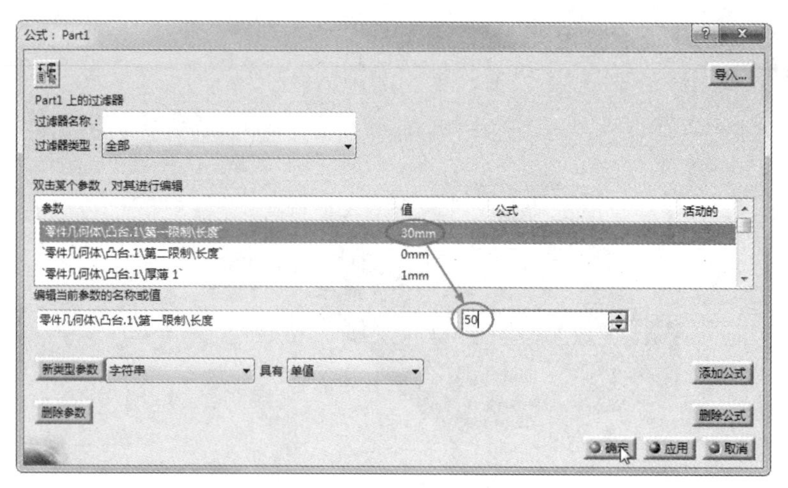

图 5-49　编辑凸台特征的拉伸长度参数

07 修改参数值后，也要进行更新操作，结果如图 5-50 所示。

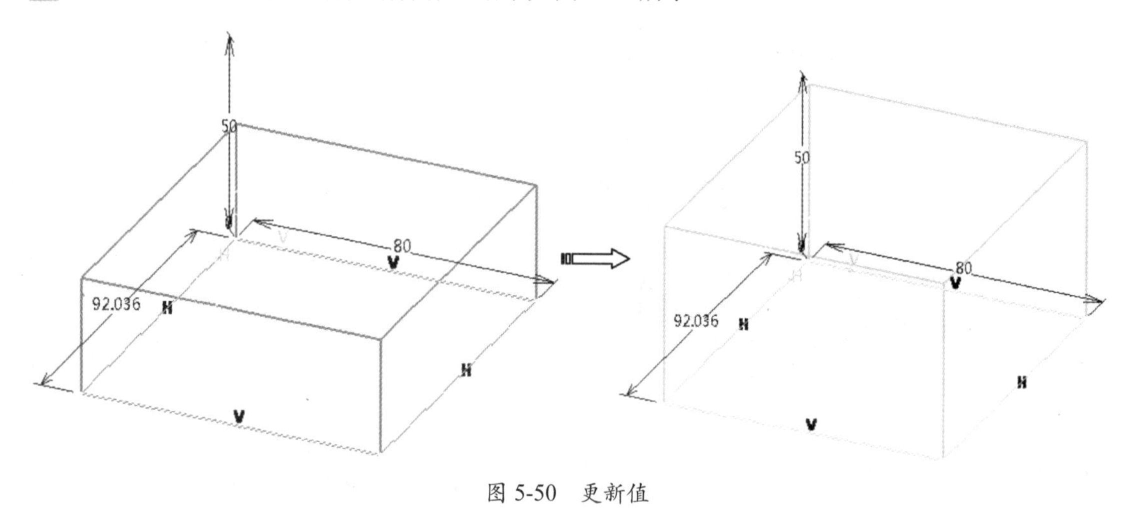

图 5-50　更新值

5.2.2　何为“公式”

公式是参数化设计的一个重要组成要素，通过定义公式（也称“关系式”或“表达式”），可以在参数和对应模型之间引入特定的“父子”关系。当参数值变更后，通过这些公式来规范模型再生后的形状和大小。

公式是定义关系的语句，它由两部分组成：左侧为变量名，右侧为组成公式的字符串。公式字符串经计算后将值赋予左侧的变量，如图 5-51 所示。

一个公式等式的右侧可以是含有变量、函数、数字、运算符和符号的组合或常数。用于公式等式右侧中的每一个变量，必须作为一个公式名字出现在某处，如图 5-52 所示。

公式有自己的语法，它通常模仿编程语言。下面介绍公式语言的组成元素：变量名、运算符、运算符的优先顺序和相关性、机内函数及条件表达。

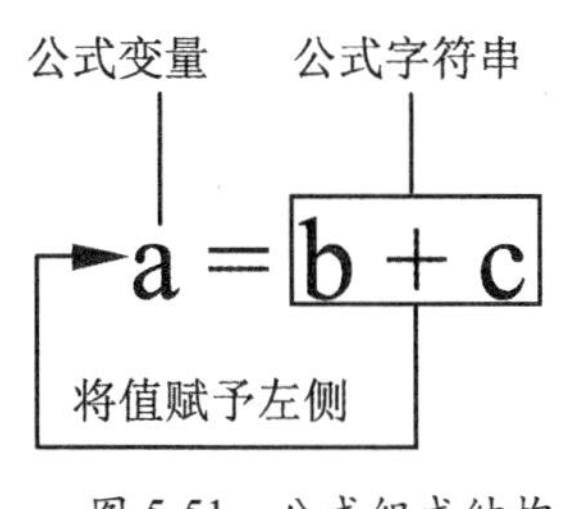

图 5-51　公式组成结构

Length=5+10×Cos（45）

图 5-52　常见公式格式

1. 公式变量名

变量名是字母与数字组成的字符串，但必须以一个字母开始，变量名可含下画线“_”，变量名的长度限制在 32 个字符以内。

2. 运算符

CATIA 运算符与其他计算机编程软件程序语言中的其他运算符相同，包括算术运算符、字符串运算符、关系运算符、逻辑运算符、条件运算符、赋值运算符等。

（1）算术运算符。

算术运算符有一元运算符与二元运算符。由算术运算符与操作数构成的公式称为“算术公式”。

- 一元运算符：-（取负）、+（取正）、++（增量）、--（减量）。
- 二元运算符：+（加）、-（减）、*（乘）、/（除）、%（求余）。

（2）字符串运算符。

字符串运算符只有一个，即“+”运算符，表示将两个字符串连接起来。例如：

string connec="abcd"+"ef"

其中，connec 的值为 abcdef。“+”运算符还可以将字符型数据与字符串型数据或多个字符型数据连接在一起。

（3）关系运算符。

关系运算符用于对两个值进行比较，运算结果为布尔类型 true（真）或 false（假）。常见的关系运算符为：>、<、>=、<=、==、!=。依次为大于、小于、大于或等于、小于或等于、等于、不等于。

用于字符串的关系运算符只有相等“==”与不等“!=”运算符。

（4）逻辑运算符。

逻辑运算符用于对几个关系式运算公式的计算结果进行结合，并做出合理判断。在程序语言编程中，最常用的逻辑运算符是 !（非）、&&（与）、||（或）。

例如：

```
bool b1=!true;                // b1 的值为 false
bool b2=5>3&&1>2;             // b2 的值为 false
bool b3=5>3||1>2              // b3 的值为 true
```

（5）条件运算符。

条件运算符是编程语言中唯一的三元运算符，条件运算符由符号“?”与“□”组成，通过操作 3 个操作数完成运算，其一般格式如图 5-53 所示。

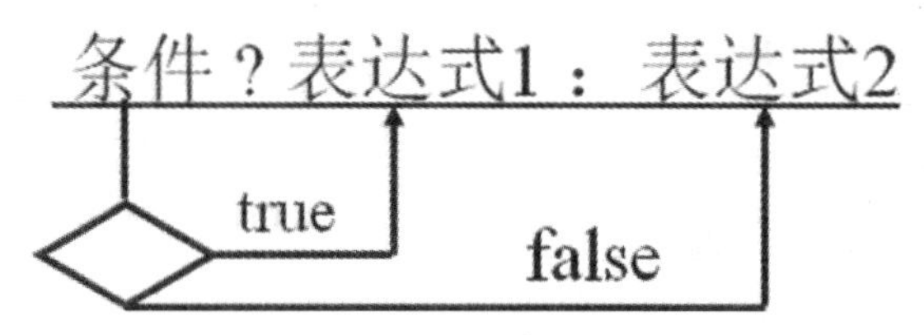

图 5-53　条件运算符的格式

（6）赋值运算符。

在赋值公式中，赋值运算符左侧的操作数称为“左操作数”，赋值运算符右侧的操作数称为“右操作数”，左操作数通常是一个变量。

复合赋值运算符包括“*=”“/=”“%=”“+=”“-=”等。

由赋值运算符将一个变量和一个公式连接起来的式子称为“赋值公式”，它的一般形式为：

<变量><赋值运算符><公式>

3. 内置函数（机内函数）

在 CATIA 的公式中允许有内置函数，常见的内置数学函数见表 5-1。

表 5-1 CATIA 公式中常见的内置数学函数

函 数 名	函 数 表 示	函 数 意 义	备　注
int	Int（v）	定义主函数	
sin	sin（x/y）	正弦函数	x/y 为角度函数
cos	cos（x/y）	余弦函数	x/y 为角度函数
tan	tan（x/y）	正切函数	x/y 为角度函数
sinh	sinh（x/y）	双曲正弦函数	x/y 为角度函数
cosh	cosh（x/y）	双曲余弦函数	x/y 为角度函数
tanh	tanh（x/y）	双曲正切函数	x/y 为角度函数
abs	abs（x）=	绝对值函数	结果为弧度
asin	asin（x/y）	反正弦函数	结果为弧度
acos	acos（x/y）	反余弦函数	结果为弧度
atan	atan（x/y）	反正切函数	结果为弧度
log	log（x）	自然对数	log（x）=ln（x）
log10	log10（x）	常用对数	log10（x）=lgx
exp	exp（x）	指数	ex
fact	fact（x）	阶乘	x!
sqrt	sqrt（x）	平方根	
hypot	hypot（x,y）	直角三角形斜边	=sqrt（x+y）
ceil	ceil（x）	大于或等于 x 的最小整数	
floor	floor（x）	小于或等于 x 的最大整数	
Round	Round i（）	圆周率 π	3.14159265358

5.2.3　参数化直齿轮与锥齿轮设计案例

本节将以一个标准的圆柱直齿轮的参数化设计，详细描述 CATIA 的参数与公式在零件建模中的实际运用。

在齿轮参数化设计时，需要掌握关于齿轮的一些基本参数及公式。图 5-54 所示为一组齿轮与齿条的啮合示意图，可以帮助理解齿轮参数的含义。

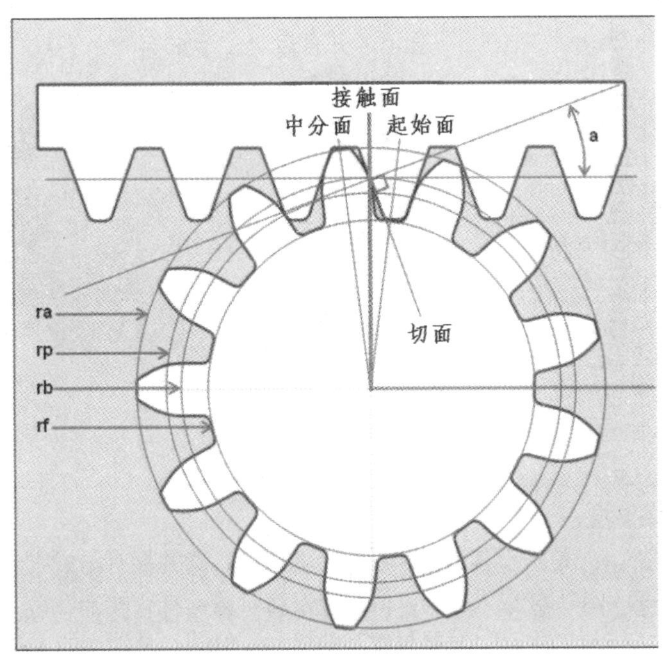

图 5-54 齿轮齿条设计示意

表 5-2 列出了本例齿轮设计的参数及公式。

表 5-2 齿轮参数及公式

序号	参数	参数类型或单位	公式	描述
1	a	角度（deg）	标准值：20deg	压力角：（10deg ≤ *a* ≤ 20deg）
2	m	长度（mm）	——	模数
3	z	整数	——	齿数（5 ≤ *z* ≤ 200）
4	p	长度（mm）	*m*×π	齿距
5	ha	长度（mm）	*m*	齿顶高＝齿顶到分度圆的高度
6	hf	长度（mm）	if *m*＞1.25， hf＝*m*×1.25； else hf＝*m*×1.4	齿根高＝齿根到分度圆的深度
7	rp	长度（mm）	m×z / 2	分度圆半径
8	ra	长度（mm）	rp＋ha	齿顶圆半径
9	rf	长度（mm）	rp - hf	齿根圆半径
10	rb	长度（mm）	rp×cos(*a*)	基圆半径
11	rr	长度（mm）	*m*×0.38	齿根圆角半径
12	t	实数	0 ≤ t ≤ 1	渐开线变量
13	x	长度（mm）	rb×(cos(*t*×π)+sin(*t*×π)× *t* ×π)	基于变量 *t* 的齿廓渐开线 *x* 坐标
14	y	长度（mm）	rb ×(sin(*t*×π)-cos(*t*×π)×*t* * π)	基于变量 *t* 的齿廓渐开线 *y* 坐标
15	b	角度（deg）	10deg	斜齿轮的分度圆螺旋角
16	L	长度（mm）	——	齿轮的厚度

上机练习——圆柱直齿轮参数化设计

本例直齿轮设计完成的效果如图 5-55 所示。

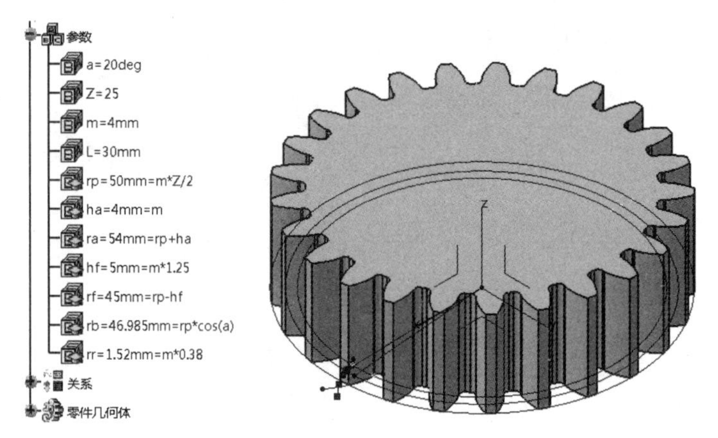

图 5-55　直齿轮

（1）建立齿轮参数和渐开线函数公式。

01 配置选项。前文已经介绍，这里不再赘述。

02 选择“开始”|“机械设计”|“零件设计”命令，进入零件设计工作台。选择“开始”|“知识工程模块”|“知识库向导”命令，进入知识工程模块。将特征树顶层的 Part.1 属性名称更改为 zhichilun。

03 在图形区底部的“知识工程”工具栏中单击“公式”按钮 f(x)，弹出“公式”对话框。在“过滤器类型”下拉列表中选择“用户参数”类型，如图 5-56 所示。

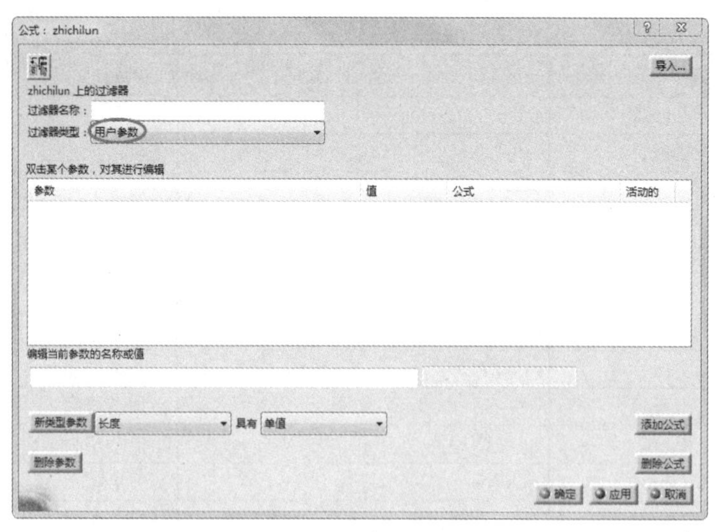

图 5-56　设置过滤器类型

04 在参数类型列表中选择“角度”，单击“新类型参数”按钮，将角度参数添加到参数编辑列表中，并设置角度参数名称为 a，值为 20deg，如图 5-57 所示。

05 同理，将表 5-2 中其他没有带公式的参数逐一创建，创建的参数可以在特征树中的“参数”节点下找到，如图 5-58 所示。

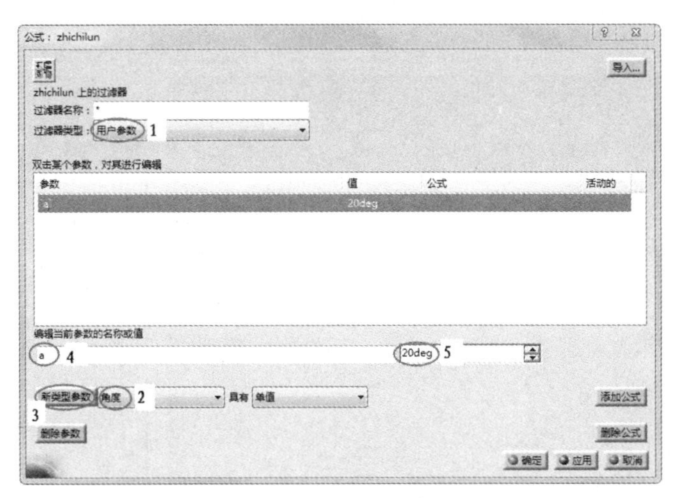

图 5-57 创建角度参数

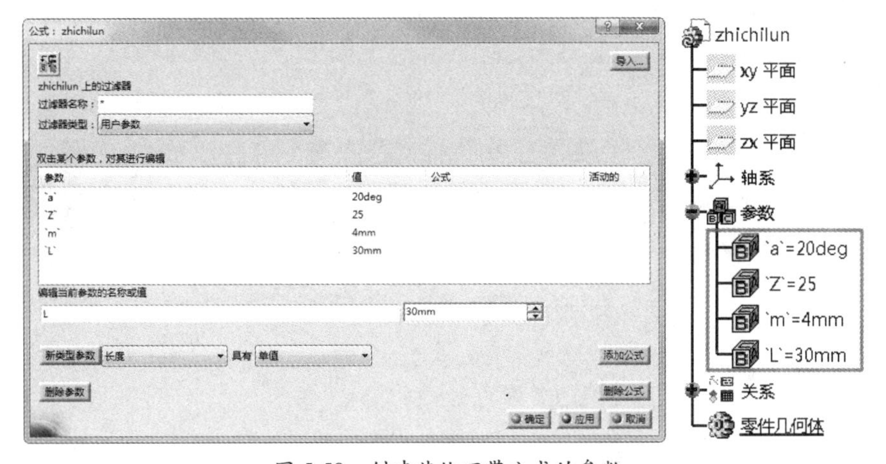

图 5-58 创建其他不带公式的参数

06 创建表 5-2 中带有公式的齿轮参数，例如创建 rp（分度圆半径）参数，如图 5-59 所示。

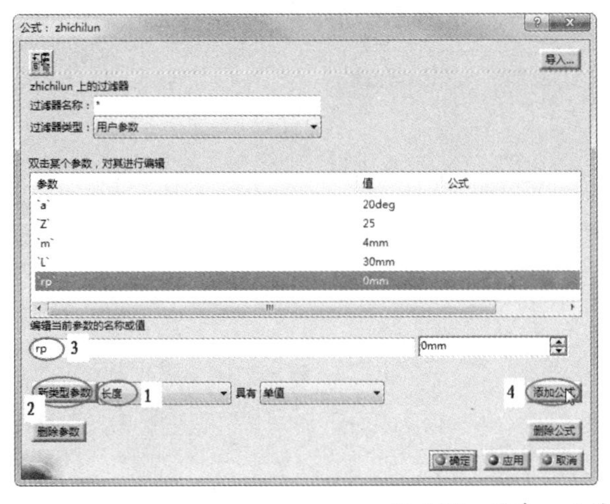

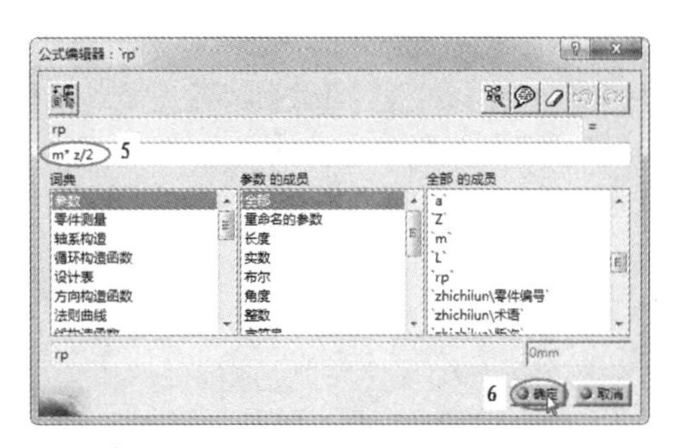

图 5-59 创建 rp 分度圆半径参数

07 同理，按此方法创建其他几个带公式的参数，如图 5-60 所示。

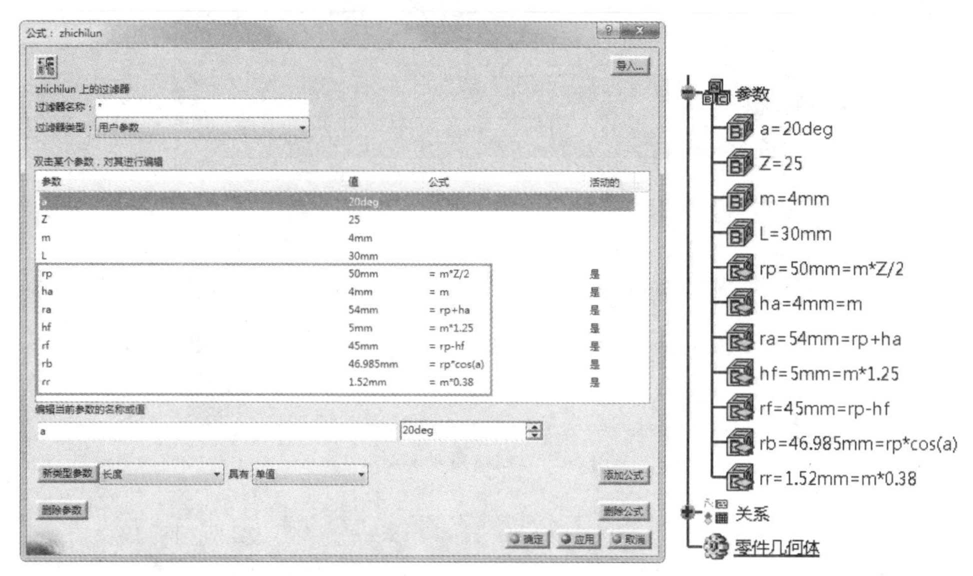

图 5-60　创建其余带公式的参数

技术要点：

在公式中输入的任何字符都要区分英文大小写，这与在定义参数时的大小写相关，不能在参数定义时输入的是大写，输入公式时却是小写，系统是不会识别的，切记！

08 定义 *t*（基于变量 *t* 的齿廓渐开线 *x* 坐标）的函数式。在“知识工程”工具栏中单击“设计表”按钮旁的下三角按钮，展开“关系”工具栏。单击“规则”按钮，弹出“法则曲线 编辑器”对话框，在该对话框中输入法则曲线的名称为 x，如图 5-61 所示。

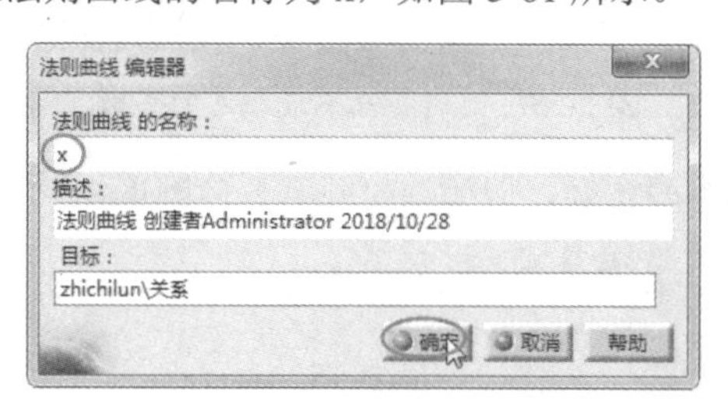

图 5-61　设置法则曲线的名称

09 单击“确定”按钮弹出“规则编辑器：x 处于活动状态”对话框。选择参数类型为“长度”，单击“新类型参数”按钮创建新参数，修改新参数的名称为 x，再创建一个“实数”参数，并命名为 t，接着在编辑器中输入公式 x= rb*(cos(t *PI*1rad)+sin(t*PI*1rad)* t*PI)，单击“确定”按钮完成 x 函数式的创建，如图 5-62 所示。

操作技巧：

在规则编辑器中，表达三角函数的角度要使用角度常量（如1rad或1deg），而不是数字。另外，圆周率π要用PI替代。

10 按此操作再创建 *y* 函数式，如图 5-63 所示。

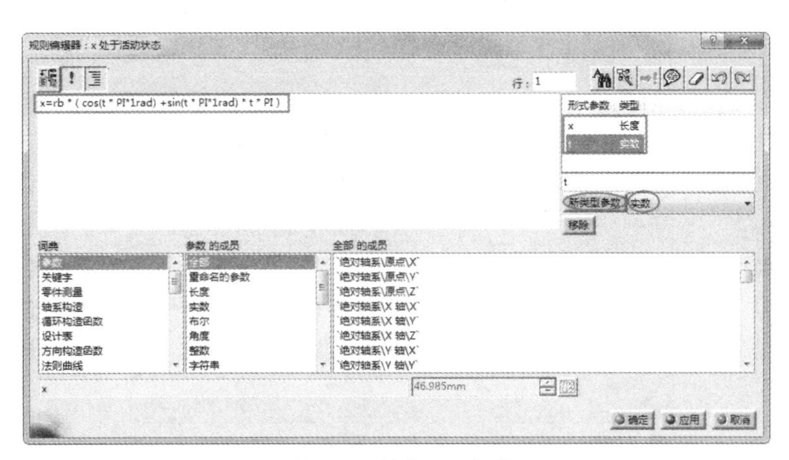

图 5-62　创建 x 函数式

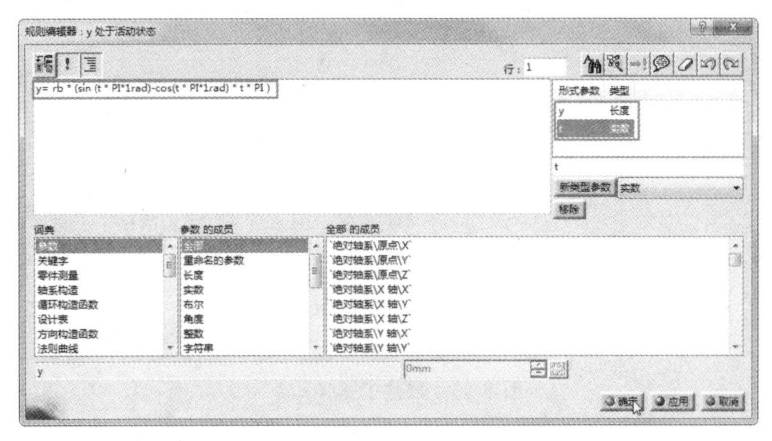

图 5-63　创建 y 函数式

（2）绘制齿轮轮廓渐开曲线。

01 选择“开始”|“机械设计”|“线框和曲面设计”命令，进入线框和曲面设计工作台。

02 首先绘制 rf 齿根圆曲线。在“线框”工具栏中单击“圆”按钮◯，弹出“圆定义”对话框。在图形区中选择坐标系原点作为中心，或者在“中心”文本框右击，在弹出的快捷菜单中选择“创建点”命令，在弹出的“点定义”对话框设置点的坐标为（0,0,0），选择 xy 平面作为支持面。在“半径”文本框右击，在弹出的快捷菜单中选择“编辑公式”命令，如图 5-64 所示。

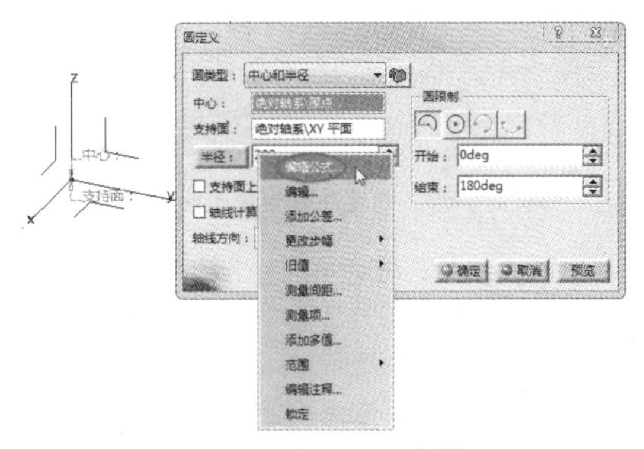

图 5-64　设置圆心与支持面

03 在弹出的“公式编辑器”对话框中选择rf参数，单击“确定”按钮，返回“圆定义”对话框中，如图5-65所示。

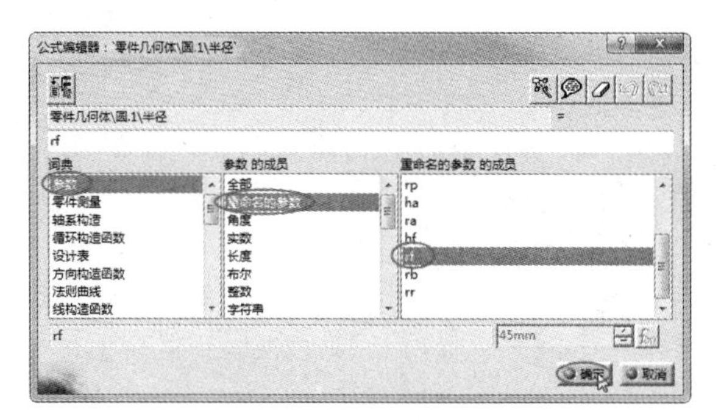

图5-65　定义圆半径

04 在“圆定义”对话框中单击“全圆”按钮，再单击“确定”按钮完成齿根圆曲线的创建，如图5-66所示。

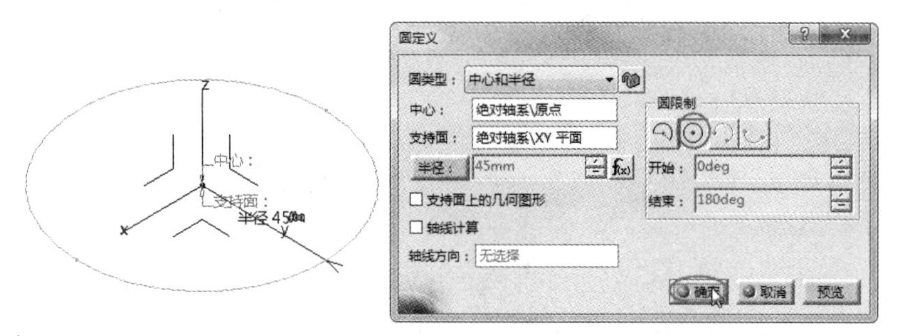

图5-66　创建齿根圆曲线

05 同理，按此方法依次创建基圆rb、分度圆rp和齿顶圆ra曲线，如图5-67所示。

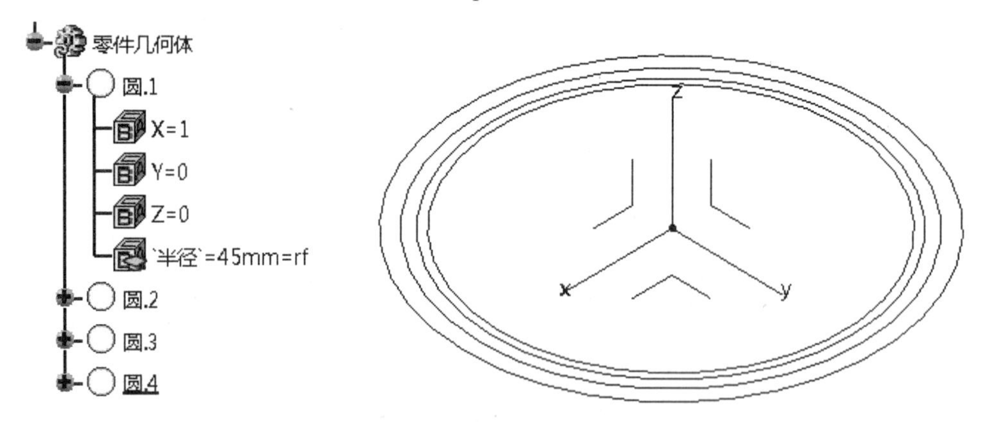

图5-67　创建其余齿轮圆曲线

06 创建渐开线。CATIA的渐开线画法是：先建立几个渐开线上的点，然后利用“样条线”工具将点连接起来完成渐开线的创建。在“线框”工具栏中单击“点”按钮，弹出“点定义”对话框，选择“平面上”点类型，再选择*xy*平面作为放置面，如图5-68所示。

07 在H文本框中右击，在弹出的快捷菜单中选择“编辑公式”命令，弹出“公式编辑器”对话框。在该对话框的“词典”列表中选择“参数”的Law成员和Law的“'关系\x'”成员，如图5-69所示。

图 5-68　选择点类型和平面

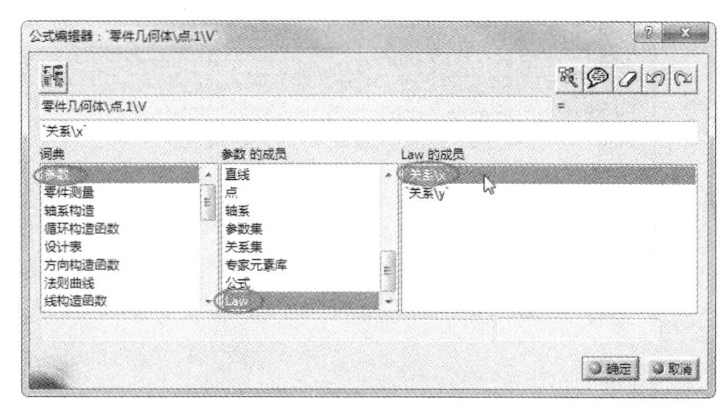

图 5-69　添加赋值的参数及成员

08 在“词典”列表中选择“法则曲线”参数，并双击法则曲线的成员添加到上面的赋值文本框中，最后在括号中输入 0，完成后单击“确定”按钮关闭对话框，如图 5-70 所示。

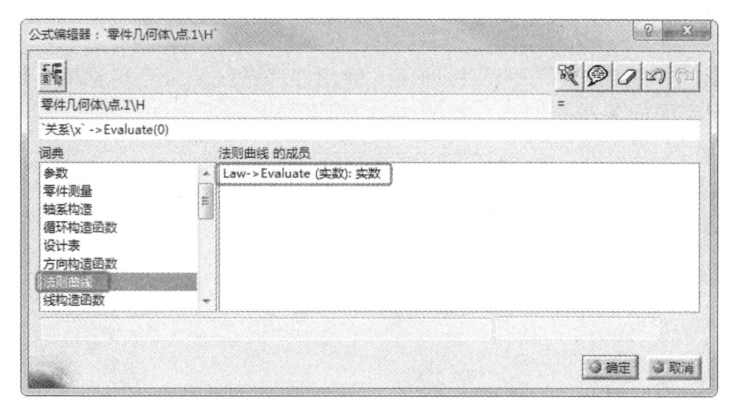

图 5-70　编辑 H 的公式

09 在“点定义”对话框中的 V 文本框中右击，在弹出的快捷菜单中选择“编辑公式”命令，在弹出的“公式编辑器”对话框中定义 V 的公式，如图 5-71 所示。

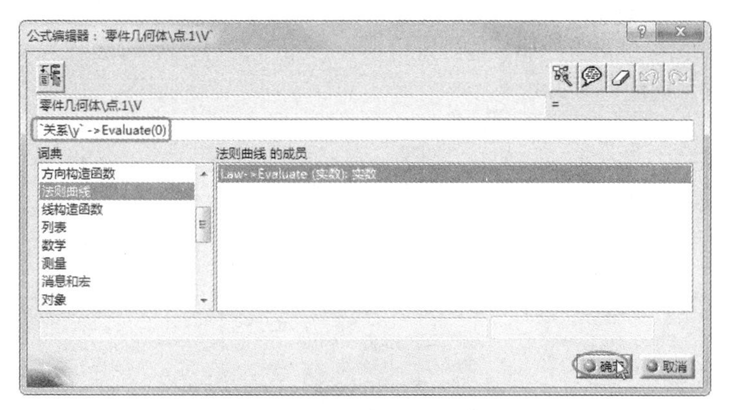

图 5-71　编辑 V 的公式

10 在“点定义”对话框中单击“确定”按钮，完成渐开线上第一点的坐标位置定义。同理，再确定当 *t*（实数）等于 0.05、0.1、0.15、0.2 及 0.25 时的几个点，结果如图 5-72 所示。

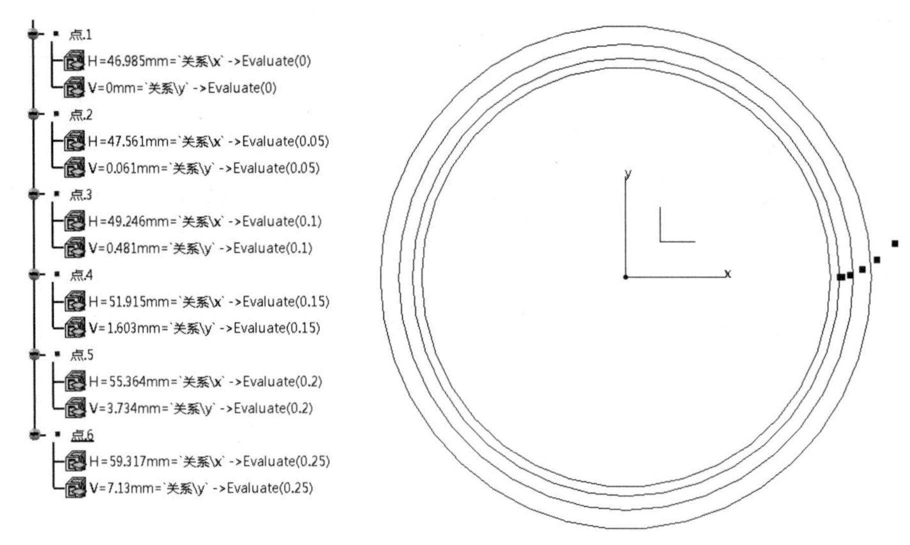

图 5-72 创建完成的点

11 在“线框”工具栏中单击“样条点”按钮，弹出“样条线定义”对话框。依次选择 6 个点，单击“确定”按钮完成样条线的创建，如图 5-73 所示。

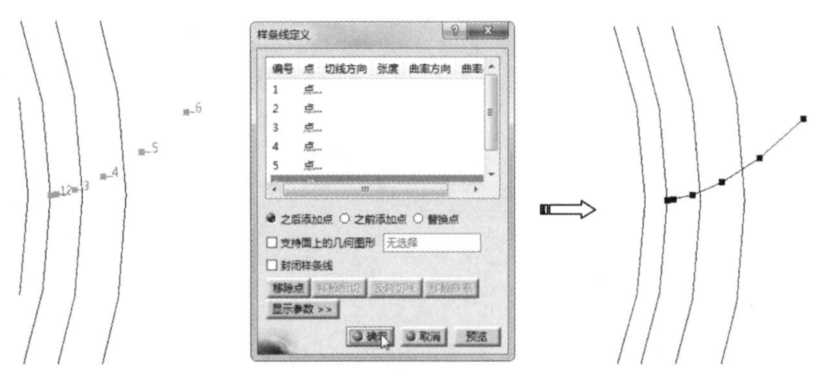

图 5-73 创建样条线

12 在“操作”工具栏中单击“外插延伸”按钮，按如图 5-74 所示的选项选择要延伸的样条线，将样条线延伸到齿根圆的曲线上。

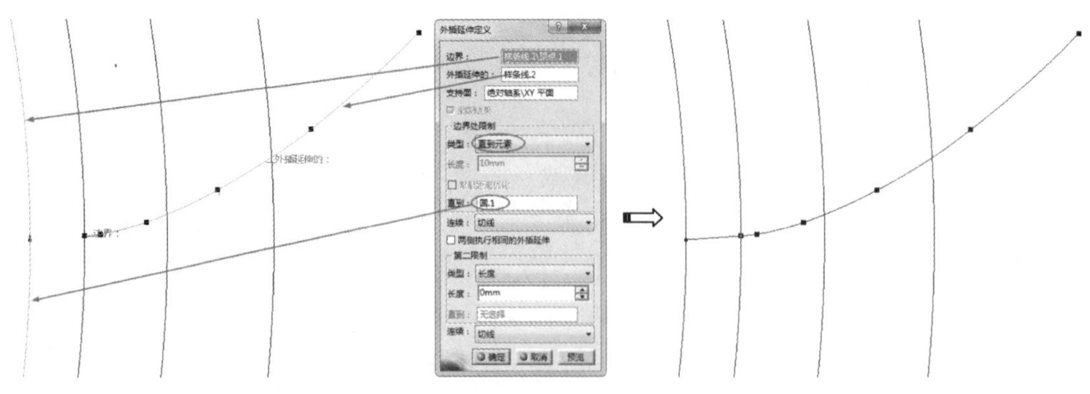

图 5-74 创建样条线的延伸

13 单击“圆角”按钮，弹出“圆角定义”对话框。选择渐开线与齿根圆曲线进行倒圆角处理，选择 *xy* 平面作为支持面，在“半径”文本框中右击，在弹出的快捷菜单中选择“编辑公式”命令，弹出“公式编辑器”对话框，在该对话框中输入公式 m*0.38，如图 5-75 所示。

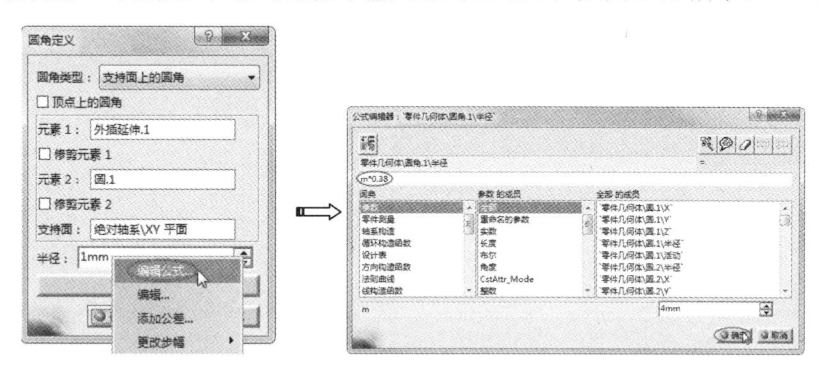

图 5-75　编辑半径的公式

14 单击“确定”按钮返回“圆角定义”对话框，单击“确定”按钮完成圆角的定义，如图 5-76 所示。

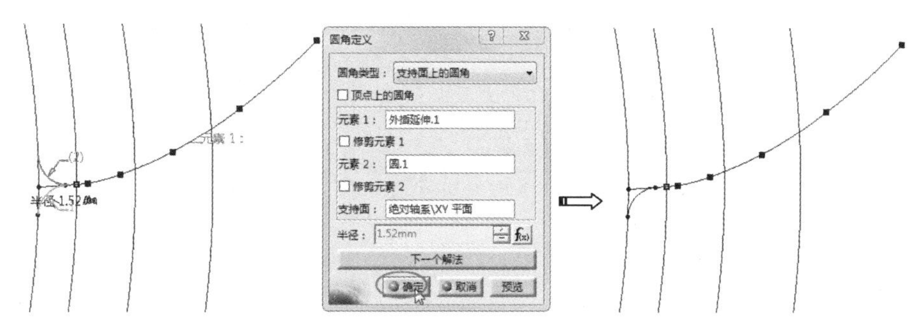

图 5-76　创建圆角

15 利用“操作”工具栏中的“修剪”命令，修剪渐开线，得到齿轮的单边轮廓曲线，如图 5-77 所示。

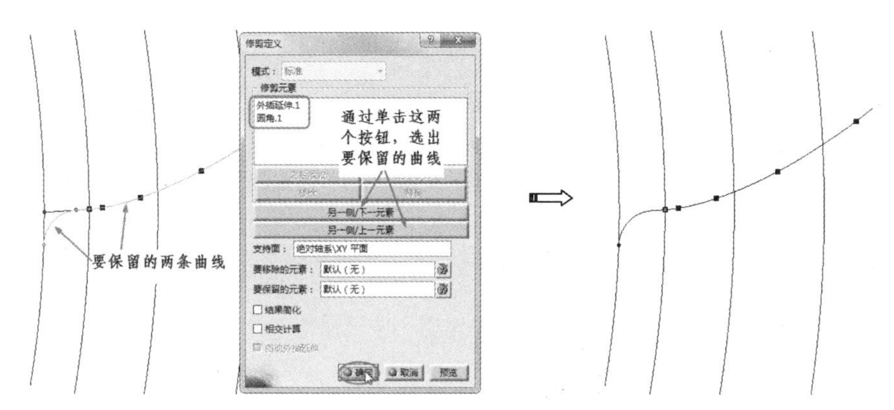

图 5-77　修剪曲线

（3）建立接触面、中分面或起始面。

接触面（可以用直线代替）穿过分度圆曲线与渐开线交点，且经过分度圆圆心。做一个完整齿就要创建中分面（可以用直线代替），由于单个齿的齿厚在分度圆上的角度为 180deg/z，所有中分面与接触面的角度为 90deg/z。

01 在“线框”工具栏中单击“相交”按钮，弹出“相交定义”对话框。选择渐开线与分度圆曲线创建一个交点，如图 5-78 所示。

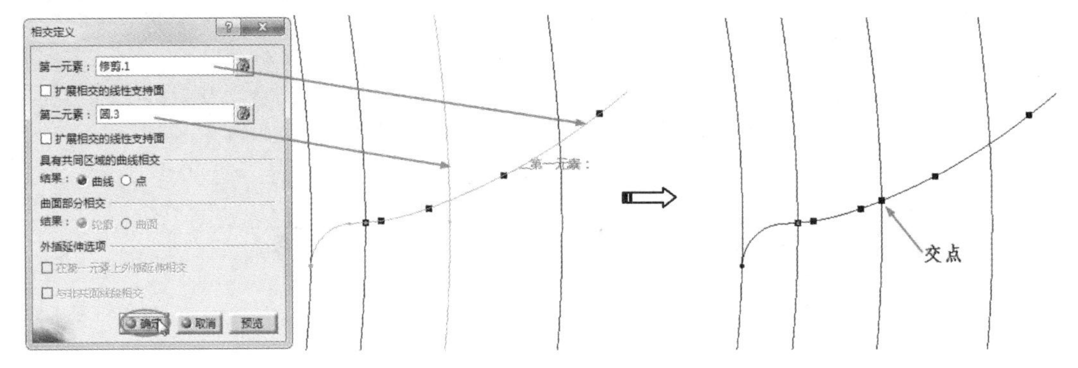

图 5-78 创建交点

02 单击“直线”按钮，连接坐标系原点和交点（上一步创建的交点）创建一条直线，如图 5-79 所示。

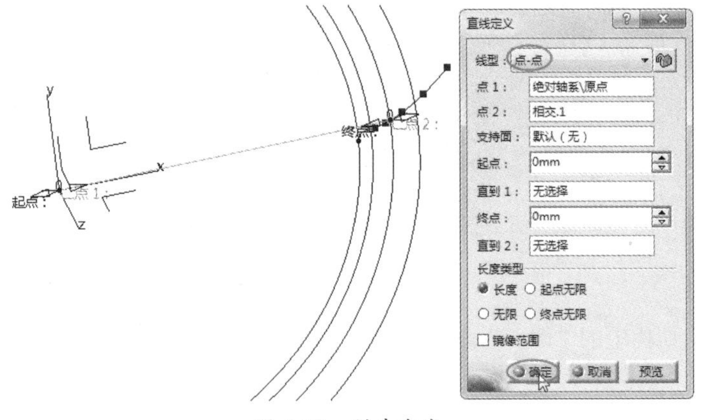

图 5-79 创建直线

03 在“操作”工具栏中单击“旋转”按钮，弹出“旋转定义”对话框。选择“轴线 - 角度”模式，然后选择要旋转的对象元素（上一步创建的直线）、轴线（选择 *z* 轴），在“角度”文本框中右击，在弹出的快捷菜单中选择“编辑公式”命令，然后在弹出的“公式编辑器”对话框中输入 90 deg/Z，单击“确定”按钮完成角度的公式定义，如图 5-80 所示。

提示：

注意Z的大小写，此处在参数定义时用的大写输入，这里也必须大写。

04 在“旋转定义”对话框中单击“确定”按钮，完成直线的旋转操作。

05 在“操作”工具栏中单击“对称”按钮，选择要对称的渐开线，选择旋转的直线作为对称参考，单击“确定”按钮完成渐开线的对称复制，结果如图 5-81 所示。

图 5-80　旋转角度的公式定义

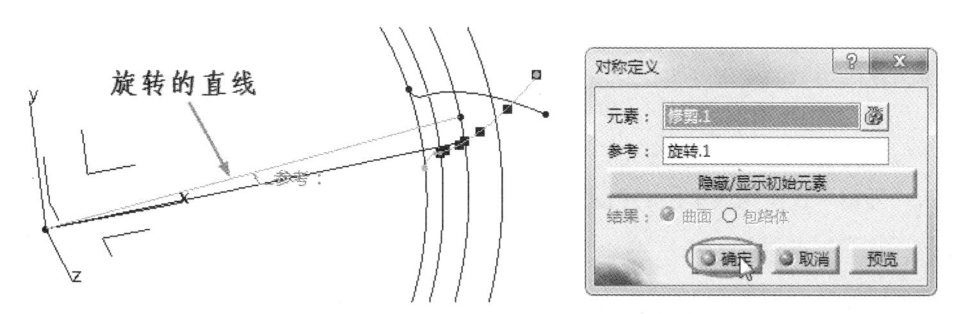

图 5-81　创建渐开线的对称复制

（4）齿轮建模。

01 执行“开始” | “机械设计” | “零件设计”命令，进入零件设计工作台。

02 单击“凸台”按钮，弹出“定义凸台”对话框。选择齿根圆曲线作为草图截面，在“长度”文本框右击，并在弹出的快捷菜单中选择“编辑公式”命令，如图 5-82 所示。

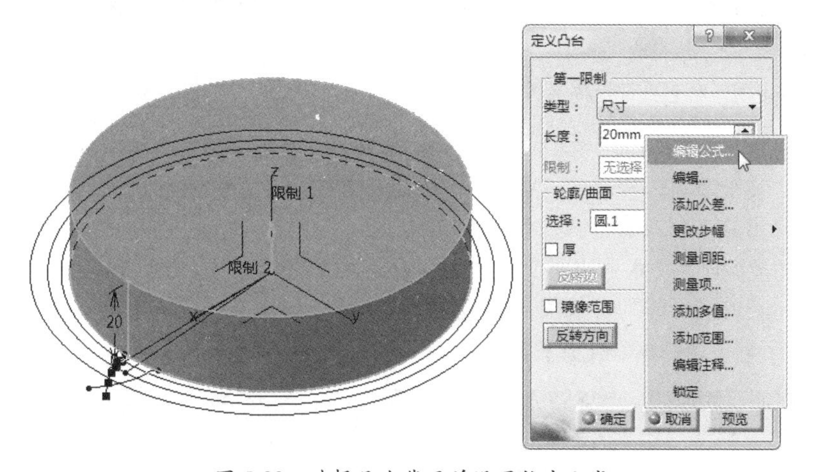

图 5-82　选择凸台截面并设置长度公式

03 在弹出的“公式编辑器”对话框中输入 L（齿轮厚度参数），单击“确定”按钮返回“定义凸台”对话框中，如图 5-83 所示。

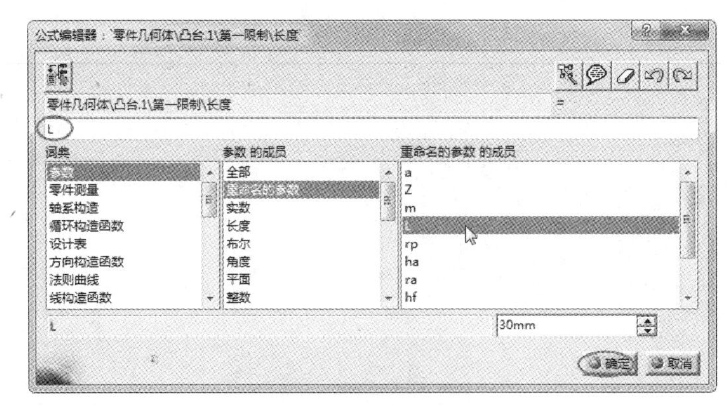

图 5-83　定义公式

04 单击“确定”按钮完成凸台特征的创建。

05 单击“凸台”按钮，单击“草图绘制”按钮选择 *xy* 平面作为草图平面，进入草图工作台绘制齿轮单齿截面轮廓（方法是先进行曲线的投影，再修剪多余的曲线），如图 5-84 所示。

06 退出草图工作台后在“定义凸台”对话框的“长度”文本框中右击，并在弹出的快捷菜单中选择“编辑公式”命令，在弹出的“公式编辑器”对话框中输入 L，最后在“定义凸台”对话框中单击“确定”按钮完成单齿的创建，如图 5-85 所示。

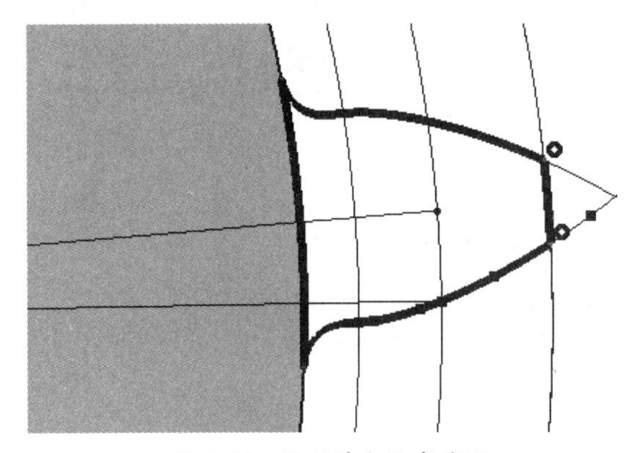

图 5-84　绘制单齿轮廓草图

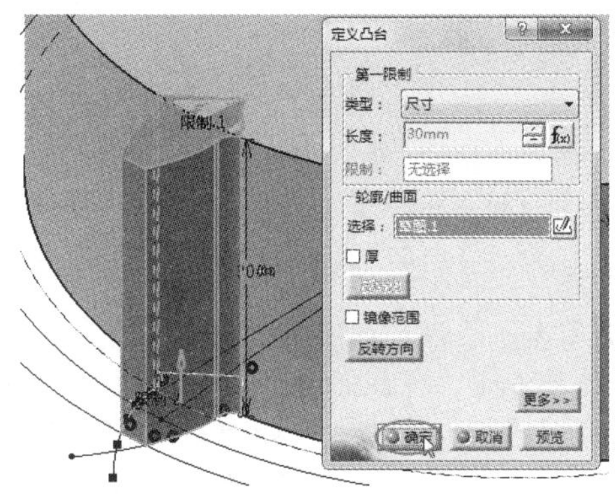

图 5-85　创建单齿

07 选中单齿（凸台），单击“圆形阵列”按钮，弹出“定义圆形阵列”对话框。激活“参考元素”文本框，选择 *z* 轴作为旋转轴，在“实例”文本框中右击，并在弹出的快捷菜单中选择“编辑公式”命令，在弹出的“公式编辑器”对话框中输入 Z。

08 同理，在“角度间距”文本框中定义公式 360deg/Z，最后单击“定义圆形阵列”对话框中的“确定”按钮完成单齿的圆形阵列，如图 5-86 所示。

09 至此，完成了直齿轮的参数化建模设计。

上机练习——圆柱斜齿轮参数化设计

斜齿轮的参数化建模与直齿轮参数化建模过程及相关操作技巧类似，只是斜齿轮会多一个参数——分度圆螺旋角（b）。在创建斜齿轮的步骤中，为了简化，将圆柱直齿轮的创建结果文件用作斜齿轮的源文件，仅对不同的地方进行阐述。

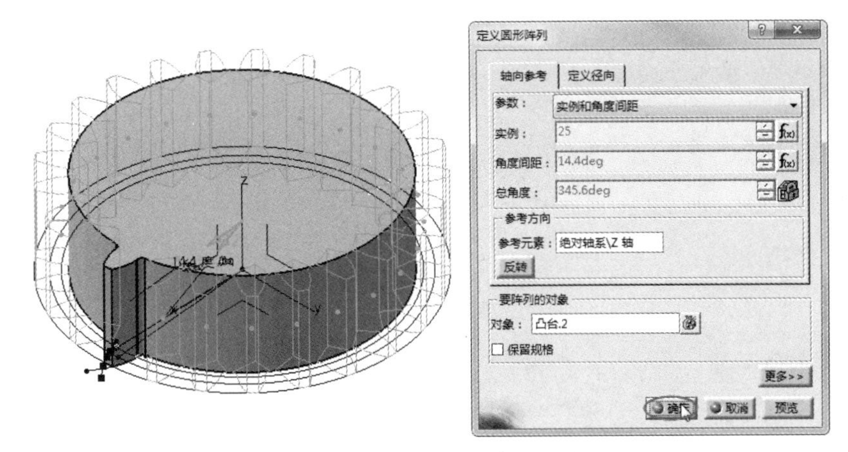

图 5-86　定义圆形阵列参数及选项

01 打开本例源文件 5-1.CATPart。选择“开始”|“机械设计”|“线框与曲面设计”命令，进入线框与曲面设计工作台。

02 在“知识工程”工具栏中单击“公式”按钮 f(x)，弹出“公式”对话框。创建一个角度类型的 b 参数，如图 5-87 所示。

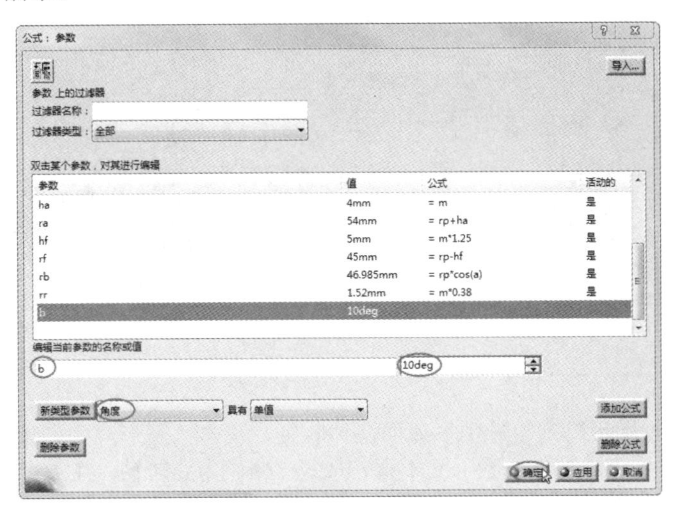

图 5-87　创建分度圆螺旋角参数

03 在特征树中隐藏创建的齿轮模型（凸台特征）。单击“平移”按钮，将单齿轮廓草图向 z 轴方向偏移，距离值按公式（输入 L）定义，如图 5-88 所示。

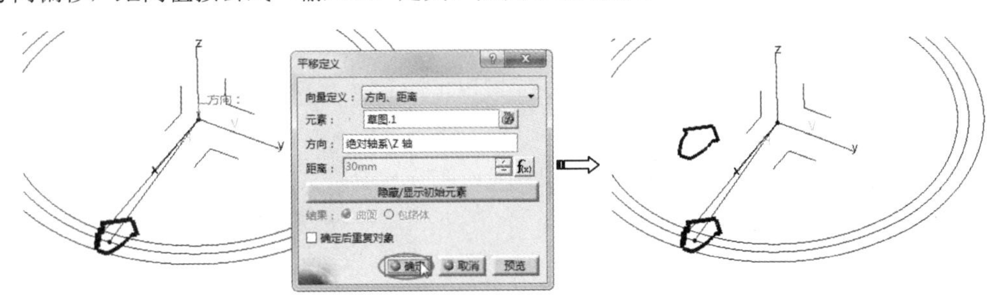

图 5-88　平移草图

04 单击“旋转”按钮，弹出“旋转定义”对话框。选择平移的草图作为旋转对象，选择 z 轴作为旋转轴，角度值输入公式定义（输入 b），最后单击“确定”按钮完成草图的旋转，如图 5-89 所示。

图 5-89 旋转草图

05 选择“开始” | “机械设计” | “零件设计”命令，进入零件设计工作台，删除先前创建的单齿及圆形阵列的凸台特征。

06 单击“多截面实体”按钮，弹出“多截面实体定义”对话框。选择两个草图作为截面，单击“确定”按钮完成多截面实体（单齿）的创建，如图 5-90 所示。

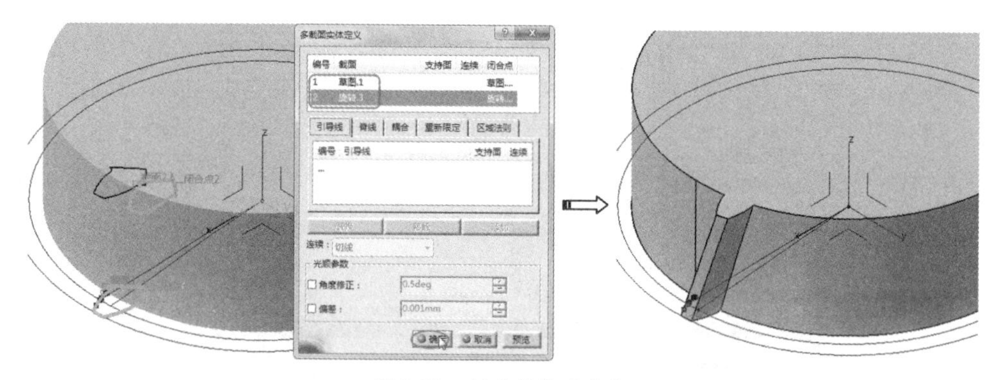

图 5-90 创建多截面实体

07 将多截面实体进行圆形阵列，选中多截面实体特征，单击“圆形阵列”按钮，弹出“定义圆形阵列”对话框。激活“参考元素”文本框，选择 z 轴作为旋转轴，在“实例”文本框中右击，并在弹出的快捷菜单中选择“编辑公式”命令，在弹出的“公式编辑器”对话框中输入 Z。

08 同理，在“角度间距”文本框中定义公式 360deg/Z，最后单击“定义圆形阵列”对话框中的“确定”按钮完成单齿的圆形阵列，如图 5-91 所示。

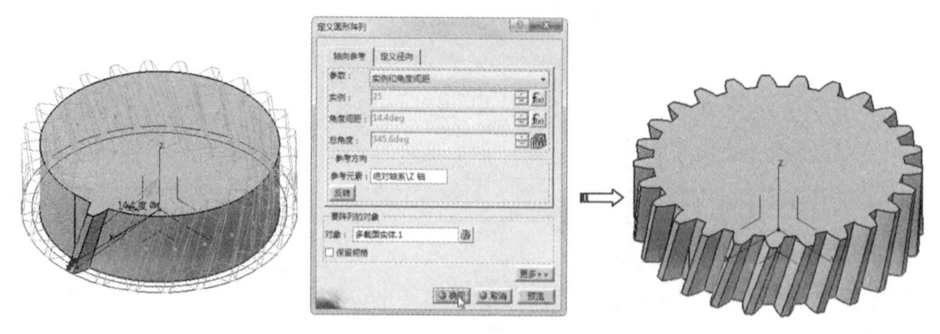

图 5-91 定义圆形阵列参数及选项

09 至此，完成了圆柱斜齿轮的参数化建模设计。可以在特征树的“参数”节点下双击要编辑的参数，修改值后单击图形区底部的“全部更新”按钮，完成新齿轮的生成。

5.3 学会使用 CATIA 标准件库

CATIA 提供了便捷的、数量较多的标准件库。标准件库的使用环境不在零件工作台中，而是局限于装配设计工作台。

执行“开始”|“机械设计”|“装配设计”命令，进入装配设计工作台。再执行“工具”|“机械标准零件”|“EN 目录”命令，进入英制标准的标准件库中，如图 5-92 所示。

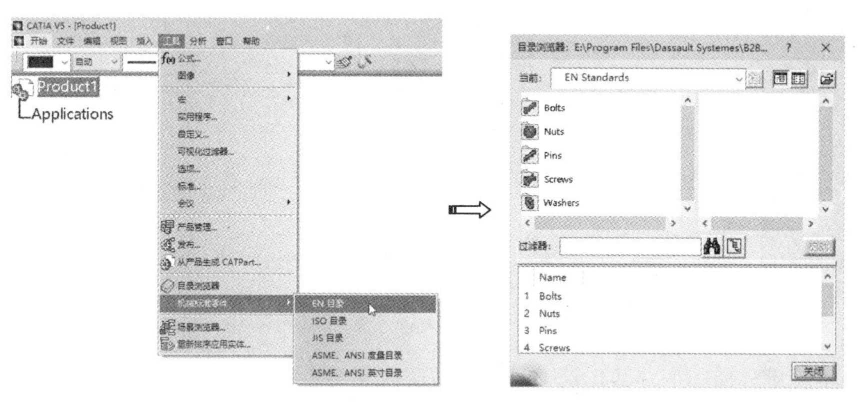

图 5-92　进入英制标准件库

选择一种合适的标准件类型，然后在图形区中选取要添加标准件的部件，系统会自动匹配标准件并完成安装。

目前，CATIA 标准件库中还没有 GB 国标的标准件库，可以使用 ISO 国际标准的标准件来替代。

若要选用 GB 国标的标准件，建议使用国内最大的 3D 模型标准件库 3DSource，可下载计算机客户端和手机 App，如图 5-93 所示为 3DSource 标准件库计算机客户端的入口界面。

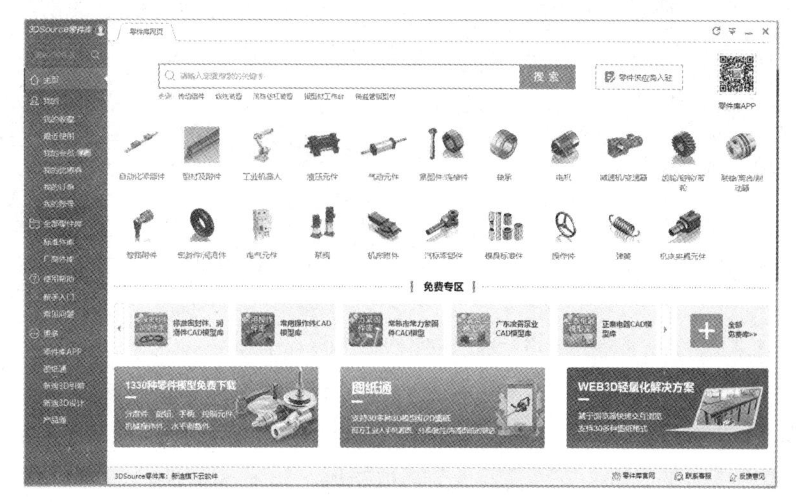

图 5-93　3DSource 标准件库客户端

选择合适的标准件或常用件后，可以插入到相关的CATIA、Solidworks、Creo、UG等软件中，目前与3DSource标准件库对接的CATIA软件版本为CATIA V5R21，其他的软件版本则需要下载标准件模型到本地磁盘中，然后导入CATIA V5-6R2018中，如图5-94所示。

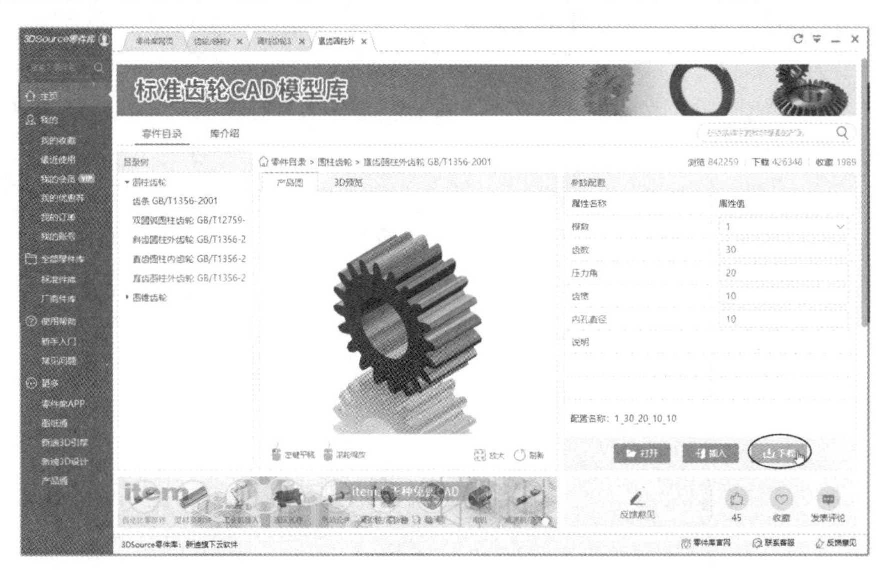

图 5-94　打开、插入或下载标准件模型

3DSource标准件库中的某些标准件是国外及国内大型机械制造厂商提供的拥有版权的模型，需要付费下载。这里提供一款国际通用的且完全免费的标准件库traceparts，如图5-95所示。

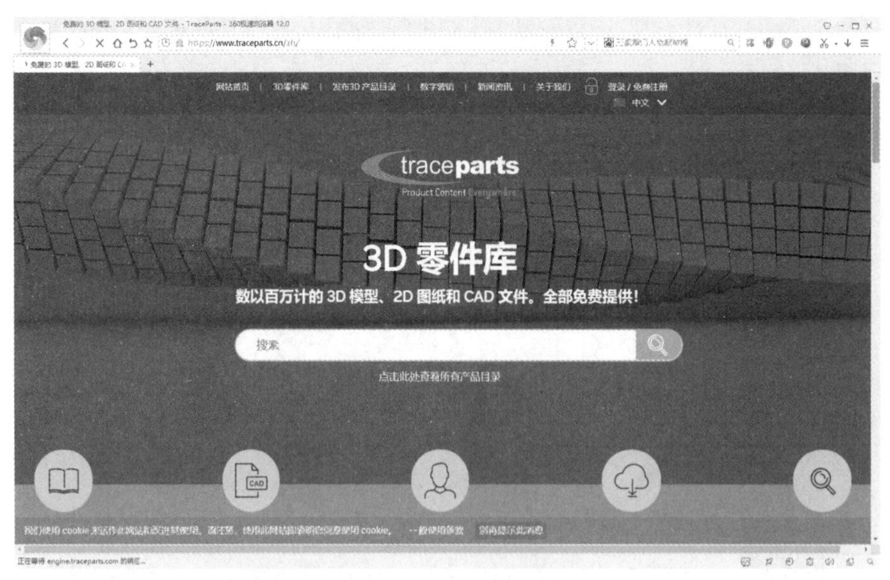

图 5-95　traceparts 标准件库

traceparts标准件库有在线零件库和离线零件库。要使用离线零件库，可在主页界面的顶部选择“3D零件库”|“离线零件库”命令，进入离线零件库页面后先进行用户注册，注册账号后即可获得离线零件库的下载地址或百度云盘分享数据包，如图5-96所示，试用10天后可获得永久免费使用权。

图 5-96　注册账号以获取离线零件库的下载地址

下载 traceparts 离线标准件库安装包 TPDVD_CHINA_2020_1.iso 并解压后，双击 TPDVD_CHINA_2020.exe 文件，启动 traceparts 离线标准件库客户端，如图 5-97 所示。

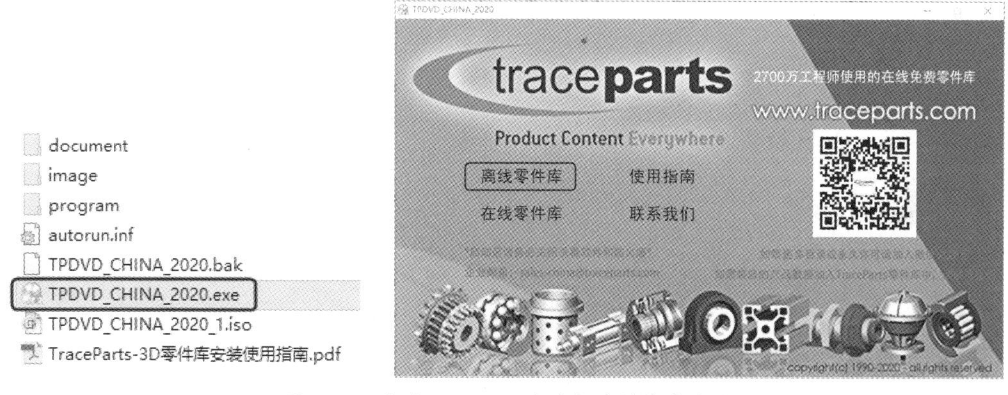

图 5-97　启动 traceparts 离线标准件库客户端

在 traceparts 离线标准件库客户端界面中单击“离线零件库”按钮，开启 traceparts 离线标准件库软件窗口，通过该软件窗口查找合适的标准件并下载，如图 5-98 所示。

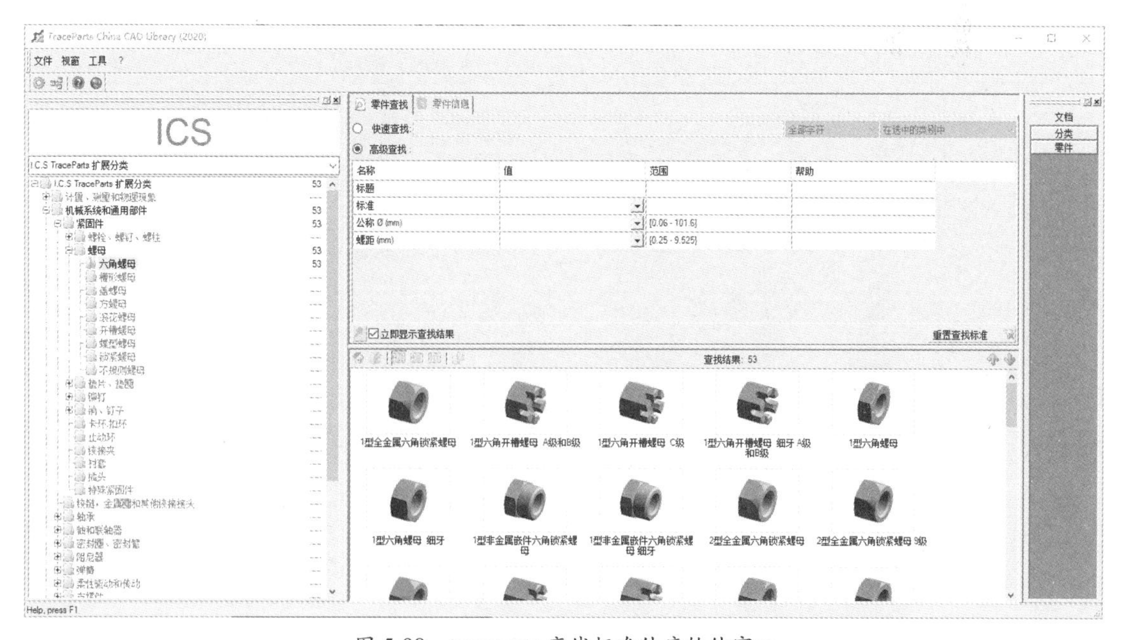

图 5-98　traceparts 离线标准件库软件窗口

另外，在此推荐国内网友基于 CATIA 二次开发的“CATIA 助手 7”插件，该插件需要付费完成注册，但仅能使用到 CATIA V5R21 软件版本中，如图 5-99 所示。该插件除了可以设计常见的机械标准件、常用件，还能帮助用户快速完成工程图，功能不算完整还需进一步完善。

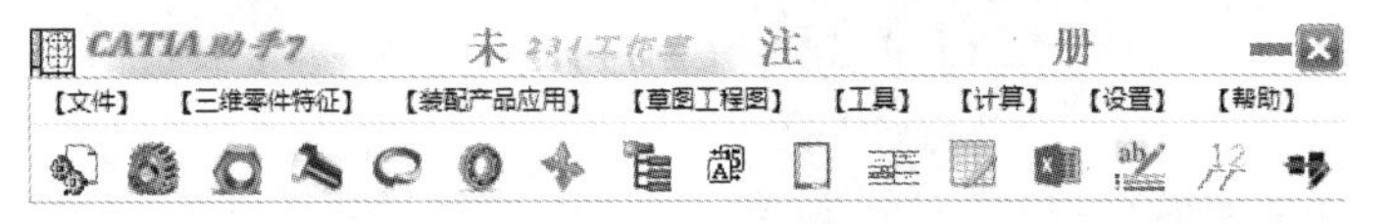

图 5-99 “CATIA 助手 7”插件

第 6 章　机械装配设计

把各种由实体特征构成的零部件组装在一起形成一个完整机械产品的过程称为“零件装配设计”。CATIA 的装配设计模式包括自底向上装配设计和自顶向下装配设计。本章主要学习常用的机械零件装配模式——自底向上装配设计。

6.1 装配设计概述

CAITA 装配设计工作台作为一个可伸缩的工作台，可以和其他工作台（如零件设计、模具设计、工程制图等应用模块）协作完成完整的产品开发流程（从最初的概念到产品的最终运行）。

装配设计工作台是将 CATIA 实体零件进行组装的操作平台。装配体中的零部件是通过装配约束关系来确定它们之间的正确位置和相互关系，添加到装配体中的零部件与源零部件之间是相互关联的，改变其中的一个则另一个也将随之改变。

6.1.1 进入装配设计工作台

启动 CATIA V5-6R2018 后，会打开 CATIA 产品结构设计工作台，该工作台也是一个装配体设计工作台，自顶向下装配设计可在此工作台中进行。当完成了各机械零部件设计后，可执行“开始”|“机械设计”|“装配设计”命令，进入装配设计工作台进行自底向上装配设计，如图 6-1 所示。也可以在完成零部件的建模工作之后，再执行“文件”|“新建”|命令，弹出“新建”对话框。在“类型列表”中选择 Product 选项，单击“确定”按钮自动进入装配设计工作台，如图 6-2 所示。

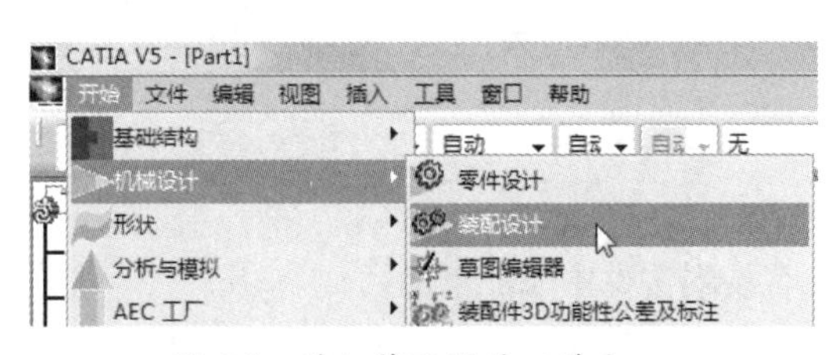

图 6-1　进入装配设计工作台

图 6-2　新建装配文件

装配工作台包含了与装配设计相关的各项指令和选项操作。CATIA V5-6R2018 的装配设计工作台界面与零部件设计工作台的界面基本相同，其装配设计命令的执行方式和操作步骤都是相同的，如图 6-3 所示。

图 6-3　装配设计工作台界面

6.1.2　产品结构设计与管理

每种工业产品都可以逻辑结构的形式进行组织，即包含大量的装配、子装配和零部件。例如，轿车（产品）包含车身子装配（车顶、车门等）、车轮子装配（包含 4 个车轮），以及大量其他零部件。

产品结构设计的内容包含在装配结构树中，一个完整的产品结构设计如图 6-4 所示。其中，子产品对应的添加工具是“产品”，部件对应的添加工具是“部件”，零部件对应的添加工具是“零部件”。

技术要点：

零部件设计工作台中的零部件几何体也称为“实体”，实体由特征组成。在装配设计工作台中，零部件则称为“零部件”或“部件”。

下面介绍如何添加子产品、部件和零部件的空文档。

1. 添加空子产品

“产品”工具用于在空白装配文件或已有装配文件中添加产品。

首先在装配结构树中激活顶层的 Product1，然后单击“产品结构工具”工具栏中的“产品”按钮，系统自动添加一个子产品到总装产品节点下，如图 6-5 所示。

技术要点：

当然也可以先单击“产品”按钮，然后在装配结构树中选择总装产品节点，同样可以完成子产品的添加操作。

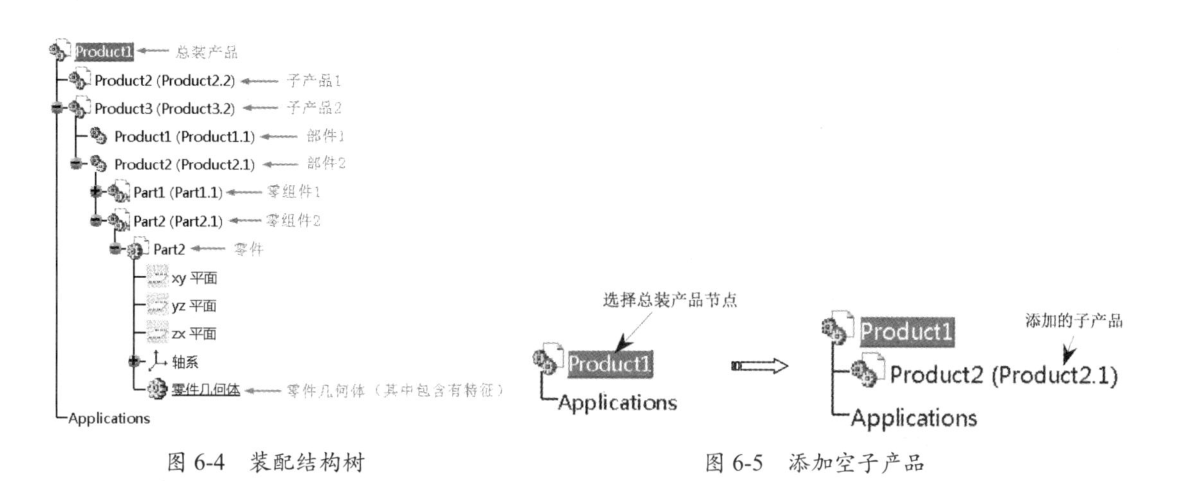

图 6-4 装配结构树　　　　图 6-5 添加空子产品

2. 添加空部件

“部件”工具用于在空白装配文件或已有装配文件中添加部件。

激活装配结构树中的 Product2 (Product2.1) 子产品节点，然后单击“产品结构工具”工具栏中的“部件”按钮，系统将会在子产品节点下自动添加一个部件，如图 6-6 所示。

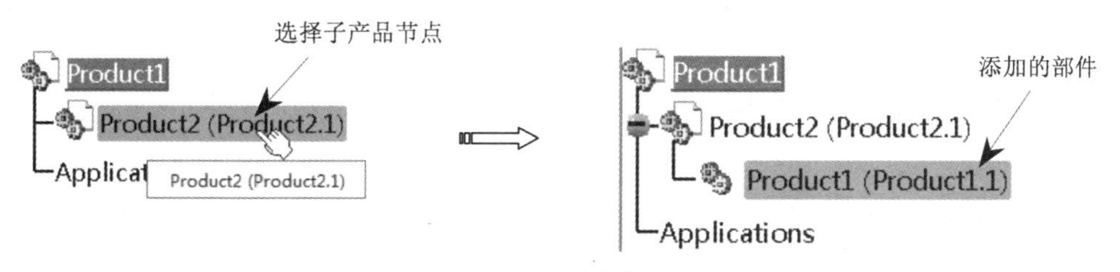

图 6-6 添加空部件

3. 添加空零部件

“零部件”用于在现有产品中直接添加一个零部件。

在装配结构树中激活部件节点，然后单击“产品结构工具”工具栏中的“零部件”按钮，系统自动在部件节点下添加空零部件，如图 6-7 所示。

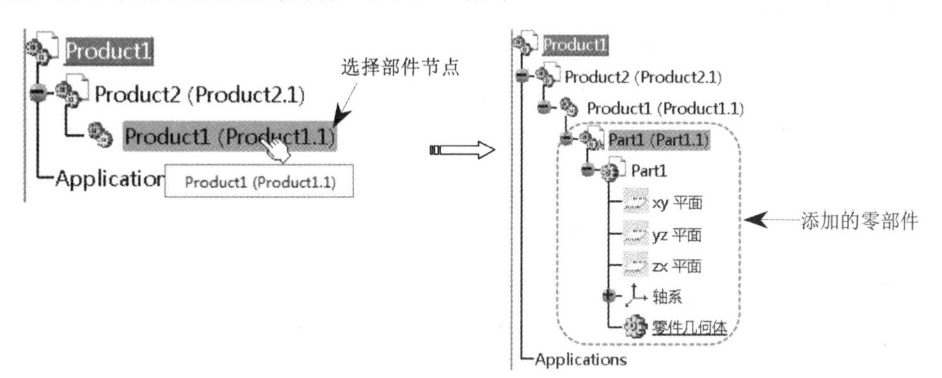

图 6-7 添加空零部件

在零部件节点下双击 Part1 零部件节点，即可进入零部件设计工作台进行零部件造型设计。

6.1.3 两种常见的装配方式

目前最常见的两种装配方式为自底向上装配和自顶向下装配。

1. 自底向上装配方式

自底向上装配是指在设计过程中，先设计单个零部件，在此基础上进行装配生成总体设计。这种装配建模需要设计人员交互地给定配合构件之间的配合约束关系，然后由系统自动计算构件的转移矩阵，并实现虚拟装配。

一般初次接触CATIA的用户，大多采用自底向上的装配建模方式，这种装配方式较为简单，容易掌握。

2. 自顶向下装配方式

自顶向下装配是指，在装配级中创建与其他部件相关的部件模型，是在装配部件的顶级向下产生子装配和部件（即零部件）的装配方法。即先由产品的大致形状特征对整体进行设计，然后根据装配情况对零部件进行详细的设计。

自顶向下的装配建模方式，是在CATIA中进行大型产品建模的常见方式，也就是在局域网内的多台设备中同时进行部件的参数化设计。在如图6-7所示的装配结构树中，双击 Part1零部件节点进入零部件设计工作台中进行零部件设计就是自顶向下装配建模的具体体现。

6.2 自底向上装配设计内容

自底向上装配方式是基于已完成详细设计的各零部件基础之上的，再将零部件逐一添加到装配设计工作台中进行装配约束。

6.2.1 插入部件

通过装配设计工作台中的几种插入零部件方式，将事先设计好的零部件逐一组装到产品结构中。

1. 加载现有部件

"加载现有部件"就是将已存储在用户计算机中的零部件或者产品（一个产品就是一个装配体）依次插入当前产品装配结构中，从而构成一个完整的大型装配体。

单击"产品结构工具"工具栏中的"现有部件"按钮，在装配结构树中选择根节点(也称作"指定装配主体")，随后弹出"选择文件"对话框。在系统文件路径中选择要插入的装配体文件或零部件文件，单击"打开"按钮，系统自动载入该零部件，该零部件也自动成为装配主体节点下的子部件，如图6-8所示。

2. 加载具有定位的现有部件

"具有定位的现有部件"命令是对"现有部件"命令的增强。利用"智能移动"对话框使插入的零部件在插入的瞬间即可轻松定位到装配体中，还可以通过创建约束来进行定位。

如果在插入零部件时没有要放置的零部件，则此功能具有与"现有部件"命令相同的效果。

单击"产品结构工具"工具栏中的"具有定位的现有部件"按钮，在装配结构树中选取装配主体，弹出“选择文件”对话框。选择需要插入的零部件文件后单击“打开”按钮，再弹出“智能移动”对话框，如图 6-9 所示。

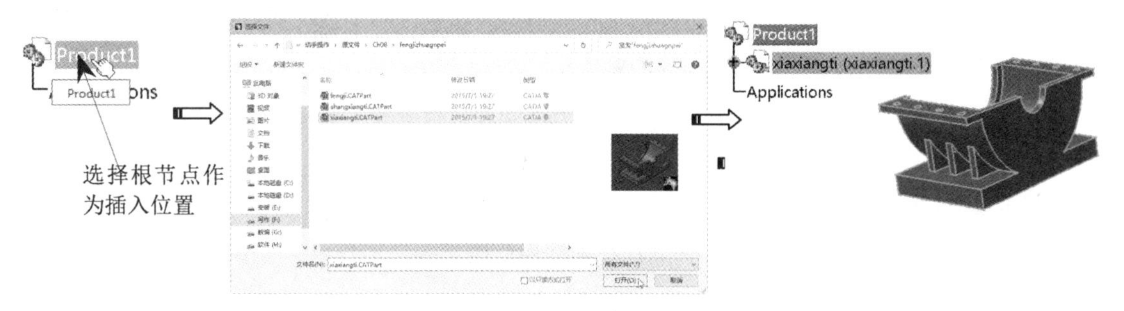

图 6-8　加载现有部件

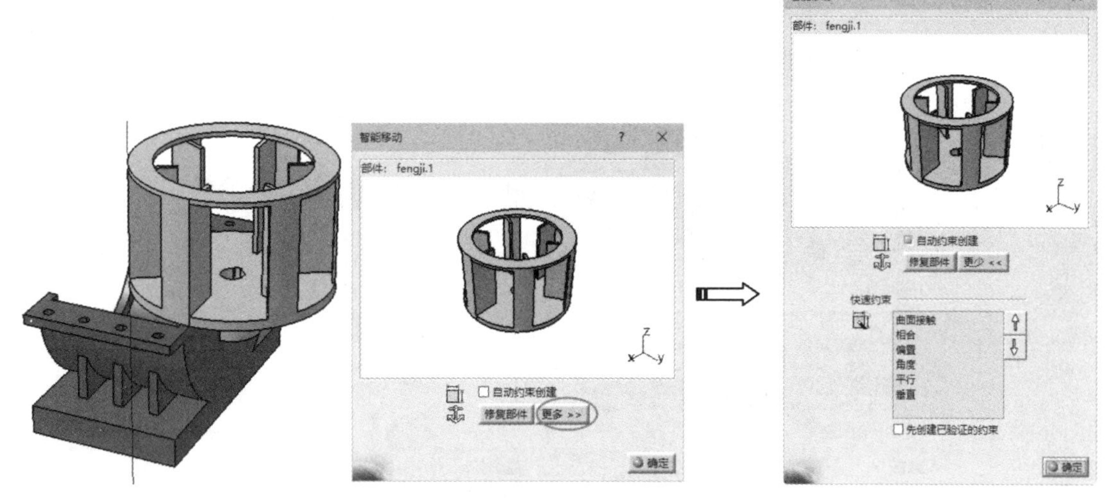

图 6-9 加载具有定位的现有部件

“智能移动”对话框中主要选项含义如下。

- 自动约束创建：选中该复选框，系统将按照“快速约束”列表中的约束顺序依次创建装配约束。
- 修复部件：单击此按钮，将自动创建固定约束，固定后零部件不再自由移动，如图 6-10 所示。

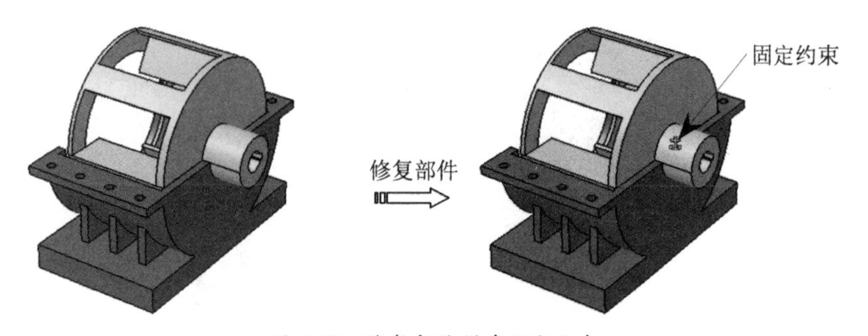

图 6-10　修复部件创建固定约束

“智能移动”对话框的约束创建过程如下。

01 在“智能移动”对话框中选择零部件的一个面。

02 在图形区中选取已有零部件的一个面作为相合参考，随后两个零部件面与面对齐。

03 选取“智能移动”对话框中的零部件的轴。

04 到图形区中选取另一零部件上圆弧面的轴，两个零部件将会随之进行轴对齐。

05 单击“确定”按钮关闭“智能移动”对话框。

3. 加载标准件

在 CATIA 中有一个标准件库，库中有大量的已经造型完成的标准件，在装配中可以直接将标准件调入使用。

在图形区底部的“目录浏览器”工具栏中单击“目录浏览器”按钮，或执行“工具”|“目录浏览器”命令，弹出“目录浏览器”对话框。选中相应的标准件，双击符合设计要求的标准件序列及规格型号，可将其添加到装配文件中，如图 6-11 所示。

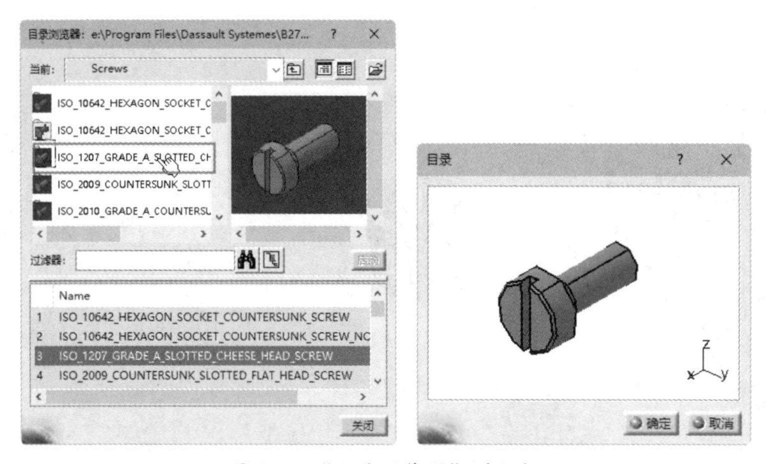

图 6-11 “目录浏览器”对话框

“目录浏览器”对话框中的标准件包括 ISO 公制、US 美制、JIS 日本制和 EN 英制 4 种。标准件类型包括螺栓、螺钉、垫圈、螺母、销钉、键等。

上机练习——加载标准件

01 打开本例源文件 6-1.CATProduct，如图 6-12 所示。

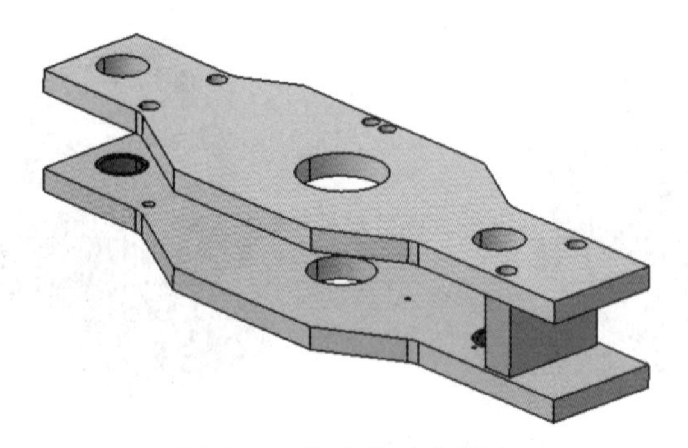

图 6-12 打开装配体模型

02 在图形区底部的“目录浏览器”工具栏中单击“目录浏览器”按钮，弹出“目录浏览器”对话框。首先在 ISO 标准类型下双击 Bolts（螺栓）标准件，如图 6-13 所示。

03 在展开的 Bolts 标准件型号系列中，双击选择 ISO_4016_GRADE_C_HEXAGON_HEAD_BOLT 型号，如图 6-14 所示。

图 6-13　选择螺栓标准件

图 6-14　选择螺栓标准型号

04 在随后展开的螺栓标准件规格列表中，双击选择 ISO 4016 BOLT M10×100 规格的标准件，如图 6-15 所示。

05 在装配设计工作台中加载所选螺栓标准件，并弹出“目录”对话框，如图 6-16 所示。

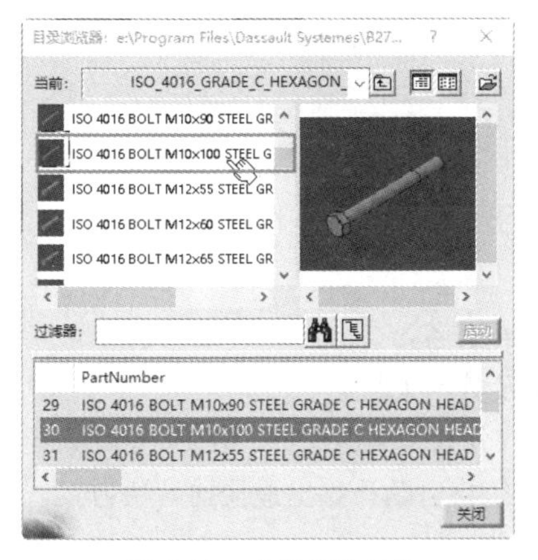

图 6-15　选择螺栓规格

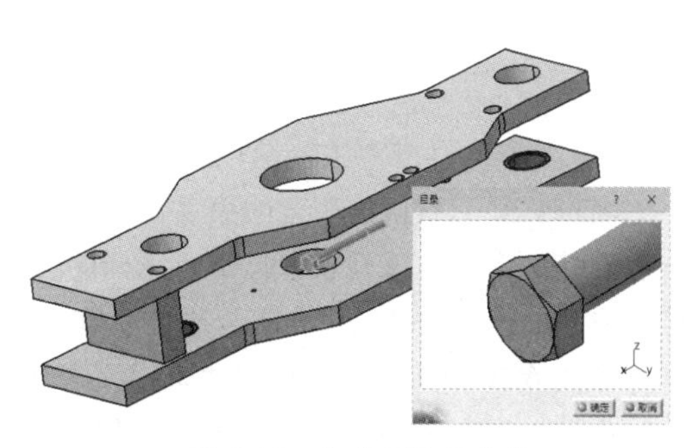

图 6-16　加载螺栓标准件

06 单击“确定”按钮完成标准件的载入。关闭“目录浏览器”对话框。

07 通过使用“相合约束”和“接触约束”工具，将螺栓标准件装配到装配体中，如图 6-17 所示。

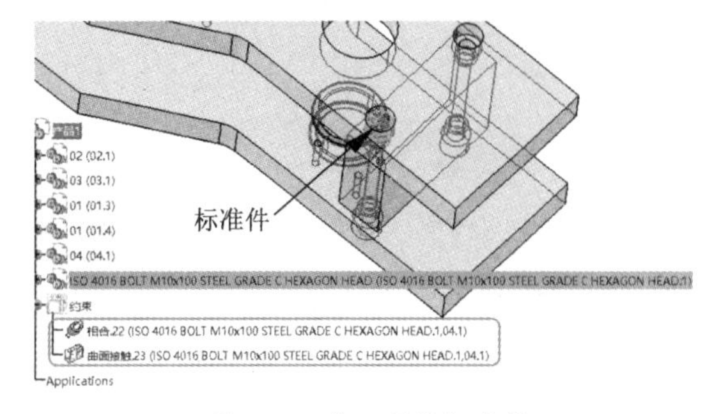

图 6-17　装配螺栓标准件

6.2.2 管理装配约束

装配约束能够使装配体中的各零部件正确地进行定位，只需要指定要在两个零部件之间设置的约束类型，系统便会按照设计师想要的方式正确地放置这些零部件。装配约束主要是通过约束零部件之间的自由度来实现的。装配约束的相关工具指令在“约束”工具栏中，如图 6-18 所示。

图 6-18 “约束”工具栏

1. 相合约束

相合约束也称“重合约束”。“相合约束”命令是通过选择两个零部件中的点、线、面（平面或表面）或轴系等几何元素来获得同心度、同轴度和共面性等几何关系。当两个几何元素的最短距离小于 0.001mm（1μm）时，系统默认为重合。

技术要点：

要在轴系统之间创建重合约束，两个轴系在整个装配体环境中必须具有相同的方向。

单击“约束”工具栏中的“相合约束”按钮，选择第一个零部件约束表面，然后选择第二个零部件约束表面，如果是两个平面约束，弹出“约束属性”对话框，如图 6-19 所示。

图 6-19 “约束属性”对话框

“约束属性”对话框中主要选项含义如下。

- 名称：显示默认的相合约束名，也可以自定义约束名。
- 支持面图元：该列表中显示所选择的几何元素及其约束状态。
- 方向：该下拉列表中含有可选的平面约束方向，分别是“相同”“相反”和“未定义”，如图 6-20 所示。如果选择“未定义”选项，系统将自动计算出最佳的解决方案。当然，也可以在零部件上双击方向箭头直接更改约束方向。

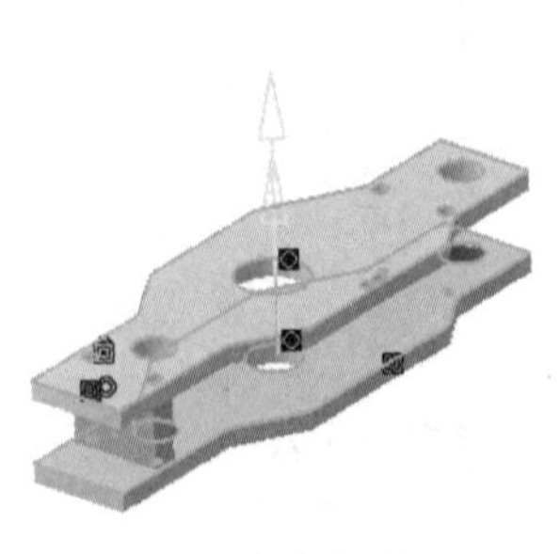

方向相同

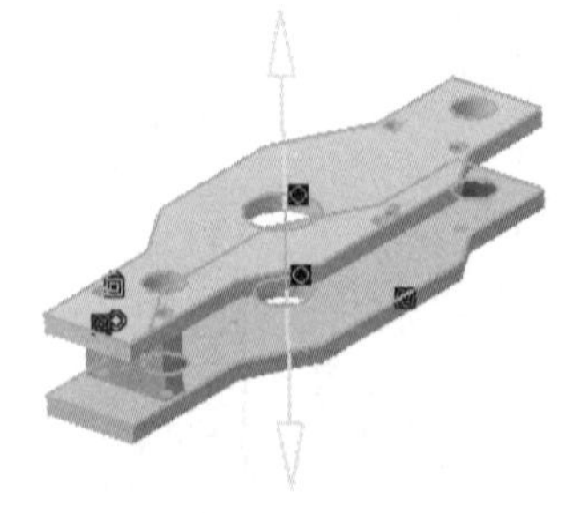

方向相反

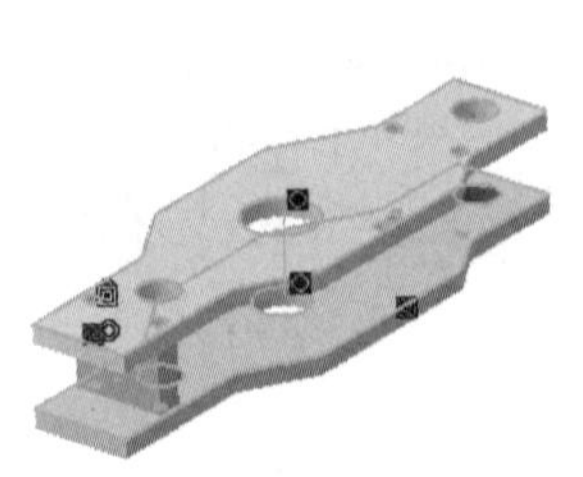

方向未定义

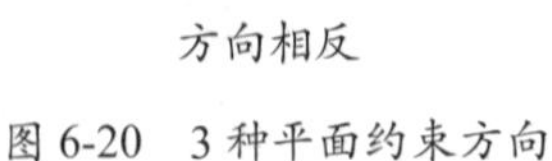

图 6-20 3 种平面约束方向

技术要点：

约束定义完成后，如果发现零部件之间的相对位置关系未发生变化，可以在图形区底部的“工具”工具栏中单击“全部更新”按钮，图形区中的模型信息将随之更新。

在相合约束中，主要表现为点 - 点约束、线 - 线约束和面 - 面约束。

（1）点 - 点约束。

可选择的点包括模型边线的端点、球心、圆锥顶点等。选取的第二点保持位置不变，选取的第一点将自动与第二点重合，如图 6-21 所示。

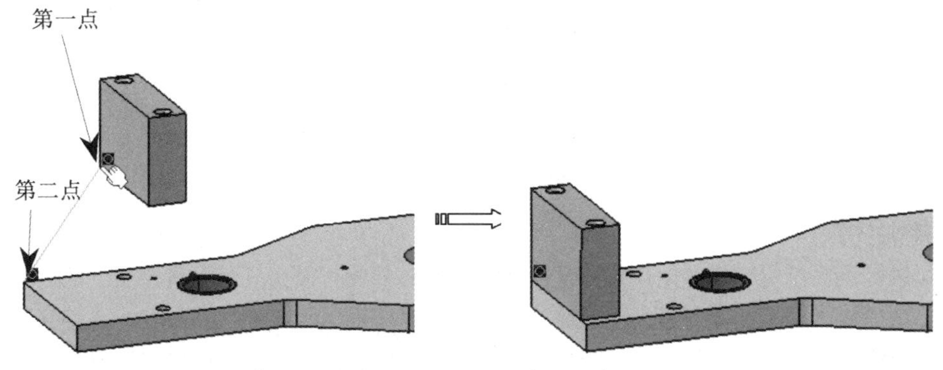

图 6-21　点与点的相合约束

技术要点：

在相合约束中，移动的总是第一个几何元素，第二个几何元素则保持固定状态。当然，除其中一个几何元素因事先添加了其他约束而不能移动外。

（2）线 - 线约束。

能够作为线 - 线约束的几何元素包括零件边线、圆锥或圆柱零件的轴等。选择两个圆柱面的轴线，系统会自动约束两条轴线重合，如图 6-22 所示。

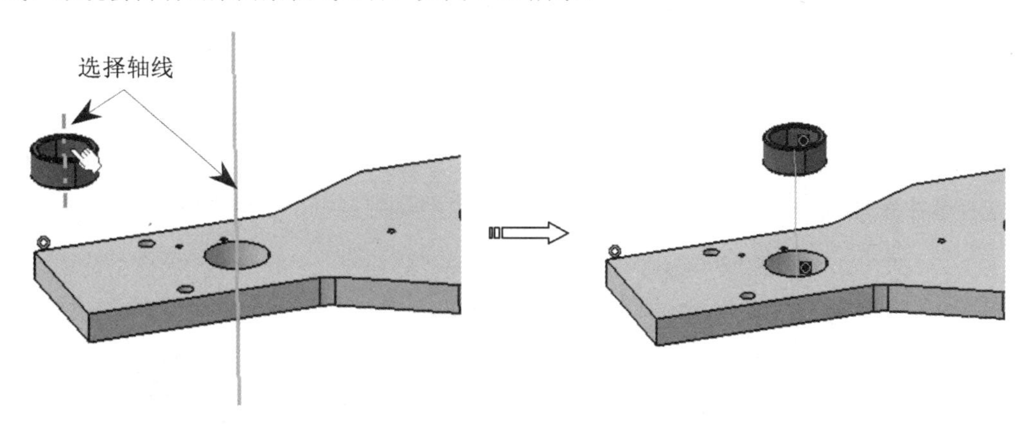

图 6-22　轴线与轴线相合约束

技术要点：

在选择轴几何元素时，鼠标指针要尽量靠近圆柱面，此时系统会自动显示圆柱的轴线，这有助于轴线的选取。

（3）面 - 面约束。

能够作为面 - 面约束的几何元素包括基准平面、平面曲面、圆柱面和圆锥面等。选取两个圆柱面，系统自动添加相合约束，如图 6-23 所示。

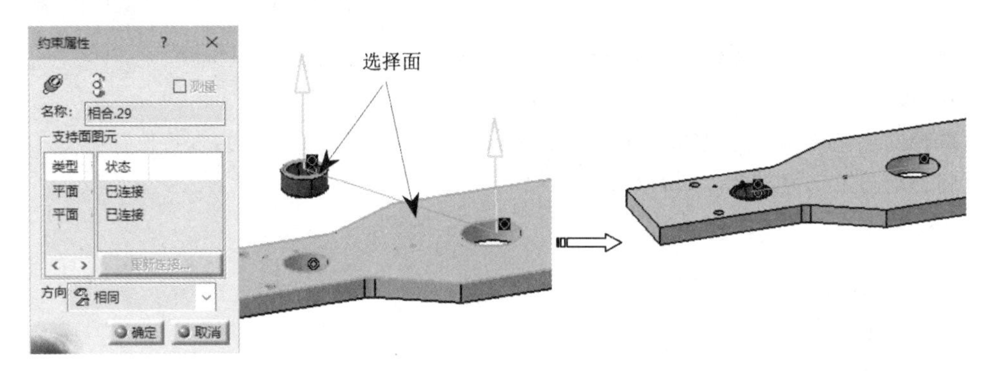

图 6-23　面与面的相合约束

2. 接触约束

“接触约束”是在两个有向（有向是指曲面内侧和外侧可以由几何元素定义）的曲面之间创建接触类型约束。两个曲面元素之间的公共区域可以是平面区域、线（线接触）、点（点接触）或圆（环形接触）。两个基准平面是不能使用此类型约束的，下面介绍几种常见的接触约束类型。

（1）球面与平面的接触约束。

当选择球面与平面进行接触约束时，将创建为相切约束，如图 6-24 所示。

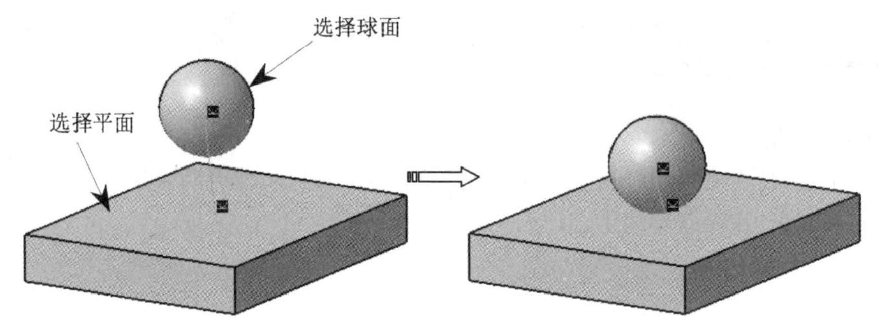

图 6-24　球面与平面接触约束

（2）圆柱面与平面的接触约束。

选择圆柱面与平面创建接触约束，会弹出“约束属性”对话框，如图 6-25 所示。

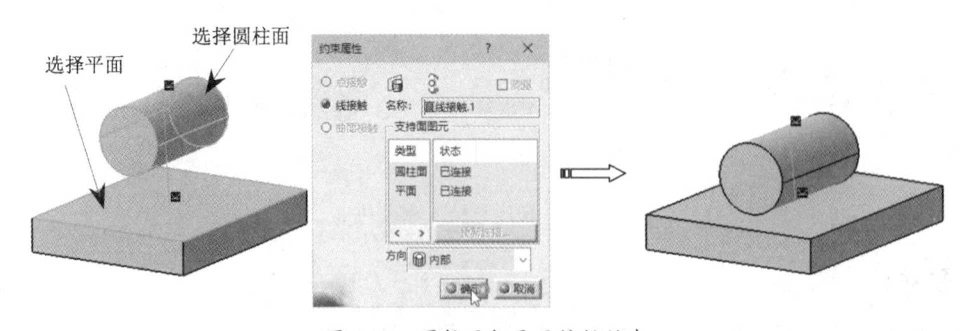

图 6-25　圆柱面与平面接触约束

（3）平面与平面接触约束。

选择平面与平面创建接触约束，两个平面的法线方向相反，如图 6-26 所示。

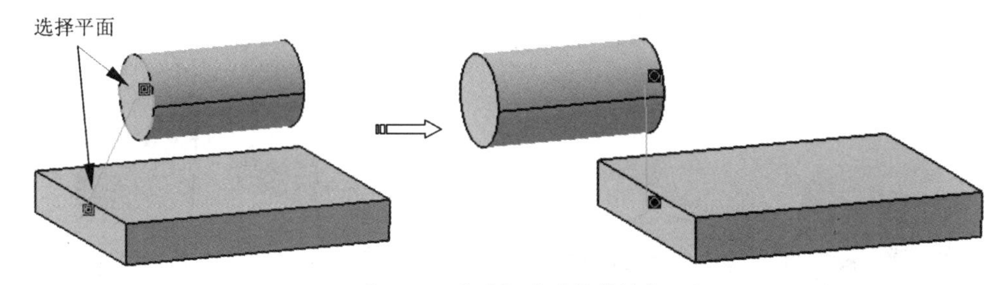

图 6-26　平面与平面接触约束

3. 偏置约束

“偏置约束”定义两个零部件中几何元素（可以是点、线或平面）的偏移值。

单击“偏置约束”按钮，依次选择两个零部件的约束表面，弹出“约束属性”对话框。在“方向”下拉列表中选择约束方向，在“偏置”文本框中输入距离值，最后单击“确定”按钮完成偏置约束的创建，如图 6-27 所示。

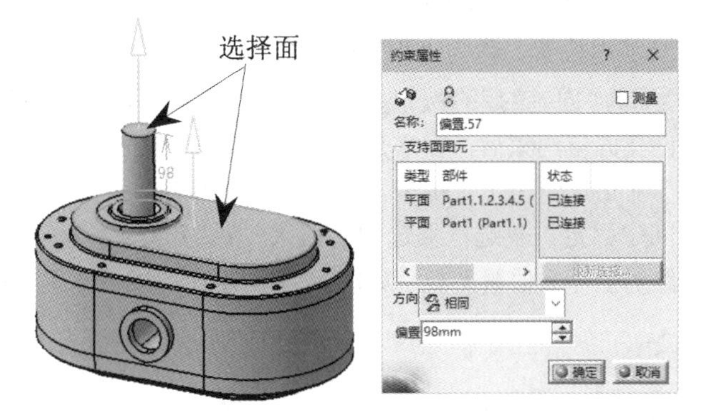

图 6-27　创建偏置约束

4. 角度约束

“角度约束”是指，通过设定两个零部件几何元素（线或平面）的角度来约束两个部件之间的相对位置关系。

单击“角度约束”按钮，选择两个零部件的表面平面，弹出“约束属性”对话框。在“角度”文本框中输入角度值后，单击“确定”按钮完成角度约束的创建，如图 6-28 所示。

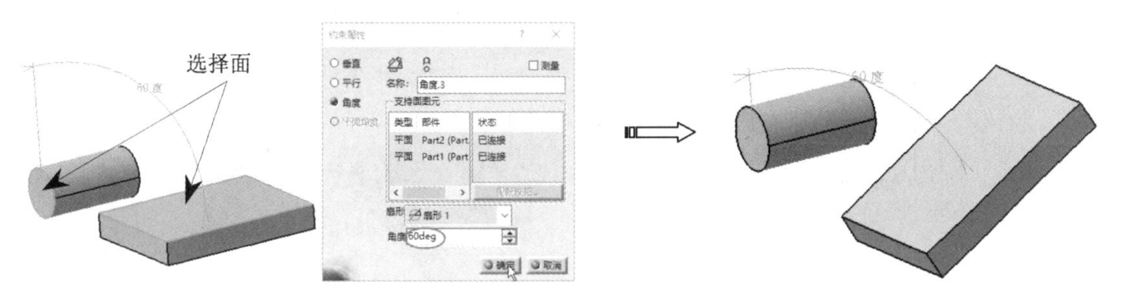

图 6-28　角度约束

角度约束包含 3 种常见模式。

- 垂直模式：仅创建角度值为 90 的角度约束，如图 6-29 所示。
- 平行模式：两个约束平面将保持平行状态，如图 6-30 所示。

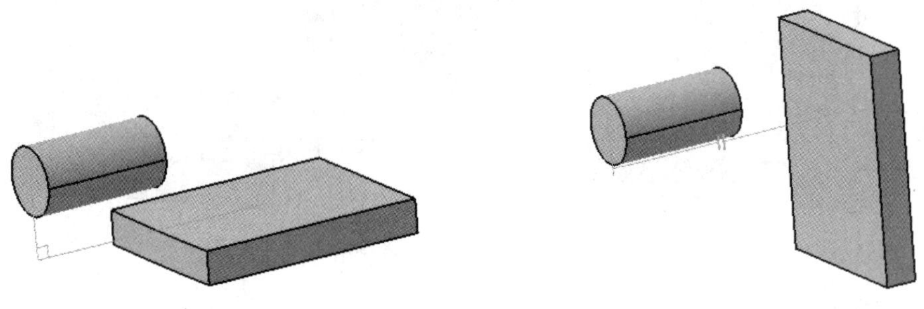

图 6-29　垂直模式　　　　图 6-30　平行模式

- 角度模式：此种模式为默认模式，将创建自定义的角度约束。

5. 固定约束

添加固定约束，可将零部件固定在装配体中的某个位置上。有两种固定方法：一种是将根据装配的几何原点固定部件，需要设置部件的绝对位置，称为“绝对固定”；另一种是根据其他部件来固定此部件，拥有相对位置，称为“相对固定”。

单击“约束”工具栏中的“固定约束”按钮，选择要固定的零部件，系统自动创建固定约束。

- 绝对固定：当创建固定约束后，在零部件中会显示固定约束图标，双击此图标，会弹出“约束定义”对话框，单击“更多”按钮，展开所有约束定义选项，在展开的选项中可看到“在空间中固定”复选框被选中，而 X、Y、Z 文本框中显示的是当前零部件在装配环境中的绝对坐标系位置参数，如图 6-31 所示，可以修改绝对坐标值。

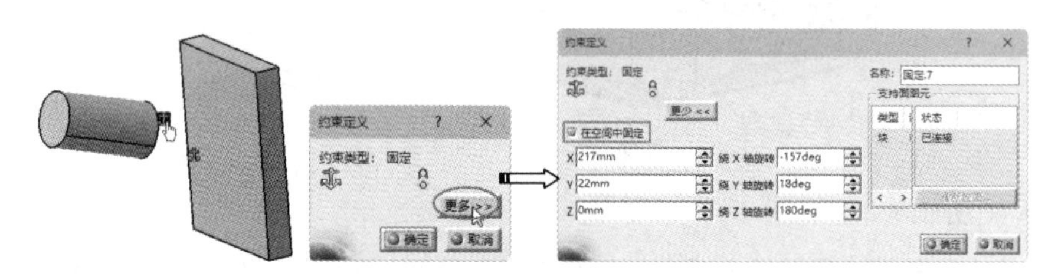

图 6-31　绝对固定

- 相对固定：当在“约束定义”对话框中取消选中“在空间中固定”复选框后，可以用指南针移动相对固定的零部件，如图 6-32 所示。绝对固定与相对固定的直观区别在于图标的变化，绝对固定的图标中有一把锁，而相对固定的图标中没有。

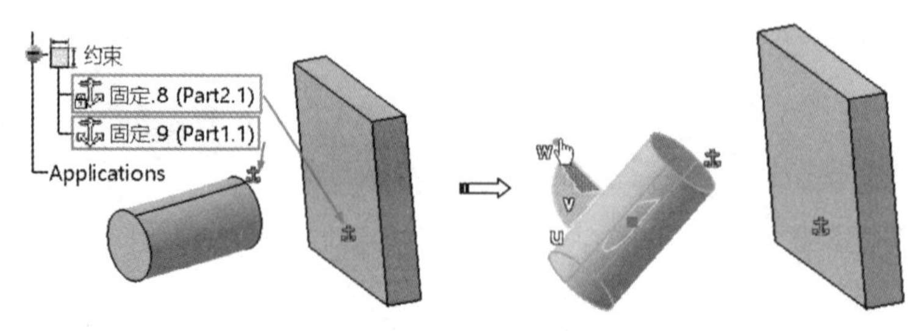

图 6-32　相对固定

6. 固联约束

“固联约束”工具是将多个零部件按照当前各自的位置关系连接成一个整体，当移动其中一个部件时，其他部件也会跟随移动。

单击“固联约束”按钮，弹出“固联”对话框。选择多个要固联的部件，单击“确定”按钮，系统自动创建约束，如图 6-33 所示。

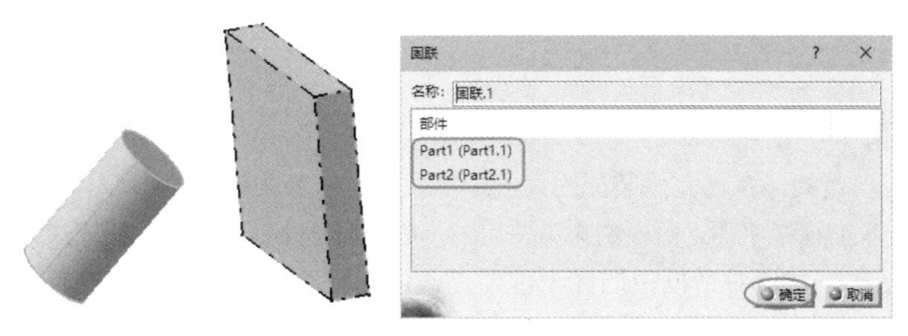

图 6-33 添加固联约束

技术要点：

当创建固联约束后，若要使部件整体移动，需要进行详细设置。执行“工具”|“选项”命令。在弹出的“选项”对话框的“装配设计”页面的“常规”选项卡中，选中“移动已应用固联约束的部件”选项组中的“始终”单选按钮，可使固联组件一起移动，如图6-34所示。

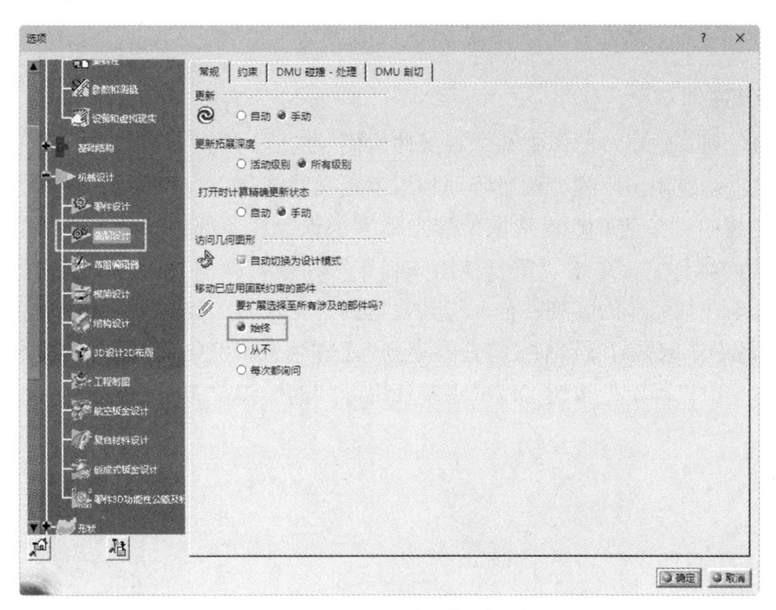

图 6-34 设置“选项”对话框

7. 快速约束

“快速约束”工具可根据用户所选的几何元素来判断该创建何种装配约束，可以自动创建“相合”“接触”“偏量”“角度”和“平行”等约束。

单击“快速约束”按钮，任意选择两个零部件中的几何元素，系统根据所选部件的情况自动创建装配约束，如图 6-35 所示。

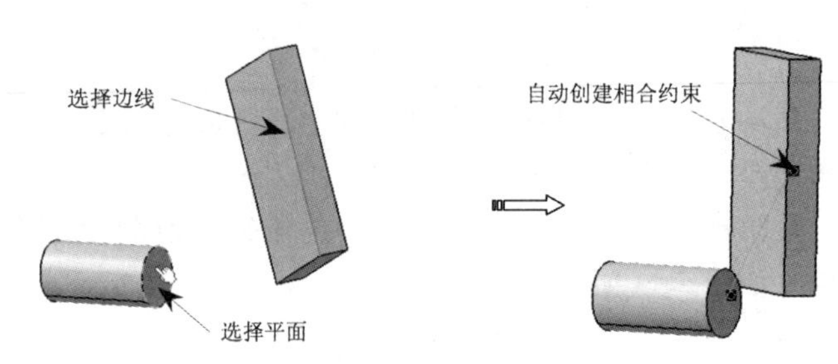

图 6-35　创建快速约束

8. 更改约束

“更改约束”是指，在已完成装配约束的零部件上更改装配约束类型。

单击“约束”工具栏中的“更改约束”按钮，在装配体中选择一个装配约束图标，弹出“可能的约束”对话框。在该对话框中选择一种要更改的约束类型，单击“确定”按钮，自动完成装配约束的更改，如图 6-36 所示。

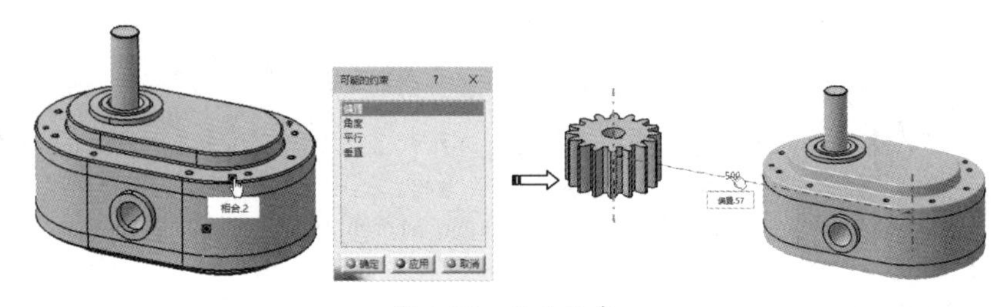

图 6-36　更改约束

9. 重复使用阵列

“重复使用阵列”是将装配体中某个零部件建模时的阵列关系，重复使用到装配环境中的其他零部件上，可以创建矩形阵列、圆形阵列和用户定义的阵列。

在装配结构树中先按住 Ctrl 键选取装配主体零部件（此零部件有阵列性质的孔）和要进行阵列的零部件（如螺钉），单击“重复使用阵列”按钮，弹出“在阵列上实例化”对话框。在装配树中选取零件几何体的阵列特征，将其收集到“在阵列上实例化”对话框的“阵列”选项组中，再到装配树中选取螺钉零部件，将其收集到“在阵列上实例化”对话框的“要实例化的部件”文本框中，最后单击“确定”按钮，完成重复使用阵列的操作，如图 6-37 所示。

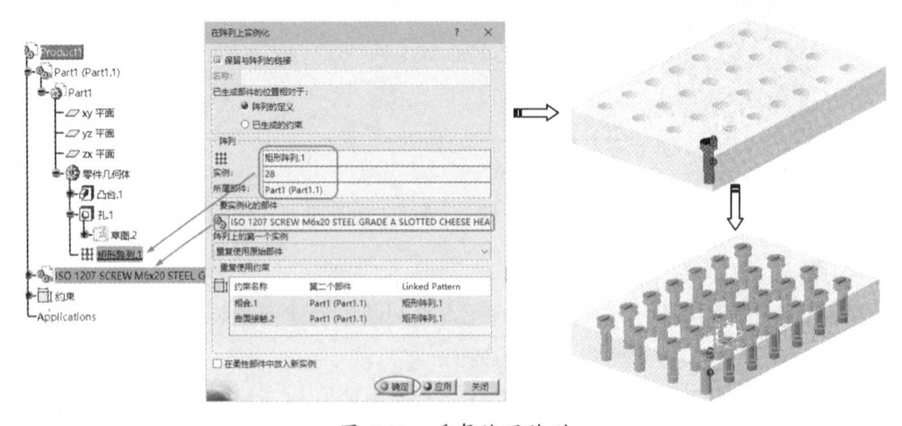

图 6-37　重复使用阵列

6.2.3 移动部件

在完成装配零部件后，有时需要模拟机械装置的运动状态，需要对某个零部件的方位进行变换操作。同时，为了防止零部件之间发生装配干涉现象，也需要保持零部件之间存在一定的间隙，这就需要调整零部件的位置，便于约束和装配。移动部件的相关工具指令在“移动”工具栏中，如图 6-38 所示。

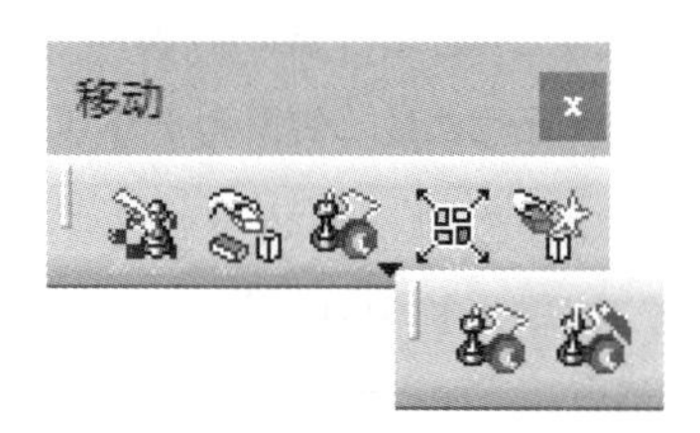

图 6-38 “移动”工具栏

技术要点：

要平移的零部件必须是活动的，不能添加任何约束。

1. 平移或旋转零部件

“平移或旋转”工具包含 3 种转换组件的方法：通过输入值、通过选择几何图元和通过指南针。

（1）通过输入值进行平移。

在“移动”工具栏中单击“平移或旋转”按钮，弹出“移动”对话框。在图形区中选择要平移的零部件，随后在“移动”对话框的“平移”选项卡中输入偏置值，单击“应用”按钮即可完成零部件的平移操作，如图 6-39 所示。

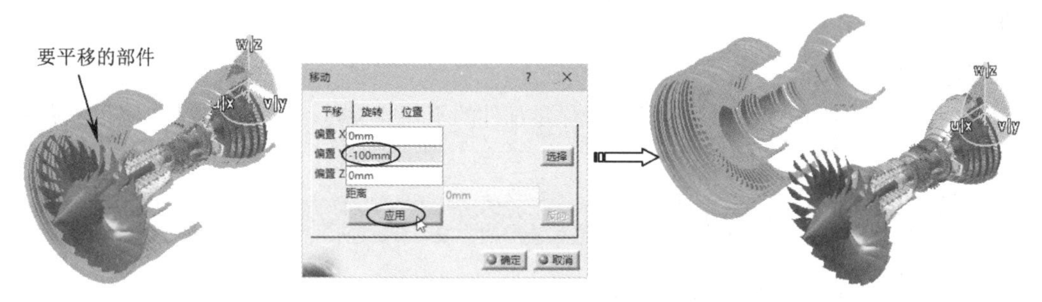

图 6-39 输入值平移零部件

（2）通过选择几何图元进行平移。

通过单击“移动”对话框中的“选择”按钮，可以定义平移的方向并进行平移操作。首先选择要平移的零部件，打开“移动”对话框后，单击“选择”按钮，在装配体中选择几何体元素（可以是点、线或平面）作为平移的方向参考，输入平移距离值并按 Enter 键确认，单击“应用”按钮，完成零部件的平移操作，如图 6-40 所示。

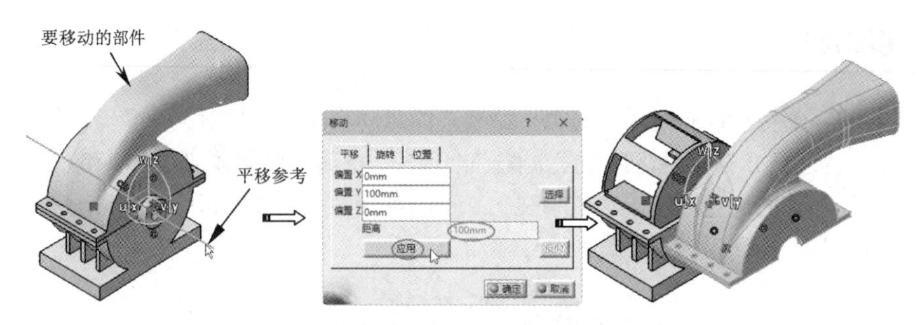

图 6-40　通过选择几何图元平移零部件

零部件的旋转变换操作，可在“移动”对话框的“旋转”选项卡中设置旋转轴及旋转角度来完成操作。其操作方法与平移相同，这里不再赘述。

（3）通过指南针进行变换操作。

将图形区右上角的指南针（选中指南针的操作手柄）直接拖至零部件上，然后拖动指南针的优先平面和旋转手柄来平移或旋转零部件，如图 6-41 所示。

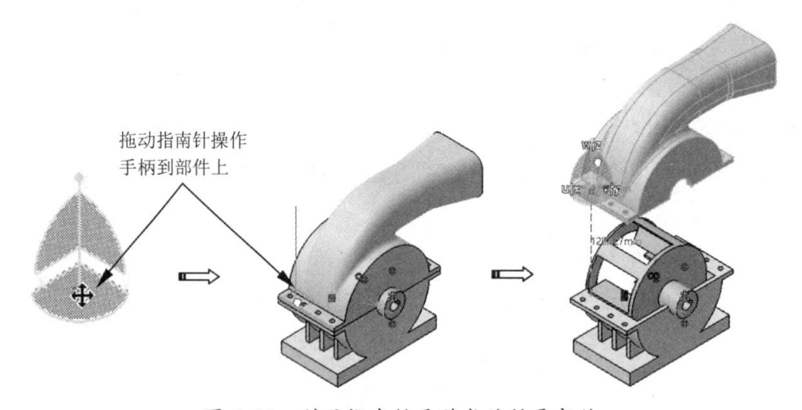

图 6-41　利用指南针平移或旋转零部件

2. 操作零部件

利用“操作”工具，可以使用鼠标徒手操作零部件的平移或旋转。下面以案例的形式来说明“操作”工具和鼠标的用法。

上机练习——操作零部件

01 打开本例源文件 6-2.CATProduct，如图 6-42 所示。

图 6-42　打开装配体文件

02 在“移动”工具栏中单击“操作”按钮，弹出“操作参数”对话框。单击“沿 Y 轴拖动”按钮，并到图形区中选择齿条零部件向任意方向拖动，可见齿条零部件因方向限制只能在 y 轴方向平移，如图 6-43 所示。

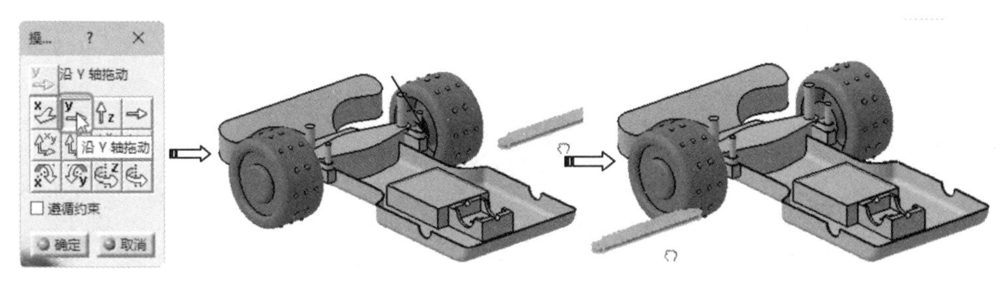

图 6-43　沿 y 轴移动零部件

03 同理，单击其他按钮，可以在其他轴向上平移或绕轴旋转。

3. 捕捉并移动零部件

利用“捕捉”命令，可将一个零部件捕捉到另一个零部件上。此命令也是一种便捷的平移或旋转零部件的变换操作工具。

单击“移动”工具栏中的“捕捉”按钮，选择第一个零部件的面，然后再选择第二个零部件的面，此时第一个零部件将平移到第二个零部件的位置，所选的两个部件表面将重合。此外，第一个所选的面上会显示一个绿色箭头，单击此箭头可以反转第一个部件表面，如图 6-44 所示。

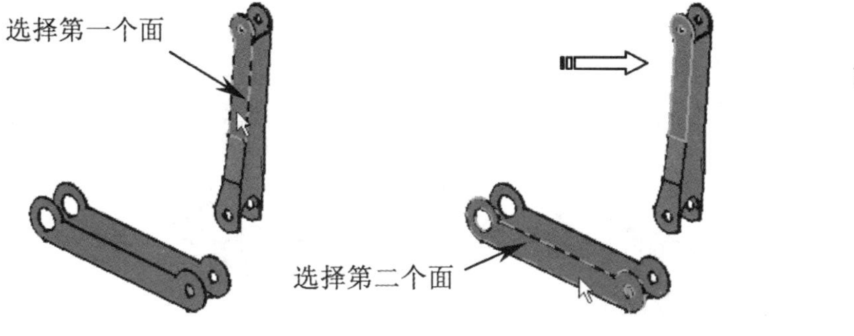

图 6-44　捕捉并移动零部件

6.2.4　创建爆炸装配

利用“分解”命令，可以创建装配约束来爆炸装配，目的是了解零部件之间的位置关系，这有利于生成装配图纸。

选择要分解的零部件，在“移动”工具栏中单击“分解”按钮，弹出“分解”对话框。单击“应用”按钮，自动创建爆炸装配，如图 6-45 所示。

“分解”对话框中主要选项含义如下。

（1）“深度”选项。

“深度”选项用于设置分解的层次（装配结构树中的节点层级），包括两个选项。

- 第一级别：只将产品总装配体的第一层炸开，其余层级的节点装配则不会炸开。
- 所有级别：将总装配体下的所有层级节点完全分解。

图 6-45　创建爆炸装配

（2）“选择集”选项。

“选择集”选项用于选择并收集要分解的零部件。

（3）“类型”选项。

“类型”选项用于设置分解类型（如图 6-46 所示），包括以下选项。

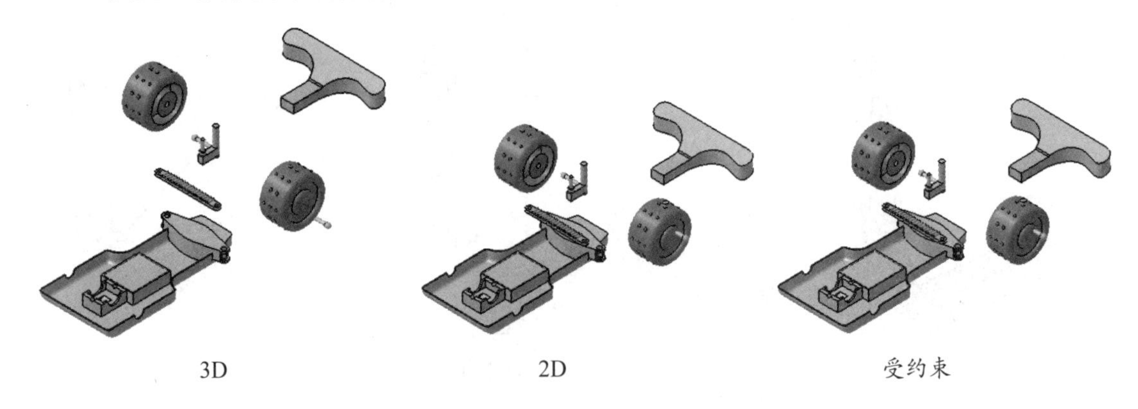

图 6-46　三种分解类型

- 3D：将装配体在三维空间中分解。
- 2D：装配体分解后投影到 *xy* 平面上。
- 受约束：将装配体按照约束条件进行分解，默认情况下该类型的爆炸效果与 2D 效果相同。

（4）“固定产品”选项。

“固定产品”选项用于选择分解时固定不动的零部件。

（5）“滚动分解”滚动条。

拖动“滚动分解”的滚动条，改变从初始爆炸到完整爆炸的爆炸状态。可以单击 |《 与 》| 按钮，直接滚动到初始爆炸位置和最终爆炸位置。

上机练习——分解装配体

01 打开本例源文件 6-3.CATProduct，如图 6-47 所示。

02 在图形区中选中所有的装配体零部件，如图 6-48 所示，并在“移动”工具栏中单击“分解”按钮，弹出“分解”对话框。

图 6-47　打开装配体文件

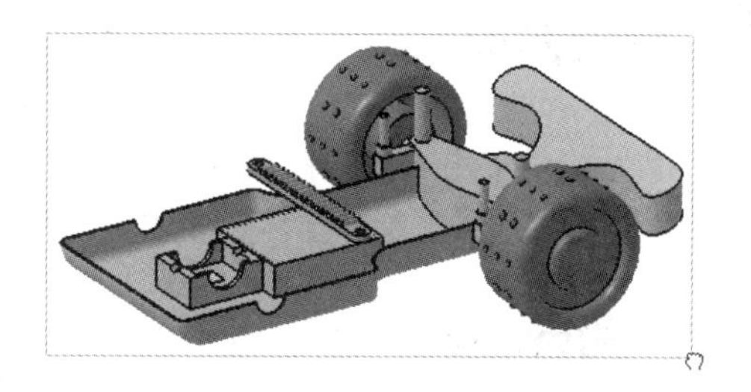

图 6-48　框选所有零部件

03 在“深度”下拉列表中选择“所有级别”选项，在“类型”下拉列表中选择 3D 选项，单击激活“固定产品”文本框，并到图形区中选择玩具车下箱板零部件为固定零部件，如图 6-49 所示。

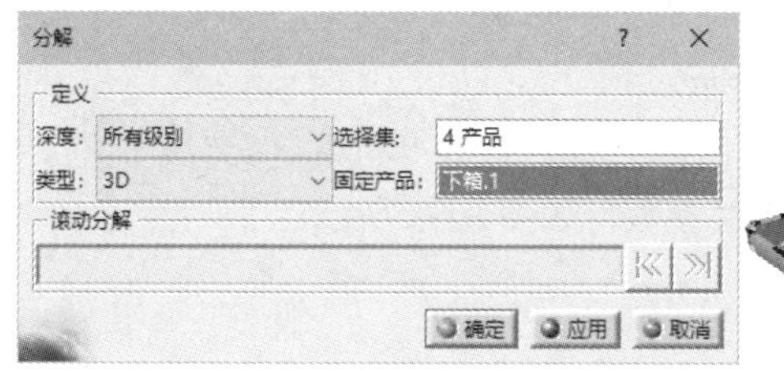

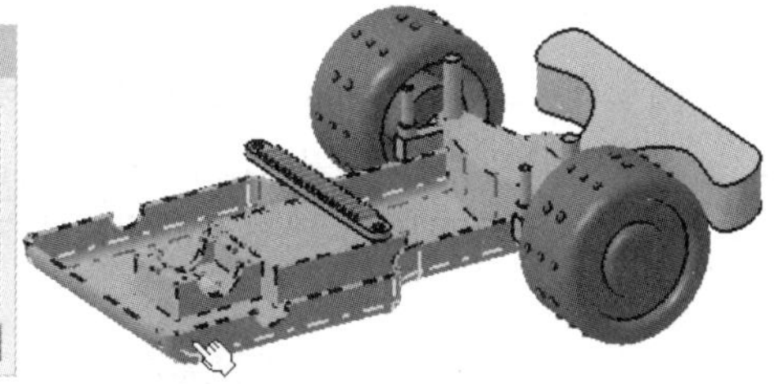

图 6-49　选择固定产品

04 在“分解”对话框中单击“应用”按钮，弹出“信息框”对话框。提示可用 3D 指南针在分解视图内移动产品，并在视图中显示分解预览效果，如图 6-50 所示。

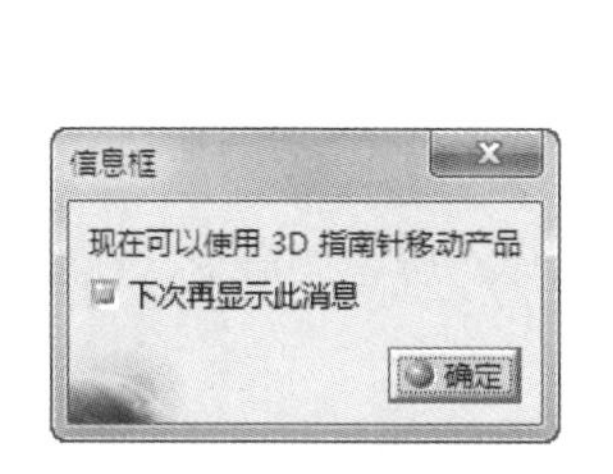

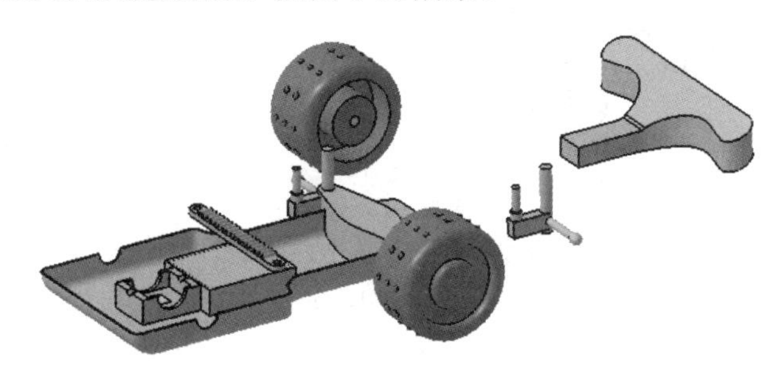

图 6-50　显示分解预览

05 单击“确定”按钮，弹出“警告”对话框。单击“是”按钮完成分解，如图 6-51 所示。

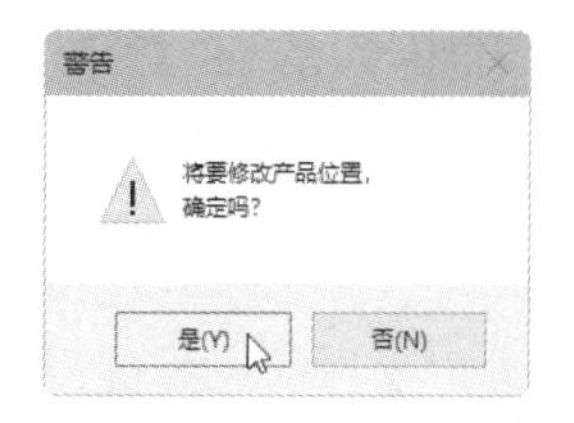

图 6-51　“警告”对话框

技术要点：

在创建分解状态时，可单击“移动”工具栏中的“操作”按钮，在弹出的“操作参数”对话框中选择移动方向命令按钮，在图形区移动模型后，重新执行分解。

6.3 装配修改

CAITA 提供了用于装配修改的工具，便于及时对错误的装配进行适当修改。本节将介绍约束编辑、替换部件、复制零部件、多实例化及特征阵列等。

6.3.1 约束编辑

约束编辑可对当前的装配约束进行重命名、替换参考几何图素、约束重新连接等约束编辑操作，下面通过案例进行操作演示。

上机练习——约束编辑

01 打开本例源文件 6-4.CATProduct，如图 6-52 所示。

02 在装配结构树上展开“约束”节点，双击“相合 .1”约束，打开“约束定义”对话框。单击“更多”按钮，在对话框的右侧显示出更多的约束相关参数，如图 6-53 所示。

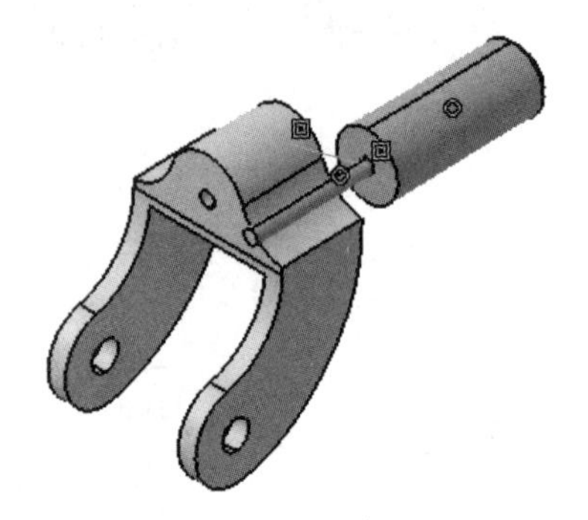

图 6-52　打开装配体文件

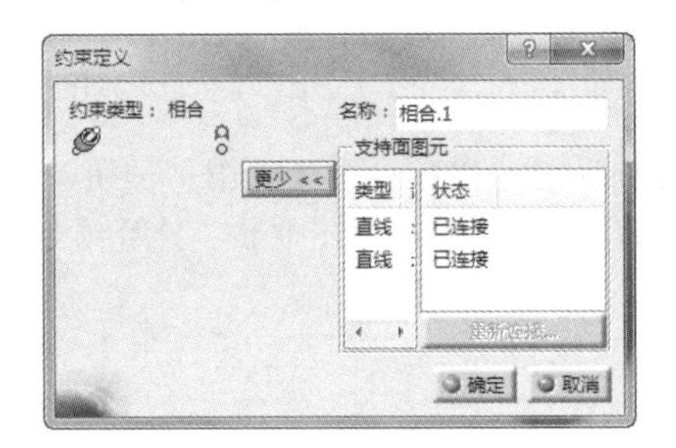

图 6-53　“约束定义”对话框

03 在“支持面图元”列表左侧栏中右击，在弹出的快捷菜单中选择“居中”命令，在视图中将所选图素的约束显示在中心位置，如图 6-54 所示。

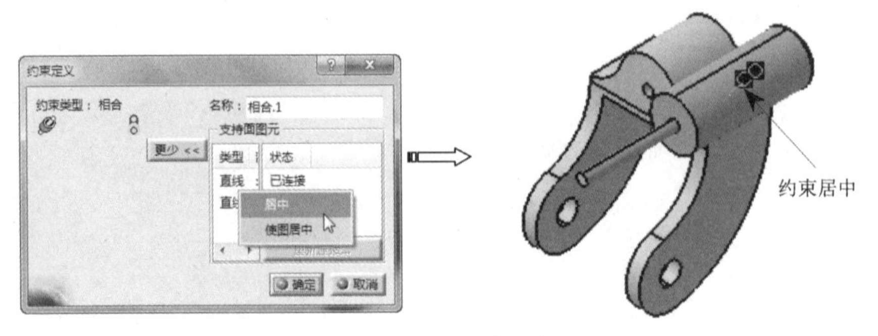

图 6-54　选择“居中”命令

04 在“支持面图元”列表左侧栏中右击，在弹出的快捷菜单中选择“使图居中”命令，在装配结构树中将所选约束显示在中心位置，如图 6-55 所示。

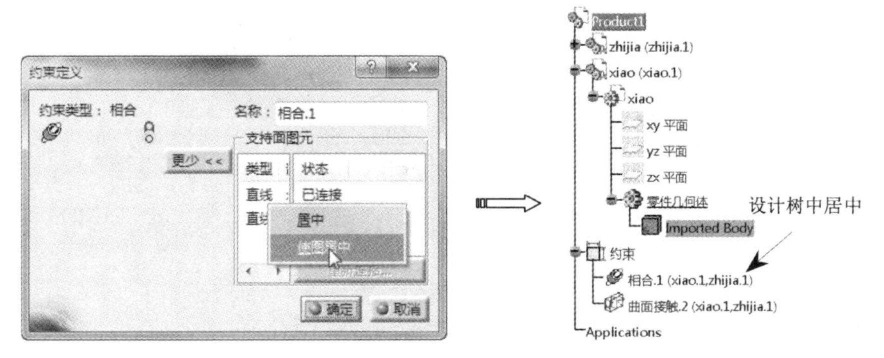

图 6-55 使图居中

05 在“支持面图元”列表右侧栏中选中第二行的“已连接”选项，单击“重新连接”按钮，在图形区选择轴线，单击“确定”按钮，完成约束参考图素的编辑，如图 6-56 所示。

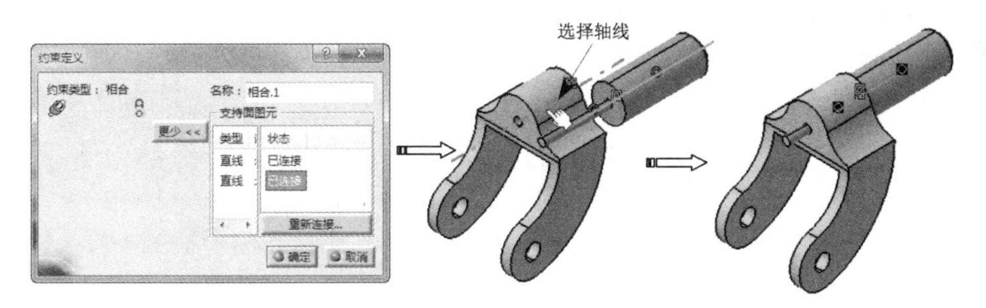

图 6-56 编辑约束参考图元

6.3.2 替换部件

“替换部件”工具用于对装配体中的零部件用新零件进行替换。在一个装配文档中，可用两个完全不同的零部件互相替换，如用一个型号轴承替换另一型号的轴承。

上机练习——替换零部件

01 打开本例源文件 6-5.CATProduct，如图 6-57 所示。

图 6-57 打开装配体文件

02 单击“产品结构工具”工具栏中的“替换部件”按钮，从装配结构树中选择需要替换的零部件 xiao，如图 6-58 所示。

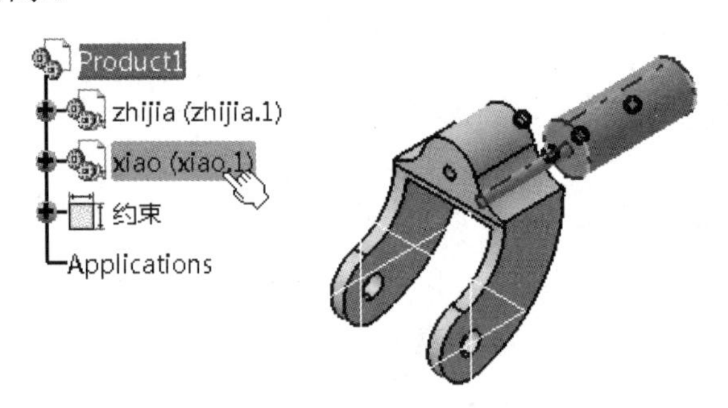

图 6-58　选择要替换的零部件

03 弹出“选择文件”对话框，选择替换文件，如图 6-59 所示，单击“打开”按钮。

04 弹出“对替换的影响”对话框，如图 6-60 所示。保留默认设置，单击“确定”按钮完成零部件的替换。

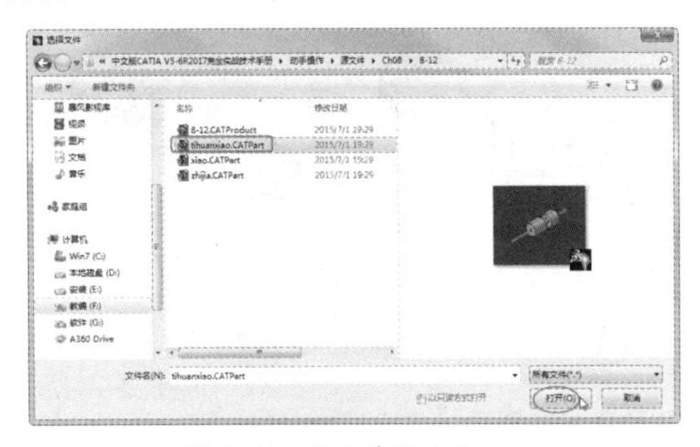

图 6-59　选择替换文件

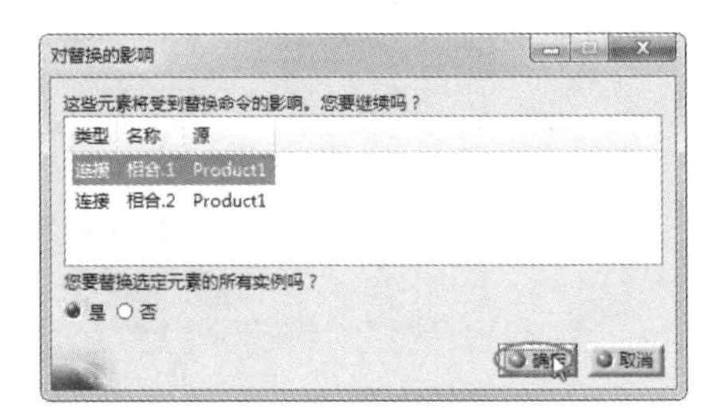

图 6-60　完成替换

05 替换完成后，原来 xiao 部件的约束已经失效（相合 .2），但替换后的零部件与其他零部件产生了新的约束（相合 .1），此时删除失效的约束即可，如图 6-61 所示。

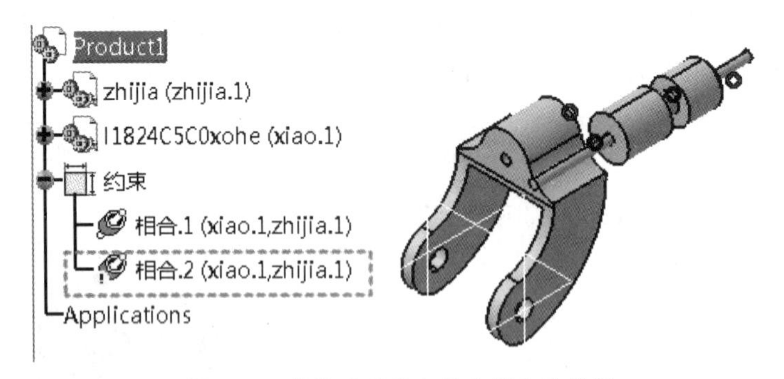

图 6-61　替换后的零部件和装配结构树

6.3.3　复制零部件

复制零部件是在装配体中创建零部件的副本对象，对于装配较少数量的相同零部件，可以创建副本零部件来完成重复装配操作。

在装配结构树上选中要复制的零部件，执行“编辑”|“复制”命令，或者右击选择快捷菜单中的“复制”命令，创建零部件的副本，接着在装配结构树中选择一个父节点，将副本粘贴到父节点之下，如图6-62所示。

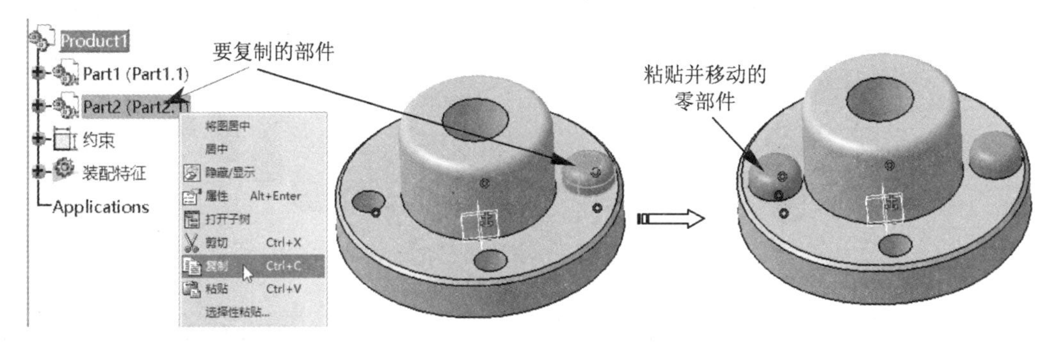

图 6-62　复制零部件

6.3.4　定义多实例化

“定义多实例化”命令可以对已插入的零部件进行多重复制，并可以预先设置复制的数量及方向，常用于一个产品中存在多个相同的零部件情况。主要用于在装配体中重复使用的零部件。

单击“产品结构工具”工具栏中的“定义多实例化”按钮，弹出“多实例化”对话框。在结构树中选择要实例化的零部件，设置新实例数、间距、参考方向后，单击“确定”按钮即可创建零部件的多实例，如图6-63所示。

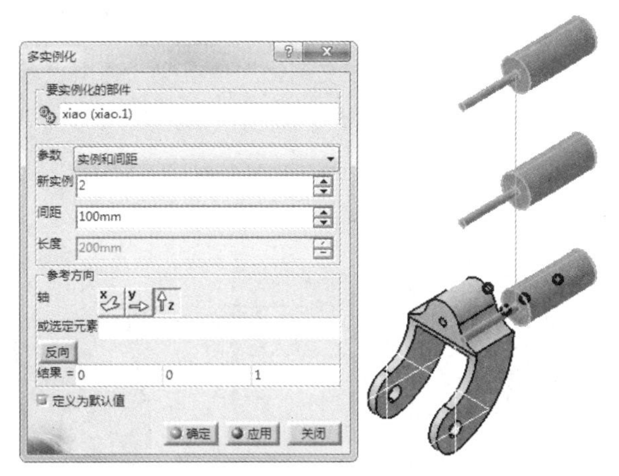

图 6-63　多实例化

6.3.5　快速多实例化

“快速多实例化”命令用于对载入的零部件进行快速复制，复制的方式以“定义多实例化”命令中的默认值为准。在“产品结构工具”工具栏中单击“快速多实例化”按钮，选择要实例化的零部件，单击“确定”按钮，即可自动创建副本实例化，如图6-64所示。一次操作将创建一个副本实例，可以连续单击“定义多实例化”按钮来创建多个副本实例。

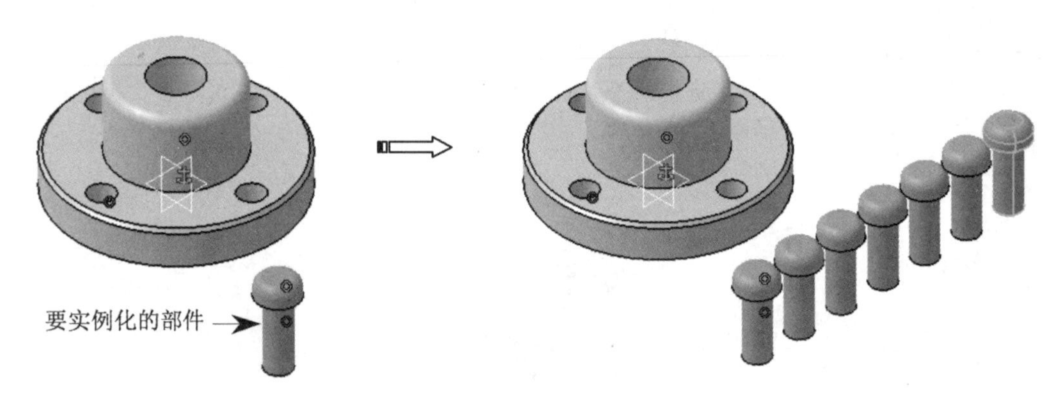

图 6-64　快速多实例化

上机练习——多实例化

01 打开本例源文件 6-6.CATProduct，如图 6-65 所示。

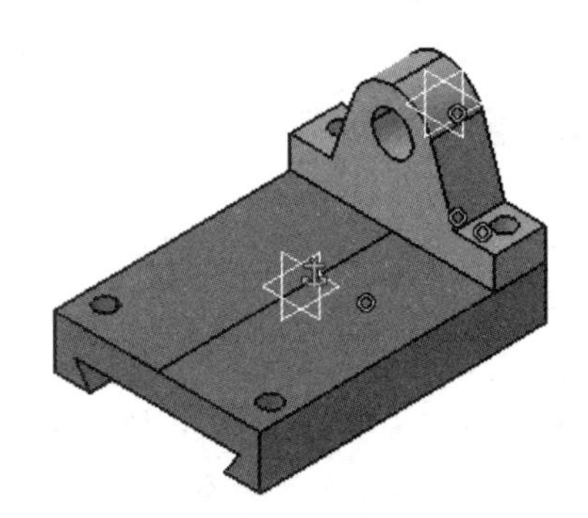

图 6-65　打开装配体文件

02 在“产品结构工具”工具栏中单击“定义多实例化”按钮，弹出“多实例化”对话框。

03 选择要实例化的部件，并在“多实例化”对话框中设置实例化参数，单击“确定”按钮后完成零部件的实例化操作，如图 6-66 所示。

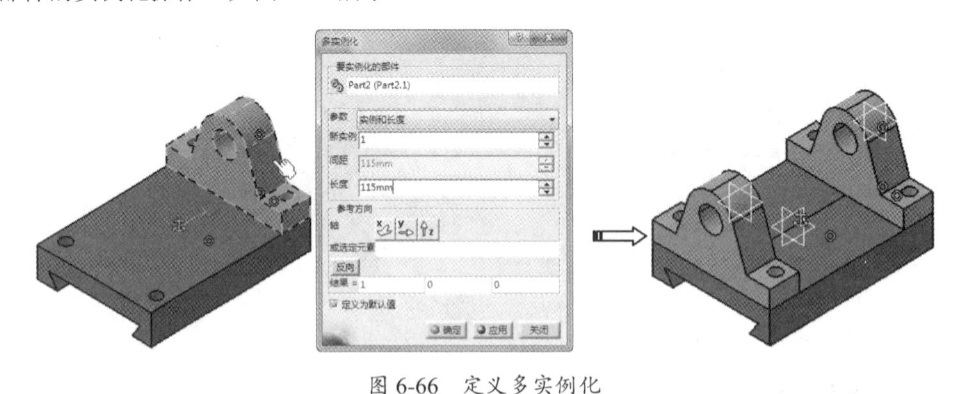

图 6-66　定义多实例化

6.3.6　创建对称特征

“对称”命令用来创建零部件的副本，可以创建镜像副本、平移副本和旋转副本。“对称”命令在“装配特征”工具栏中，如图 6-67 所示。

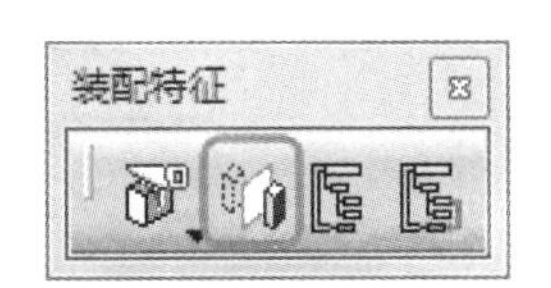

图 6-67　“装配特征”工具栏

技术要点：

“对称”工具与“移动”工具栏中的“平移或旋转”工具所产生的装配效果完全不同，前者可以创建零部件的副本特征，后者仅是在添加装配约束时对零部件的位置进行调整，并不产生副本。

上机练习——创建零部件的镜像复制

01 打开本例源文件 6-7.CATProduct，如图 6-68 所示。在装配结构树中将 Part1 零部件节点下的平面全部显示。

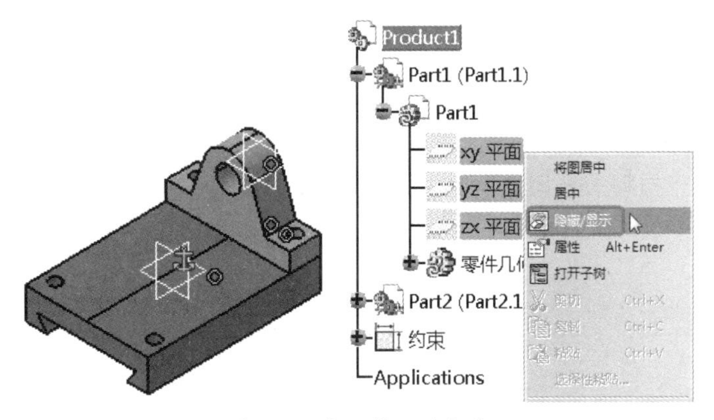

图 6-68　打开装配体文件

02 单击“装配特征”工具栏中的“对称”按钮，弹出“装配对称向导”对话框。

03 选择对称平面为 yz 平面，如图 6-69 所示。再选择要对称的零部件 Part2，如图 6-70 所示。

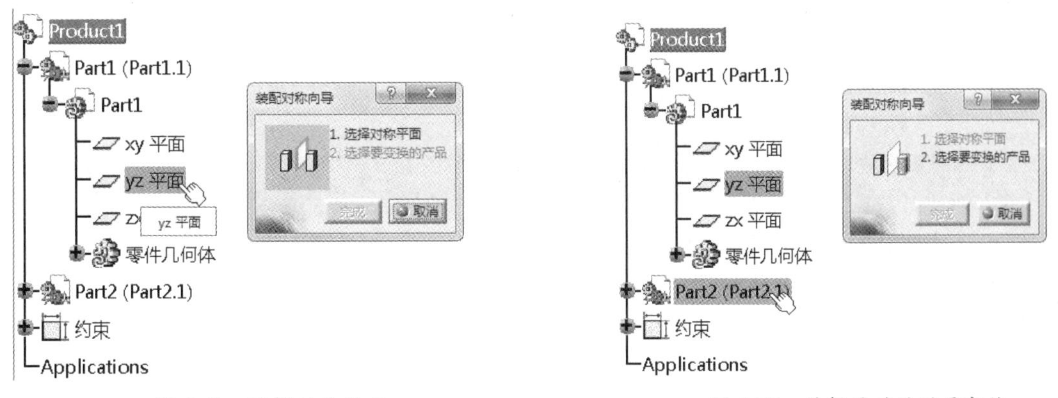

图 6-69　选择对称平面　　　　图 6-70　选择要对称的零部件

04 弹出“装配对称向导”对话框，选中“镜像，新部件”单选按钮，其余选项保留默认设置，单击“完成”按钮，如图 6-71 所示。

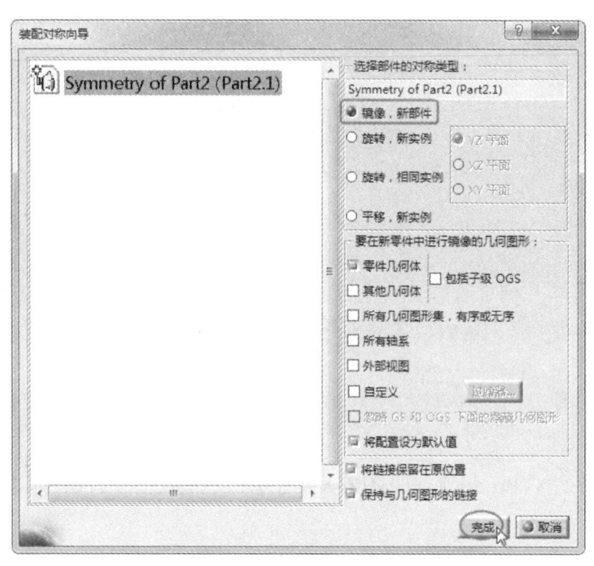

图 6-71 “装配对称向导”对话框

05 弹出“装配对称结果”对话框，显示增加一个新部件和一个产品。单击“关闭”按钮，完成零部件的镜像，如图 6-72 所示。

06 此时装配结构树中增加一个 Symmetry of Part2_1 零部件副本，如图 6-73 所示。

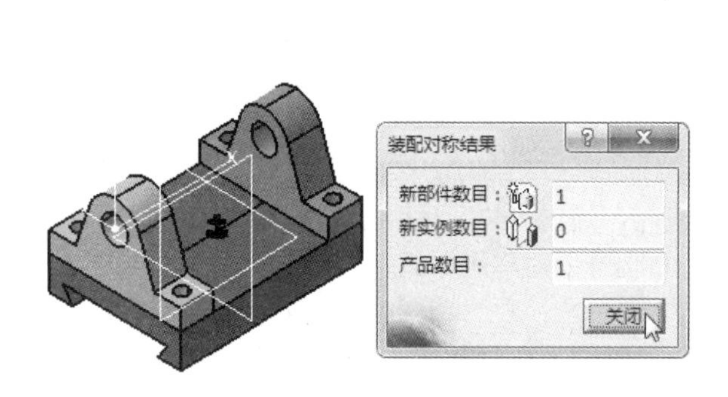

图 6-72 镜像结果

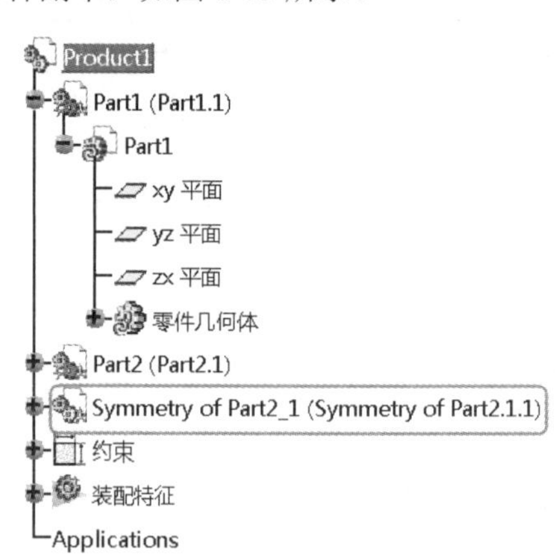

图 6-73 创建镜像后的装配结构树

上机练习——创建零部件的旋转复制

01 打开本例源文件 6-8.CATProduct，如图 6-74 所示。

02 单击“装配特征”工具栏中的“对称”按钮，依次选择对称平面（*yz* 平面）和要对称的零部件（Part2 螺钉）。

03 弹出“装配对称向导”对话框，选中“旋转，新实例”单选按钮，如图 6-75 所示。

技术要点：

如果选择“旋转，相同实例”选项，将不产生零部件的副本。

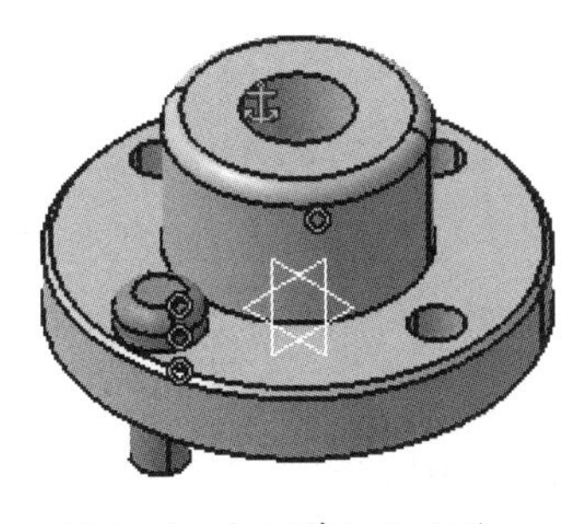

图 6-74　打开装配体文件

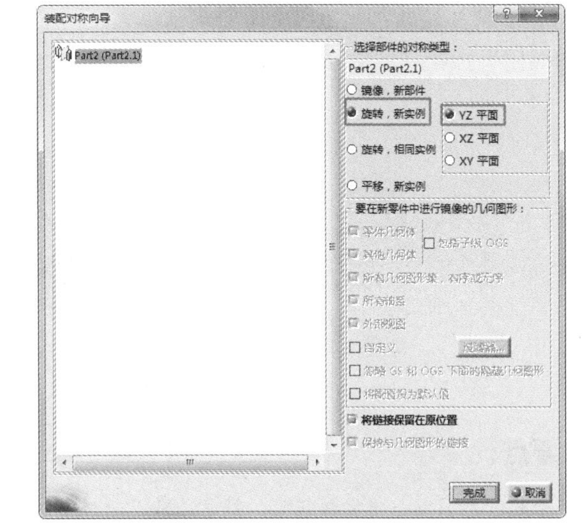

图 6-75　设置装配对称选项

04 单击“完成”按钮弹出“装配对称结果”对话框，单击“关闭”按钮，完成零部件的旋转复制，结果如图 6-76 所示。

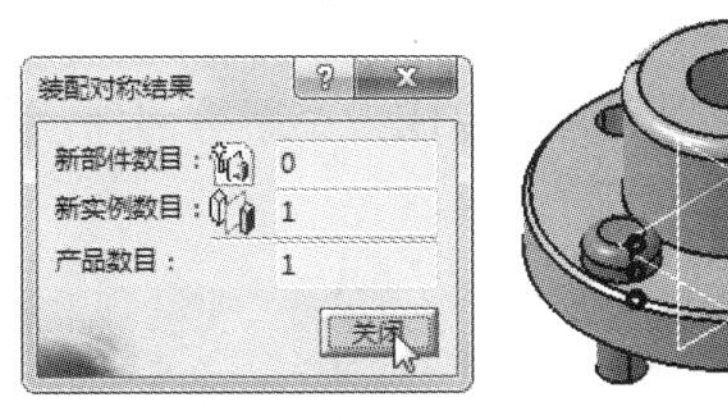

图 6-76　旋转复制结果

上机练习——创建零部件的平移复制

01 打开本例源文件 6-9.CATProduct，如图 6-77 所示。

02 单击“装配特征”工具栏中的“对称”按钮，选择对称平面（*yz* 平面）和要对称的零部件（03）。

03 弹出“装配对称向导”对话框，选中“平移，新实例”单选按钮，如图 6-78 所示。

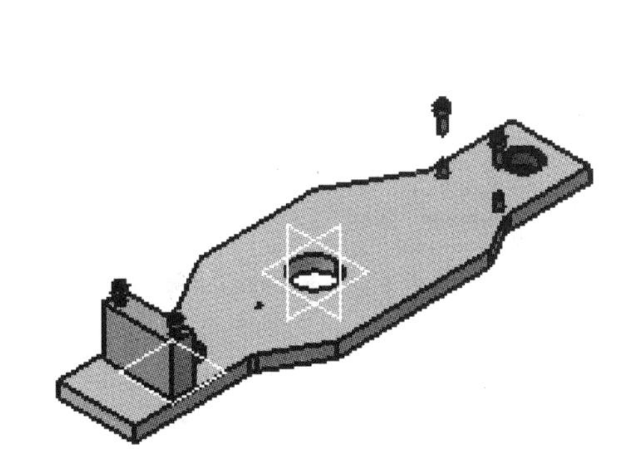

图 6-77　打开装配体文件

图 6-78　设置装配对称选项

04 单击“完成”按钮，弹出“装配对称结果”对话框，显示增加新实例数目为1，产品数目为1，单击“关闭”按钮完成平移复制，如图6-79所示。

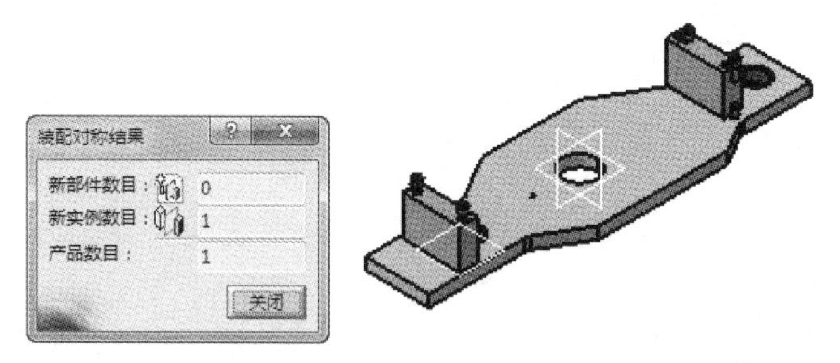

图6-79 平移复制结果

技术要点：

选中“平移，新实例”单选按钮时，镜像对象以平移方式显示镜像结果，即根据镜像中心的两倍计算平移距离。

6.4 由装配部件生成零件几何体

从装配体生成CATPart是指，利用现有装配生成一个新零部件。在新零部件中，将装配中的各个零部件转换为零部件几何体。

上机练习——从产品生成CATPart

01 打开本例源文件6-10/Assembly_01.CATProduct，如图6-80所示。

02 选择“工具”|“从产品生成CATPart”命令，弹出“从产品生成CATPart”对话框。

03 在装配结构树中选择顶层节点Assembly_01，在对话框中将显示新零部件编号，如图6-81所示。

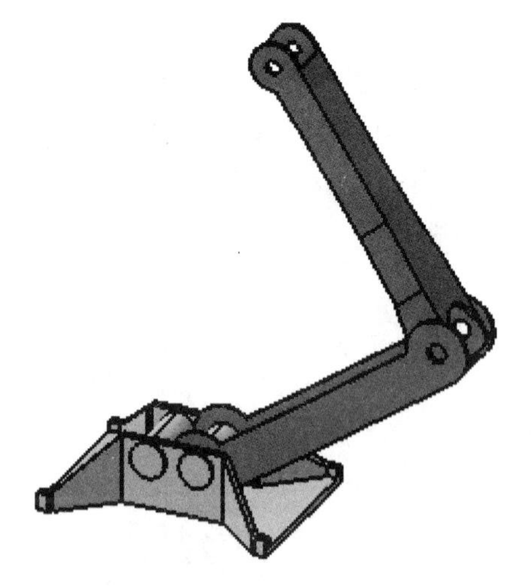

图6-80 打开装配体文件

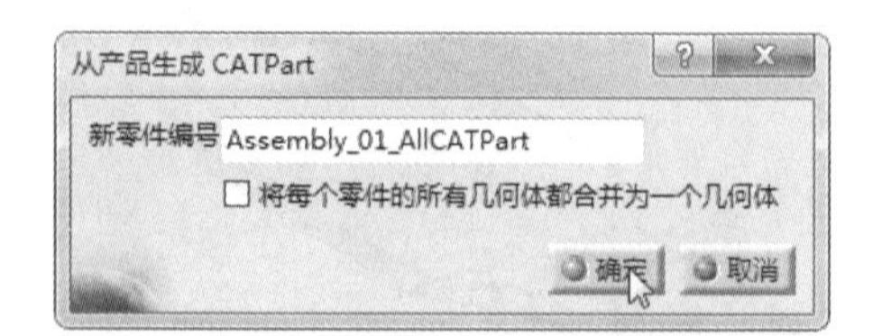

图6-81 “从产品生成CATPart”对话框

04 单击“确定”按钮，完成新零部件的建立，生成的新零部件中所有零部件已经转换成相应的零件几何体，如图 6-82 所示。

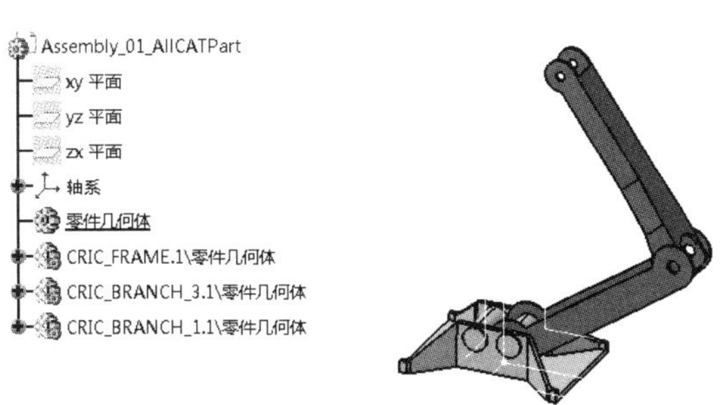

图 6-82　生成的零部件几何体

6.5 实战案例——推进器装配设计

推进器是将任何形式的能量转化为机械能的装置，是通过旋转叶片或喷气（水）来产生推力的。推进器可用来驱动交通工具前进，或作为其他装置如发电机的动力来源。

推进器产品装配体主要由叶轮、叶轮轴、键、上罩壳和下罩壳组成。本例中将使用自底向上的装配体设计方法来装配推进器产品，推进器产品装配体如图 6-83 所示。

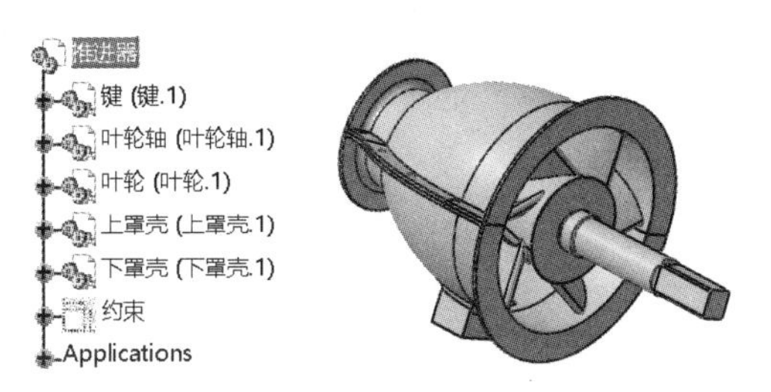

图 6-83　推进器装配体

01 启动 CATIA V5-6R2018，系统自动进入产品结构工作台，该工作台与装配设计工作台完全相同，可以进行自底向上装配设计或自顶向下装配设计。

02 在装配结构树中右击结构树顶层的 Product1 总装产品节点，在弹出的快捷菜单中执行“属性”命令，弹出“属性”对话框。在“产品”选项卡中修改零件编号为“推进器”，如图 6-84 所示。

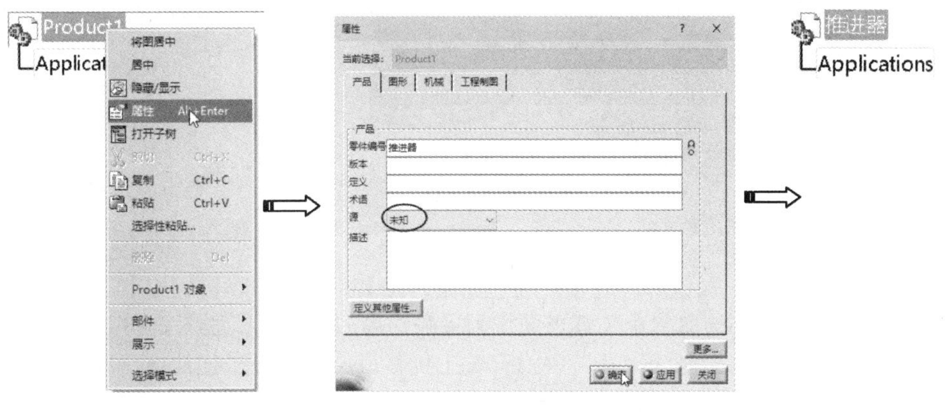

图 6-84　修改总装产品的属性名称

03 在装配结构树中单击“推进器”总装产品以激活该节点，在“产品结构工具”工具栏中单击“现有部件”按钮，在弹出的“选择文件”对话框中选择本例源文件夹中的Part3.CATPart叶轮零部件文件，单击“打开”按钮，载入当前产品结构工作台，如图6-85所示。

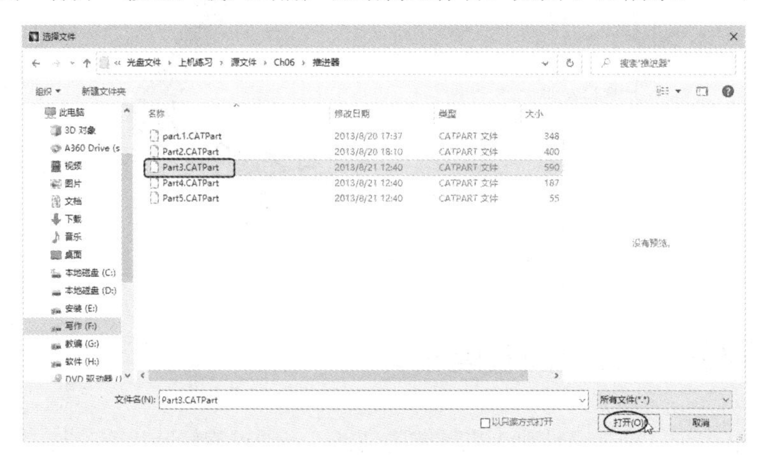

图6-85　新建装配文件

04 第一个零部件将作为后面零部件装配时的定位参照，因此，需要将其固定在某个位置。单击“约束”工具栏中的“固定约束”按钮，选择要进行固定的叶轮零部件，系统自动为其添加固定约束，如图6-86所示。

05 同理，激活“推进器”总装产品节点，依次将上罩壳、下罩壳、叶轮轴及键等零部件载入当前产品结构工作台，如图6-87所示。

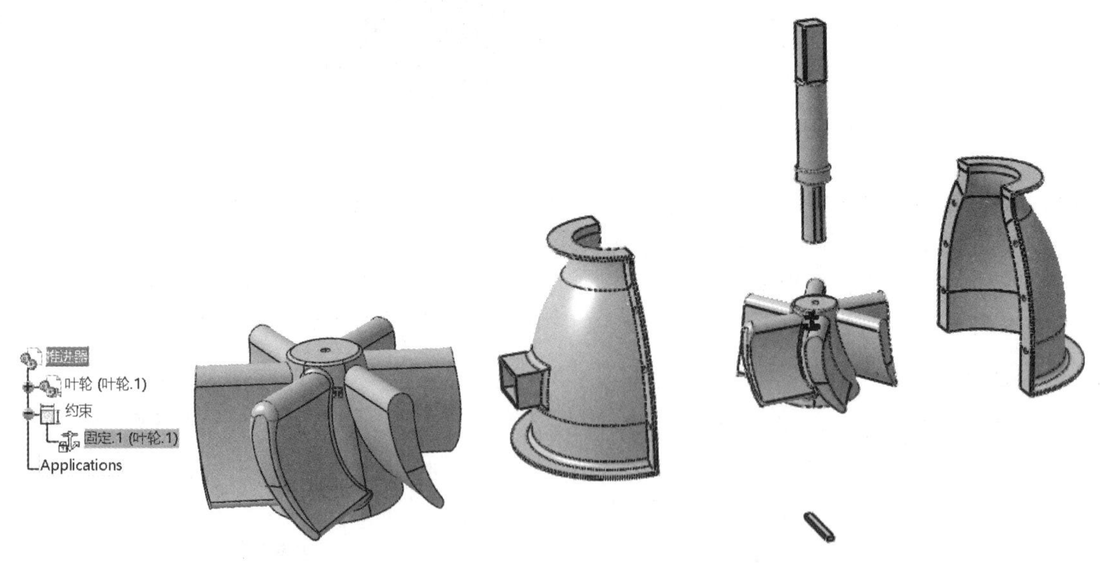

图6-86　添加固定约束

图6-87　载入其余零部件

06 先装配内部的零部件，如键和叶轮轴。在“约束”工具栏中单击“接触约束”按钮，在叶轮内部键槽孔和键上分别选取一个平直表面作为接触约束的配合面，如图6-88所示。选取两个面后，系统自动为其添加接触约束。若键没有发生位移或旋转，可在软件窗口底部的“更新”工具栏中单击“全部更新”按钮完成键的旋转，如图6-89所示。

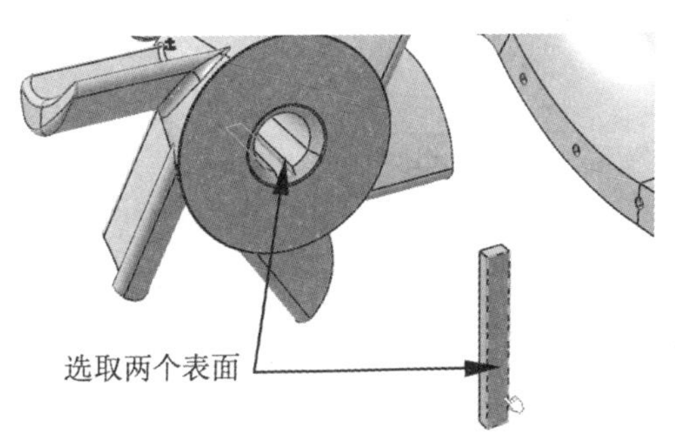

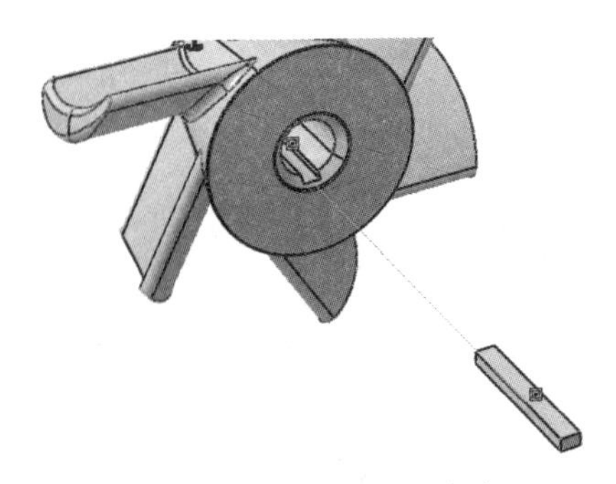

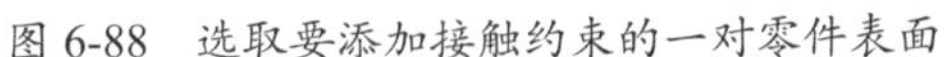

图 6-88 选取要添加接触约束的一对零件表面

图 6-89 更新后的键

07 单击“接触约束”按钮，选取叶轮键槽的前端面和键的前端面进行匹配，完成键与叶轮键槽的接触约束，如图 6-90 所示。

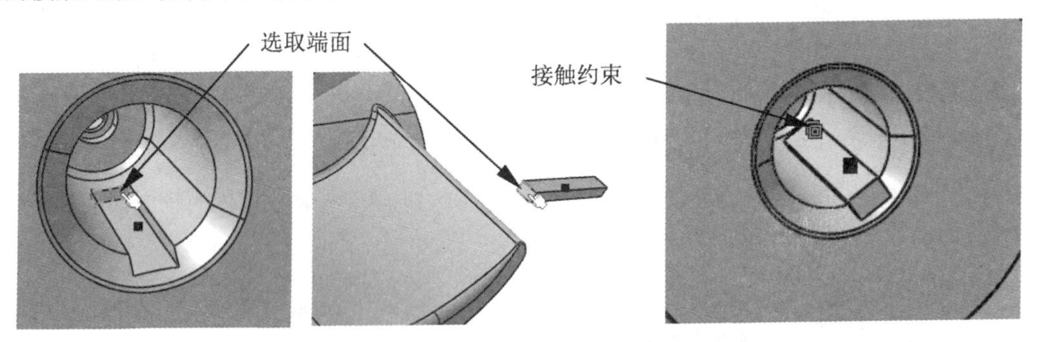

图 6-90 创建键与叶轮键槽的前端面接触约束

08 单击“约束”工具栏中的“相合约束”按钮，分别选择叶轮轴的外圆面（系统会自动拾取该外圆面的轴线）和叶轮轴孔的内孔面作为相合约束的一对匹配面，随后软件自动完成相合约束，如图 6-91 所示。

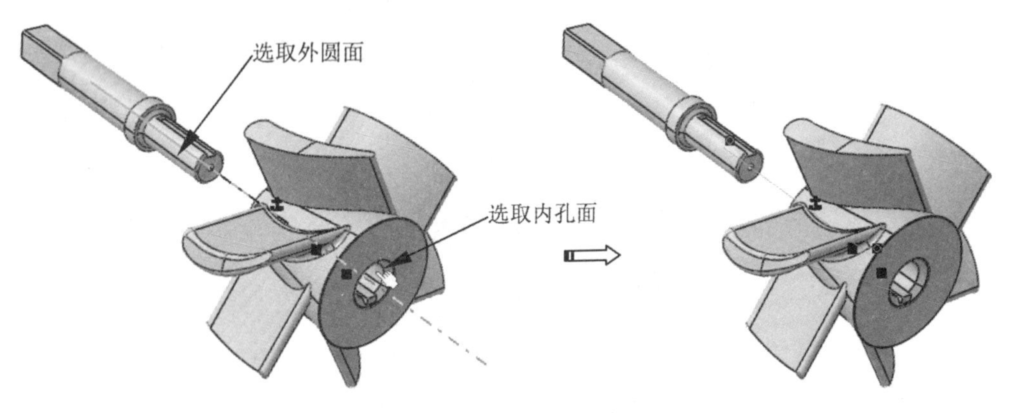

图 6-91 创建相合约束

09 对叶轮轴上的键槽和键进行配对约束。单击“接触约束”按钮，选取叶轮轴键槽中的槽侧面和键的侧面进行匹配，完成键与叶轮轴键槽的接触约束。单击“完全更新”按钮后可看到叶轮轴产生反转，使键槽朝下，如图 6-92 所示。

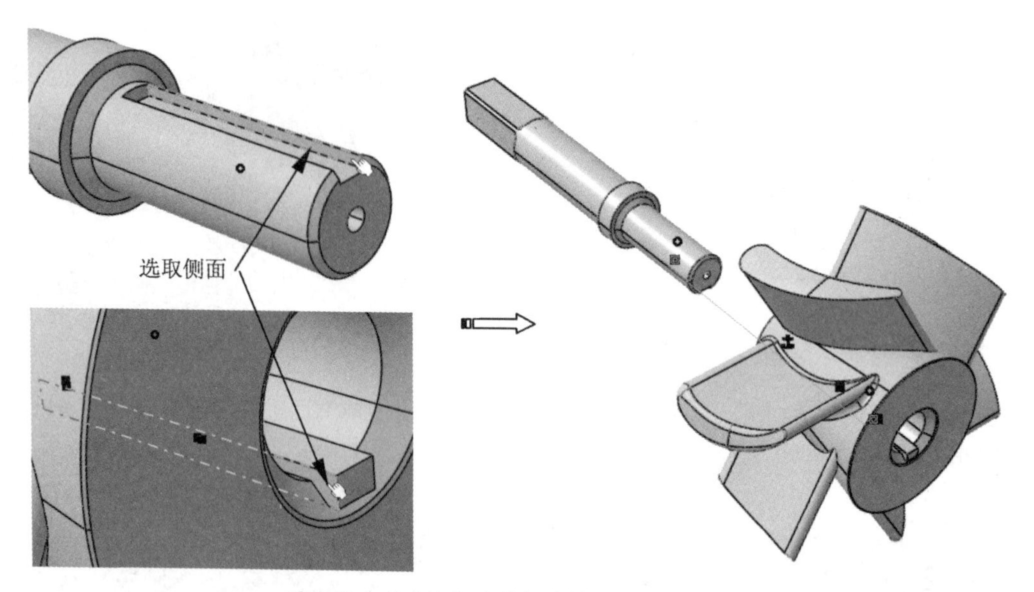

图 6-92　创建键与叶轮轴键槽的侧面接触约束

10 对叶轮轴和叶轮进行配对约束，单击“接触约束”按钮，选取叶轮轴的轴肩端面和叶轮下端面进行匹配，完成接触约束，结果如图 6-93 所示。

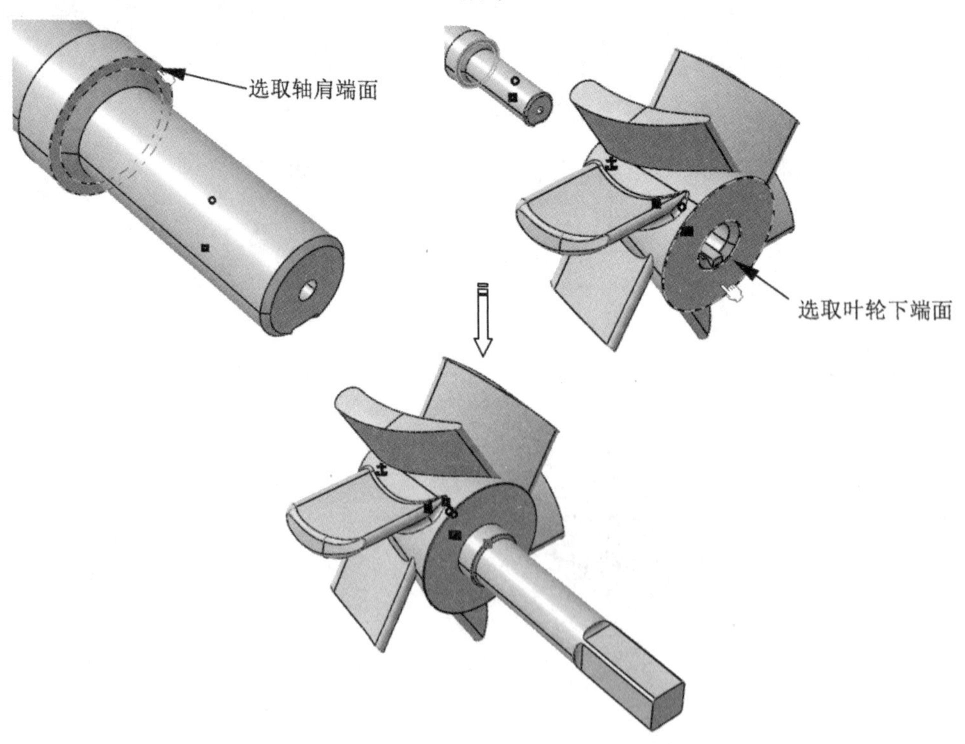

图 6-93　创建叶轮轴与叶轮的端面接触约束

11 最后对上、下罩壳进行配对约束，这两个零部件的约束和操作都是相同的。单击“偏移约束”按钮，选取上罩壳的下端面和叶轮下端面进行匹配，随后弹出“约束属性”对话框，设置“偏移”值为 0，单击“确定”按钮完成偏移约束，如图 6-94 所示。

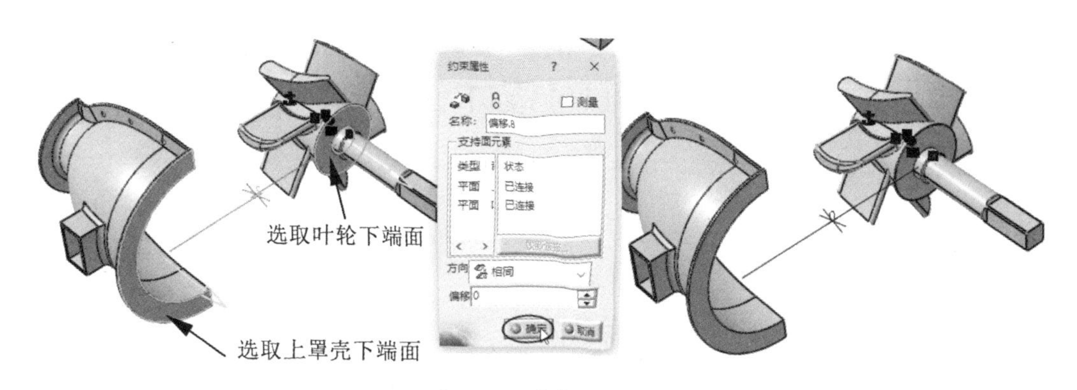

图 6-94　创建偏移约束

技术要点：

上罩壳的下端面和叶轮下端面的配对约束，可以使用“相合约束”“接触约束”和“偏移约束”工具来完成。其中，相合约束和偏移约束的效果是相同的，可以保证上罩壳方向不会改变。但接触约束的结果可能会导致上罩壳的方向是反向的，这就需要通过旋转零部件来修改，所以建议使用“相合约束”和“偏移约束”工具来完成。

12 单击“相合约束”按钮，选取上罩壳的内圆面和叶轮轴的外圆面进行匹配，相合约束完成的结果如图 6-95 所示。

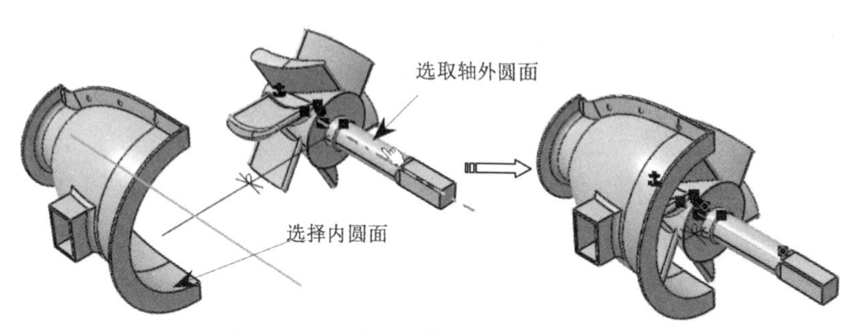

图 6-95　创建上罩壳与叶轮的相合约束

13 同理，按此操作完成下罩壳与叶轮的相合约束，最终推进器产品的装配结果如图 6-96 所示。

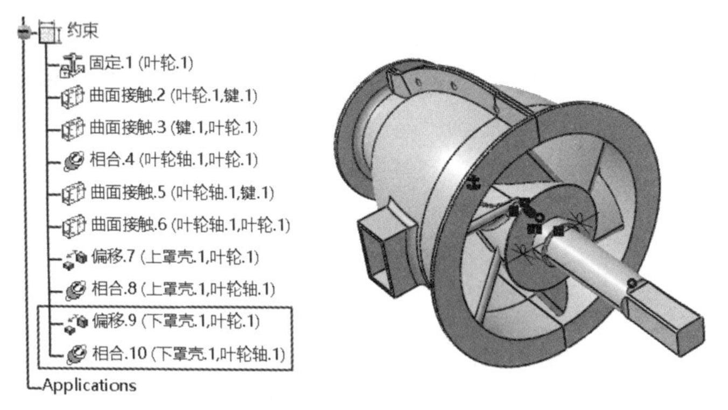

图 6-96　装配完成的结果

第 7 章　模具分型与机构设计

项目导读

模具是产品制造工艺之一，广泛用于压力铸造、工程塑料、橡胶、陶瓷等制品的压塑或注塑的成型加工中。模具一般包括动模和定模（或型芯和型腔）两部分，分开时装入坯料或取出制件，合拢时使制件与坯料分离或成型。CATIA V5-6R2018 提供了模具成型零件设计模块（型芯 & 型腔设计）工作台和模具模架设计工作台。

模架是将成型零件、浇注系统、冷却系统和顶出系统等组件组合在一起，形成有效运动机构的工装装置。模架设计也称为“模具工装设计”。

本章主要介绍在型芯 / 型腔设计工作台中如何设计模具的成型零件，以及在 CATIA 模架设计工作台中加载模架与模具三大系统设计的方法与详细步骤。

7.1 模具成型零件设计概述

在 CATIA 中使用模具分型面分割工件后，所得的体积块的总和称为“成型零件”。模具成型零件包括型腔、型芯、镶块、成型杆和成型环。由于成型零件与成品直接接触，它的质量关系到制件质量，因此要求有足够的强度、刚度、硬度、耐磨度、精度和适当的表面粗糙度，并保证能顺利脱模。

7.1.1 型腔与型芯结构

型腔（或称定模仁或凹模）和型芯（或称动模或凸模仁）部件是模具中成型产品外表的主要部件，型腔或型芯部件按结构的不同可分为整体式和组合式。

1. 整体式

整体式型腔或型芯仅由一整块金属加工而成，同时也是模具中的定模部件，如图 7-1 所示。其特点是牢固、不易变形，因此对于形状简单、容易制造或形状虽然比较复杂，但可以采用加工中心、数控机床、仿形机床或电加工等特殊方法加工的场合都比较适宜。

近年来随着型腔加工技术的发展与进步，许多过去必须组合加工的较复杂的型腔，现在也可以进行整体加工了。

2. 组合式

组合式型腔或型芯，按其组成方式，可分为整体嵌入式和局部嵌入式。

- 整体嵌入式：为了便于加工，保证型腔或型芯沿主分型面分开的两部分在合模时的对中性（中心对中心），经常将小型型腔对应的两部分做成整体嵌入式的，两嵌块外轮廓截面尺寸相同，分别嵌入相互对中的动、定模板的通孔内。为保证两通孔的对中性良好，可将动定模配合后一同加工，当机床精度高时也可分别加工。如图 7-2 所示为整体嵌入式型腔部件。

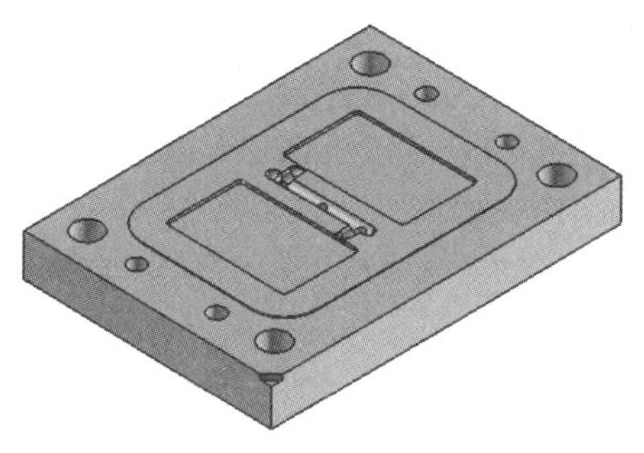

图 7-1　整体式型腔部件

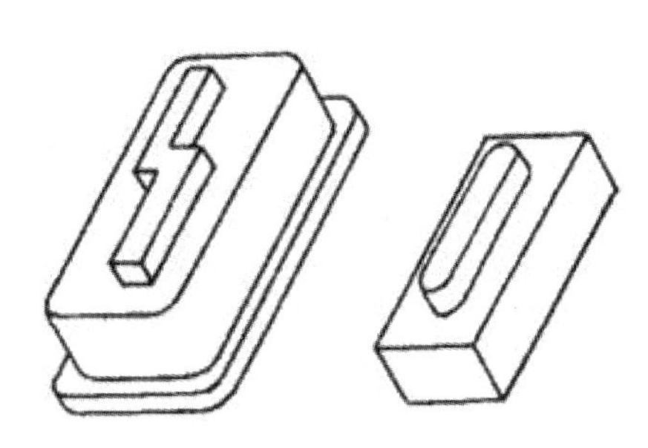

图 7-2　整体嵌入式型腔

- 局部嵌入式：为了加工方便或由于型腔的某一部分容易损坏，需要经常更换者应采取局部镶嵌的办法。如图 7-3 (a) 所示的异形型腔，先钻周围的小孔，再在小孔内镶入芯棒，车削加工出型腔大孔，加工完毕后把这些被切掉部分的芯棒取出，调换完整的芯棒镶入，便得到图示的型腔；图 7-3 (b) 所示的型腔内部有凸起，可将此凸起部分单独加工，再把加工好的镶块利用圆形槽镶在圆形槽内；图 7-3 (c) 是典型的型腔底部镶嵌。

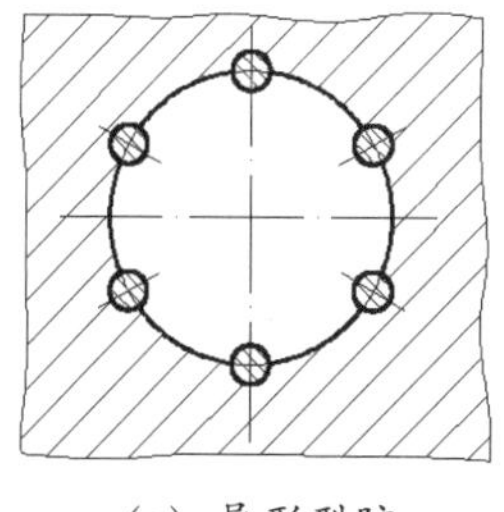

(a) 异形型腔

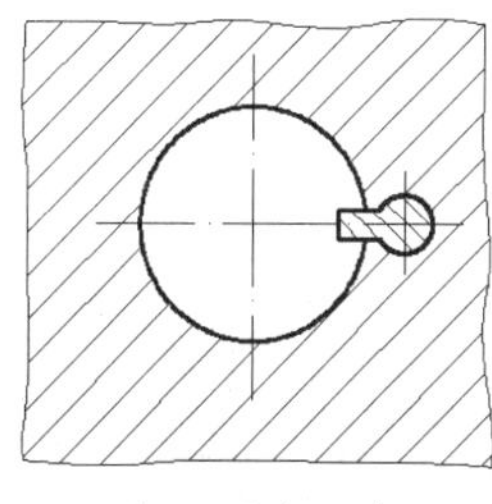

(b) 局部凸起

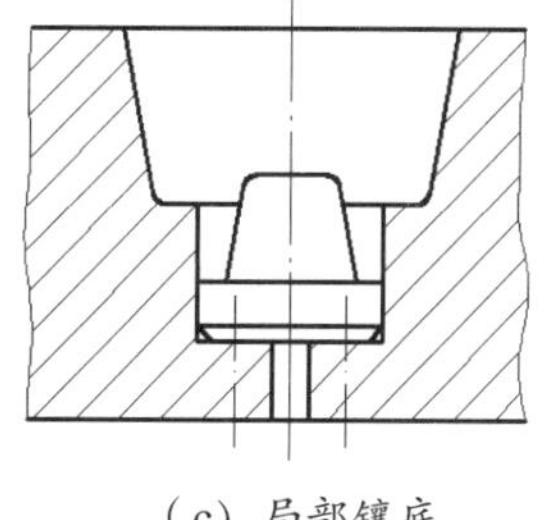

(c) 局部镶底

图 7-3　局部嵌入式型腔

7.1.2　小型芯或成型杆结构

成型杆往往单独制造，再嵌入主型芯板中，其连接方式多样。如图 7-4（a）所示，采用过盈配合，从模板上压入；图 7-4（b）采用间隙配合再从成型杆尾部铆接，以防脱模时型芯被拔出；图 7-4（c）对细长的成型杆可将下部加粗或做得较短，由底部嵌入，然后用垫板固定或按图 7-4（d）、图 7-4（e）所示用垫块或螺钉压紧，不仅增加了成型杆的刚性，便于更换，还可调整成型杆的高度。

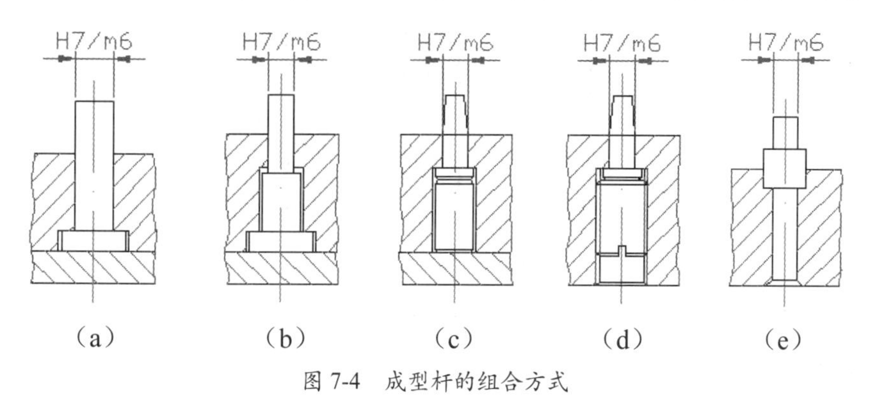

图 7-4　成型杆的组合方式

最常见的圆柱小型芯结构如图 7-5 (a) 所示。它采用轴肩与垫板的固定方法，定位配合部分长度为 3 ～ 5mm，用小间隙或过渡配合。非配合长度上扩孔后，有利于排气。有多个小型芯时，则可按如图 7-5 (b) 或 (c) 所示的结构予以实施。型芯轴肩高度在嵌入后都必须高出模板装配平面，经研磨成同一平面后再与垫板连接。这种从模板背面压入小型芯的方法，称为“反嵌法”。

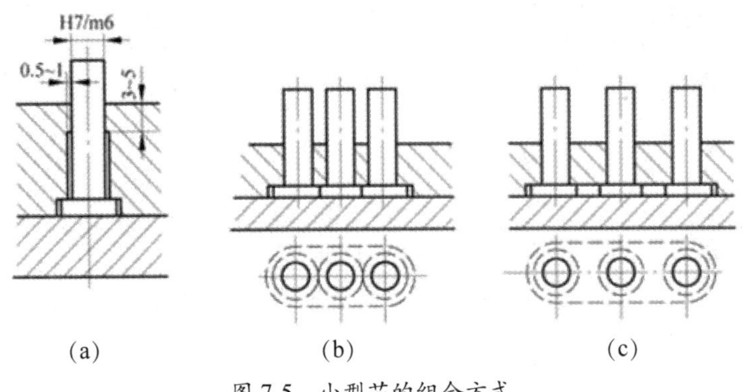

图 7-5　小型芯的组合方式

若模板较厚时，可采用如图 7-6 (a) 、图 7-6 (b) 所示的反嵌型芯结构。倘若模板较薄，则用如图 7-6 (c) 所示的结构。

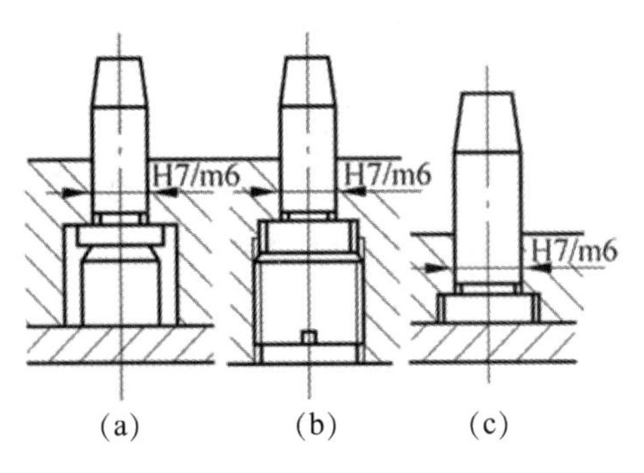

图 7-6　反嵌型芯结构

对于成型 3mm 以下的盲孔的圆柱小型芯可采用正嵌法，将小型芯从型腔表面压入。结构与配合要求如图 7-7 所示。

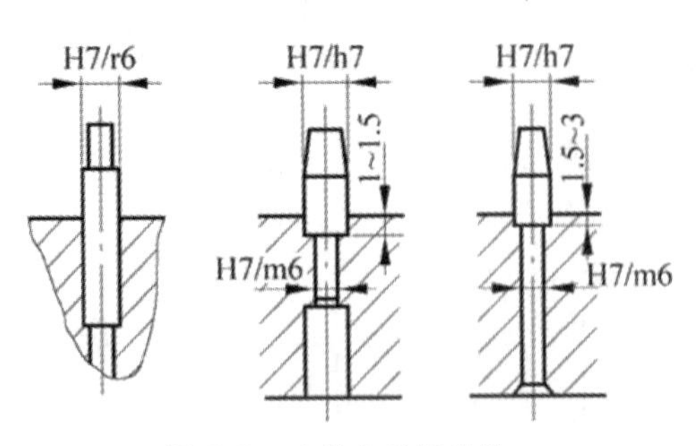

图 7-7　正嵌小型芯结构

对于非圆形的小型芯，为了制造方便，可以将其下面一段做成圆形的，并采用轴肩仅连接上面一段做成异形的，如图 7-8 (a) 所示，在主型芯板上加工出相配合的异形孔。但支承和轴肩部分均为圆柱体，以便于加工与装配。对径向尺寸较小的异形小型芯可用正嵌法的结构，如图7-8（b）所示。在实际应用中，反嵌法结构的工作性能比正嵌法可靠。

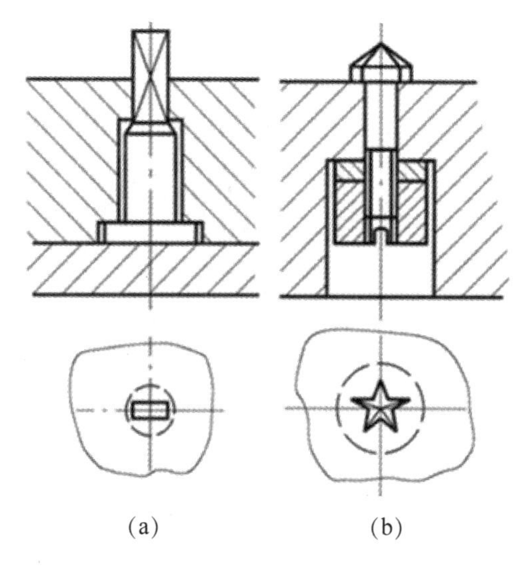

图 7-8　异形小型芯的组合方式

7.1.3　型芯 & 型腔设计工作台

CATIA V5-6R2018 模具设计有两个工作台：型芯 & 型腔设计工作台和模架设计工作台。型芯 & 型腔设计工作台主要用于完成开模前分析和分型面创建；而模具模架设计工作台主要完成模架、标准件、浇注系统和冷却系统等的设计。

CATIA V5-6R2018 模具型芯型腔设计是在型芯 & 型腔设计工作台中进行的，常用以下形式进入型芯 & 型腔设计工作台。

当系统没有开启任何文件时，执行“开始”|“机械设计”|“型芯 & 型腔设计”命令，弹出“新建零件”对话框，在“输入零件名称”文本框中输入文件名称，单击“确定”按钮进入“型芯 & 型腔”设计工作台，如图 7-9 所示。

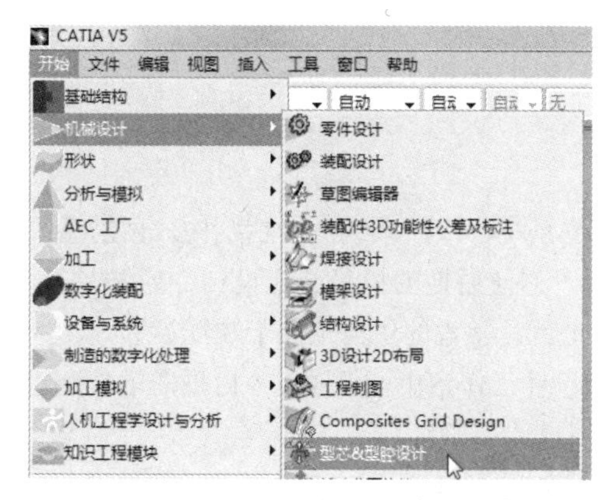

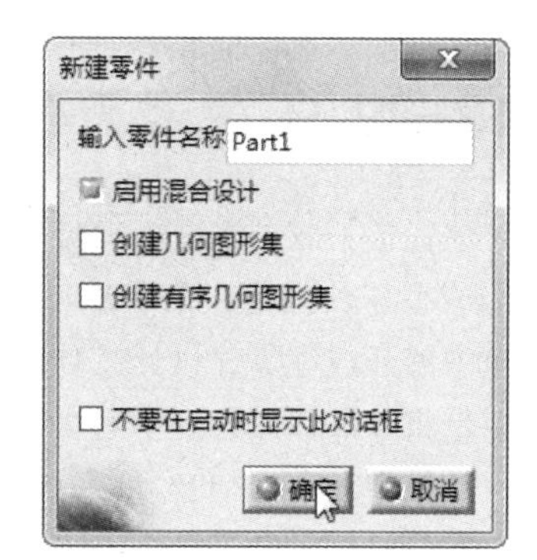

图 7-9　进入型芯 & 型腔设计工作台

CATIA V5-6R2018 型芯 & 型腔设计工作台，如图 7-10 所示。

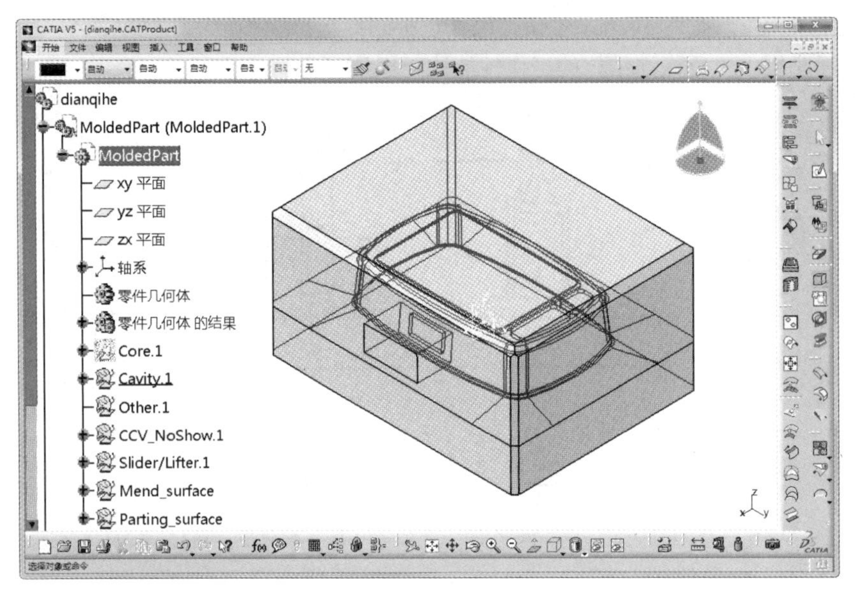

图 7-10 型芯 & 型腔设计工作台

CATIA 的成型零件设计流程如下。

（1）加载产品模型（“产品模型”就是用作模具设计的参考模型）。

（2）确定脱模（模具开模）方向。

（3）设计分型线。

（4）定义型芯、型腔区域面。

（5）修补破孔面。

（6）设计分型曲面。

（7）分割出型芯零件和型腔零件。

7.2 加载和分析模型

在进行产品模具设计时，必须先将产品导入型芯 & 型腔设计工作台中，为后续零件分模做好准备。

7.2.1 加载模型

模具是一个包含了成型零件、模架、浇注系统、冷却系统、抽芯机构、顶出系统等装配组件的装配体，而成型零件只是一个零部件，为了方便后期的模具装配设计，通常是在 CATIA 产品装配设计环境中展开成型零件设计工作的，也就是常说的“自顶向下装配设计”。

加载模型是将零部件加载到型芯 & 型腔设计工作台中，下面以“自顶向下装配设计”形式，介绍如何将产品模型导入 CATIA 型芯 & 型腔设计工作台。

上机练习——加载产品模型

01 启动 CATIA V5-6R2018，系统自动开启装配设计环境。

02 在装配设计环境的装配结构树中选中 Product1 顶层结构节点，然后选择“开始”|“机械设计”|“型芯 & 型腔设计”命令，进入型芯 & 型腔设计工作台，如图 7-11 所示。

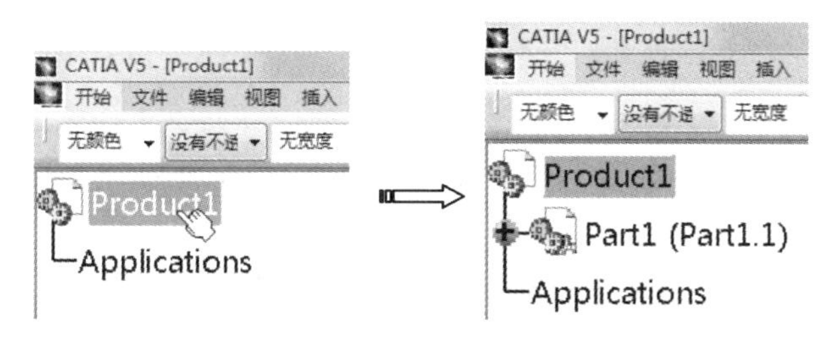

图 7-11　进入型芯 & 型腔设计工作台

03 单击“输入模型”工具栏中的“输入模型”按钮，弹出“输入模具零件”对话框，如图 7-12 所示。

04 单击“开启模具零件”按钮，打开本例源文件（作为模具设计参考的产品模型）7-1.CATPart。此时“输入模具零件”对话框更名为“输入 7-1.CATPart”对话框，如图 7-13 所示。

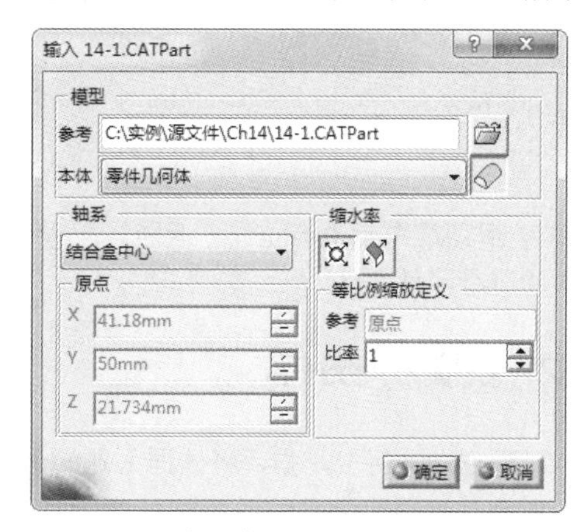

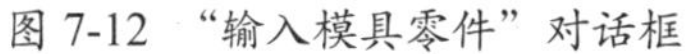

图 7-12　“输入模具零件”对话框　　　　图 7-13　载入产品模型后对话框更名

05 在“轴系”下拉列表中选择坐标轴定义方式为“结合盒中心”，在“缩水率”选项组中单击“等比例缩放”按钮，在“比率”文本框输入 1.006，单击“确定”按钮，完成模型加载，如图 7-14 所示。

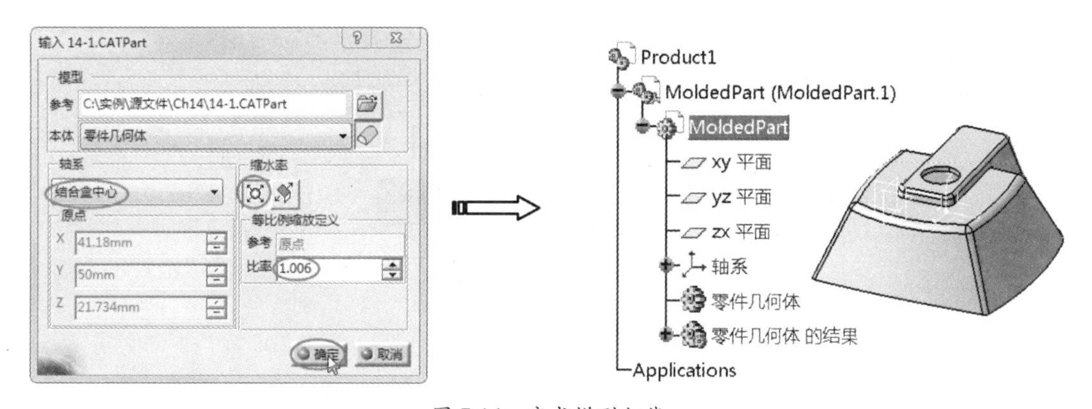

图 7-14　完成模型加载

技术要点：

"输入模具零件"对话框的"轴系"下拉列表中的选项用于定义模具坐标系，包括以下4种方法。

- 结合盒中心：将以加载产品的最小包络的矩形体中心为模具坐标系原点，如图7-15（a）所示。
- 重心：将产品的重力中心定义为坐标系原点，如图7-15（b）所示。
- 坐标：可在"原点"选项组中输入x、y、z坐标值来定义模具坐标系原点，如图7-15（c）所示。
- 局部轴系：将产品的默认坐标系原点定义为模具坐标系原点，如图7-15（d）所示。

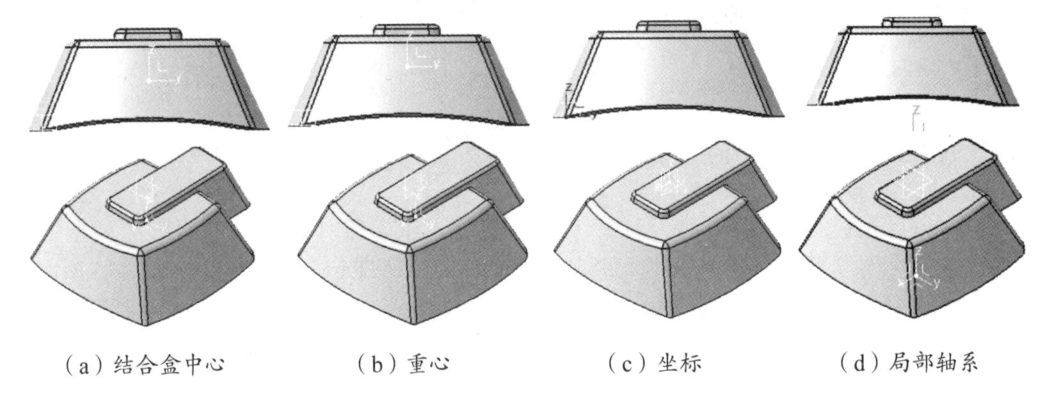

（a）结合盒中心　（b）重心　（c）坐标　（d）局部轴系

图 7-15　轴系示意图

06 双击装配顶层节点 Product1，返回装配设计环境。选择"文件"|"全部保存"命令，保存装配体中的所有零件文件。

7.2.2　脱模方向分析

"脱模方向分析"是指，将曲面上点的垂直方向与脱模方向角度差用不同颜色来体现。

指定产品主脱模方向是分型线的确定和分型面设计的基础，其重要性不言而喻。产品主脱模方向与模具开模时的动模（型芯在动模中）脱离定模（型腔在定模中）的运动方向是一致的，如图 7-16 所示。

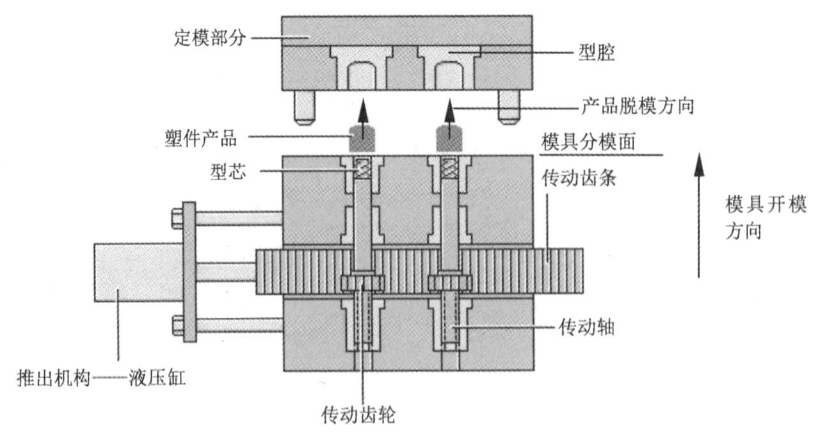

图 7-16　模具产品的脱模方向

上机练习——脱模方向分析

01 打开本例源文件 7-2.CATProduct。

02 在装配结构树中双击 MoldedPart 节点（模具零件），进入型芯 & 型腔设计工作台，如图 7-17 所示。

03 单击“输入模型”工具栏中的“脱模方向分析”按钮，弹出“脱模方向分析”对话框。激活“模型”选项组中的“图元”文本框，选择装配结构树中“零件几何体 的结果”下的“缩放.1”，作为要分析的模型，如图 7-18 所示。

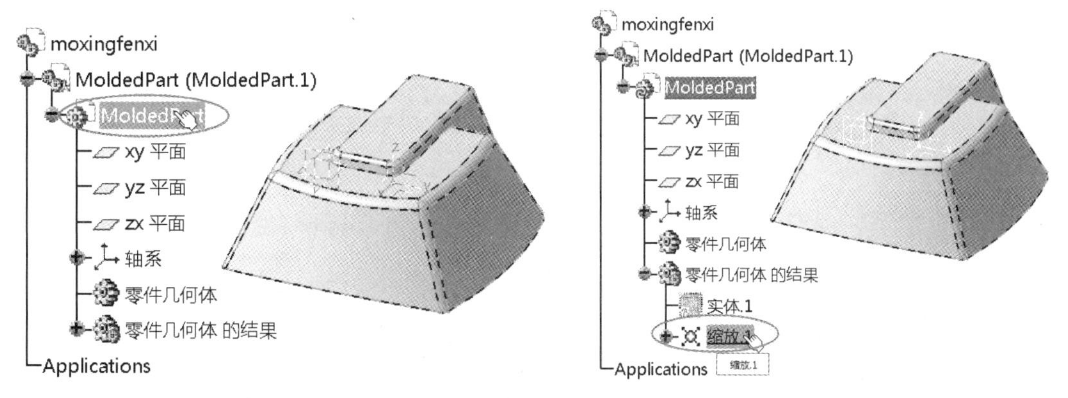

图 7-17　打开产品模型并进入型芯 & 型腔设计工作台　　　　图 7-18　选择图元

04 在“脱模方向”选项组的“方向”文本框中选择“Z 轴”选项（右击文本框）来定义开模方向，最后在“拔模角度范围”选项组中设置不同开模角度的显示颜色，如图 7-19 所示。

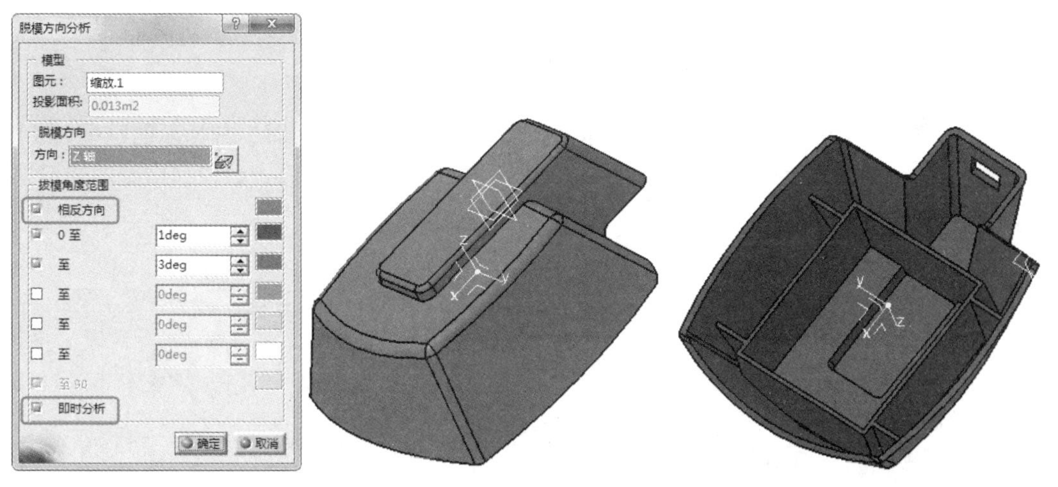

图 7-19　以颜色来表示产品拔模分析结果

05 根据在“拔模角度范围”选项组中的设置，可以判定此产品是否符合拔模要求。首先，在不修改默认颜色的情况下，绿色表达的是产品外部区域面，即型腔区域面，这些型腔区域面的拔模角度是大于 0° 的（称为“正拔模”）。其次，产品内部为型芯区域（以红色表示），型芯区域中不能有小于 0° 的拔模面（负拔模），如果有要及时修改产品，否则不能顺利脱模。有一种特殊情况除外，如果型芯区域中出现了负拔模面，此区域必定要做侧向分型机构或斜顶机构。

06 单击“确定”按钮完成脱模方向分析。

7.2.3 产品壁厚分析

在设计模具时，首先要了解产品的厚度分布情况。当产品的壁厚不均匀且相差较大时，注塑成型时产品会产生较大的收缩，致成品翘曲，所以这样的产品在设计模具前就要进行修改，一般来说，产品壁厚不均的容差为0.5mm。

上机练习——产品壁厚分析

01 打开本例源文件7-3.CATProduct。

02 在装配结构树中双击MoldedPart节点（模具零件），进入型芯 & 型腔设计工作台。

03 单击“输入模型”工具栏中的“墙体厚度分析”按钮，弹出“墙体厚度分析”对话框。

04 激活“输入”选项组中的“选择”文本框，然后在装配结构树中选择“零件几何体的结果”下的“缩放.1”作为要分析的模型，如图7-20所示。

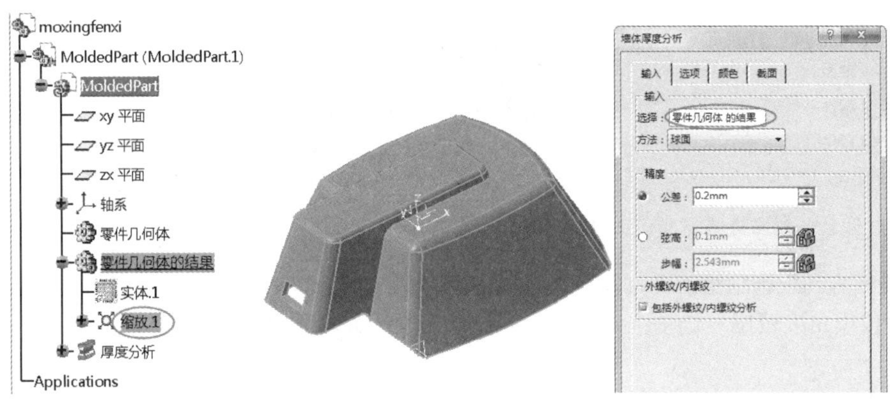

图7-20 选择要分析的模型

05 设置“公差”值为0.5mm，单击“运行”按钮运行厚度分析，得到如图7-21所示的结果。在“选项”选项卡中分别单击“薄区域”按钮与“厚区域”按钮，查看产品模型中壁薄及壁厚相对较大的区域在哪里。

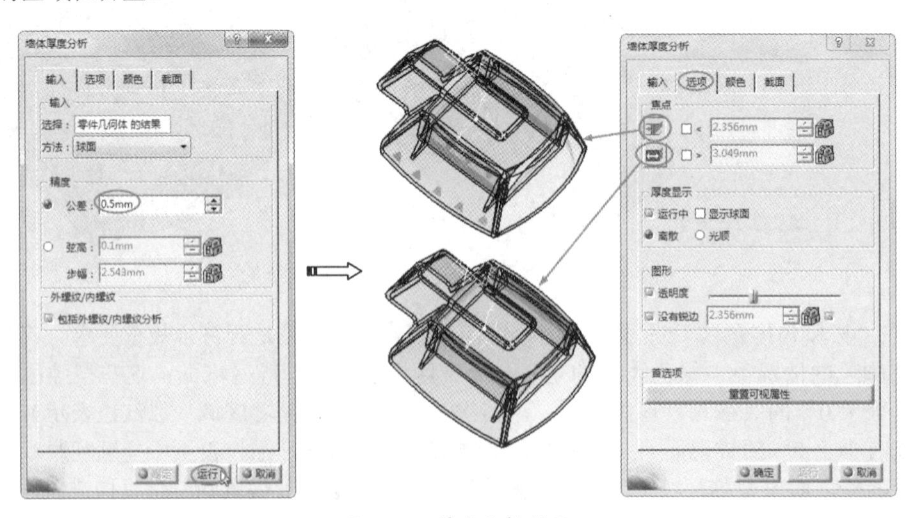

图7-21 厚度分析结果

06 通过厚度分析，可以得知产品的最大厚度值为3.049mm，最小厚度值为2.356mm。根据两个壁厚的差值，对产品较厚区域做相应的壁厚处理。

07 单击“确定”按钮完成产品壁厚分析。

7.2.4 创建边界盒

“边界盒”是指，在模型制品周围生成一个矩形盒体。此边界盒也就是模具成型零件的毛坯工件，工件的大小主要取决于塑料制品的大小和结构。对于工件而言，在保证足够强度的前提下，工件越紧凑越好，根据产品塑料制品的外形尺寸，以及产品塑料制品的高度，可以确定工件的大致外形尺寸，如图7-22所示。

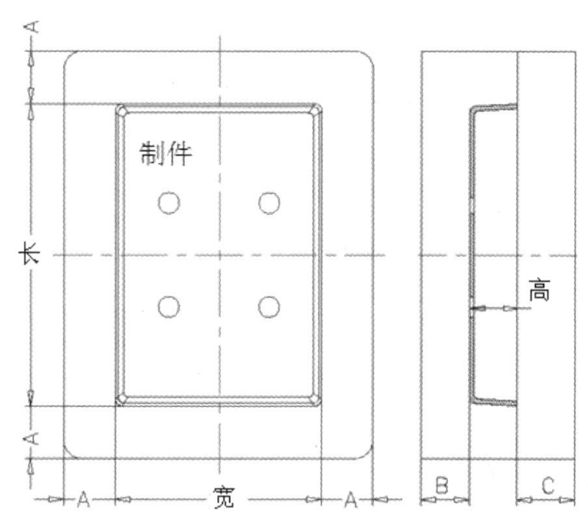

图7-22　制件与工件的位置、尺寸关系

表7-1给出了常见的一般性塑胶产品的工件尺寸参考。对于特殊的塑料制品，应根据实际情况设计相应的工件尺寸。

表7-1 一般性工件尺寸的取值参考（单位：mm）

产品长	产品高	A	B	C
0～150	0～30	20～25	20～25	20～30
150～250		25～30		
100～350		25～30		
0～200	30～80	25～30	25～35	30～40
200～250		25～35		
250～300		30～35		
0～300	45～60	35～40	35～40	35～45
300～450		35～45		
400～450		40～50		
0～500	60～75	45～60	40～55	50～70
500～550				
550～600				

上机练习——创建边界盒

01 打开本例源文件 7-4.CATProduct。

02 在装配结构树中双击 MoldedPart 节点，进入型芯 & 型腔设计工作台。

03 单击“脱模方向”工具栏中的“边界盒”按钮，弹出“创建 Bounding Box（创建边界盒）”对话框。

04 激活“Shape and 轴系（形状与轴系）”选项组中的“Shape（形状）”文本框，选择装配结构树中“零件几何体 的结果”下的“缩放.1”作为形状参考，在“Bounding Box Definition（边界盒定义）”选项组中选中“Box（盒体）”单选按钮，并在 6 个标准方向上输入相同的偏距值 20mm，如图 7-23 所示。

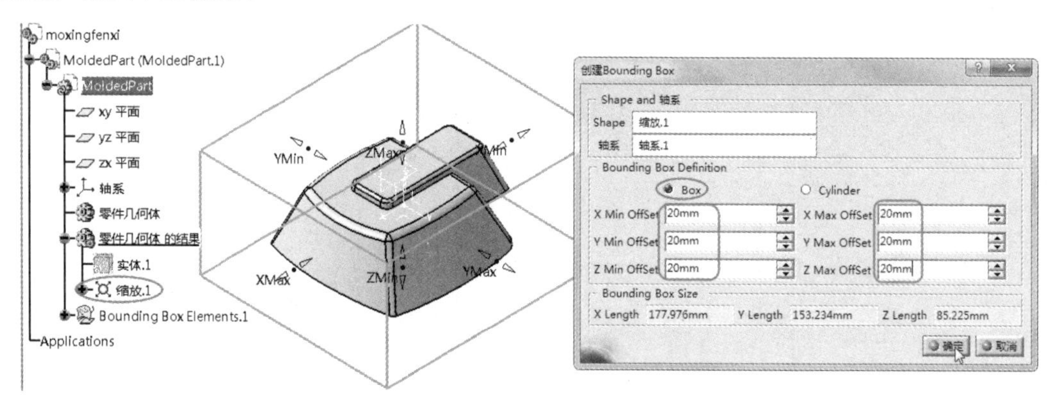

图 7-23 定义边界盒

05 单击“确定”按钮完成边界盒（工件）的创建，如图 7-24 所示。

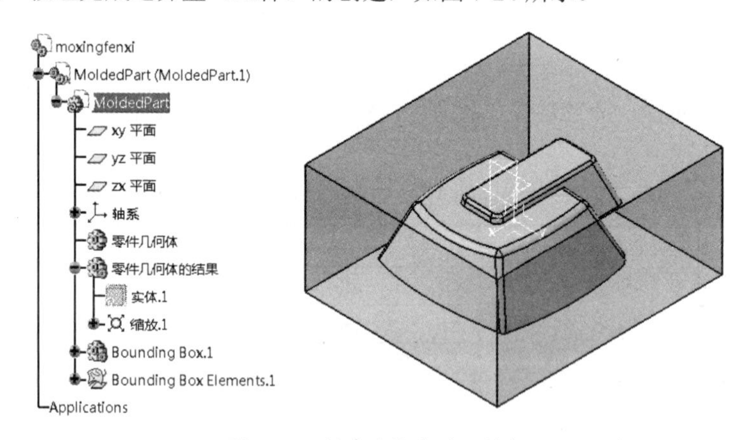

图 7-24 创建边界盒（工件）

7.3 定义产品区域面

使用“脱模方向”工具栏中的工具，系统会自动分析并定义出产品中的型芯区域、型腔区域和其他侧向分型区域，根据获得的产品区域，可以得到产品的区域面，而区域分型面只是模具分型面的一部分。

模具分型面是模具上用于取出塑件和（或）浇注系统凝料的可分离的接触表面。一个完整的模具分型面包括产品区域面（取型芯区域面或取型腔区域面）、产品破孔补面和分模面，如图7-25所示。

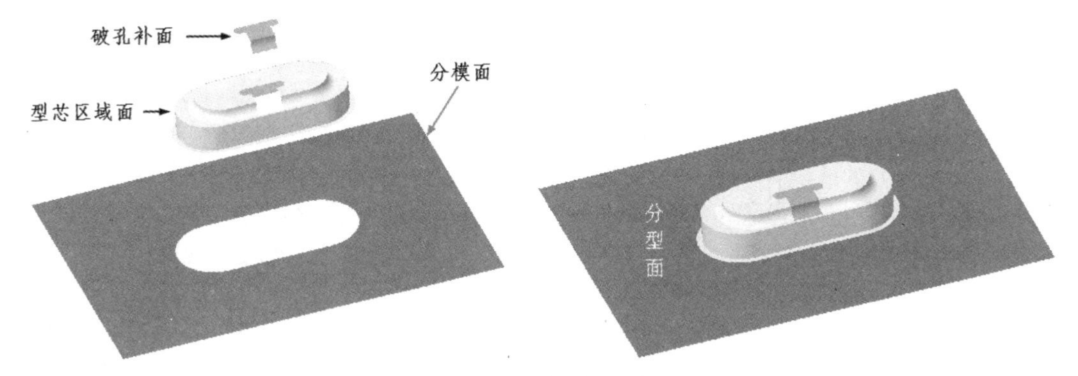

图 7-25　模具分型面

在 CATIA 的型芯 & 型腔设计工作台中，定义产品区域面的工具如图 7-26 所示，各工具含义如下。

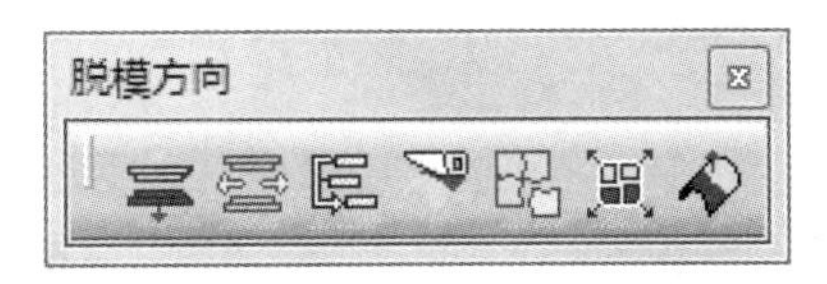

图 7-26　定义产品区域面的工具

- 脱模方向：用来定义型芯区域和型腔区域。
- 定义滑块和斜顶方向：用来定义侧向分型的区域面，包括侧滑块头和斜顶头的区域面。
- 变换图元：用来将部分型芯区域面重新划分给型腔区域，或者将型腔区域面重新划分给型芯区域。
- 分割模具区域：用来将跨区域的面（定位不清，既不属于型腔区域，也不属于型芯区域）进行分割，分割后的区域会分别划分给型芯区域和型腔区域。
- 聚集模具区域：用来合并型芯区域、滑块区域等区域面，使其成为整体，便于选取。
- 分解视图：用来创建型芯区域面和型腔区域面的爆炸图，便于查看区域面是否合理。
- 修剪曲面方向：用来给区域面重新定向，帮助划分区域。此工具应先于“脱模方向”工具使用。

7.3.1　定义型芯、型腔区域

“脱模方向”工具是指，通过定义脱模方向，系统将自动分析并生成型芯区域面、型腔区域面和其他跨区曲面。下面以案例形式说明如何在产品模型中定义型芯区域面和型腔区域面。

上机练习——定义型芯、型腔区域面

01 打开本例源文件 7-5.CATProduct，如图 7-27 所示。

02 在装配结构树中双击 MoldedPart 节点，进入型芯 & 型腔设计工作台。

03 单击“脱模方向”工具栏中的“脱模方向”按钮，弹出“主要脱模方向定义”对话框，如图 7-28 所示。

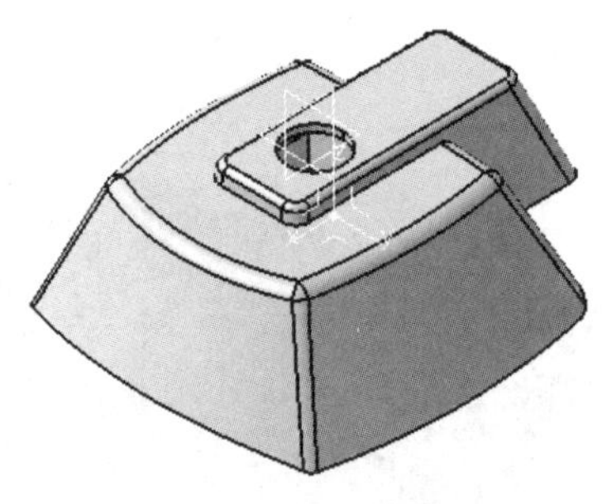

图 7-27 打开模型

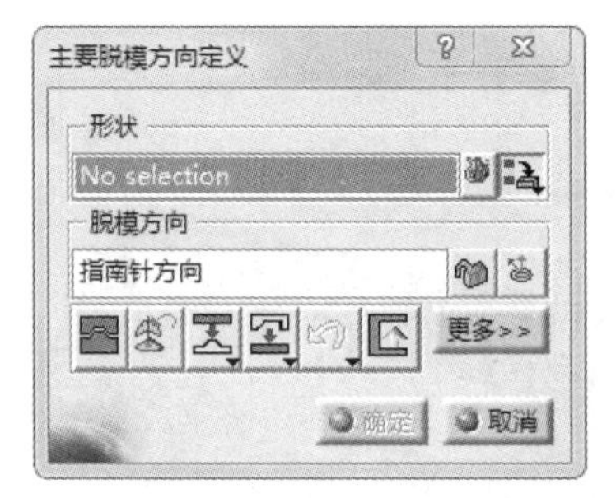

图 7-28 “主要脱模方向定义”对话框

04 单击“形状”选项组中的“Extract（提取）”按钮，并在装配结构树中选择 MoldedPart |“零件几何体 的结果”节点下的“缩放 .1”零件作为形状参考，如图 7-29 所示。

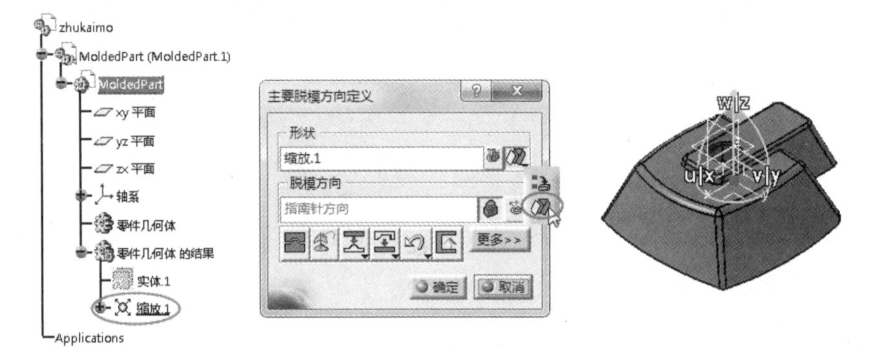

图 7-29 选择形状

05 单击“更多”按钮展开该对话框的所有选项。在“可视化”选项组中选择“爆炸”单选按钮，并在下面的文本框输入数值 100mm，在图形区空白处单击查看爆炸预览效果，如图 7-30 所示。

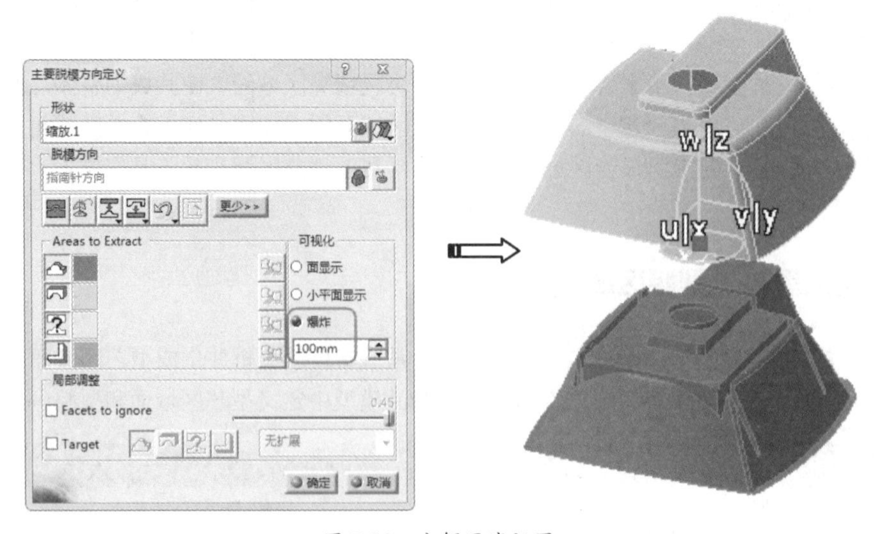

图 7-30 分解区域视图

06 在“可视化”选项组中选中“面显示”单选按钮，可以看到“Areas to Extrct（提取区域）”选项组中显示型芯区域的面数为73（红色显示），型腔区域的面数为39（绿色显示），如图7-31所示。但是，产品中有一个侧面破孔存在，而且破孔四周的面分别属于两个区域，这是不正常的，需要重新指派，如图7-32所示。一般来讲，产品侧壁存在破孔，此处是不能正常开模的，会损坏此处的结构。此处会创建侧滑块机构（也称“侧向分型机构”）解决脱模问题。

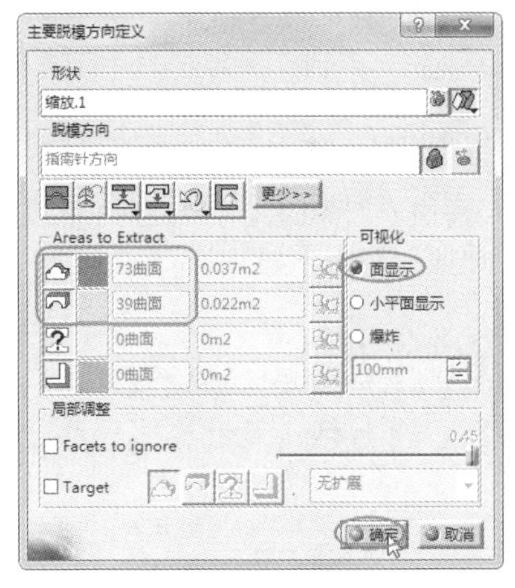

图7-31　显示自动划分的区域面

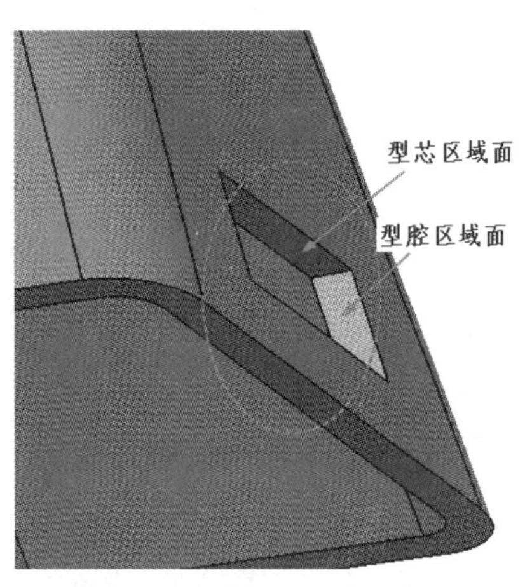

图7-32　存在问题区域面的破孔

07 单击“确定”按钮，完成型芯区域面与型腔区域面的提取，如图7-33所示。

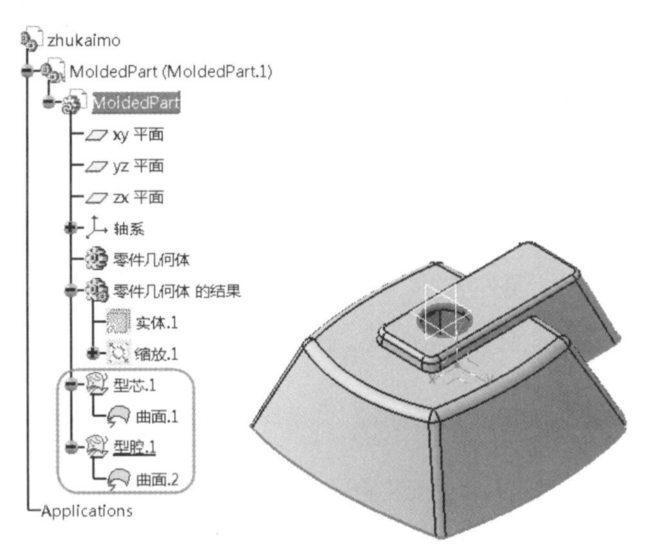

图7-33　完成区域面的提取

操作技巧：

由于本例产品比较规则，没有跨区域面或者0°拔模面（这里称为“未知区域”）出现，所以创建过程十分简单。

7.3.2 重新指派区域面

当首次进行型芯、型腔区域面的指派后，会发现有些区域面被系统自动划分给了其他区域，这就需要重新为这个错误划分进行指派，所使用的工具就是“变换图元”工具，下面举例说明。

上机练习——重新指派区域面

01 接前一案例或打开本例源文件 7-6.CATProduct。

02 在装配结构树中双击 MoldedPart 节点，进入型芯 & 型腔设计工作台。

03 单击“脱模方向”工具栏中的“变换图元”按钮，弹出“变换图元”对话框，在“目标地”下拉列表中选择“其他”选项，然后选取破孔上的 4 个曲面，如图 7-34 所示。

操作技巧：

指定“目标地”选项的目的就是，将破孔侧壁面指派给滑块区域，由于滑块区域面还没有定义，所以这里暂时指派给“其他”。

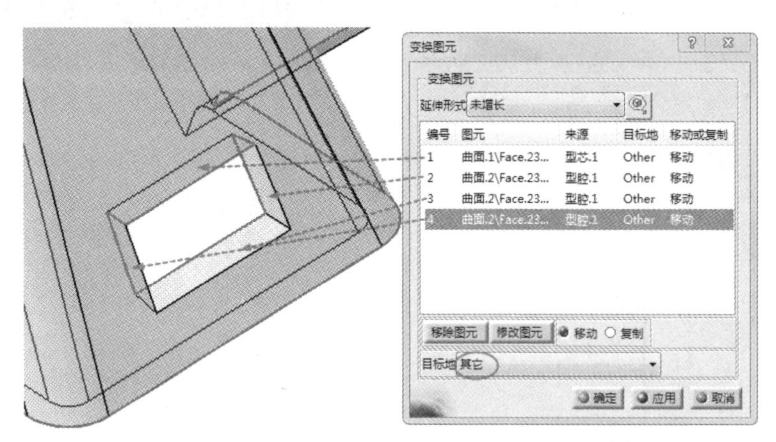

图 7-34　选择指派给“其他”的破孔面

04 单击“确定”按钮完成破孔面的区域变换。

7.3.3 分割模具区域

“分割模具区域”是指通过几何图元将跨区域的面分割，以便成为型芯、型腔、滑块、斜顶等区域面的其中一部分。有些时候，由于破孔的尺寸较小，如果将滑块头直接做成破孔大小进行侧向分型，那么，滑块头会因尺寸小产生刚度问题，极易导致断裂，所以通常的做法是，滑块头不变，将滑块做大。这样一来，就会涉及分割区域面，下面介绍区域曲面的分割步骤。

上机练习——分割模具区域

01 接前一案例或打开本例源文件 7-7.CATProduct。

02 在装配结构树中双击 MoldedPart 节点，进入型芯 & 型腔设计工作台。

03 单击“草图”按钮，选择 *yz* 平面进入草图工作台，并绘制如图 7-35 所示的草图。

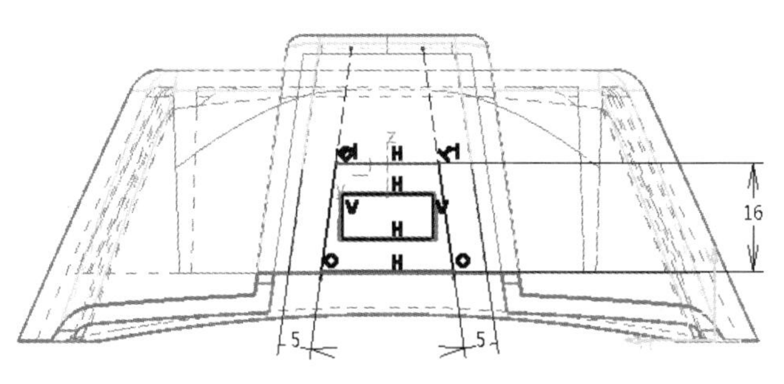

图 7-35　绘制草图

04 单击“线框”工具栏中的“投影点和曲线”按钮，弹出“投影定义”对话框，在“投影类型”下拉列表中选择“沿某一方向”选项，选择上一步绘制的草图作为要投影的曲线，然后选择型腔区域曲面作为投影支持面，选择“X 轴（当前）”作为方向参考，其余选项保留默认。

05 单击“确定”按钮，完成投影曲线的创建，如图 7-36 所示。

图 7-36　选择投影选项

06 单击“脱模方向”工具栏中的“分割模具区域”按钮，弹出“分割模具区域”对话框。激活“要分割修剪面”文本框选择破孔处的产品表面作为要分割的曲面。激活“裁切图元”文本框，选择上一步创建的投影曲线作为裁切图元。

07 在“目标地”下拉列表中选择“型腔.1”选项，单击“确定”按钮完成模具区域面的分割，如图 7-37 所示。

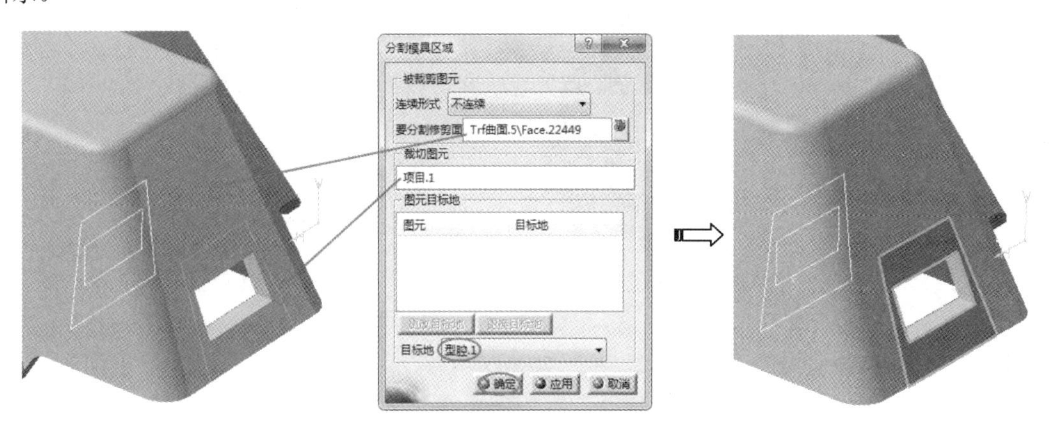

图 7-37　定义区域面的分割

08 分割产品区域面后，还要将分割出来的一小部分面重新指派给“其他”区域。单击“变换图元”

按钮，弹出“变换图元”对话框。选择小块区域面，将其指派给“其它.1”，如图 7-38 所示。

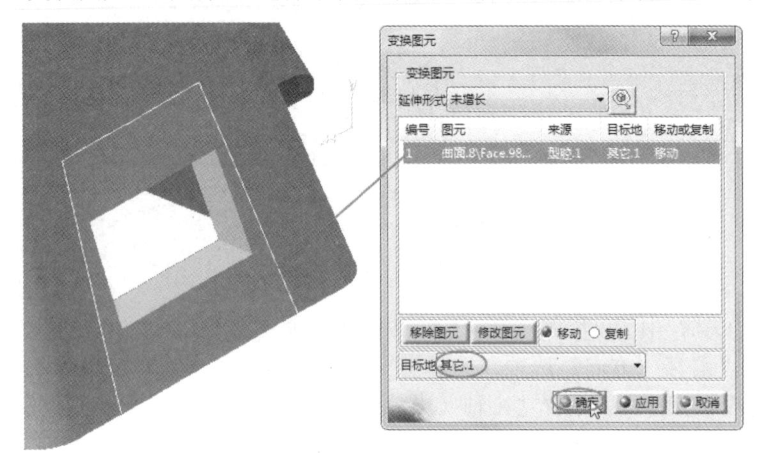

图 7-38 重指派区域面

7.3.4 定义侧向分型区域面

侧向分型区域面是指，侧向滑块机构的滑块头的形状曲面，以及斜顶（解决产品内部倒扣位的推出机构）机构的斜顶头部曲面。这里所使用的工具为“定义滑块和斜顶方向”。

上机练习——定义侧向分型区域面

01 接前一案例，或打开本例源文件 7-8.CATProduct。

02 在装配结构树中双击 MoldedPart 节点，进入型芯 & 型腔设计工作台。

03 单击“脱模方向”工具栏中的“定义滑块和斜顶方向”按钮，弹出“滑块和斜顶脱模方向定义”对话框。

04 单击“形状”选项组中的 Extract 按钮，激活“形状”文本框，选择如图 7-39 所示的破孔侧壁的区域曲面。

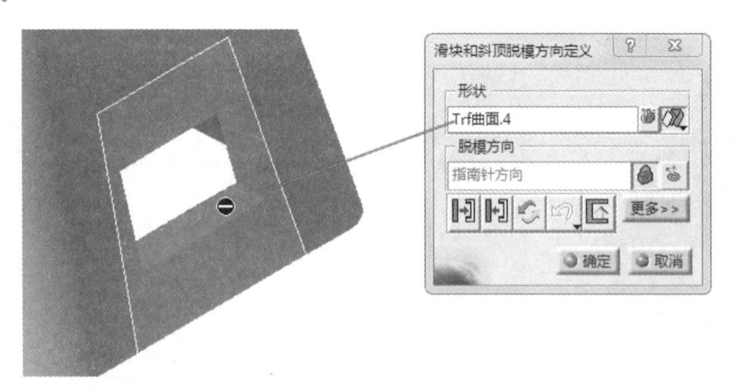

图 7-39 选择形状曲面

05 但是所选择的形状面并没有完全包含 4 个破孔侧壁面，只包含了 3 个，另一个则成为了“交叉区域”。单击“更多”按钮展开该对话框的所有选项，然后单击“由其他指派给斜顶”按钮，将一个“交叉区域”面指派给形状曲面（侧向分型区域面），如图 7-40 所示。

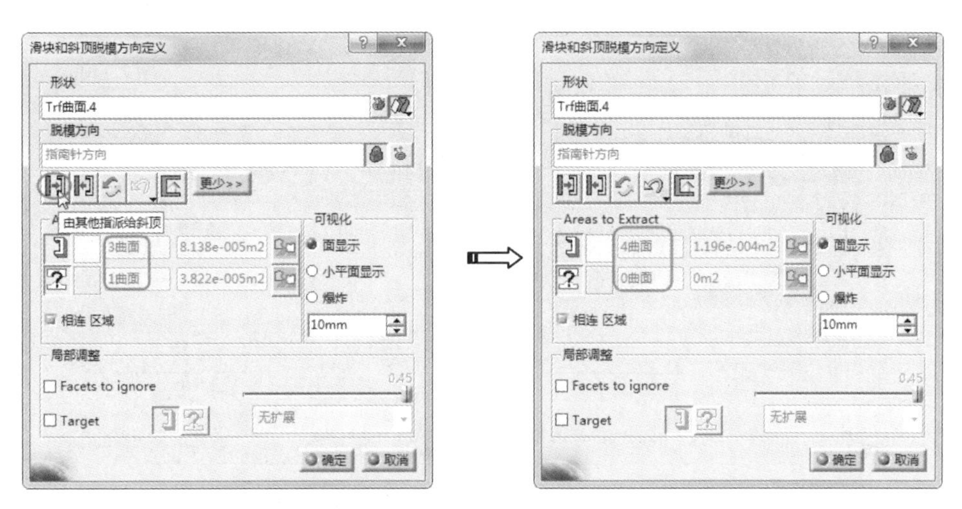

图 7-40　将未选中的其他区域面指派给滑块区域

提示：

“滑块和斜顶脱模方向定义”对话框中的“由其他指派给斜顶”按钮，可以将其他未知的区域面指派给侧向分型区域面，侧向分型区域面包括滑块区域面和斜顶区域面。

06 即使这样，还是没有把先前分割出来的小块产品表面指派给滑块区域面，因此，进行下面的步骤。选中“Target（目标地）”单选按钮，到模型中选取分割出来的小块产品表面，将其添加到滑块或斜顶形状面中，如图 7-41 所示。

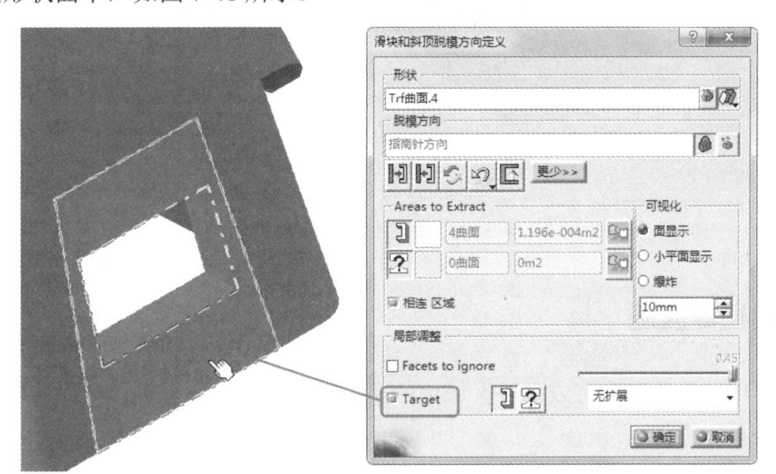

图 7-41　添加形状曲面

07 单击“脱模方向”文本框左侧的“锁定”按钮，激活文本框并右击，在弹出的快捷菜单中选择“X 轴”命令，设置滑块抽芯方向为 x 轴向，并再次单击“锁定”按钮锁定滑块抽芯方向，如图 7-42 所示。

操作技巧：

设置脱模方向后，如果发现形状曲面少了，可以再次单击“由其他指派给斜顶”按钮。若是选中“爆炸”单选按钮后发现抽芯反了，可以单击“切换”按钮切换抽芯方向。

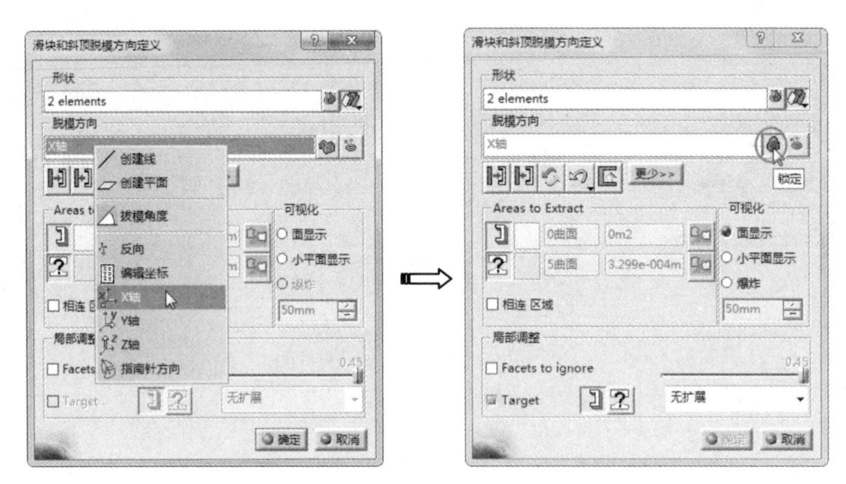

图 7-42　设置脱模方向并锁定

08 单击“确定”按钮，完成滑块区域面的定义，如图 7-43 所示。

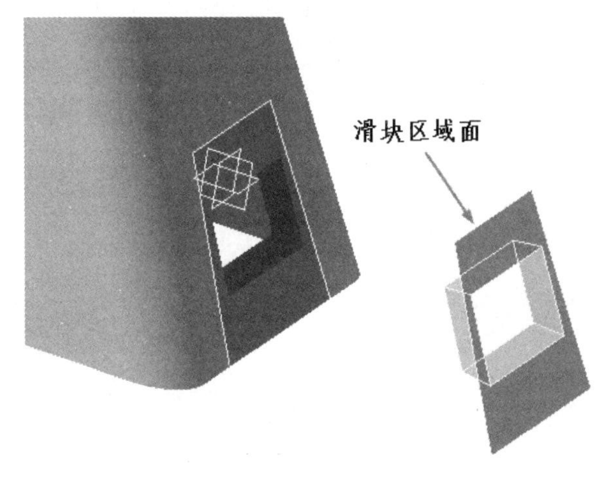

图 7-43　完成滑块区域面的定义

7.3.5　聚集模具区域

“聚集模具区域”是把型芯或型腔区域中的多个曲面合并为一个整体曲面，以避免在操作时逐一选取，减少操作过程。

上机练习——聚集模具区域

01 打开本例源文件 7-9.CATProduct。

02 在装配结构树中双击 MoldedPart 节点，进入型芯 & 型腔设计工作台。

03 单击“脱模方向”工具栏中的“聚集模具区域”按钮，弹出“聚集曲面”对话框。

04 在装配结构树中选择“型腔 .1”节点下的两个曲面，“聚集曲面”对话框中显示收集到的曲面信息，如图 7-44 所示。

05 选中“创建连结基准”复选框后，单击“确定”按钮完成型腔区域面的聚集，如图 7-45 所示。

图 7-44　选择要聚集的区域面　　　　图 7-45　创建型腔曲面集合

06 同理，将“滑块或斜顶.1”节点下的两个区域面进行聚集操作，如图 7-46 所示。

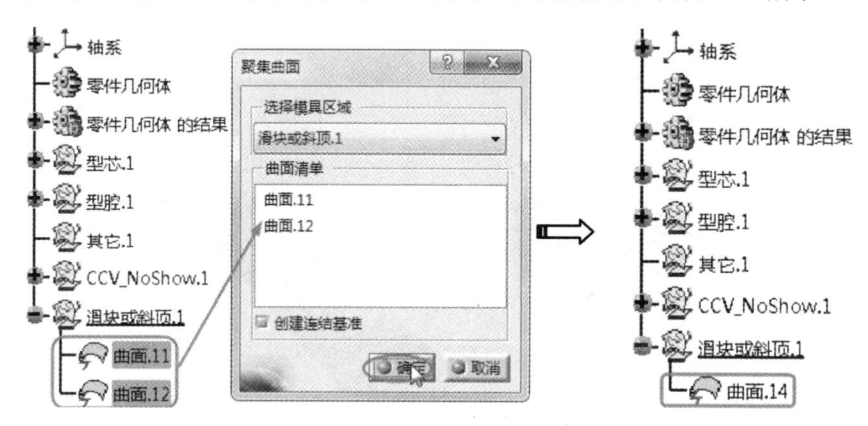

图 7-46　聚集滑块区域面

7.4 分型线设计

分型线是指，塑料与模具相接触的边界线，一般的产品分型线与零件的形状（最大界面处）和脱模的方向有关。

分型线是用于创建分模面必需的几何元素，分型线包括分模面的边线（分模线）和破孔补面的边线。本节重点介绍分模线的创建方法。分模线可采用“曲线”工具栏中的专用工具创建，也可以通过“线框”工具栏中的曲线工具来创建，下面介绍几种分模线的设计工具。

7.4.1 分模线设计

分型线也就是在脱模方向上进行投影而得到的模型投影边线。分模线是分型线的一种，指的是模具型芯或型腔区域面的边线（不包括破孔边线），如图 7-47 所示。

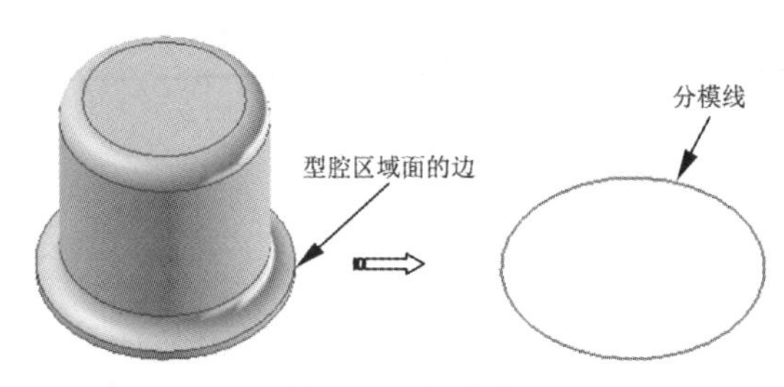

图 7-47　分模线

由于产品具有不规则性，这里介绍的分型面基本上都是以读者入门为主，不会介绍很深奥的模具分型面设计知识。下面以实例形式讲解如何利用“分模线”工具来设计分模线。

上机练习——设计分模线

01 打开本例源文件 7-10.CATProduct，如图 7-48 所示。

02 在装配结构树中双击 MoldedPart 节点，进入型芯 & 型腔设计工作台。将装配结构树中 MoldedPart 节点下的“外部参考”零件模型隐藏。

03 单击“曲线”工具栏中的“分模线”按钮，弹出“分模线”对话框。

04 激活“依附”文本框，选择打开的模型，如图 7-49 所示。

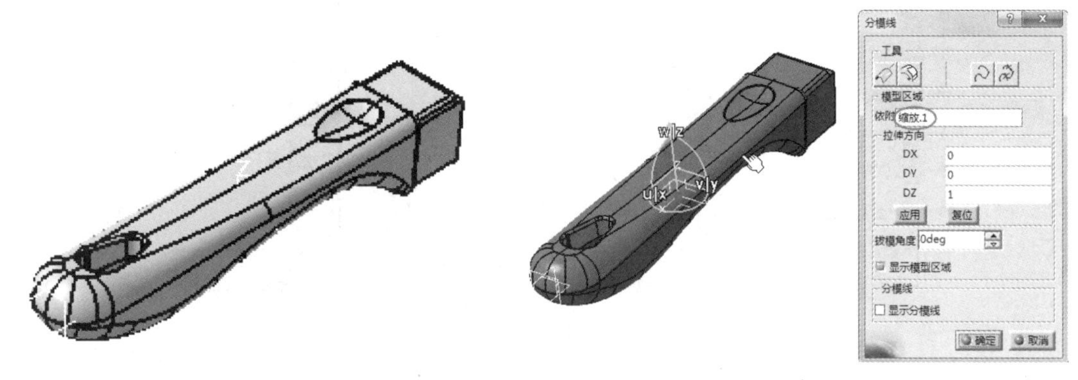

图 7-48　打开的模型　　　　图 7-49　选择依附曲面

05 此时，系统会根据产品脱模方向进行分析，得出一个大致的分型轮廓，并用两种颜色区分分模线上下产品表面。放大显示两种颜色的交叉位置，不难发现即将形成的分模线是不平顺的，建议采用模型建模时的曲面边界作为分模线，可以得到一个很平顺的分模面，如图 7-50 所示。

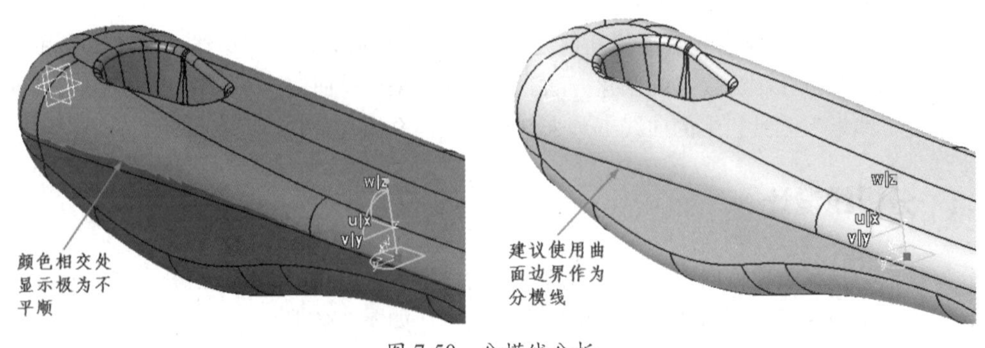

图 7-50　分模线分析

06 单击“分模线”对话框中的“取消”按钮，结束分模线创建操作。虽然没有创建出分模线，但通过“分模线”工具分析，得到较为理想的分模线参考，以后即可使用“拉伸”工具来创建分模面了，如图 7-51 所示。

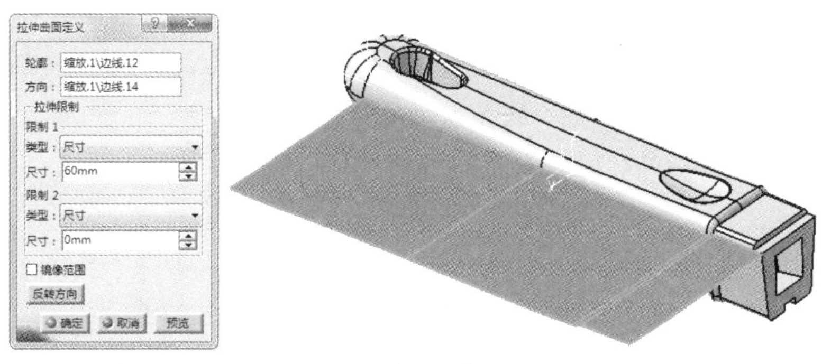

图 7-51　手动创建分模面

7.4.2　创建链结边线

“链结边线”是指，提取曲面上的边线来创建分模线。采用这种方法的前提是，必须清楚地知道模具分模线在哪里。例如前一案例中，在了解了分模线具体的位置后，即可使用“链结边线”工具来创建分模线了。

上机练习——链结边线

01 打开本例源文件 7-11.CATProduct，如图 7-52 所示。

02 在装配结构树中双击 MoldedPart 节点，进入型芯 & 型腔设计工作台。

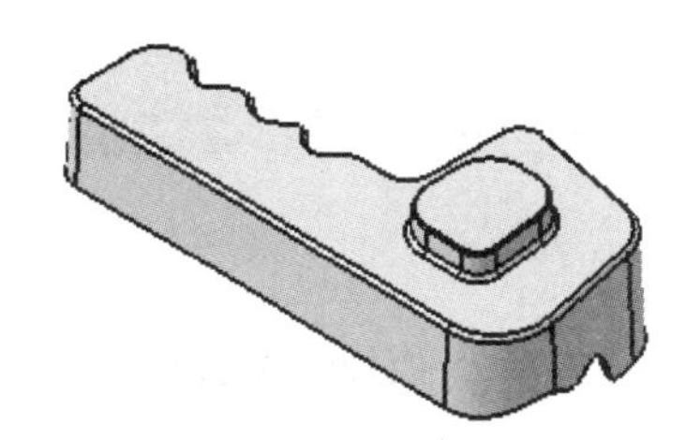

图 7-52　打开模型

03 单击“曲线”工具栏中的“链结边线”按钮，弹出“链结边线”对话框，选择模型中的一条线作为起始，然后单击“在边线环带上浏览”按钮自动搜索连续边线，并提示“下一个？”，当遇到不连续时，系统会提示“角度”字符，如图 7-53 所示。

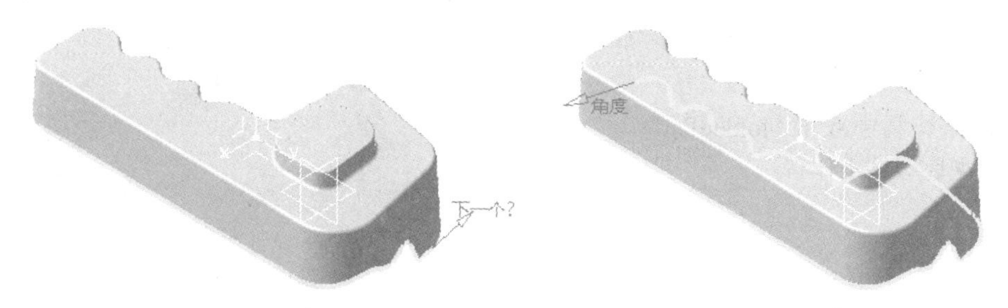

边线连续时的选择　　　　边线不连续时的选择

图 7-53　自动选择边线

04 不连续时可以手动选取要链结的边线，直至完全形成封闭外形，如图 7-54 所示。

图 7-54 完成封闭边线的选取

05 单击“应用”按钮，将提取选中的边线，单击“确定”按钮完成分模线的创建，如图 7-55 所示。

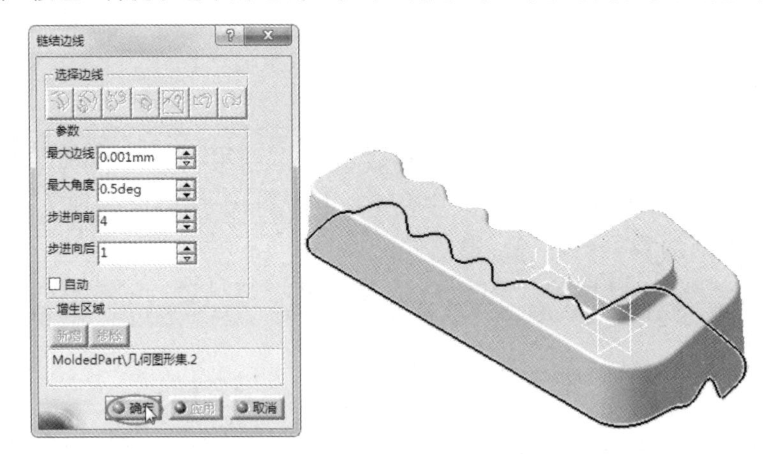

图 7-55 完成分模线的创建

7.4.3 按颜色创建分模线

“按颜色创建分模线”是指，通过提取的型芯或型腔区域来生成分型线，提取的分型线包括分模线和破孔边线。

上机练习——依据颜色创建分模线

01 打开本例源文件 7-12.CATProduct，如图 7-56 所示。

02 在装配结构树中双击 MoldedPart 节点，进入型芯 & 型腔设计工作台。

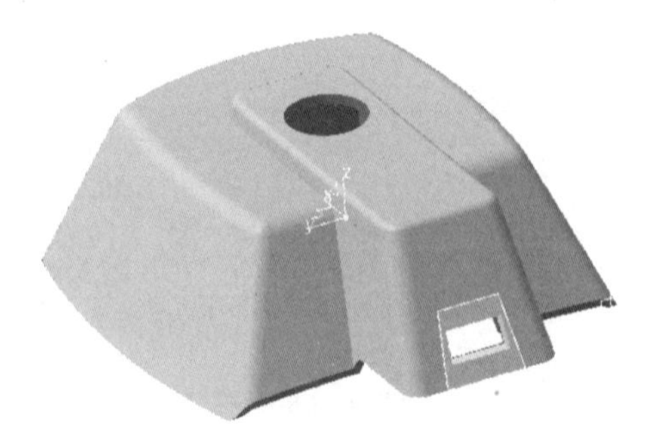

图 7-56 打开模型

03 单击“曲线”工具栏中的“按颜色建立分模线”按钮，弹出“按颜色建立分模线”对话框。激活“形状”文本框，然后在模型中选择型腔区域曲面，单击“应用”按钮生成曲线，单击“确定”按钮完成分型线创建，如图 7-57 所示。

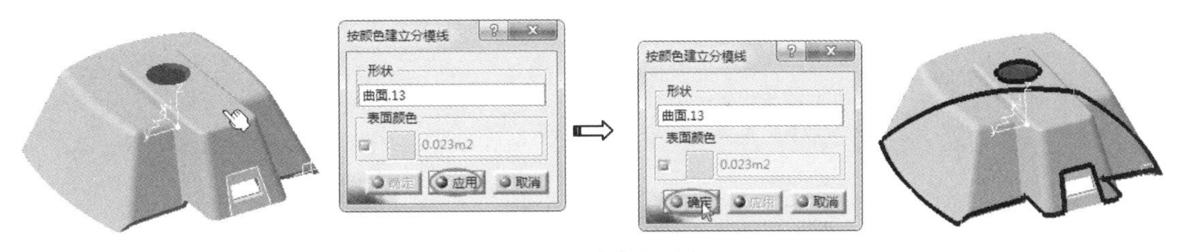

图 7-57 创建分型线

7.5 破孔补面与分模面设计

前面介绍了分型面中区域面的创建方法，本节介绍破孔补面和分模面的设计方法。

7.5.1 创建破孔补面

使用“填补曲面”工具将所选曲面所在的型芯、型腔等模具特征中的孔洞进行填充，得到破孔补面。

上机练习——创建破孔填补曲面

01 打开本例源文件 7-14.CATProduct，如图 7-58 所示。

02 在装配结构树中双击 MoldedPart 节点，进入型芯 & 型腔设计工作台。

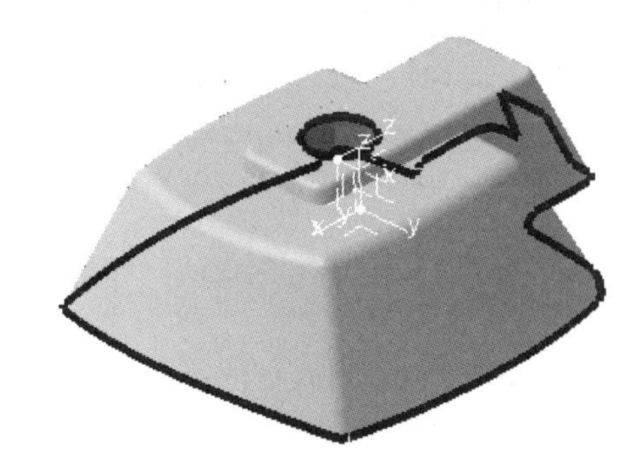

图 7-58 打开模型

03 单击“曲面”工具栏中的“填补面”按钮，弹出“填补面”对话框。选择破孔所在的曲面，单击“应用”按钮显示填补曲面预览，再单击“确定”按钮完成填补曲面创建，如图 7-59 所示。

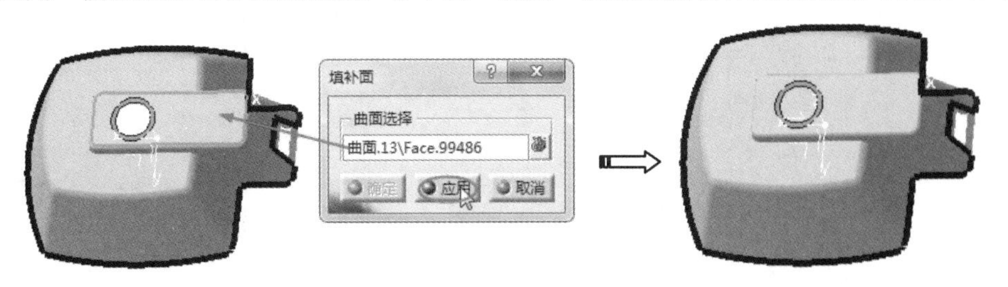

图 7-59 创建填补曲面

7.5.2 创建分模面

使用“分模面”工具可以创建多截面曲面或拉伸曲面，也就是我们常说的分模面。模型中的拉伸曲面如图 7-60 所示。多截面曲面示意图如图 7-61 所示。

操作技巧：

“分模面”工具其实就是“拉伸”工具和“多截面曲面”工具的组合体。

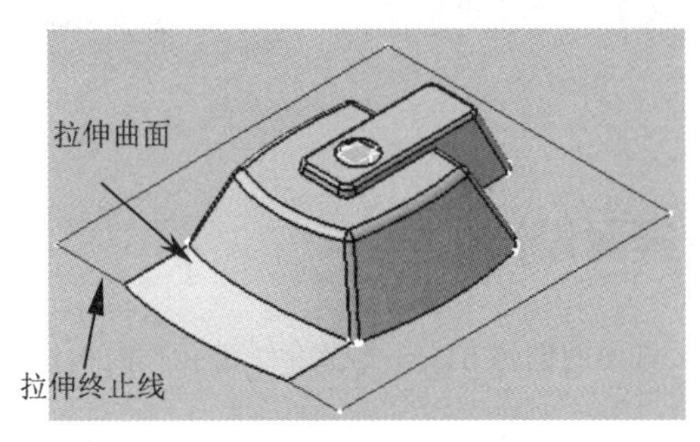

图 7-60 拉伸曲面

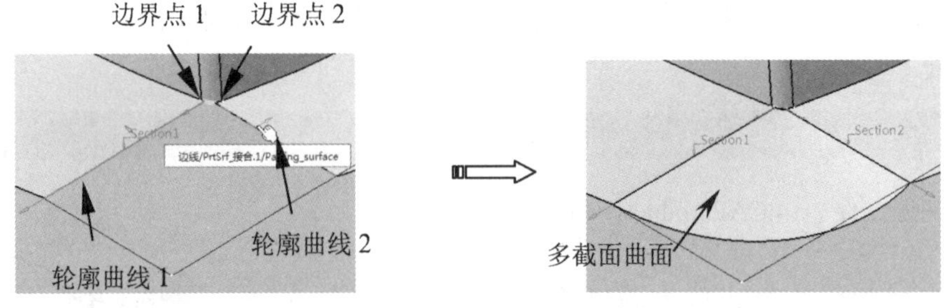

图 7-61 多截面曲面

上机练习——分型曲面

01 打开本例源文件 7-14.CATProduct。

02 在装配结构树中双击 MoldedPart 节点，进入型芯 & 型腔设计工作台。

03 选择“插入”|“几何图形集”命令，弹出“插入几何图形集”对话框，在“名称”文本框中输入“分模面”，在“父级”下拉列表中选择 MoldedPart 选项，单击“确定”按钮完成几何图形集的创建，如图 7-62 所示。

图 7-62 创建新几何图形集

04 单击“草图”按钮，在工作窗口选择 xy 平面为草图平面，进入草图工作台，利用“矩形”工具绘制如图 7-63 所示的草图。

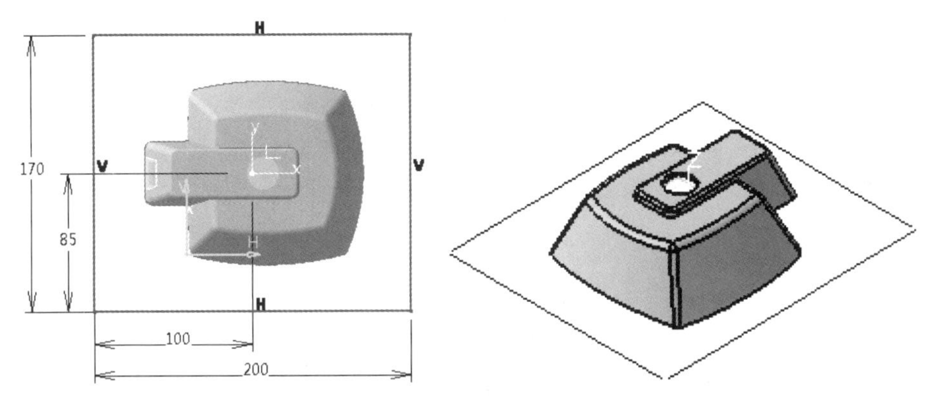

图 7-63　绘制草图

05 单击“曲面”工具栏中的“分模面”按钮，弹出“分模面定义”对话框。单击“动作”选项组中的“拉伸曲面”按钮，然后在模型中选择型腔区域曲面，此时在零件模型上会显示出许多边界点，如图 7-64 所示。

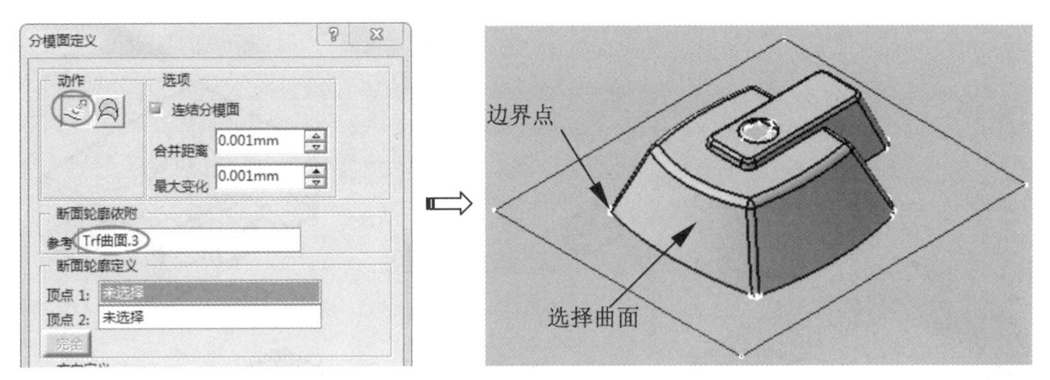

图 7-64　选择曲面和边界点

06 激活“顶点 1”文本框选择边界点 1，再激活“顶点 2”文本框选择边界点 2（边界点就是曲面边线的端点）。在“方向定义”选项中的“至草图”选项卡中激活“草图”文本框，选择如图 7-65 所示的草图曲线作为拉伸终止线。

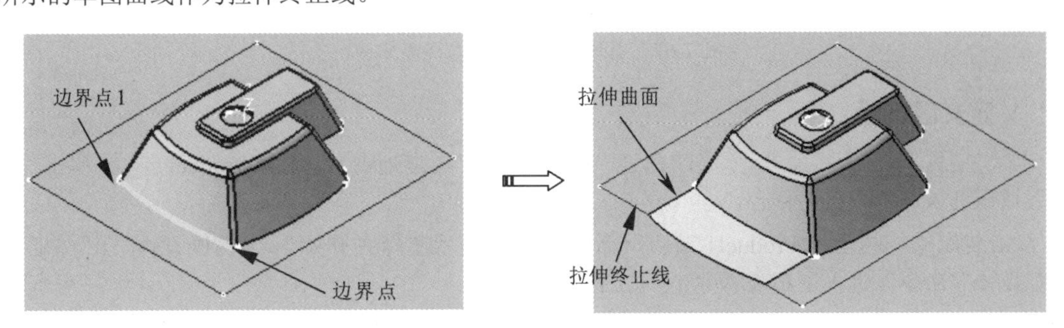

图 7-65　定义拉伸的轮廓及边线

07 重复上述步骤，完成其余方向上的拉伸曲面和多截面曲面的创建，如图 7-66 所示。

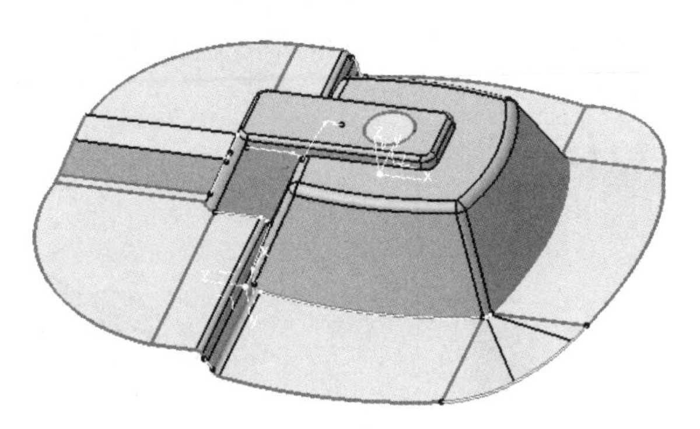

图 7-66 创建的分模面

7.6 分模设计实战案例——电器操作盒分模设计

下面以电器操作盒为例，详细讲解 CATIA 模具型芯和型腔的创建方法和过程。电器操作盒产品模型与模具成型零件如图 7-67 所示。

本例模具成型零件设计的过程包括定义区域面、修补破孔、分型线设计、分模面设计和分割型芯与型腔零件。

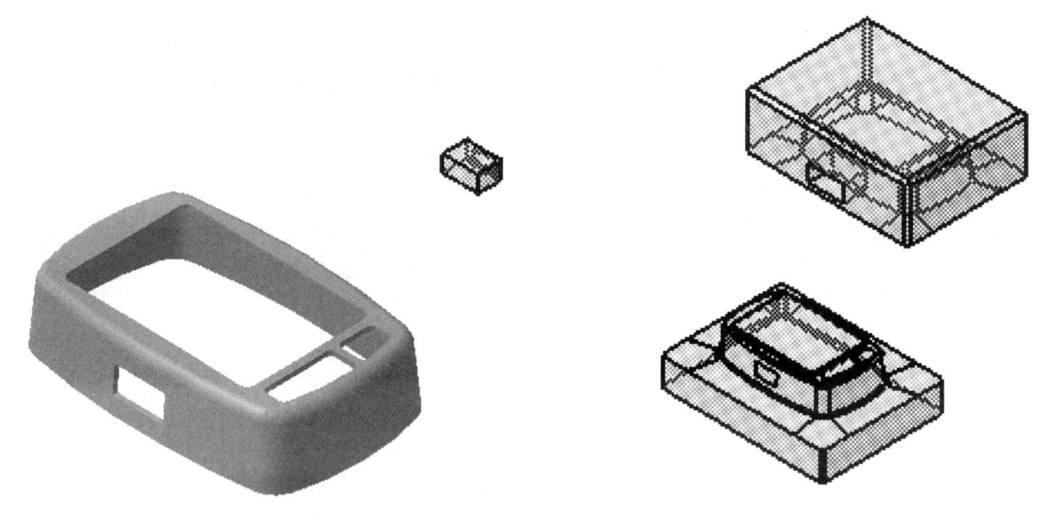

图 7-67 电器操作盒产品与成型零件

1. 定义区域面

01 选择“文件”|“新建”命令，弹出“新建”对话框，在“类型列表”中选择 Product 选项，单击“确定”按钮进入装配设计工作台。

02 双击装配结构树上的 Product1 节点，激活产品。然后选择“开始”|“机械设计”|“型芯 & 型腔设计”命令，进入型芯 & 型腔设计工作台。

03 选中 Product1 节点并右击，在弹出的快捷菜单中选择“属性”命令，在弹出的“属性”对话框中的“产品”选项卡的“零件编号”文本框中输入 dianqihe，单击“确定”按钮修改产品名称，如图 7-68 所示。

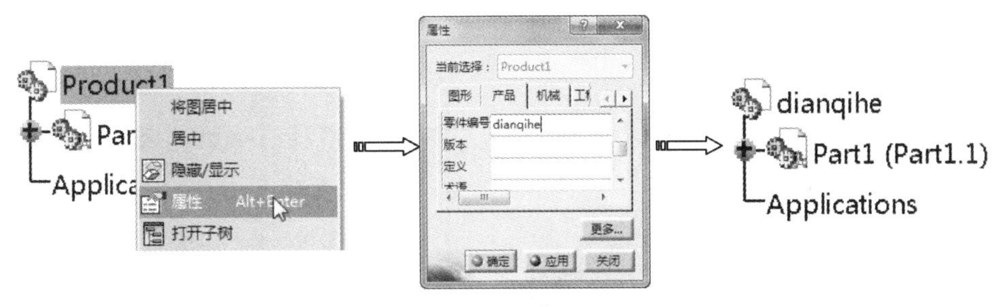

图 7-68 修改产品名称

04 单击“输入模型”工具栏中的“输入模型”按钮，弹出“输入模具零件”对话框。单击“开启模具零件”按钮，选择需要开模的零件 dianqihe.CATPart。

05 在“轴系”下拉列表中选择坐标轴定义方式为“结合盒中心”，在“缩水率”选项组中单击“等比例缩放”，在“比率”文本框输入 1.006，单击“确定”按钮完成模型加载，如图 7-69 所示。

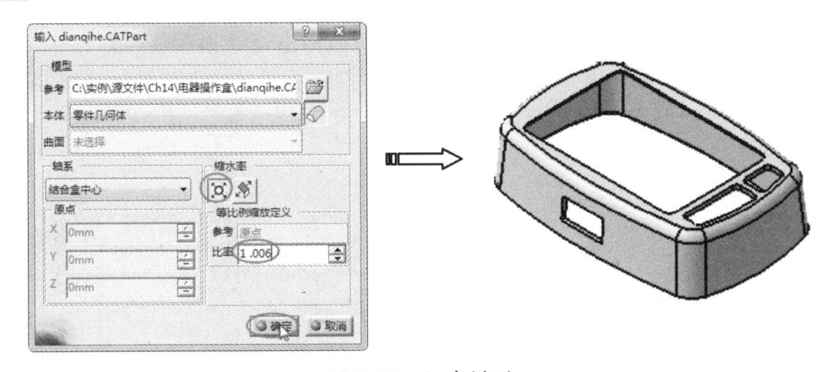

图 7-69 加载模型

06 单击“脱模方向”工具栏中的“脱模方向”按钮，弹出“主要脱模方向定义”对话框。在装配结构树上选择“零件几何体的结果”节点下的“缩放.1”。

07 单击“更多”按钮，在“可视化”选项组中选中“爆炸”单选按钮，并在下面的文本框输入数值 100，在图形区空白处单击，查看型芯、型腔区域面的验证效果，如图 7-70 所示。

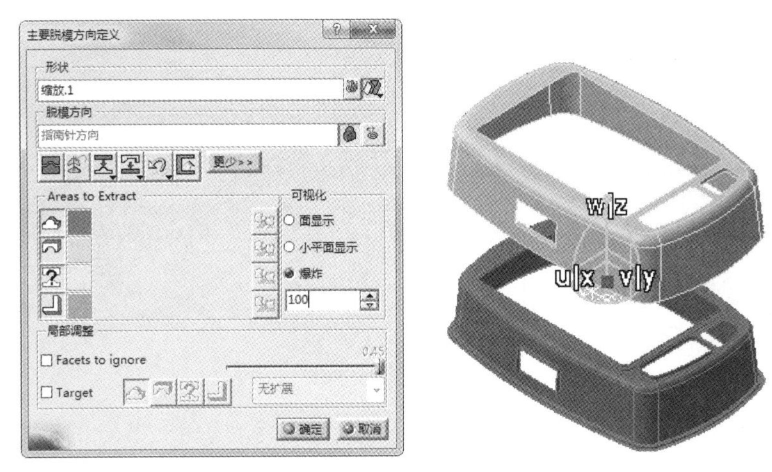

图 7-70 分解区域视图

08 单击“确定”按钮定义区域面，在装配结构树中增加了两个几何图形集，同时在模型中显示两个区域，如图 7-71 所示。

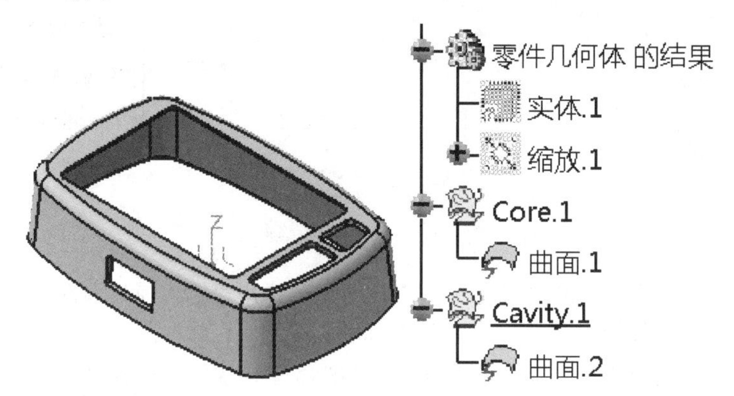

图 7-71　完成区域面的定义

09 单击“脱模方向”工具栏中的“变换图元”按钮，弹出“变换图元”对话框。在“目标地”下拉列表中选择“其它”。在图形区选择侧面开口的壁边曲面，单击“确定”按钮完成转换元素确定，并在装配结构树中增加“其它 .1”节点，如图 7-72 所示。

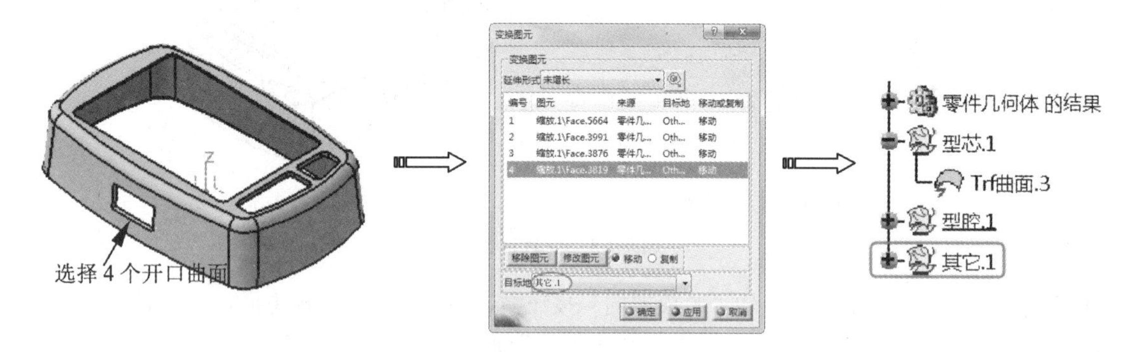

图 7-72　变换图元

10 单击“草图”按钮，在工作窗口选择 *yz* 平面为草图平面，进入草图工作台，利用矩形工具绘制如图 7-73 所示的草图。

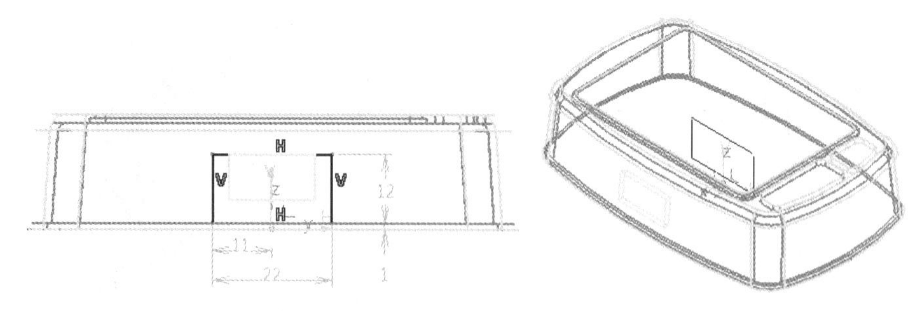

图 7-73　绘制草图

11 单击“线框”工具栏中的“投影点和曲线”按钮，弹出“投影定义”对话框。在“投影类型”下拉列表中选择“沿某一方向”选项，选择上一步草图作为投影的曲线，选择型腔区域面作为支持面，然后选择如图 7-74 所示的“X 部件”作为投影方向，单击“确定”按钮完成投影操作。

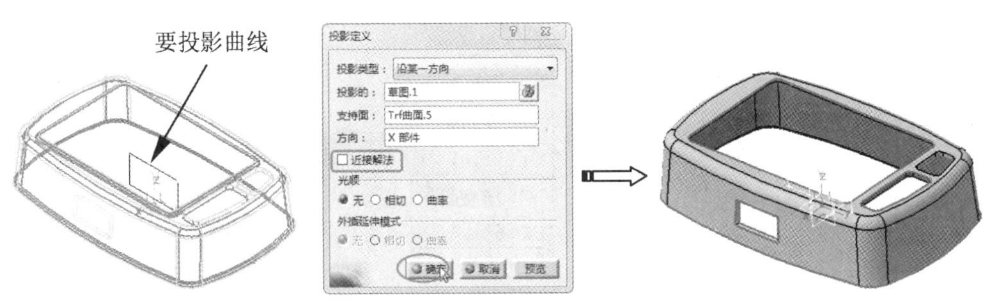

图 7-74　创建投影曲线

12 单击“脱模方向”工具栏中的“分割模具区域”按钮，弹出“分割模具区域”对话框。激活“要分割修剪面”文本框选择要分割的曲面，激活“裁切图元”文本框，选择上一步创建的投影曲线作为裁剪元素，单击“应用”按钮完成分割，如图 7-75 所示。

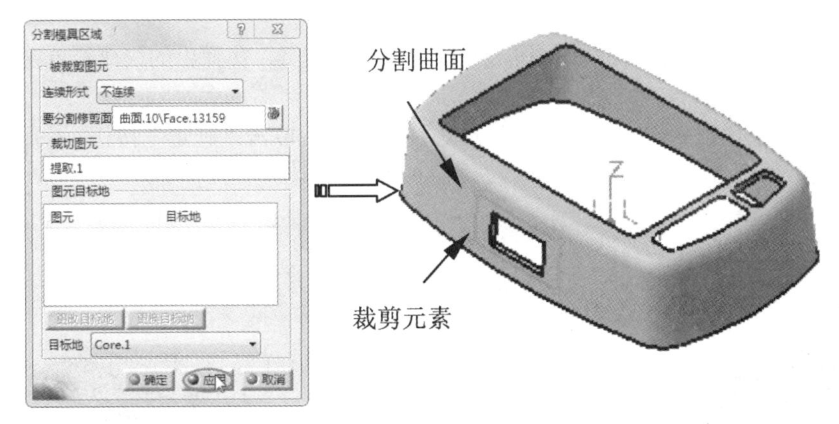

图 7-75　分割模具区域

13 在“图元目标地”列表中选中“分割 .2”并右击，在弹出的快捷菜单中选择“-> 其它”命令，单击“确定”按钮，完成分割模具区域操作，如图 7-76 所示。

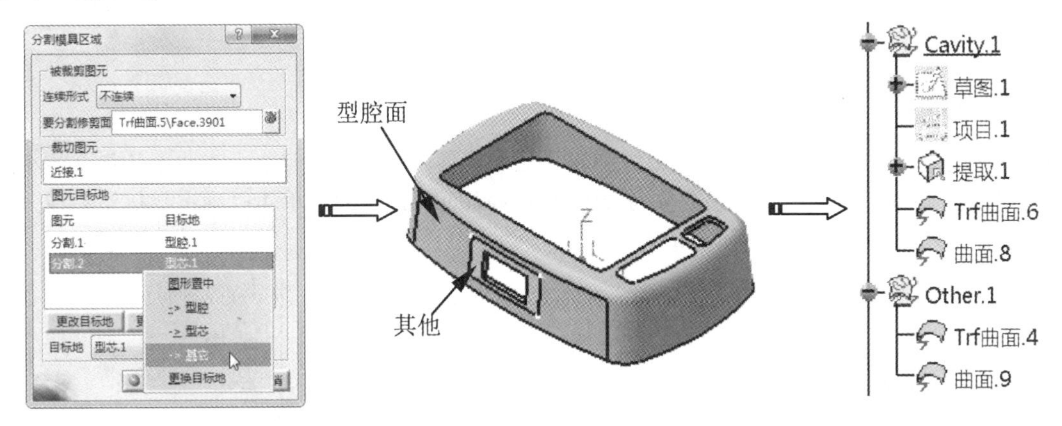

图 7-76　创建分割模具区域

14 单击“脱模方向”工具栏中的“聚集模具区域”按钮，弹出“聚集曲面”对话框。在“选择模具区域”列表中选择“型腔 .1”选项，再选中“创建连结基准”复选框，单击“确定”按钮完成型腔曲面的聚集，如图 7-77 所示。

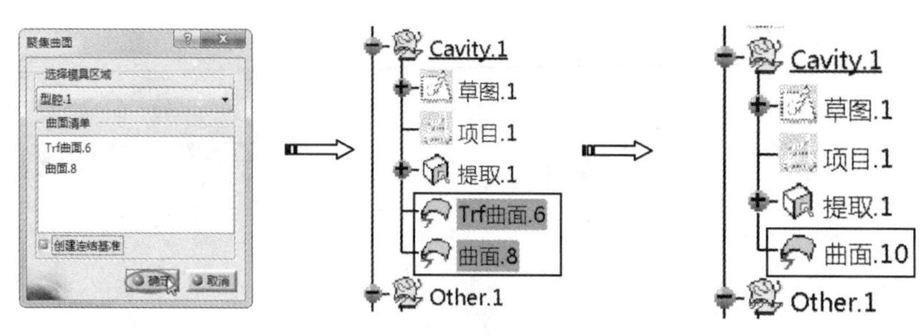

图 7-77　聚集型腔曲面

15 同理，对“其它 .1”节点的区域曲面进行聚集操作。

16 单击“脱模方向”工具栏中的“定义滑块和斜顶方向”按钮，弹出“滑块和斜顶脱模方向定义”对话框。激活“形状”文本框，选择其他曲面。再单击“其他指派给斜顶”按钮，将其他面重新指派给斜顶区域。

17 单击“脱模方向”文本框后的按钮，并在文本框中右击，在弹出的快捷菜单中选择“X 轴”命令，单击按钮锁紧。

18 在“可视化”选项组中选中“面显示”单选按钮，最后单击“确定”按钮，完成滑块或斜顶区域面的定义，如图 7-78 所示。

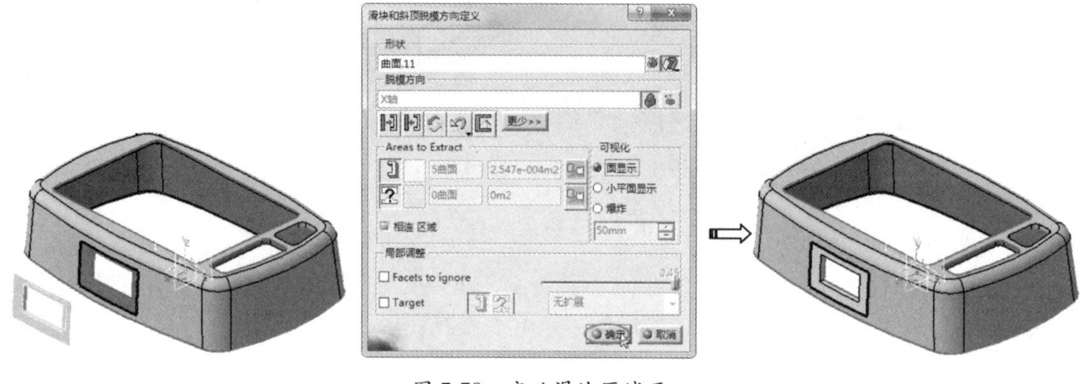

图 7-78　定义滑块区域面

2. 修补破孔

01 选择“插入”|“几何图形集”命令，弹出“插入几何图形集”对话框，在“名称”文本框中输入“修补破面”，在“父级”下拉列表中选择 MoldedPart 选项，单击“确定”按钮完成几何图形集的创建，如图 7-79 所示。

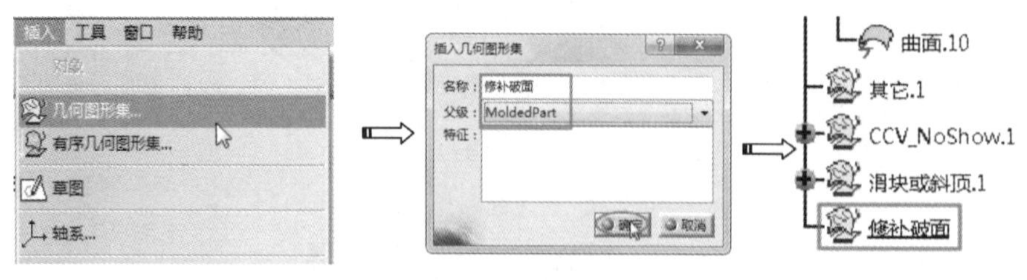

图 7-79　创建新几何图形集

02 单击“曲面”工具栏中的“填补面”按钮，弹出“填补面”对话框。选择破孔所在的表面，单击“应用”按钮和“确定”按钮，完成填补曲面的创建，如图 7-80 所示。

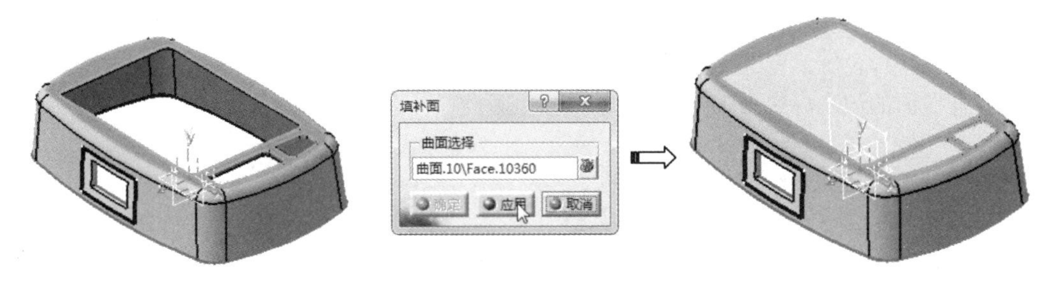

图 7-80　创建填补曲面

3. 分型线设计

01 选择“插入”|“几何图形集”命令，插入名称为“分模面”的新几何图形集。

02 单击“曲线”工具栏中的“链结边线”按钮，弹出“链结边线”对话框。依次选择模型底边的边线，单击“应用”按钮和“确定”按钮，完成分型线的创建，如图 7-81 所示。

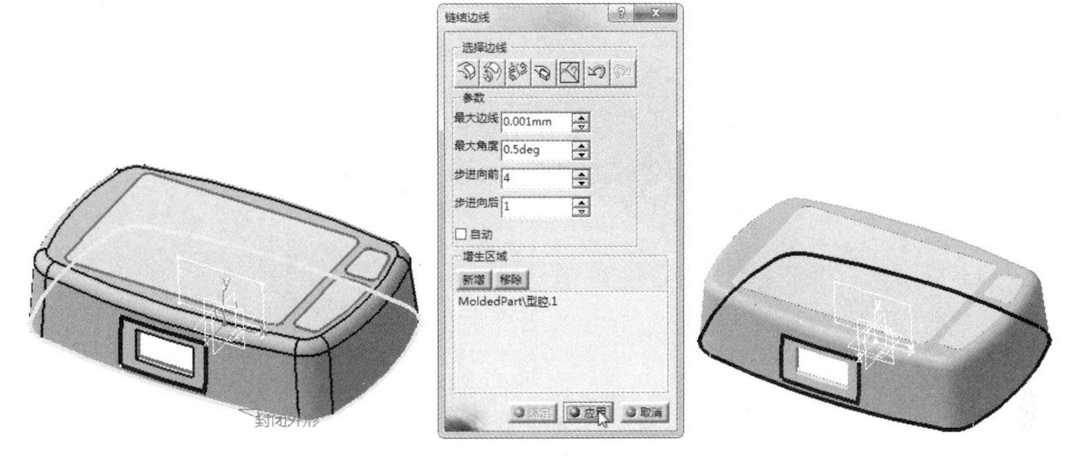

图 7-81　创建分型线

4. 分型面设计

（1）分模面设计。

单击“曲面”工具栏中的“扫掠”按钮，弹出“扫掠曲面定义”对话框。在“轮廓类型”选项组中单击“直线”按钮，在“子类型”下拉列表中选择“使用参考曲面”选项，选择上一步创建的接合曲线作为引导曲线，激活“参考曲面”文本框，选择 *xy* 平面作为参考曲面，在“长度 1”文本框中输入 50mm，单击“确定”按钮，系统自动完成扫掠曲面的创建，如图 7-82 所示。

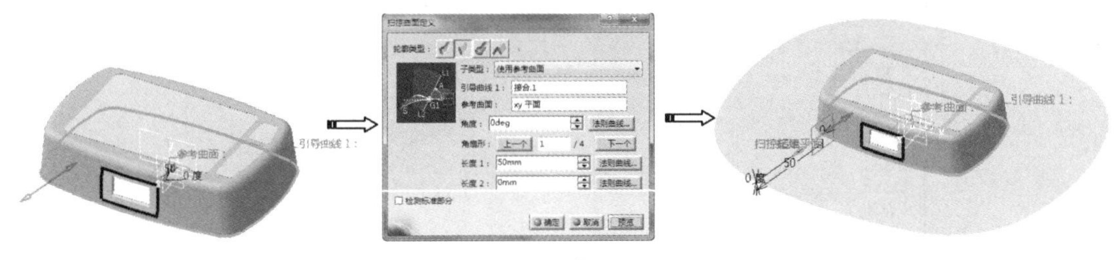

图 7-82　创建扫掠曲面

（2）滑块分型面设计。

01 单击“曲面”工具栏中的“拉伸”按钮，弹出“拉伸曲面定义”对话框。选择滑块区域面的分型线作为拉伸轮廓，再选择 *X* 轴作为拉伸方向，输入拉伸长度值为 50mm，单击“确定”按钮完成拉伸曲面的创建，如图 7-83 所示。

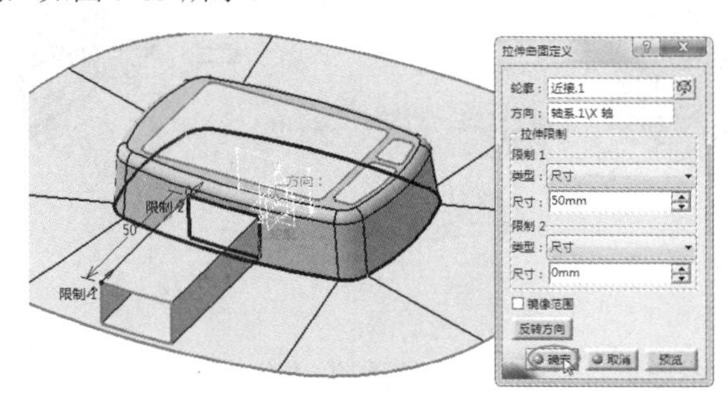

图 7-83　创建拉伸曲面

02 在产品内部滑块头位置，使用“填充”工具创建封闭曲面，如图 7-84 所示。

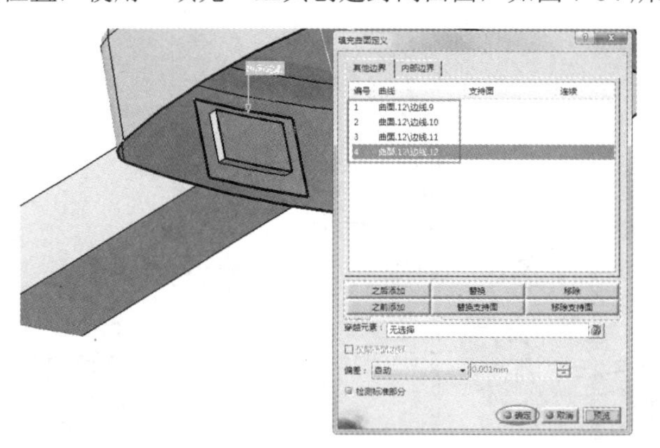

图 7-84　创建封闭曲面

03 在装配结构树中选中“滑块或斜顶 .1”节点并右击，在弹出的快捷菜单中选择“定义工作对象”命令。

04 单击“操作”工具栏中的“接合”按钮，弹出“接合定义”对话框，选择 3 个曲面进行接合，如图 7-85 所示。

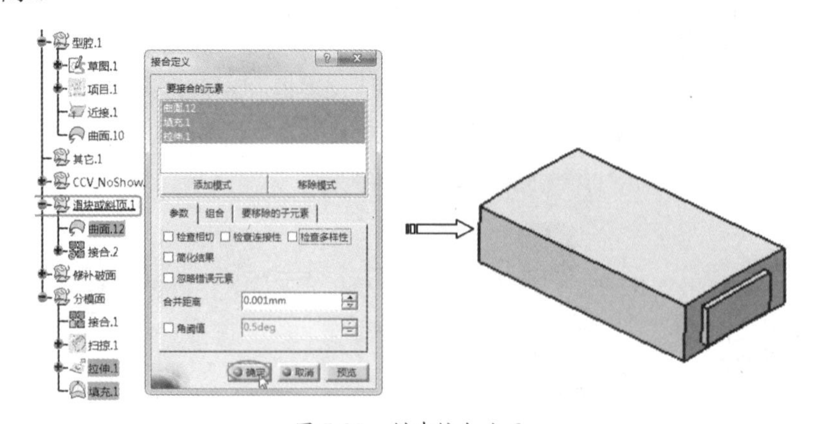

图 7-85　创建接合曲面

05 在装配结构树中将创建的接合曲面的属性重命名为“滑块分型面”。

（3）创建型腔分型面。

01 在装配结构树中选中“型腔.1”节点，右击并在弹出的快捷菜单中选择“定义工作对象”命令。

02 单击“操作”工具栏中的“接合”按钮，弹出“接合定义”对话框，在装配结构树中选择分模面、破孔补面和型腔区域面，单击“确定”按钮完成接合曲面的创建，如图 7-86 所示。

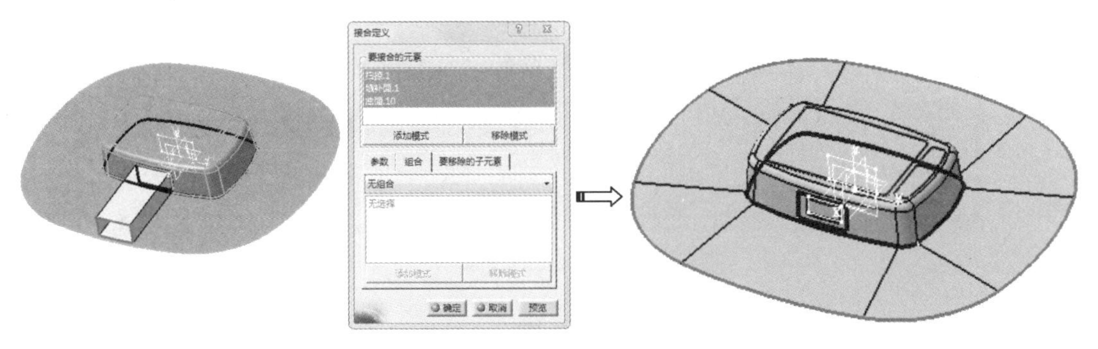

图 7-86　创建接合曲面

03 同理，将“型芯.1”设为工作对象，并进行型芯分型面的接合操作，如图 7-87 所示，重命名接合曲面为“型芯分型面”。

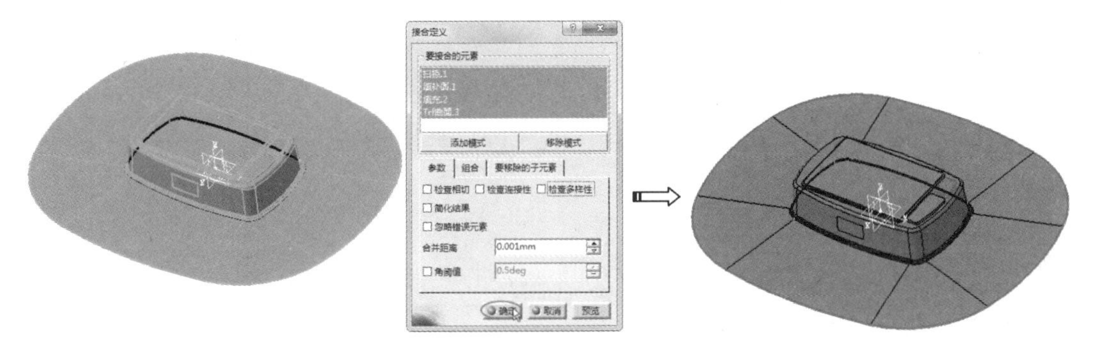

图 7-87　接合型芯分型面

5. 分割型芯与型腔零件

01 选择“开始”|“机械设计”|“模架设计”命令，进入模架设计工作台，在装配结构树中双击顶层结构节点，以激活装配部件。

02 选择“插入”|“模板部件”|“新镶块”命令，弹出“镶块定义”对话框。在装配结构树中选取 *xy* 平面为放置面，并将工件（镶块）的中心放置在型芯分型面上，并在对话框的 X 文本框中输入 0、Y 文本框中输入 0、Z 文本框中输入 40。

03 定义工件类型。单击“供应商”按钮，弹出“目录浏览器”对话框，双击 Pad_with_chamfer 图标，在弹出的对话框中双击 Pad 类型，如图 7-88 所示。

04 在“参数”选项卡中设置工件参数 L=90mm、W=120mm、H=60、Draft=5deg，在“位置”选项卡中的“钻孔起始”文本框中单击，使其显示为“无选择”，如图 7-89 所示。

05 单击“镶块定义”对话框中的“确定”按钮完成工件的创建，如图 7-90 所示。

06 在装配结构树中选择新建工件 Insert_2 节点，右击并在弹出的快捷菜单中选择“Insert_2.1 对象”|“分割部件”命令，如图 7-91 所示。

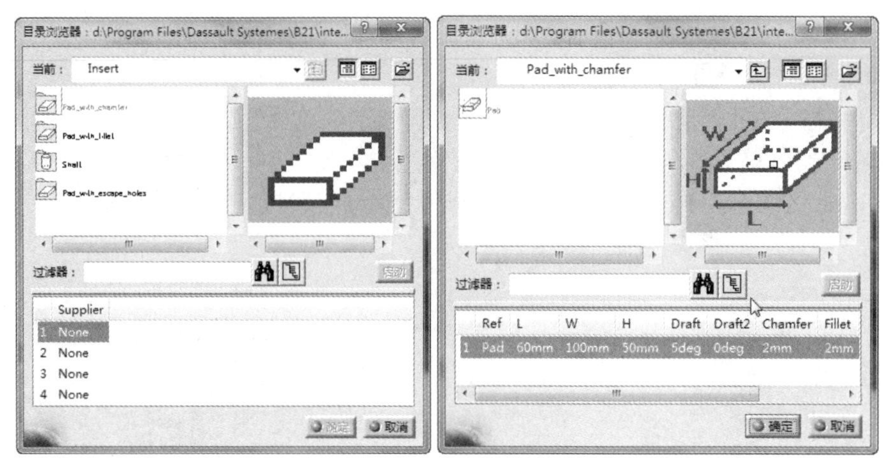

图 7-88　定义工件类型

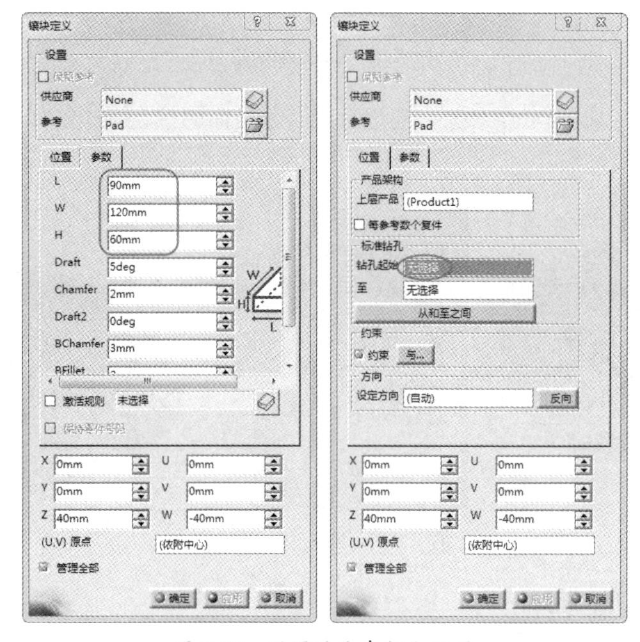

图 7-89　设置镶块参数和位置

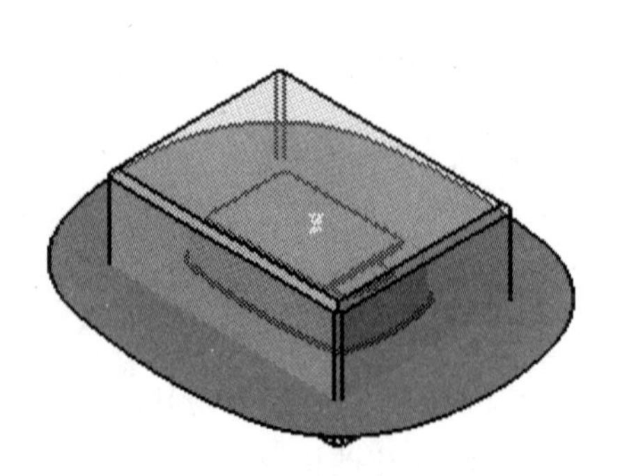

图 7-90　创建工件

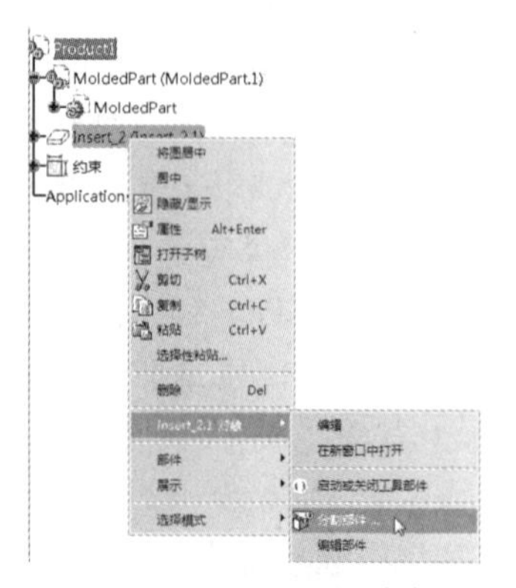

图 7-91　选择快捷菜单命令

07 弹出“切割定义”对话框，选择上面创建的型芯分型面为分割曲面，单击“确定”按钮完成型芯零件的创建，如图 7-92 所示。

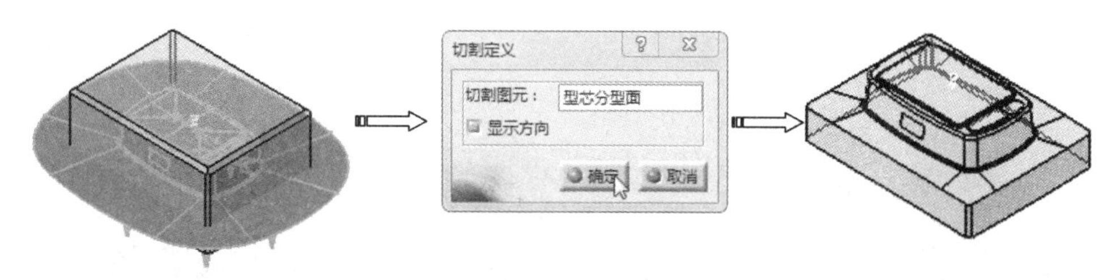

图 7-92　创建型芯零件

操作技巧：

如果分割方向与图形相反，可单击图形区中的箭头，反转切割方向。

08 重复上述型芯的创建步骤，分别以型腔分模线和滑块分模线为分割面来分割工件，创建出型腔零件和滑块零件，如图 7-93 和图 7-94 所示。

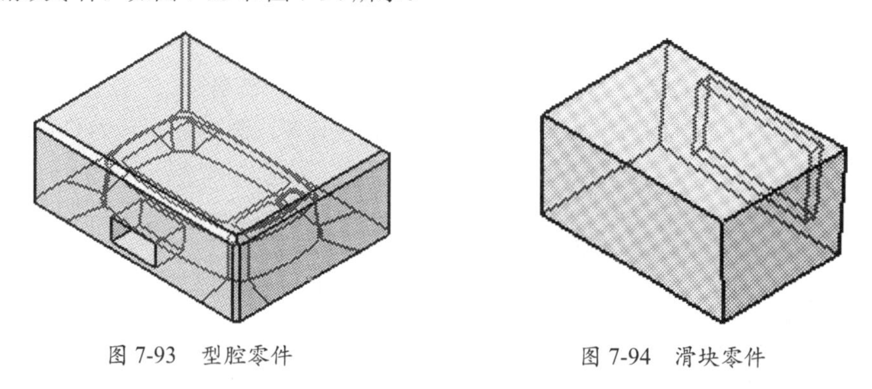

图 7-93　型腔零件　　　　图 7-94　滑块零件

技术支持：

在型腔创建过程中要执行两次分割操作，第一次采用型腔分型面分割，第二次采用滑块分型面分割。

至此，完成了电器操作盒的模具成型零件设计。

7.7 实战案例——手机外壳模具设计

本例模架与系统机构设计全流程如下。

（1）分割成型零件（分割出型芯零件、型腔零件及其他抽芯镶块）。

（2）根据成型零件的尺寸与结构加载合适的模架。

（3）设计浇注系统（添加定位环、浇口衬套，设计流道与浇口）。

（4）设计侧向分型机构（产品有侧孔的要设计，反之不设计）。

（5）设计冷却系统。

（6）设计顶出系统（直顶与斜顶）。

在接下来的模架设计流程中，将用一个完整的手机外壳的模具设计案例进行说明，详细描述所用的设计工具和模具设计的一些技术、技巧。设计完成的手机外壳模具结构如图 7-95 所示。

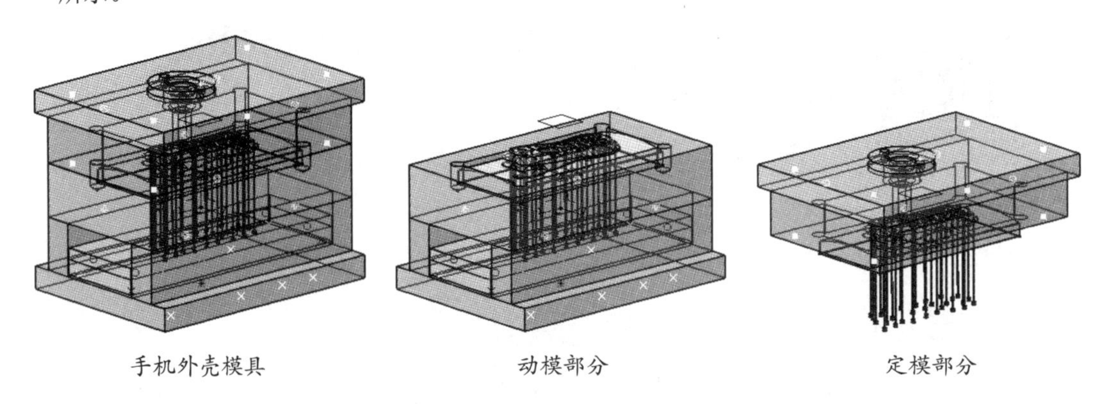

图 7-95　手机外壳模具结构

7.7.1　进入 CAITA 模架设计工作台

完成模具的分型面设计后，选择“开始”|“机械设计”|“模架设计”命令，进入模架设计工作台中进行成型零件的分割与模架装配、系统与机构设计等，图 7-96 所示为 CATIA 模架设计工作台。

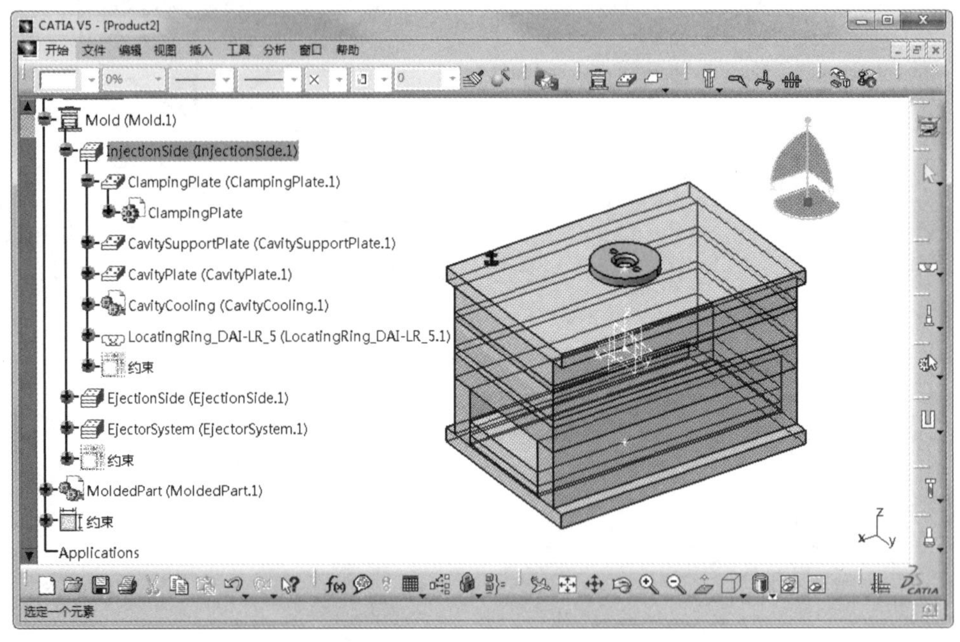

图 7-96　CATIA 模架设计工作台

7.7.2　分割成型零件

本节介绍成型零件分割的相关知识，在接下来的案例中，将介绍如何分割成型零件。

操作步骤

01 启动 CATIA V5-6R2018 软件，系统默认进入产品设计界面。

02 选择“开始”|“机械设计”|“模架设计”命令，进入模架设计工作台。

03 在装配结构树中单击 Product1，以激活顶层节点，然后选择“插入”|“现有部件”命令，将本例源文件夹中的 shoujike.CATPart 分型设计部件文件导入进来，如图 7-97 所示。

操作技巧：

分型设计部件中必须包含产品模型本身、型芯分型面和型腔分型面。其他抽芯（滑块与斜顶）分型面的设计，若产品中没有破孔（做滑块）及内部倒扣特征（做斜顶）的结构，可以不包含在内。

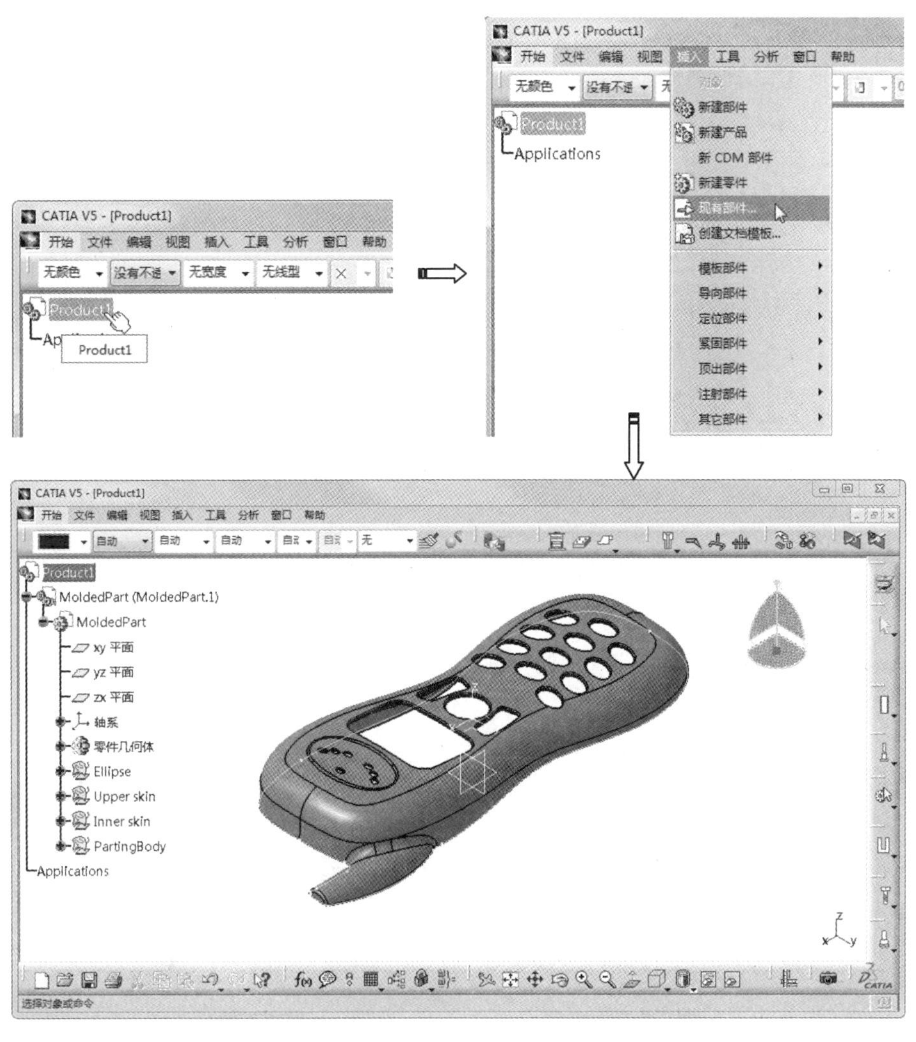

图 7-97　在模架工作台中插入分型设计部件

04 在装配结构树的 MoldedPart.1|PartingBody 子节点下，将原本隐藏的“型芯分型面”显示出来，然后双击顶层结构节点以激活装配部件。

05 选择“插入”|“模板部件”|“新镶块”命令，或者在“模板部件”工具栏中单击“创建新镶块”

按钮，弹出“镶块定义”对话框，如图 7-98 所示。

提示：

这里的“镶块”更多地作为毛坯工件使用，也可以用来设计抽芯的镶块及其他模板部件。

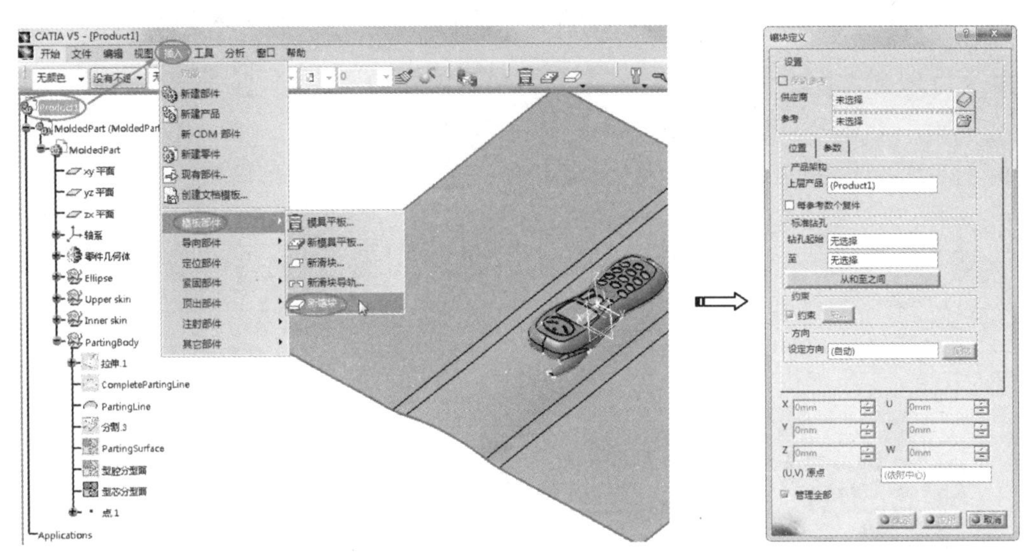

图 7-98　创建新镶块

06 在装配结构树中选取 *xy* 平面作为镶块（工件）放置面，并将镶块（工件）的中心放置在坐标系原点，然后在“镶块定义”对话框底部的坐标值文本框中输入工件原点的坐标，如图 7-99 所示。

操作技巧：

如果没有放置在原点，可以在“镶块定义”对话框底部的X、Y、Z、U、V、W文本框中输入值确定镶块（工件）的具体位置。

07 在“镶块定义”对话框的“设置”选项组中单击“库”按钮，选择镶块的供应商及尺寸规格（选择第 4 种 Pad_with_escape_holes 类型），如图 7-100 所示。

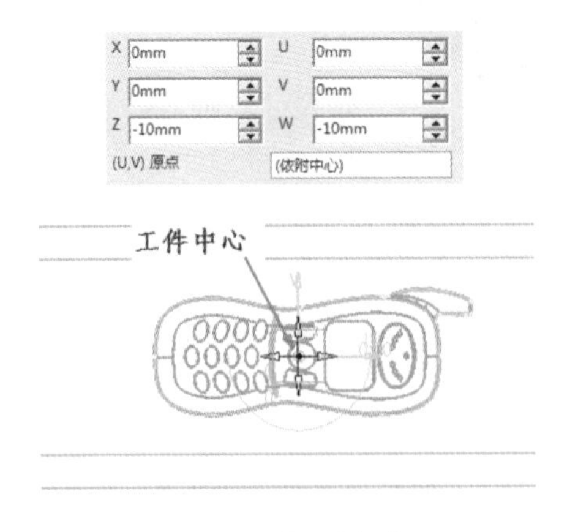

图 7-99　放置镶块（工件）中心

图 7-100　选择镶块（工件）供应商及规格

08 返回“镶块定义”对话框，在“参数”选项卡中设置镶块（工件）参数 L=250mm、W=120mm、H=70mm，在“位置”选项卡的“钻孔起始”文本框中单击，使其显示为“无选择”，如图 7-101 所示。

操作技巧：

另外，要查看工件在原点位置的z方向上，是否包容产品模型，如果没有，需要在对话框中的“方向”选项组中单击“反向”按钮，改变工件的放置方向。

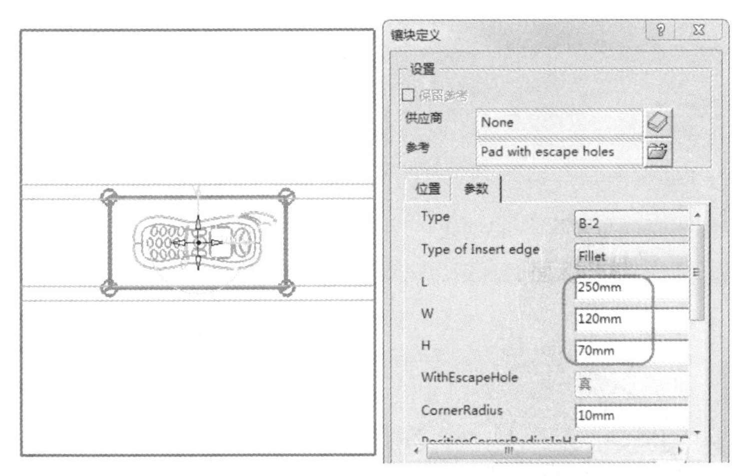

图 7-101　设置镶块（工件）参数

09 单击“镶块定义”对话框中的“确定”按钮完成镶块（工件）的创建，如图 7-102 所示。

操作技巧：

其实成型零件的设计与模架的加载，设计顺序是可以调换的。假设先完成模架设计，当创建工件时，可以在模板中直接完成修剪操作，将会在模板中形成工件的空腔。

10 在装配结构树中选择新建的 Insert_1.1 工件节点，右击并选择快捷菜单中的“Insert_1.1 对象”|“分割部件”命令，如图 7-103 所示。

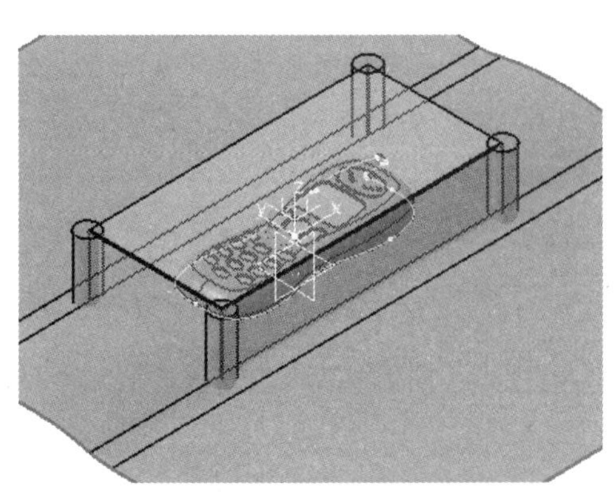

图 7-102　创建的工件

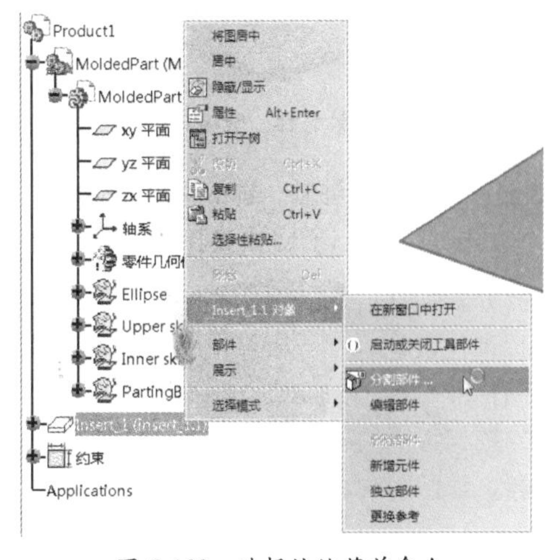

图 7-103　选择快捷菜单命令

11 弹出“切割定义”对话框，选择上面创建的型芯分型面为分割曲面，需要单击方向箭头改变切割方向，如图 7-104 所示。

提示：

箭头所指的修剪方向为工件修剪后保留的部分。型芯零件在产品的下方，所以应该更改切割方向。

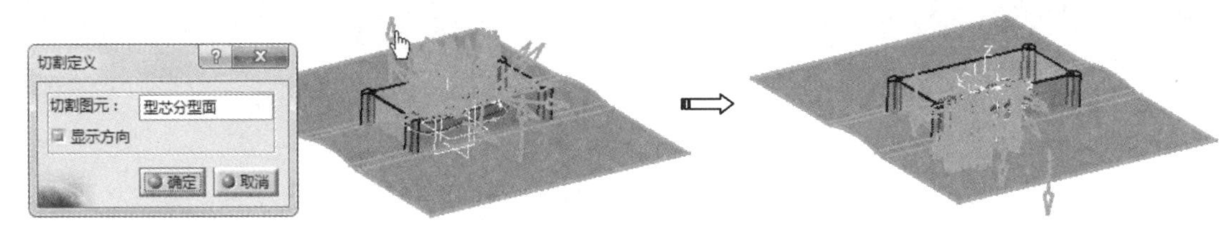

图 7-104 修改切割方向

12 单击“确定”按钮完成型芯零件的创建，如图 7-105 所示。

13 同理，按此操作完成型腔零件的创建，如图 7-106 所示。

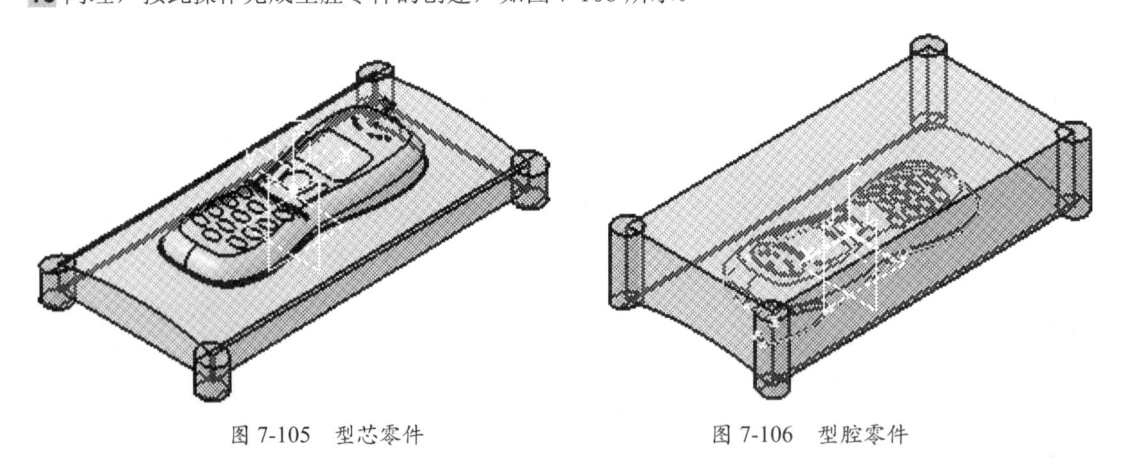

图 7-105 型芯零件　　图 7-106 型腔零件

7.7.3 模架加载

当创建成型零件后，可以根据成型零件的尺寸来获得一些关于模架的参考数据。本例中，镶块（工件）的尺寸为 250mm×120mm×70mm，参考表 7-2 和表 7-3，那么模板的尺寸可以为（250+40+40）mm×（120+40+40）mm×（70+30+35）mm。当然，虽然算出了模架尺寸，还要看模架库中有没有这种规格的模架，如果没有，可以选用近似尺寸的模架。

此外，在 CATIA 中，由于模架与模架标准件（如导套、导柱、螺钉等）是分开的，所以需要分开设计。但是，模具标准件通常是选用的，而不是自行设计的，所以设计模具时不建议采用标准件设计。一般模具厂家在模具装配时也是安装购买的模具标准件，而不是设计师临时设计的标准件。

模架规格的确定往往取决于模仁（包括型腔和型芯）大小，模架模板厚度与模仁尺寸之间的关系，如图 7-107 所示。

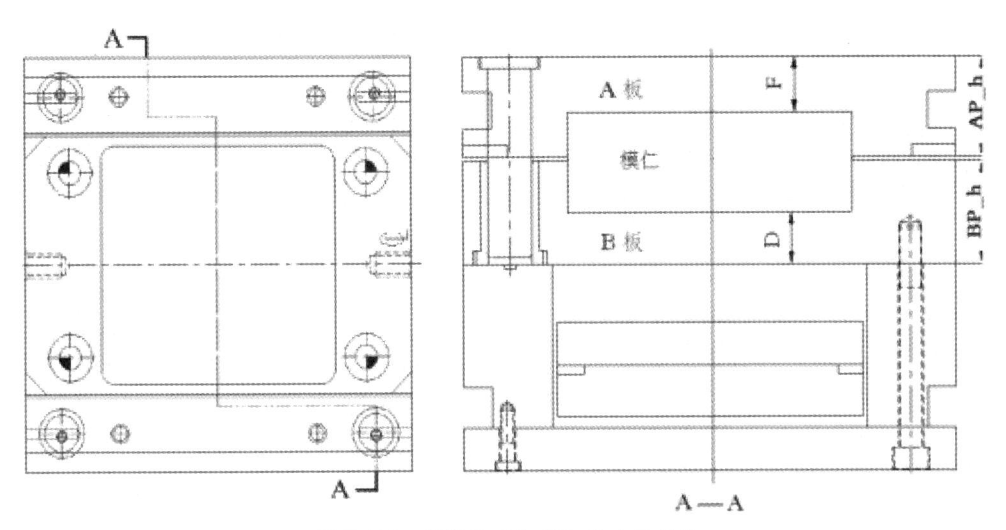

图 7-107　模板厚度与模仁尺寸的关系

模仁尺寸与模架 A、B 板厚度最小取值关系，如表 7-2 所示。

表 7-2　模仁尺寸与模架 A、B 板厚度取值关系（单位：mm）

模仁尺寸	A、B 板最小厚度		
	无支撑板		有支撑板（AP_h/ BP_h）
	AP_h	BP_h	
2020 ～ 2330	50	60	25
2525 ～ 2550	60	70	30
3535 ～ 3060	70	80	35
3555 ～ 4070	80	90	
4545 ～ 5070			50
5555 ～ 6080	100	110	60
7070 ～ 1000	120	130	70

模架模板与模仁宽度之间的尺寸关系，如图 7-108 所示。

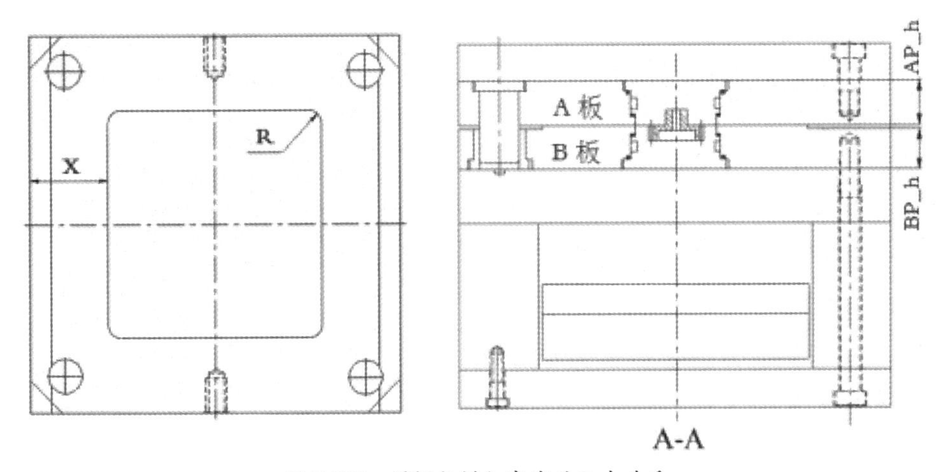

图 7-108　模板与模仁宽度的尺寸关系

表 7-3 给出了模仁与模架的尺寸对应关系。

表 7-3　模仁与模架尺寸对应关系（单位：mm）

模仁尺寸	模架规格选择参考			
	R	X（最小值）	F（最小值）	D（最小值）
2020 ～ 2330	8	40	25	30
2525 ～ 2740			30	35
3030 ～ 3045	13	50	30	40
3550 ～ 3060				
3555 ～ 4570	16	55	35	50
5050 ～ 6080	20	65	40	60
7070 ～ 1000	25	75	45	80

本例选用的是香港LKM的龙记模架，适合国内模具设计标准，关于龙记模架的相关知识如下。

CATIA 模架库中 LKM 龙记模架提供了 3 种模架类型。

- 点浇口（PinPointGate）：是以浇口的结构形式来确定模架的类型。此类型的模架属于三板模（也称“细水口”模架）。流道与浇口不在同一分模在线，产品在分模在线脱模，水口料则另外在水口板分模在线脱模。细水口模架适用于中小型产品。
- 侧浇口（SideGate）：侧浇口设计的模架系统称为“大水口”或“两板模”。流道及浇口设计在同一分型线，与产品一同脱模，设计较简单，制作成本及时间较少，广泛被模具制作者接受及使用，但缺点是产品外观在水口（浇口）位置较为明显，需要进行后续处理，将水口及产品分离。大水口模架适用于大型产品。
- 三板模类型（ThreePlate Type）：此类模架又称为“简化型细水口”模架，也是三板模，是 PinPointGate 细水口模架的简化型。其功能与细水口模架相同，流道与浇口不在同一分模在线；产品在分模在线脱模，水口料则另外在水口板分模在线脱模。由于简化型细水口少了 4 组拉杆及导套，设计空间较大，所以容许 1515~2023 等较细尺寸之长阔标准存在，令模具制作更灵活。

操作步骤

01 在“模板部件”工具栏中单击“创建新模具”按钮，弹出“创建新模架”对话框。

02 在“创建新模架”对话框中单击“库”按钮，弹出“目录浏览器”对话框。在模架库中选择适合国内的模架厂商 LKM（香港龙记模架），如图 7-109 所示。

提示：

本例的手机产品，若要设计浇口，一定是侧浇口或潜伏式浇口，适合两板模模架。但由于产品尺寸较小，综合考虑后应选用细水口模架类型中的两板模形式。

03 在 LKM 模架库中双击 PinPointGate（点浇口）模架结构类型，再双击选择 ECI 型（无卸料板和支承板），如图 7-110 所示。

04 在 ECI 型模架中，选择 2035 规格尺寸的模架，单击“确定”按钮完成模架的选择，如图 7-111 所示。

05 在“创建新模架”对话框中单击“定模板”选项后面的，在弹出的模板配置表中选择 251

行的模板厚度（定模板厚度为 60mm），如图 7-112 所示。

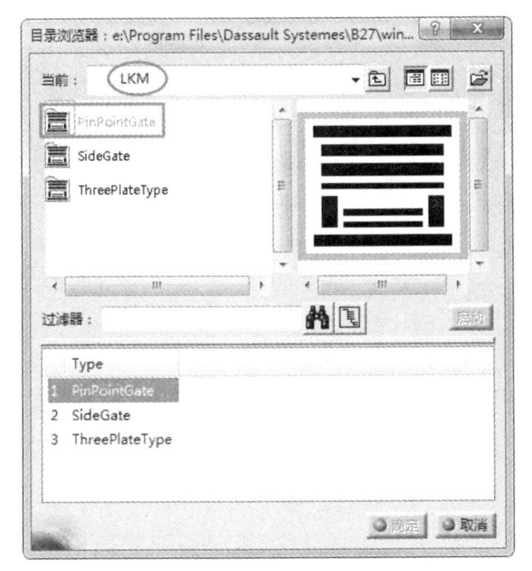

图 7-109　选择模架结构类型

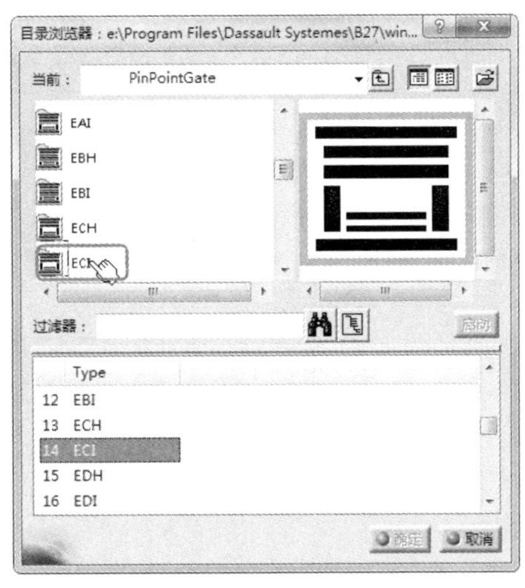

图 7-110　选择模架板类型

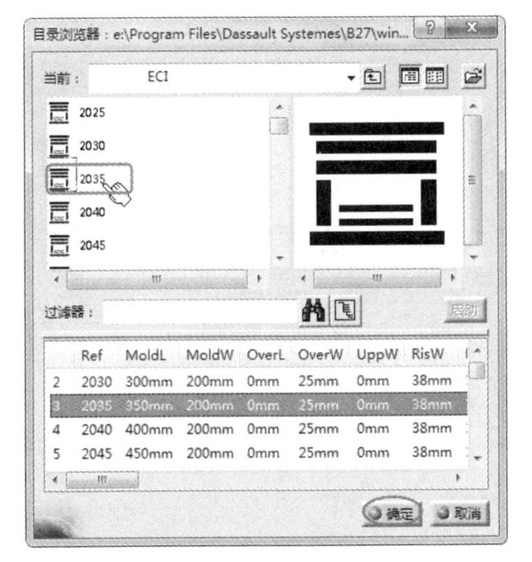

图 7-111　选择模架规格

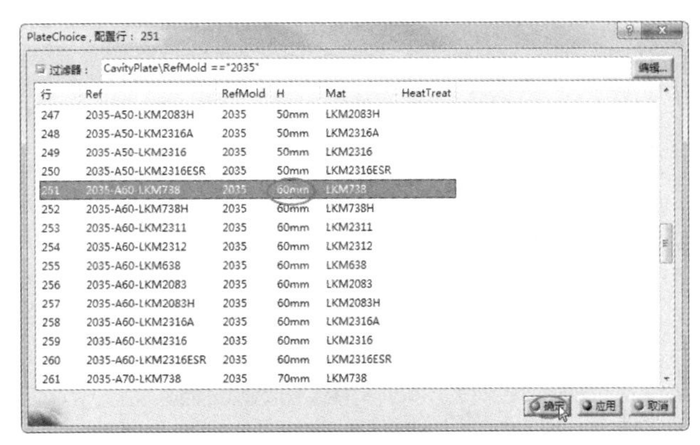

图 7-112　选择定模板的厚度

06 同理，单击“动模板”选项后面的▦，在模板配置表中选择 261 行厚度为 70mm 的模板。此时，图形区中的模架也随着尺寸的改变而更新，如图 7-113 所示。

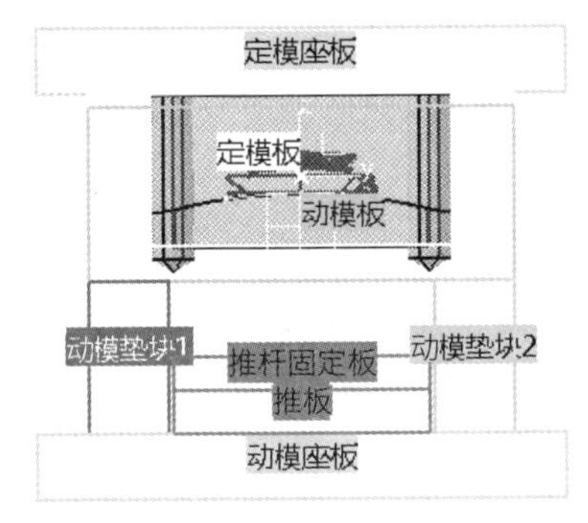

图 7-113　模架预览

07 单击“创建新模架”对话框中的“确定”按钮，完成模架的创建。从加载后的模架中可以看出，动模板与定模板重叠了，需要修改重叠量，如图 7-114 所示。

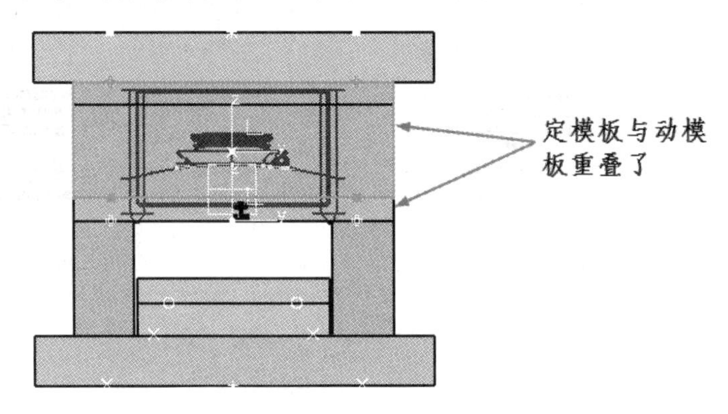

图 7-114　加载模架

08 在装配结构树中右击 Mold（Mold.1）模架节点，并在弹出的快捷菜单中选择“Mold.1 对象”|“编辑模具”命令，弹出“模架编辑”对话框，单击“定模 / 动模重叠量”选项后的 f(x) 按钮，如图 7-115 所示。

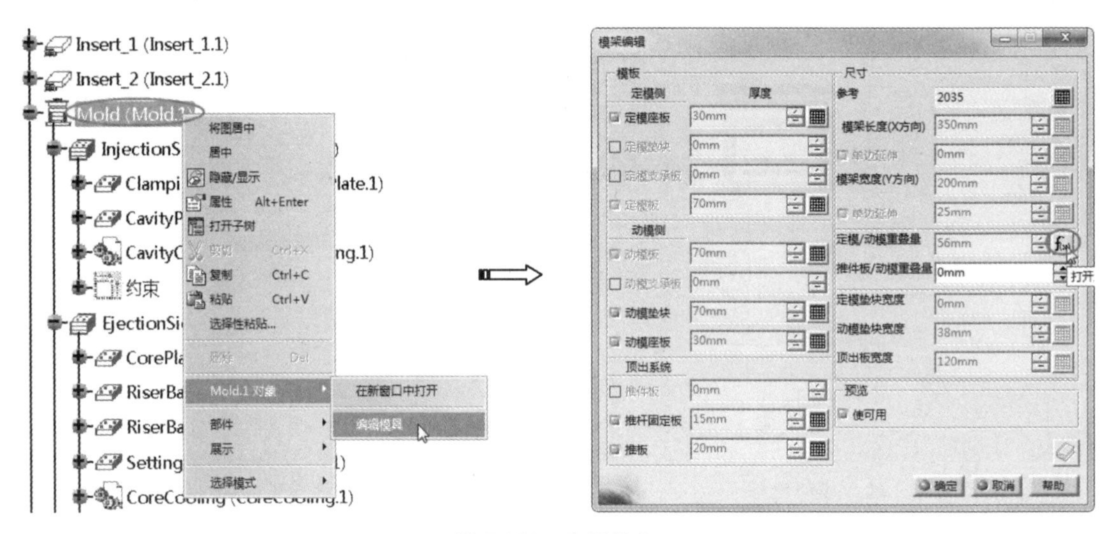

图 7-115　编辑模具

09 弹出“公式编辑器：CorCavS”对话框，在该对话框中单击“清除文本字段”按钮，单击“确定”按钮，如图 7-116 所示。

10 在“模架编辑”对话框的“定模 / 动模重叠量”文本框中重新输入重叠值为-0.5mm，最后单击“确定”按钮完成模板重叠的修改，如图 7-117 所示。

操作技巧：

为什么要设置为-0.5，而不是0呢？主要是动模板与定模板之间需要预留一定的模板间隙，便于注塑时的气体排出，减少制件的困气（气穴）产生，提高外观质量。设为-0.5，是两块模板各留出0.5mm的间隙。不能设置为0.5，否则模板又重叠了。

11 修改重叠量后，还会发现成型零件并没有在合适的模板位置上，如图 7-118 所示，需要移动模板。

图 7-116　清除文本字段

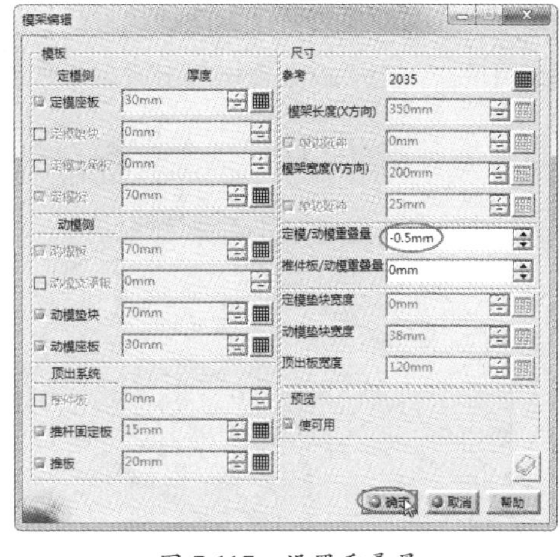

图 7-117　设置重叠量

12 在“移动”工具栏中单击“操作”按钮，弹出“操作参数”对话框。取消选中“遵循约束”复选框，单击“沿 Z 轴拖动”按钮，依次选中定模板、动模板、推件板和推杆固定板并向下平移，平移多少取决于分型面的位置，一般在分型面位置即可，如图 7-119 所示。

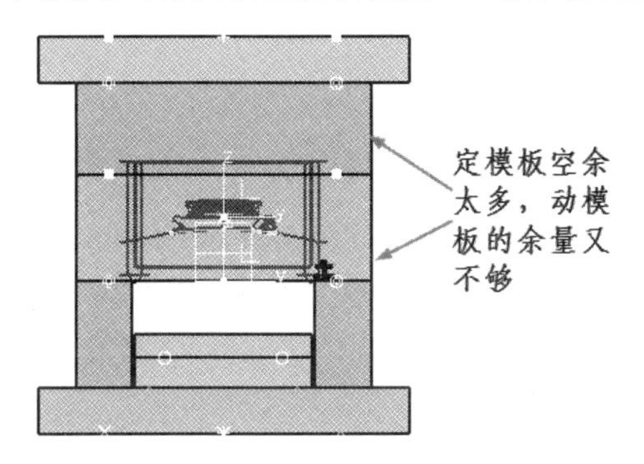

图 7-118　不合理的模板位置

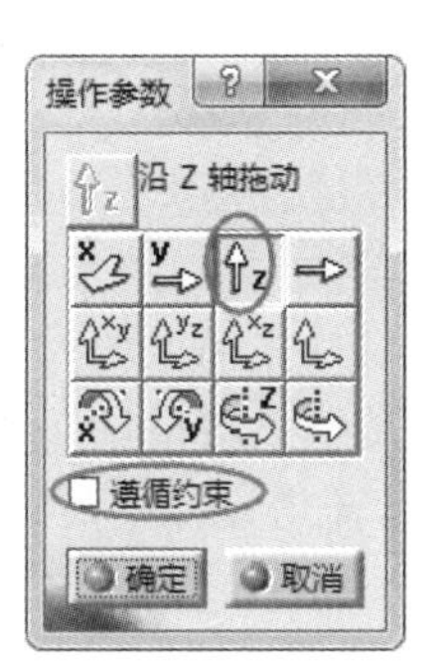

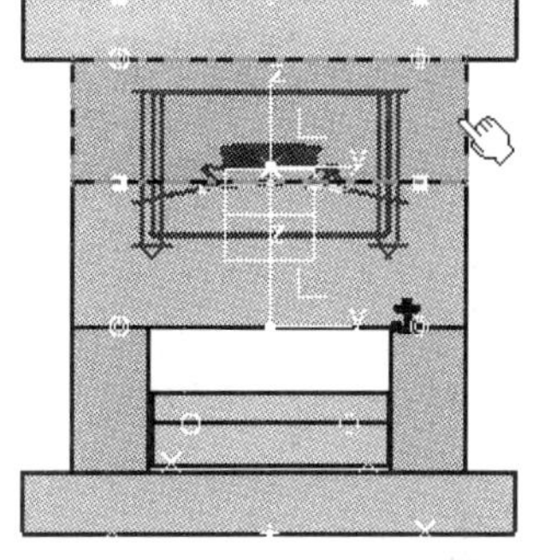

图 7-119　调整模板位置

13 接下来需要在模板中切割出成型零件的空腔。选择“工具”|“钻部件”命令，弹出“定义钻头部件”对话框。在“欲钻部件”文本框中单击，然后选择动模板部件作为欲钻部件，在“钻头部件”文本框中单击，再选择型芯零件和型腔零件作为钻头部件，如图 7-120 所示。

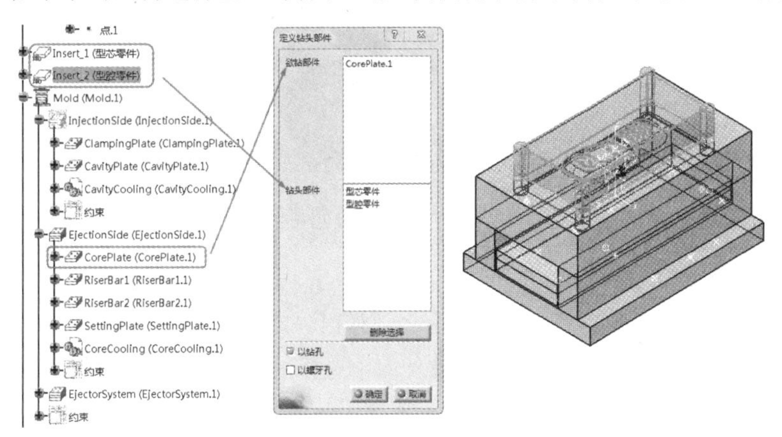

图 7-120　选择欲钻部件和钻头部件

14 单击“确定”按钮，完成动模板的切割，如图 7-121 所示。

15 同理，在定模板上也切割出成型零件的空腔，如图 7-122 所示。

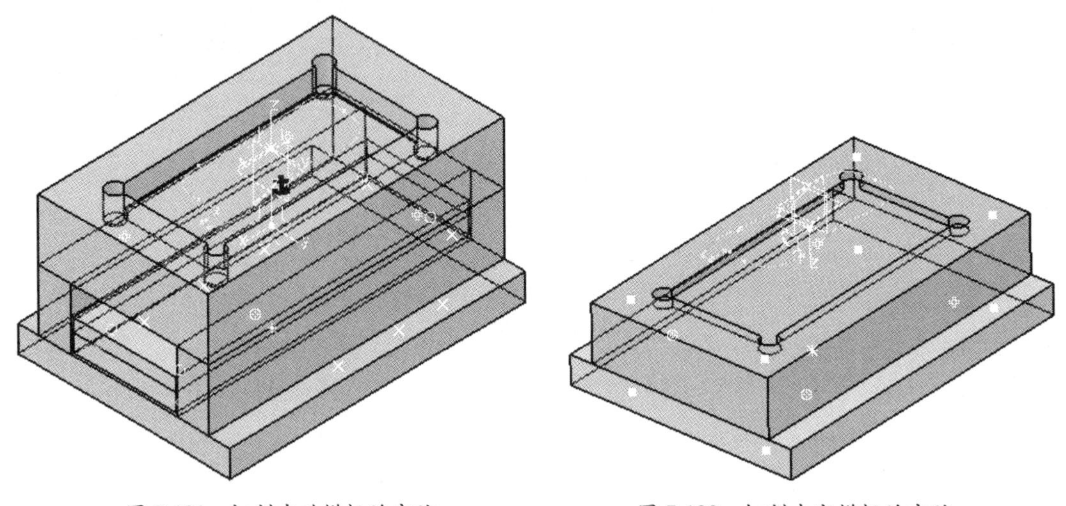

图 7-121 切割出动模板的空腔　　　　图 7-122 切割出定模板的空腔

7.7.4 浇注系统设计

浇注系统是熔融塑料由机台料筒进入模具型腔的通道，将处于高压下的熔融塑胶快速、平稳地引入型腔。模具的浇注系统设计包括流道设计、浇口设计和标准件的加载。其中标准件指的是定位环与浇口衬套，定位环是模具对准注塑机的固定元件，浇口衬套是模具的主流道，所以浇口衬套也称“主流道衬套”，流道设计主要指的是分流道设计。

浇注系统主要由主流道、分流道、浇口和冷料井组成，如图 7-123 所示。

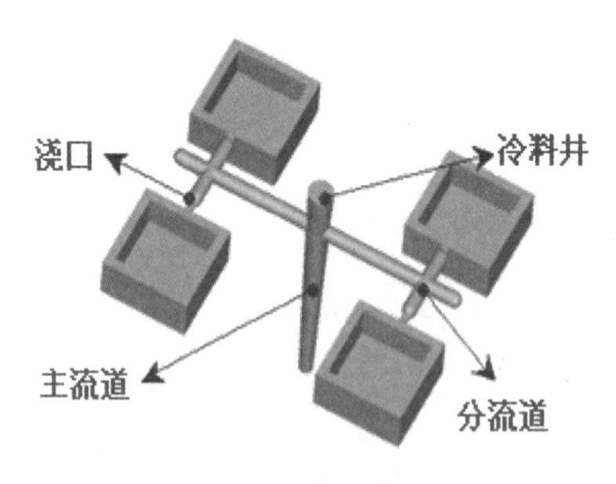

图 7-123 浇注系统

1. 加载浇注系统标准件

01 选择“插入”|“定位部件”|“定位环”命令，弹出“定位环定义”对话框。

02 单击“标准件库”按钮，在弹出的标准件库中选择供应商 LKM，再选择 DAI-LR90 型号的定位环标准件，单击“确定”按钮完成选择，如图 7-124 所示。

03 选择上模座板（定模座板，而不是定模板）的上表面作为定位环放置面，如图 7-125 所示。

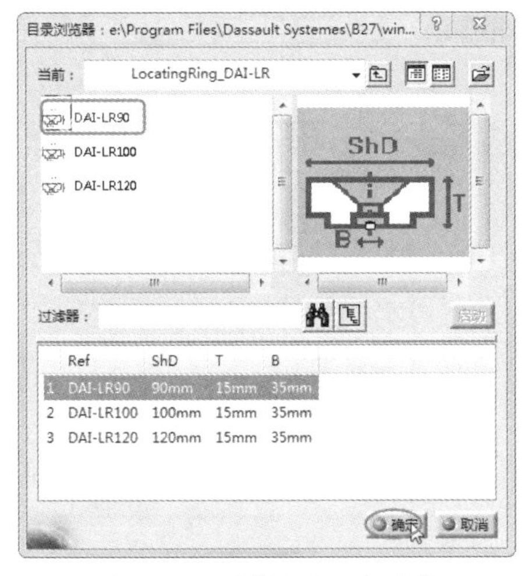

图 7-124 选择定位环标准件

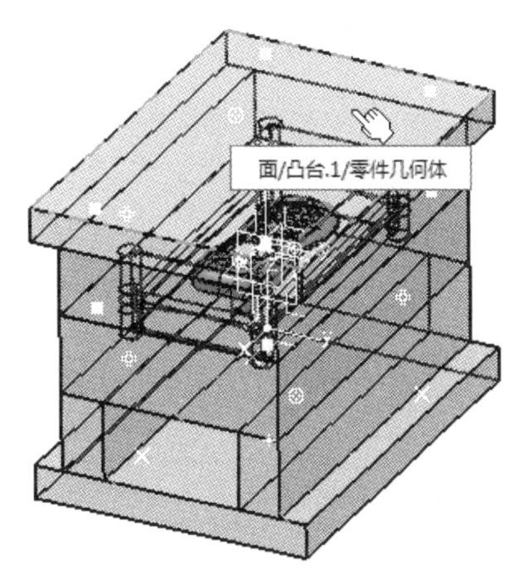

图 7-125 选择定位环放置面

04 切换到上模座板的法向视图后，将定位环的定位中心与模具坐标系原点重合，系统加载定位环标准件到上模座板上，如图 7-126 所示。在“方向”选项组中单击“反向”按钮，再单击“确定”按钮完成定位环的加载。

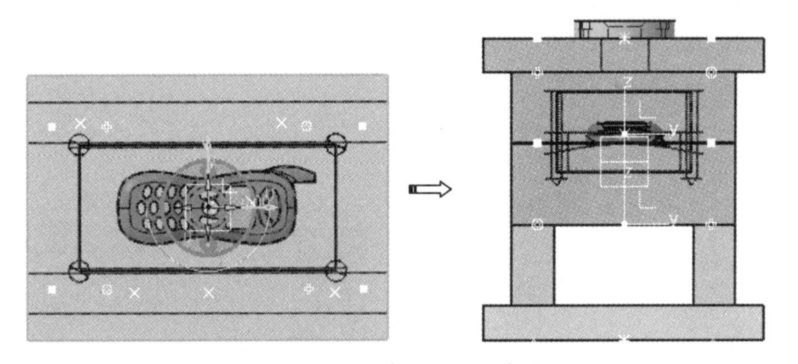

图 7-126 加载定位环标准件

05 定位环一般要嵌入模板中 5mm 以便于固定，所以在装配结构树中选中定位环部件并右击，并在弹出的快捷菜单中选择“编辑部件”命令，重新打开“定位环编辑”对话框，查看其定位环中心点位置参数，如图 7-127 所示。

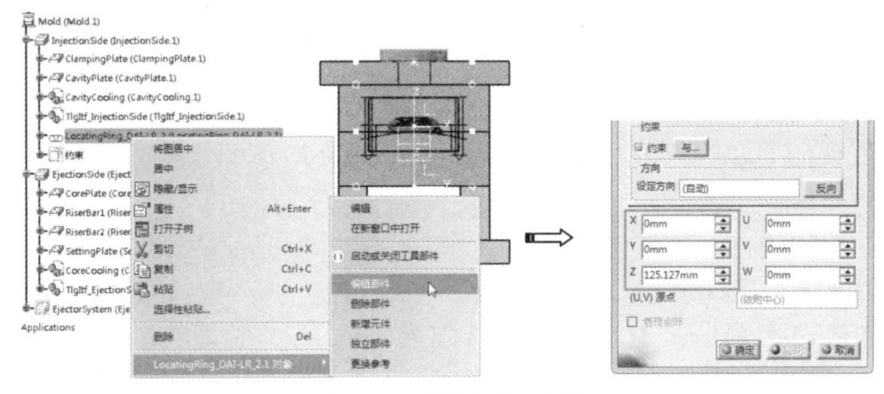

图 7-127 编辑定位环部件

06 修改Z文本框中的值（整数部分的值125减少5即可），单击“确定”按钮完成定位环的位置更改，如图7-128所示。

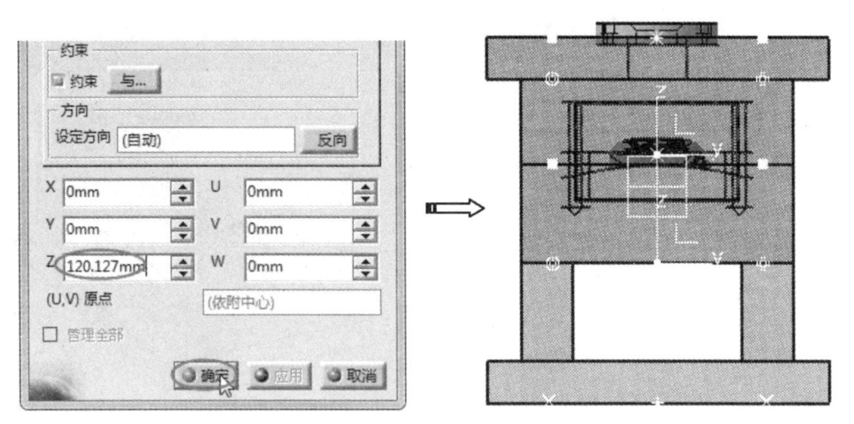

图7-128　更改定位环的位置

07 加载浇口衬套标准件。选择“插入”|“注射部件”|“浇口套”命令，打开“浇口套定义”对话框。单击“库”按钮，选择LKM厂商的浇口套标准件，并选择标准件型号，如图7-129所示。

08 选择上模座板表面作为放置面，将浇口套定位中心点放置在模具坐标系原点，最后单击“确定”按钮完成浇口套的加载，如图7-130所示。

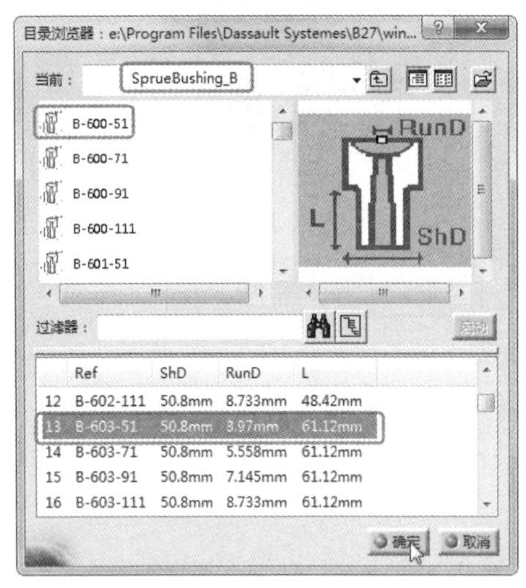

图7-129　选择标准件厂商和型号

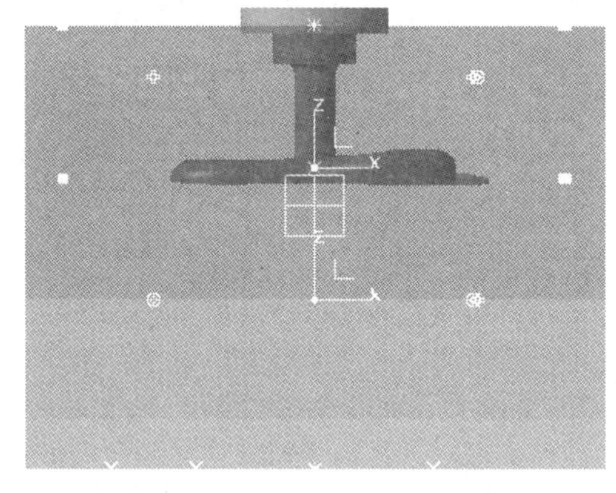

图7-130　加载的浇口套标准件

但是，我们将要设计的浇口位置并非在浇口套位置，而是设计在手机壳中间空余的切口位置，所以需要将浇口套和定位环平移，当然也可以完成分流道及浇口的设计后再平移。

2. 分流道与浇口设计

鉴于浇口与流道设计工具的实用性不强，可以将采用手动切割的方式进行设计。

01 在装配结构树中，将型腔侧的模板及型腔零件暂时隐藏。

02 双击装配结构树中的Insert_1（型芯零件）节点下的Insert_1子节点，激活型芯几何体，如图7-131所示。

03 选择“开始”|“机械设计”|“零件设计”命令，进入零件设计工作台。

04 单击“草图”按钮，选择 *zx* 平面进入草图工作台绘制草图，如图 7-132 所示。

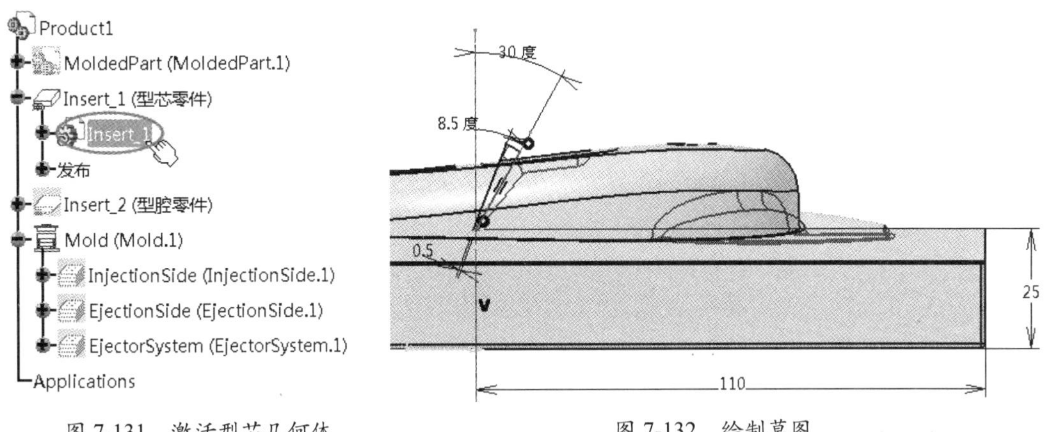

图 7-131　激活型芯几何体　　　　图 7-132　绘制草图

05 退出草图工作台后，单击“旋转槽”按钮，创建旋转槽，也就是潜伏式浇口，如图 7-133 所示。

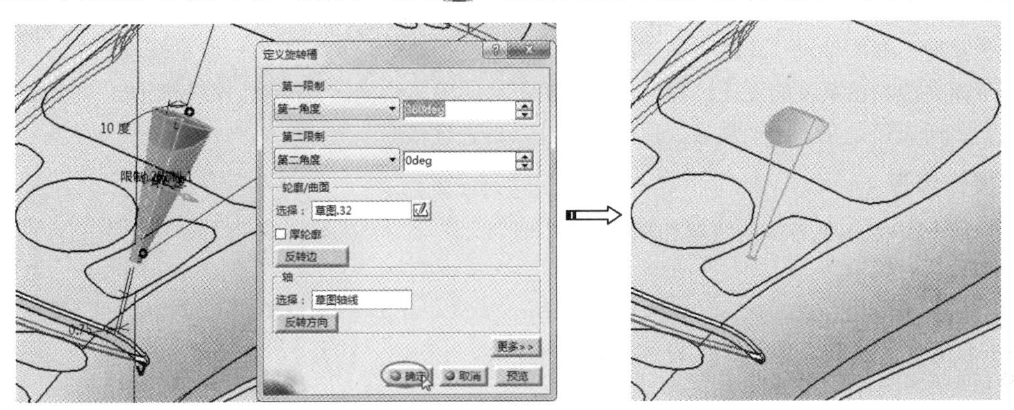

图 7-133　创建潜伏式浇口

06 同理，选择 *zx* 平面作为草图平面进入草图工作台绘制分流道的截面曲线，然后创建旋转槽特征（分流道），如图 7-134 所示。

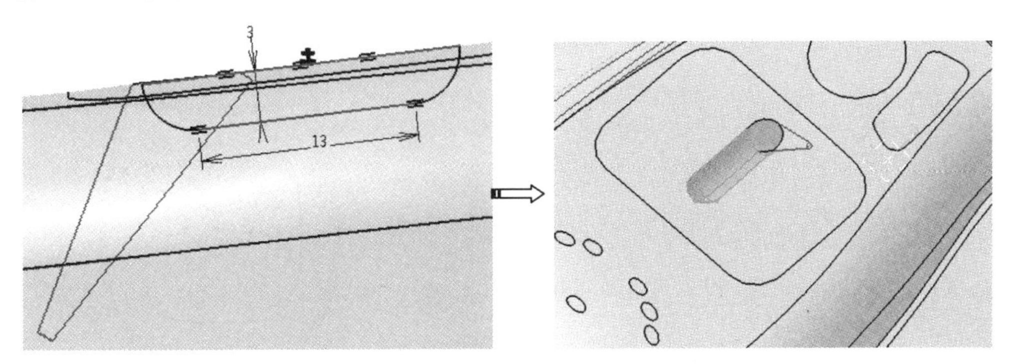

图 7-134　创建分流道（旋转槽特征）

07 保存零件几何体文件，关闭此零件几何体文件，系统会自动更新到整个模具装配体中。

08 显示模架节点中的动模、定模。右击选中定位环并在弹出的快捷菜单中选择“编辑部件”命令，重新编辑定位环的位置，如图 7-135 所示。同理，浇口套也需要重新编辑位置。

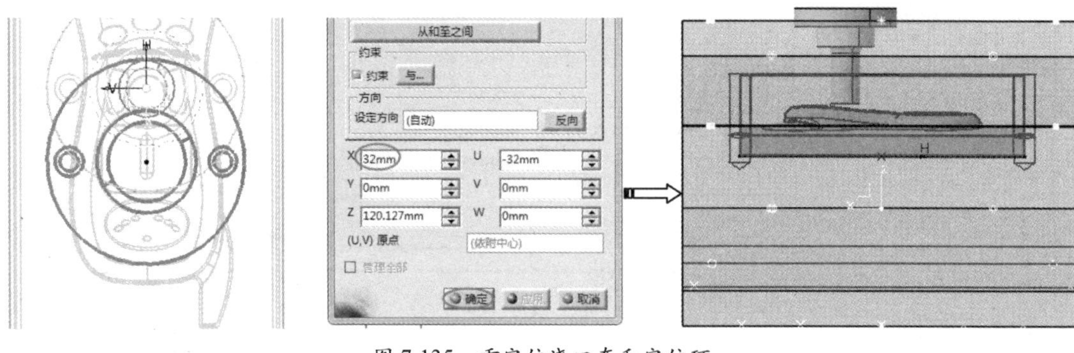

图 7-135　重定位浇口套和定位环

7.7.5 顶出系统设计

冷却系统包括冷却管道和冷却标准件。冷却管道的创建方法与分流道相同，也是先激活动模板或定模板，在零件设计环境下创建冷却管道。鉴于篇幅的限制，该过程就不赘述了。

下面介绍顶出系统的设计过程。本例手机产品的模具结构比较简单，没有侧向分型和斜顶顶出机构，所以仅是在型芯一侧载入顶杆标准件，再进行裁剪即可。

操作步骤

01 在图形区中显示型芯侧的模架和型芯零件，其余部件暂时隐藏。

02 在装配结构树中激活型芯零件节点下的 Insert_1 几何体节点，进入零件设计环境。选择动模板上表面作为草图平面，在草图工作台中绘制如图 7-136 所示的参考点，这些参考点作为顶杆部件的放置点。

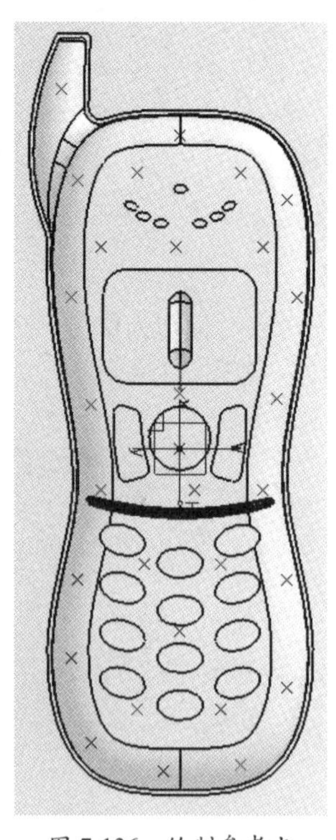

图 7-136　绘制参考点

03 重新激活 Product1 顶层节点，选择“插入”|“顶出部件”|“推杆”命令，弹出“推杆定义”对话框。

04 单击“库”按钮，在弹出的推杆库中选择 LKM 供应商和推杆类型，如图 7-137 所示。

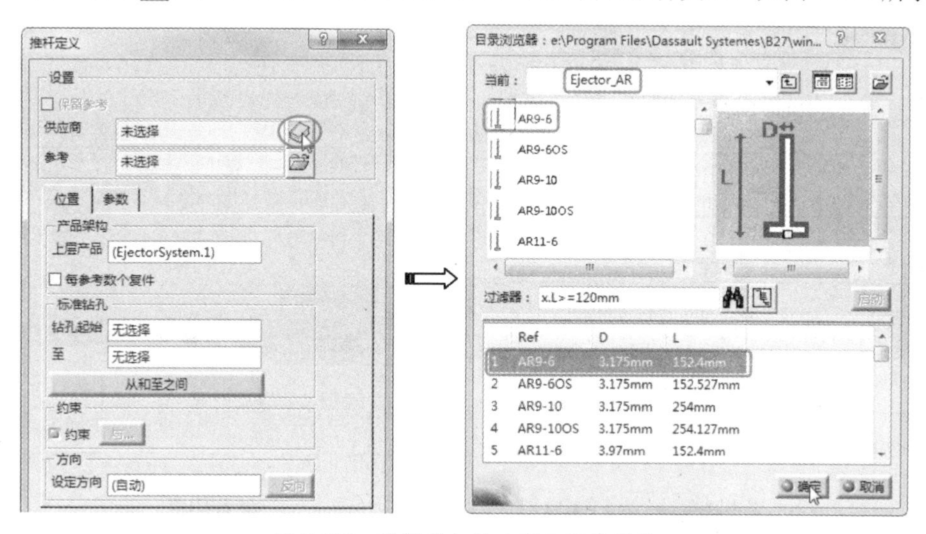

图 7-137　选择推杆供应商和规格型号

05 选择前面绘制的草图参考点作为顶杆部件的放置点，查看俯视图和右视图预览，如图 7-138 所示。

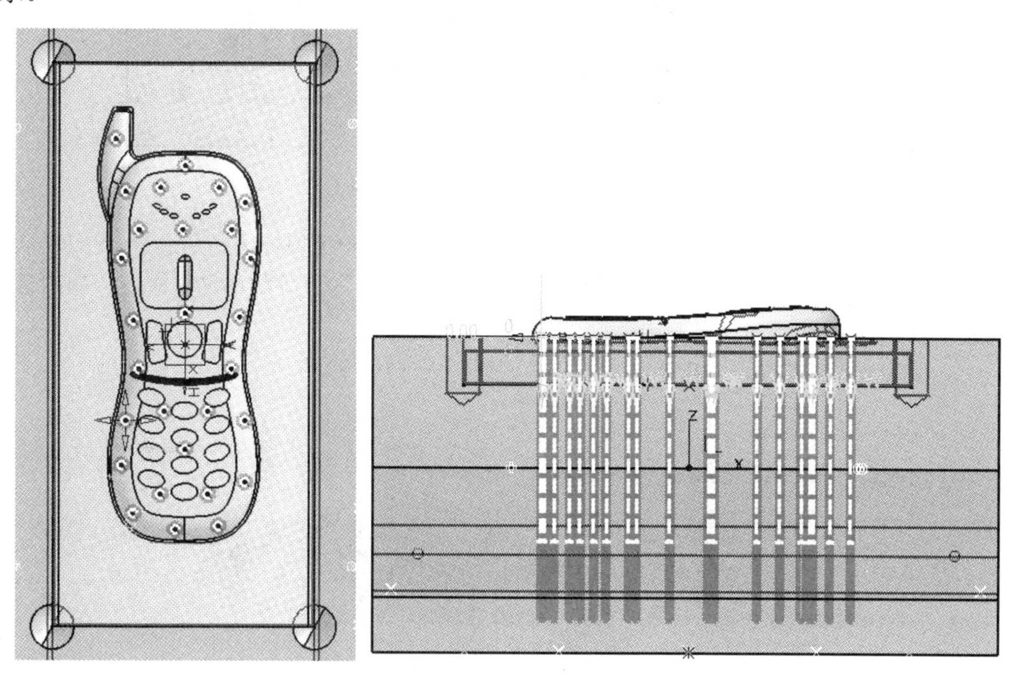

图 7-138　放置推杆部件

06 俯视图中的顶部位置没有问题，但从右视图中可以看到，顶杆的方向反了，需要单击“反向”按钮调整，如图 7-139 所示。

07 调整 Z 值（设为-80mm），使顶杆底端面与推件板的上表面对齐，如图 7-140 所示。

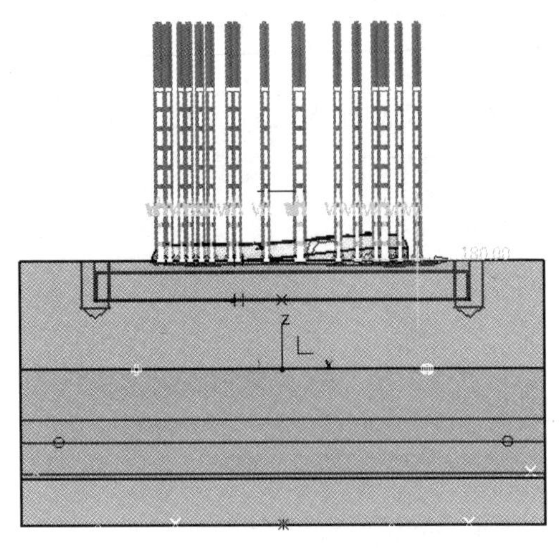

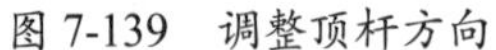

图 7-139　调整顶杆方向

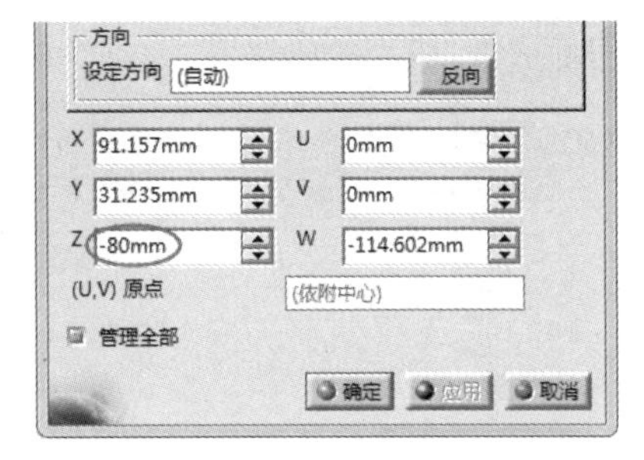

图 7-140　调整顶杆部件的位置

08 单击“确定”按钮，完成顶杆标准件的加载，如图 7-141 所示。

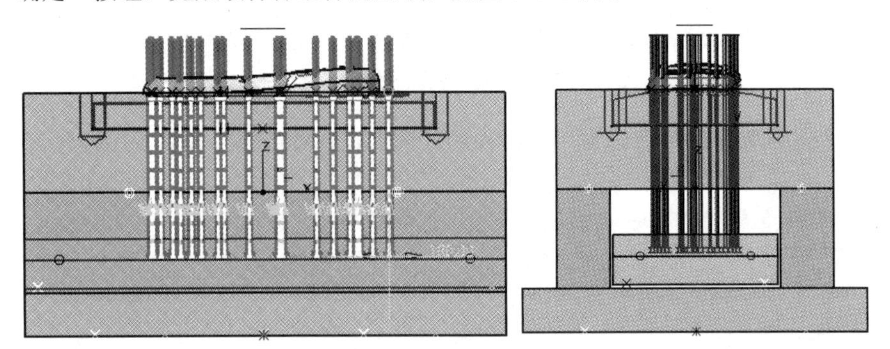

图 7-141　完成顶杆标准件的加载

09 在装配结构树中将型芯分型面设为显示，按住 Shift 键从第一个顶杆选择到最后一个顶杆，全选中顶杆部件后右击，在弹出的快捷菜单中选择“选定的对象”|“分割部件”命令，如图 7-142 所示。

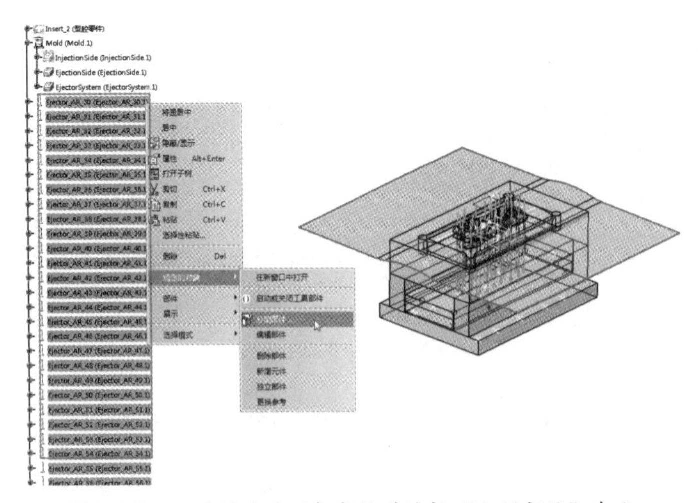

图 7-142　一次性全选顶杆部件并选择“分割部件”命令

10 选择型芯分型面作为切割图元，单击分割箭头，使其方向指向下（即保留下面部分），单击“确定”按钮完成顶杆的修剪，如图 7-143 所示。

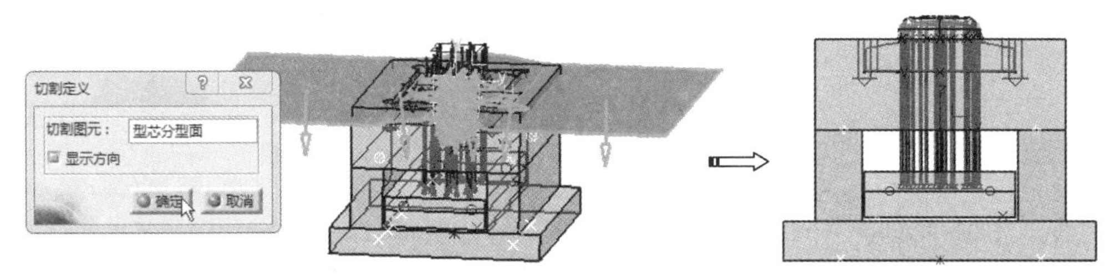

图 7-143　修剪顶部部件

11 至此，完成了手机外壳模具设计，完成效果如图 7-144 所示。

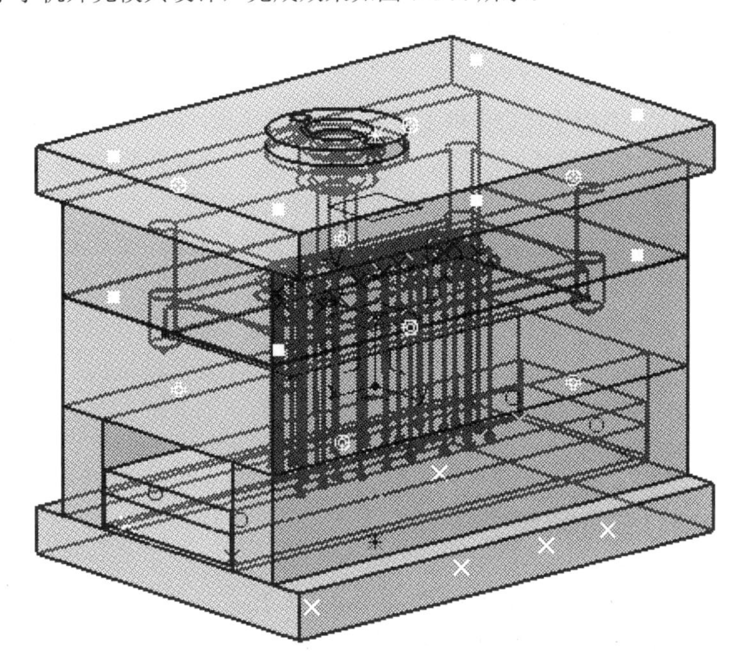

图 7-144　设计完成的手机外壳模具

第 8 章　机构运动模拟与动画

项目导读

数字化样机（Digital Mock-Up，DMU）是对产品真实化的计算机模拟。数字化装配技术全面应用于产品开发过程的方案论证、功能展示、设计定型和结构优化阶段的必要技术环节。本章将介绍 DMU 的运动机构模块相关知识。

8.1 DMU 运动机构概述

CATIA V5-6R2018 的数字化样机提供了强大的可视化手段，除了虚拟现实和多种浏览功能，还集成了 DMU 漫游和截面透视等先进手段，具备各种功能性检测手段，如安装/拆除、机构运动、干涉检查、截面扫描等，还具有产品结构的配置和信息交流功能。

在产品开发过程中不断对数字样机进行验证，大部分的设计错误都能被发现和避免，从而大幅减少实物样机的制作与验证，缩短产品开发周期，降低产品研发成本。

运动机构是 DMU 的一个基础功能。运动机构是指通过对机械运动机构进行分析，在三维环境中对机构模型添加运动约束，继而实现模型运动。在 CATIA 运动机构工作台中可以校验机构性能，通过干涉检查、间隙分析、传感器分析来进行机构运动分析，通过生成运动零件的轨迹或扫掠体以指导产品后期设计。

8.1.1 进入 DMU 运动机构工作台

选择“数字化装配”|“DMU 运动机构”命令，进入 DMU 运动机构工作台，如图 8-1 所示。该工作台界面中的运动机构指令的应用及调用，与其他工作台完全相同，运动机构的工具指令在图形区右侧的工具栏区域中。

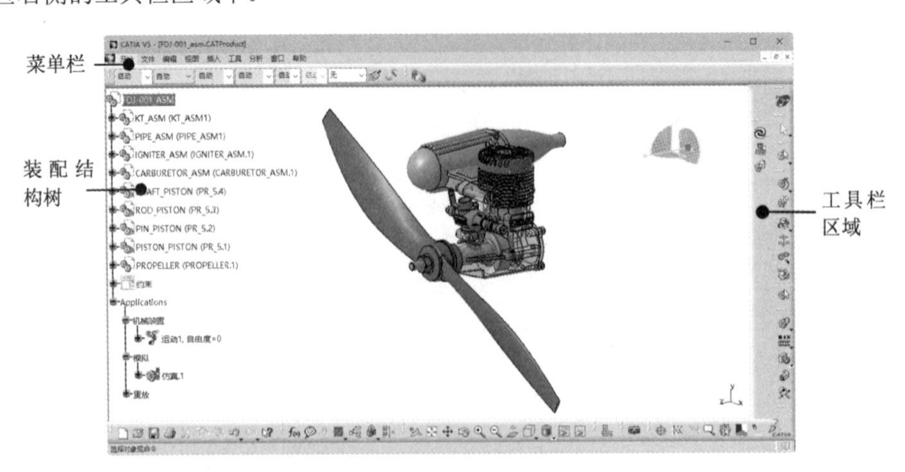

图 8-1　运动机构工作台界面

8.1.2　运动机构装配结构树介绍

在运动机构工作台中，运动机构装配结构树是基于产品装配结构树来建立的，在产品装配结构树的最下方出现一个 Applications（应用程序）节点，即为运动机构的程序节点，如图 8-2 所示。

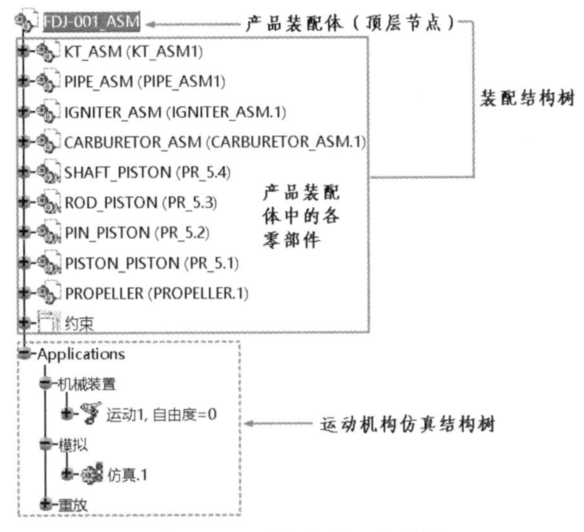

图 8-2　运动机构装配结构树

1. 机械装置

机械装置用于记录机械仿真运动，其中“机械装置 .1”为第一个运动机构，一个机械装置可以具有多个运动机构。在进行 DMU 运动机构之前，需要建立运动机构机械装置。执行“插入”|“新机械装置”命令，系统在运动机构装配结构树中自动生成“机械装置”节点，如图 8-3 所示。

2. 模拟

模拟节点记录了运动机构应用了动力学进行仿真的信息。在模拟节点下双击“仿真 .1”子节点，可以通过打开的“运动模拟 - 机械装置 1”对话框进行手动模拟和在“编辑模拟”对话框中播放模拟动画，如图 8-4 所示。

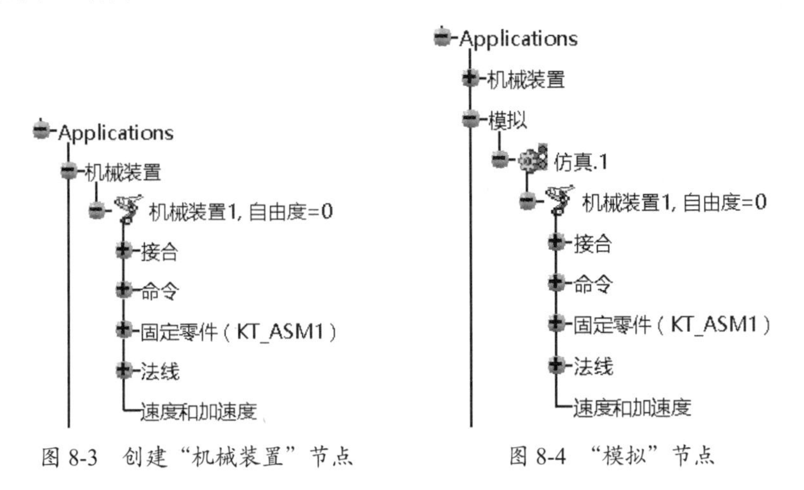

图 8-3　创建“机械装置”节点　　图 8-4　“模拟”节点

8.2 创建接合

CATIA运动机构工作台中的“接合”，实际上是机构运动中的“连杆”“运动副”和“电机驱动”定义的总称，也就是创建了运动接合，也就定义了运动连杆、运动副和电机驱动。

在机构仿真中，可以认为机构是“连接在一起运动的连杆”的集合，是创建运动仿真的第一步。所谓“连杆”是指用户选择的模型几何体，必须选择所有的想让其运动的模型几何体。

为了组成一个能运动的机构，必须把两个相邻构件（包括机架、原动件、从动件）以一定方式连接起来，这种连接必须是可动连接，而不能是无相对运动的固接（如焊接或铆接），凡是使两个构件接触而又保持某些相对运动的可动连接，即称为“运动副”。

CATIA V5-6R2018 提供了多种运动接合工具，运动接合相关工具指令在“DMU 运动机构”工具栏中，也可将接合指令的“运动接合点”工具栏单独拖曳出来，便于工具指令的调用，如图 8-5 所示。

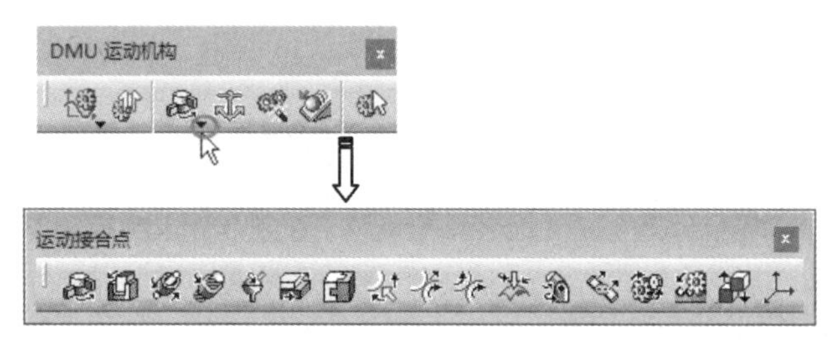

图 8-5　运动接合工具

8.2.1 运动组件的固定

在每个机构运动仿真时，总有一个零部件必须是固定的。机构运动是相对的，因此正确地指定机构的固定零件才能够得到正确的仿真运动结果。

在“DMU 运动机构”工具栏中单击“固定零件”按钮，弹出“新固定零件”对话框。在图形区（或者运动机构装配结构树）中选择要固定的零部件后，该对话框则自动消失，可在运动机构装配结构树的“固定零件”节点下找到新增的“固定零件”子节点，如图 8-6 所示。

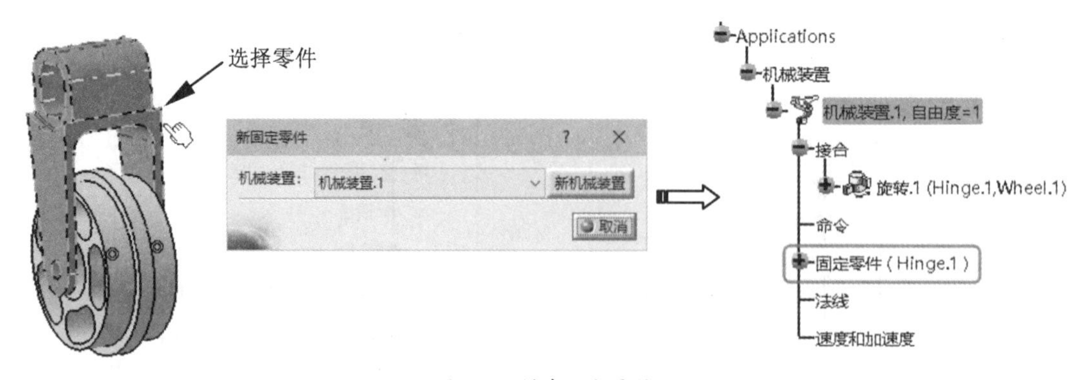

图 8-6　创建固定零件

8.2.2 旋转接合

旋转接合是指，两个构件之间的相对运动为转动的运动副，也称为“铰链”。创建时需要指定两条相合轴线及两个轴向限制。

旋转接合即铰链式连接，可以实现两个相连连件绕同一轴做相对的转动，如图 8-7 所示。旋转接合允许有一个绕 *z* 轴转动的自由度，但两个连杆不能相互移动。旋转接合的原点可以位于 *z* 轴的任何位置，旋转接合都能产生相同的运动，但建议将旋转接合的原点放在模型的中间。

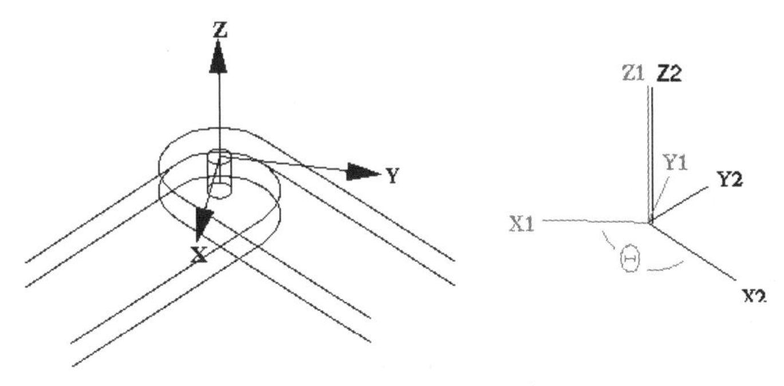

图 8-7 旋转接合的运动特征

技术要点：

运动机构工作台中的接合，实际上也是为零部件添加装配约束，但这个“装配约束”与装配工作台中的装配约束不同。在装配工作台中添加装配约束后，零部件的自由度是完全限制的，也就是不能相对产生运动（即缺少自由度的限制，也是不能运动的）。而在运动机构工作台中添加装配约束（接合）后，是可以进行运动的。一般来讲，创建接合（只限制了4个自由度）后，还有两个自由度是没有限制的，因此可以做相应的运动。

上机练习——创建旋转接合的运动仿真

01 打开本例源文件 8-1.CATProduct。选择“数字化装配”|“DMU 运动机构”命令，进入运动机构设计工作台。打开装配体结构树，发现已经创建了机械装置节点，如图 8-8 所示。

图 8-8 打开模型文件进入仿真工作台

02 单击“旋转接合”按钮，弹出“创建接合：旋转”对话框，如图 8-9 所示。

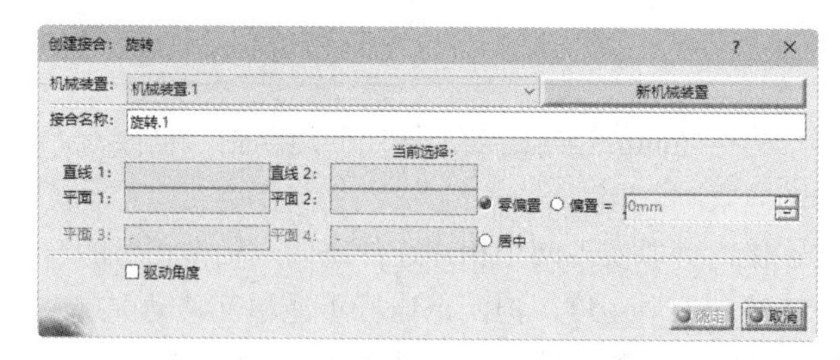

图 8-9 “创建接合：旋转”对话框

03 旋转接合需要两组约束进行配对：直线（轴）与直线（轴）、平面与平面。在图形区中分别选取两个装配零部件的轴线和平面进行约束配对，如图 8-10 所示。

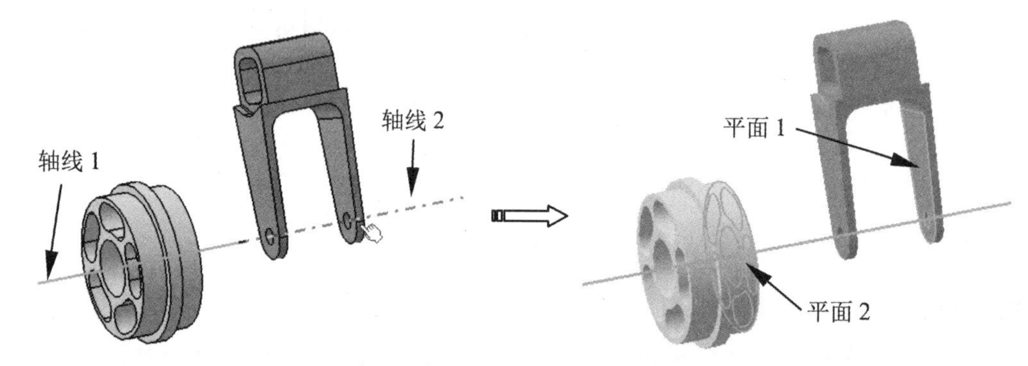

图 8-10 选择轴线和限制平面

04 选中“偏移”单选按钮，在“偏置”文本框中输入2mm（表示轮子与轮架之间需要有2mm的间隙），如图 8-11 所示。

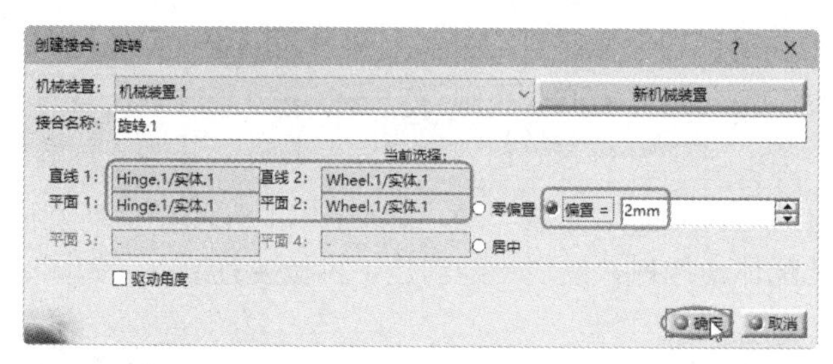

图 8-11 “创建接合：旋转”对话框

05 单击“确定”按钮，完成旋转接合的创建。在机构仿真结构树的“接合”节点下增加了“旋转.1”，在“约束”节点下增加了“相合.1”和“偏移.2”两个约束，如图 8-12 所示。

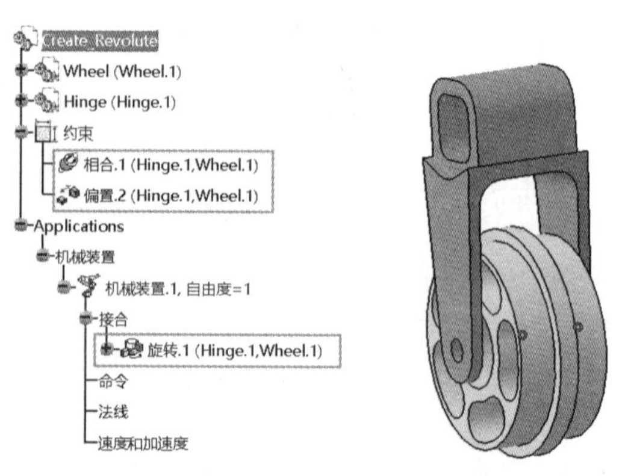

图 8-12 创建的接合

06 设置固定零件。在“DMU 运动机构”工具栏中单击“固定零件”按钮，弹出“新固定零件”对话框。在图形区或运动机构装配结构树中选择 Hinge 零部件为固定零件，创建固定零件后会在图形区中该零部件上显示固定符号，同时在结构树中增加“固定”约束和“固定零件”节点，如图 8-13 所示。

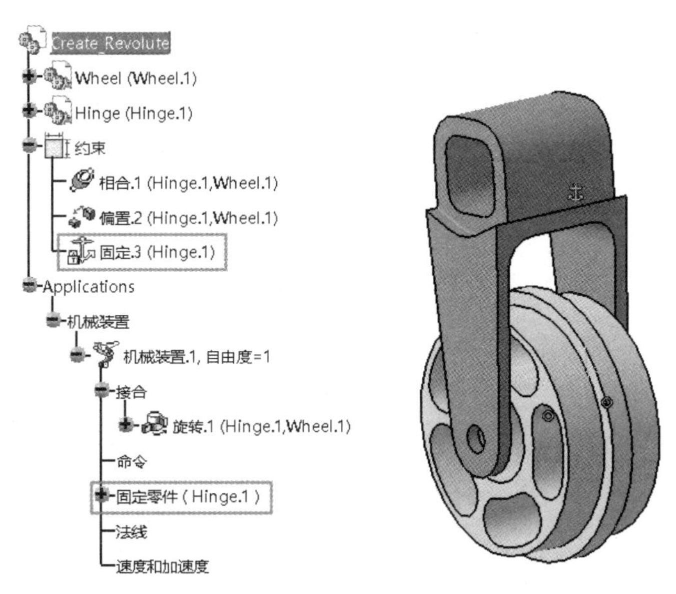

图 8-13　创建固定零件

07 添加电机驱动。在运动机构装配结构树中双击“接合”节点下的“旋转.1”子节点，弹出“编辑接合：旋转.1（旋转）”对话框。选中“驱动角度”复选框，在图形区将显示电机驱动的旋转方向箭头，如图 8-14 所示。

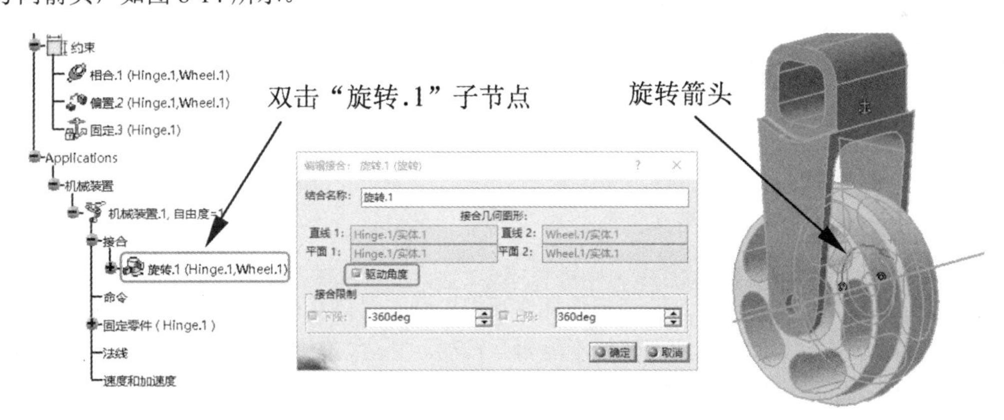

图 8-14　施加驱动命令

提示：

如果图中的旋转方向与所需的旋转方向相反，可单击图中的箭头更改运动方向。

08 单击“确定”按钮，弹出“信息”对话框。提示可以模拟机械装置了，单击“确定”按钮完成，此时运动机构装配结构树中“自由度=0”，并在“命令”节点下增加“命令.1”，如图 8-15 所示。

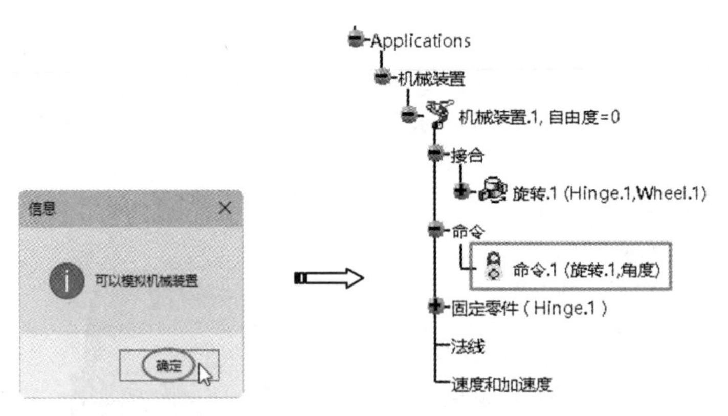

图 8-15　完成驱动添加后生成模拟命令

09 运动模拟。在“DMU 运动机构”工具栏中单击“使用命令进行模拟”按钮，弹出“运动模拟 - 机械装置 .1”对话框。单击“更多”按钮，展开更多模拟选项。选中“按需要”单选按钮，设置步骤树后单击“向前播放”按钮▶，自动播放旋转运动动画，如图 8-16 所示。

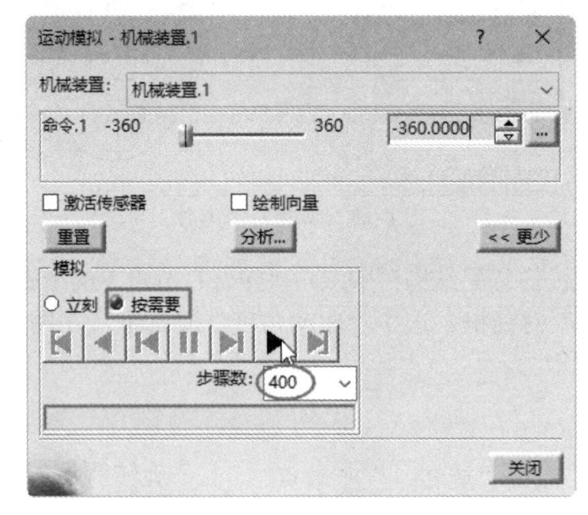

图 8-16　设置运动模拟选项

8.2.3　菱形接合

菱形接合也称“滑动副”，是两个相连杆件互相接触并保持着相对的滑动，如图 8-17 所示。滑动副允许沿 z 轴方向移动，但两个连杆不能相互转动。滑动副的原点可以位于 z 轴的任何位置，滑动副都能产生相同的运动，但建议将滑动副的原点放在模型的中间。

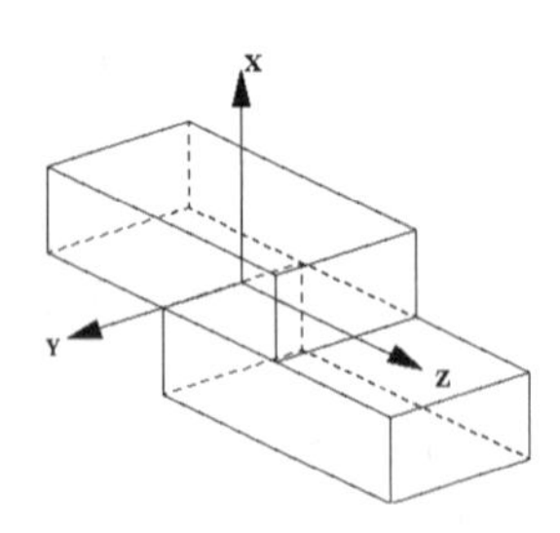

图 8-17　滑动副的运动特征

操作步骤

01 打开本例源文件 8-2.CATProduct，选择“数字化装配”|“DMU 运动机构”命令，进入运动机构设计工作台。

02 执行“插入”|“新机械装置”命令，在机构仿真结构树中创建机械装置节点，如图 8-18 所示。

03 单击“菱形接合”按钮，弹出“创建接合：菱形”对话框，如图 8-19 所示。

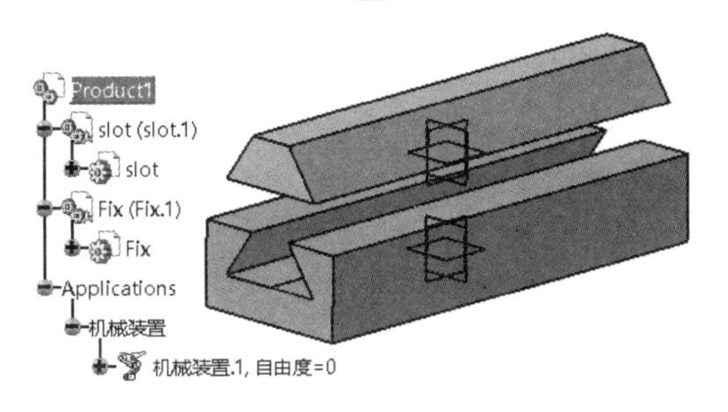

图 8-18　创建机械装置节点

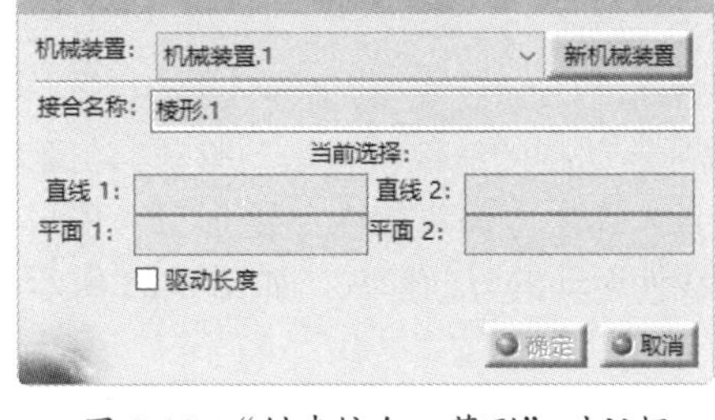

图 8-19　“创建接合：菱形”对话框

04 菱形接合也需要两个约束进行配对：直线（轴）与直线（轴）、平面与平面。在图形区中分别选取两个装配零部件的模型边线和平面进行约束配对，如图 8-20 所示。

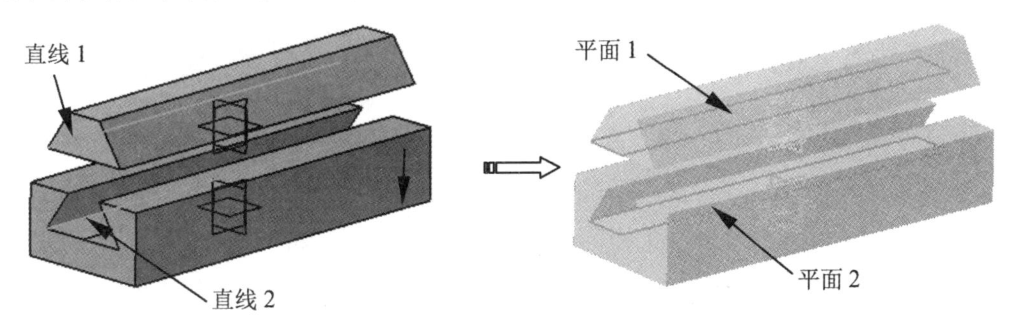

图 8-20　选择直线和限制平面

05 单击“确定”按钮，完成菱形接合的创建。在机构仿真结构树的“接合”节点下增加了“菱形.1”，在“约束”节点下增加了“相合.1”和“偏移.2”两个约束，如图 8-21 所示。

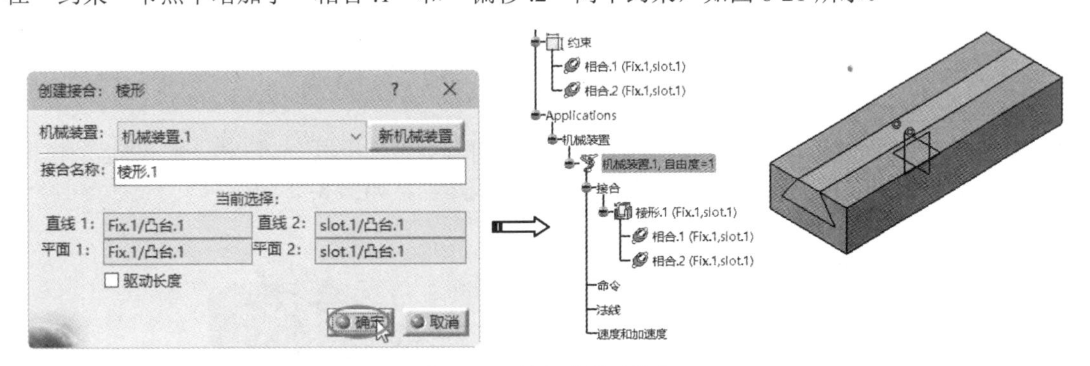

图 8-21　创建的菱形接合

06 设置固定零件。在“DMU 运动机构”工具栏中单击“固定零件”按钮，弹出“新固定零件”对话框。在图形区或运动机构装配结构树中选择 Fix 零部件为固定零件，如图 8-22 所示。

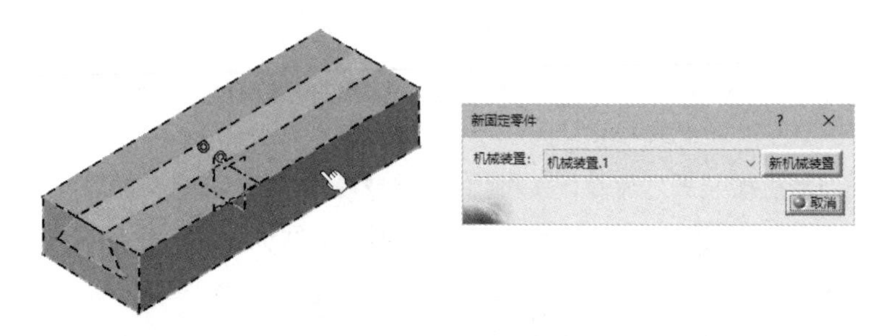

图 8-22　创建固定零件

07 添加运动副的线性位移运动驱动。在运动机构装配结构树中双击“接合”节点下的“菱形.1”子节点，弹出“编辑接合：菱形.1（菱形）”对话框。选中“驱动长度”复选框，在图形区将显示线性运动的方向箭头，如图 8-23 所示。

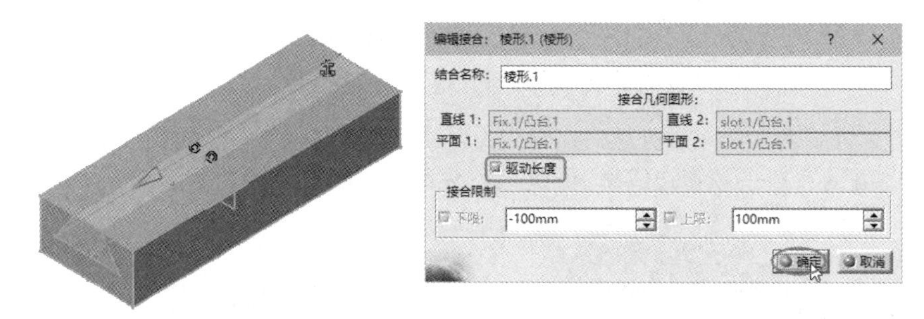

图 8-23　施加驱动命令

08 单击“确定”按钮，弹出“信息”对话框。提示可以模拟机械装置了，单击“确定”按钮完成，此时运动机构装配结构树中“自由度 =0”，并在“命令”节点下增加“命令 .1”，如图 8-24 所示。

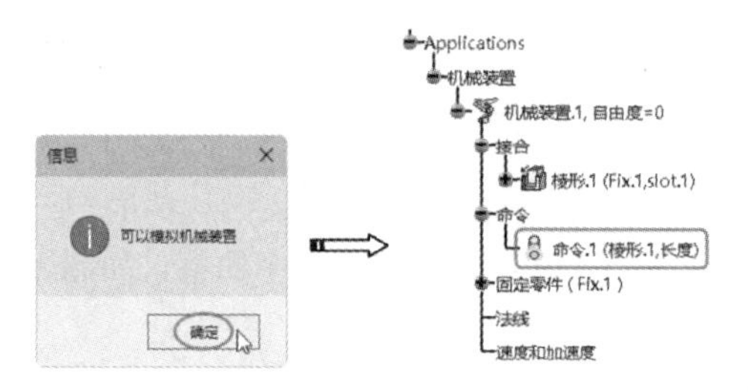

图 8-24　完成驱动添加后生成模拟命令

09 运动模拟。在“DMU 运动机构”工具栏中单击“使用命令进行模拟”按钮，弹出“运动模拟 - 机械装置 .1”对话框，拖动滚动条，可观察产品的直线运动，如图 8-25 所示。

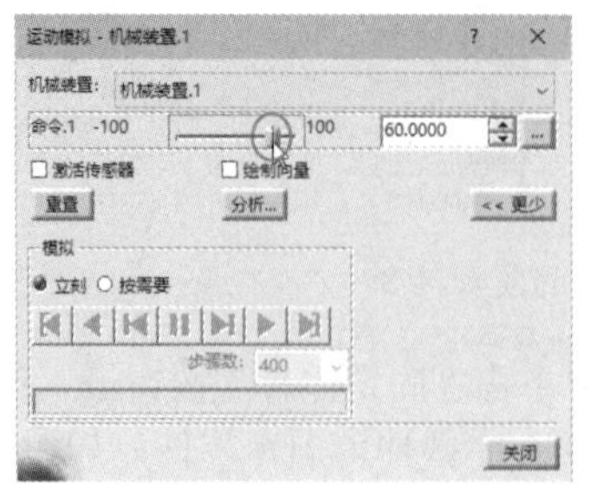

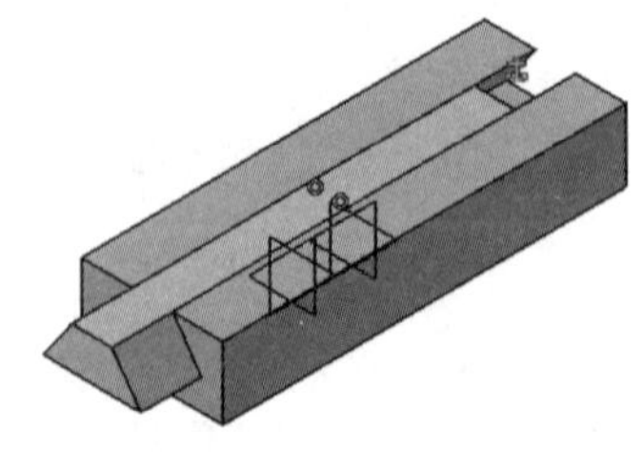

图 8-25　运动模拟

8.2.4　圆柱接合

圆柱接合也称“柱面副”，柱面副连接实现了一个部件绕另一个部件（或机架）的相对转动，如钻床摇臂运动，如图 8-26 所示。

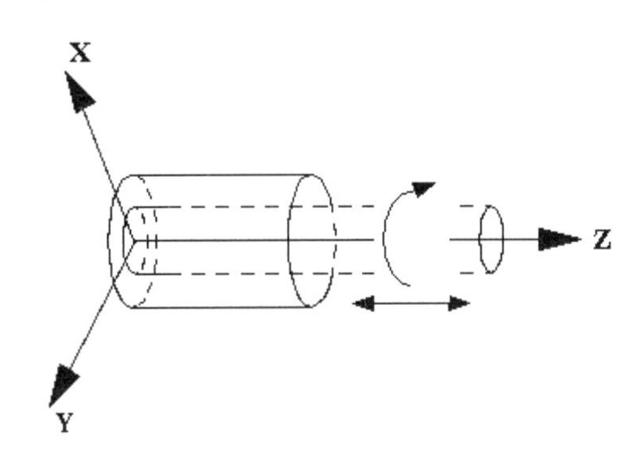

图 8-26　柱面副的运动特征

上机练习——创建圆柱接合的运动仿真

01 打开本例源文件 8-3.CATProduct，选择“数字化装配”|“DMU 运动机构”命令，进入运动机构设计工作台。

02 执行“插入”|“新机械装置”命令，在机构仿真结构树中创建机械装置节点，如图 8-27 所示。

03 单击“圆柱接合”按钮，弹出“创建接合：圆柱面”对话框，如图 8-28 所示。

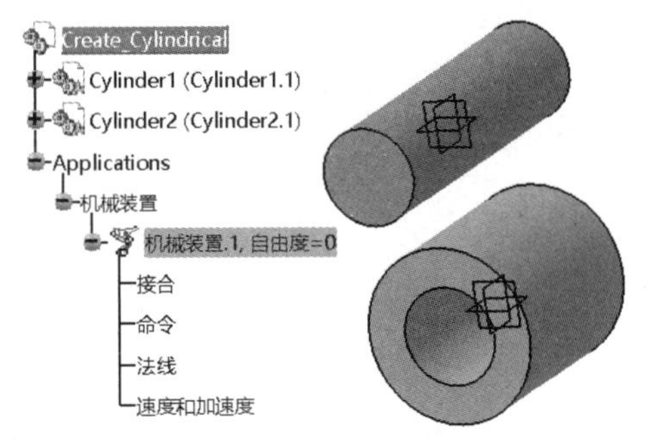

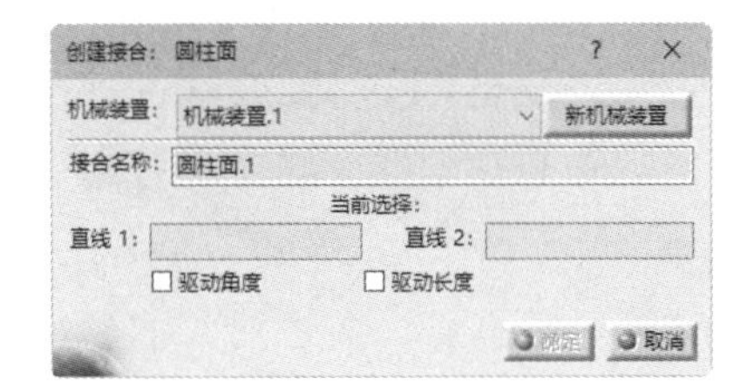

图 8-27　创建机械装置节点　　图 8-28　“创建接合：圆柱面”对话框

04 在图形区中分别选取两个装配零部件的轴线进行约束配对，并在“创建接合：圆柱面”对话框中选中“驱动角度”和“驱动长度”复选框，单击“确定”按钮，完成圆柱接合的创建，如图 8-29 所示。

提示：

可以在“创建接合：圆柱面”对话框中选中“驱动长度”复选框，也就是添加运动驱动，也可以在编辑接合时添加，其结果相同。

05 设置固定零件。在“DMU 运动机构”工具栏中单击“固定零件”按钮，弹出“新固定零件”对话框。在图形区或运动机构装配结构树中选择 Cylinder2 零部件为固定零件，如图 8-30 所示。

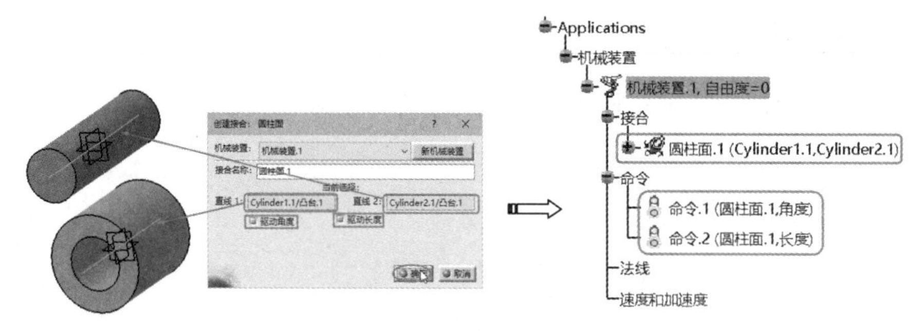

图 8-29　创建圆柱接合

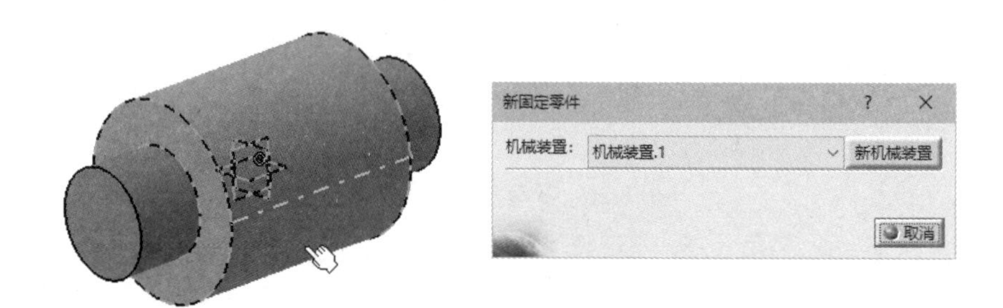

图 8-30　创建固定零件

06 运动模拟。在"DMU 运动机构"工具栏中单击"使用命令进行模拟"按钮，弹出"运动模拟-机械装置.1"对话框，可以模拟旋转运动与线性运动，如图 8-31 所示。

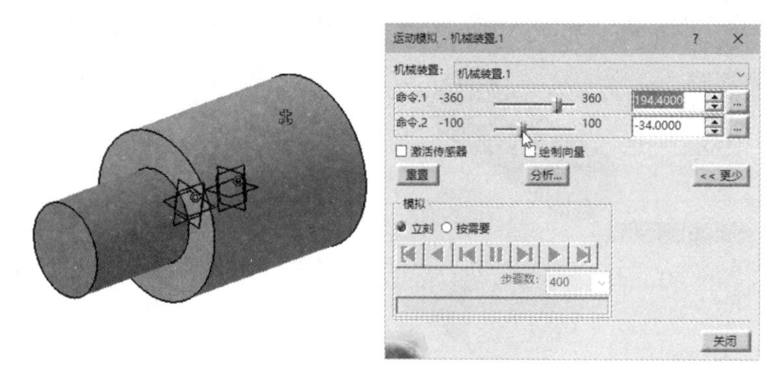

图 8-31　运动模拟

8.2.5　螺钉接合

螺钉接合也称"螺旋副"，螺旋副实现一个杆件绕另一个杆件（或机架）做相对的螺旋运动，如图 8-32 所示。螺旋副用于模拟螺母在螺栓上的运动，通过设置螺旋副比率可实现螺旋副旋转一周，第二个连杆相对于第一个连杆沿 z 轴所运动的距离。

上机练习——创建螺钉接合的运动仿真

01 打开本例源文件 8-4.CATProduct，选择"数字化装配"|"DMU 运动机构"命令，进入运动机构设计工作台。

02 执行“插入”|“新机械装置”命令，在机构仿真结构树中创建机械装置节点，如图 8-33 所示。

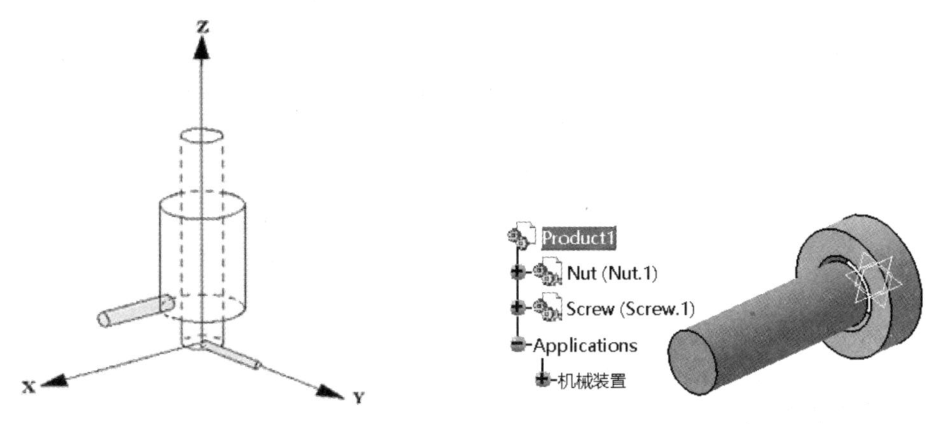

图 8-32　螺旋副的运动特征　　　　图 8-33　创建机械装置

03 单击“螺钉接合”按钮，弹出“创建接合：螺钉”对话框。在图形区中分别选取两个装配零部件的轴线进行约束配对，并在“创建接合：螺钉”对话框中选中“驱动角度”复选框，并设置“螺距”值为 4，单击“确定”按钮，完成螺钉接合的创建，如图 8-34 所示。

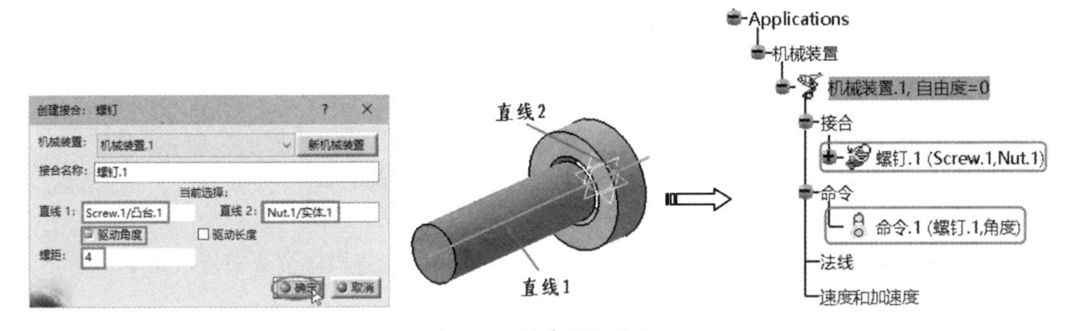

图 8-34　创建螺钉接合

04 设置固定零件。在“DMU 运动机构”工具栏中单击“固定零件”按钮，弹出“新固定零件”对话框。在图形区或运动机构装配结构树中选择 Nut 零部件为固定零件，如图 8-35 所示。

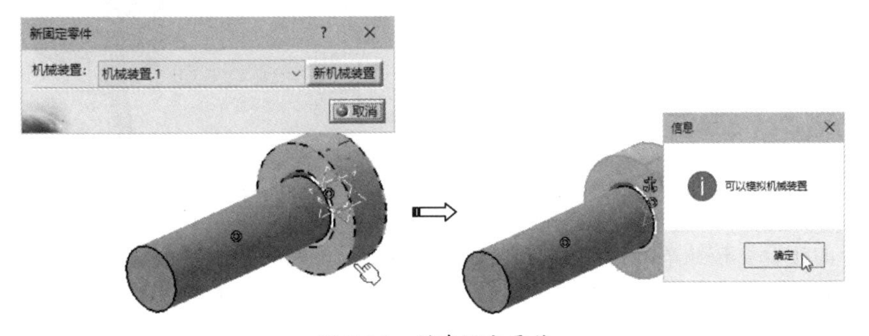

图 8-35　创建固定零件

05 运动模拟。在“DMU 运动机构”工具栏中单击“使用命令进行模拟”按钮，弹出“运动模拟 - 机械装置 .1”对话框，拖动滚动条可以查看模拟螺钉旋进螺母的动画，如图 8-36 所示。

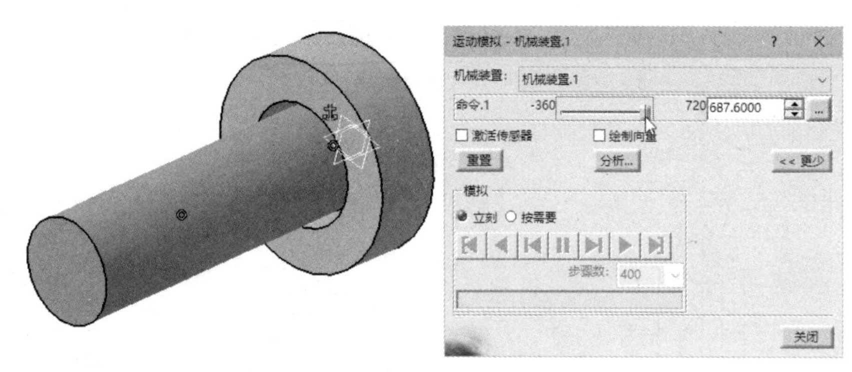

图 8-36　运动模拟

8.2.6　球面接合

球面接合也称“球面副”，是指两个构件之间仅被一个公共点或一个公共球面约束的多自由度运动副。可实现多方向的摆动与转动，又称为“球铰”，如球形万向节。创建时需要指定两条相合的点，对于高仿真模型来讲，即两零部件上相互配合的球孔与球头的球心。球面副实现一个杆件绕另一个杆件（或机架）做相对转动，它只有一种形式，必须是两个连杆相连的，如图 8-37 所示。

上机练习——创建球面接合

01 打开本例源文件 8-5.CATProduct，选择“数字化装配”|“DMU 运动机构”命令，进入运动机构设计工作台。

02 执行“插入”|“新机械装置”命令，在机构仿真结构树中创建机械装置节点，如图 8-38 所示。

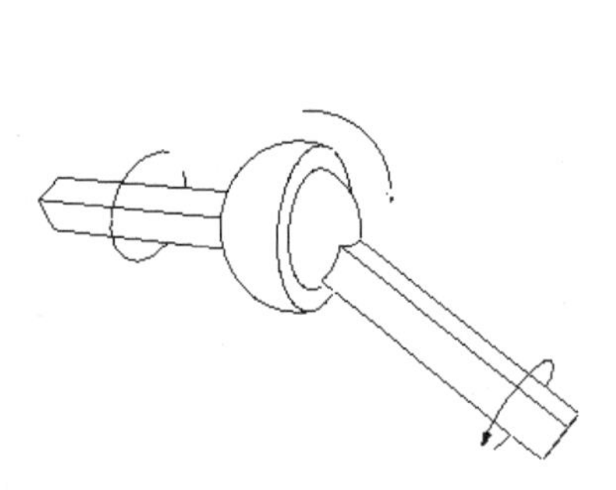

图 8-37　球面副的运动特征

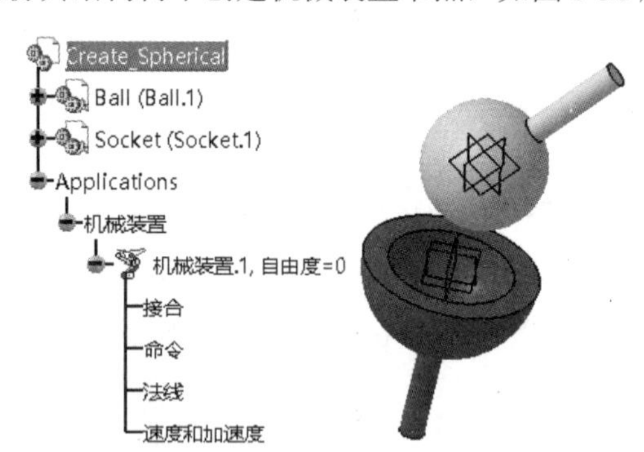

图 8-38　创建机械装置

03 单击“球面接合”按钮，弹出“创建接合：球面”对话框。在图形区中分别选取两个装配零部件的球面（选取球面即可自动选取球心点）进行约束配对，单击“确定”按钮，完成球面接合的创建，如图 8-39 所示。

04 此时，在运动仿真结构树中显示“自由度 =3”，表示目前此机械装置还不能被完全约束，因此需要创建其他类型接合并添加驱动命令，才能模拟球面副运动。

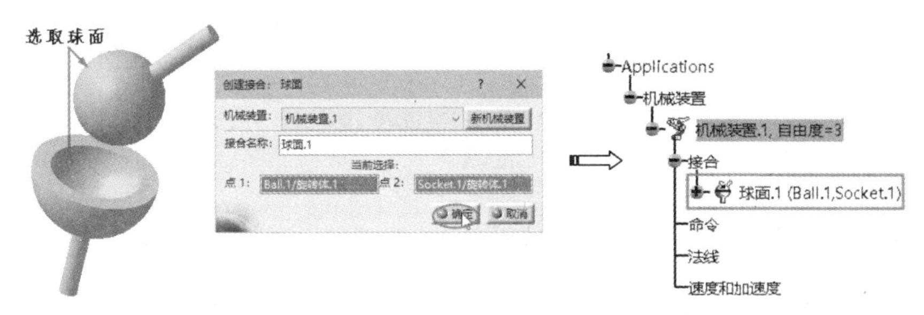

图 8-39　创建球面接合

8.2.7　平面接合

平面接合也称“平面副”。平面副允许 3 个自由度，两个连杆在相互接触的平面上自由滑动，并可绕平面的法向做自由转动。平面副的原点可以位于三维空间的任何位置，平面副都能产生相同的运动，但建议将平面副的原点放在平面副接触面中间。平面副可以实现两个杆件之间以平面相接触运动，如图 8-40 所示。

上机练习——创建平面接合

01 打开本例源文件 8-6.CATProduct，选择“数字化装配”|“DMU 运动机构”命令，进入运动机构设计工作台。

02 执行“插入”|“新机械装置”命令，在机构仿真结构树中创建机械装置节点，如图 8-41 所示。

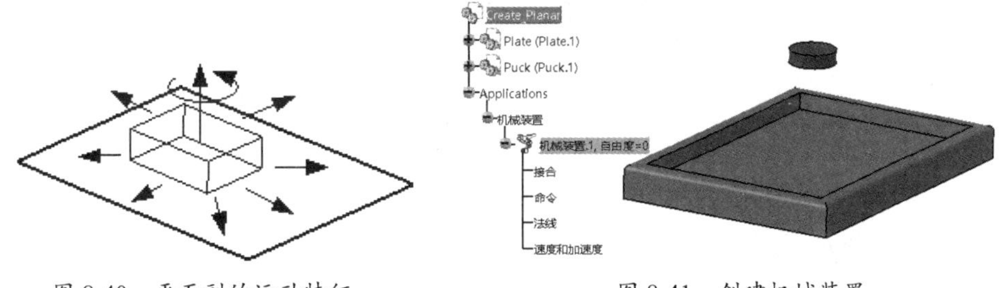

图 8-40　平面副的运动特征　　图 8-41　创建机械装置

03 单击“平面接合”按钮，弹出“创建接合：平面”对话框。在图形区中分别选取两个装配零部件中需要平面接触的两个平面表面进行约束配对，单击“确定”按钮，完成平面接合的创建，如图 8-42 所示。

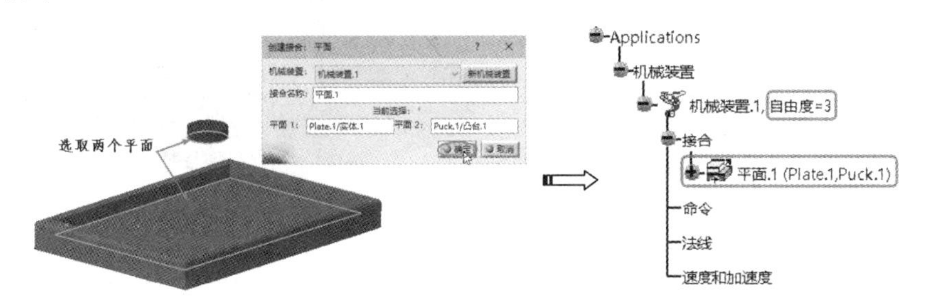

图 8-42　创建平面接合

04 同样，在运动仿真结构树中显示“自由度=3”，表示目前平面副的机械装置也是需要添加其他接合的驱动命令，才能模拟运动。

8.2.8 刚性接合

刚性接合是指，两个零部件在初始位置不变的情况下进行刚性连接，刚性连接的零部件不再具有运动趋势，彼此之间完全固定，“刚性接合”命令不提供驱动命令。

上机练习——创建刚性接合

01 打开本例源文件8-7.CATProduct，选择“数字化装配”|“DMU运动机构”命令，进入运动机构设计工作台。

02 执行“插入”|“新机械装置”命令，在机构仿真结构树中创建机械装置节点，如图8-43所示。

03 在“DMU运动机构”工具栏中单击“刚性接合”按钮，弹出“创建接合：刚性”对话框。在图形区选择零件1和零件2刚性接合的对象，最后单击“确定”按钮，完成刚性接合的创建，如图8-44所示。

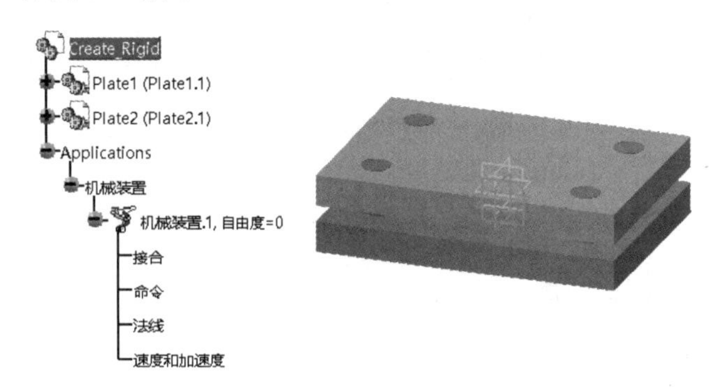

图8-43 打开的模型

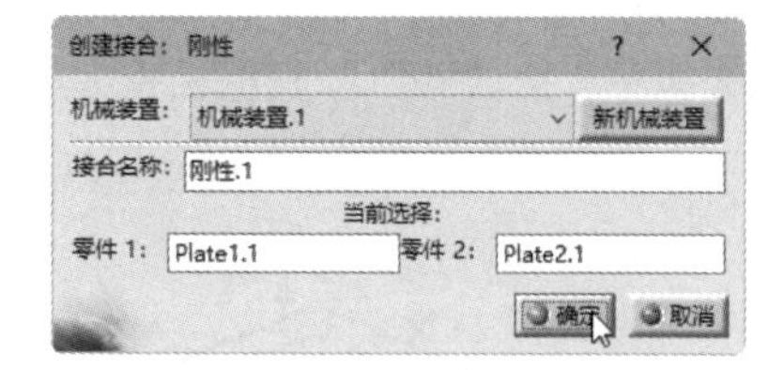

图8-44 创建刚性接合

04 在“接合”节点下增加“刚性.1”，在“约束”节点下增加“固联.1”，而且显示“自由度=0”，说明创建刚性接合的两个零部件实现完全固定，如图8-45所示。

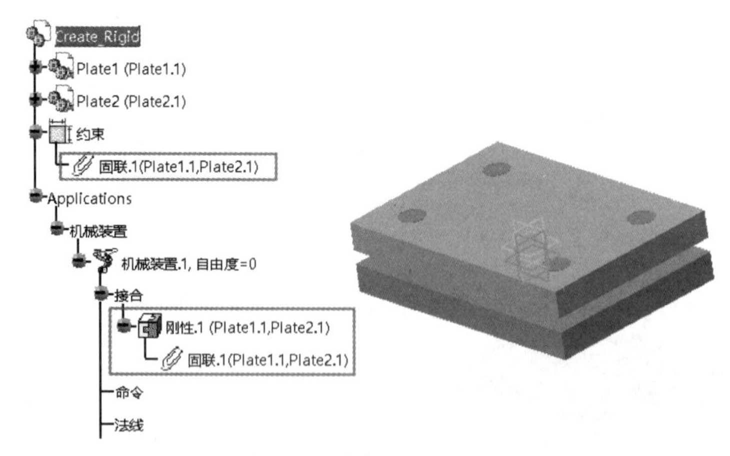

图8-45 创建的刚性接合

8.2.9　点、线及面的运动接合

在 CATIA 中提供了基于点、曲线及曲面驱动的运动副，介绍如下。

1. 点曲线接合

点曲线接合是指，两个零部件通过以点和曲线的接合方式来创建曲线运动副。创建时需要指定一个零部件中的曲线（直线、曲线或草图均可）和另外一个零部件中的点。

上机练习——创建点曲线接合

01 打开本例源文件 8-8.CATProduct。

02 执行“插入”|“新机械装置”命令，在机构仿真结构树中创建机械装置节点，如图 8-46 所示。

03 在“DMU 运动机构”工具栏中单击“点曲线接合”按钮，弹出“创建接合：点曲线”对话框，在图形区选中曲线 1 和点 1（笔尖），如图 8-47 所示。

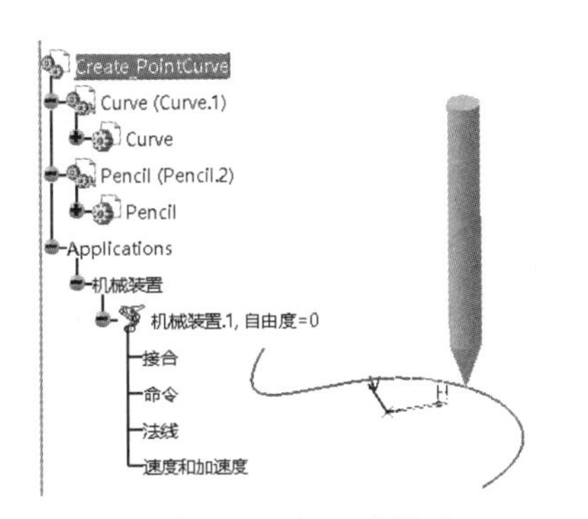

图 8-46　打开的模型

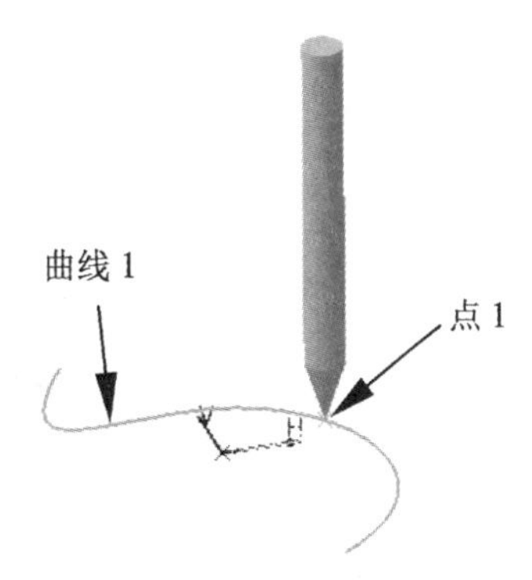

图 8-47　选择曲线和点

04 在“创建接合：点曲线”对话框中选中“驱动长度”复选框，再单击“确定”按钮，完成点曲线接合创建，如图 8-48 所示。

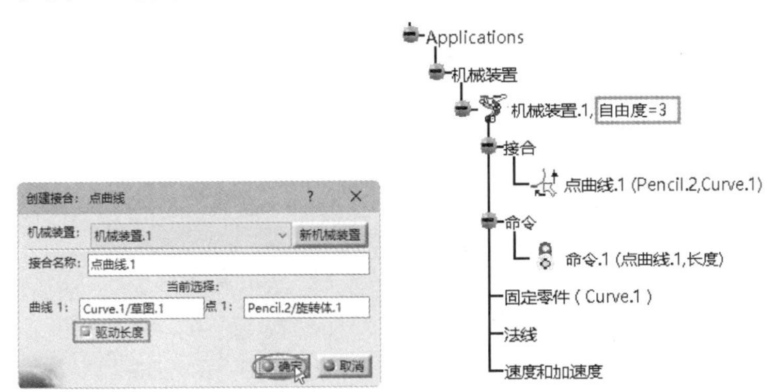

图 8-48　创建点曲线接合

提示：

在运动机构装配结构树中显示“自由度=3”，而其本身只有一个“驱动长度”指令，故点曲线接合不能单独驱动，只能配合其他接合来建立运动机构。

2. 滑动曲线接合

滑动曲线接合是指，两个零部件通过一组相切曲线来实现相互滑动运动，这一组相切曲线必须分别属建于两个零部件，相切两曲线，可以是直线与直线、直线与曲线。

滑动曲线接合不能独立模拟运动，需要与其他接合配合使用。

上机练习——创建滑动曲线接合的运动仿真

01 打开本例源文件8-9.CATProduct，文件中已经创建了机械装置和旋转接合与菱形接合，如图8-49所示。

02 在“DMU运动机构”工具栏中单击“滑动曲线接合”按钮，弹出“创建接合：滑动曲线”对话框。在图形区分别选中圆弧曲线和直线，单击“确定”按钮，完成滑动曲线接合创建，如图8-50所示。

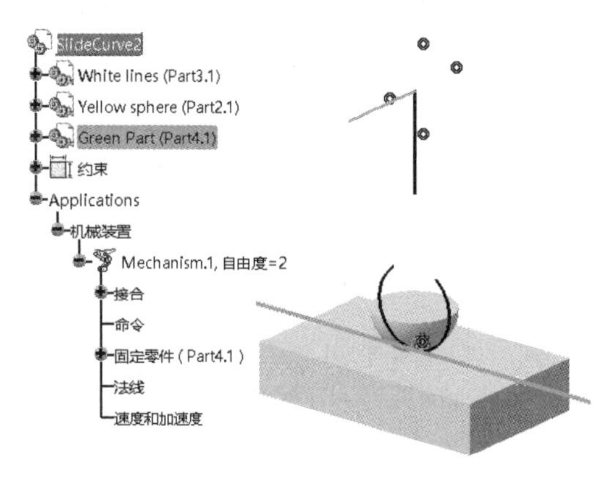

图 8-49　打开的模型

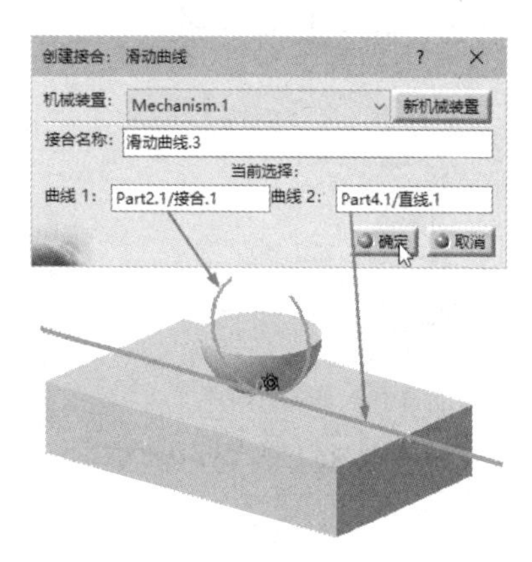

图 8-50　创建滑动曲线接合

03 施加驱动命令。在运动机构装配结构树的“接合”节点下双击“旋转.1”子节点，弹出“编辑接合：旋转.1（旋转）”对话框。选中“驱动角度”复选框，在图形区显示旋转驱动方向箭头，如图8-51所示。

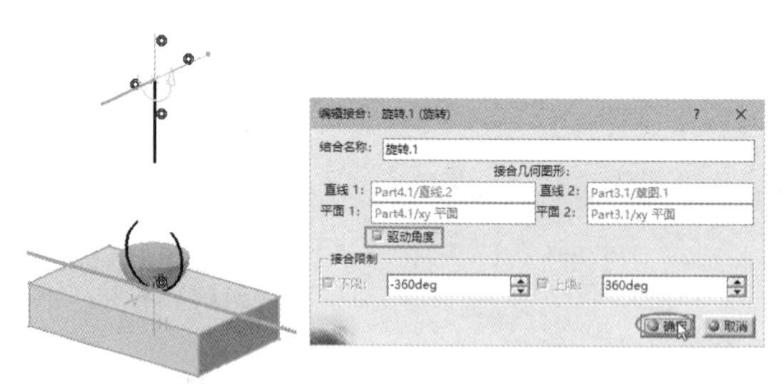

图 8-51　添加旋转驱动

> **提示：**
>
> 如果驱动方向与预设的旋转方向相反，可单击箭头更改运动方向。

04 单击“确定”按钮，弹出“信息”对话框，提示：可以模拟机械装置。单击“确定”按钮，完成驱动命令的添加，如图 8-52 所示。

05 此时运动机构装配结构树中“自由度 =0”，并在“命令”节点下增加“命令 .1”。

06 运动模拟。单击“使用命令进行模拟”按钮，弹出“运动模拟 -Mechanism.1”对话框，拖动滚动条，模拟滑动运动，如图 8-53 所示。

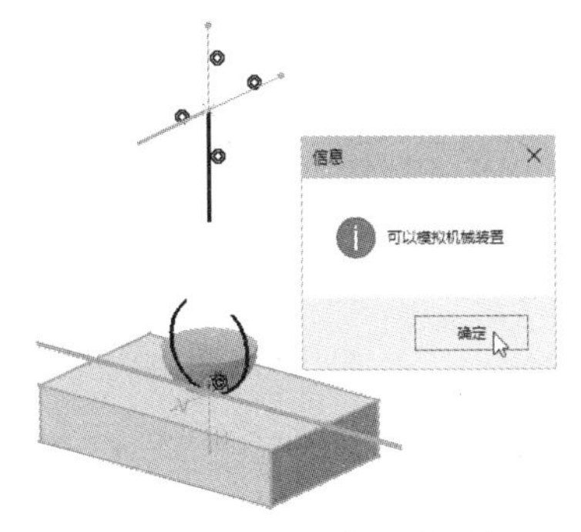

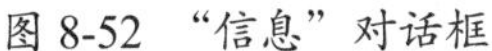
图 8-52 “信息”对话框

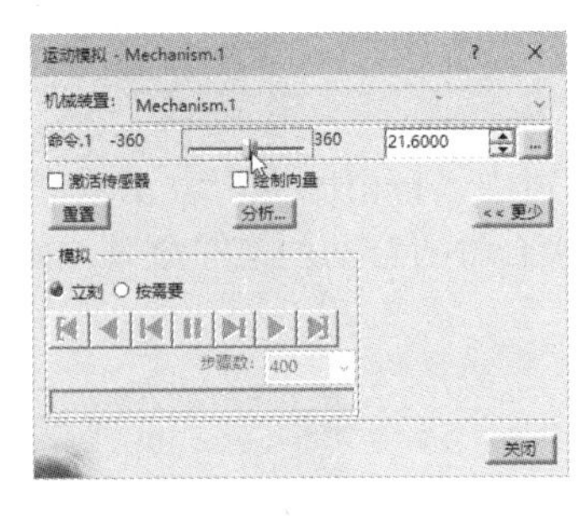

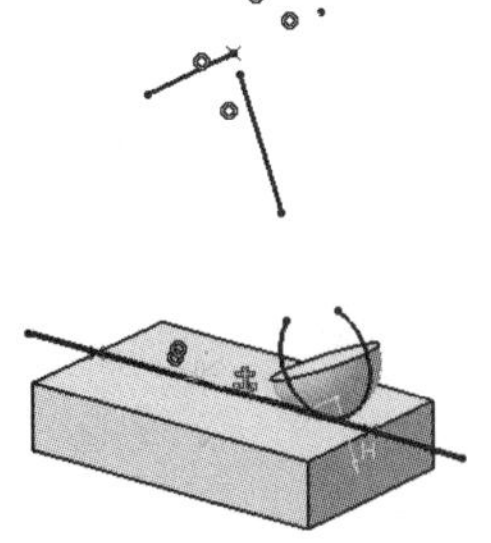

图 8-53 模拟滑动运动

3. 滚动曲线接合

滚动曲线接合是指，两个零部件通过一组相切曲线实现相互滚动运动，相切两曲线可以是直线与曲线，也可以是曲线与曲线。

滚动曲线接合与滑动曲线接合不同的是，滑动曲线接合的两个零部件中，一个固定另一个滑动。而滚动曲线接合中，两个零部件均可以同时相互滚动运动。

上机练习——创建滚动曲线接合的运动仿真

01 打开本例源文件 8-10.CATProduct，文件中已经创建了机械装置和旋转接合，如图 8-54 所示。

02 单击“滑动曲线接合”按钮，弹出“创建接合：滚动曲线”对话框。在图形区分别选中轴承外圈上的圆曲线和滚子上的圆曲线，选中“驱动长度”复选框，单击“确定”按钮，完成第一个滚动曲线接合的创建，如图 8-55 所示。

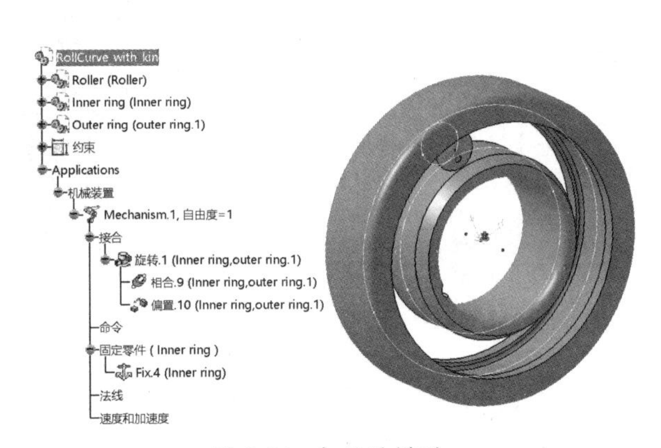

图 8-54 打开的模型

图 8-55 创建第一个滚动曲线接合

03 单击“滑动曲线接合”按钮，弹出“创建接合：滚动曲线”对话框。在图形区分别选中滚子上的圆曲线和轴承内圈上的圆曲线，单击“确定”按钮，完成第二个滚动曲线接合的创建，如图 8-56 所示。

提示：

在第二个接合中，不能选中“驱动长度”复选框，也就是不能添加滚动驱动，因为内圈已经被固定，与滚子之间不能形成滚动运动。

04 此时运动机构装配结构树中“自由度 =0”，并在“命令”节点下增加“命令 .1”，此驱动命令是创建第一次滚动曲线接合时所自动创建的命令，如图 8-57 所示。

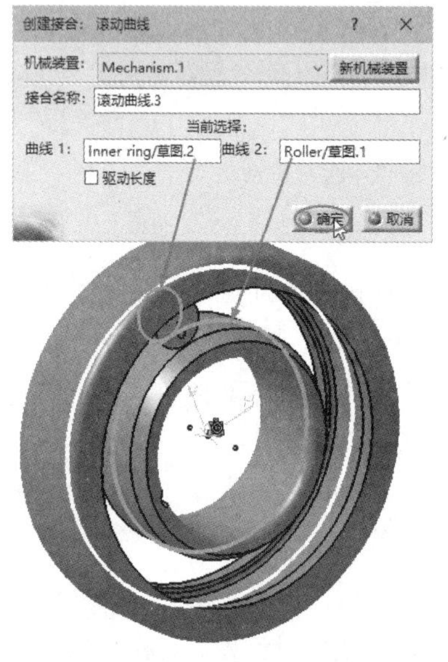

图 8-56　创建第二个滚动曲线接合

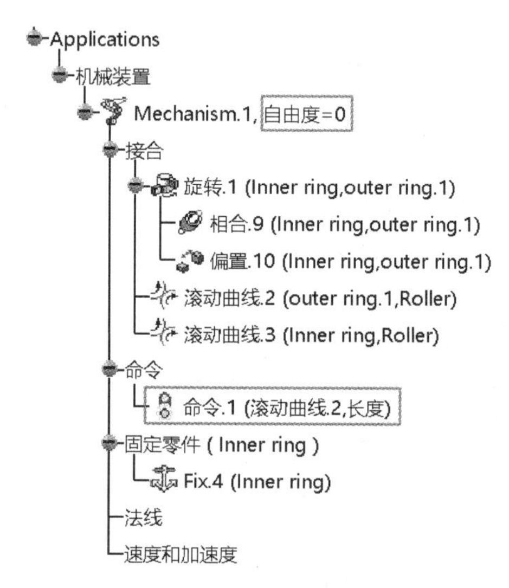

图 8-57　查看添加的驱动命令

05 运动模拟。单击“使用命令进行模拟”按钮，弹出“运动模拟 -Mechanism.1”对话框，拖动滚动条，模拟滚动运动，如图 8-58 所示。

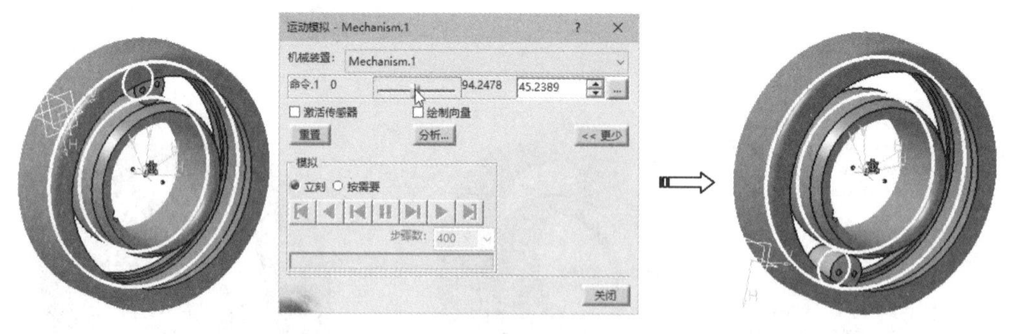

图 8-58　滚动曲线模拟

技术要点：

如果觉得驱动长度的距离不够，可以在“运动模拟-Mechanism.1”对话框的驱动长度值文本框的后面单击 按钮，随后在弹出的“滑块：命令.1”对话框中设置“最大值”即可，如图8-59所示。

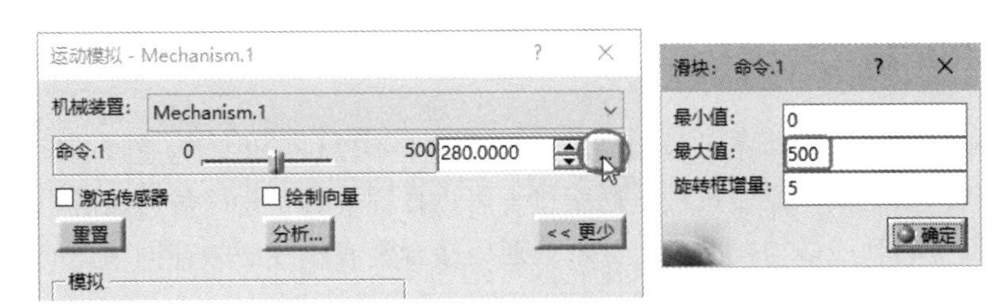

图 8-59 修改驱动长度

4. 点曲面接合

点曲面接合可以使一个点在曲面上随着曲面的形状做自由运动，点和曲面必须分属于两个零部件。

上机练习——创建点曲面接合

01 打开本例源文件 8-11.CATProduct，打开的文件中已经创建了机械装置，如图 8-60 所示。

02 单击“点曲面接合”按钮，弹出“创建接合：点曲面”对话框。在图形区中依次选择曲面模型和点（笔尖上的点），单击“确定”按钮，完成点曲面接合创建，如图 8-61 所示。

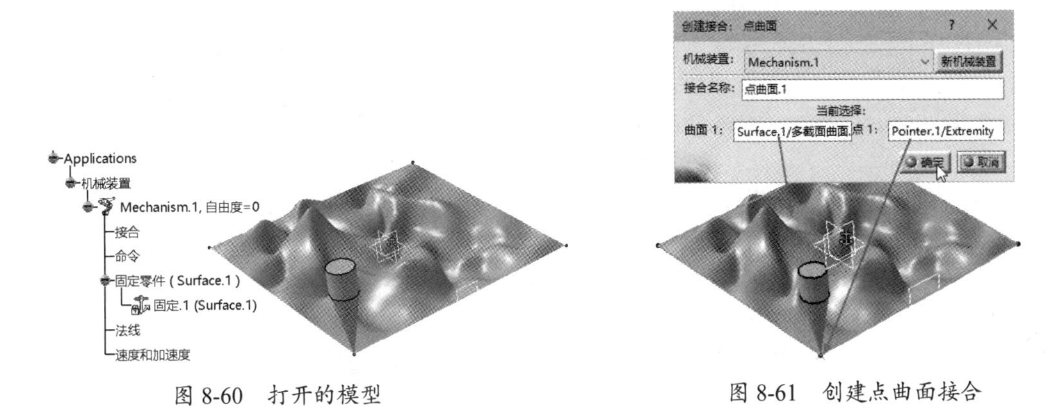

图 8-60 打开的模型　　图 8-61 创建点曲面接合

03 在“接合”节点下增加“点曲面 .1”，如图 8-62 所示。由于在运动机构装配结构树中显示“自由度 =5”，故点曲面接合不能单独模拟，只能配合其他运动接合来建立能够模拟的运动机构。

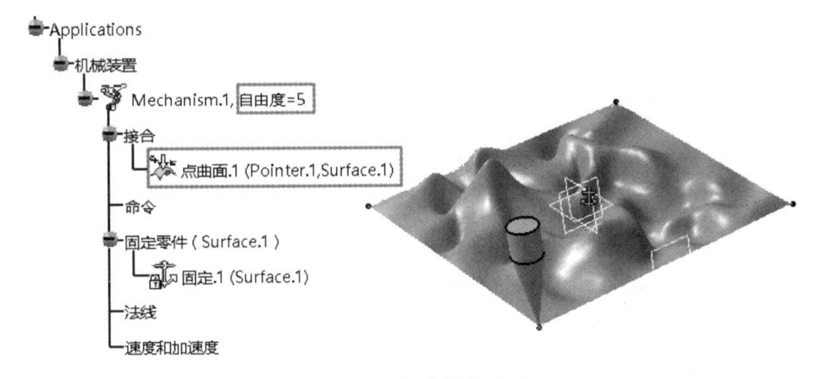

图 8-62 查看接合节点

8.2.10 通用接合

通用接合用于同步关联两条轴线相交的旋转，用于不以传动过程为重点的运动机构创建过程中的简化结构，以此减少操作过程。通用接合可以传递旋转运动（旋转接合也能传递旋转，但要求两个零部件的轴线必须在同轴上），但通用接合没有轴线必须在同轴上的限制，能够向其他方向传递。

上机练习——创建通用接合的运动仿真

01 打开本例源文件 8-12.CATProduct，打开的文件中已经创建了机械装置、两个接合及固定零件，如图 8-63 所示。

02 单击“通用接合”按钮，弹出“创建接合：U 形接合”对话框。在图形区中依次选择两个轴零件上的轴线，如图 8-64 所示。

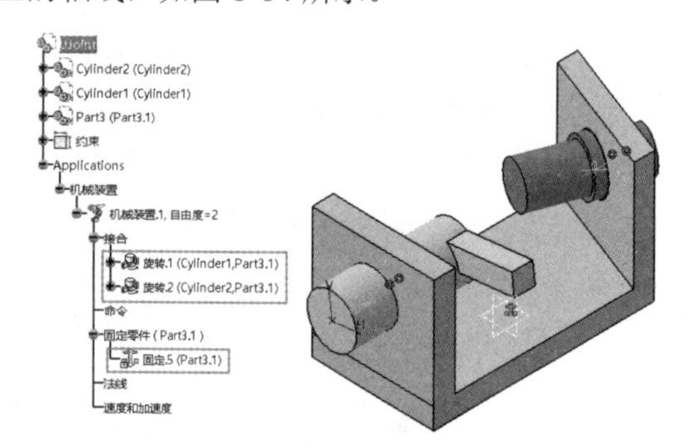

图 8-63　打开的模型

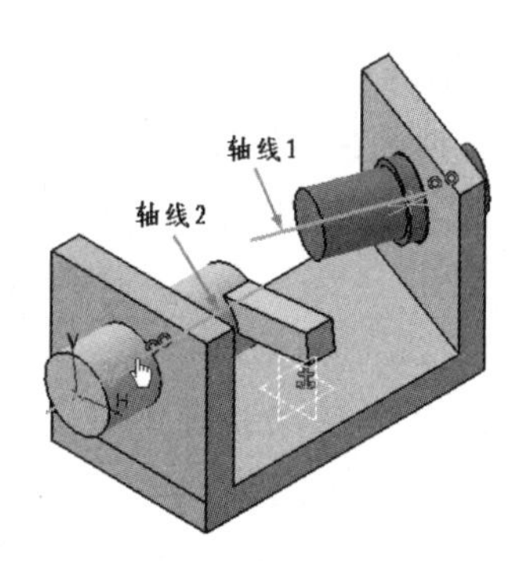

图 8-64　选择轴线

03 在“创建接合：U 形接合”对话框中选择“垂直于旋转 2”单选按钮，单击“确定”按钮完成通用接合的创建，如图 8-65 所示。

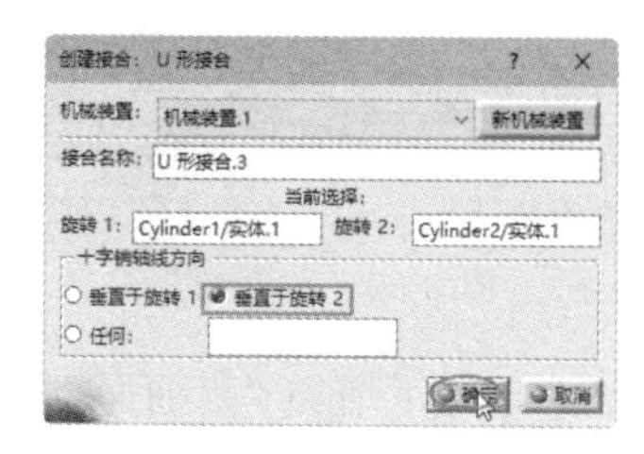

图 8-65　创建接合

04 添加驱动命令。在运动机构装配结构树中双击“旋转 .2”节点，显示“编辑接合：旋转 .2（旋转）”对话框，选中“驱动角度”复选框，单击“确定”按钮。弹出“信息”对话框，单击“确定”按钮，完成驱动命令的添加，如图 8-66 所示。

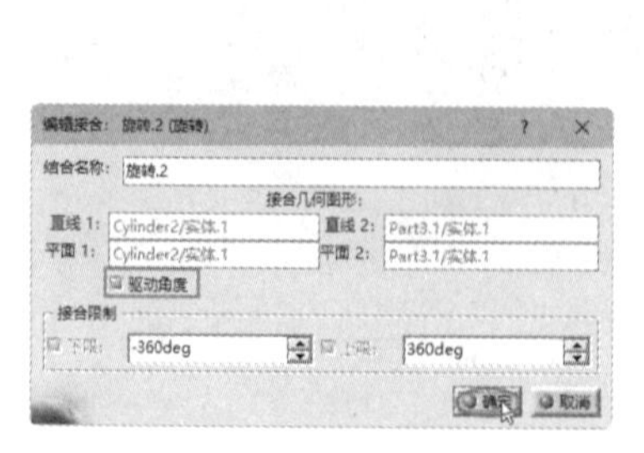

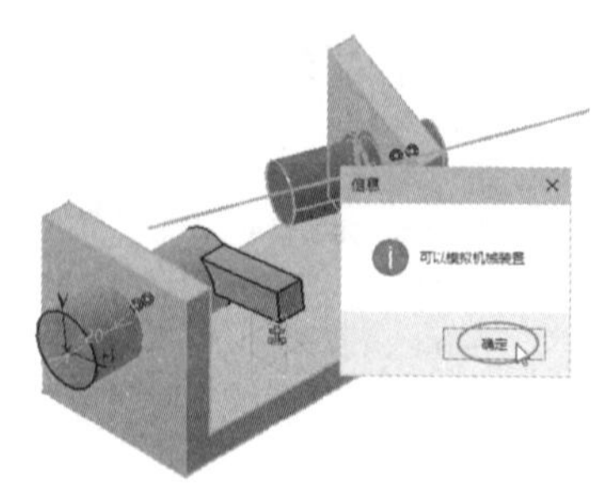

图 8-66　添加旋转驱动命令

05 此时运动机构装配结构树中显示“自由度=0”，并在“命令”节点下增加“命令.1”。

06 单击“使用命令进行模拟”按钮，弹出“运动模拟 - 机械装置.1”对话框。拖动滚动条模拟旋转运动，如图 8-67 所示。

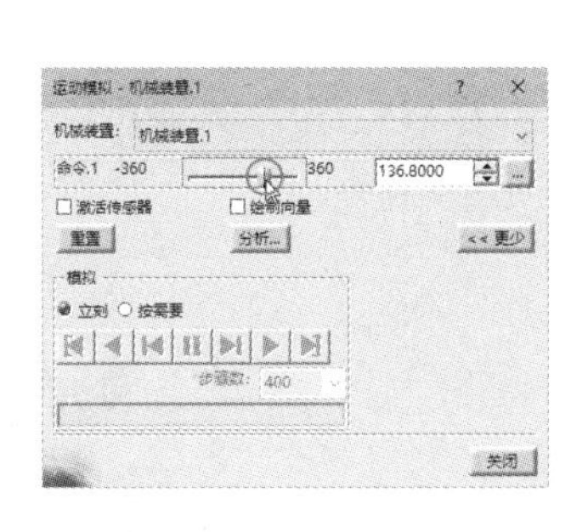

图 8-67　模拟旋转运动

8.2.11　CV 接合

CV 接合是用于通过中间轴同步关联两条轴线相交的旋转运动副，可以在不以传动过程为重点的运动机构创建过程中简化结构并减少操作过程。CV 接合需要在 3 个零部件中创建。

上机练习——创建 CV 接合的运动仿真

01 打开本例源文件 8-13.CATProduct，打开的文件中已经创建了机械装置、3 个接合及固定零件，如图 8-68 所示。

02 单击“CV 接合”按钮，弹出“创建接合：CV 接合”对话框。在图形区中依次选择 3 个轴零件上的轴线，如图 8-69 所示。

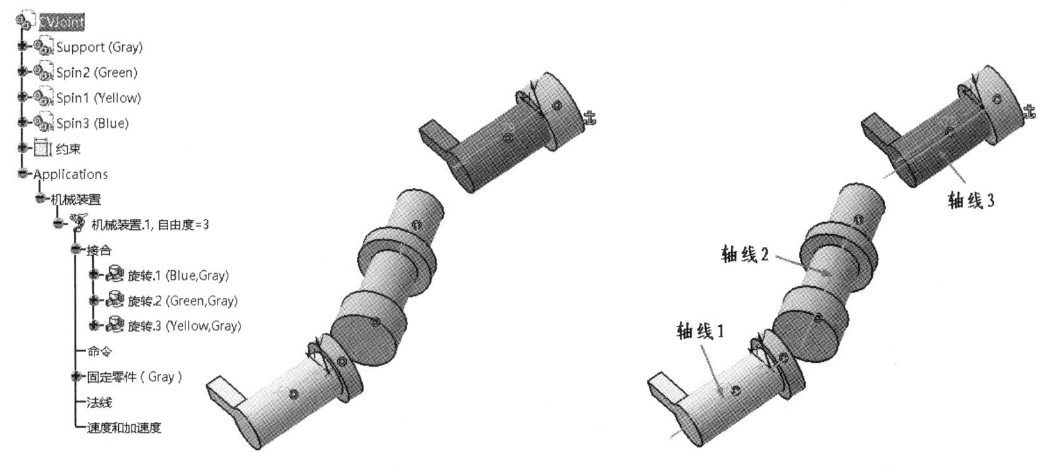

图 8-68　打开的模型　　　图 8-69　选择轴线

03 在“创建接合：CV 接合”对话框中单击“确定”按钮完成 CV 接合的创建，如图 8-70 所示。

04 添加驱动命令。在运动机构装配结构树中双击“旋转.1”节点，显示“编辑接合：旋转.1（旋转）”对话框，选中“驱动角度”复选框，单击“确定”按钮，弹出“信息”对话框，最后单击“确定”按钮，完成驱动命令的添加，如图 8-71 所示。

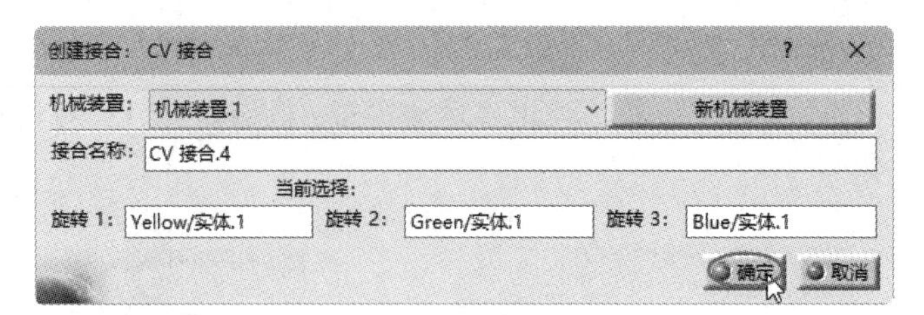

图 8-70　创建 CV 接合

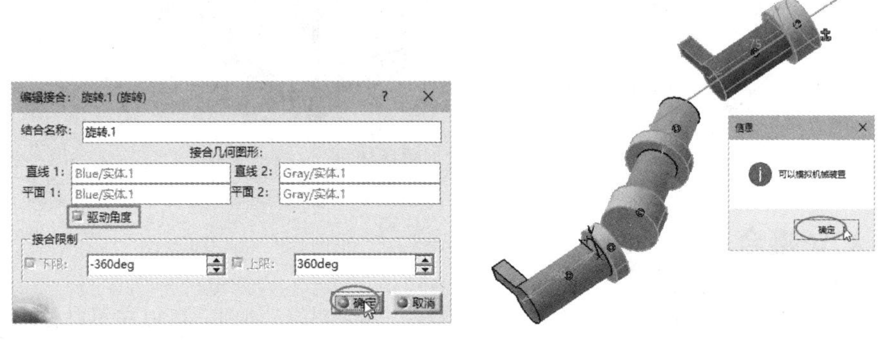

图 8-71　添加旋转驱动命令

05 此时运动机构装配结构树中显示“自由度 =0”，并在“命令”节点下增加“命令 .1”，如图 8-72 所示。

06 单击“使用命令进行模拟”按钮，弹出“运动模拟 - 机械装置 .1”对话框。拖动滚动条可模拟出第一个零部件与第三个零部件的同步旋转运动，如图 8-73 所示。

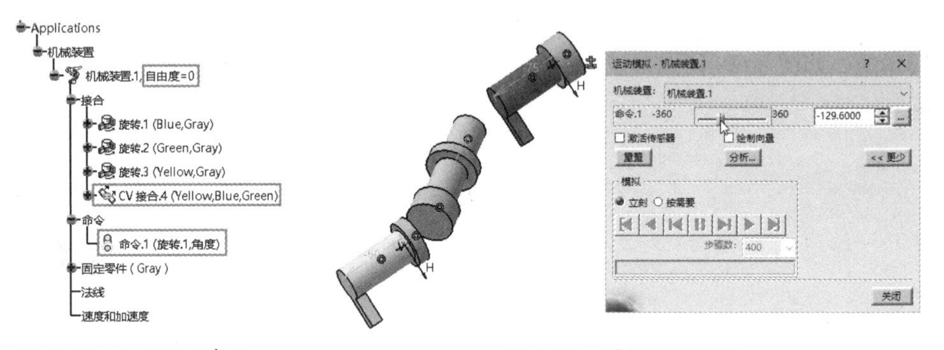

图 8-72　生成驱动命令　　　　图 8-73　模拟旋转运动

8.2.12　齿轮接合

齿轮接合用于分析模拟齿轮运动。齿轮接合是由两个旋转接合组成的，两个旋转接合需用一定的比率对其进行关联。齿轮接合可以创建平行轴、相交轴及交叉轴的各种齿轮运动机构。

上机练习——创建齿轮接合的运动仿真

01 打开本例源文件 8-14.CATProduct，打开的文件中已经创建了机械装置、两个旋转接合及固定零件，如图 8-74 所示。

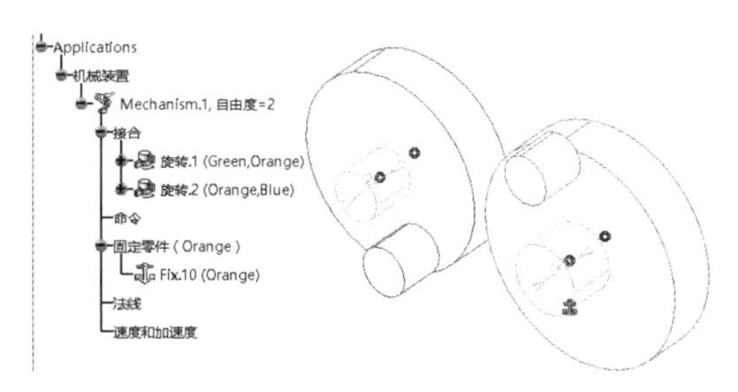

图 8-74　打开的装配体模型

02 单击“齿轮接合”按钮，弹出“创建接合：齿轮”对话框。在运动仿真结构树中依次选择两个旋转接合作为齿轮接合关联部件，选中“相反”单选按钮和“旋转接合 1 的驱动角度”复选框，最后单击“确定”按钮完成齿轮接合的创建，如图 8-75 所示。

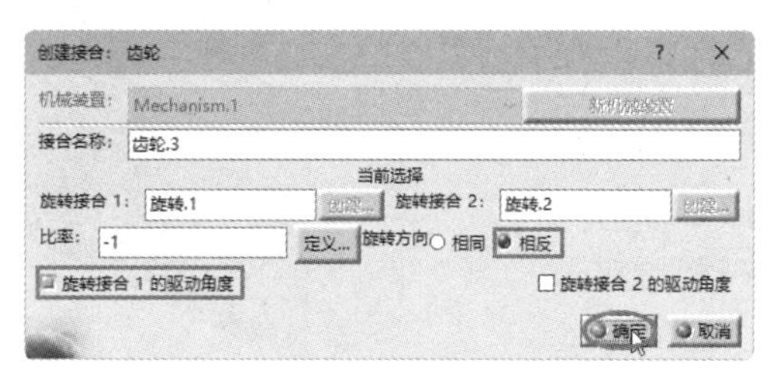

图 8-75　创建齿轮接合

03 弹出“信息”对话框，提示“可以模拟机械装置”，单击“确定”按钮，完成驱动命令的添加，如图 8-76 所示。

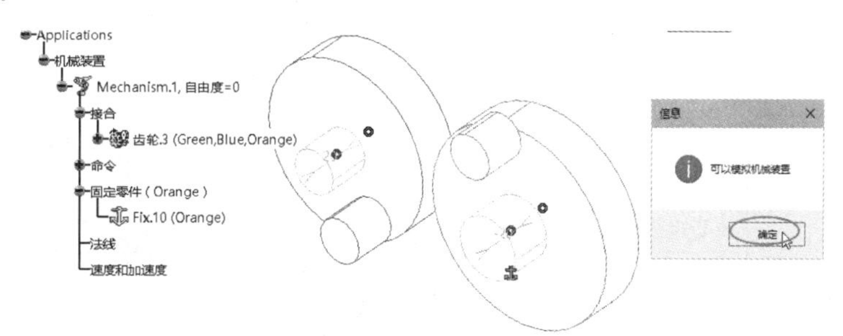

图 8-76　添加旋转驱动命令

04 此时运动机构装配结构树中显示“自由度 =0”，并在“命令”节点下增加“命令 .1”。

05 单击“使用命令进行模拟”按钮，弹出“运动模拟 -Mechanism.1”对话框。拖动滚动条可模拟出第一个零部件与第三个零部件的同步旋转运动，如图 8-77 所示。

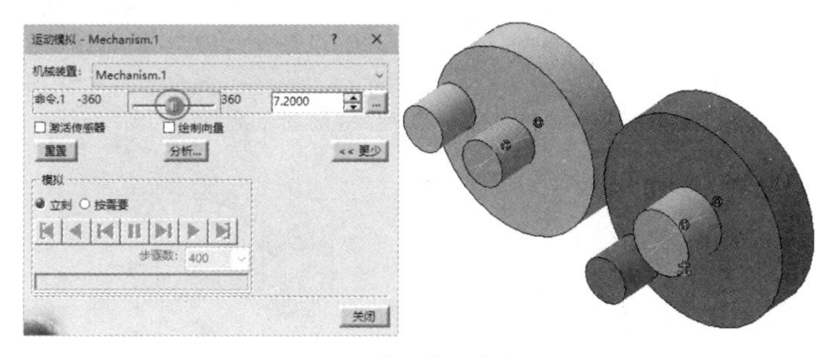

图 8-77　模拟齿轮机构运动

8.2.13 架子接合（齿轮齿条接合）

架子接合（齿轮齿条接合）用于将一个旋转接合和一个菱形接合以一定的比率进行关联，创建时需要指定一个旋转运动副和菱形运动副。

上机练习——创建架子接合的运动仿真

01 打开本例源文件8-15.CATProduct，打开的文件中已经创建了机械装置、3个接合及固定零件，如图8-78所示。

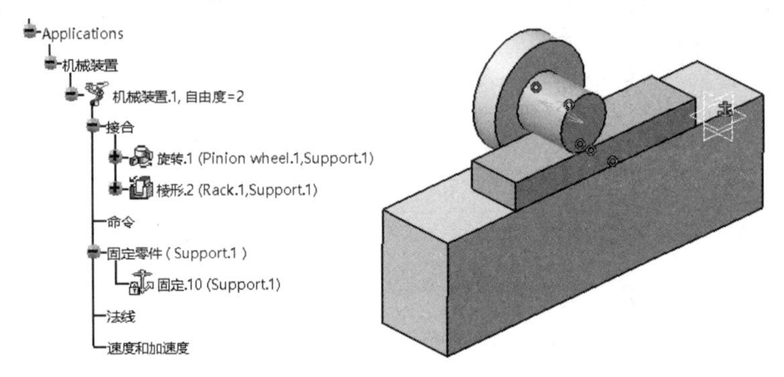

图8-78　打开的模型

02 单击“架子接合”按钮，弹出“创建接合：架子”对话框。在机构仿真结构树中依次选择菱形接合与旋转接合作为架子接合的关联部件，如图8-79所示。

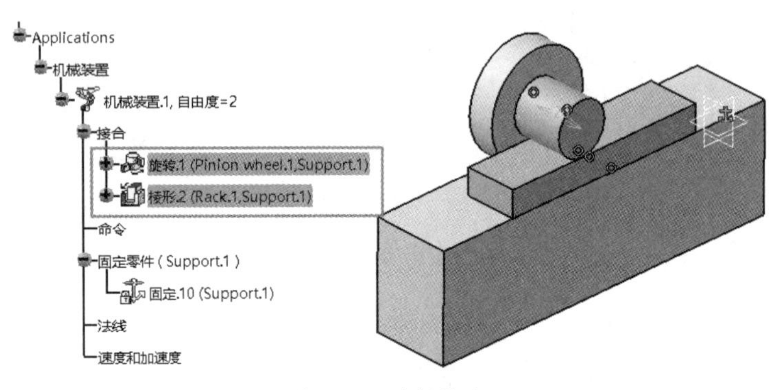

图8-79　选择接合

03 单击“定义”按钮，弹出“定义齿条比率”对话框。在图形区中选取齿轮模型的圆柱边，系统自动搜集齿轮模型的半径值信息并计算出相应的齿条比率，单击“确定”按钮，如图8-80所示。

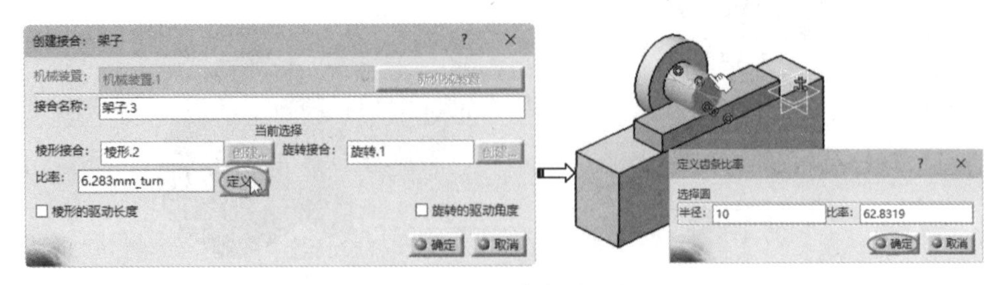

图8-80　定义齿条的比率

04 在“创建接合：架子”对话框中选中“菱形的驱动长度”复选框，单击“确定”按钮。弹出“信息”对话框，提示“可以模拟机械装置”，单击“确定”按钮，完成架子接合的创建和驱动命令的添加，如图 8-81 所示。

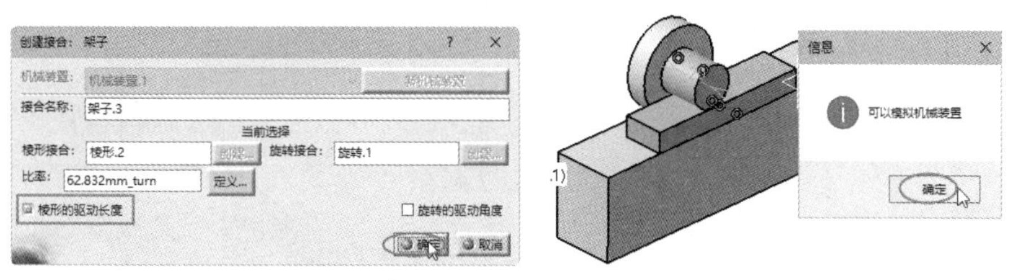

图 8-81　创建架子接合并添加驱动命令

05 此时运动机构装配结构树中显示“自由度 =0”，并在“命令”节点下增加“命令 .1”。

06 单击“使用命令进行模拟”按钮，弹出“运动模拟 - 机械装置 .1”对话框。拖动滚动条可模拟出齿轮与齿条的机构运动，如图 8-82 所示。

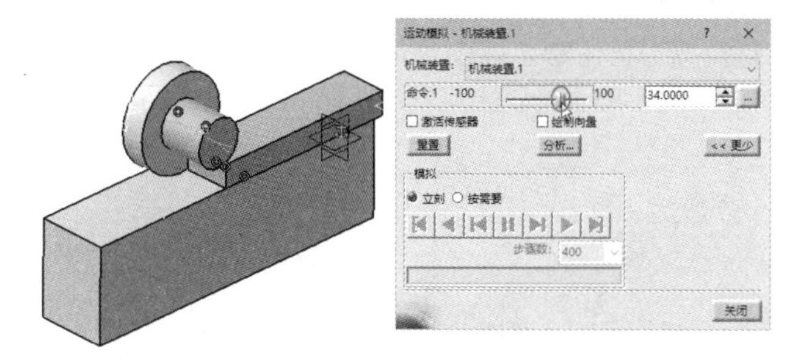

图 8-82　模拟机构运动

1. 电缆接合

电缆接合以虚拟的形式将两个滑动接合连接，使两者之间的运动具有关联性（类似滑轮运动）。当其中一个滑动接合移动时，另一个滑动接合可以根据某种比例向特定方向同步运动，创建时需要指定两个菱形运动副。

上机练习——创建电缆接合的运动仿真

01 打开本例源文件 8-16.CATProduct，打开的文件中已经创建了机械装置、两个菱形接合与固定零件，如图 8-83 所示。

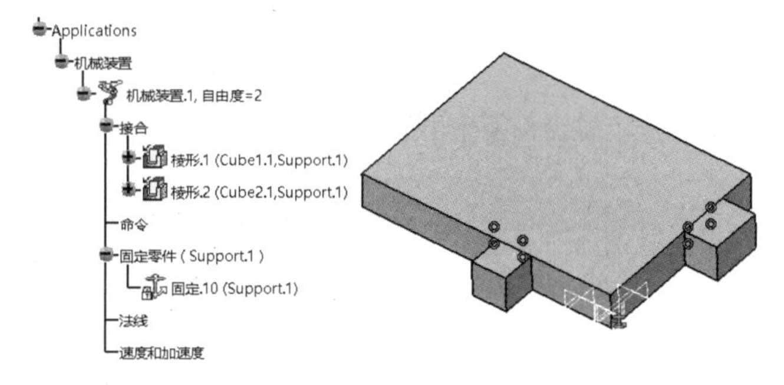

图 8-83　打开的模型

02 单击“电缆接合”按钮，弹出“创建接合：电缆”对话框。在机构仿真结构树中依次选择菱形接合与旋转接合作为电缆接合的关联部件。

03 在“创建接合：电缆”对话框中选中“菱形1的驱动长度”复选框，单击“确定”按钮。弹出“信息”对话框，提示“可以模拟机械装置”，再单击“确定”按钮，完成电缆接合的创建和驱动命令的添加，如图 8-84 所示。

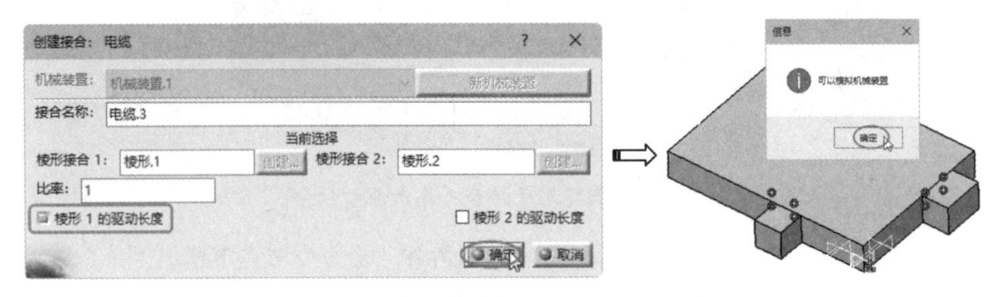

图 8-84　创建电缆接合并添加驱动命令

04 此时运动机构装配结构树中显示“自由度 =0”，并在“命令”节点下增加“命令 .1”。

05 单击“使用命令进行模拟”按钮，弹出“运动模拟 - 机械装置 .1”对话框。拖动滚动条模拟电缆接合的机构运动，如图 8-85 所示。

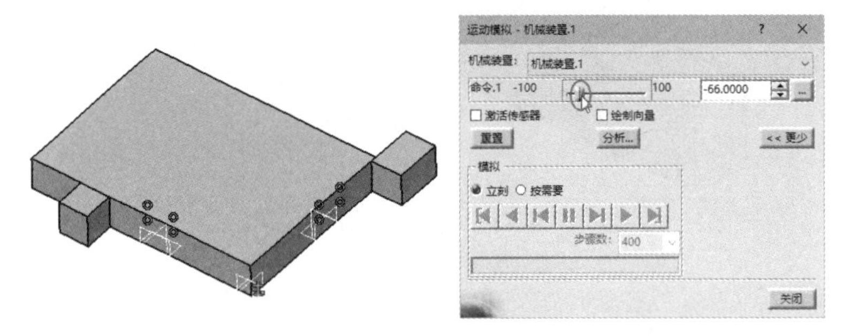

图 8-85　模拟机构运动

8.3　运动机构辅助工具

利用机构运动的辅助工具可以实现机构中装配约束的转换、速度和加速度的计算、分析机械装置的相关信息等。

8.3.1　装配约束转换

利用“装配约束转换”功能可将机构模型中的装配约束转换为机构仿真的运动接合（运动副）。

上机练习——创建装配约束转换

01 打开本例源文件 8-17.CATProduct，系统自动进入运动机构设计工作台，装配约束可在装配结构树的“约束”节点中可见，如图 8-86 所示。

02 执行“插入”|“新机械装置”命令，创建机械装置。

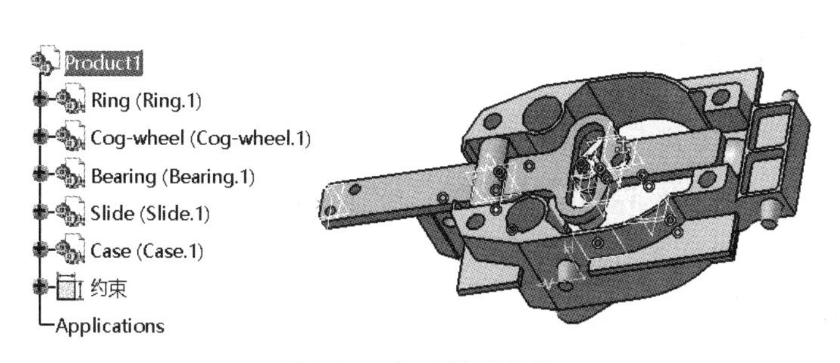

图 8-86　打开模型文件

03 在“DMU 运动机构”工具栏中单击“装配约束转换”按钮，弹出“转配件约束转换”对话框。

04 在“转配件约束转换”对话框中显示“未解的对”值为 5/5，表示当前可以转换的配对约束有 5 对。单击“更多”按钮，展开更多选项。在图形区的装配体中高亮显示的是当前的第一对（配对约束）装配零部件，如图 8-87 所示。

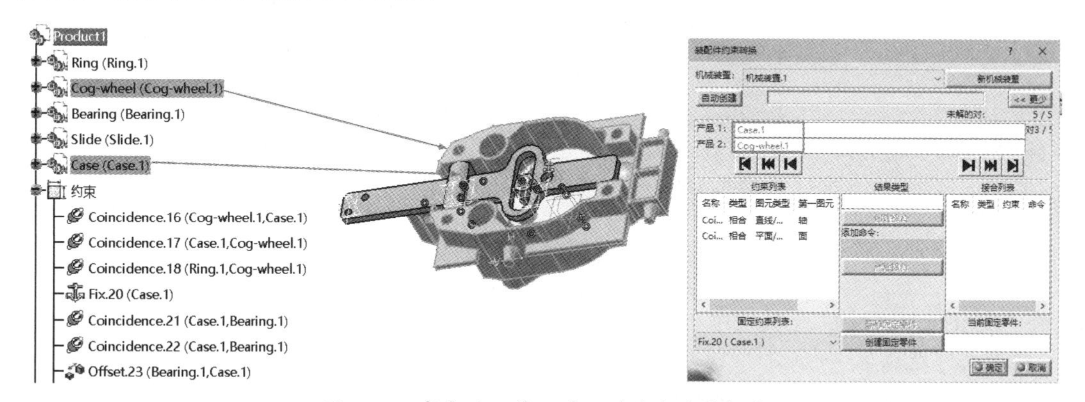

图 8-87　高亮显示第一对配对约束的零部件

05 单击“前进”按钮，可以继续查看其余可转换接合的配对零部件。在约束列表中选中两个零部件，再单击“创建接合”按钮即可将装配约束自动转换为运动接合。当然，如果系统提供的配对信息无误，可以直接单击“自动创建”按钮，一次性完成 5 对装配约束的自动转换，如图 8-88 所示。

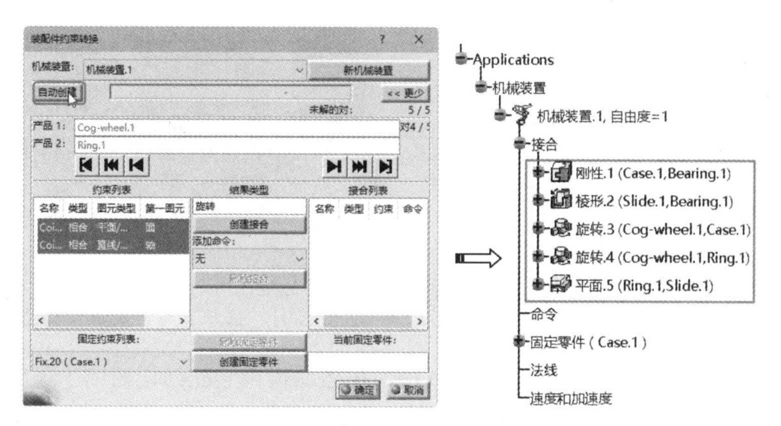

图 8-88　装配约束的自动转换

06 单击“转配件约束转换”对话框的“确定”按钮，完成装配约束的转换。

8.3.2 测量速度和加速度

“速度和加速度”工具用于测量机构中某一点相对于参考零部件的速度和加速度。为了验证仿真机构的运动规律，改善机构设计方案，仿真时测量速度和加速度是非常有必要的。在CATIA中，线性速度和加速度的计算是基于参考机构的一个点来测定的，而角速度和角加速度则是基于机构本身的点来测定的。

上机练习——测量速度和加速度

01 打开本例源文件8-18.CATProduct，在运动机构装配结构树中已经创建了相关的机械装置、运动接合、驱动命令等，如图8-89所示。

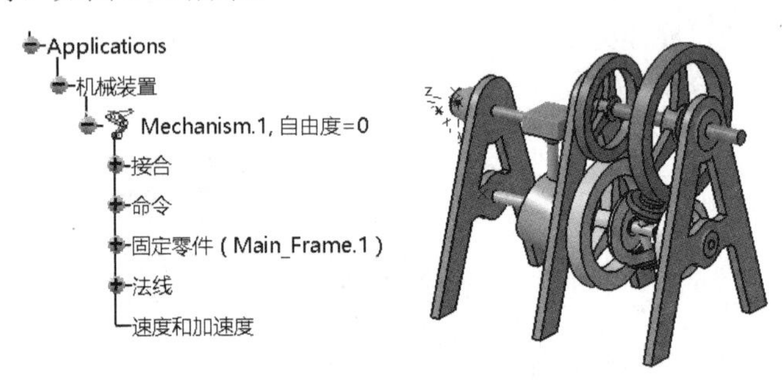

图8-89 打开装配模型

02 在“DMU运动机构”工具栏中单击“速度和加速度”按钮，弹出“速度和加速度”对话框，“参考产品”选项与“点选择”选项为“无选择”，如图8-90所示。

03 激活“参考产品”文本框，在图形区中选择Main_Frame（主框架）零部件，激活“点选择”文本框后再选择Eccentric_Shaft（偏心轴）零部件上的参考点（也可在装配结构树中选择“点.1”），如图8-91所示。

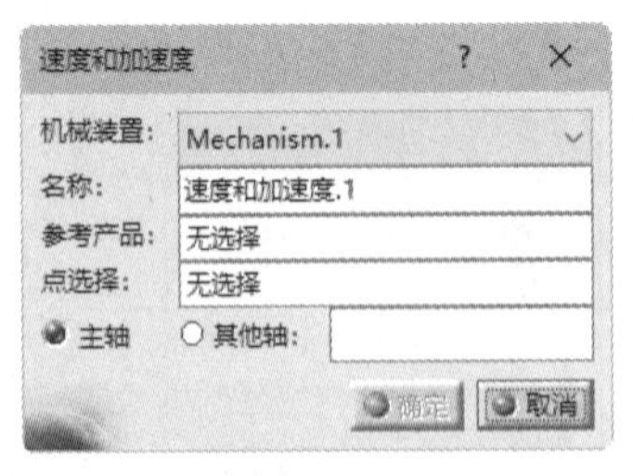

图8-90 “速度和加速度”对话框

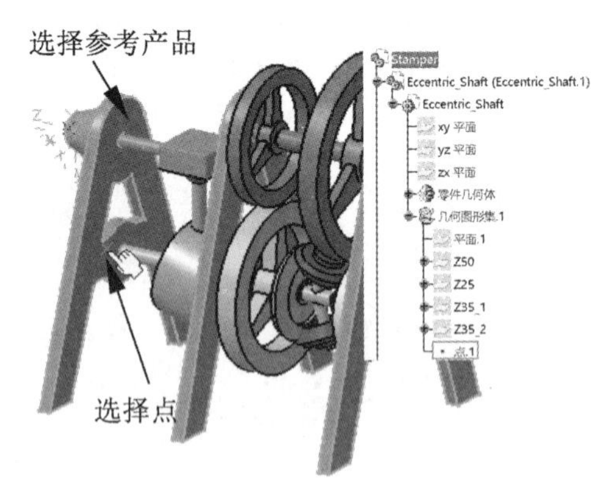

图8-91 选择参考产品和参考点

04 保留其余选项默认设置，单击“确定”按钮，在运动机构装配结构树的“速度和加速度”节点下增加“速度和加速度.1”，如图8-92所示。

05 在“模拟”工具栏中单击“使用法则曲线进行模拟”按钮，弹出“运动模拟-Mechanism.1”对话框。选中“激活传感器”复选框，如图8-93所示。

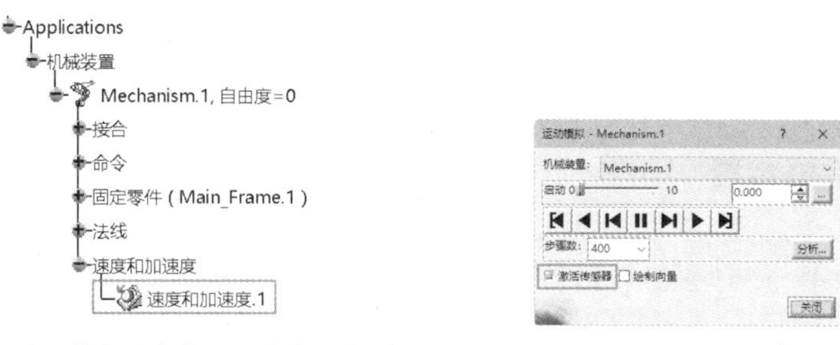

图 8-92　创建“速度和加速度 .1”节点　　　　图 8-93　激活传感器

06 弹出“传感器”对话框，在“选择集”选项卡中仅选中“速度和加速度 .1\X_ 点 .1”“速度和加速度 .1\Y_ 点 .1”“速度和加速度 .1\Z_ 点 .1”3 个传感器进行观察，如图 8-94 所示。

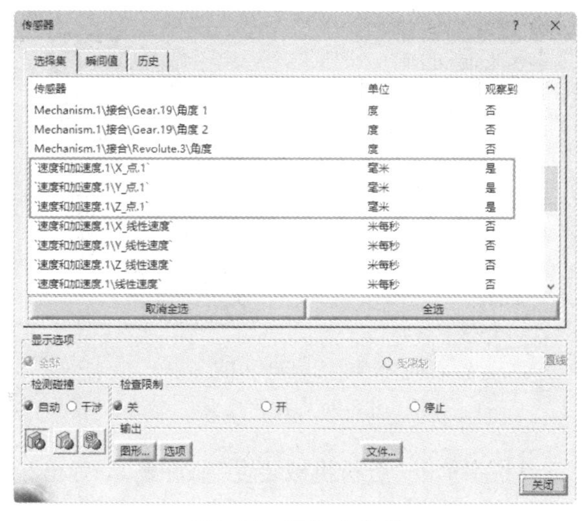

图 8-94　选择传感器

07 在“运动模拟 -Mechanism.1”对话框中单击“向前播放”按钮▶，并在“传感器”对话框中单击“图形”按钮，弹出“传感器图形显示”对话框，显示以时间为横坐标的参考点运动规律曲线，如图 8-95 所示。

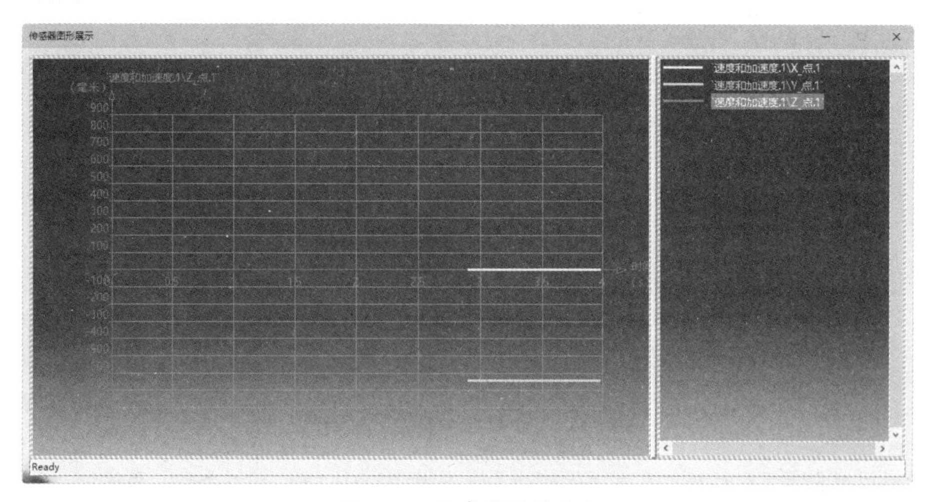

图 8-95　传感器图形显示

08 模拟完成后，关闭“传感器图形显示”对话框、“传感器”对话框和“运动模拟 -Mechanism.1”对话框。

8.3.3 分析机械装置

“分析机械装置”用于分析机构的可行性，包括运动副和零件自由度、运动接合的可视化、法则曲线的查看等。

上机练习——分析机械装置

01 打开本例源文件 8-19.CATProduct，如图 8-96 所示。

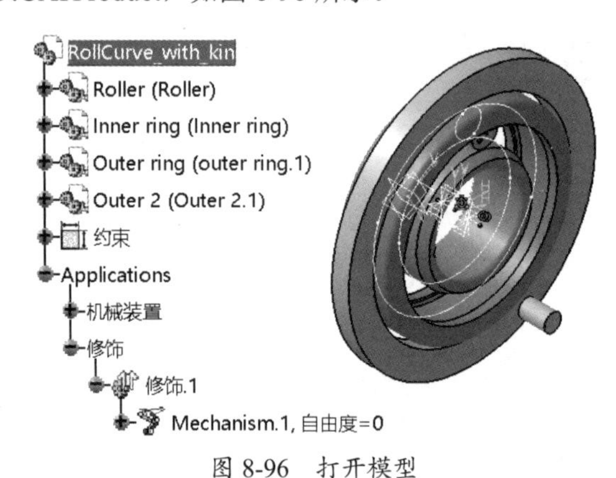

图 8-96　打开模型

02 在“DMU 运动机构”工具栏中单击“分析机械装置”按钮，弹出“分析机械装置”对话框，如图 8-97 所示。

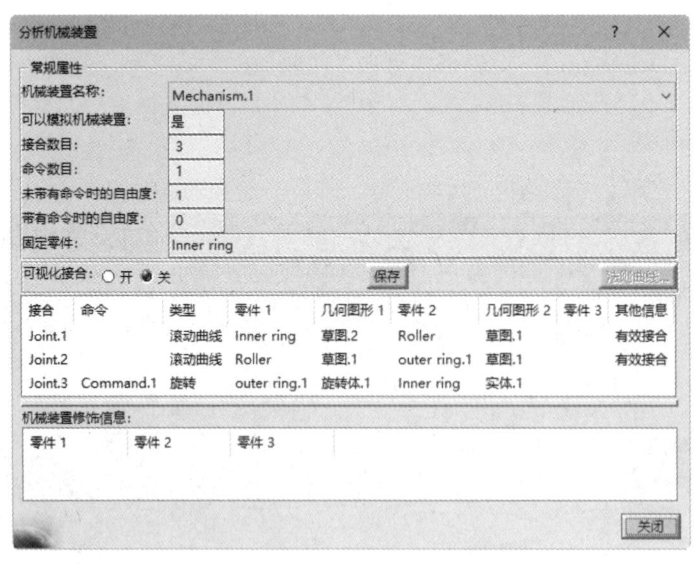

图 8-97　“分析机械装置”对话框

03 在“分析机械装置”对话框的“可视化接合”选项组中选中“开”单选按钮，再选择 Joint.3 接合，可以查看该接合的装配约束转换信息，如图 8-98 所示。

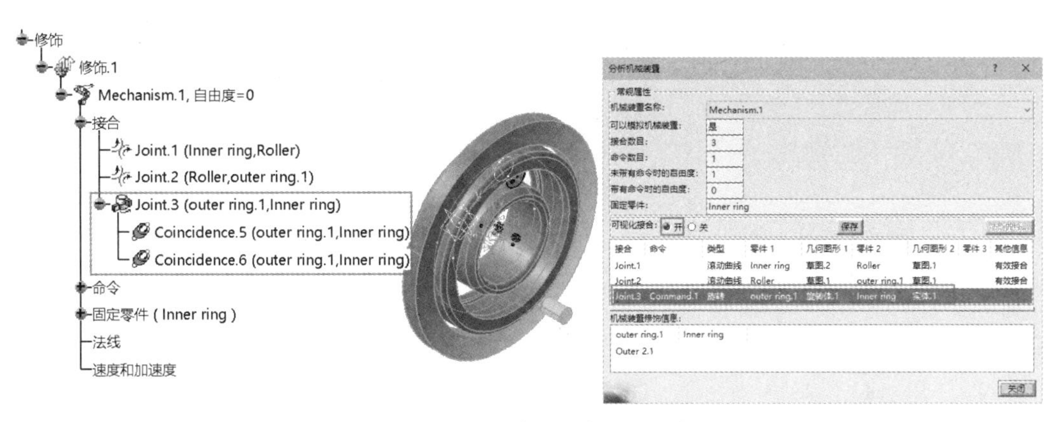

图 8-98 显示装配约束转换信息

8.4 DMU 运动模拟与动画

在 DMU 运动机构中，提供了两种模拟方式：使用命令进行模拟和使用法则曲线进行模拟。在前面的运动接合的应用案例中，均详细地介绍了这两种模拟方式的操作方法，这里不再赘述。

完成了机构运动模拟，还可以实现机构运动的仿真动画制作。DMU 运动动画相关命令集中在“DMU 一般动画”工具栏中，如图 8-99 所示。下面仅介绍常用的“模拟”工具和“编译模拟”工具。

图 8-99 “DMU 一般动画”工具栏

8.4.1 模拟

“模拟”工具可分别实现“使用命令模拟”和“使用法则曲线模拟”。

上机练习——动画模拟

01 打开本例源文件 8-20.CATProduct，如图 8-100 所示。

02 在“DMU 一般动画”工具栏中单击“模拟”按钮，弹出“选择”对话框。选择 Mechanism.1 作为要模拟的机械装置，单击“确定”按钮，如图 8-101 所示。

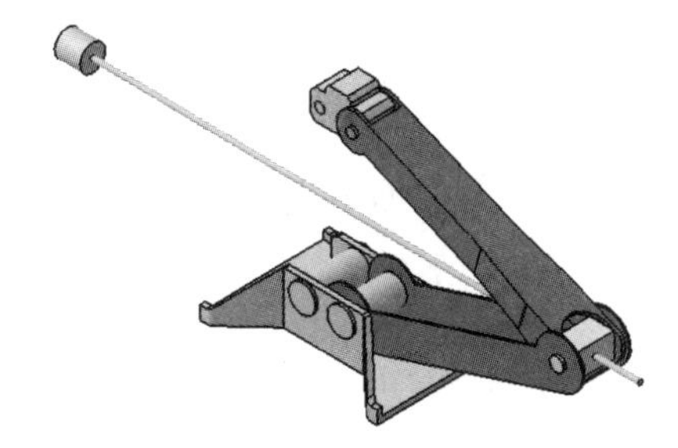

图 8-100 打开装配模型

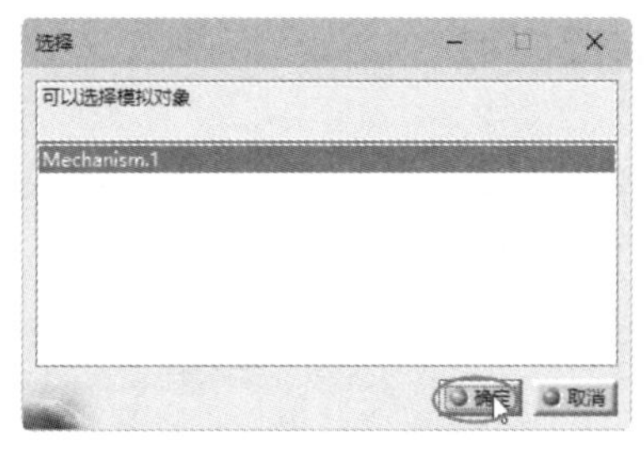

图 8-101 “选择”对话框

03 弹出“运动模拟 -Mechanism.1”对话框和“编辑模拟”对话框，如图 8-102 所示。

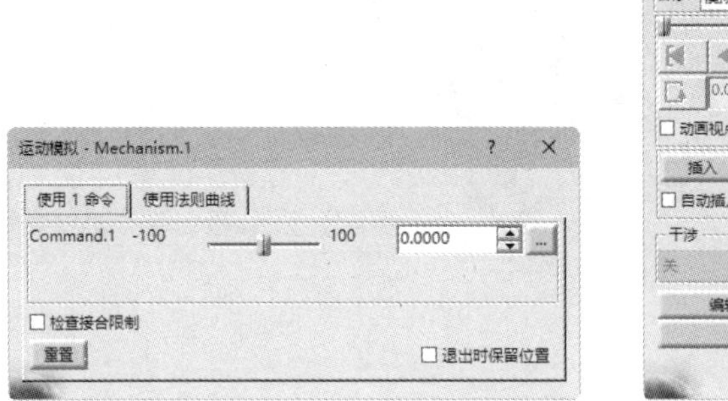

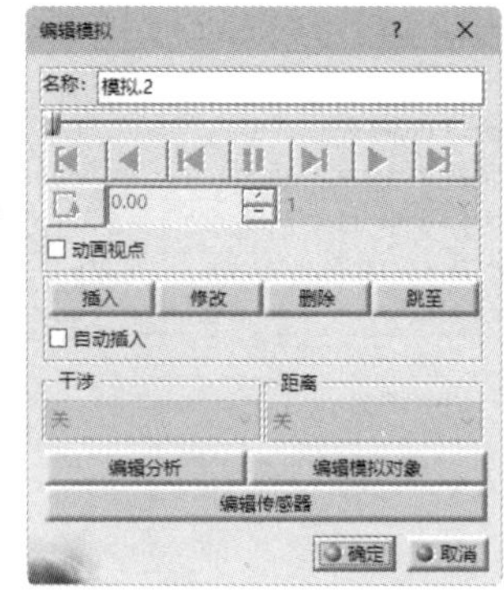

图 8-102 “运动模拟 -Mechanism.1”对话框和“编辑模拟”对话框

提示：

“运动模拟-Mechanism.1”对话框提供了“使用1命令”和“使用法则曲线”两种方式，与单独使用命令和使用法则曲线相似，不同之处在于：使用命令中增加“退出时保留位置”复选框，可以选择在关闭对话框时将机构保持在模拟停止时的位置；使用法则曲线有“法则曲线”按钮，单击该按钮可显示驱动命令运动函数曲线。

04 在“编辑模拟”对话框选中“自动插入”复选框，即在模拟过程中将自动记录运动图片。

05 在“运动模拟 -Mechanism.1”对话框的“使用法则曲线”选项卡中，单击“向前播放”按钮▶和“向后播放”按钮◀可进行机构运动模拟，如图 8-103 所示。

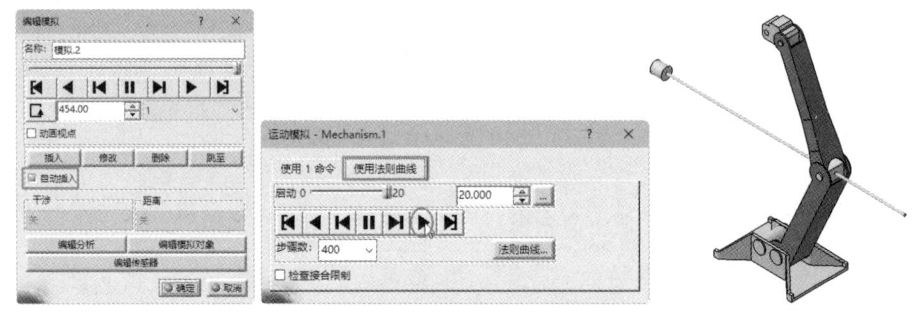

图 8-103 使用法则曲线模拟

06 如果在“编辑模拟”对话框中单击“更改循环模式”按钮，可以循环播放动画。

07 关闭对话框，完成机构动画模拟，并在 Applications 节点下生成“模拟 .1”子节点。

8.4.2 编译模拟

“编译模拟”是将已有的模拟在 CATIA 环境下转换为视频的形式，并记录在运动机构装配结构树中，而且可生成单独的视频文件。

上机练习——编译模拟

01 打开本例源文件 8-21.CATProduct，如图 8-104 所示。

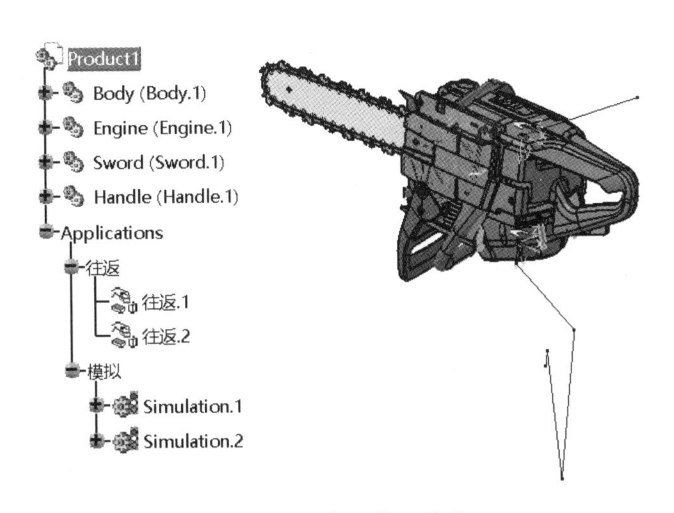

图 8-104　打开装配模型

02 单击“DMU 一般动画”工具栏中的“编译模拟”按钮，弹出“编译模拟”对话框。单击“确定”按钮，生成动画后在运动机构装配结构树中增加“Replay.1”（重放）节点，如图 8-105 所示。

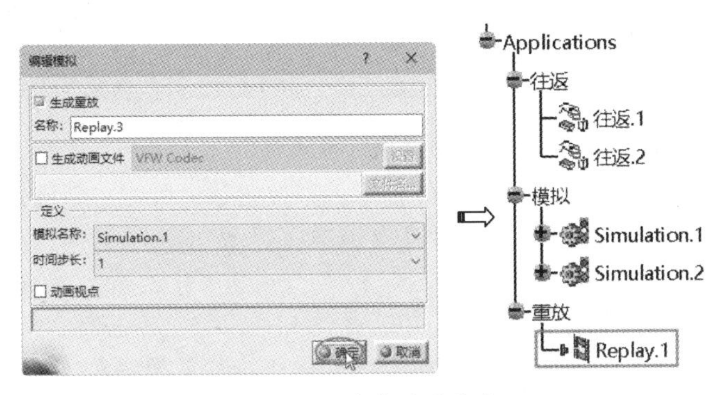

图 8-105　生成动画重放

03 再次单击“编译模拟”按钮，打开“编译模拟”对话框。选中“生成动画文件”复选框，单击“文件名”按钮，将动画文件（AVI 格式）保存在自定义的路径文件夹中。单击“确定”按钮，自动生成动画文件并关闭对话框，如图 8-106 所示，可用播放器软件单独打开动画文件。

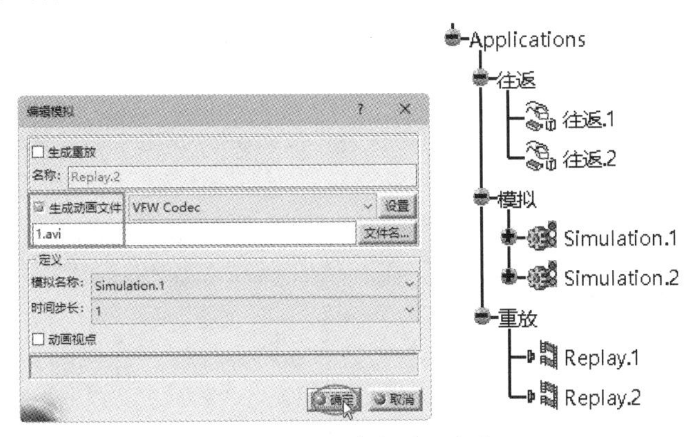

图 8-106　生成动画文件

8.5 实战案例——凸轮机构运动仿真设计

下面以凸轮机构的运动仿真为例，详细讲解 CATIA V5 运动机构的创建方法和过程，凸轮机构装配模型如图 8-107 所示。

1. 创建新机械装置

01 打开本例源文件 tulunjigou.CATProduct，打开的模型已经在运动机构工作台中显示，如图 8-108 所示。

图 8-107　凸轮机构

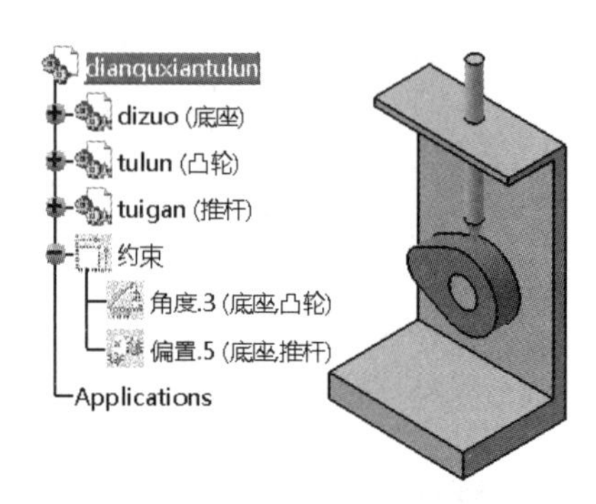

图 8-108　打开模型文件

02 执行“插入”|“新机械装置”命令，创建新机械装置。

03 单击“DMU 运动机构”工具栏中的“固定零件”按钮，弹出“新固定零件”对话框，在图形区中选择底座零件为固定零件，如图 8-109 所示。

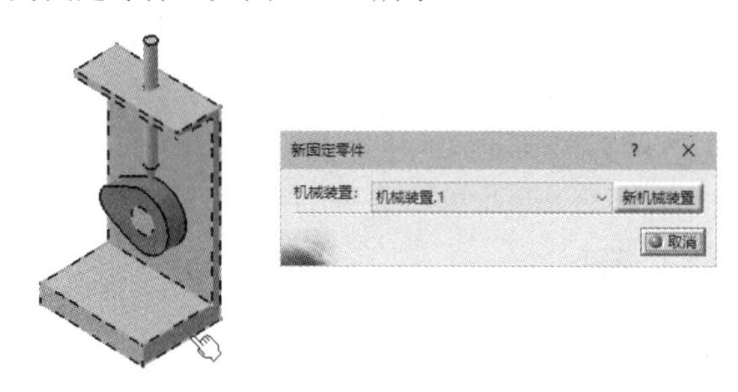

图 8-109　创建固定零件

2. 定义旋转接合

01 在“DMU 运动机构”工具栏中单击“旋转接合”按钮，弹出“创建接合：旋转”对话框，如图 8-110 所示。

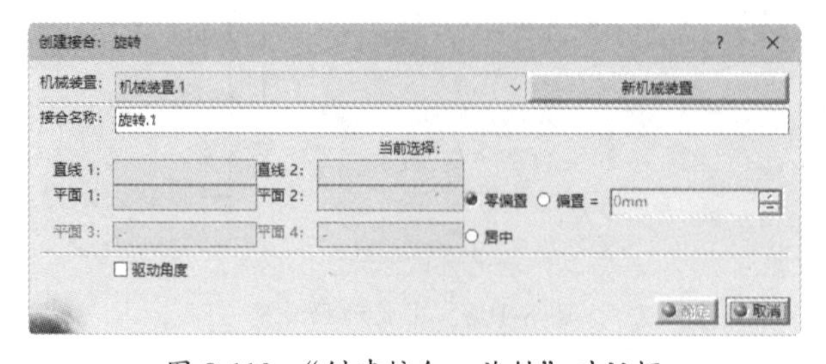

图 8-110　“创建接合：旋转”对话框

02 旋转接合需要两组约束进行配对，首先确定第一组配对约束。在图形区中分别选取凸轮零部件的外圆面（轴线被自动选中）和底座零部件中间的圆柱面进行直线 1 和直线 2 的约束配对，如图 8-111 所示。

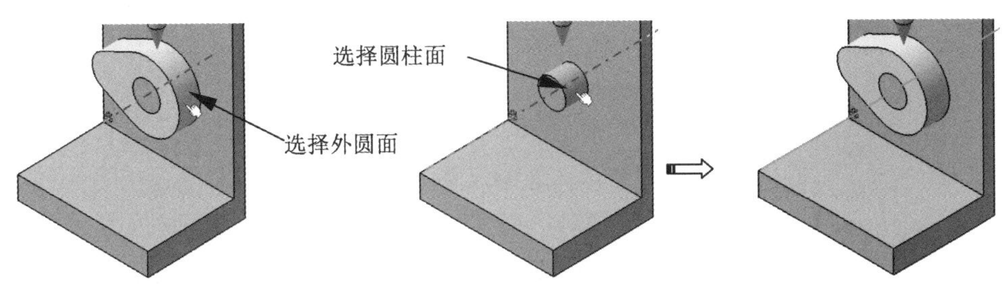

图 8-111 选择直线进行配对

提示：

为便于选择凸轮中的凸台圆柱面，在“创建接合：旋转”对话框不关闭的情况下，右击选中凸轮并在弹出的快捷菜单中选择“隐藏/显示”命令，将其暂时隐藏。待选取凸台圆柱面后，到装配结构树中右击“凸台.1”几何体，并在弹出的快捷菜单中选择“隐藏/显示”命令，恢复凸轮的显示，如图8-112所示。

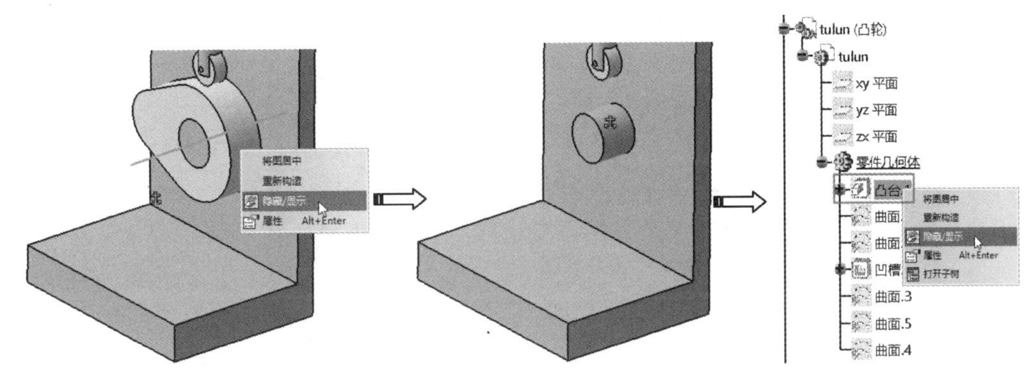

图 8-112 隐藏与显示凸轮

03 选择底座凸台的圆柱端面和凸台端面进行约束配对，如图 8-113 所示。

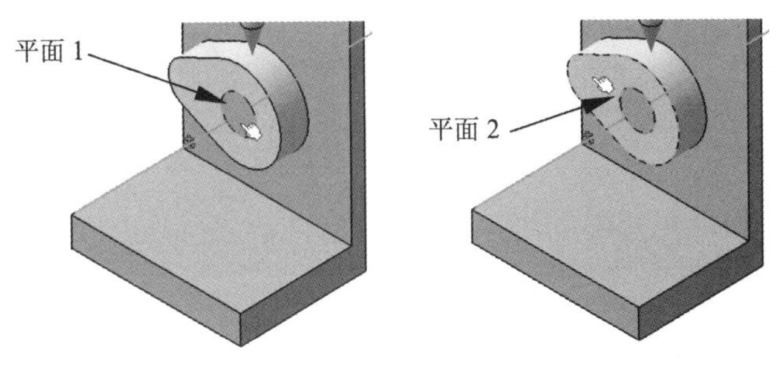

图 8-113 选择平面约束配对

04 在“创建接合：旋转”对话框中选中“旋转角度”复选框添加驱动命令，最后单击“确定”按钮，完成旋转接合的创建。在机构仿真结构树的“接合”节点下增加了“旋转.1（凸轮，底座）”节点，如图 8-114 所示。

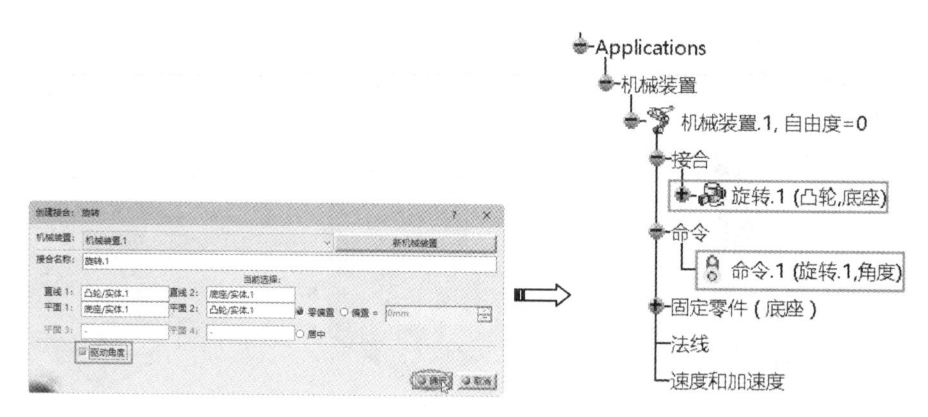

图 8-114　创建旋转接合

3. 定义点曲线接合

01 在装配结构树中显示凸轮几何体中的“草图.1”和推杆几何体中的“点”，如图 8-115 所示。

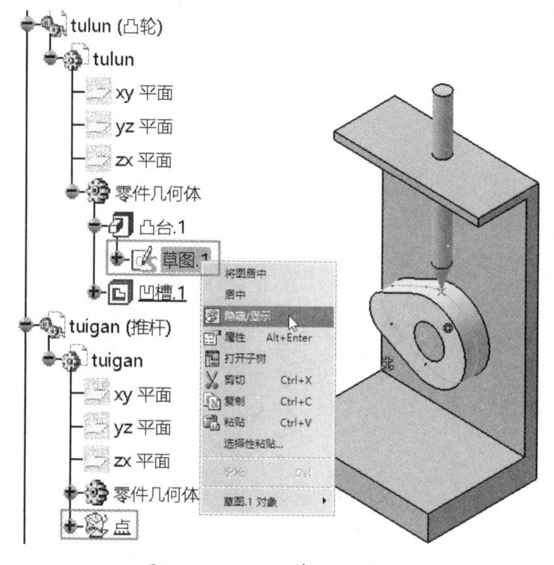

图 8-115　显示草图曲线和点

02 在“DMU 运动机构”工具栏中单击“点曲线接合”按钮，弹出“创建接合：点曲线”对话框。

03 在图形区中选取凸轮上的草图曲线作为曲线 1 参考，再选取推杆上的点作为点 1 参考，如图 8-116 所示。

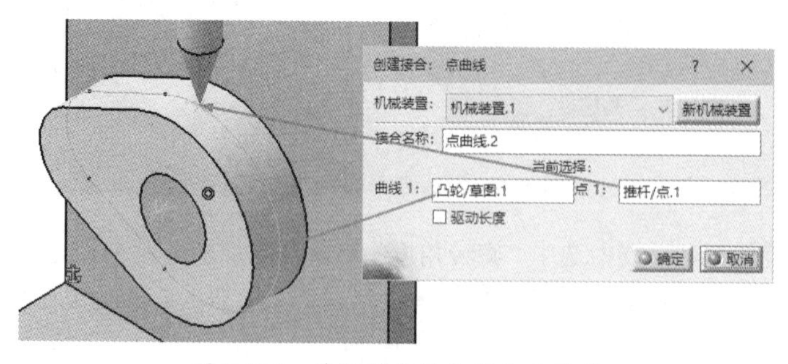

图 8-116　选取接合的曲线和点参考

04 在“创建接合：点曲线”对话框中单击“确定”按钮，完成点曲线接合的创建，如图 8-117 所示。

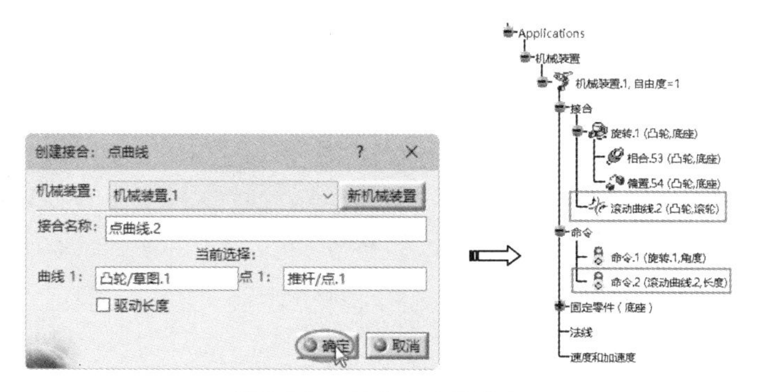

图 8-117　创建点曲线接合

4. 定义菱形接合

01 单击“菱形接合”按钮，弹出“创建接合：菱形”对话框。

02 菱形接合也需要两个约束进行配对：直线（轴）与直线（轴）、平面与平面。在图形区中选取推杆的圆柱面（自动选取其轴线）和底座零部件上的孔圆柱面（自动选取其轴线）进行直线约束配对，如图 8-118 所示。

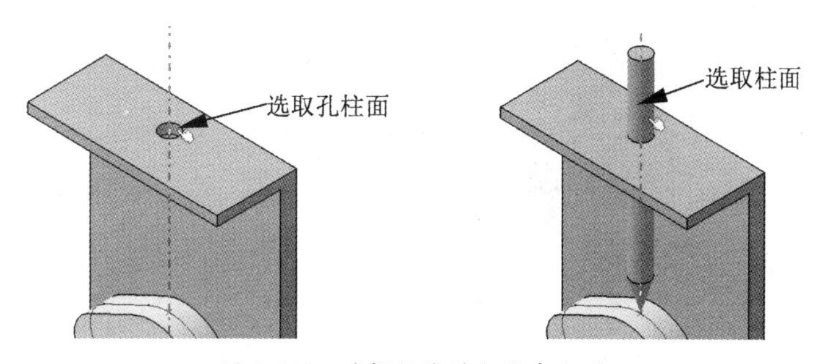

图 8-118　选择轴线进行约束配对

03 在装配结构树中分别选取推杆零部件的 *yz* 平面和底座零部件的 *zx* 平面进行约束配对，如图 8-119 所示。

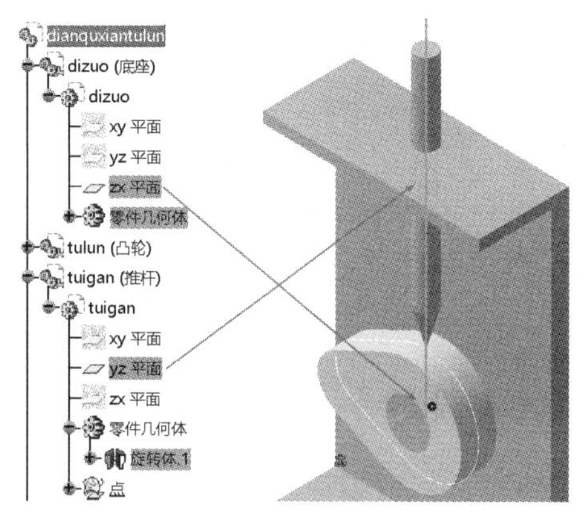

图 8-119　选择平面约束配对

04 单击“确定”按钮，完成菱形接合的创建，如图 8-120 所示。

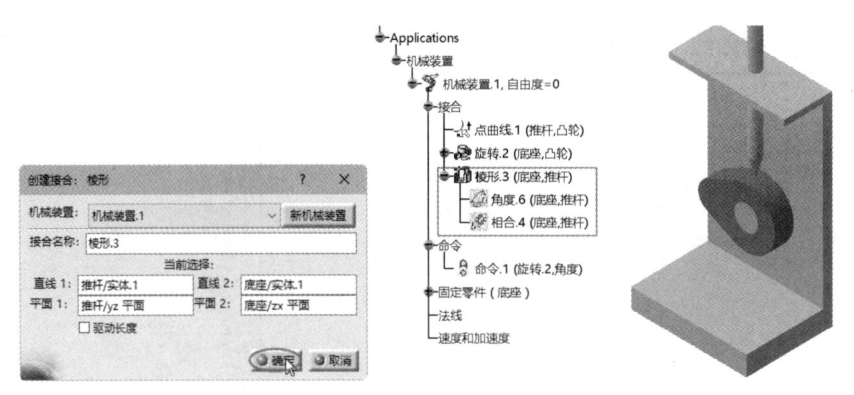

图 8-120　创建菱形接合

05 单击“使用命令进行模拟”按钮，弹出“运动模拟 - 机械装置 .1”对话框。选中“按需要”单选按钮，并输入“步骤数”值为1000，单击“向前播放”按钮▶，播放运动模拟动画，如图 8-121 所示。

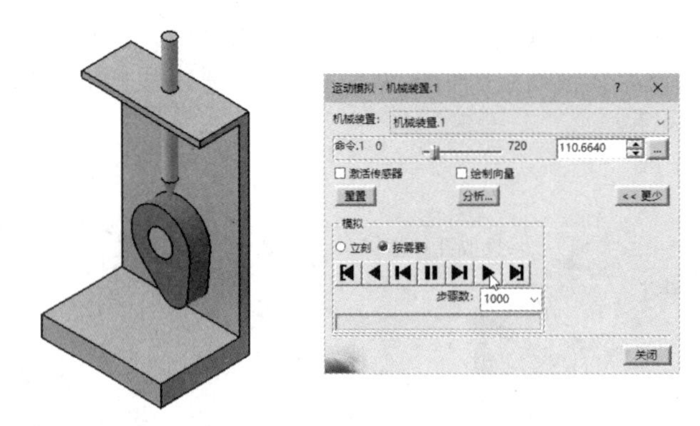

图 8-121　播放模拟动画

第 9 章　机械结构有限元分析

项目导读

新颖的创意和细致的结构设计是良好工程设计的前提，深入的工程分析则能提前预测工程设计的性能和瑕疵所在，所以工程设计中的一项重要工作是计算零部件和装配件的强度、刚度及其动态特性，从而得出所设计的产品是否满足工程需求，常用的分析方法是有限元法（Finite Element Method）。

本章将主要介绍 CATIA 的高级网格化工具与基本结构分析模块在机械设计中的实际应用。

9.1 CATIA 有限元分析概述

有限元分析的基本概念是用较简单的问题代替复杂问题后再求解。有限元法的基本思路可以归结为“化整为零，积零为整”。它将求解域看作由有限个称为“单元”的互连子域组成，对每一个单元设定一个合适的近似解，然后推导出求解这个总域的满足条件（如结构的平衡条件），从而得到问题的解。这个解不是准确解而是近似解，因为实际问题被较简单的问题所代替。由于大多数实际问题难以得到准确解，而有限元不仅计算精度高，而且能够适应各种复杂形状，因而成为行之有效的工程分析手段，甚至成为 CAE 的代名词。

9.1.1 有限元法概述

有限元法（Finite Element Method，FEM）是随着计算机的发展而迅速发展起来的一种现代计算方法，是一种求解关于场问题的一系列偏微分方程的数值方法。

在机械工程中，有限元法已经作为一种常用的方法被广泛使用。凡是计算零部件的应力、变形和进行动态响应计算及稳定性分析等都可用有限元法。如齿轮、轴、滚动轴承及箱体的应力，变形计算和动态响应计算，分析滑动轴承中的润滑问题，焊接中残余应力及金属成型中的变形分析等。

有限元法的计算步骤可归纳为以下 3 个基本步骤：网格划分、单元分析和整体分析。

1. 网格划分

有限元法的基本做法是用有限个单元体的集合来代替原有的连续体。因此，首先要对弹性体进行必要的简化，再将弹性体划分为有限个单元组成的离散体，单元之间通过节点相连接。由节点、节点连线和单元构成的集合称为“网格”。

通常把三维实体划分成四面体单元（4 节点）或六面体单元（8 节点）的实体网格，如图 9-1 所示。平面划分成三角形单元或四边形单元的面网格，如图 9-2 所示。

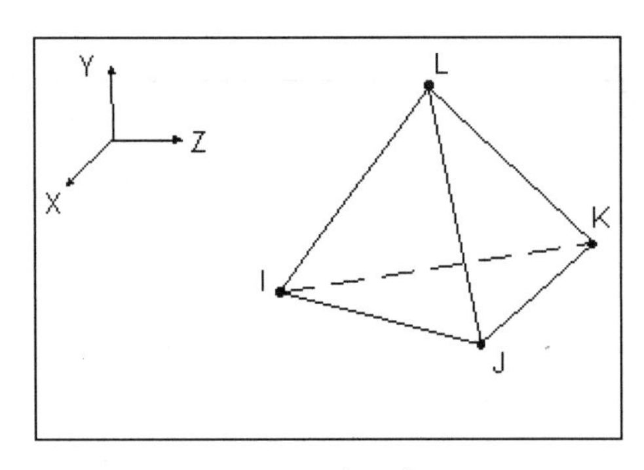

四面体 4 节点单元

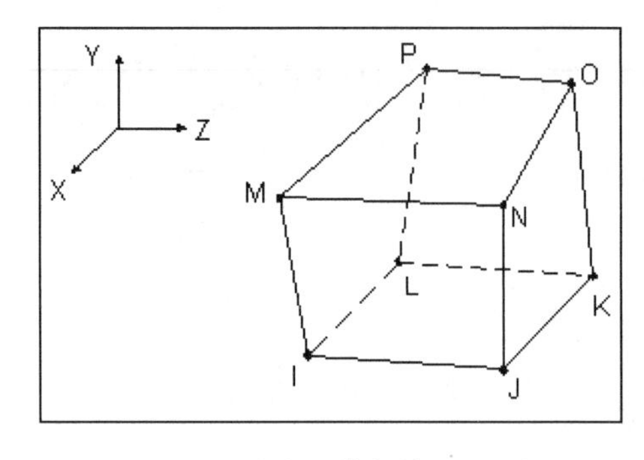

六面体 8 节点单元

图 9-1　实体网格与单元

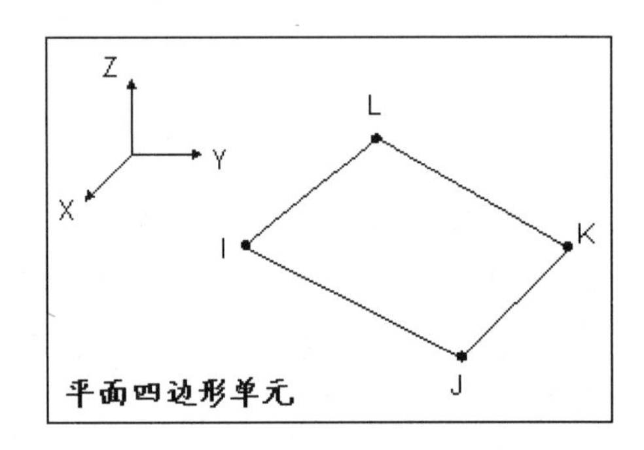

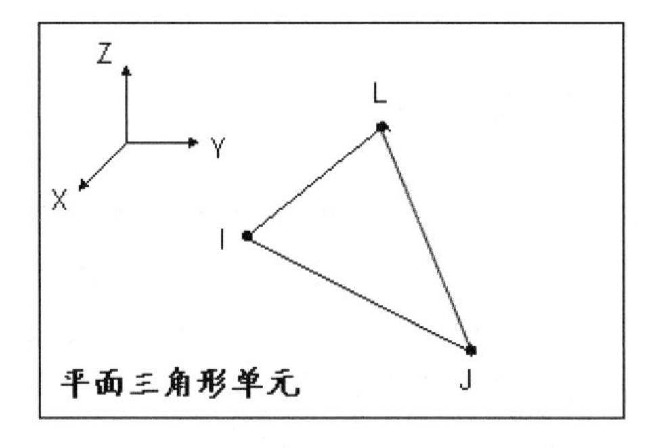

图 9-2　平面网格单元

2. 单元分析

对于弹性力学的问题，单元分析就是建立各个单元的节点位移和节点力之间的关系式。

由于将单元的节点位移作为基本变量，进行单元分析首先要为单元内部的位移确定一个近似表达式，然后计算单元的应变、应力，再建立单元中节点力与节点位移的关系式。

以平面三角形 3 节点单元为例，如图 9-3 所示，单元有 3 个节点 I、J、M，每个节点有两个位移 u、v 和两个节点力 U、V。

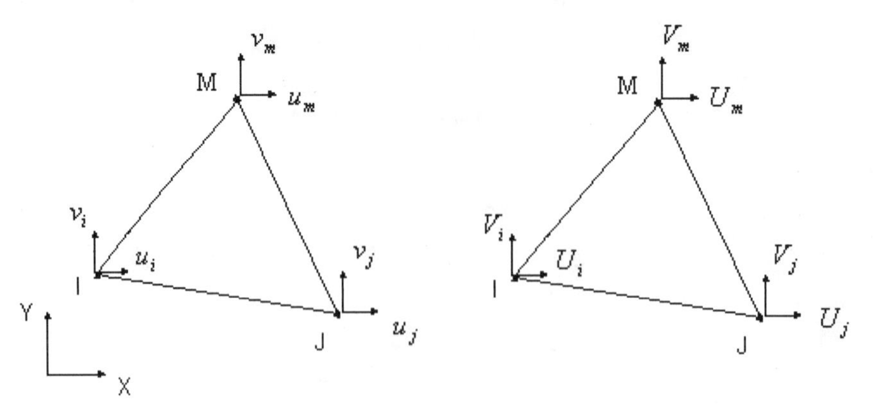

图 9-3　三角形 3 节点单元

单元的所有节点位移、节点力，可以表示为节点位移向量（vector）：

节点位移 $\{\delta\}^e=\begin{Bmatrix}u_i\\v_i\\u_j\\v_j\\u_m\\v_m\end{Bmatrix}$　　节点力 $\{F\}^e=\begin{Bmatrix}U_i\\V_i\\U_j\\V_j\\U_m\\V_m\end{Bmatrix}$

单元的节点位移和节点力之间的关系用张量（tensor）来表示（式9-1），

$$\{F\}^e=[K]^e\{\delta\}^e \tag{式9-1}$$

3. 整体分析

对由各个单元组成的整体进行分析，建立节点外载荷与节点位移的关系，以解出节点位移，这个过程称为“整体分析”。同样以弹性力学的平面问题为例，如图9-4所示，在边界节点 i 上受到集中力 P_x^i,P_y^i 作用。节点 i 是3个单元的结合点，因此要把这3个单元在同一节点上的节点力汇集在一起建立平衡方程。

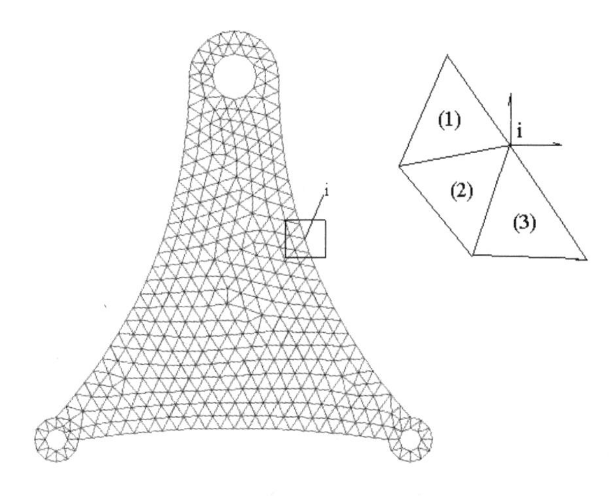

图9-4　整体分析

i 节点的节点力：

$$U_i^{(1)}+U_i^{(2)}+U_i^{(3)}=\sum_e U_i^{(e)}$$

$$V_i^{(1)}+V_i^{(2)}+V_i^{(3)}=\sum_e V_i^{(e)}$$

i 节点的平衡方程：

$$\left.\begin{aligned}\sum_e U_i^{(e)}=P_x^i\\ \sum_e V_i^{(e)}=P_y^i\end{aligned}\right\} \tag{式9-2}$$

4. 等效应力（也称为 von Mises 应力）

由材料力学可知，反映应力状态的微元体上剪应力等于零的平面，定义为“主平面”。主平面的正应力定义为主应力。受力构件内任意一点，均存在 3 个互相垂直的主平面。3 个主应力用 $\sigma 1$、$\sigma 2$ 和 $\sigma 3$ 表示，且按代数值排列即 $\sigma 1>\sigma 2>\sigma 3$。von Mises 应力可以表示为：

$$\sigma = \sqrt{0.5[(\sigma 1-\sigma 2)^2+(\sigma 2-\sigma 3)^2+(\sigma 3-\sigma 1)^2]}$$

在 Simulation 中，主应力被记为 *P*1、*P*2 和 *P*3，如图 9-5 所示。在大多数情况下，使用 von Mises 应力作为应力度量。因为 von Mises 应力可以很好地描述许多工程材料的结构安全弹塑性性质。*P*1 应力通常是拉应力，用来评估脆性材料零件的应力结果。对于脆性材料，*P*1 应力较 Von Mises 应力更恰当地评估其安全性。*P*3 应力通常用来评估压应力或接触压力。

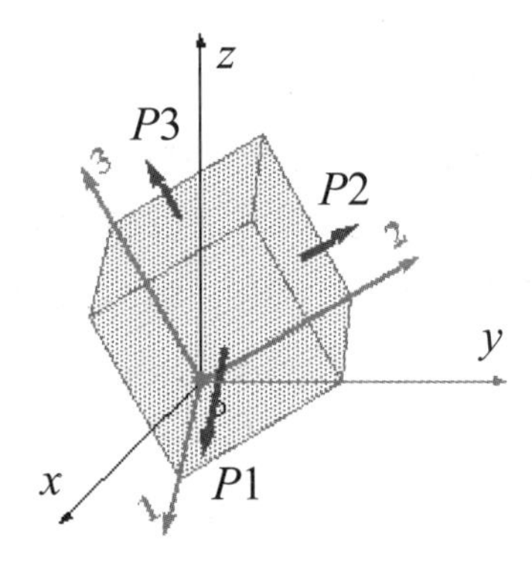

图 9-5　主应力图解

Simulation 程序使用 von Mises 屈服准则计算不同点处的安全系数，该标准规定当等效应力达到材料的屈服力时，材料开始屈服。程序通过在任意点处将屈服力除以 von Mises 应力而计算该处的安全系数。

安全系数值的解释如下。

- 某位置的安全系数小于 1.0，表示此位置的材料已屈服，设计不安全。
- 某位置的安全系数等于 1.0，表示此位置的材料刚开始屈服。
- 某位置的安全系数大于 1.0，表示此位置的材料没有屈服。

5. 在机械工程领域内可用有限元法解决的问题

（1）包括杆、梁、板、壳、三维块体、二维平面、管道等各种单元的各种复杂结构的静力分析。

（2）各种复杂结构的动力分析，包括频率、振型和动力响应计算。

（3）整机（如水压机、汽车、发电机、泵、机床）的静、动力分析。

（4）工程结构和机械零部件的弹塑性应力分析及大变形分析。

（5）工程结构和机械零件的热弹性蠕变、粘弹性、粘塑性分析。

（6）大型工程机械轴承油膜计算等。

9.1.2　CATIA 有限元分析模块简介

在机械设计中，一个重要的步骤就是校核结构的强度，以便改进设计，有时还需要了解结构的一些动态特性，例如频率特性、振型等，这些都离不开工程分析，CATIA 的工程分析模块提供了一个强大、实用而且易用的工程分析环境。

CATIA 有限元分析流程如下。

（1）模型简化处理。

（2）指定材料。

（3）网格划分（包括简易网格划分与高级网格划分）。

（4）定义约束。

（5）定义载荷。

（6）求解运算。

（7）结果显示。

CATIA 有限元分析模块包括高级网格化工具模块和基本结构分析模块。在结构有限元分析流程中，仅涉及基本结构分析模块，当面对的模型是曲面或是比较复杂的零件时，可以进入高级网格划分模块中进行网格精细划分。

1. 高级网格划分模块

选择“开始”|“分析与模拟”|“高级网格化工具”命令，进入高级网格划分的工作环境，如图9-6所示。

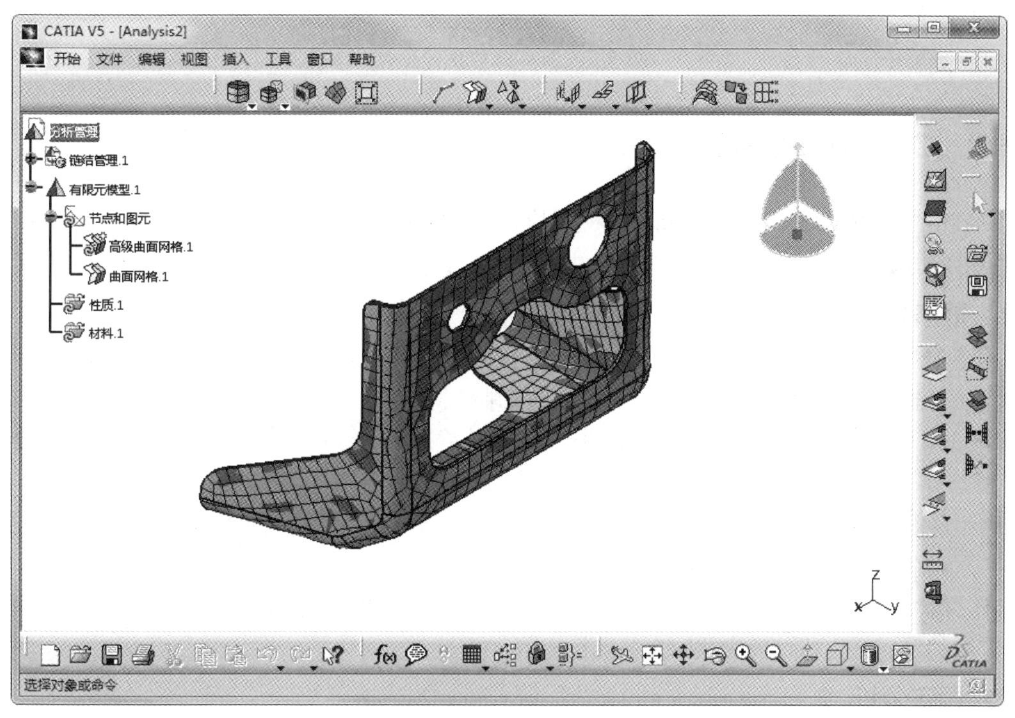

图 9-6　高级网格划分工作环境

2. 基本结构分析模块

如果是结构相对简单的零件，可以直接进入基本结构分析模块进行有限元分析。选择“开始”|“分析和模拟”|“基本结构分析”命令，进入基本结构分析工作界面，如图 9-7 所示。

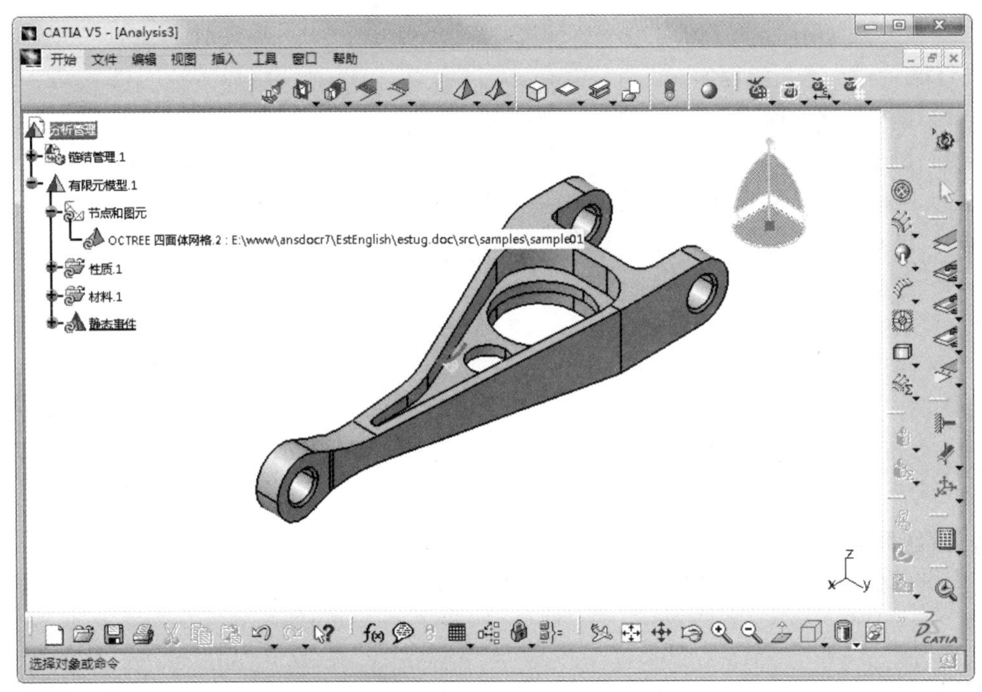

图 9-7 基本结构分析界面

9.1.3 CATIA 分析类型

CATIA V5-6R2018 软件的有限元分析模块提供了 3 种有限元分析类型：静态分析、频率分析和自由频率分析。其中，频率分析和自由频率分析合并称为“动态分析”。

1. 静态分析

静态分析主要用于分析零部件在一定约束和载荷作用下的静力学应力应变。当载荷作用于物体表面上时，物体发生变形，载荷的作用将传到整个物体。外部载荷会引起内力和反作用力，使物体进入平衡状态。如图 9-8 所示为某托架零件的静态应力分析结果。

静态分析有两个假设，具体如下。

- 静态假设：所有载荷被缓慢且逐渐应用，直到它们达到其完全量值。在达到完全量值后，载荷保持不变（不随时间变化）。
- 线性假设：载荷和所引起的反应力之间的关系是线性的。例如，如果将载荷加倍，模型的反应（位移、应变及应力）也将加倍。

2. 频率分析

频率分析用于分析模型的频率特性和模态。

每个结构都有以特定频率振动的趋势，这一频率也称作“自然频率”或“共振频率”。每个自然频率都与模型以该频率振动时趋向于呈现的特定形状相关，称为“模式形状”。

当结构被频率与其自然频率一致的动态载荷正常刺激时，会承受较大的位移和应力。这种现象就称为“共振”。对于无阻尼的系统，共振在理论上会导致无穷的运动。但阻尼会限制结构因共振载荷而产生的反应，如图 9-9 所示为某轴装配体的频率分析。

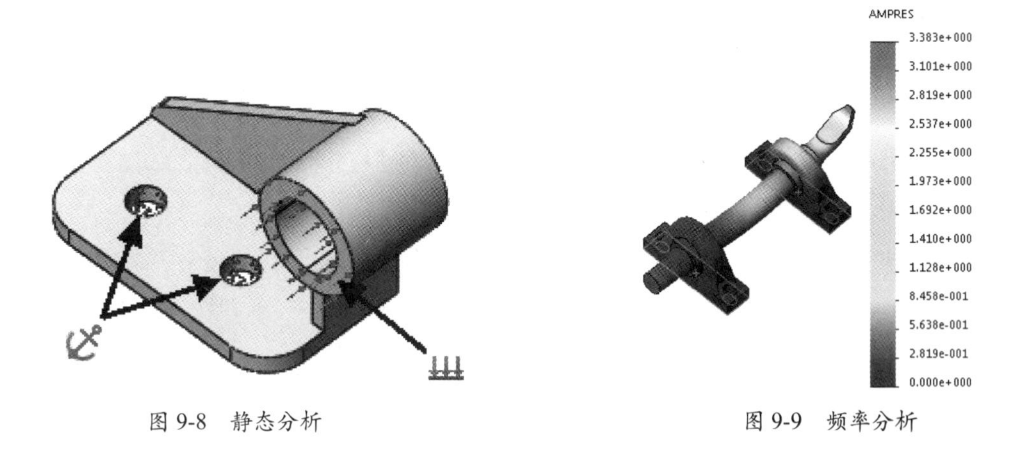

图 9-8　静态分析

图 9-9　频率分析

3. 自由频率分析

自由频率分析和频率分析都属于动态分析。自由频率分析类型中对物体没有任何约束，而频率分析中需要在物体上施加一定的约束。

9.2 结构分析案例

在接下来的有限元分析流程中，以在基本结构分析模块中进行结构分析的几个案例为基础，逐一介绍结构分析的相关功能指令。鉴于篇幅的限制，各分析工具指令就不介绍了。

9.2.1 案例一：传动装置装配体静态分析

图 9-10 所示的传动装置装配体上包含了 6 个零部件：基座、皮带轮、传动轴、法兰和两个螺栓。基座上的两个螺栓孔是预留给虚拟螺栓（Virtual Bolt Tightening）的，传动轴端右侧过盈安装皮带轮。

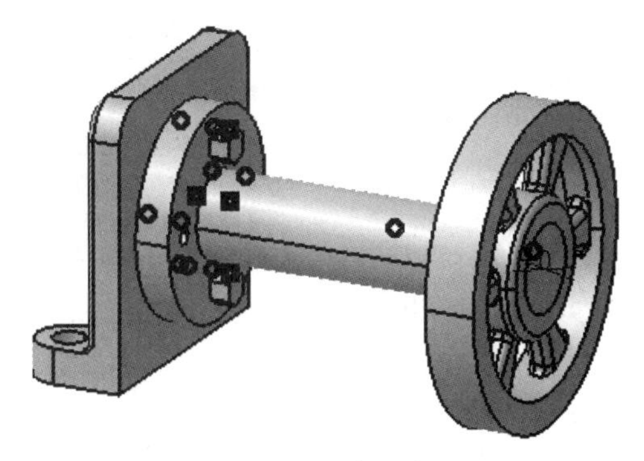

图 9-10　传动装置装配体

整个装配体各部件的材料如下。

- 基座和螺栓的材料为 iron（碳钢）。
- 皮带轮的材料为 Steel（钢）。
- 传动轴的材料为 Bronze（青铜）。

1. 准备模型

01 打开本例装配体文件 9-1.CATProduct。

02 选择“开始”|“分析与模拟”|“基本结构分析”命令，弹出“新分析情况”对话框。

03 选择“静态分析”类型后单击“确定”按钮，进入基本结构分析工作环境，如图 9-11 所示。

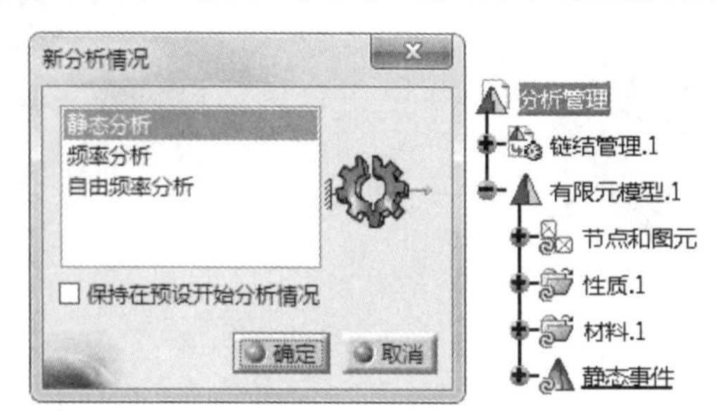

图 9-11　进入基本结构分析的静态分析模式

04 从图 9-12 可以看出，已在传动装置装配体中定义了一系列约束，在接下来的创建分析连接特性过程中，可以利用这些约束，也可以重新创建连接关系，然后利用连接关系创建连接特性。

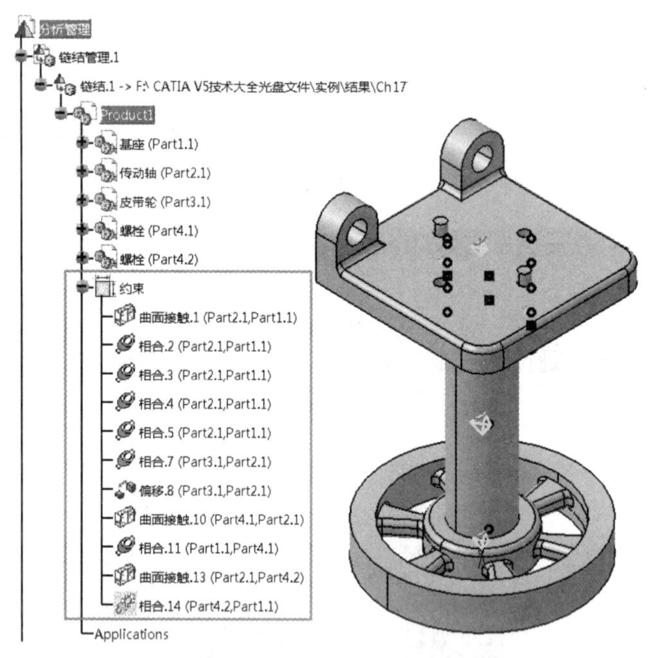

图 9-12　装配体中的约束可用于创建分析连接

2. 设置材料

在本例源文件的装配体模型中，已经对各个部件设置了材料属性。在装配结构树中的“有限元模型 .1”|“材料 .1”节点下双击“材料 .1”“材料 .2”“材料 .3”“材料 .4”“材料 .5”材质球，可以查看材料设置情况。

3. 创建分析连接和连接性质

分析连接不能直接用于有限元分析，分析连接的创建是为定义连接特性做准备的，零件之间的连接关系通常可为如下两种。

- 装配体中建立的约束关系。
- 利用“分析依附”工具栏中的工具建立的连接关系。

零件之间的连接关系只能说明在装配体中存在的位置关系，必须将这些连接关系转化为有限元所能接受的连接性质，才能进行结构分析。“分析依附”工具栏如图 9-13 所示，“连接性质”工具栏如图 9-14 所示。

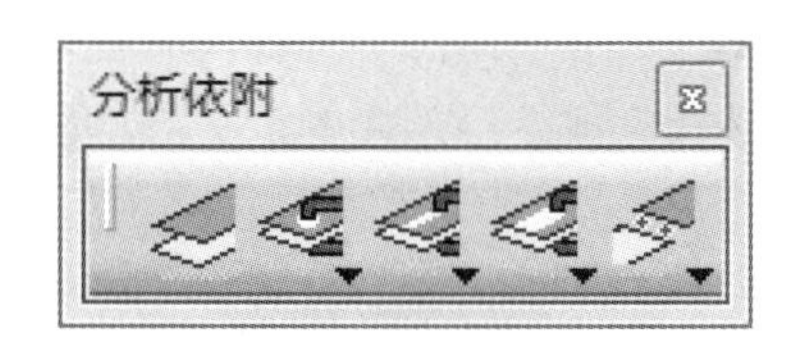

图 9-13　“分析依附”工具栏

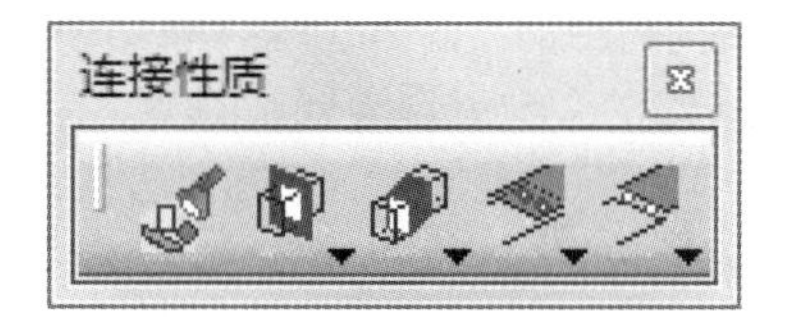

图 9-14　“连接性质”工具栏

“分析依附”工具栏中各工具命令的含义如下。

- 一般分析连接：允许点、边、表面和机械特征之间的连接。
- 点分析连接：允许连接曲面并选择一个包含点的开放体。
- 单一零件内点分析连接：允许连接一个表面并选择一个包含点的开放体。
- 线分析连接：允许表面连接和选择包含线条的一个开放体。
- 单一零件内线分析连接：允许连接一个表面并选择一个包含线的开放体。
- 曲面分析连接：允许连接表面。
- 单一零件内曲面分析连接：允许连接一个表面。
- 点至点分析连接：允许连接两个子网格。
- 点分析界面：创建点分析界面，此功能仅适用于装配结构分析产品。

“连接性质”工具栏中各工具命令的含义如下。

- Find Interactions：找出相互连接关系。
- 滑动连接：在正常方向上将物体固定在它们的共同界面处，同时允许它们在切线方向上相对于彼此滑动。
- 接触连接：防止物体在共同界面处相互穿透。
- 系紧连接：在它们的共同界面处将身体紧固在一起。
- 系紧弹簧连接：在两个面之间创建弹性连接。
- 压配连接：防止物体在共同界面处相互穿透。
- 螺栓锁紧连接：防止物体在共同界面处相互穿透。
- 刚性连接：在两个物体之间创建一个连接，这两个物体在它们的公共边界处被加固并固定在一起，并且表现得好像它们的界面是无限刚性的。
- 光顺连接：在两个主体之间创建一个连接，这两个主体在它们的公共边界处固定在一起，并且其行为就像它们的界面是柔软的一样。
- 虚拟螺栓锁紧连接：考虑螺栓拧紧组件中的预张力，其中不包括螺栓。
- 虚拟弹簧螺栓锁紧连接：指定已组装系统中的实体之间的边界交互。
- 用户定义距离连接：指定远程连接中包含的元素类型及其关联属性。
- 点焊连接：使用分析焊点连接在两个实体之间创建连接。
- 缝焊连接：使用分析缝焊连接在两个实体之间创建连接。

- 曲面焊接连接：使用分析曲面焊接连接在两个实体之间创建连接。
- 节点至节点连接：使用点到点分析连接在两个实体之间创建连接。
- 节点接口性质：使用点接口连接在两个实体之间创建连接。

（1）创建基座与传动轴之间的接触连接属性。

01 在“连接性质”工具栏中单击“接触连接”按钮，弹出“接触连接”对话框。

02 在装配结构树中的“链结管理.1”|“链结.1”|Product1|“约束”层级子节点下选择“曲面接触.1（Part2.1, Part1.1）”约束作为依附对象，单击“确定”按钮完成接触连接的定义，如图9-15所示。

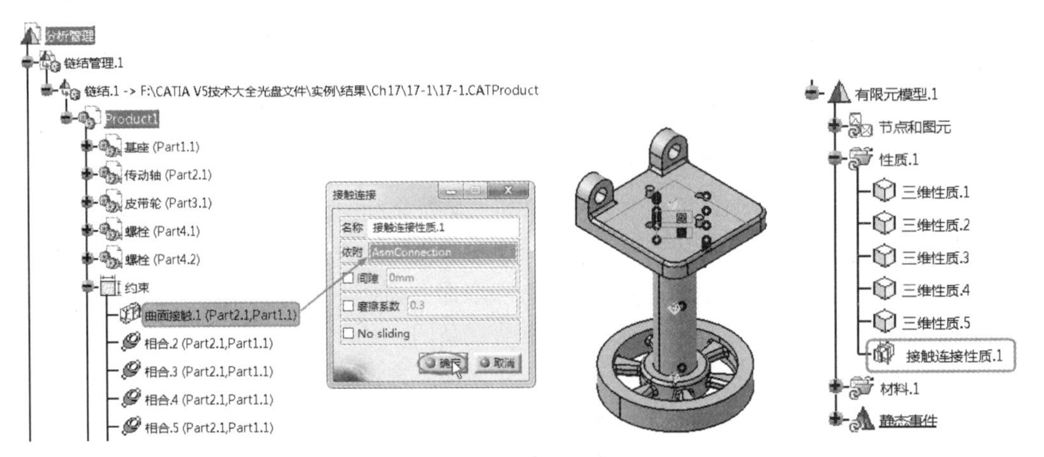

图9-15 创建接触连接

（2）在基座、法兰与螺栓之间创建接触连接。

> **提示：**
>
> 螺栓与底座之间的连接特性定义，不仅需要通过螺栓连接来限定两者之间的轴向绑定，还需要定义螺栓与法兰面之间的接触连接来限定螺栓与轴端法兰轴向不能滑动，螺栓外圆面与法兰孔面之间的接触特性来限定两者之间圆周方向不会滑动。而这两个接触特性的定义需要用到约束或者连接关系，在装配件设计过程中，没有定义螺栓外圆面与法兰孔面之间的接触约束（只定义了轴线重合），这样就需要先利用“一般分析连接”创建二者之间的通用连接。

01 暂时隐藏基座部件。在“分析依附”工具栏中单击“一般分析连接”按钮，选择一个螺栓的外圆面作为第一个部件，再选择法兰孔内圆面作为第二部件，单击“确定”按钮完成分析连接的创建，如图9-16所示。同理将另一个螺栓与法兰孔进行分析连接创建。

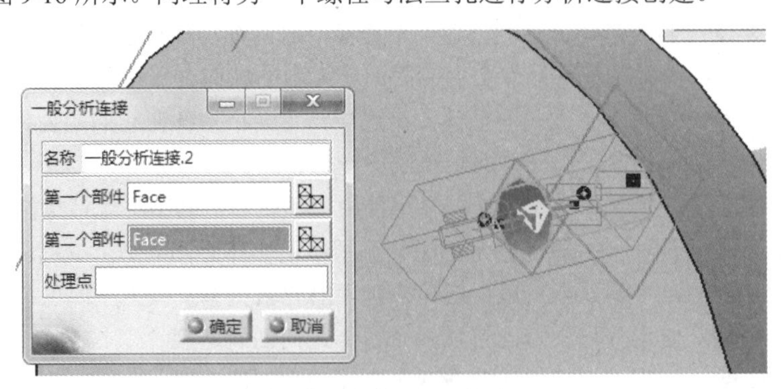

图9-16 创建一般分析连接

操作技巧：

创建分析连接过程中，“第一个部件”选择的是螺栓外圆面，“第二个部件”选择的是螺栓与孔配合的孔内圆面。如果法兰孔的内圆面不好选取，可以右击，在弹出的快捷菜单中执行“隐藏/显示”命令，将螺栓暂时隐藏。

02 单击“接触连接”按钮，弹出“接触连接”对话框。选择刚才创建的一般分析连接作为依附对象，单击“确定”按钮完成接触连接的创建。同理，再选择另一个一般分析连接作为依附对象来创建接触连接，结果如图 9-17 所示。

03 依次选择装配结构树中“约束”节点下的“曲面接触 .10”和“曲面接触 .13”两个约束，分别创建出两个接触连接，如图 9-18 所示。

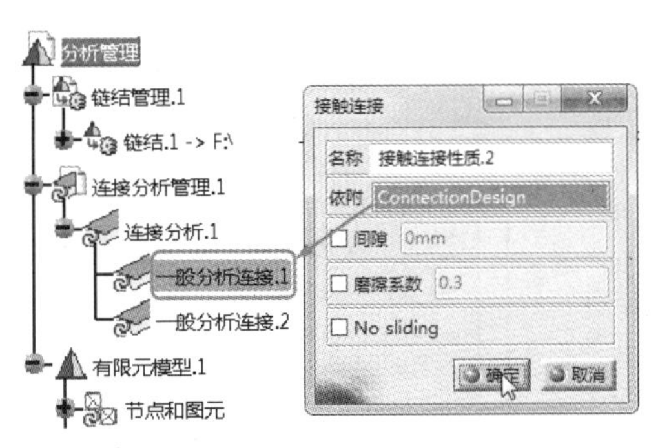

图 9-17　利用分析连接创建接触连接

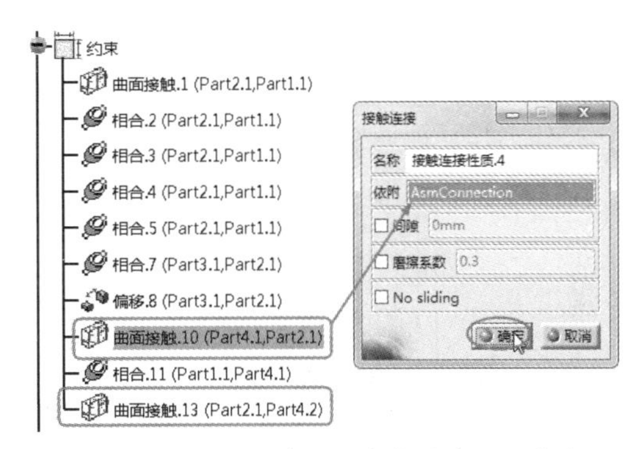

图 9-18　利用装配约束来创建接触连接

04 单击“螺栓锁紧连接”按钮，弹出“螺栓锁紧连结性质”对话框。选择“相合 .14”约束作为依附对象，输入“锁紧力”值为 300N，创建第一个螺栓锁紧连接。同理，再选择“相合 .11”作为依附对象来创建第二个螺栓锁紧连接。如图 9-19 所示。

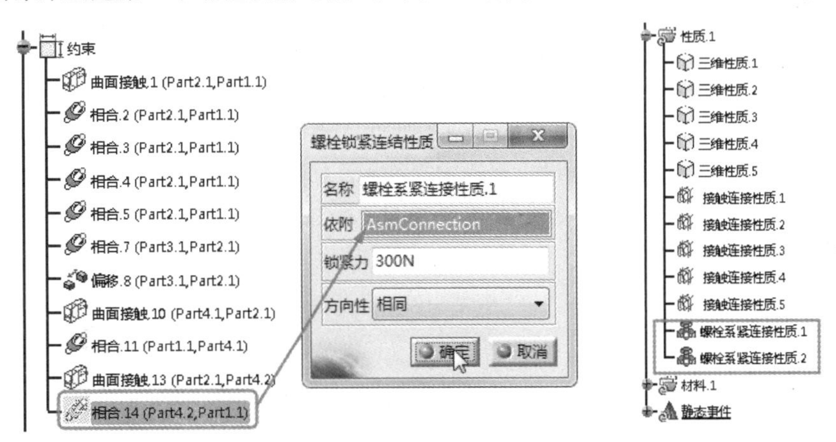

图 9-19　创建两个螺栓锁紧连接

05 还有两个螺栓孔，用法兰与底座之间的虚拟螺栓紧定连接定义。单击“螺栓锁紧连接”按钮，弹出“螺栓锁紧连结性质”对话框。在装配结构树的“约束”节点下选择“相合 .3”约束作为依附对象，输入“锁紧力”值为 300N，单击“确定”按钮完成第 3 个螺栓锁紧连接的创建，如图 9-20 所示。同理，再选择“相合 .4”约束作为依附对象，创建第 4 个螺栓锁紧连接，如图 9-21 所示。

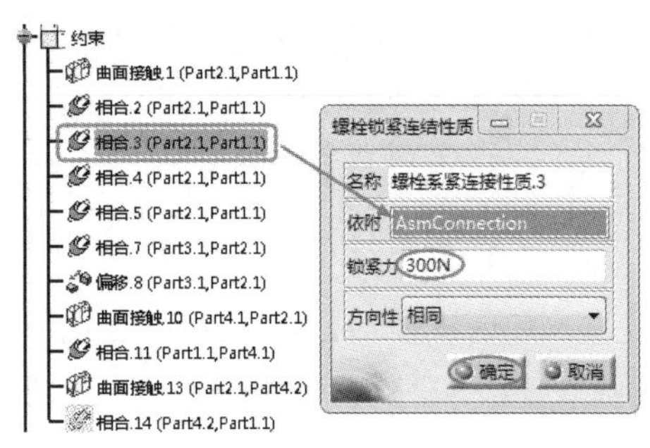

图 9-20　创建第 3 个螺栓锁紧连接

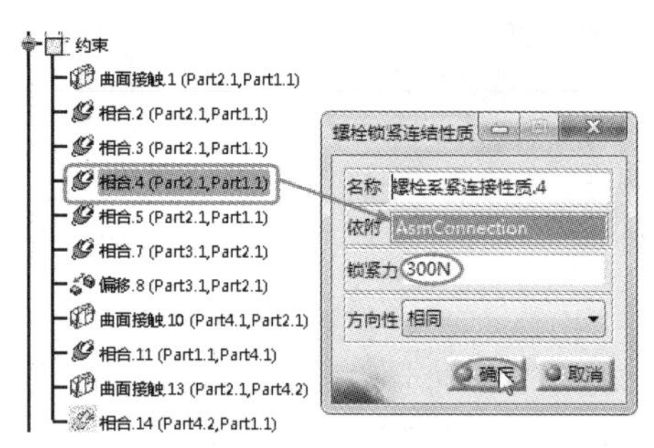

图 9-21　创建第 4 个螺栓锁紧连接

（3）创建传动轴和皮带轮之间过盈连接。

在“连接性质”工具栏单击“压配连接”按钮，弹出“压配连结性质”对话框。在装配结构树中的“约束”节点下选择“相合.7”约束作为依附对象，输入“重叠”值为0.3mm，单击“确定”按钮创建压配连接，如图 9-22 所示。

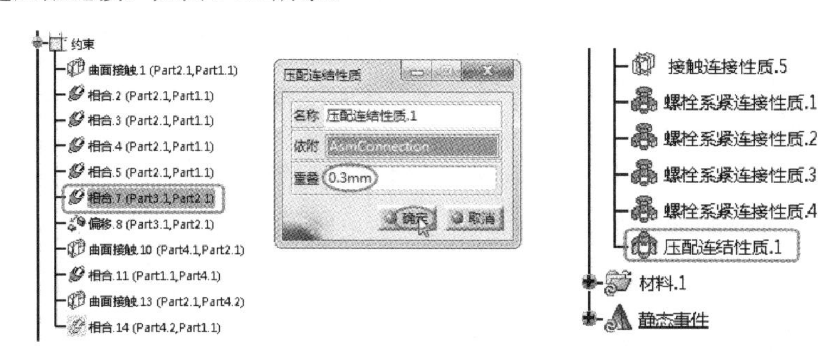

图 9-22　创建压配连接

4. 约束定义

约束与载荷称为“边界条件”，通过约束限定左侧基座的 6 个自由度。

01 在“抑制”工具栏中单击“滑动曲面”按钮，弹出“曲面滑块”对话框。

02 选择基座上的两个孔圆面作为依附对象，创建曲面滑块限制，如图 9-23 所示。

03 单击“用户定义限制”按钮，弹出“用户定义抑制”对话框，选择基座底部面作为依附对象，仅选中“抑制平移 2”复选框（意思是限制 y 方向的平移自由度），单击“确定”按钮完成自由度的限制操作，如图 9-24 所示。

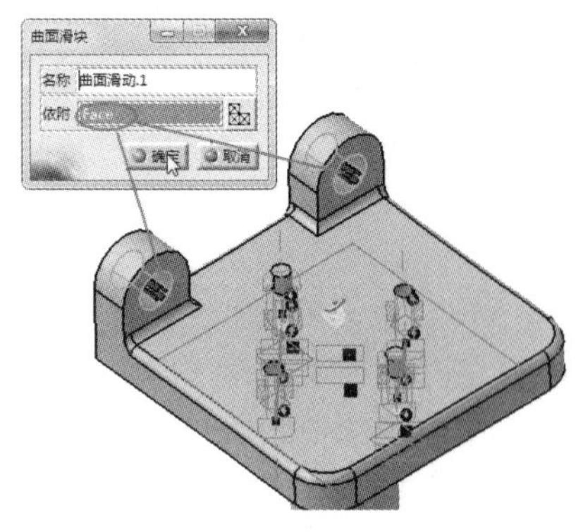

图 9-23　创建曲面滑块限制

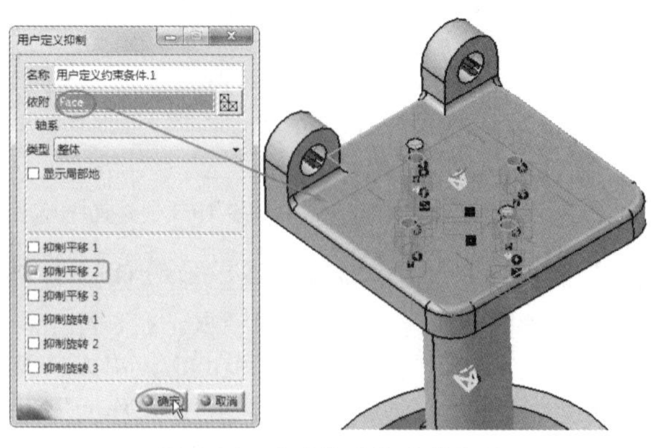

图 9-24　定义基座的平移限制

5. 施加载荷

所有载荷全部添加于皮带轮零件，其承受扭矩和轴向力。

01 在“负载”工具栏中单击“均布力”按钮旁的下三角按钮，展开“力量”工具栏。单击“力矩”按钮，弹出“力矩”对话框。

02 选择皮带轮外圆面作为依附对象，在“惯性向量”选项组的Z文本框中输入300Nxm，单击“确定”按钮完成力矩的添加，如图9-25所示。

03 单击“均布力”按钮，弹出“均布力”对话框。选择皮带轮外圆面作为依附对象，设置 *y* 方向的力为 -200N，设置 *z* 方向的力为 -300N，单击“确定”按钮完成均布力的添加，如图9-26所示。

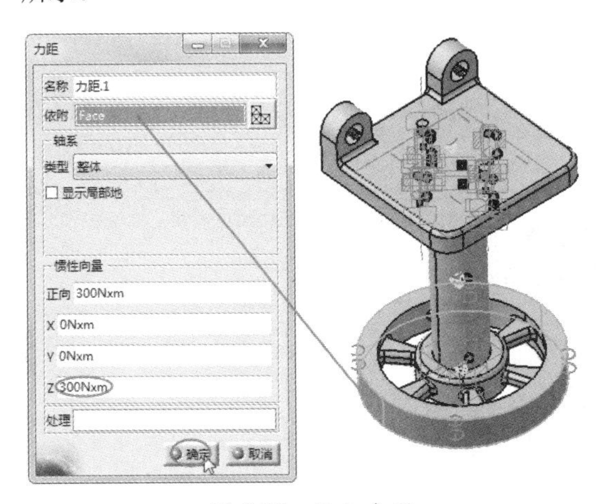

图 9-25　添加力矩

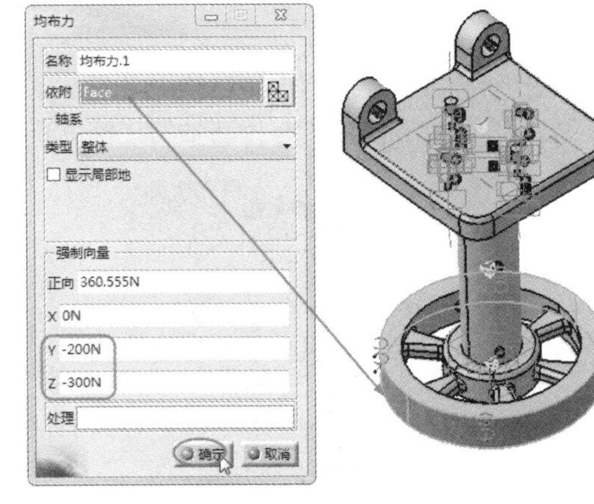

图 9-26　添加均布力

6. 运行结算器并查看分析结果

01 单击“计算”工具栏中的“计算”按钮，弹出“计算”对话框。单击“确定”按钮，系统开始运算并分析，如图9-27所示。

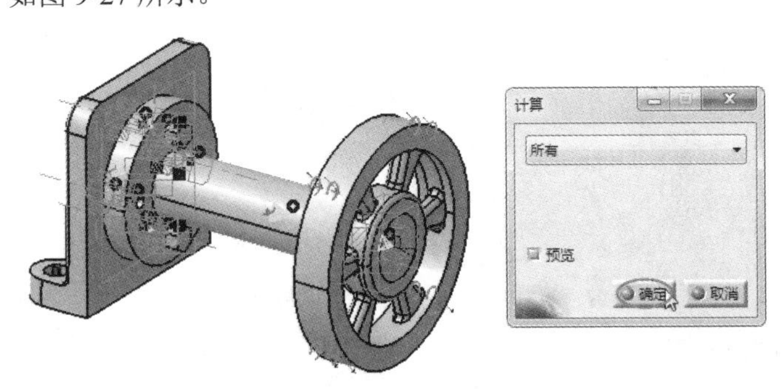

图 9-27　计算器运算并分析

02 经过一段时间分析计算之后，得到装配体的静态分析结果。可以单击“影响”工具栏中的“变形”“Von Mises 应力”和“位移”工具等得到结果云图，帮助设计师获得精准的分析数据。

03 单击“变形”按钮，得到应力变形分析云图。在“有限元模型 .1”|“静态事件”|“静态事件解法 .1”节点下双击“Von Mises 应力文字 .1”，弹出“图像编辑”对话框。以“文字”形式来表达云图，可以很明显地看出整个装配体的应力主要集中在皮带轮与传动轴的接触位置上，如图9-28所示。

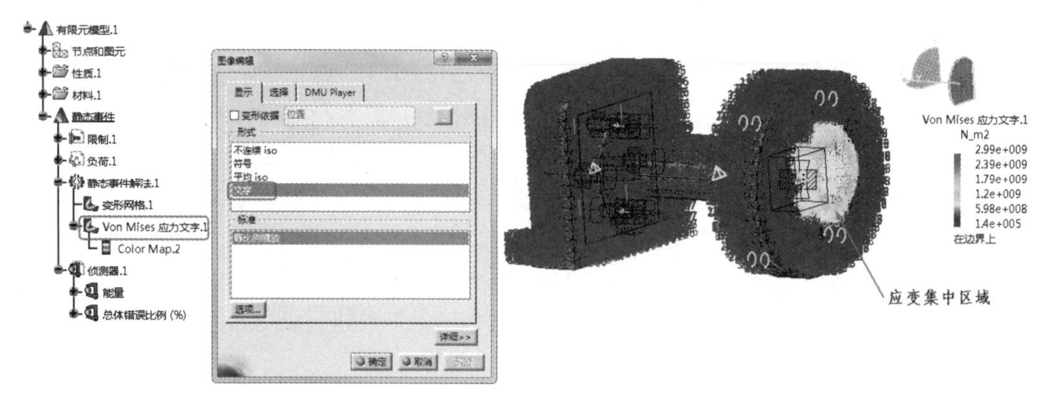

图 9-28　应变分析云图

04 单击“Von Mises 应力”按钮，得到装配体的应力分析云图，如图 9-29 所示。同样可以看出应力也是集中在皮带轮与传动轴的接触位置。

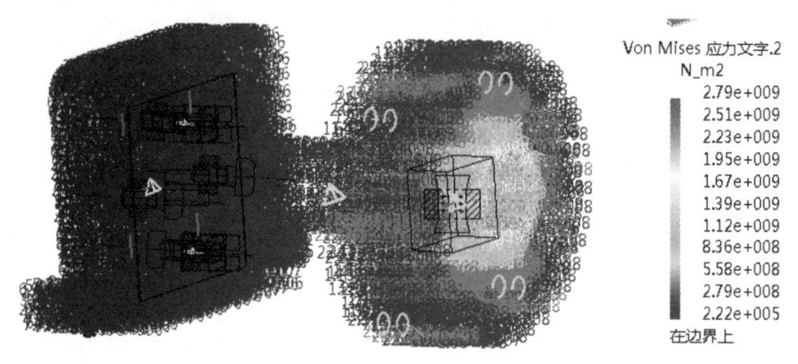

图 9-29　应变分析云图

05 单击“位移”按钮，可以得到装配体中哪个部件产生了位移，结果显示基座上的一个螺栓脱离了螺孔，如图 9-30 所示。

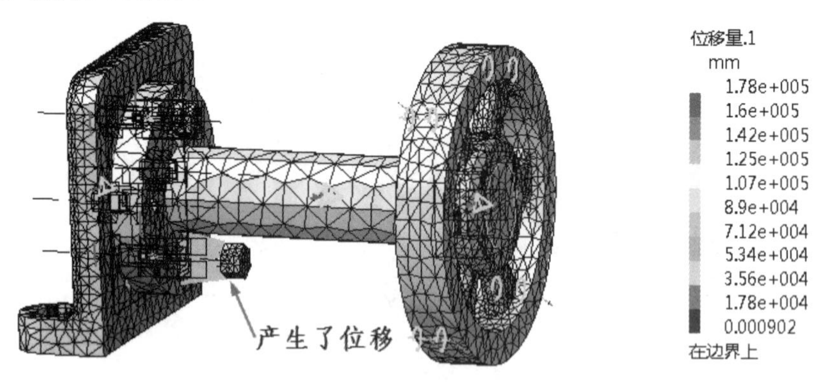

图 9-30　位移分析结果

06 至此，完成了传动装置装配体的静态分析，最后保存结果文件。

9.2.2　案例二：曲柄连杆零件静态分析

线性静力学分析用于确定由静态（稳态）载荷引起的结构或构件中的位移、应力、应变和力。

这些负载可以是：

- 外部施加的力量和压力。
- 稳态惯性力（重力和离心）。
- 强制（非零）位移。
- 温度（热应变）。

本例讨论设置和执行线性静态分析。完成本例后，应该了解线性静态分析的基础知识，并能够为线性静态解决方案准备模型。

要执行线性静态分析的模型如图 9-31 所示，这是工程机械中常见的轴承的曲柄连杆结构件杆身部分，其用途是将燃气作用在活塞顶上的压力转换为曲轴旋转运动而对外输出动力。工作条件：温度在 2500℃ 以上，材料为球磨铸铁 QT400。在 CATIA 材料库中采用材料库中相对应的材料。

发动机连杆上连活塞销，下连曲轴。工作时，曲轴高速转动，活塞高速直线运动，且在连杆工作时，主要承受两种周期性变化的外力作用：一是经活塞顶传来的燃气爆发力，对连杆起压缩作用；二是活塞连杆组高速运动产生的惯性力，对连杆起拉伸作用，这两种力都在上止点附近发生。

连杆失效主要是拉、压疲劳断裂所致，所以通常分析连杆仅受最大拉力，以及仅受最大压力两种危险工况下的应力和变形情况。具体分析时，最大拉力取决于惯性力，所以取最大转速时对应的离心惯性力加载；最大压力则根据燃气压力和惯性离心力的作用取标定工况或者最大扭矩工况。

曲柄连杆机构示意如图 9-32 所示。

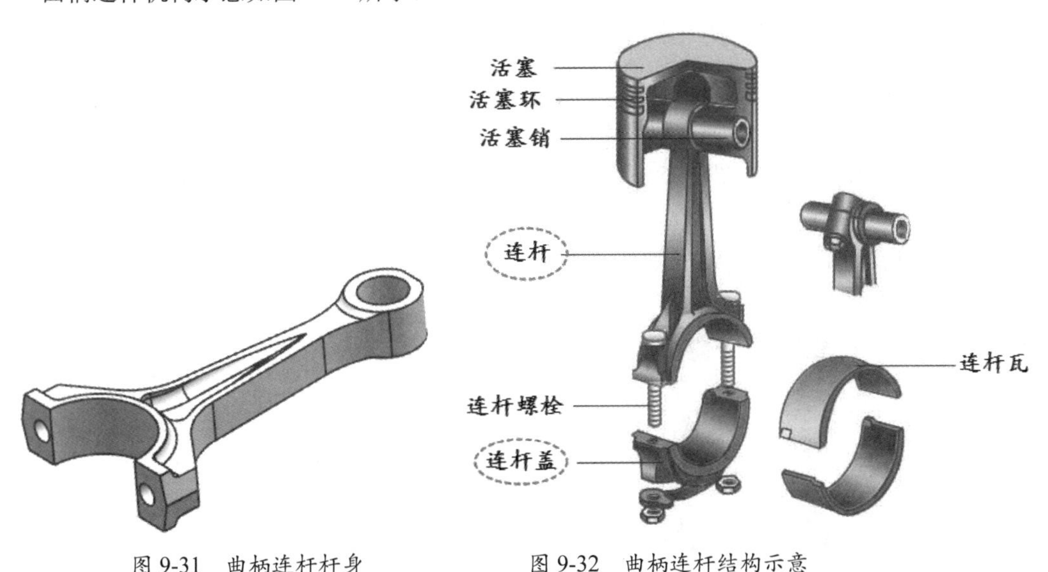

图 9-31　曲柄连杆杆身　　　　图 9-32　曲柄连杆结构示意

01 打开本例源文件 9-2.CATPart。

02 选择“开始”|“分析与模拟”|“基本结构分析”命令，弹出“新分析情况”对话框，如图 9-33 所示。选择“静态分析”类型后单击“确定”按钮，进入基本结构分析工作环境。

03 在装配结构树中的“有限元模型 .1”|“节点和图元”节点下双击“OCTREE 四面体网格 .1”网格，然后在弹出的“OCTREE 四面体网格”对话框中修改 Size 值为 5mm，单击“确定”按钮

完成网格的参数设定，如图 9-34 所示。

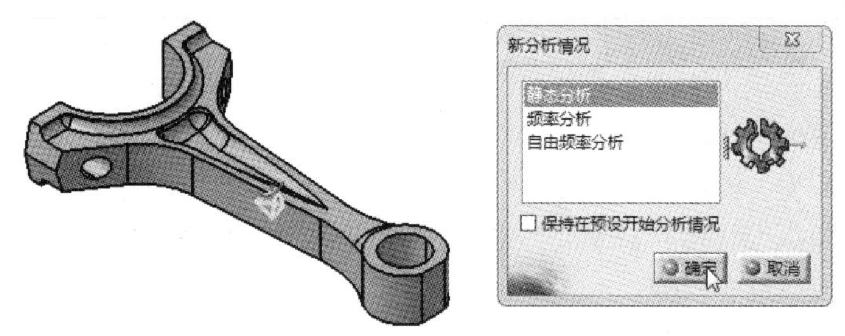

图 9-33 选择分析类型

图 9-34 修改网格边长值

操作技巧：

网格边长（Size）值越小，模型分析的精度就越高，但会增长分析时间。

04 在“模型管理者”工具栏中单击“User Material（用户材料）”按钮，弹出“库（只读）”对话框。在“Metal（钢）”选项卡中双击 Iron 材料，可以从弹出的“属性”对话框中按照国标金属材料的参数进行修改，如图 9-35 所示。

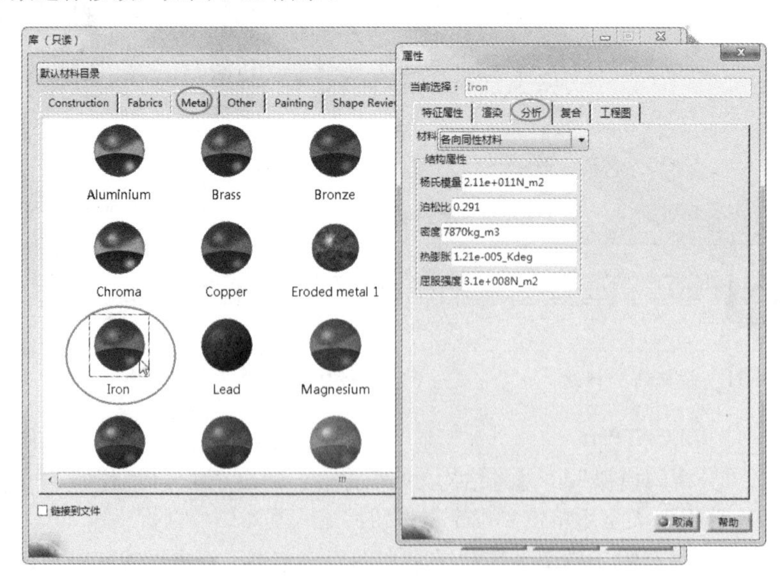

图 9-35 选择并设置金属材料

提示：

表9-1中给出CATIA材料库中的部分金属名称与国内常用的金属牌号对应表。

表 9-1 CATIA 材料库金属对应国内常用金属牌号

CATIA 材料库金属牌号	金属名称	对应的国内金属牌号
AISI_STEEL_1009-HR	淬硬优质参素结构钢	08
AISI_STEEL_4340	优质合金结构钢	40CrNiMoA
AISI_310_ss	耐热钢（不锈钢）	2Cr25Ni20；0Cr25Ni20
AISI_410_ss	耐热钢（不锈钢）	1Cr13；1Cr13Mo
Aluminum_2014	铝合金	2A14（新）LD10（旧）
Aluminum_6061	铝合金	6061
Brass	黄铜	
Bronze	青铜	
Iron_ Malleable	可锻铸铁	KTH350-10
Iron_ Nodular	球墨铸铁	QT400-18、QT400-15
Iron_40	40 号碳钢（结构钢）	40
Iron_60	60 号碳钢（结构钢）	60
Steel-Rolled	轧钢	Q235A、Q235B、Q235C、Q235D
Steel	钢	
S/Steel_PH15-5	钼合金钢	
Titanium_ Alloy	钛合金	TC1
Tungsten	钨	YT15
Aluminum_5086	Al-Mg 系铝合金	
Copper_C10100	铜	
Iron_Cast_G25；ron_Cast_G60	铸铁	HT250；QT600-3
Magnesium_ Cast	镁合金铸铁	
AISI_SS_304-Annealed	304 不锈钢	0Cr19Ni9N
Titanium-Annealed	退火钛合金	TA2
AISI_ Steel_ Maraging	马氏体实效钢	16MnCr5
AISI_Steel_1005		05F
Inconel_719-Aged	沉淀硬化不锈钢	0Cr15Ni7Mo2Al
Titanium_Ti-6Al-4V	钛合金	TC4
Copper_C10100	铜	
ron_Cast_G40	铸钢	

05 单击“应用材料”按钮将选择的金属材料应用到曲柄连杆杆身上，在“性质.1”节点下双击“三维性质.1”打开“3D 性质”对话框。选中“用户定义材料”复选框，然后选择“材料.1”节点下的“用户材料.1”材料，单击“确定”按钮完成材料的转换，此步骤非常关键，如图 9-36 所示。

06 添加夹紧约束类型（因为曲柄连杆杆身与轴承是夹紧约束装配关系，连杆绕轴承旋转）。在“抑制”工具栏中单击“夹持”按钮，弹出“夹持”对话框。选择两个端面作为依附对象，单击“确定”按钮完成约束的添加，如图 9-37 所示。

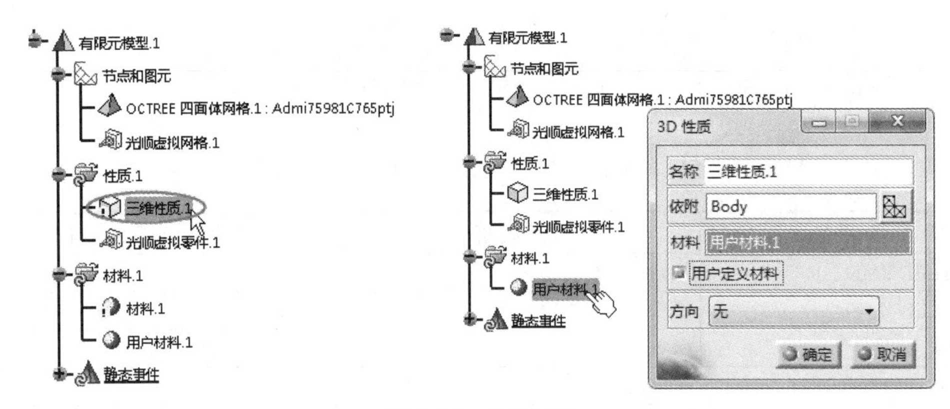

图 9-36 转换材料

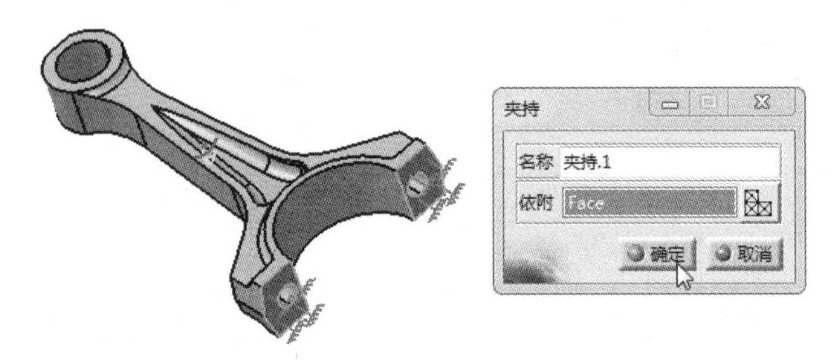

图 9-37 添加夹紧约束

07 在“抑制”工具栏中单击“用户定义抑制”按钮，选择半圆面作为依附对象，取消选中“抑制旋转 3”复选项，选中其余复选框，单击“确定”按钮完成用户定义的约束，如图 9-38 所示。

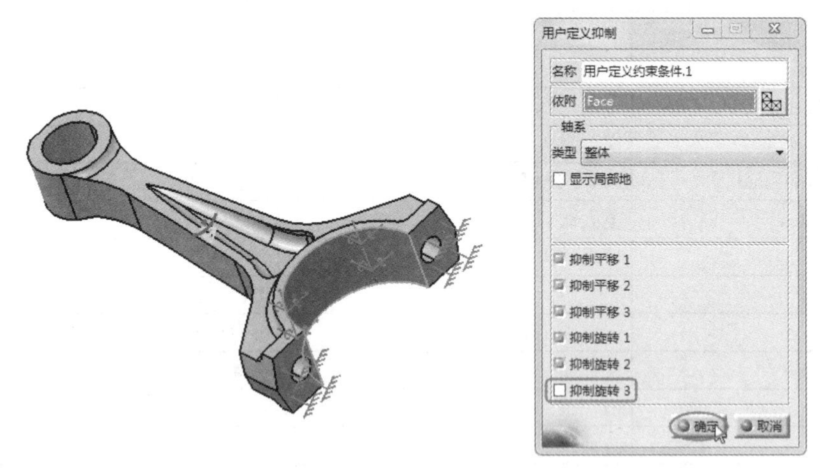

图 9-38 用户定义约束

08 将零部件设为编辑部件进入零件设计工作台，利用“参考元素”工具栏中的“直线”工具，创建一条轴线，如图 9-39 所示。

09 激活顶层节点“分析管理”，返回基本结构分析环境。在“负载”工具栏中单击“加速度”按钮旁的下三角按钮，在展开的“本地运载”工具栏中单击“旋转”按钮，弹出“旋转力”对话框。选择整个零件作为依附对象，选择轴线作为旋转轴，输入“角速度”值为 5000turn_mn，单击“确定”按钮完成旋转力的添加，如图 9-40 所示。

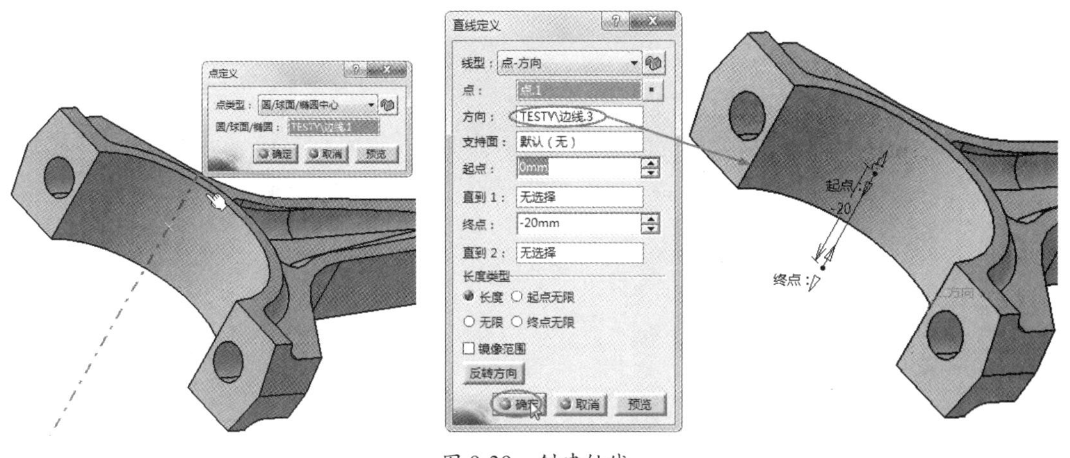

图 9-39 创建轴线

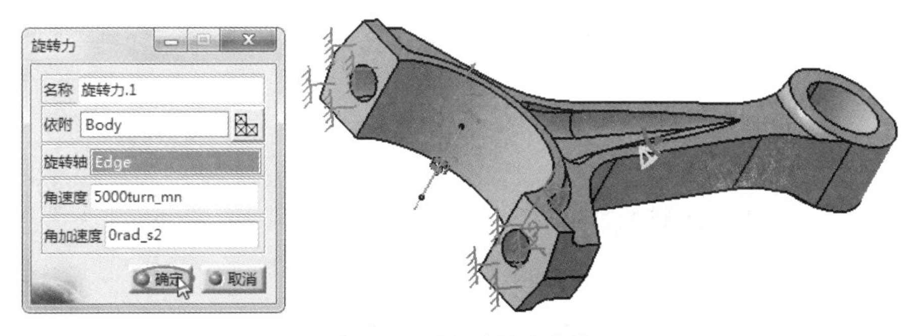

图 9-40 添加旋转力载荷

10 在连杆小头内孔建立柔性虚件。单击“虚拟零件”工具栏中的“光顺虚拟元件”按钮，弹出“平滑虚拟零件”对话框。

11 选择小头的内孔圆面作为依附对象，单击“确定”按钮完成虚拟零件的创建，如图 9-41 所示。

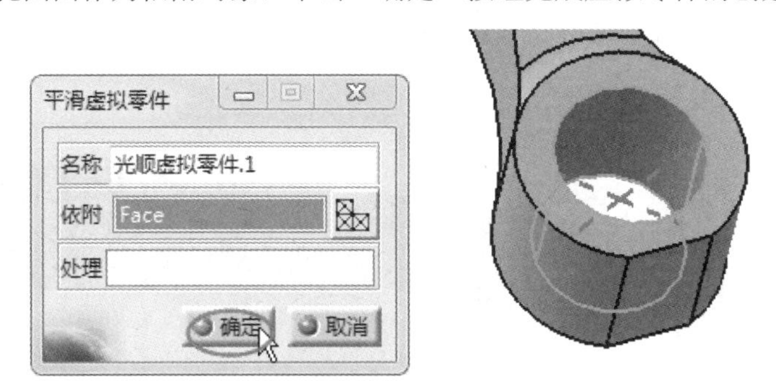

图 9-41 创建平滑虚拟零件

12 利用刚定义的柔性虚件添加活塞组的离心拉力。单击“均布力”按钮，弹出“均布力”对话框。在装配结构树中选择“性质 .1”节点下的“光顺虚拟零件 .1”作为依附对象，输入“正向”值为 30000N，单击“确定”按钮完成均布力的添加，如图 9-42 所示。

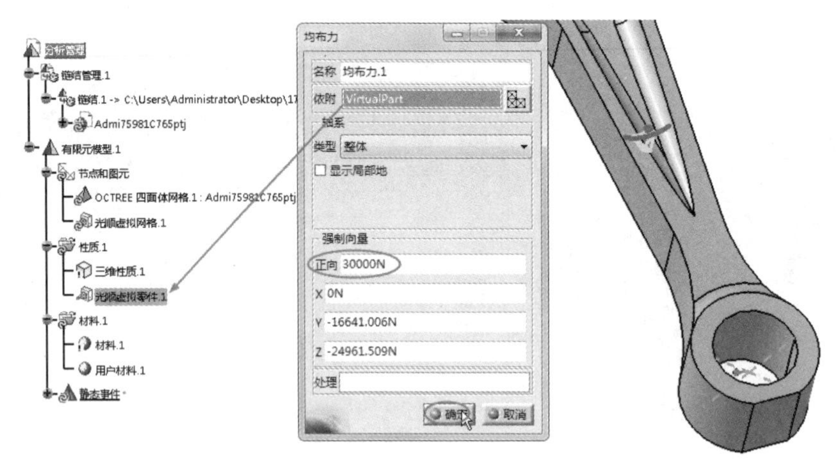

图 9-42　添加均布力

13 单击“计算”工具栏中的“计算”按钮，弹出“计算”对话框。单击“确定”按钮，系统开始运算并分析，如图 9-43 所示。经过一定时间分析计算之后，得到装配体的静态分析结果。

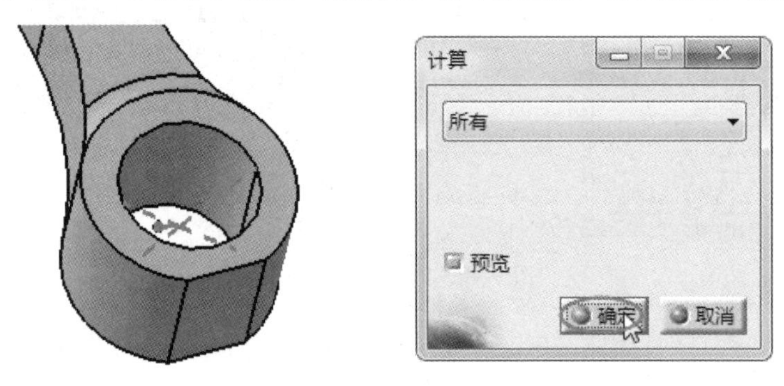

图 9-43　运算结算器进行计算

14 单击“变形”按钮，得到应力变形分析云图，可以很明显地看出整个零件的应力变形还是比较大的，如图 9-44 所示。

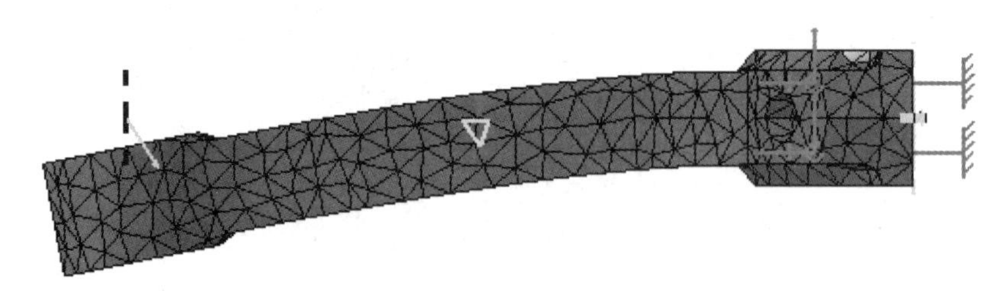

图 9-44　应变分析云图

15 单击“Von Mises 应力”按钮，得到装配体的应力分析云图，如图 9-45 所示。可以看出应力最大的位置在连杆大头区域。

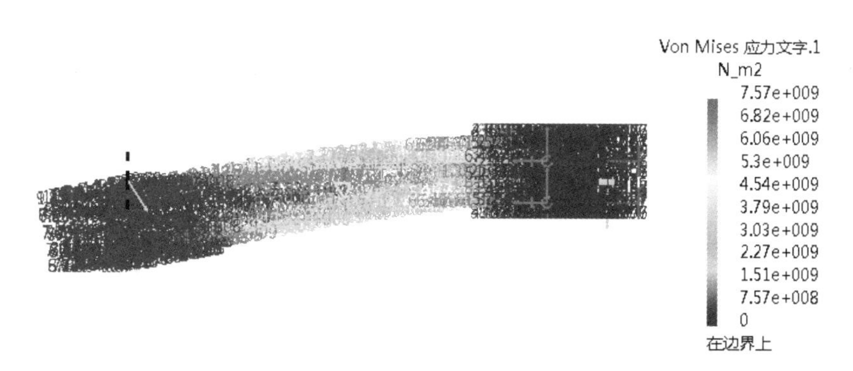

图 9-45 应变分析云图

16 单击“位移”按钮，可以得到连杆零件哪个部件产生了位移，结果显示左侧连杆产生的位移量最大，如图 9-46 所示。

图 9-46 位移分析结果

17 至此，完成了曲柄连杆零件的静态分析，最后保存结果文件。

第 10 章　工程图设计指令

项目导读

随着三维 CAD 软件的发展，利用计算机进行三维建模的效率和质量在不断提升，但是三维模型并不能将所有的设计要求都表达清楚。本章将学习 CATIA V5-6R2018 中的工程制图模块，该模块也是 CATIA 中一个比较重要的组成部分，并且在实际的工作中，各类技术人员也是将工程图作为技术交流的工具。

10.1 CATIA 工程图概述

CATIA 是一个参数化的设计系统。利用 CATIA 创建的工程图与其实体模型具有相关性（若修改了实体模型，则工程图会发生相应的变化；若修改了工程图中的尺寸，则实体模型也会发生相应变化）。这种具有相关性及参数化的设计方法，为工程师带来了极大的方便。在这里列举了一些 CATIA 工程图中的非常实用的功能和特点。

- 能够方便地创建各种视图。
- 能够灵活地控制视图的显示模式与视图中各边线的显示模式。
- 能够通过草绘的方式添加图元，以填补视图表达的不足。
- 既可以自动创建尺寸，也可以手动添加尺寸（自动创建的尺寸为零件模型中包含的尺寸，属于驱动尺寸，修改驱动尺寸可以驱动零件模型做出相应的修改）。
- 尺寸的编辑与整理非常容易，能够统一编辑管理。
- 能够通过各种方式添加注释文本，并且能够按照需要自定义文本样式。
- 能够添加基准、尺寸公差和几何公差，并且能够通过符号库添加符合标准与要求的表面粗糙度符号和焊缝符号。
- 能够创建普通表格、零件族表、孔表和材料清单，并且能够自定义工程图的格式。
- 能够自定义绘图模板，并且定制文本样式、线型样式和符号。利用模板创建工程图能够节省大量的重复劳动。
- 能够自定义 CATIA 的配置文件，使工程图符合不同标准的要求。
- 能够从外部插入工程图文件，也可以导出不同类型的工程图文件，实现对其他软件的兼容。
- 能够输出打印工程图。

CATIA 的工程制图从 3D 零件和装配中直接生成相互关联的 2D 图样，下面介绍如何进入工程制图工作台及工程图环境的设置。

10.1.1 工程制图工作台

在利用 CATIA V5-6R2018 创建工程图时，需要先完成零件或装配设计，然后由三维实体创建二维工程图，这样才能保持其相关性，所以在进入 CATIA V5-6R2018 工程图时要求先打开产品或零件模型，然后再转入工程制图工作台。

CATIA V5-6R2018 工程制图工作台界面如图 10-1 所示，界面中增加了图纸设计相关命令和工程图视图树。

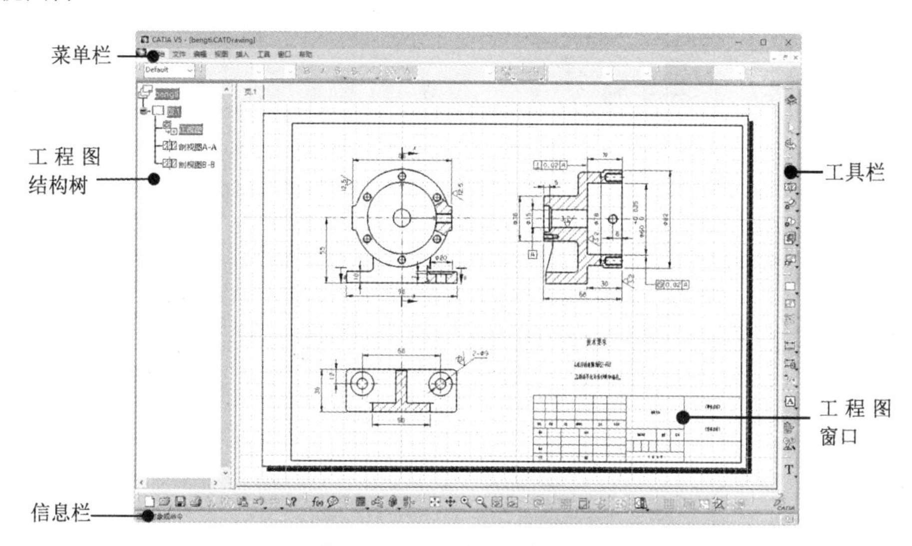

图 10-1　工程制图工作台界面

10.1.2　工程图制图标准（GB）

在创建工程图之前要设置绘图环境，使其符合 GB 制图的基本要求。CATIA 中默认应用的制图规则为 ISO，下面以案例形式说明在 Windows 10 系统中如何创建符合 GB 制图要求的 GB 标准文件。

动手操作——制作工程图制图标准

01 在系统桌面左下角执行“开始”|CATIA|Environment Editor V5-6R2018 命令，打开“环境编辑器”窗口。

02 在窗口的环境列表中选择用户安装的 CATIA 软件环境（笔者安装的是 CATIA V5-6R2018_11.B28），接着在下方的变量列表的“名称”列中选中 CATReference SettingPath 变量和 CATCollectionStandard 变量，并在右侧对应的“值”列中输入值。CATReference SettingPath 变量对应的值为 E（安装 CATIA 软件的盘符）：\Program Files\Dassault Systemes\B28\win_b64\resources\pprnavigator。CATCollectionStandard 变量对应输入的值为 E：\Program Files\Dassault Systemes\B28\win_b64\resources\standard，如图 10-2 所示。

03 在系统桌面右击 CATIA P3 V5-6R2018 软件图标，在弹出的快捷菜单中执行“属性”命令，打开“CATIA P3 V5-6R2018 属性”对话框。在该对话框的“快捷方式”选项卡中修改“目标”文本。在“目标”文本框的 CNEXT.exe 字段后按空格键空一格，然后添加 -admin 字段，单击“确定”按钮完成属性更改。在桌面上双击 CATIA P3 V5-6R2018 软件图标启动软件，系统会弹出“管理模式”对话框，单击该对话框中的“确定”按钮，即可开启管理模式下的 CATIA 软件窗口，如图 10-3 所示。

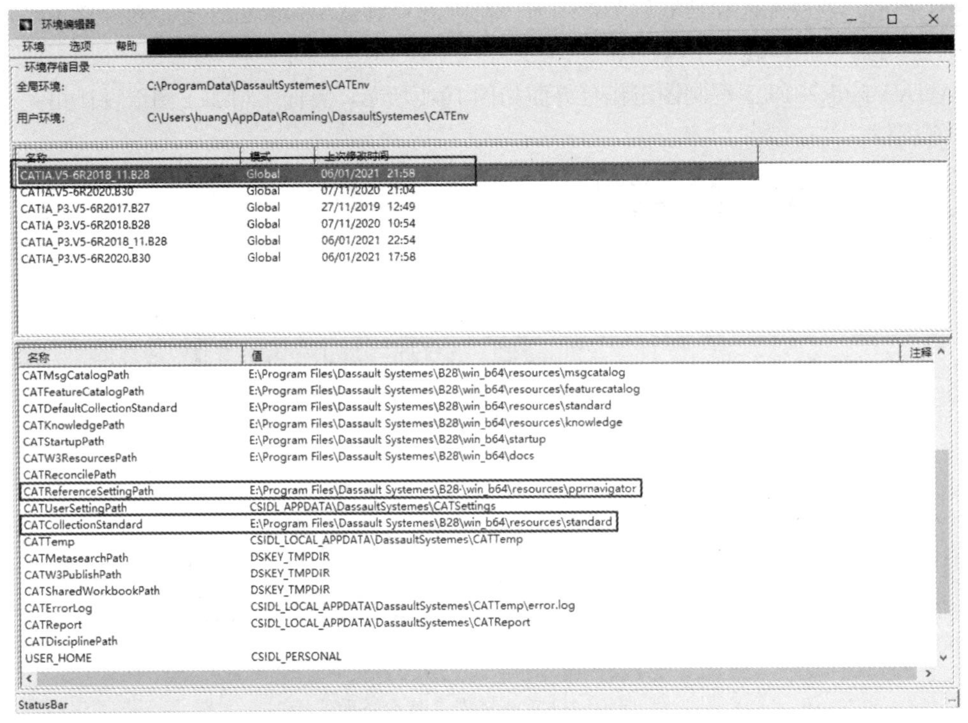

图 10-2　设置 CATIA 的环境变量

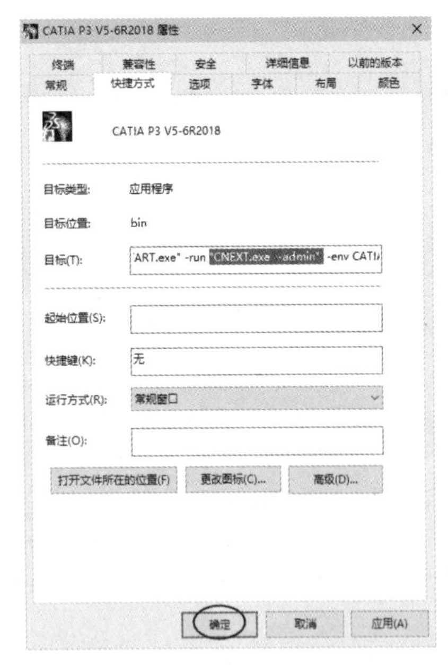

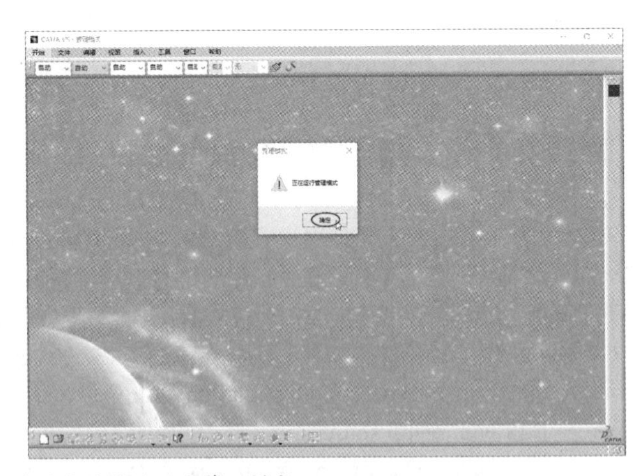

图 10-3　修改软件属性开启管理模式

04 进入工程制图工作台，执行“工具”|“标准”命令，弹出“标准定义”对话框。在“类别”下拉列表中选择 drafting 选项，在“文件”下拉列表中选择 ISO.xml 选项，随后即可在“标准”文件树中定义符合国家标准的 GB 样式、常规、尺寸、视图、线框、线型、标注等选项了，定义完成后单击“另存为新文件”按钮，将定义的新标准保存为 GB.xml 文件，如图 10-4 所示。

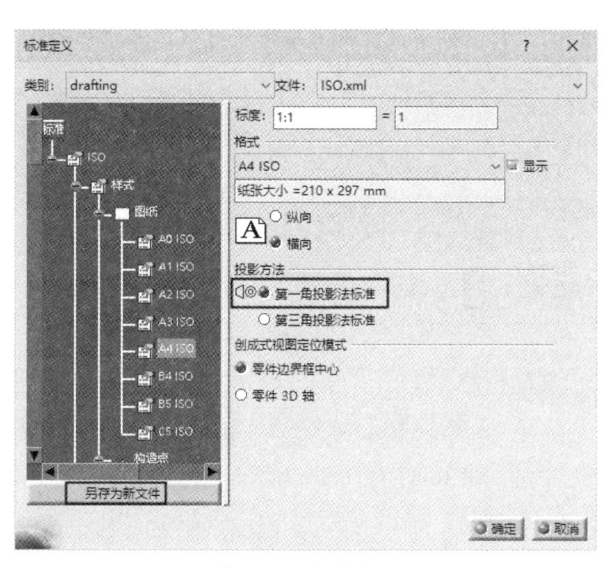

图 10-4　标准定义

10.2　定义工程图纸

要建立工程制图，需要事先定义工程图制图模板，在这里称作“定义工程图纸”。在CATIA 中定义工程图纸大致有以下几种方法。

10.2.1　创建新工程图

进入工程制图工作台时系统会自动创建图纸，操作步骤如下。

动手操作——创建新工程图

01 在零件工作台中完成零件的设计后，执行“开始”|“机械设计”|“工程制图”命令，弹出“创建新工程图”对话框。

02“创建新工程图”对话框显示了几种基于 ISO 标准的视图布局样式，根据设计需求可任选一种样式，单击“确定”按钮，进入工程制图工作台，同时系统会自动创建新工程图图纸，如图 10-5 所示。

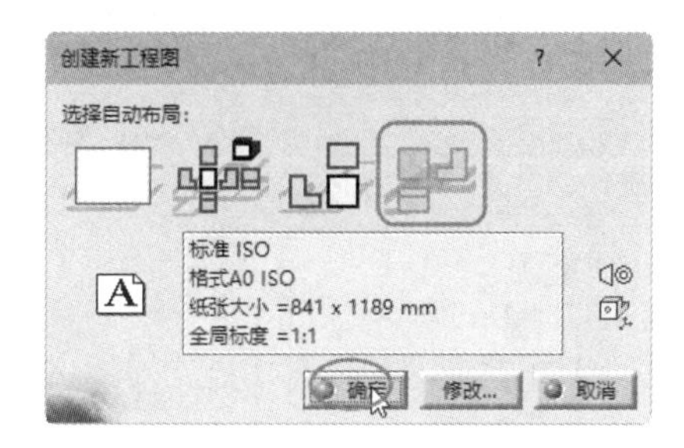

图 10-5　选择工程图的视图布局样式

03 但是，若要创建基于 GB 国标的工程图图纸，就要在“创建新工程图”对话框中单击“修改”按钮，在随后弹出的“新建工程图”对话框中选择标准与图纸样式，单击“确定”按钮，完成 GB 标准的图纸修改，如图 10-6 所示。

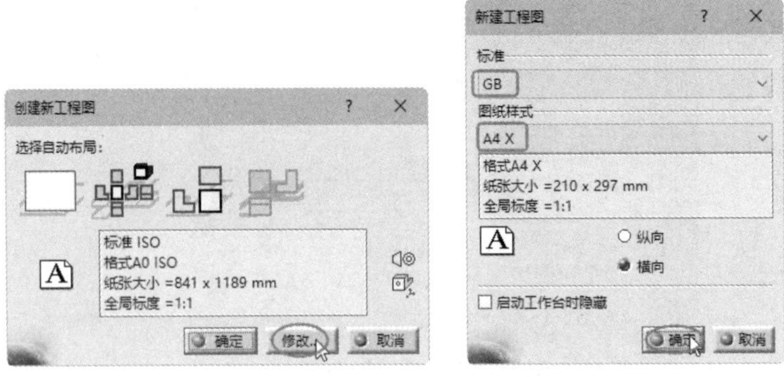

图 10-6　修改图纸标准和图纸样式

04 如果事先并没有设计零件模型，将创建一张空的图纸，在“创建新工程图”对话框中单击“确定”按钮，会弹出“工程图错误”提示信息对话框，再单击“确定”按钮，完成空白模型的图纸创建，如图 10-7 所示。

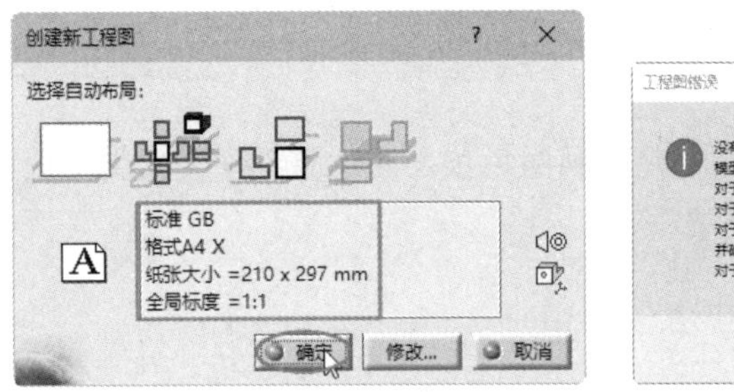

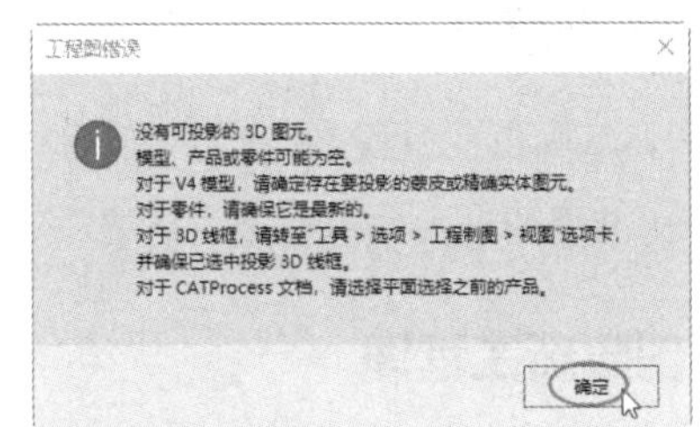

图 10-7　创建空白模型的图纸

10.2.2　新建图纸页

进入工程制图工作台后，系统会自动创建一个名为“页 .1”的图纸页，所有创建或添加的制图要素都会保存在这个图纸页中。若需要在一个工程图图纸模板中创建多张工程图（对于装配体的零件图纸就是如此），可在“工程图”工具栏中单击“新建图纸”按钮，添加新的图纸页，如图 10-8 所示。

> **提示：**
> 无论添加多少页新图纸，其制图模板是相同的，都基于第一次建立的新工程图的图纸标准和图纸样式。

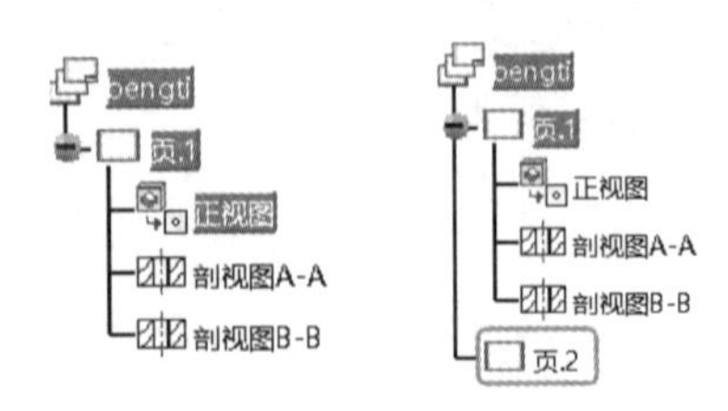

图 10-8　创建新图纸页

10.2.3　新建详图

详图是表达机械零件局部结构的大样图，详图不是局部视图或详细视图，而是一张独立的图纸。所以需要在“工程图”工具栏中单击“新建详图”按钮，创建新的详图图纸页，如图10-9 所示。

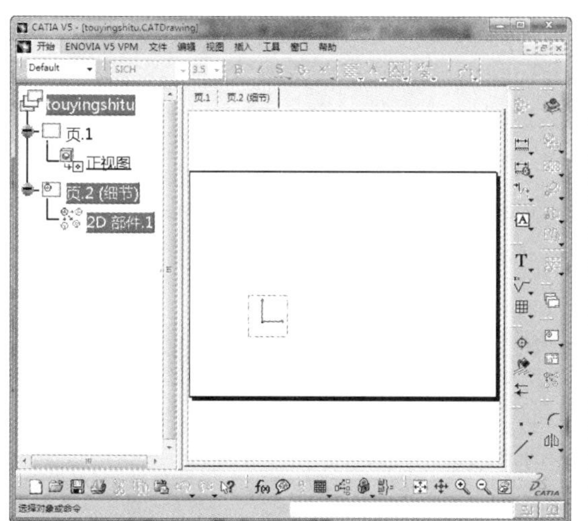

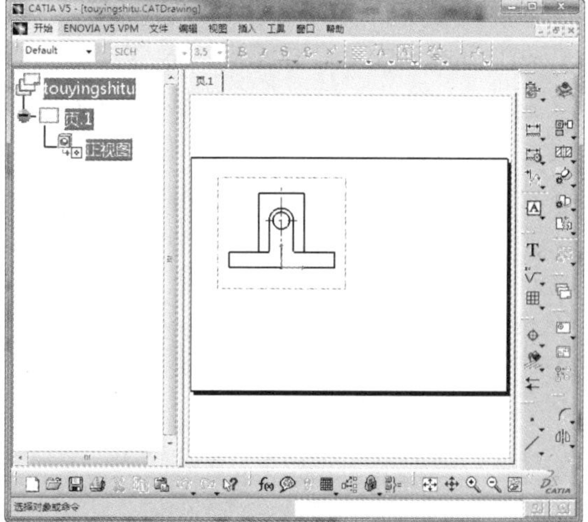

图 10-9　新建详图图纸页

10.2.4　图纸中的图框和标题栏

新建的图纸页中并没有图纸图框与标题栏，下面介绍 3 种添加图框和标题栏的方法。

1. 新建图框和标题栏

CATIA V5-6R2018 提供了创建图框和标题栏的工具，在图纸区的模板背景下直接利用绘图和编辑命令绘制图框和标题栏。

动手操作——创建图框和标题栏

01 进入工程制图工作台后，执行“编辑”|“图纸背景”命令，进入图纸背景编辑模式。

02 利用 CAITA 提供的草图绘制命令和表格命令，绘制出所需的图框和标题栏，如图 10-10 所示。

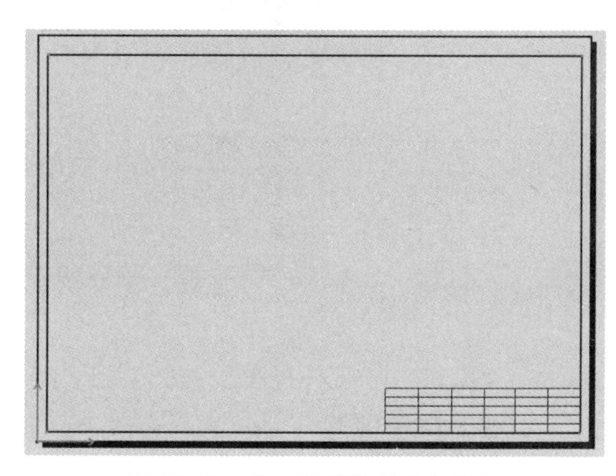

图 10-10　手工绘制图框及标题栏

2. 管理图框和标题栏

鉴于手工绘制图框和标题栏的步骤较为烦琐，可以通过管理图框和标题栏来导入标准的工程图模板，以此来提高制图效率。

动手操作——导入工程图模板

01 将本例源文件夹（10-2/CATIA 工程图模板\FrameTitleBlock）中的所有文件，复制到E: \Program Files\Dassault Systemes\B27\win_b64\VBScript\FrameTitleBlock 路径中并替换。

02 执行“编辑”|“图纸背景”命令，进入图纸背景编辑模式。

03 在右侧工具栏中单击“框架和标题节点”按钮，弹出“管理框架和标题块”对话框。

04 在“标题块的样式”下拉列表中可选择 GB_Titleblock1、GB_Titleblock2 或 GB_Titleblock3 标题栏样式，然后在“指令”列表中选择 Creation 指令，右侧显示图框及标题栏的预览，如图 10-11 所示。

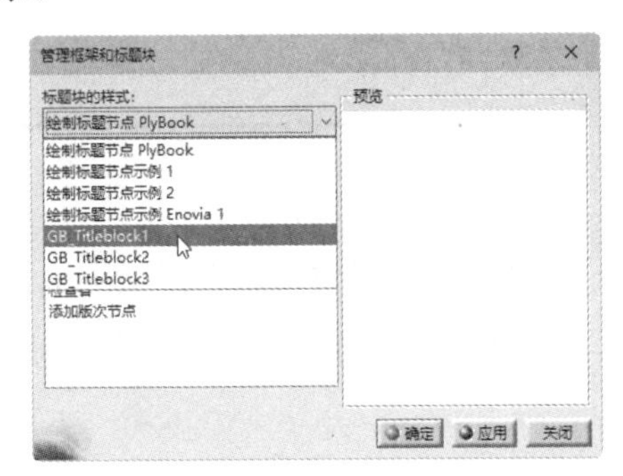

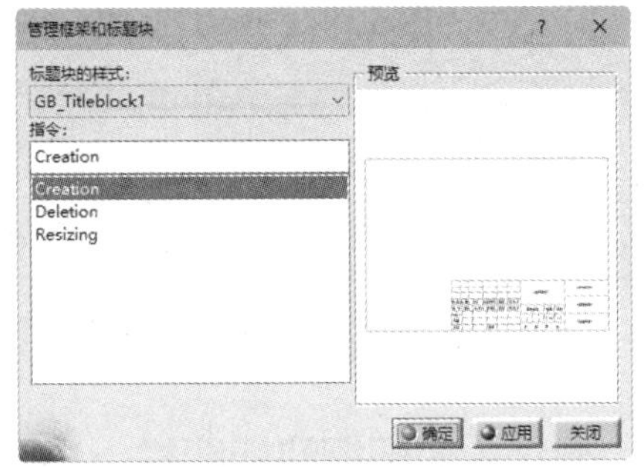

图 10-11 选择标题栏样式

05 单击“确定”按钮，在图纸背景模板中插入图框与标题栏，如图 10-12 所示。

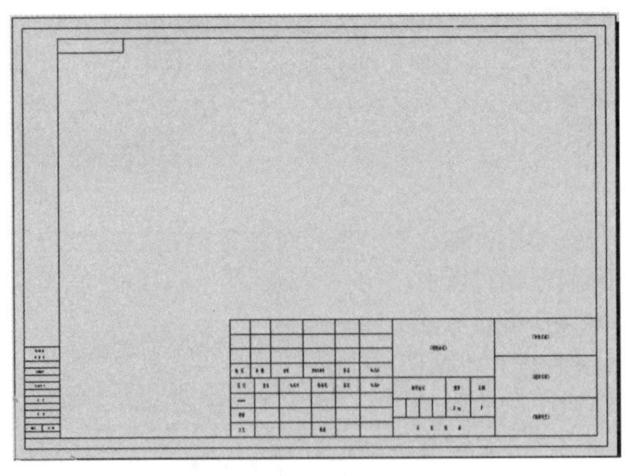

图 10-12 插入图框和标题栏

06 执行“编辑”|“工作视图”命令，返回工作视图模式。

3. 插入背景视图

除了前面介绍的两种方式，还可以将图纸模板（图框与标题栏）以背景视图的方式插入当前工作视图。

动手操作——插入背景视图

01 新建工程图（选择 GB 标准的 A4X 纵向图纸样式），进入工程制图工作台。

02 执行“文件”|“页面设置”命令，弹出“页面设置”对话框。

03 在“页面设置”对话框中单击“Insert Background View（插入背景视图）”按钮，弹出“将图元插入图纸”对话框，如图 10-13 所示。

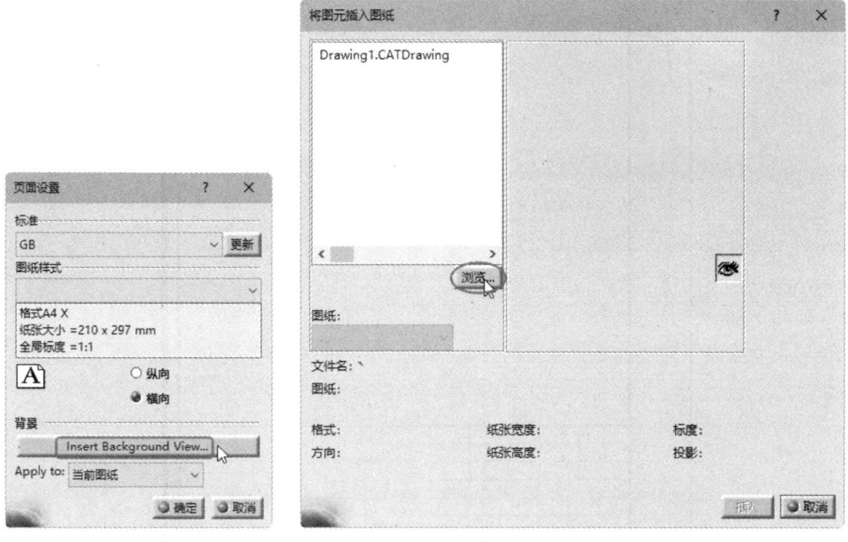

图 10-13　“页面设置”对话框和“将图元插入图纸”对话框

04 单击“浏览”按钮，从本例源文件夹中打开 A4_zong.CATDrawing 图纸文件（将作为图元的形式插入当前图纸页）并返回“将图元插入图纸”对话框中单击“插入”按钮，退回“页面设置”对话框单击“确定”按钮，完成背景视图的插入操作，如图 10-14 所示。

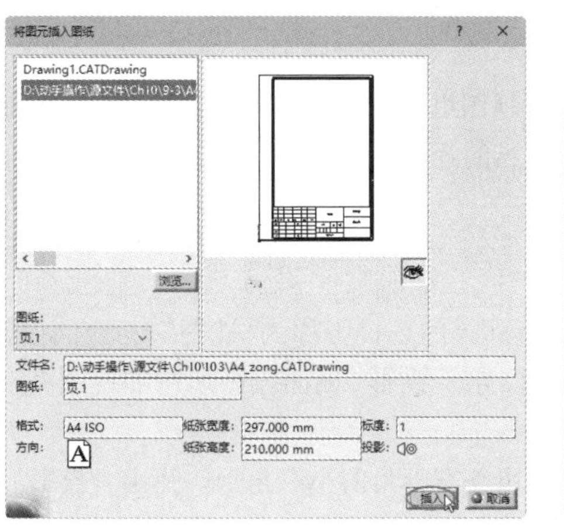

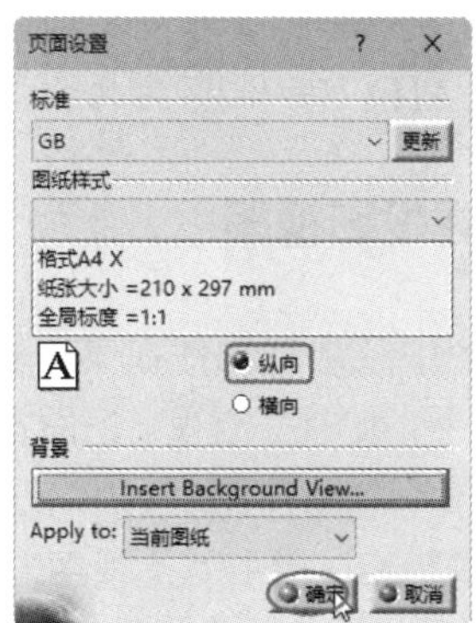

图 10-14　插入图纸文件

技术要点：

如果是新建图纸时选择了不合适的图纸样式，还可以在“页面设置”对话框中重新选择图纸标准、图纸样式和图幅方向。

05 在图纸背景中插入的图框和标题栏如图 10-15 所示。

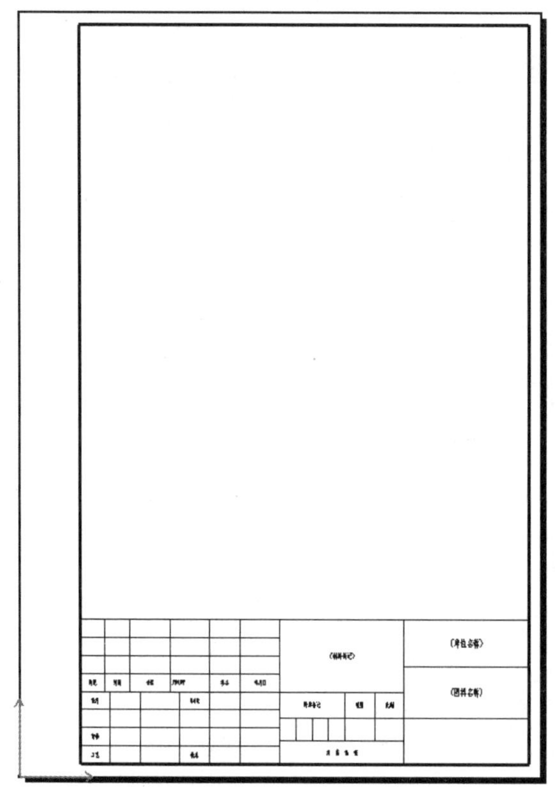

图 10-15　插入的图框及标题栏

10.3 创建工程视图

一幅完整的机械零件工程图是由多个视图组成的，主要用来表达机件内外部形状和结构。下面详细介绍 CATIA 工程制图工作台中常见的几种视图类型。

10.3.1 创建投影视图

在工程制图中经常把物体在某个投影面上的正投影称为“视图”，相应的投射方向称为“视向”，分别有正视、俯视、侧视。正面投影、水平投影、侧面投影所得的视图图形分别称为“正视图”“俯视图”“侧视图”。

单击“视图”工具栏中“正视图”按钮右下角的小三角形，弹出“投影”工具栏，其中包括多个关于投影视图的命令按钮，如图 10-16 所示。

图 10-16　“投影”工具栏

1. 正视图

正视图是 CATIA 工程视图创建的第一步，有了它才能创建其他视图、剖视图和断面图等。

动手操作——创建正视图

01 打开本例源文件 10-4.CATPart，执行“开始”|“机械设计”|“工程制图”命令，选择空白模板后进入工程制图工作台，如图 10-17 所示。

02 单击“投影”工具栏中的“正视图”按钮，执行“窗口”|10-4.CATPart 命令，切换到零件模型窗口。

03 在工程图窗口或工程图结构树中选择 *zx* 平面作为投影平面，如图 10-18 所示。

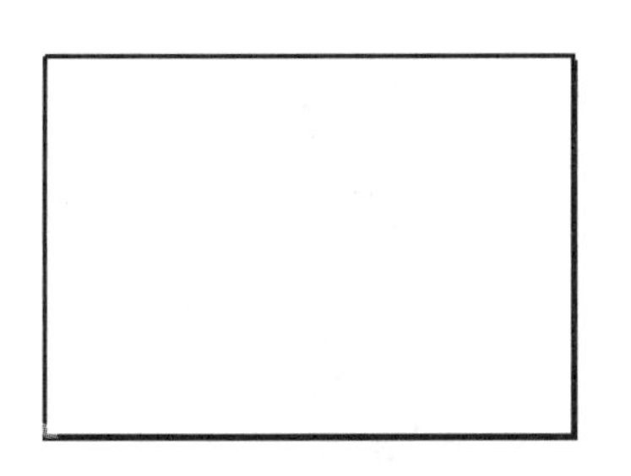

图 10-17　打开空白工程图

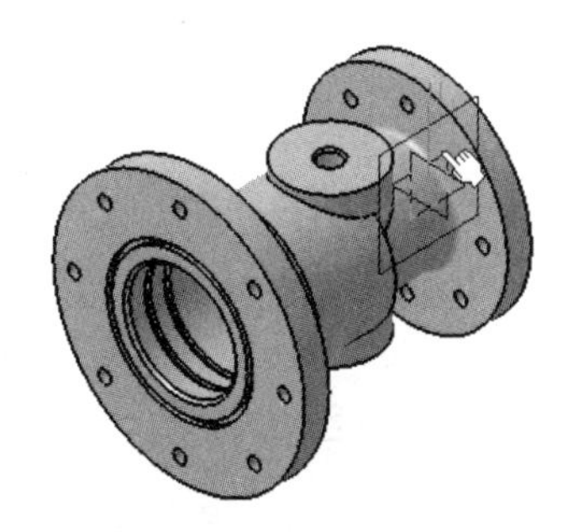

图 10-18　选择投影平面

04 选择投影平面后系统自动返回工程制图工作台，并显示正视图预览，同时显示方向控制器。

05 单击绿色旋转手柄顺时针旋转 90°，在图纸页空白处单击，即可自动完成主视图的创建，如图 10-19 所示。

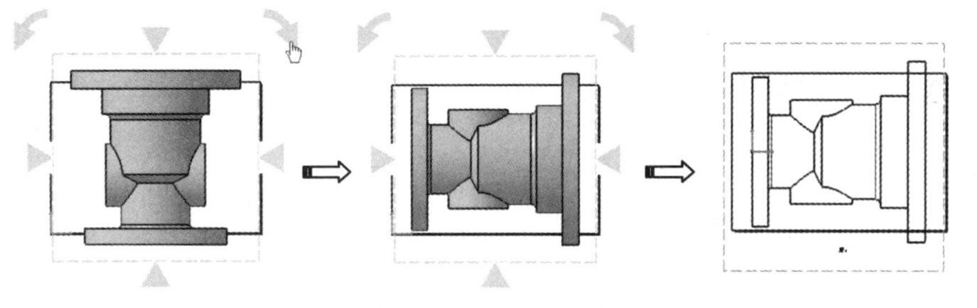

图 10-19　创建正视图

06 创建视图后，如果要调整视图的位置，可将鼠标移至主视图虚线边框处，鼠标指针变成手形，通过拖动其边框将正视图移至任意位置，如图 10-20 所示。

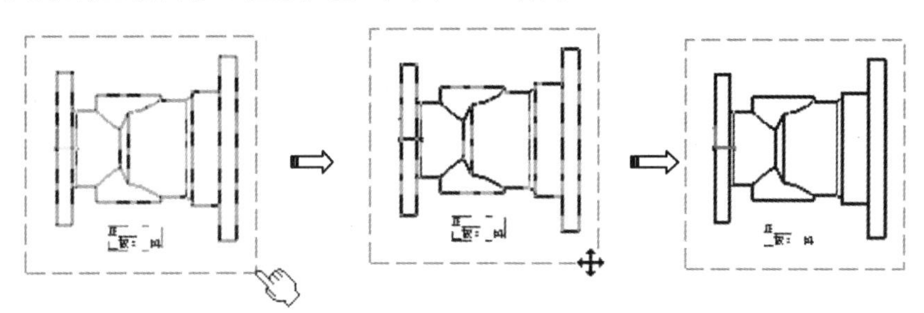

图 10-20　移动视图位置

2. 展开视图

展开视图是从钣金零件创建的投影视图，用于在截面中包括某些特定角度的元素。因此，切除面可能会弯曲，以便展示这些特征。

动手操作——创建展开视图

01 打开本例源文件 10-5.CATProduct，执行“开始”|“机械设计”|“工程制图”命令，选择空白模板后进入工程制图工作台。

02 单击“投影”工具栏中的“展开视图”按钮，切换到3D模型窗口，选择如图10-21所示的表面作为展开视图的参考平面，自动返回工程制图工作台。

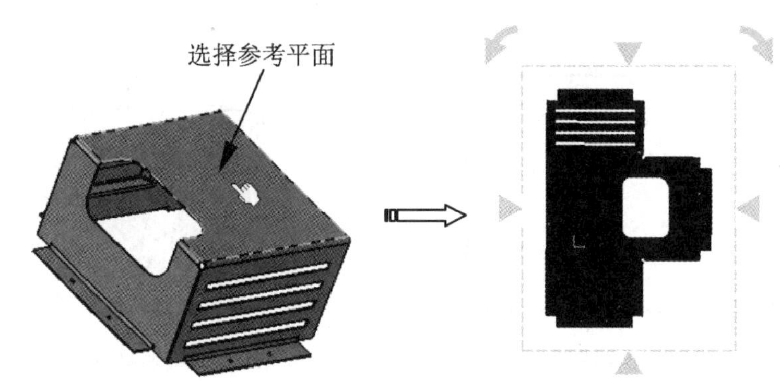

图 10-21　选择展开参考面创建展开视图

03 利用方向控制器调整视图方位后，单击图纸页空白处，创建展开视图，如图10-22所示。

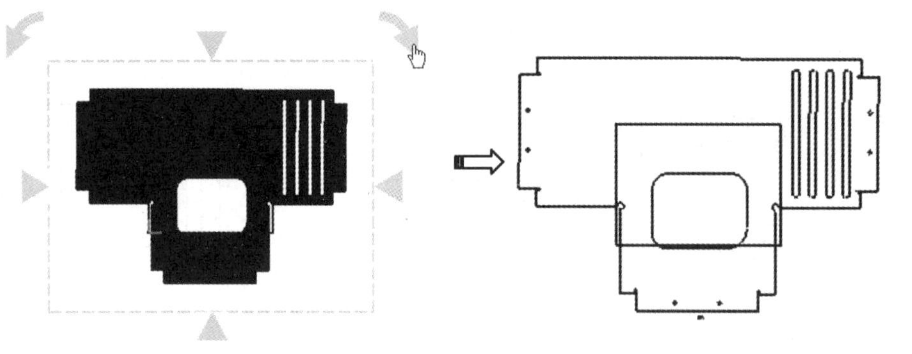

图 10-22　调整视图方向

3.3D 视图

3D 视图中包含了3D公差规格和标注的3D零件、产品或流程。

动手操作——创建 3D 视图

01 打开本例源文件 10-6. CATPart，执行“开始”|“机械设计”|“工程制图”命令，选择空白模板后进入工程制图工作台。

02 单击“投影”工具栏中的“3D 视图”按钮，切换到3D模型窗口，选择标注集中的视图平面（也可以在特征结构树中选择），自动返回工程制图工作台，如图10-23所示。

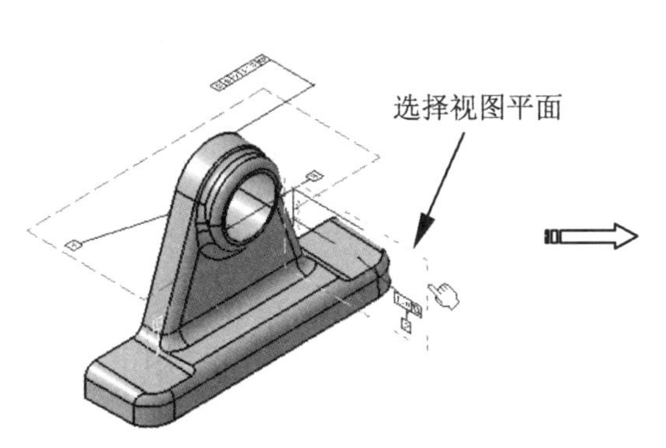

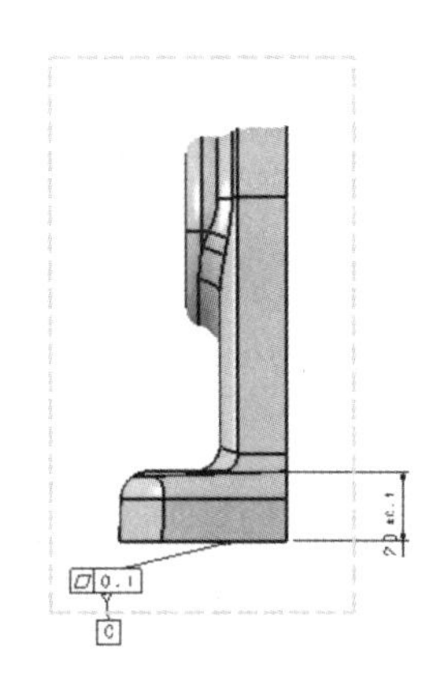

图 10-23　选择视图平面

03 在空白区域单击，完成 3D 视图的创建，如图 10-24 所示。

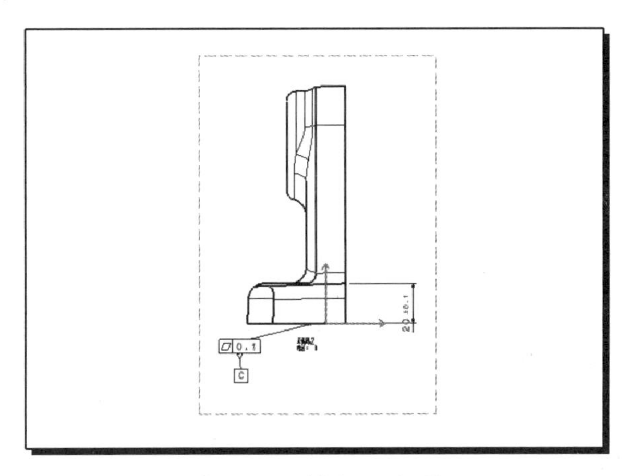

图 10-24　创建 3D 视图

4. 创建投影视图

“投影视图”是从一个已经存在的父视图（通常为正视图）按照投影原理得到的，而且投影视图与父视图存在相关性。投影视图与父视图自动对齐，并且与父视图具有相同的比例。

动手操作——创建投影视图

01 打开本例源文件 10-7. CATDrawing。

02 单击“视图”工具栏中的“投影视图”按钮，当鼠标指针靠近主视图时，会显示投影视图预览，如图 10-25 所示。

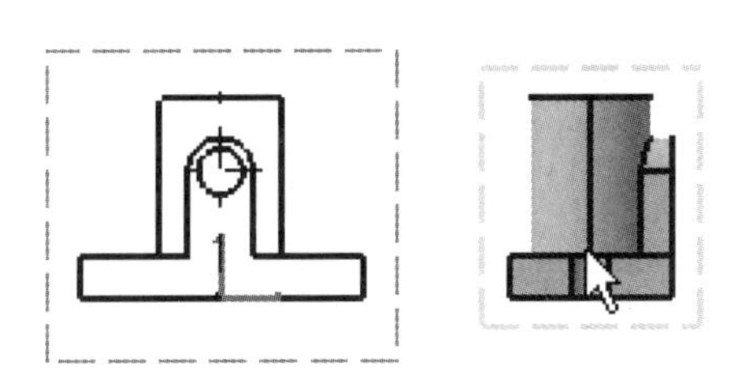

图 10-25　投影视图预览

技术要点：

在默认情况下，主视图是系统自动激活的，无须重新激活视图。

03 移动鼠标指针至所需视图位置（图中绿框内视图），单击生成所需的投影视图。同理，可以创建其他投影视图，如图 10-26 所示。

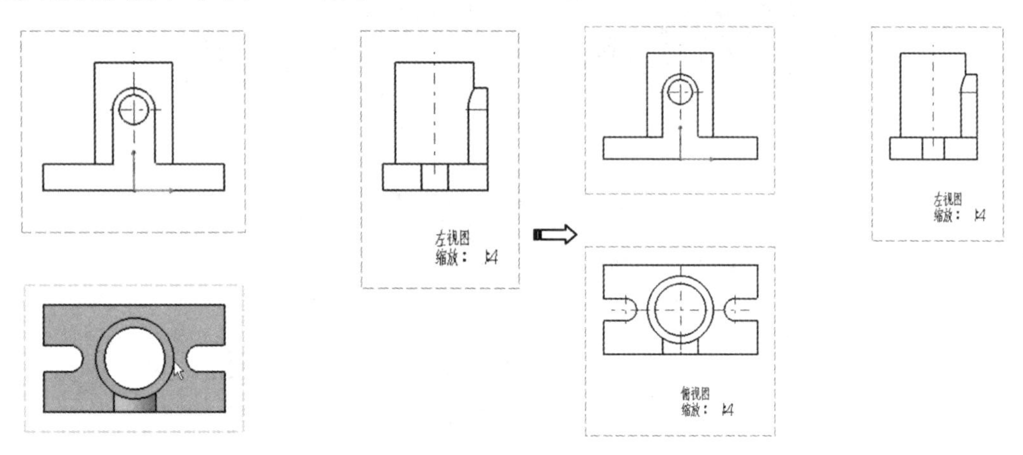

图 10-26　创建其他投影视图

技术要点：

创建投影视图，系统默认与父视图为对应关系，要想使两者脱离，可激活所创建的投影视图并右击，在弹出的快捷菜单中选择“视图定位”中的相关命令，然后拖动投影视图即可。

5. 辅助视图

“辅助视图”用于物体向不平行于基本投影面的平面投影所得的视图，用于表达机件倾斜部分的外部表面形状。

动手操作——创建辅助视图

01 打开本例源文件 10-8.CATDrawing。

02 单击“投影”工具栏中的“辅助视图”按钮，在主视图中选取一点作为投影方向起点，移动鼠标并单击可以确定投影方向，再沿投影方向移动鼠标，将显示辅助视图预览，如图 10-27 所示。

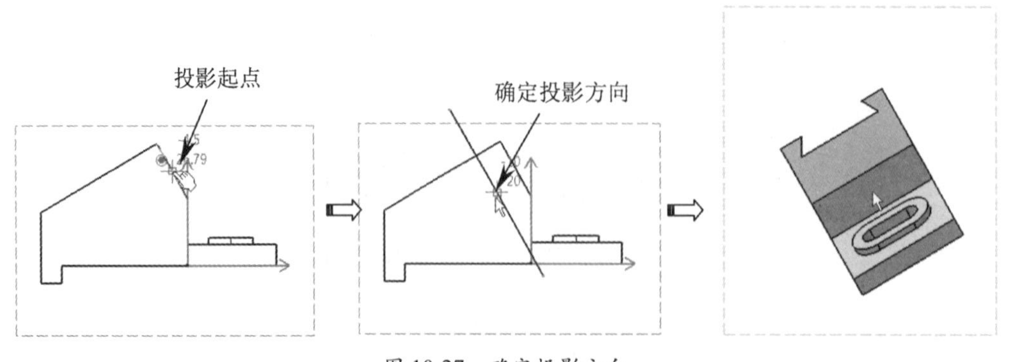

图 10-27　确定投影方向

03 将视图预览移至合适位置，单击生成所需的辅助视图，然后将辅助视图移至图纸页中，如图 10-28 所示。

技术要点：

如果无法将辅助视图移至想要的位置，可以右击辅助视图，在弹出的快捷菜单中选择“视图定位”|“不根据参考视图定位”命令，即可自由定位辅助视图。

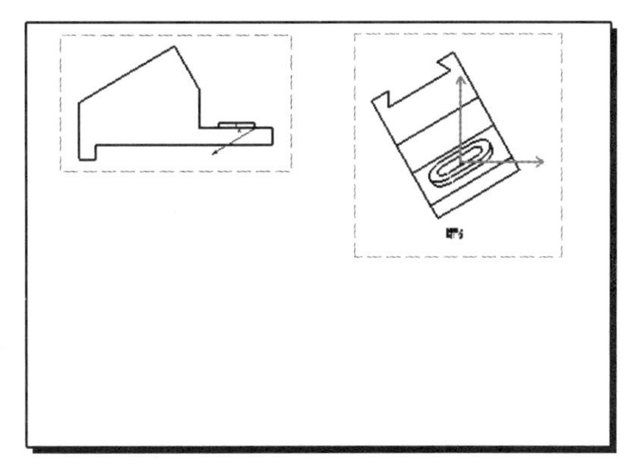

图 10-28　创建辅助视图

6. 等轴测视图

轴测图是一种单面投影图，在一个投影面上能同时反映出物体 3 个坐标面的形状，并接近于人们的视觉习惯，形象逼真，富有立体感。但是轴测图一般不能反映出物体各表面的实形，因而度量性差，同时作图较复杂。因此，在工程上常把轴测图作为辅助图样，说明机器的结构、安装方法、使用方法等情况。在设计中，用轴测图帮助构思、想象物体的形状，以弥补正投影图的不足。

动手操作——创建等轴测视图

01 打开本例源文件 dengzhouceshitu.CATPart，然后重新打开 10-9.CATDrawing 工程图文件。

02 单击“视图”工具栏中的“等轴侧视图”按钮，切换到 dengzhouceshitu.CATPart 零件窗口中，选取模型的任何一个面，系统自动返回工程制图工作台，同时显示轴测视图的预览，如图 10-29 所示。

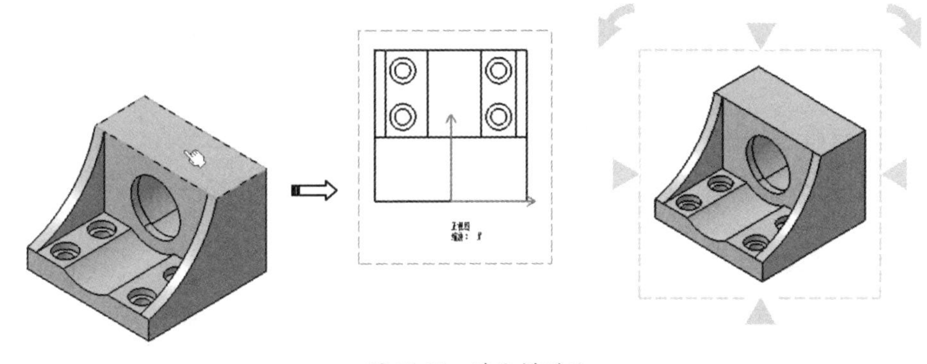

图 10-29　选取模型面

03 可以利用方向控制器调整视图方位，若保持默认方位，在图纸页空白处单击，随即创建轴测图，如图 10-30 所示。

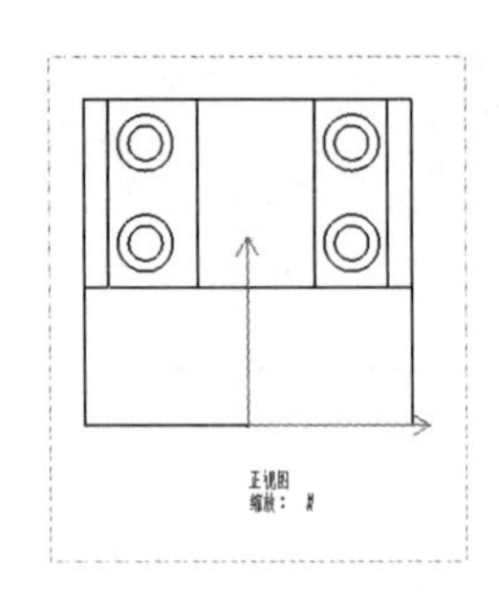
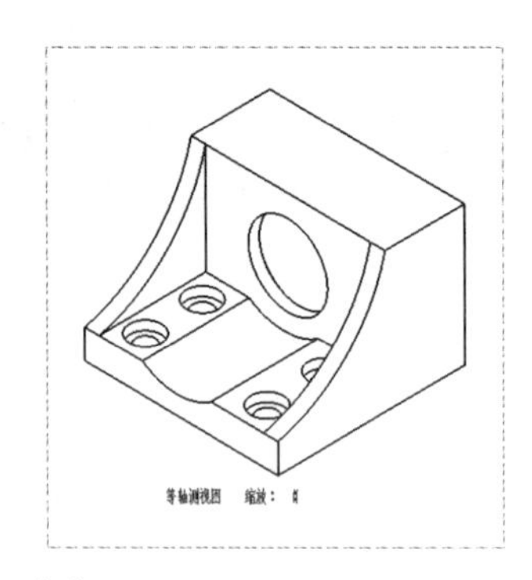

图 10-30　创建等轴侧视图

10.3.2　创建剖面视图

剖面视图是通过用一条剖切线分割父视图生成的，属于派生视图，然后借助于分割线拉出预览投影，在工程图投影位置上生成一个剖面视图。

剖切平面可以是单一剖切面或者用阶梯剖切线定义的等距剖面。其中，用于生成剖面视图的父视图可以是已有的标准视图或派生视图，并且可以生成剖面视图的剖面视图。可生成全剖、半剖、阶梯剖、旋转剖、局部剖、斜剖视等。

单击“视图”工具栏中“偏置剖视图”按钮右下角的小三角形，弹出包含截面视图命令按钮的“截面”工具栏，如图 10-31 所示。

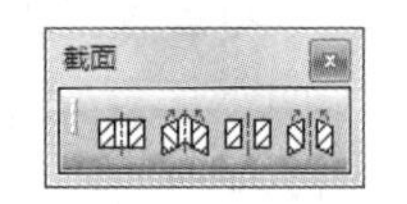

图 10-31　“截面”工具栏

1. 全剖视图

“偏置剖视图”工具可以创建全剖视图、半剖视图、阶梯剖视图等。

全剖视图是以一个剖切平面将部件完全分开，移去前半部分，向正交投影面投影所得的视图，如图 10-32 所示。

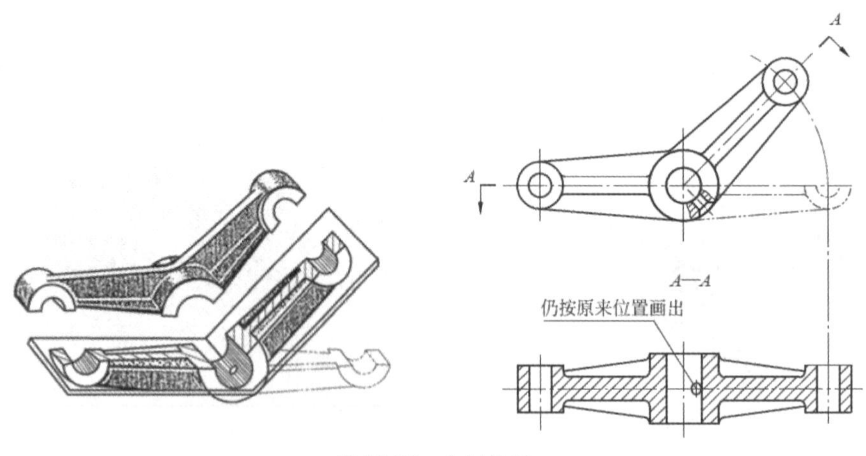

图 10-32　全剖视图

动手操作——创建全剖视图

01 打开本例源文件 10-10.CATDrawing。

02 单击“截面”工具栏中的“偏置剖视图”按钮，在主视图中选取两点绘制直线来定义零件的剖切平面，在选取第二点时需要双击才能结束剖切面的创建，如图 10-33 所示。

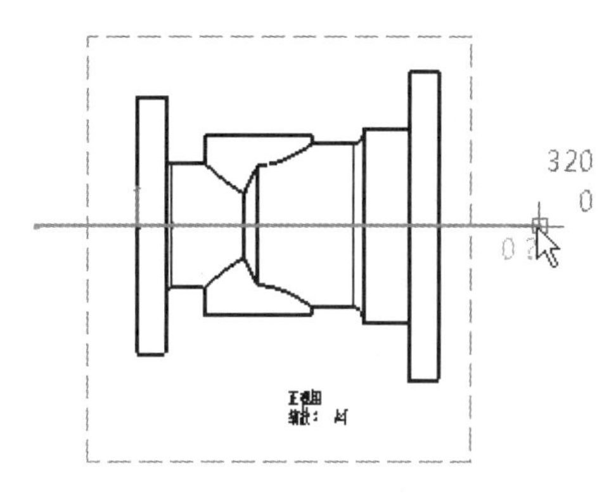

图 10-33　绘制剖切线（平面）

03 向下移动鼠标可以看到剖切视图的预览，单击放置预览视图，随即生成全剖视图，如图 10-34 所示。

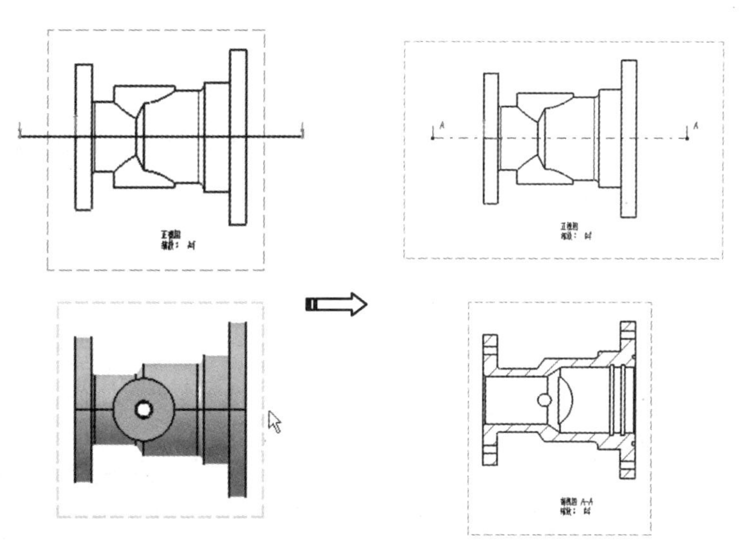

图 10-34　创建全剖视图

技术要点：

剖切视图在主视图的上或下，可以决定剖切方向。

2. 半剖视图

当机件具有对称平面，向垂直于对称平面的投影面上投影时，以对称中心线（细点画线）为界，一半画成视图用于表达外部结构形状，另一半画成剖视图用于表达内部结构形状，这样组合的图形称为“半剖视图”，如图 10-35 所示。

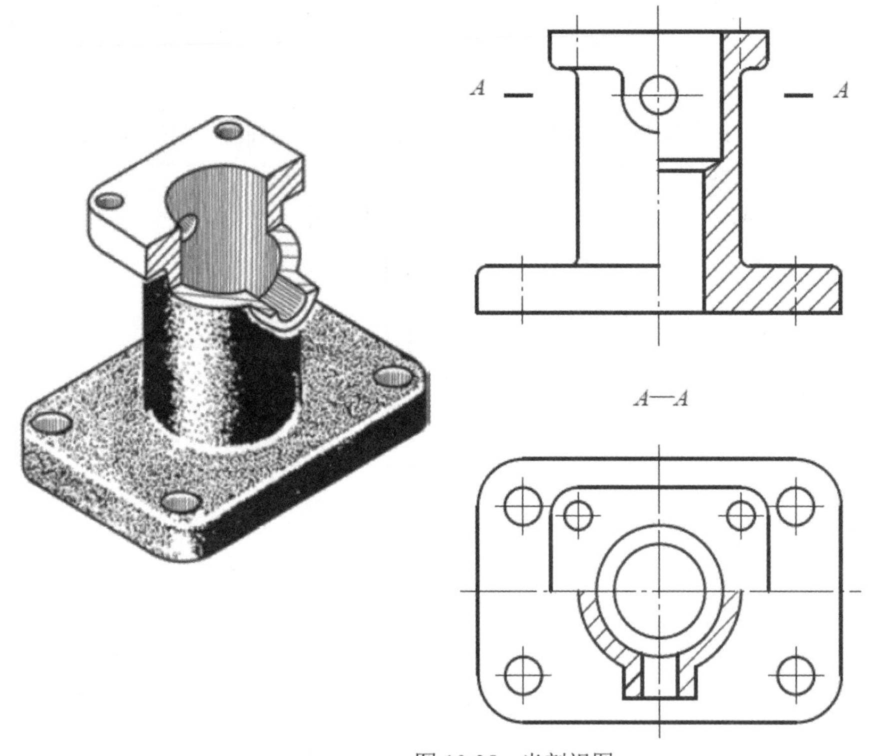

图 10-35　半剖视图

动手操作——创建半剖视图

01 打开本例源文件 10-11.CATDrawing。

02 单击“偏置剖视图”按钮，依次选取 4 点来绘制剖切线，可定义半剖切视图的平面，在拾取第 4 点时双击结束拾取。向上移动剖切视图预览，如图 10-36 所示。

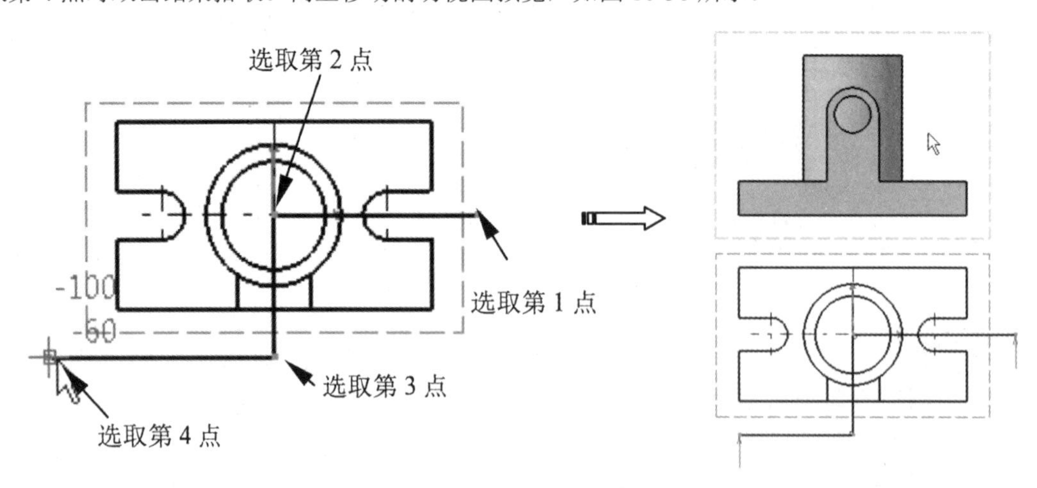

图 10-36　绘制剖切线

03 移动视图到所需位置处单击，随即自动生成半剖视图，如图 10-37 所示。

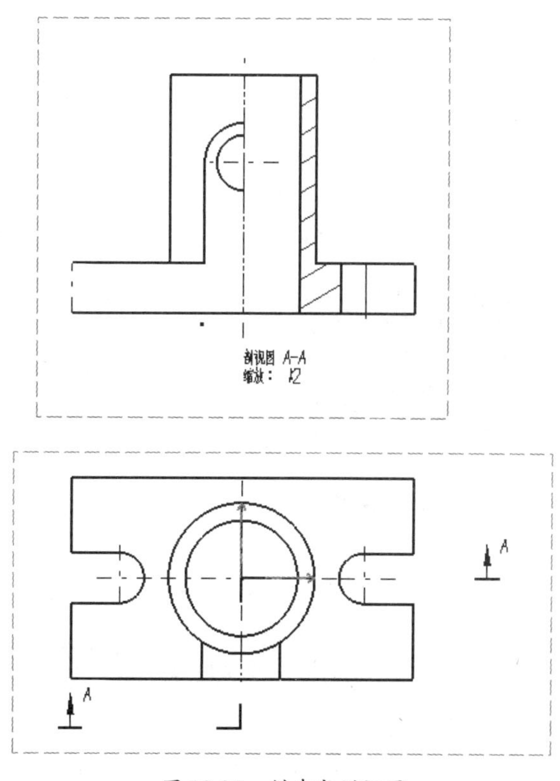

图 10-37　创建半剖视图

3. 阶梯剖视图

阶梯剖视图适用于几个相互平行的剖切平面剖切机件。阶梯剖视图的创建方法与创建半剖视图的方法相似，区别在于，将绘制剖切线的第 3 点和第 4 点在零件内部选取时，即可创建阶梯剖视图，如图 10-38 所示。

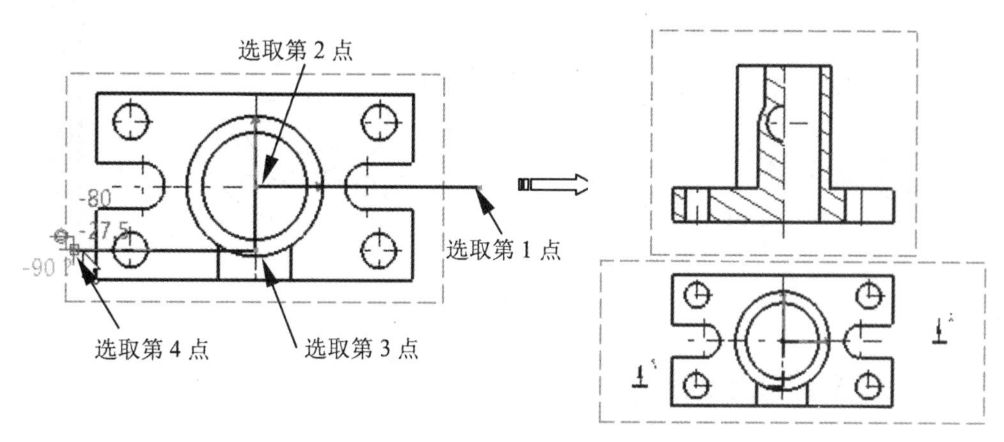

图 10-38　阶梯剖视图的创建方法

4. 旋转剖视图

旋转剖视图主要用于旋转体投影剖视图，当模型特征无法用直角剖切面来表达时，可通过创建围绕轴旋转的剖视图来表示，如图 10-39 所示。

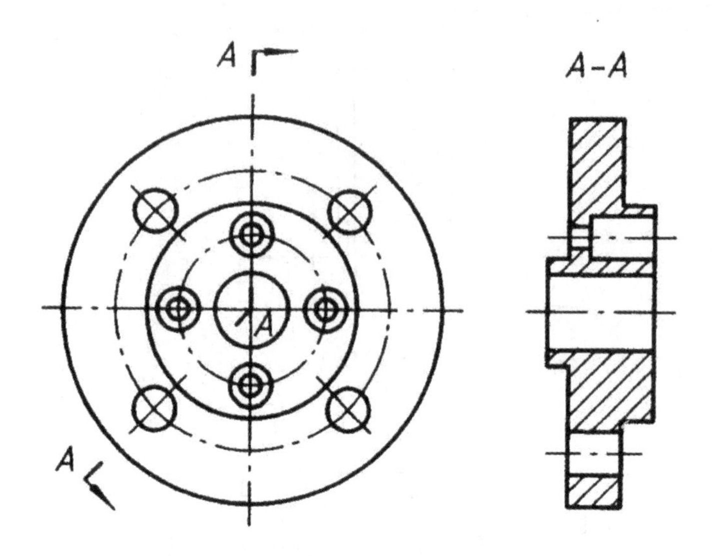

图 10-39 旋转剖视图

动手操作——创建旋转剖视图

01 打开本例源文件 10-12.CATDrawing。

02 单击“对齐剖视图”按钮，依次在已激活的视图中选取 4 点来定义旋转剖切平面。

03 将预览视图移至所需位置处单击，随即自动生成旋转剖视图，如图 10-40 所示。

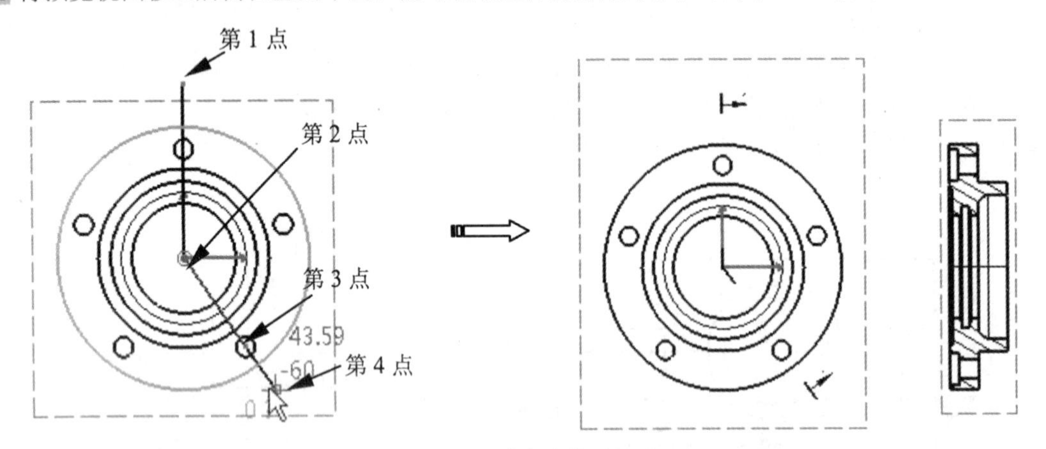

图 10-40 创建旋转剖视图

10.3.3 创建局部放大视图

局部放大视图（也称“详图”）适用于把机件视图上某些表达不清楚或不便于标注尺寸细节，用放大比例画出时使用，如图 10-41 所示。

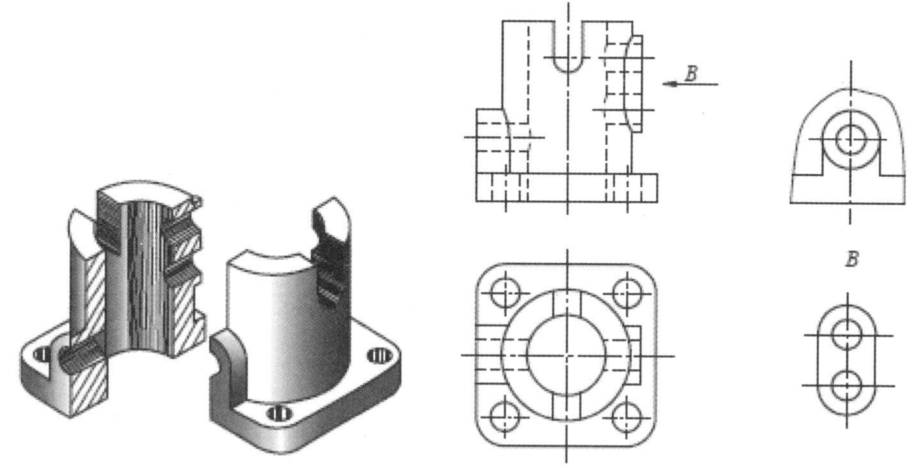

图 10-41 局部视图

单击“视图”工具栏中“详细视图”按钮右下角的小三角形，弹出“详细信息”工具栏，如图 10-42 所示。

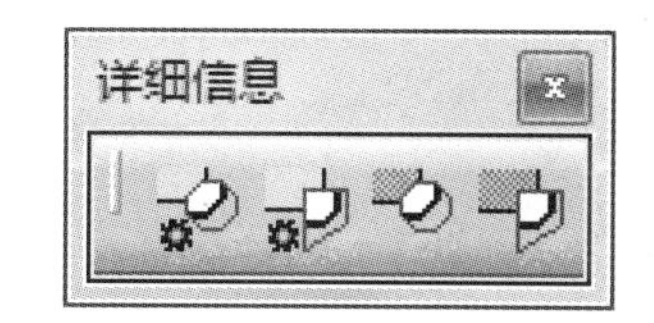

图 10-42 “详细信息”工具栏

1. 详细视图和快速详细视图

详细视图是将视图中的局部圆形区域放大生成视图，分为详细视图和快速详细视图。详细视图是对三维视图进行布尔运算后的结果，快速详细视图是由二维视图直接计算生成的圆形局部放大视图。

动手操作——创建详细视图

01 打开本例源文件 10-13.CATDrawing。

02 单击“详细信息”工具栏中的“详细视图”按钮，在主视图中选取一点以定义圆心和半径，然后将详细视图移至所需位置处单击，如图 10-43 所示。

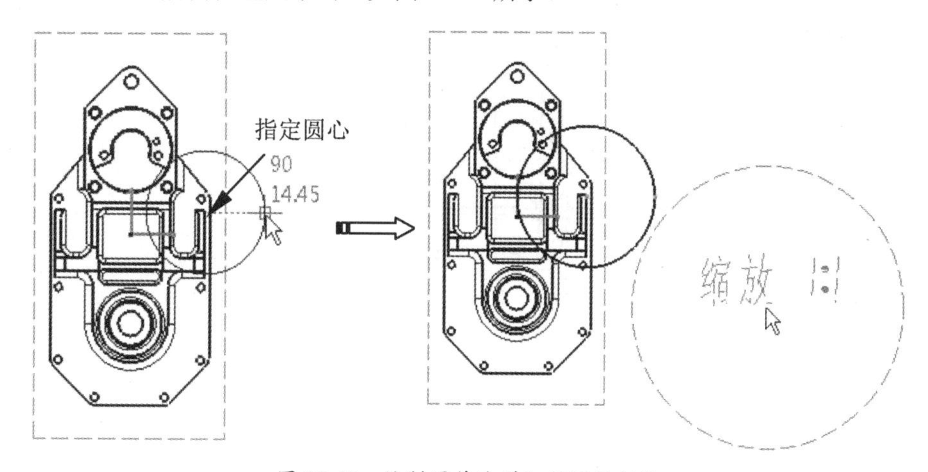

图 10-43 绘制圆作为详细视图的标注

03 随后完成详细视图的创建，如图 10-44 所示。

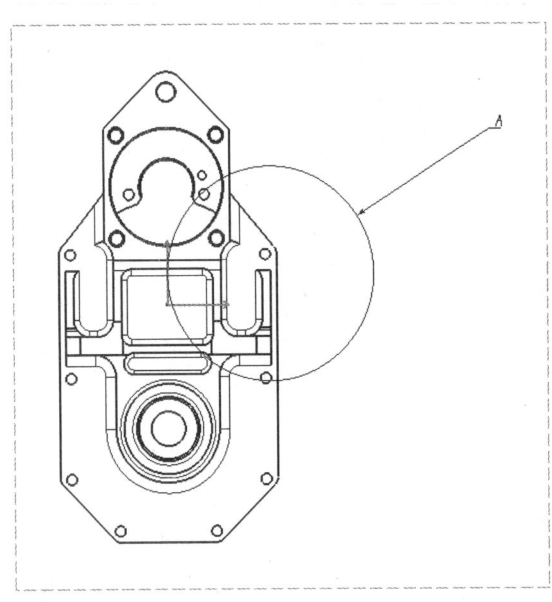

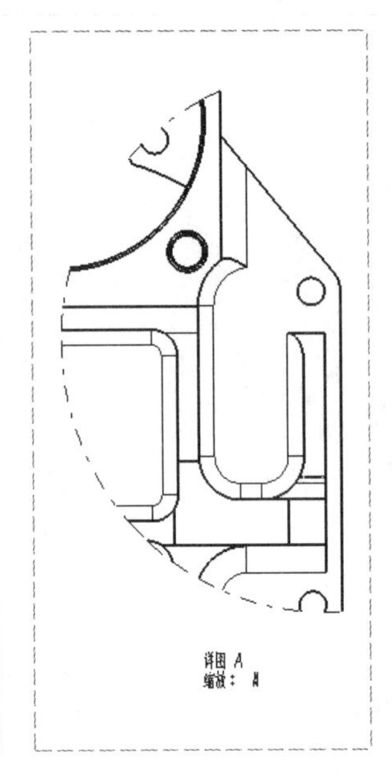

图 10-44　创建详细视图

2. 详细视图轮廓和快速详图轮廓

详细视图轮廓是将视图中的多边形区域放大生成视图，分为草绘的详图轮廓和草绘的快速详图轮廓。草绘的详图轮廓是对三维视图进行布尔运算后的结果，草绘的快速详图轮廓是由二维视图直接计算生成的视图。

动手操作——创建详细视图轮廓

01 打开本例源文件 10-14.CATProduct。

02 单击“视图”工具栏中的“详细视图轮廓”按钮，在主视图中绘制多边形轮廓（双击可使轮廓自动封闭），系统自动将轮廓内的视图以倍数放大，如图 10-45 所示。

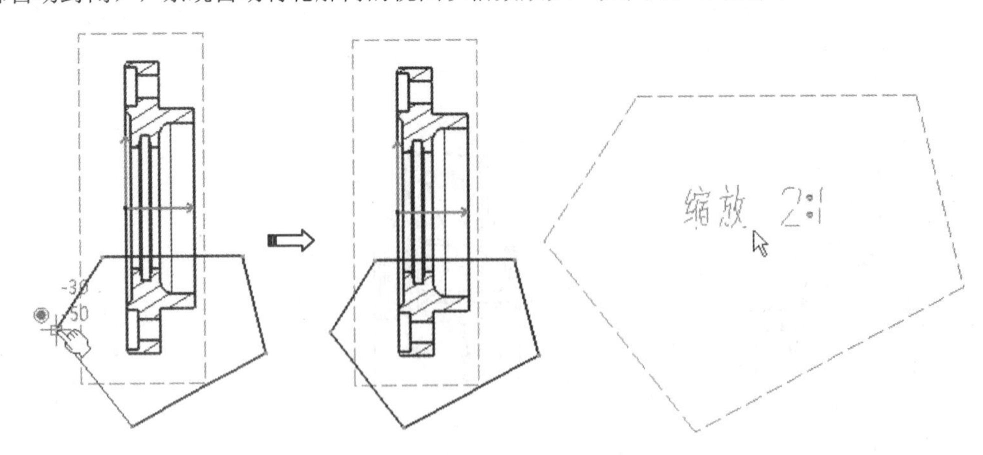

图 10-45　绘制多边形轮廓

03 移动放大视图到合适位置处单击，自动创建详细视图，如图 10-46 所示。

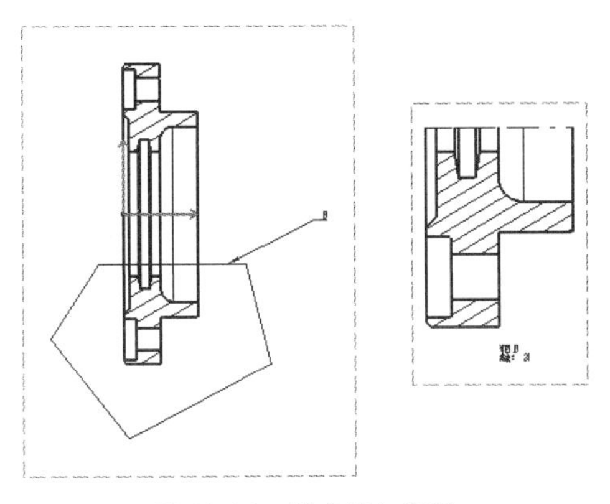

图 10-46　创建详细视图

10.3.4　断开视图

单击“视图”工具栏中“局部视图”按钮 右下角的小三角形，弹出“断开视图”工具栏，如图 10-47 所示。

图 10-47　“断开视图”工具栏

断开视图工具可以创建断面视图、局部剖视图和裁剪视图。下面重点介绍断面视图和局部剖视图的创建方法。

断面与剖视的区别在于：断面只画出剖切平面和机件相交部分的断面形状，而剖视则需要把断面和断面后可见的轮廓线都画出来，如图 10-48 所示。

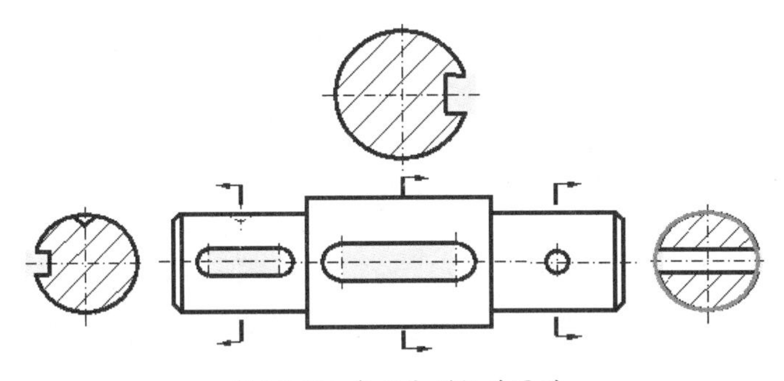

图 10-48　断面和剖视的区别

1. 断开视图

对于较长且沿长度方向形状一致或按一定规律变化的机件，如轴、型材、连杆等，通常将视图中间一部分截断并删除，余下两部分靠近绘制，即断开视图。

提示：

CATIA中很多按钮命令的中文翻译主要是由翻译机自动翻译的，难免会出现一些与GB机械制图中的名词有别的问题。例如，断开视图按钮 ，机器翻译为“局部视图”，为了引导读者轻松学习软件指令，仍然会采用机器翻译的中文命名。

动手操作——创建断开视图

01 打开本例源文件 10-15.CATDrawing，图纸中已经创建了一个主视图。

02 单击“局部视图”按钮，在主视图中选取模型边线上的一点以作为第一条断开线的位置点，随后显示一条绿色虚线，移动鼠标使第一条断开线水平，单击确定第一条断开线，如图 10-49 所示。

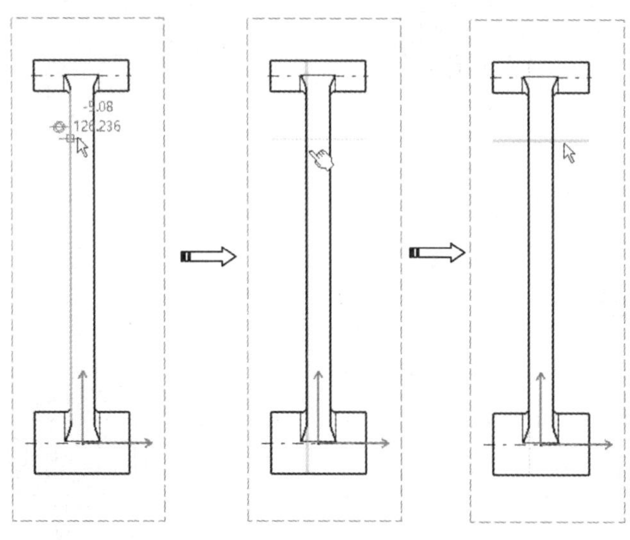

图 10-49　创建第一条断开线

03 将第二条断开线移至所需位置，单击即可放置第二条断开线。

04 在主视图外的任意位置单击，主视图则自动变为断开视图，如图 10-50 所示。

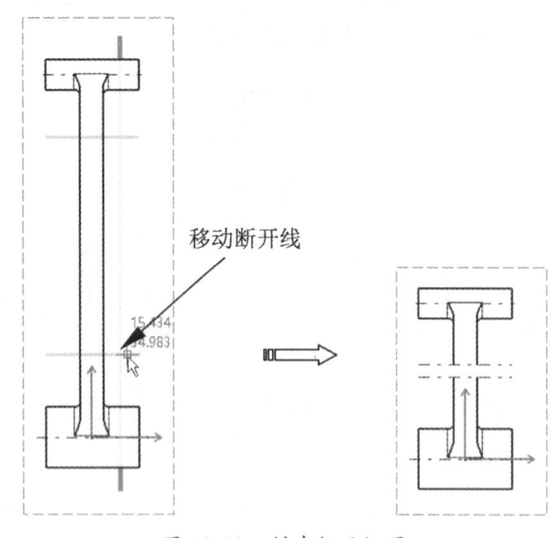

图 10-50　创建断开视图

2. 局部剖视图

局部剖视图也称“分组视图”，是在原来视图基础上对机件进行局部剖切以表达该部件内部结构形状的一种视图。

动手操作——创建局部剖视图

01 打开本例源文件 10-16.CATDrawing，文件已经创建了主视图和投影视图，如图 10-51 所示。

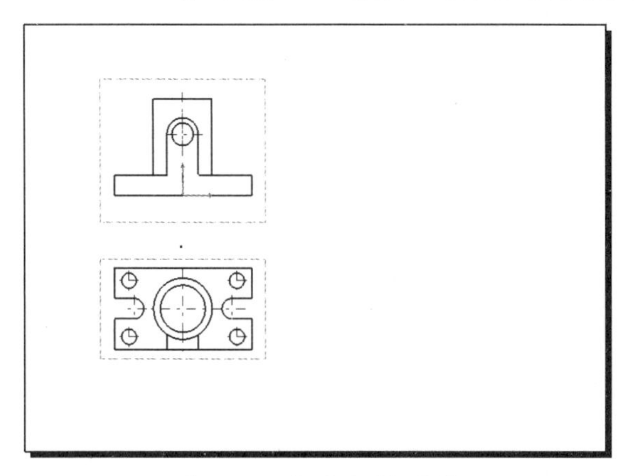

图 10-51　打开的图纸文件

02 单击“剖面视图”按钮，在主视图中连续选取多个点，以此绘制封闭的多边形，如图 10-52 所示。

03 弹出“3D 查看器”对话框，在该对话框中可以自由旋转模型，查看剖切情况。选中“动画”复选框可以根据鼠标指针位置在生成的视图位置上可视化 3D 零件，如图 10-53 所示。

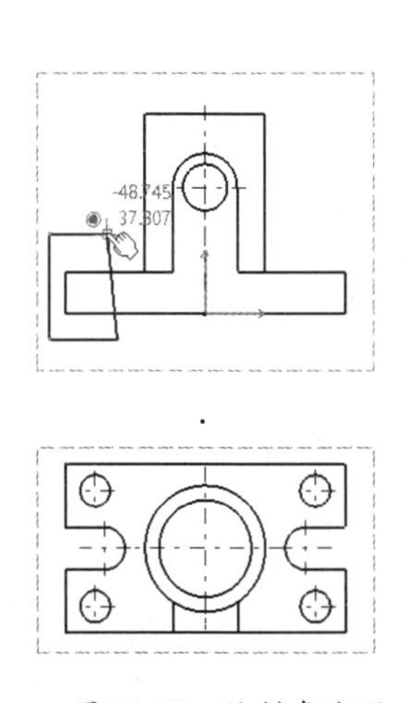

图 10-52　绘制多边形

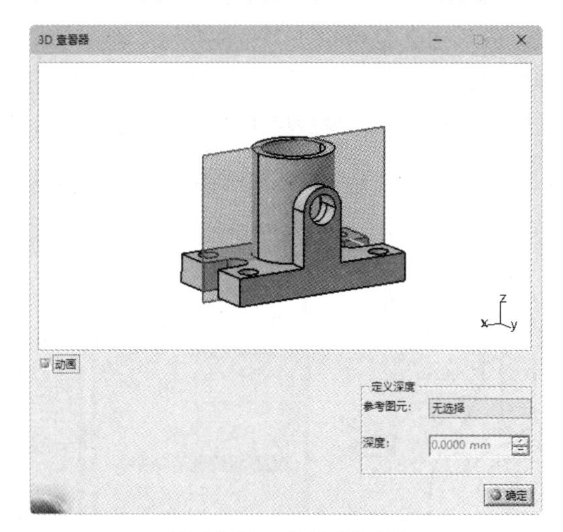

图 10-53　查看 3D 剖切

04 激活“3D 查看器”对话框中的“参考元素”文本框，再选择投影视图中的圆心标记或圆孔为剖切参考，如图 10-54 所示。

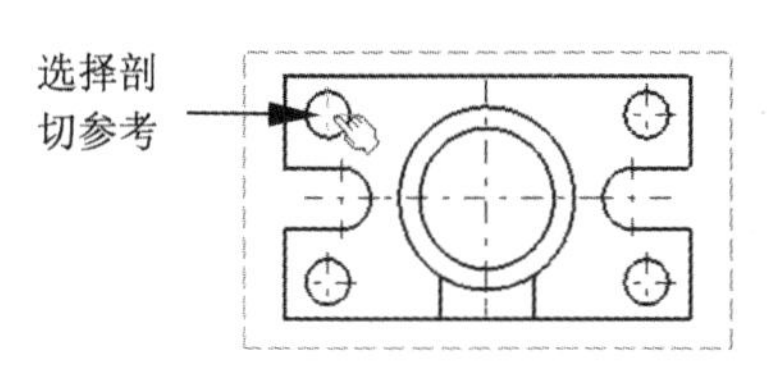

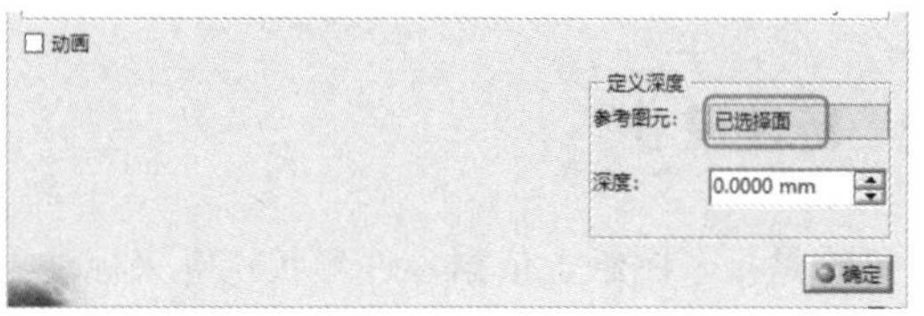

图 10-54　选择圆心标记

05 单击“确定”按钮，将在主视图中的多边形内自动生成局部剖视图，如图 10-55 所示。

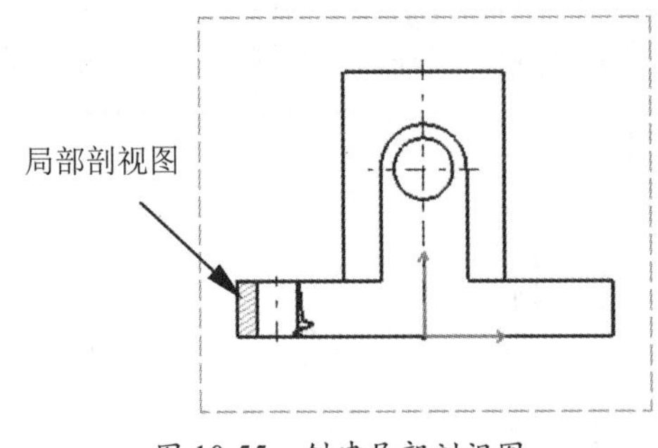

图 10-55 创建局部剖视图

10.4 标注图纸尺寸

标注是完成工程图的重要环节，通过尺寸标注、公差标注、技术要求等，将设计者的设计意图和对零部件的要求完整表达。

10.4.1 生成尺寸

自动生成尺寸用于根据建模时的全部尺寸自动标注在工程图中。选择要自动标注尺寸的视图，在“生成”工具栏中单击“生成尺寸”按钮，弹出“尺寸生成过滤器”对话框。单击该对话框中的“确定”按钮，再弹出“生成的尺寸分析”对话框。在该对话框中选中要进行分析的约束选项和尺寸选项，最后单击“确定”按钮，自动完成尺寸标注，如图 10-56 所示。

图 10-56 自动标注尺寸

10.4.2 标注尺寸

标注尺寸是指在图纸上依据零件形状轮廓来标注不同类型的尺寸，如长度、距离、直径 / 半径、倒角、坐标标注等。工程图中的尺寸是从动尺寸，不能以尺寸去驱动零件形状的更改。这与草图中的尺寸（驱动尺寸）不同，草图中的尺寸也称“尺寸约束”，用来驱动图形的变化。当零件模型尺寸发生改变时，工程图中的这些尺寸也会发生相应变化。

单击“尺寸标注”工具栏中“尺寸”按钮右下角的小三角形，弹出“尺寸”工具栏，如图 10-57 所示。“尺寸”工具栏中包含了所有的常规尺寸标注类型。

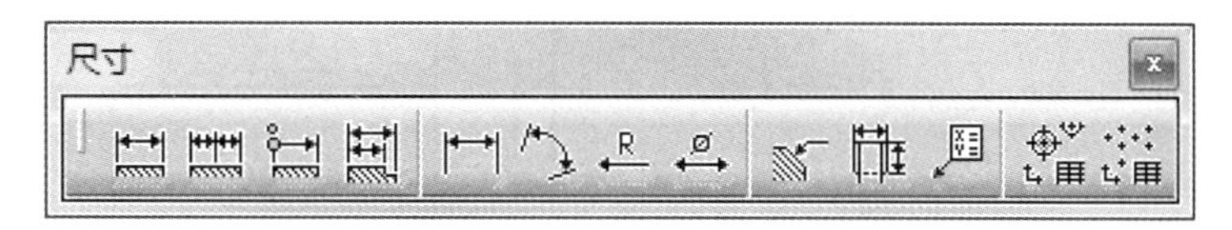

图 10-57　“尺寸”工具栏

1. 线性尺寸标注

在“尺寸”工具栏中单击“尺寸”标注按钮，弹出“工具控制板”工具栏。利用该工具栏中的相关按钮，可选择尺寸标注样式，如图 10-58 所示。

图 10-58　“工具控制板”工具栏

“工具控制板”工具栏包括 6 种线性标注样式。

- 投影的尺寸：此标注样式主要是标注零件投影轮廓的尺寸，可以标注任何图形元素的尺寸，如标注长度、距离、圆 / 圆弧、角度等，如图 10-59 所示。
- 强制标注图元尺寸：强制（只能标注）标注线性尺寸和直径尺寸，包括斜线标注、水平标注、垂直标注和直径标注，如图 10-60 所示。

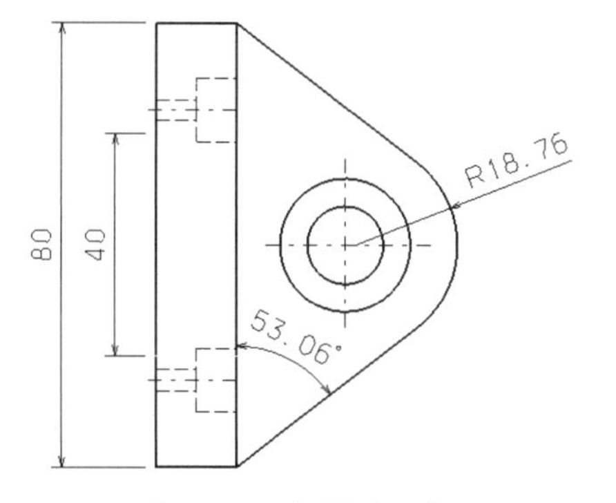

图 10-59　投影的尺寸

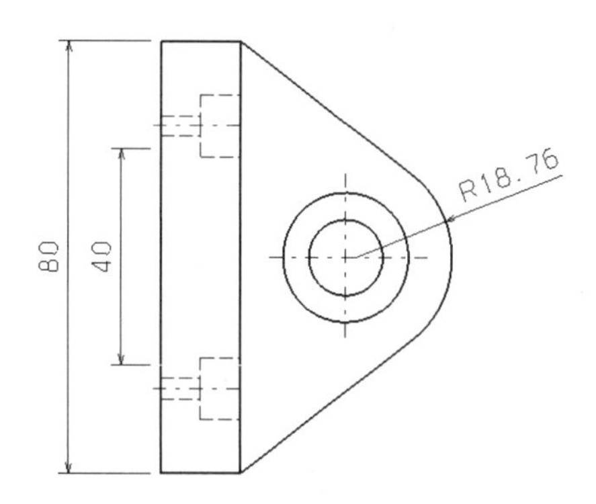

图 10-60　强制标注图元尺寸

技术要点：

切记！要想连续进行尺寸标注，需要双击尺寸标注按钮。

- 强制尺寸线在视图水平：强制标注水平尺寸，如图 10-61 所示。
- 强制尺寸线在视图垂直：强制标注垂直尺寸，如图 10-62 所示。

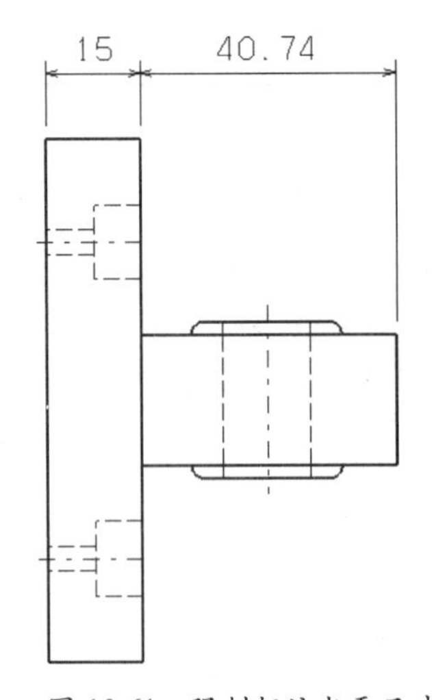

图 10-61　强制标注水平尺寸

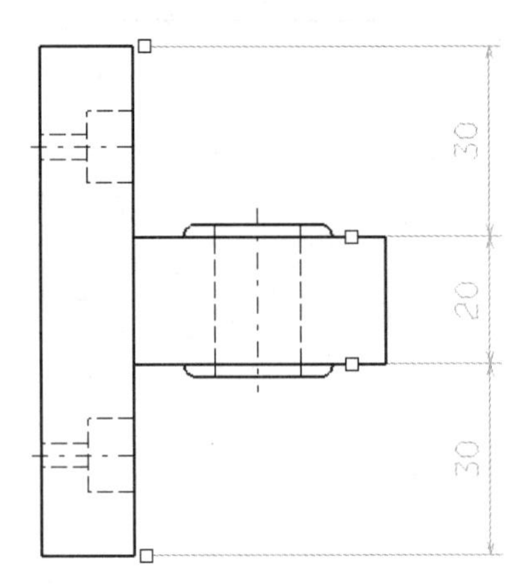

图 10-62　强制标注垂直尺寸

- 强制沿同一方向标注尺寸：选取尺寸标注方向的参考（可以是水平线、竖直线或斜线），所标注的尺寸线与所选方向平行，如图 10-63 所示。

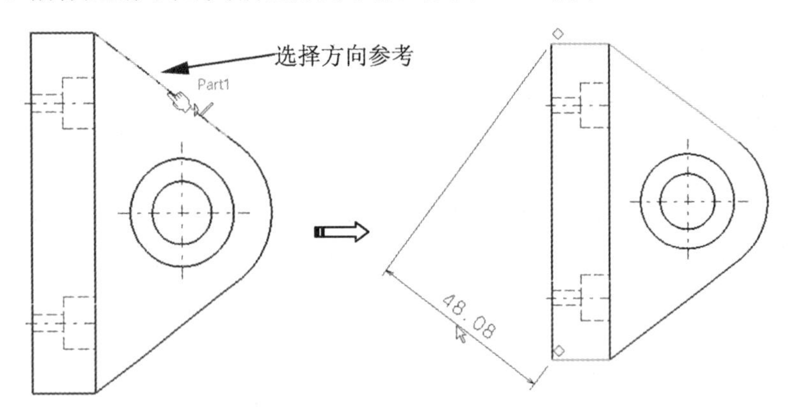

图 10-63　强制沿同一方向标注尺寸

- 实长尺寸：此标注样式可标注零件的实际尺寸，如标注零件中倾斜表面的实际轮廓线长度（需要创建等轴测视图），而不是投影视图的长度，如图 10-64 所示。

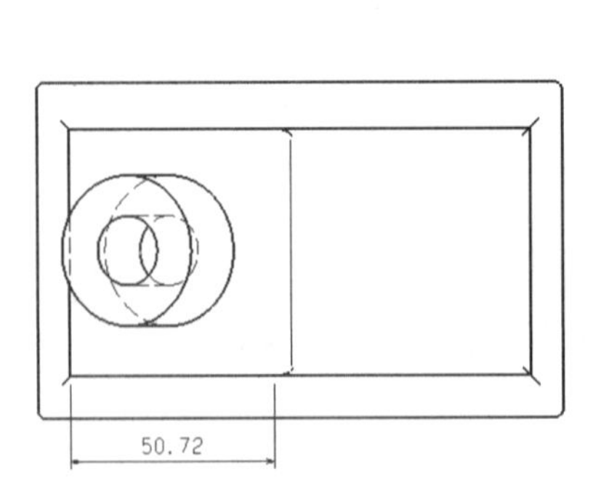

俯视图中的投影尺寸

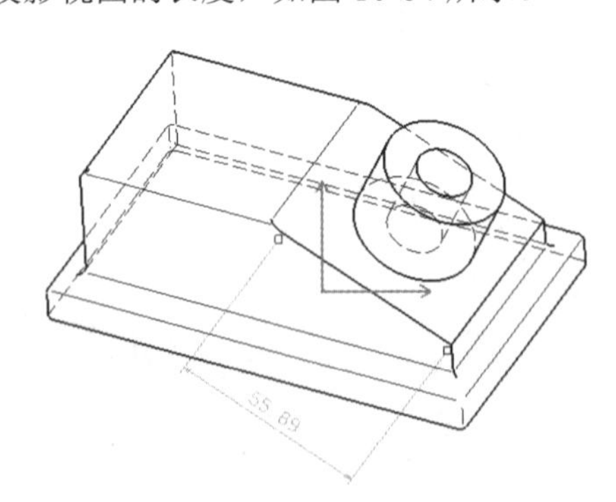

等轴测视图中的实长尺寸

图 10-64　标注实长尺寸

- 检测相交点：选择该样式，标注尺寸后会显示选取交点或延伸交点，如图10-65所示。

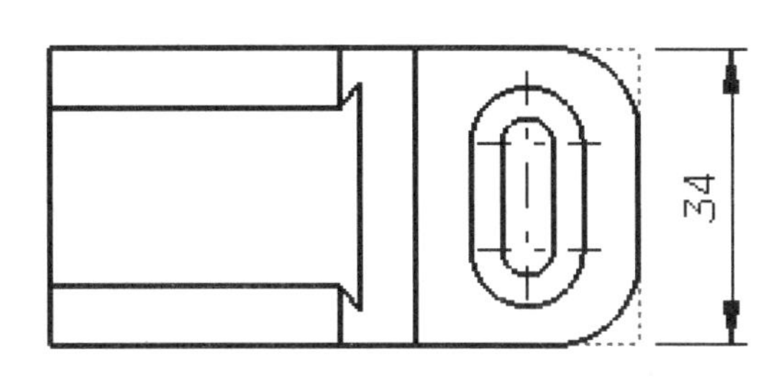

图 10-65 检测相交点

2. 链式尺寸

链式尺寸是连续的、尺寸线对齐的标注样式，用于创建链式尺寸标注。

单击“尺寸标注”工具栏中的“链式尺寸”按钮，弹出“工具控制板”工具栏，依次选取要标注的模型边线，系统会自动完成链式尺寸标注，如图10-66所示。

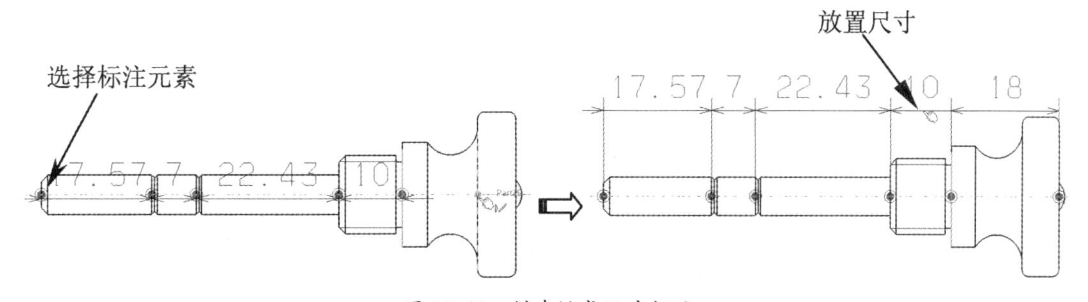

图 10-66 创建链式尺寸标注

利用线性尺寸标注工具也能够创建链式尺寸标注，如图10-67所示。

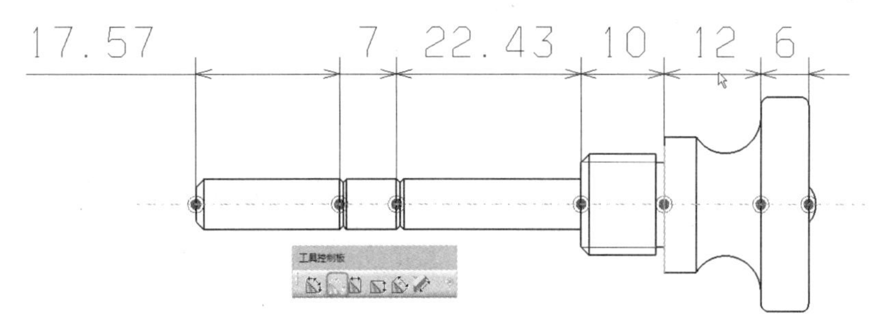

图 10-67 利用线性尺寸工具标注链式尺寸

3. 累积尺寸

累积尺寸就是以一个点或线为基准创建坐标式尺寸标注，主要用来标注模具零部件。

累积尺寸标注方法与其他线性尺寸标注方法相同，如图10-68所示。

4. 堆叠式尺寸

堆叠式尺寸是基于同一个标注起点来创建的阶梯式尺寸标注。堆叠式尺寸标注方法与其他线性尺寸标注方法相同，如图10-69所示。

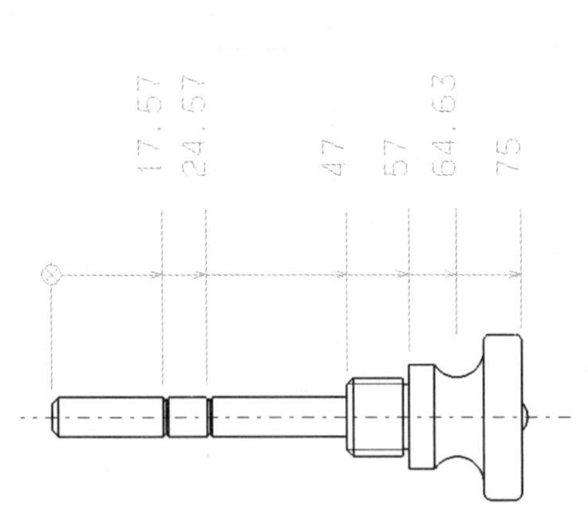

图 10-68　创建累积尺寸标注

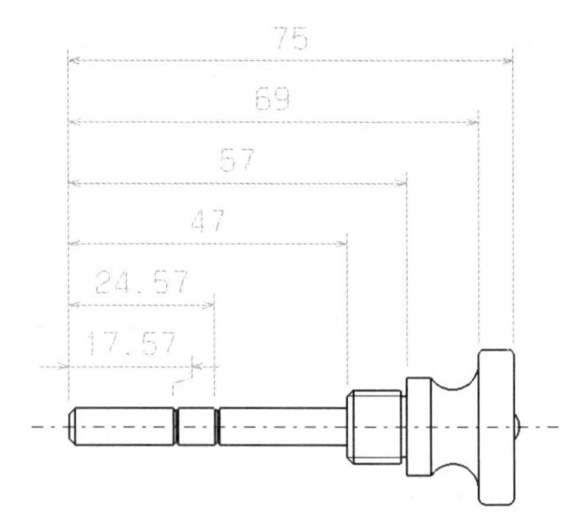

图 10-69　创建堆叠式尺寸标注

5. 倒角尺寸

“倒角尺寸”用于标注零件的倒角轮廓线。

单击“尺寸标注”工具栏中的“倒角尺寸”按钮，弹出“工具控制板”工具栏，选择一种倒角标注类型，然后到视图中选取斜角线，将倒角尺寸放置于合适位置，如图 10-70 所示。

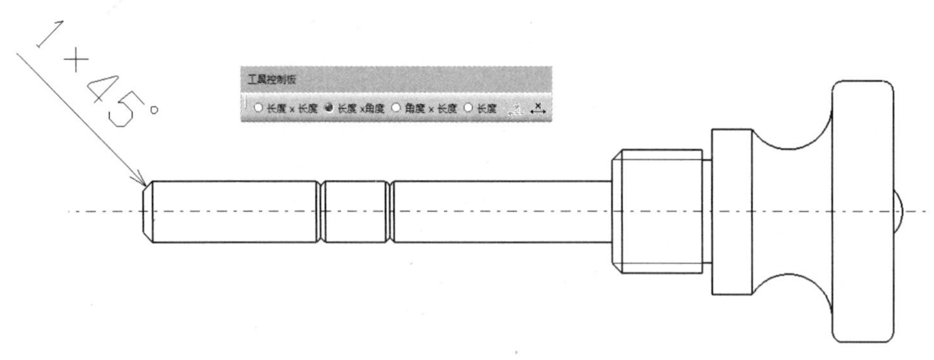

图 10-70　创建倒角尺寸标注

6. 螺纹尺寸

“螺纹尺寸”可以标注孔螺纹尺寸。单击“尺寸标注”工具栏中的“螺纹尺寸”按钮，弹出“工具控制板”工具栏，在视图中选取螺纹线或者圆心标记，系统自动完成螺纹尺寸标注，如图 10-71 所示。

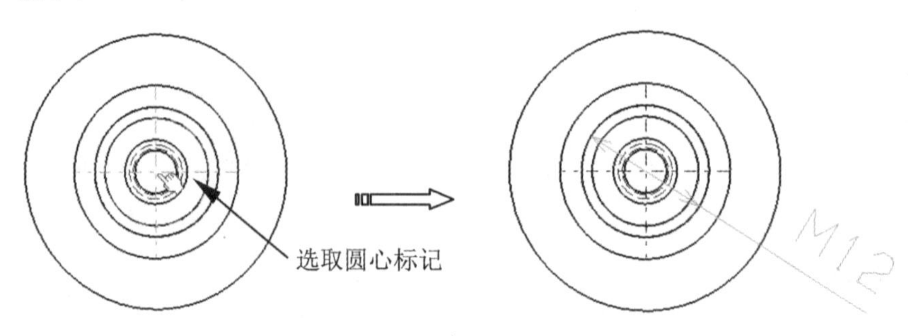

图 10-71　创建螺纹尺寸标注

10.4.3　尺寸单位精度与尺寸公差标注

1. 尺寸单位精度

默认的尺寸标注单位精度是小数点后的两位，GB 标注一般是 3 位小数。由于不能设置默认单位精度，只能在标注尺寸的“数字属性”工具栏（此工具栏默认在工程图窗口上方的工具栏区域）中，同时进行单位和单位精度的更改，如图 10-72 所示。

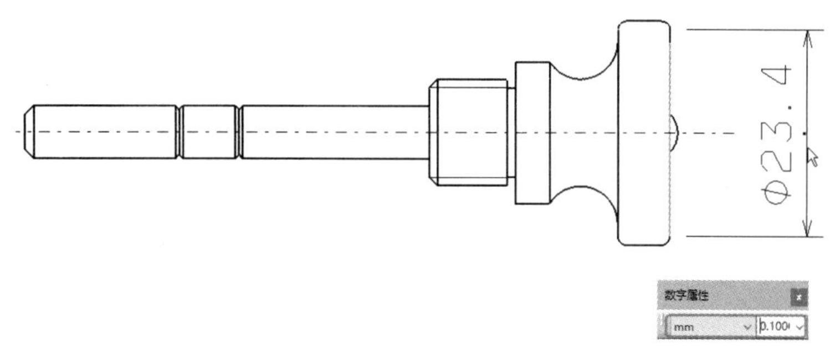

图 10-72　尺寸单位与精度的更改

当完成尺寸标注时，也可以右击选中要更改精度的尺寸，在弹出的快捷菜单中选择“属性”命令，弹出“属性”对话框。在该对话框的“值”选项卡中，可以设定当前选定尺寸的精度，如图 10-73 所示。

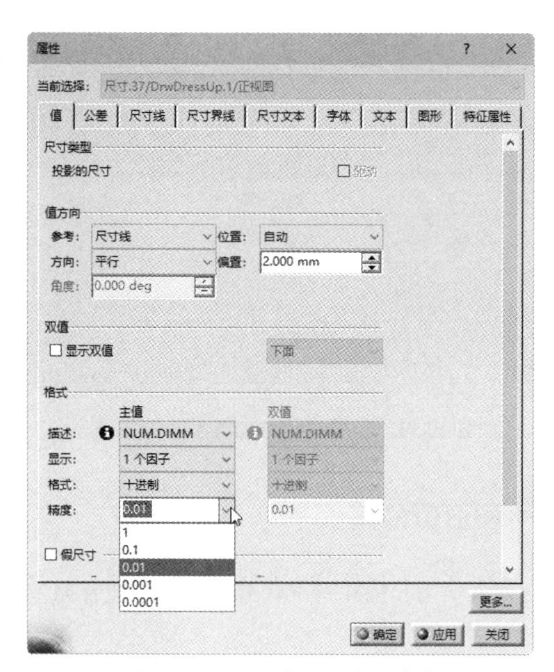

图 10-73　设置选定尺寸的精度

2. 尺寸公差标注

当执行了尺寸标注命令后，可以在“尺寸属性”工具栏中设置公差类型和公差值，如图 10-74 所示。

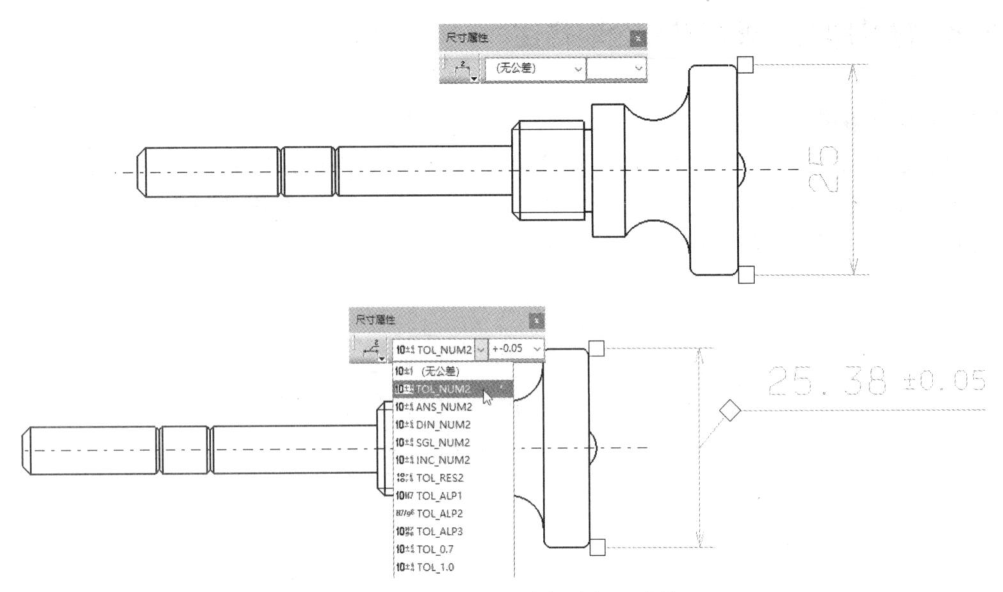

图 10-74　设置公差类型和公差值

同理，也可以右击选中尺寸，选择快捷菜单中的“属性”命令，在弹出的“属性”对话框中设置尺寸公差类型和公差值，如图 10-75 所示。

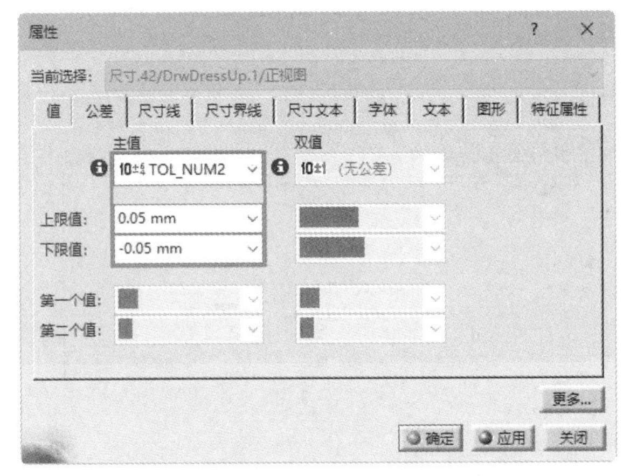

图 10-75　设置尺寸公差类型和公差值

10.4.4　标注基准代号和形位公差

在工程图标注完尺寸后，就要为其标注基准代号、形状和位置公差。

1. 标注基准代号

“基准特征”用于在工程图上标注出基准代号，基准代号的线型为加粗的短画线，由引线符号、引线、方框和字母组成。

单击“尺寸标注”工具栏中的“基准特征”按钮[A]，再选取视图中要标注基准的直线或尺寸线，随后弹出“创建基准特征”对话框，在该对话框中输入字母，再单击“确定”按钮，完成基准代号的标注，如图 10-76 所示。

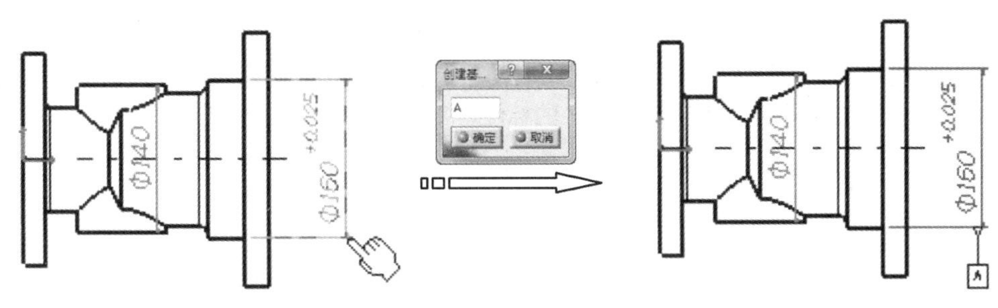

图 10-76　标注基准代号

2. 标注形位公差

形位公差表示特征的形状、轮廓、方向、位置和跳动的允许偏差。

形位公差一般由形位公差代号、形位公差框、形位公差值及基准代号组成，如图 10-77 所示。

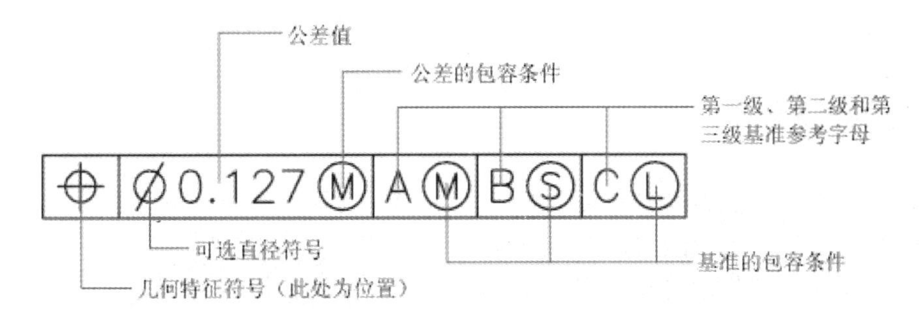

图 10-77　形位公差标注的基本组成元素

单击“尺寸标注”工具栏中的“形位公差”按钮，再单击图上要标注公差的直线或尺寸线，弹出“Geometrical Tolerance（几何公差）”对话框，设置形位公差参数后，单击“确定”按钮完成型位公差标注，如图 10-78 所示。

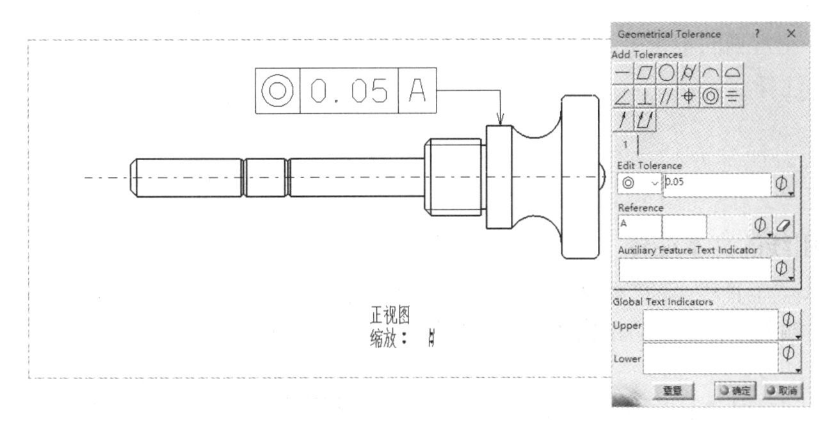

图 10-78　标注形位公差

10.4.5　标注粗糙度符号

零件表面粗糙度对零件的使用性能和使用寿命影响很大。因此，在保证零件的尺寸、形状和位置精度的同时，不能忽视表面粗糙度的标注。

单击“标注”工具栏中的“粗糙度符号”按钮，在零件视图中选择粗糙度符号标注位置，再在弹出的“粗糙度符号”对话框中输入常用表面粗糙度参数 Ra、粗糙度值，选择粗糙度类型，最后单击“确定”按钮即可完成粗糙度符号的标注，如图 10-79 所示。

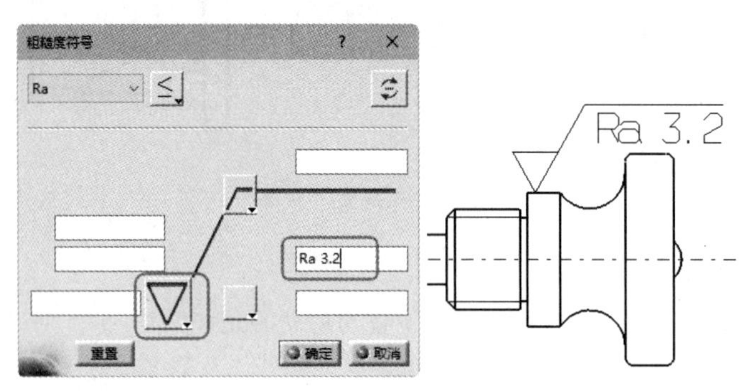

图 10-79　标注粗糙度符号

10.5 文本注释

文本注释是机械工程图中很重要的图形元素。在一个完整的图样中，还包括一些文字注释来标注图样中的一些非图形信息。例如，机械图形中的技术要求、装配说明、标题栏信息、选项卡等。

单击“标注”工具栏中“文本”按钮 右下角的小三角形，弹出有关标注文本命令按钮，如图 10-80 所示。

本节仅介绍常见的不带引线的文本注释和带引线的文本注释。

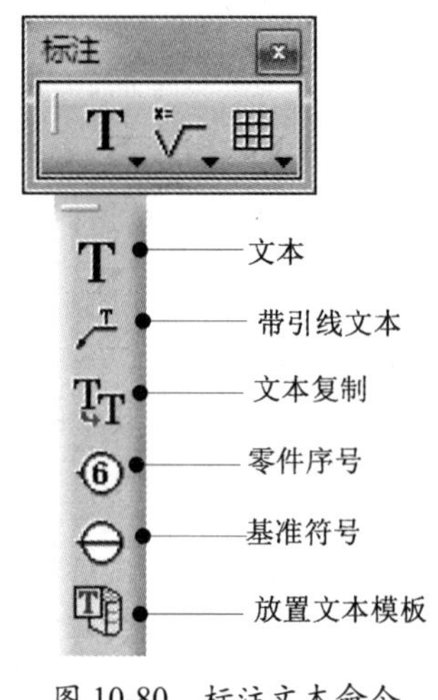

图 10-80　标注文本命令

1. 不带引线的文本注释

单击“标注”工具栏中的“文本”按钮，选择欲标注文字的位置，弹出“文本编辑器”对话框。在该对话框中输入注释文本后单击“确定”按钮，完成文本注释，如图 10-81 所示。

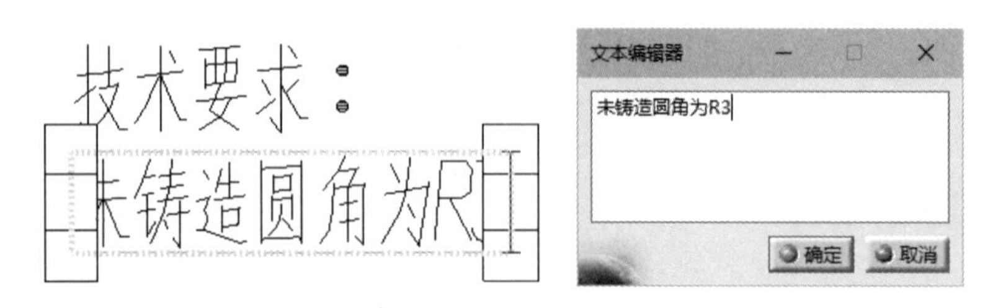

图 10-81　创建不带引线的文本注释

技术要点：

如果需要换行输入文本，可以按下Ctrl+Enter键。

2. 带引线的文本

单击“标注”工具栏中的“带引线的文本”按钮，选中引出线箭头所指位置，选中欲标注文字的位置，弹出“文本编辑器”对话框，输入文字后单击“确定”按钮，完成文字添加，如图 10-82 所示。

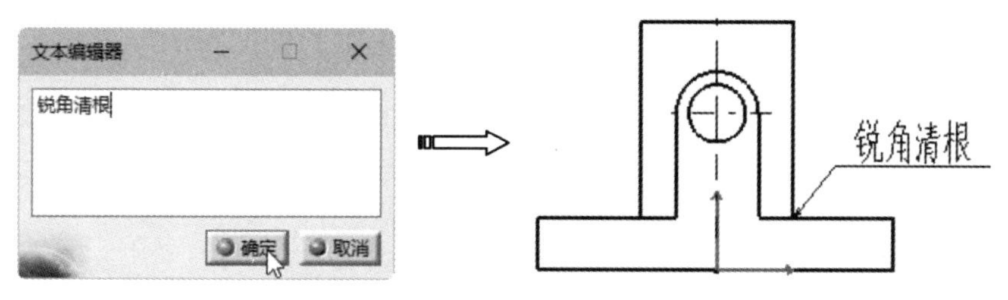

图 10-82　创建带引线的文本注释

10.6 实战案例——泵体工程图设计

下面以泵体零件的工程图绘制为例，详细讲解 CATIA 工程图的创建流程。要绘制的泵体零件工程图，如图 10-83 所示。

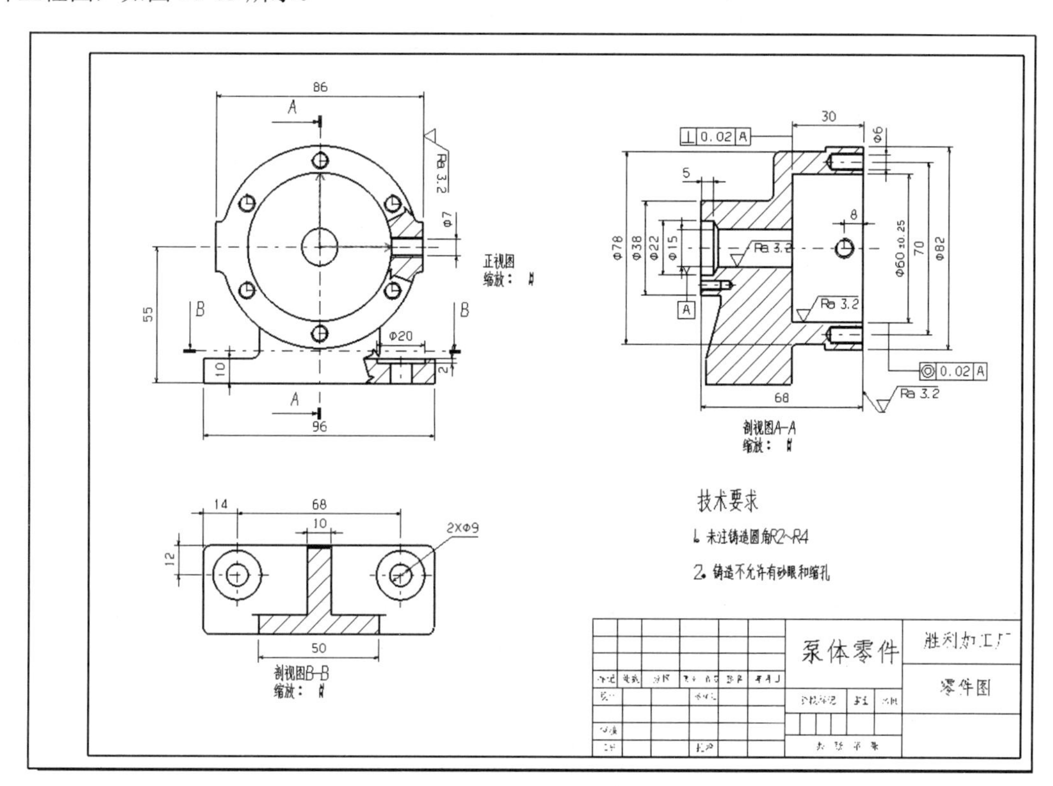

图 10-83　泵体工程图

操作步骤

01 打开本例源文件 benti.CATPart。

02 执行“开始”|“机械设计”|“工程制图”命令，弹出“创建新工程图”对话框。选择布局后单击“修改”按钮，再单击“确定”按钮，在弹出的“新建工程图”对话框中选择 GB 标准和 A3 X 图纸样式，最后单击“确定”按钮进入工程制图工作台，如图 10-84 所示。

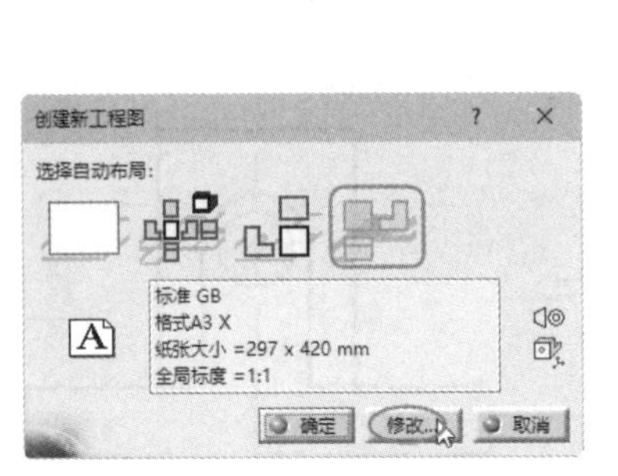

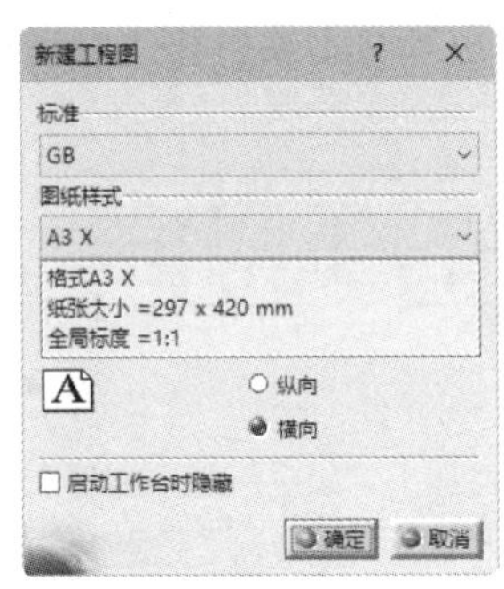

图 10-84　选择图纸标准和样式

03 系统会自动创建图纸布局，包括主视图和两个投影视图，如图 10-85 所示。

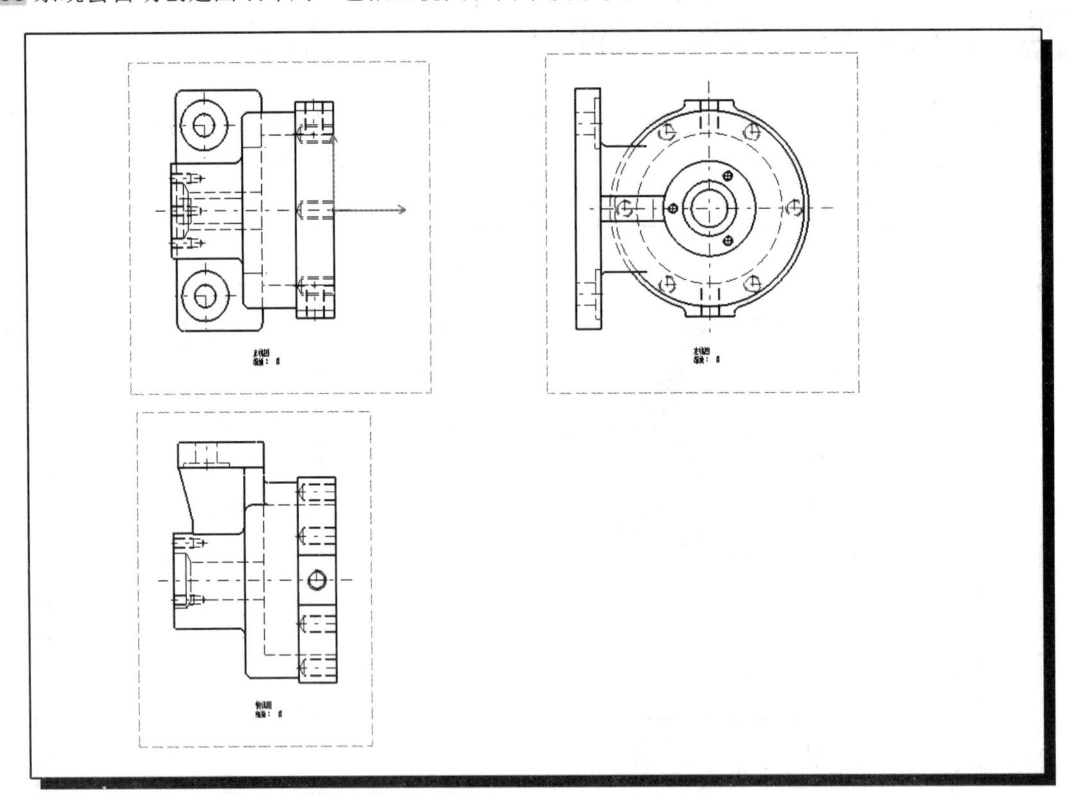

图 10-85　创建的图纸布局

04 执行“文件”|“页面设置”命令，弹出“页面设置”对话框。单击 Insert Background View 按钮，弹出“将图元插入图纸”对话框。单击“浏览”按钮，将本例源文件夹中的 A3_heng 图样样板文件插入当前图纸页，如图 10-86 所示。

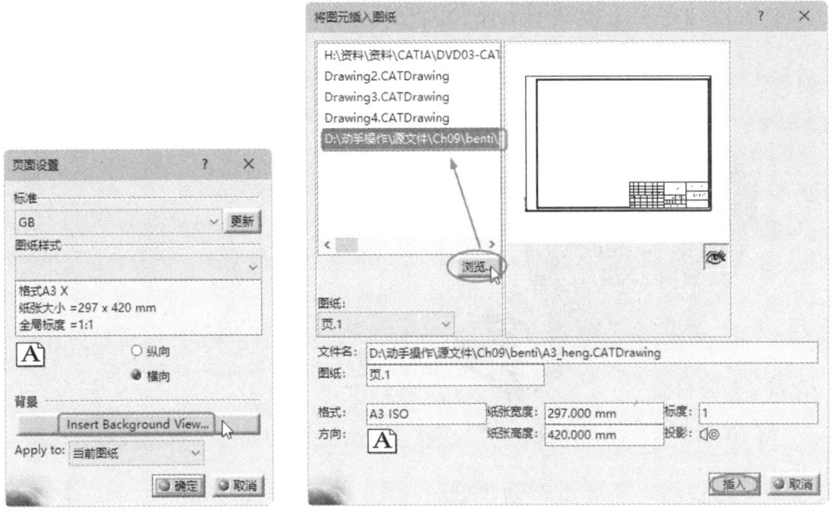

图 10-86　将图框元素插入图纸页

05 插入图纸样板后，发现自动创建的图纸布局并不符合制图要求，需要重定义主视图和投影视图。右击选中主视图边框，在弹出的快捷菜单中选择“正视图 对象”|“修改投影平面”命令，如图 10-87 所示。

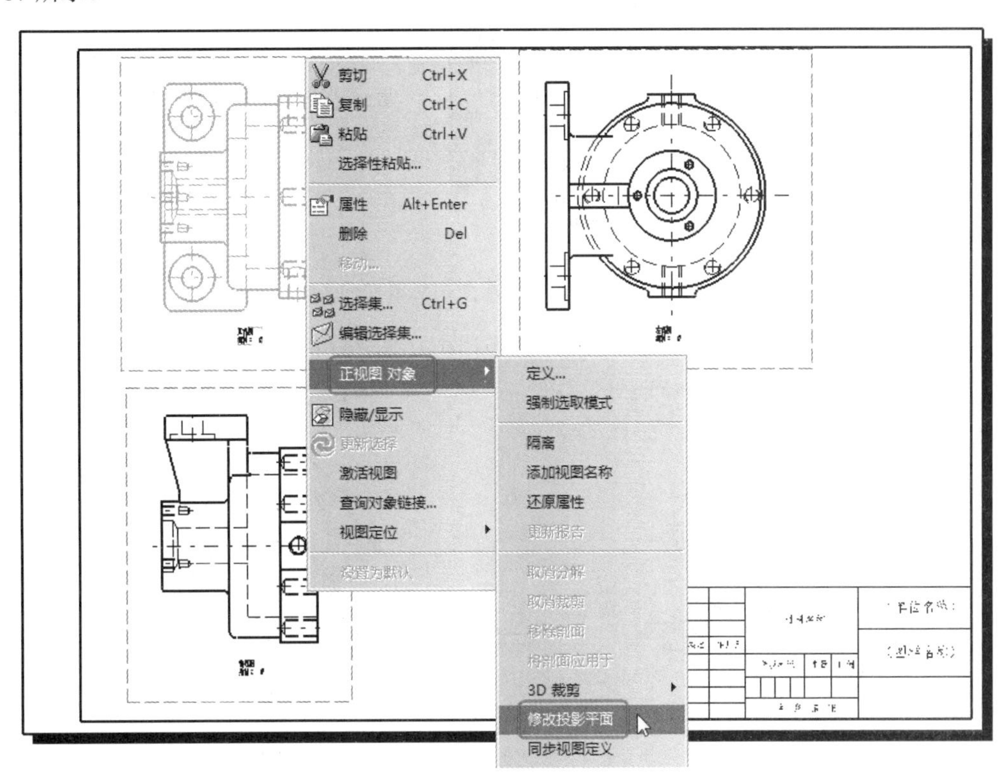

图 10-87　选择主视图修改投影平面

06 在“窗口”菜单中选择 benti.CATPart 零件窗口，在零件窗口中重新选取投影平面，如图 10-88 所示。

07 选取投影平面后自动返回工程制图工作台，在任意区域位置单击，完成主视图的修改，如图10-89所示。

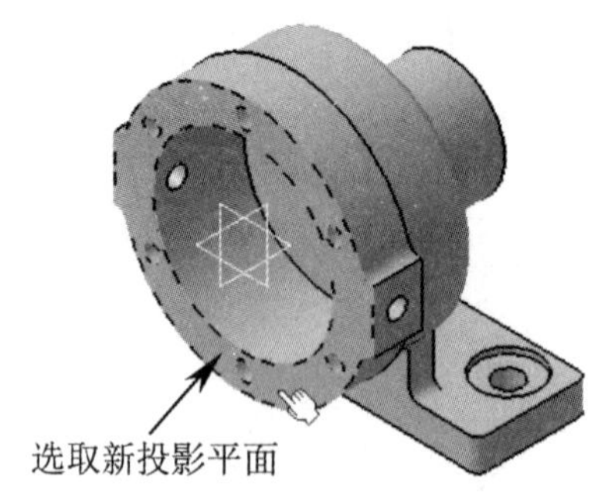

图 10-88　选取投影平面

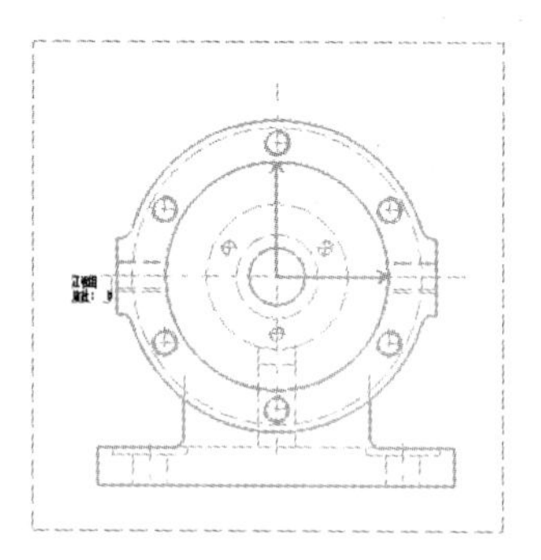

图 10-89　修改完成的主视图

08 删除其余两个投影视图，需要重新创建剖面视图。在“视图”工具栏中单击“偏置剖视图”按钮，在主视图中选取两个点来定义剖切平面，然后将鼠标指针移出视图并在主视图右侧双击，此时将显示视图预览，拖动视图预览并在合适位置单击，随即生成全剖视图，如图10-90所示。

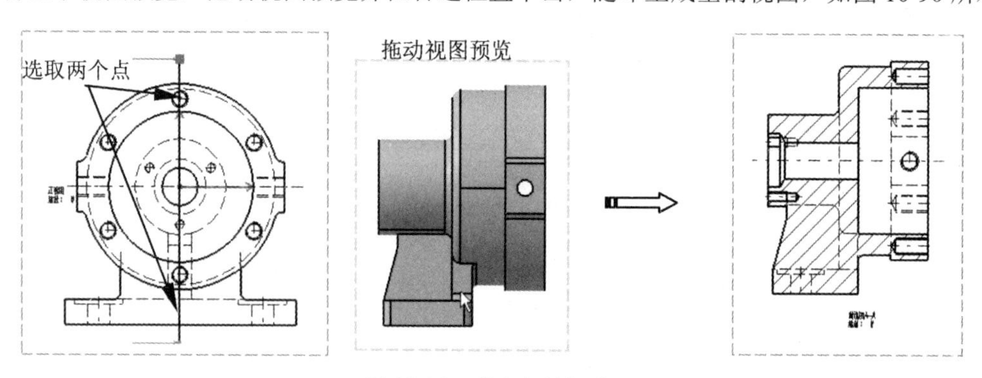

图 10-90　创建全剖视图

09 同理，在主视图下方再创建一个全剖视图，如图10-91所示。

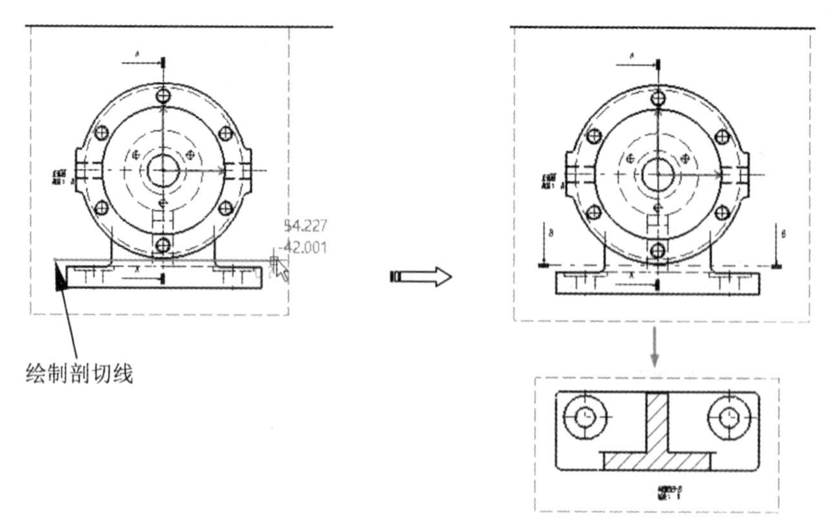

图 10-91　创建全剖视图

10 按 Ctrl 键选择 3 个视图，右击并在弹出的快捷菜单中选择“属性”命令，在弹出的“属性”对话框的“视图”选项卡中取消选中“隐藏线”复选框，单击“确定”按钮，完成 3 个视图中内部虚线的隐藏，如图 10-92 所示。

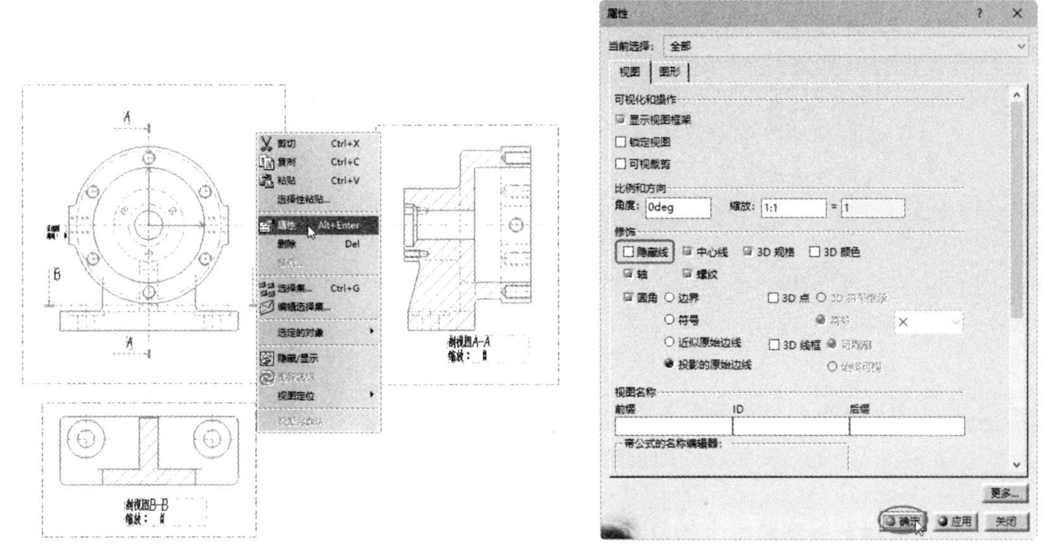

图 10-92　隐藏视图中的内部虚线

11 如果发现视图中的文本太小，可以选中文本，在“文本属性”工具栏中（窗口上方）修改文字大小，修改后的视图如图 10-93 所示。

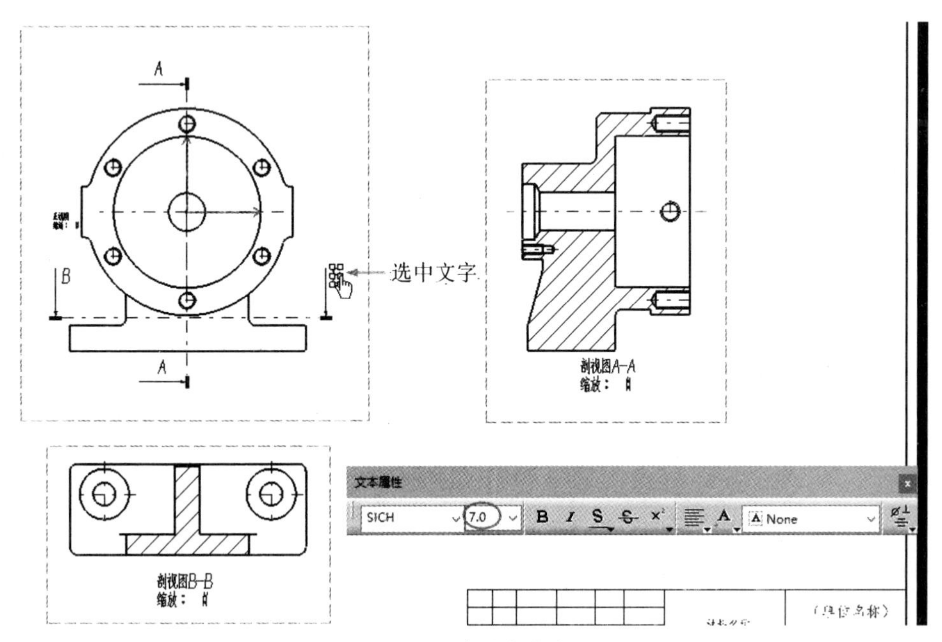

图 10-93　修改文字大小

12 接下来需要在主视图中创建零件底座上的局部剖视图。单击“视图”工具栏中的“剖面视图”按钮，在主视图中的零件底座上绘制封闭的多边形，随后弹出“3D 查看器”对话框，如图 10-94 所示。

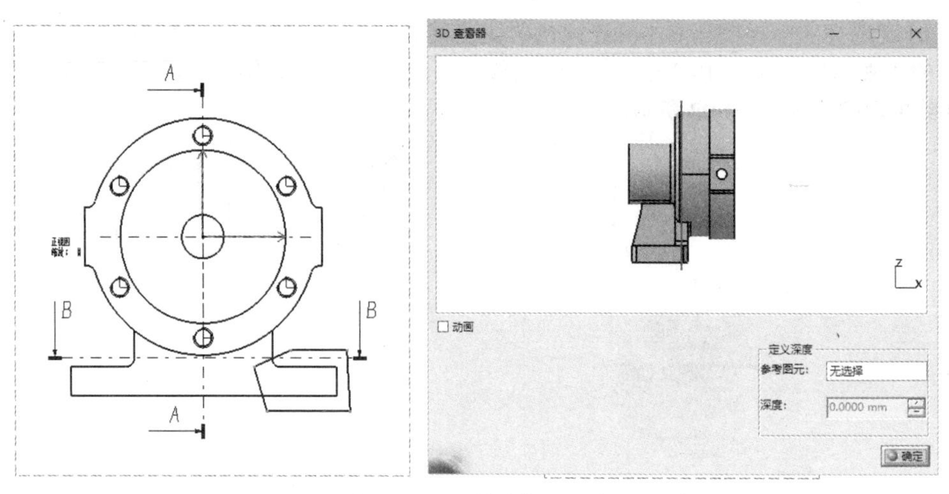

图 10-94　绘制局部剖轮廓

13 激活“3D 查看器”对话框中的“参考元素”文本框，再在全剖视图中选择圆心标记作为剖切位置参考，单击“确定”按钮，随即自动生成局部剖视图，如图 10-95 所示。

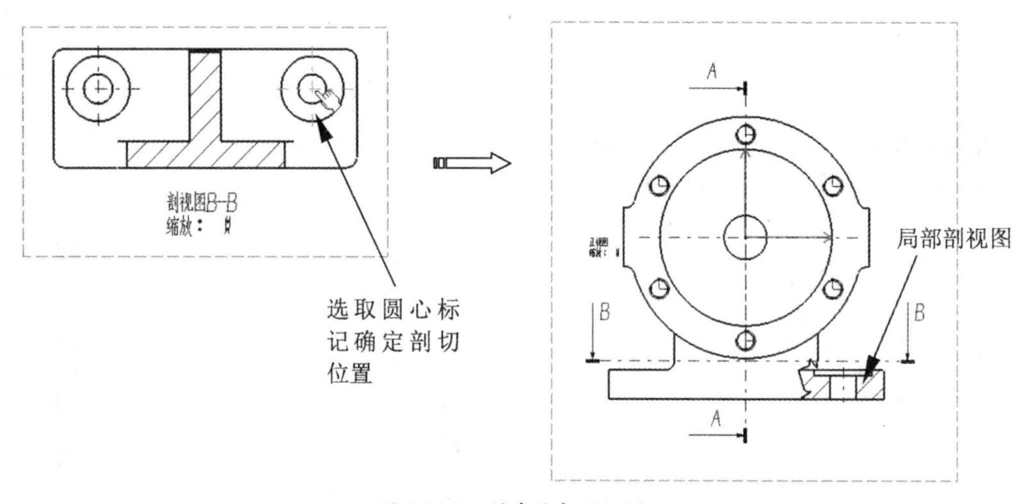

图 10-95　创建局部剖视图

14 同理，在主视图上再创建另一个局部剖视图，如图 10-96 所示。

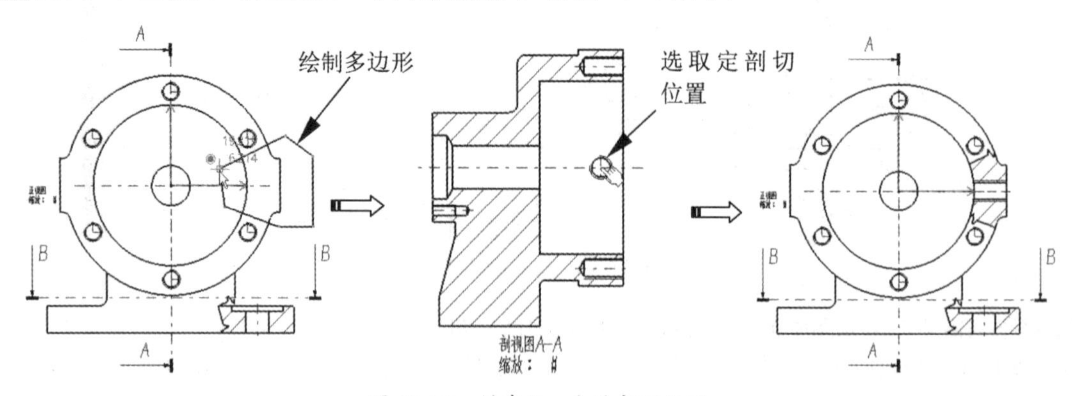

图 10-96　创建另一个局部剖视图

15 单击"尺寸标注"工具栏中的"尺寸"按钮，弹出"工具控制板"工具栏，逐一标注3个视图中的线性尺寸、圆形轮廓尺寸和孔直径尺寸，如图10-97所示。

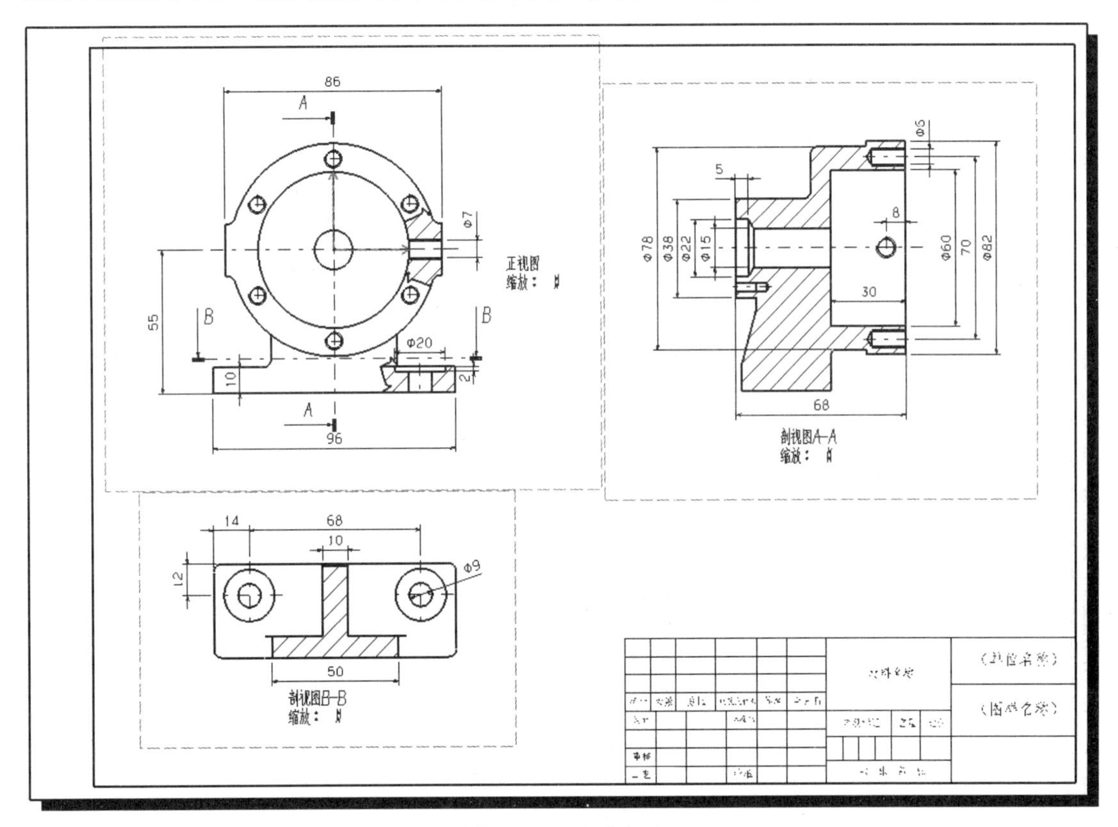

图 10-97　尺寸标注

16 添加尺寸公差。选中Ø60尺寸，激活"尺寸属性"工具栏，设置尺寸公差，如图10-98所示。

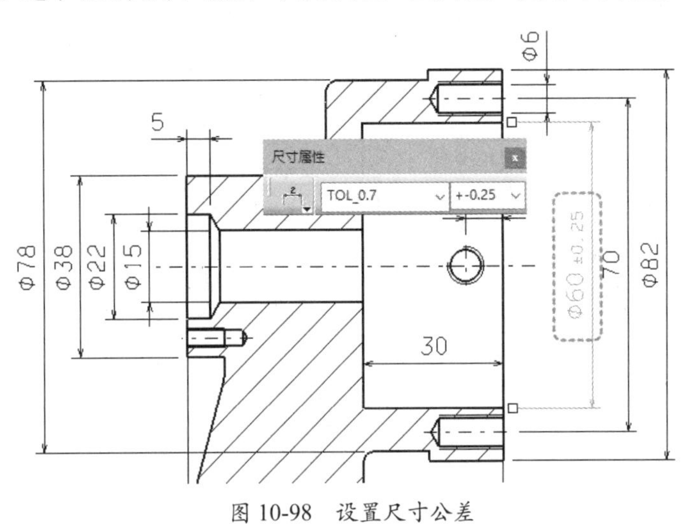

图 10-98　设置尺寸公差

17 单击"粗糙度符号"按钮，选择粗糙度符号所在位置，在弹出的"粗糙度符号"对话框中输入粗糙度值、选择粗糙度类型，单击"确定"按钮即可完成粗糙度符号标注，如图10-99所示。

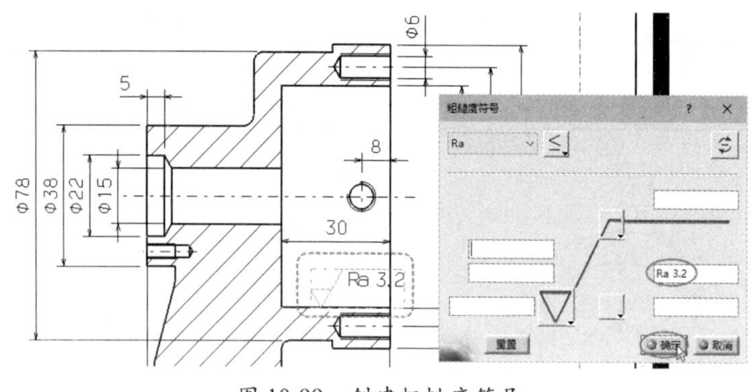

图 10-99　创建粗糙度符号

18 单击“基准特征”按钮，再选取剖切视图中要标注基准代号的尺寸线，弹出“创建基准特征”对话框。在该对话框中输入基准代号 A，单击“确定”按钮，标注基准代号，如图 10-100 所示。

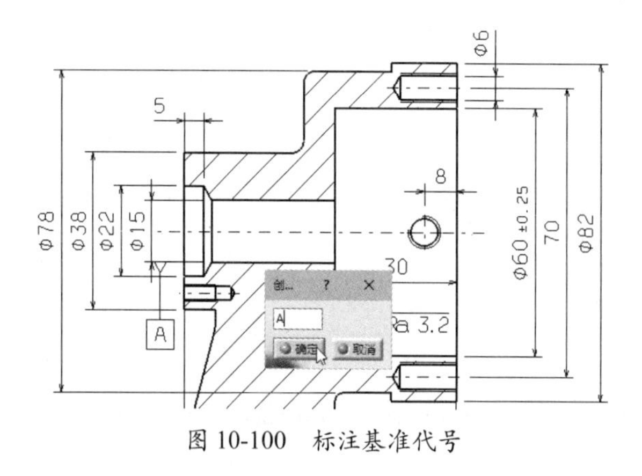

图 10-100　标注基准代号

19 单击“形位公差”按钮，选取全剖视图中 Ø30 的尺寸线，弹出 Geometrical Tolerance（形位公差）对话框。设置形位公差参数后单击“确定”按钮，完成形位公差标注，如图 10-101 所示。

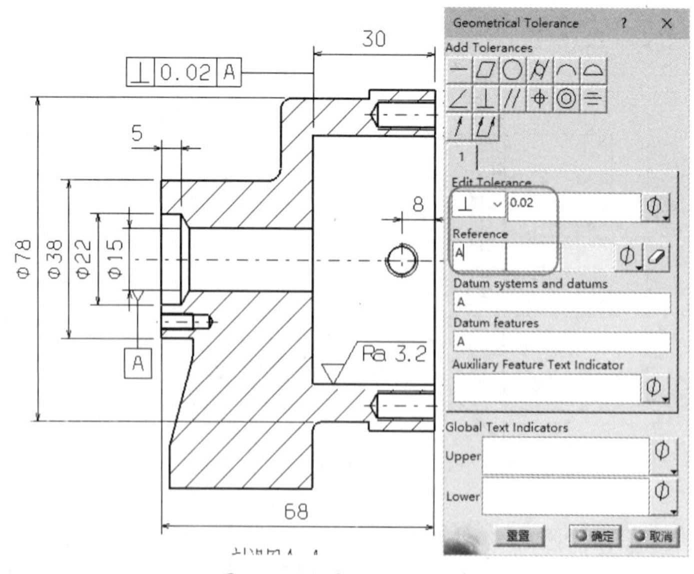

图 10-101　标注形位公差

20 同理，重复上述标注粗糙度、基准和形位公差的操作，完成图纸中其余的标注。按 Ctrl 键，右击并在弹出的快捷菜单中选择“属性”命令，在弹出的“属性”对话框的“视图”选项卡中取消选中“显示视图框架”复选框，使 3 个视图中的视图边界完全隐藏，如图 10-102 所示。

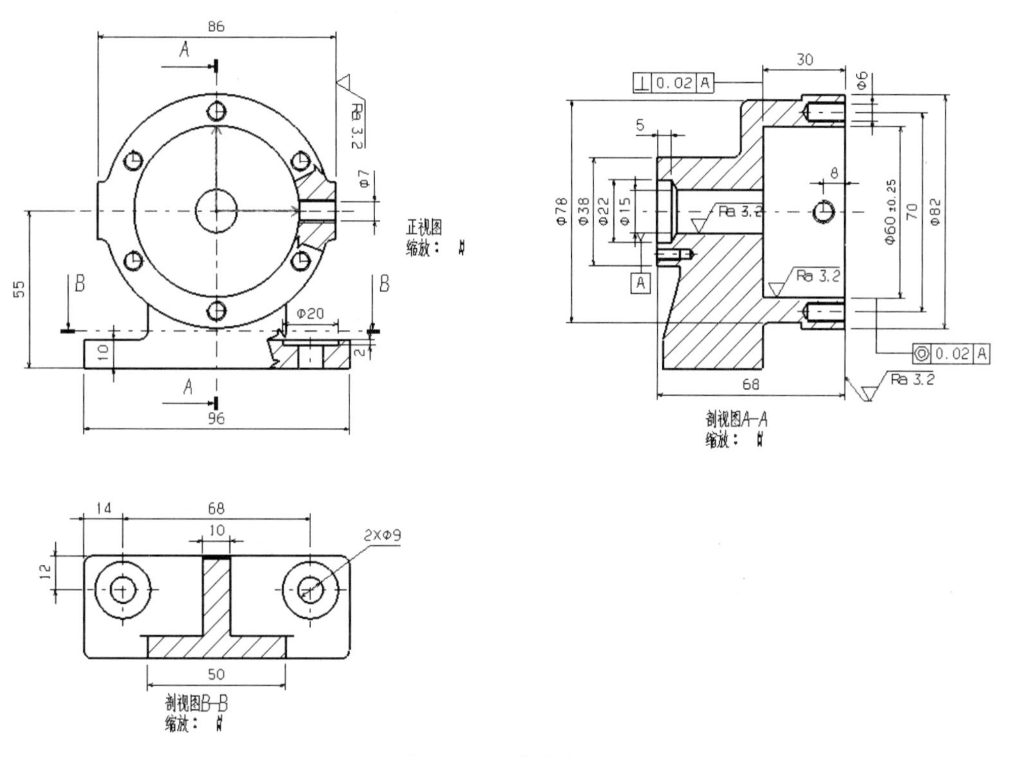

图 10-102　完成标注

21 单击“文本”按钮 T，选择标题栏上方位置为标注文字的位置，弹出“文本编辑器”对话框，输入文字（可以通过选择字体输入汉字），单击“确定”按钮，完成文字添加，如图 10-103 所示。

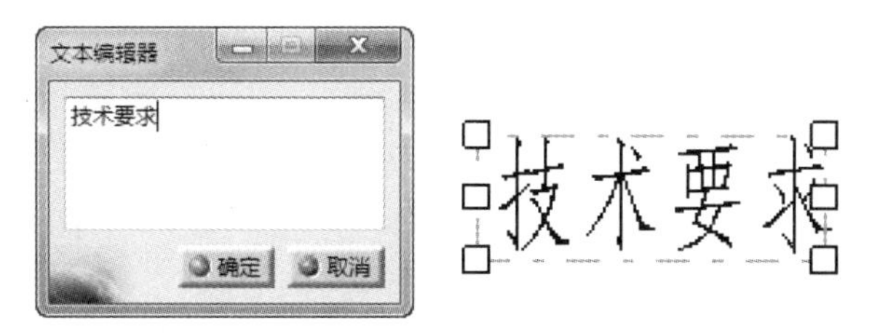

图 10-103　创建文本

22 单击“文本”按钮 T，完成文本输入，如图 10-104 所示。

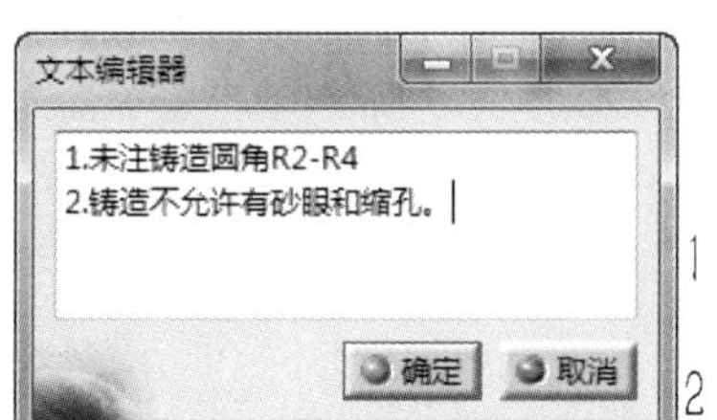

技术要求

1. 未注铸造圆角R2-R4

2. 铸造不允许有砂眼和缩孔。

图 10-104　创建文本

23 至此，完成了泵体工程图的设计，如图 10-105 所示。

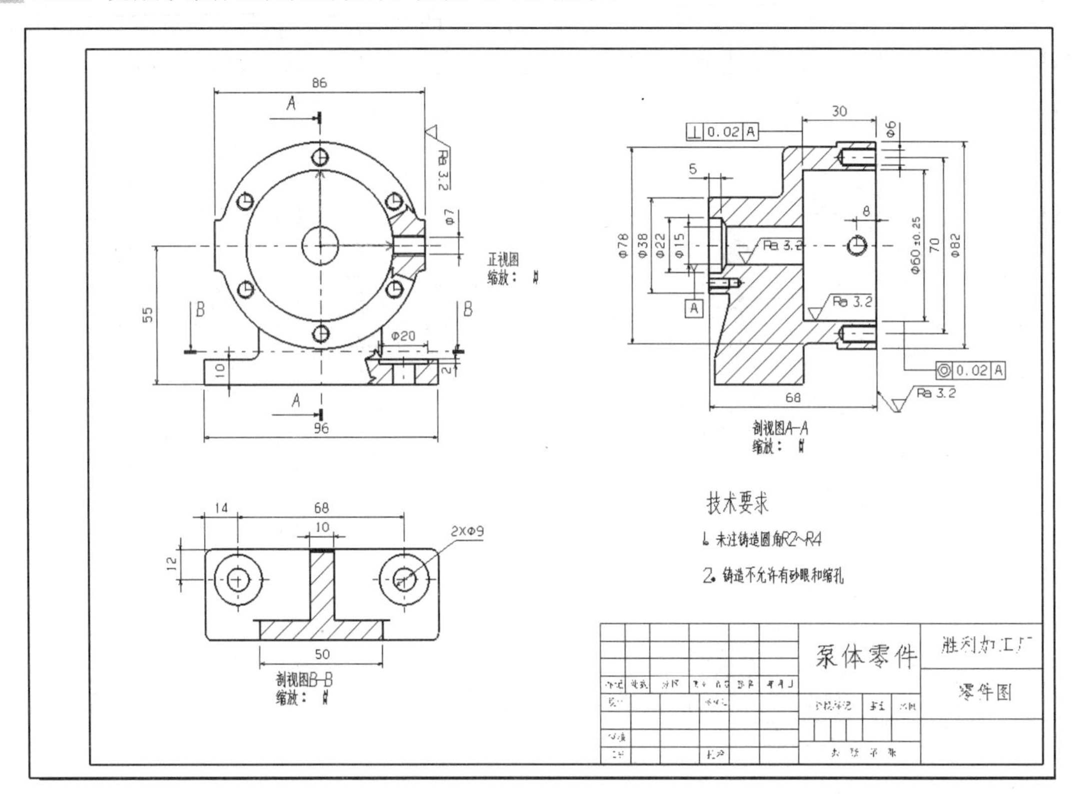

图 10-105　泵体工程图